“十四五”时期国家重点出版物出版专项规划项目

国家出版基金项目
NATIONAL PUBLICATION FOUNDATION

浙 江 昆 虫 志

第二卷
啮虫目 等

花保祯　主编

科学出版社

北 京

内 容 简 介

本书为《浙江昆虫志》第二卷,包括啮虫目、缨翅目、广翅目、蛇蛉目、脉翅目、长翅目和毛翅目 7 个目,是国内相关同行专家对浙江省昆虫分类区系研究的最新成果,共记述啮虫目 15 科 55 属 168 种、缨翅目 2 科 24 属 45 种、广翅目 2 科 7 属 18 种、蛇蛉目 1 科 1 属 2 种、脉翅目 11 科 45 属 82 种、长翅目 2 科 3 属 32 种、毛翅目 25 科 58 属 202 种。每个目都给出了分属、分种检索表,给出了各级分类单元的主要特征和分布;各属还有文献出处、模式种和重要属种的生态习性等;各种均有文献出处、鉴别特征、国内外(省内外)分布等。

本书可供从事昆虫学、生物多样性研究及植物保护、森林保护、生物防治等工作的人员,以及大专院校生物学师生和广大昆虫爱好者阅读与参考。

图书在版编目(CIP)数据

浙江昆虫志. 第二卷, 啮虫目等 / 花保祯主编.—北京:科学出版社, 2024.12

"十四五"时期国家重点出版物出版专项规划项目

国家出版基金项目

ISBN 978-7-03-072424-3

Ⅰ. ①浙… Ⅱ. ①花… Ⅲ. ①昆虫志–浙江 ②啮虫目–昆虫志–浙江
Ⅳ. ①Q968.225.5②Q969.310.8

中国版本图书馆 CIP 数据核字(2022)第 092889 号

责任编辑:王 静 李 悦 赵小林 / 责任校对:严 娜
责任印制:肖 兴 / 封面设计:北京蓝正合融广告有限公司

科学出版社 出版
北京东黄城根北街 16 号
邮政编码:100717
http://www.sciencep.com

北京中科印刷有限公司印刷
科学出版社发行 各地新华书店经销
*

2024 年 12 月第 一 版 开本:889×1194 1/16
2024 年 12 月第一次印刷 印张:34 3/4 插页:16
字数:1 118 000
定价:568.00 元

(如有印装质量问题,我社负责调换)

《浙江昆虫志》领导小组

《浙江昆虫志》编辑委员会

《浙江昆虫志 第二卷 啮虫目 等》
编写人员

主　编　花保祯

副主编　刘星月　冯纪年　孙长海

作者及参加编写单位（按研究类群排序）

啮虫目

　　　　贺英南　曹乐然　揭路兰（中国农业大学）

　　　　梁飞扬（湖南科技大学）

　　　　杨　英　肖敏铭　刘星月（中国农业大学）

缨翅目

　　　　冯纪年　张诗萌　王　阳（西北农林科技大学）

广翅目

　　　　林爱丽　刘星月（中国农业大学）

蛇蛉目

　　　　申荣荣　刘星月（中国农业大学）

脉翅目

　　　　刘星月　刘志琦（中国农业大学）

　　粉蛉科

　　　　　李　敏（中国农业大学）

　　　　　赵亚茹（江苏科技大学）

　　　　　刘志琦（中国农业大学）

　　泽蛉科

　　　　　李　頔　刘星月（中国农业大学）

　　水蛉科

　　　　　李　頔　刘星月（中国农业大学）

溪蛉科

    徐　晗（北京林业大学）

    王永杰（广东省科学院动物研究所）

栉角蛉科

    李　頔　刘星月（中国农业大学）

鳞蛉科

    李　頔　刘星月（中国农业大学）

螳蛉科

    赵亚茹（江苏科技大学）

    王　珊　杨秀帅（中国农业大学）

褐蛉科

    李　颖（中国农业大学）

    赵　旸（江苏丘陵地区南京农业科学研究所）

    冯新颖（北京市丰台区疾病预防控制中心）

草蛉科

    王懋之　马云龙（中国农业大学）

    杨星科（中国科学院动物研究所；广东省科学院动物研究所）

    刘星月（中国农业大学）

蚁蛉科

    申荣荣　刘星月（中国农业大学）

蝶角蛉科

    申荣荣　刘星月（中国农业大学）

长翅目

    高小彤　花保祯（西北农林科技大学）

毛翅目

    孙长海（南京农业大学）

《浙江昆虫志》序一

  浙江省地处亚热带，气候宜人，集山水海洋之地利，生物资源极为丰富，已知的昆虫种类就有 1 万多种。浙江省昆虫资源的研究历来受到国内外关注，长期以来大批昆虫学分类工作者对浙江省进行了广泛的资源调查，积累了丰富的原始资料。因此，系统地研究这一地域的昆虫区系，其意义与价值不言而喻。吴鸿教授及其团队曾多次负责对浙江天目山等各重点生态地区的昆虫资源种类的详细调查，编撰了一些专著，这些广泛、系统而深入的调查为浙江省昆虫资源的调查与整合提供了翔实的基础信息。在此基础上，为了进一步摸清浙江省的昆虫种类、分布与为害情况，2016 年由浙江省林业有害生物防治检疫局（现浙江省森林病虫害防治总站）和浙江省林学会发起，委托浙江农林大学实施，先后邀请全国几十家科研院所，300 多位昆虫分类专家学者在浙江省内开展昆虫资源的野外补充调查与标本采集、鉴定，并且系统编写《浙江昆虫志》。

  历时六年，在国内最优秀昆虫分类专家学者的共同努力下，《浙江昆虫志》即将按类群分卷出版面世，这是一套较为系统和完整的昆虫资源志书，包含了昆虫纲所有主要类群，更为可贵的是，《浙江昆虫志》参照《中国动物志》的编写规格，有较高的学术价值，同时该志对动物资源保护、持续利用、有害生物控制和濒危物种保护均具有现实意义，对浙江地区的生物多样性保护、研究及昆虫学事业的发展具有重要推动作用。

  《浙江昆虫志》的问世，体现了项目主持者和组织者的勤奋敬业，彰显了我国昆虫学家的执着与追求、努力与奋进的优良品质，展示了最新的科研成果。《浙江昆虫志》的出版将为浙江省昆虫区系的深入研究奠定良好基础。浙江地区还有一些类群有待广大昆虫研究者继续努力工作，也希望越来越多的同仁能在国家和地方相关部门的支持下开展昆虫志的编写工作，这不但对生物多样性研究具有重大贡献，也将造福我们的子孙后代。

印象初

河北大学生命科学学院

中国科学院院士

2022 年 1 月 18 日

《浙江昆虫志》序二

浙江地处中国东南沿海，地形自西南向东北倾斜，大致可分为浙北平原、浙西中山丘陵、浙东丘陵、中部金衢盆地、浙南山地、东南沿海平原及海滨岛屿6个地形区。浙江复杂的生态环境成就了极高的生物多样性。关于浙江的生物资源、区系组成、分布格局等，植物和大型动物都有较为系统的研究，如20世纪80年代《浙江植物志》和《浙江动物志》陆续问世，但是无脊椎动物的研究却较为零散。90年代末至今，浙江省先后对天目山、百山祖、清凉峰等重点生态地区的昆虫资源种类进行了广泛、系统的科学考察和研究，先后出版《天目山昆虫》《华东百山祖昆虫》《浙江清凉峰昆虫》等专著。1983年、2003年和2015年，由浙江省林业厅部署，浙江省还进行过三次林业有害生物普查。但历史上，浙江省一直没有对全省范围的昆虫资源进行系统整理，也没有建立统一的物种信息系统。

2016年，浙江省林业有害生物防治检疫局（现浙江省森林病虫害防治总站）和浙江省林学会发起，委托浙江农林大学组织实施，联合中国科学院、南开大学、浙江大学、西北农林科技大学、中国农业大学、中南林业科技大学、河北大学、华南农业大学、扬州大学、浙江自然博物馆等单位共同合作，开始展开对浙江省昆虫资源的实质性调查和编纂工作。六年来，在全国三百多位专家学者的共同努力下，编纂工作顺利完成。《浙江昆虫志》参照《中国动物志》编写，系统、全面地介绍了不同阶元的鉴别特征，提供了各类群的检索表，并附形态特征图。全书各卷册分别由该领域知名专家编写，有力地保证了《浙江昆虫志》的质量和水平，使这套志书具有很高的科学价值和应用价值。

昆虫是自然界中最繁盛的动物类群，种类多、数量大、分布广、适应性强，与人们的生产生活关系复杂而密切，既有害虫也有大量有益昆虫，是生态系统中重要的组成部分。《浙江昆虫志》不仅有助于人们全面了解浙江省丰富的昆虫资源，还可供农、林、牧、畜、渔、生物学、环境保护和生物多样性保护等工作者参考使用，可为昆虫资源保护、持续利用和有害生物控制提供理论依据。该丛书的出版将对保护森林资源、促进森林健康和生态系统的保护起到重要作用，并且对浙江省设立"生态红线"和"物种红线"的研究与监测，以及创建"两美浙江"等具有重要意义。

《浙江昆虫志》必将以它丰富的科学资料和广泛的应用价值为我国的动物学文献宝库增添新的宝藏。

康 乐

中国科学院动物研究所

中国科学院院士

2022 年 1 月 30 日

《浙江昆虫志》前言

　　生物多样性是人类赖以生存和发展的重要基础，是地球生命所需要的物质、能量和生存条件的根本保障。中国是生物多样性最为丰富的国家之一，也同样面临着生物多样性不断丧失的严峻问题。生物多样性的丧失，直接威胁到人类的食品、健康、环境和安全等。国家高度重视生物多样性的保护，下大力气改善生态环境，改变生物资源的利用方式，促进生物多样性研究的不断深入。

　　浙江区域是我国华东地区一道重要的生态屏障，和谐稳定的自然生态系统为长三角地区经济快速发展提供了有力保障。浙江省地处中国东南沿海长江三角洲南翼，东临东海，南接福建，西与江西、安徽相连，北与上海、江苏接壤，位于北纬27°02′～31°11′，东经118°01′～123°10′，陆地面积10.55万km²，森林面积608.12万hm²，森林覆盖率为61.17%（按省同口径计算，含一般灌木），森林生态系统多样性较好，森林植被类型、森林类型、乔木林龄组类型较丰富。湿地生态系统中湿地植物和植被、湿地野生动物均相当丰富。目前浙江省建有数量众多、类型丰富、功能多样的各级各类自然保护地。有1处国家公园体制试点区（钱江源国家公园）、311处省级及以上自然保护地，其中27处自然保护区、128处森林公园、59处风景名胜区、67处湿地公园、15处地质公园、15处海洋公园（海洋特别保护区），自然保护地总面积1.4万km²，占全省陆域的13.3%。

　　浙江素有"东南植物宝库"之称，是中国植物物种多样性最丰富的省份之一，有高等植物6100余种，在中国东南部植物区系中占有重要的地位；珍稀濒危植物众多，其中国家一级重点保护野生植物11种，国家二级重点保护野生植物104种；浙江特有种超过200种，如百山祖冷杉、普陀鹅耳枥、天目铁木等物种。陆生野生脊椎动物有790种，约占全国总数的27%，列入浙江省级以上重点保护野生动物373种，其中国家一级重点保护野生动物54种，国家二级保护野生动物138种，像中华凤头燕鸥、华南梅花鹿、黑麂等都是以浙江为主要分布区的珍稀濒危野生动物。

　　昆虫是现今陆生动物中最为繁盛的一个类群，约占动物界已知种类的3/4，是生物多样性的重要组成部分，在生态系统中占有独特而重要的地位，与人类具有密切而复杂的关系，为世界创造了巨大精神和物质财富，如家喻户晓的家蚕、蜜蜂和冬虫夏草等资源昆虫。

　　浙江集山水海洋之地利，地理位置优越，地形复杂多样，气候温和湿润，加之第四纪以来未受冰川的严重影响，森林覆盖率高，造就了丰富多样的生境类型，保存着大量珍稀生物物种，这种有利的自然条件给昆虫的生息繁衍提供了便利。昆虫种类复杂多样，资源极为丰富，珍稀物种荟萃。

　　浙江昆虫研究由来已久，早在北魏郦道元所著《水经注》中，就有浙江天目山的山川、霜木情况的记载。明代医药学家李时珍在编撰《本草纲目》时，曾到天目山实地考察采集，书中收有产于天目山的养生之药数百种，其中不乏有昆虫药。明代《西天目祖山志》生殖篇虫族中有山蚕、蚱蜢、蜣螂、蛱蝶、蜻蜓、蝉等昆虫的明确记载。由此可见，自古以来，浙江的昆虫就已引起人们的广泛关注。

20 世纪 40 年代之前，法国人郑璧尔（Octave Piel，1876～1945）（曾任上海震旦博物馆馆长）曾分别赴浙江四明山和舟山进行昆虫标本的采集，于 1916 年、1926 年、1929 年、1935 年、1936 年及 1937 年又多次到浙江天目山和莫干山采集，其中，1935～1937 年的采集规模大、类群广。他采集的标本数量大、影响深远，依据他所采标本就有相关 24 篇文章在学术期刊上发表，其中 80 种的模式标本产于天目山。

浙江是中国现代昆虫学研究的发源地之一。1924 年浙江省昆虫局成立，曾多次派人赴浙江各地采集昆虫标本，国内昆虫学家也纷纷来浙采集，如胡经甫、祝汝佐、柳支英、程淦藩等，这些采集的昆虫标本现保存于中国科学院动物研究所、中国科学院上海昆虫博物馆（原中国科学院上海昆虫研究所）及浙江大学。据此有不少研究论文发表，其中包括大量新种。同时，浙江省昆虫局创办了《昆虫与植病》和《浙江省昆虫局年刊》等。《昆虫与植病》是我国第一份中文昆虫期刊，共出版 100 多期。

20 世纪 80 年代末至今，浙江省开展了一系列昆虫分类区系研究，特别是 1983 年和 2003 年分别进行了林业有害生物普查，分别鉴定出林业昆虫 1585 种和 2139 种。陈其瑚主编的《浙江植物病虫志 昆虫篇》（第一集 1990 年，第二集 1993 年）共记述 26 目 5106 种（包括蜱螨目），并将浙江全省划分成 6 个昆虫地理区。1993 年童雪松主编的《浙江蝶类志》记述鳞翅目蝶类 11 科 340 种。2001 年方志刚主编的《浙江昆虫名录》收录六足类 4 纲 30 目 447 科 9563 种。2015 年宋立主编的《浙江白蚁》记述白蚁 4 科 17 属 62 种。2019 年李泽建等在《浙江天目山蝴蝶图鉴》中记述蝴蝶 5 科 123 属 247 种。2020 年李泽建等在《百山祖国家公园蝴蝶图鉴 第 I 卷》中记述蝴蝶 5 科 140 属 283 种。

中国科学院上海昆虫研究所尹文英院士曾于 1987 年主持国家自然科学基金重点项目"亚热带森林土壤动物区系及其在森林生态平衡中的作用"，在天目山采得昆虫纲标本 3.7 万余号，鉴定出 12 目 123 种，并于 1992 年编撰了《中国亚热带土壤动物》一书，该项目研究成果曾获中国科学院自然科学奖二等奖。

浙江大学（原浙江农业大学）何俊华和陈学新教授团队在我国著名寄生蜂分类学家祝汝佐教授（1900～1981）所奠定的文献资料与研究标本的坚实基础上，开展了农林业害虫寄生性天敌昆虫资源的深入系统分类研究，取得丰硕成果，撰写专著 20 余册，如《中国经济昆虫志 第五十一册 膜翅目 姬蜂科》《中国动物志 昆虫纲 第十八卷 膜翅目 茧蜂科（一）》《中国动物志 昆虫纲 第二十九卷 膜翅目 螯蜂科》《中国动物志 昆虫纲 第三十七卷 膜翅目 茧蜂科（二）》《中国动物志 昆虫纲 第五十六卷 膜翅目 细蜂总科（一）》等。2004 年何俊华教授又联合相关专家编著了《浙江蜂类志》，共记录浙江蜂类 59 科 631 属 1687 种，其中模式产地在浙江的就有 437 种。

浙江农林大学（原浙江林学院）吴鸿教授团队先后对浙江各重点生态地区的昆虫资源进行了广泛、系统的科学考察和研究，联合全国有关科研院所的昆虫分类学家，吴鸿教授作为主编或者参编者先后编撰了《浙江古田山昆虫和大型真菌》《华东百山祖昆虫》《龙王山昆虫》《天目山昆虫》《浙江乌岩岭昆虫及其森林健康评价》《浙江凤阳山昆虫》《浙江清凉峰昆虫》《浙江九龙山昆虫》等图书，书中发表了众多的新属、新种、中国新记录科、新记录属和新记录种。2014～2020 年吴鸿教授作为总主编之一还编撰了《天目山动物志》（共 11 卷），其中记述六足类动物 32 目 388 科 5000 余种。上述科学考察以及本次《浙江昆虫志》编撰项目为浙江当地和全国培养了一批昆虫分类学人才并积累了 100 万号昆虫标本。

通过上述大型有组织的昆虫科学考察，不仅查清了浙江省重要保护区内的昆虫种类资源，而且为全国积累了珍贵的昆虫标本。这些标本、专著及考察成果对于浙江省乃至全国昆虫类群的系统研究具有重要意义，不仅推动了浙江地区昆虫多样性的研究，也让更多的人认识到生物多样性的重要性。然而，前期科学考察的采集和研究的广度和深度都不能反映整个浙江地区的昆虫全貌。

昆虫多样性的保护、研究、管理和监测等许多工作都需要有翔实的物种信息作为基础。昆虫分类鉴定往往是一项逐渐接近真理（正确物种）的工作，有时甚至需要多次更正才能找到真正的归属。过去的一些观测仪器和研究手段的限制，导致部分属种鉴定有误，现代电子光学显微成像技术及 DNA 条形码分子鉴定技术极大推动了昆虫物种的更精准鉴定，此次《浙江昆虫志》对过去一些长期误鉴的属种和疑难属种进行了系统订正。

为了全面系统地了解浙江省昆虫种类的组成、发生情况、分布规律，为了益虫开发利用和有害昆虫的防控，以及为生物多样性研究和持续利用提供科学依据，2016 年 7 月"浙江省昆虫资源调查、信息管理与编撰"项目正式开始实施，该项目由浙江省林业有害生物防治检疫局（现浙江省森林病虫害防治总站）和浙江省林学会发起，委托浙江农林大学组织，联合全国相关昆虫分类专家合作。《浙江昆虫志》编委会组织全国 30 余家单位 300 余位昆虫分类学者共同编写，共分 17 卷：第一卷由杜予州教授主编，包含原尾纲、弹尾纲、双尾纲，以及昆虫纲的石蛃目、衣鱼目、蜉蝣目、蜻蜓目、襀翅目、等翅目、蜚蠊目、螳螂目、蛩蠊目、直翅目和革翅目；第二卷由花保祯教授主编，包括昆虫纲啮虫目、缨翅目、广翅目、蛇蛉目、脉翅目、长翅目和毛翅目；第三卷由张雅林教授主编，包含昆虫纲半翅目同翅亚目；第四卷由卜文俊和刘国卿教授主编，包含昆虫纲半翅目异翅亚目；第五卷由李利珍教授和白明研究员主编，包含昆虫纲鞘翅目原鞘亚目、藻食亚目、肉食亚目、牙甲总科、阎甲总科、隐翅虫总科、金龟总科、沼甲总科；第六卷由任国栋教授主编，包含昆虫纲鞘翅目花甲总科、吉丁甲总科、丸甲总科、叩甲总科、长蠹总科、郭公甲总科、扁甲总科、瓢甲总科、拟步甲总科；第七卷由杨星科和张润志研究员主编，包含昆虫纲鞘翅目叶甲总科和象甲总科；第八卷由吴鸿和杨定教授主编，包含昆虫纲双翅目长角亚目；第九卷由杨定和姚刚教授主编，包含昆虫纲双翅目短角亚目虻总科、水虻总科、食虫虻总科、舞虻总科、蚤蝇总科、蚜蝇总科、眼蝇总科、实蝇总科、小粪蝇总科、缟蝇总科、沼蝇总科、鸟蝇总科、水蝇总科、突眼蝇总科和禾蝇总科；第十卷由薛万琦和张春田教授主编，包含昆虫纲双翅目短角亚目蝇总科、狂蝇总科；第十一卷由李后魂教授主编，包含昆虫纲鳞翅目小蛾类；第十二卷由韩红香副研究员和姜楠博士主编，包含昆虫纲鳞翅目大蛾类；第十三卷由王敏和范骁凌教授主编，包含昆虫纲鳞翅目蝶类；第十四卷由魏美才教授主编，包含昆虫纲膜翅目"广腰亚目"；第十五卷由陈学新和王义平教授主编、第十六卷、第十七卷由陈学新和唐璞教授主编，这三卷内容为昆虫纲膜翅目细腰亚目*。17 卷共记述浙江省六足类 1 万余种，各卷所收录物种的截止时间为 2021 年 12 月。

---

* 因"膜翅目细腰亚目"物种丰富，本部分由原定 2 卷扩充为 3 卷出版。

《浙江昆虫志》各卷主编由昆虫各类群权威顶级分类专家担任，他们是各单位的学科带头人或国家杰出青年科学基金获得者、973 计划首席专家和各专业学会的理事长和副理事长等，他们中有不少人都参与了《中国动物志》的编写工作，从而有力地保证了《浙江昆虫志》整套 17 卷学术内容的高水平和高质量，反映了我国昆虫分类学者对昆虫分类区系研究的最新成果。《浙江昆虫志》是迄今为止对浙江省昆虫种类资源最为完整的科学记载，体现了国际一流水平，17 卷《浙江昆虫志》汇集了上万张图片，除黑白特征图外，还有大量成虫整体或局部特征彩色照片，这些图片精美、细致，能充分、直观地展示物种的分类形态鉴别特征。

浙江省林业局对《浙江昆虫志》的编撰出版一直给予关注，本项目在其领导与支持下获得浙江省财政厅的经费资助，并在科学考察过程中得到了浙江省各市、县（市、区）林业部门的大力支持和帮助，特别是浙江天目山国家级自然保护区管理局、浙江清凉峰国家级自然保护区管理局、宁波四明山国家森林公园、钱江源国家公园、浙江仙霞岭省级自然保护区管理局、浙江九龙山国家级自然保护区管理局、景宁望东垟高山湿地自然保护区管理局和舟山市自然资源和规划局也给予了大力协助。同时也感谢国家出版基金和科学出版社的资助与支持，保证了 17 卷《浙江昆虫志》的顺利出版。

中国科学院印象初院士和康乐院士欣然为本志作序。借此付梓之际，我们谨向以上单位和个人，以及在本项目执行过程中给予关怀、鼓励、支持、指导、帮助和做出贡献的同志表示衷心的感谢！

限于资料和编研时间等多方面因素，书中难免有不足之处，恳盼各位同行和专家及读者不吝赐教。

《浙江昆虫志》编辑委员会

2022 年 3 月

《浙江昆虫志》编写说明

本志收录的种类原则上是浙江省内各个自然保护区和舟山群岛野外采集获得的昆虫种类。昆虫纲的分类系统参考袁锋等 2006 年编著的《昆虫分类学》第二版。其中，广义的昆虫纲已提升为六足总纲 Hexapoda，分为原尾纲 Protura、弹尾纲 Collembola、双尾纲 Diplura 和昆虫纲 Insecta。目前，狭义的昆虫纲仅包含无翅亚纲的石蛃目 Microcoryphia 和衣鱼目 Zygentoma 以及有翅亚纲。本志采用六足总纲的分类系统。考虑到编写的系统性、完整性和连续性，各卷所包含类群如下：第一卷包含原尾纲、弹尾纲、双尾纲，以及昆虫纲的石蛃目、衣鱼目、蜉蝣目、蜻蜓目、襀翅目、等翅目、蜚蠊目、螳螂目、蛴目、直翅目和革翅目；第二卷包含昆虫纲的啮虫目、缨翅目、广翅目、蛇蛉目、脉翅目、长翅目和毛翅目；第三卷包含昆虫纲的半翅目同翅亚目；第四卷包含昆虫纲的半翅目异翅亚目；第五卷、第六卷和第七卷包含昆虫纲的鞘翅目；第八卷、第九卷和第十卷包含昆虫纲的双翅目；第十一卷、第十二卷和第十三卷包含昆虫纲的鳞翅目；第十四卷、第十五卷、第十六卷和第十七卷包含昆虫纲的膜翅目。

由于篇幅限制，本志所涉昆虫物种均仅提供原始引证，部分物种同时提供了最新的引证信息。为了物种鉴定的快速化和便捷化，所有包括 2 个以上分类阶元的目、科、亚科、属，以及物种均依据形态特征编写了对应的分类检索表。本志关于浙江省内分布情况的记录，除了之前有记录但是分布记录不详且本次调查未采到标本的种类外，所有种类都尽可能反映其详细的分布信息。限于篇幅，浙江省内的分布信息如下所列按地级市、市辖区、县级市、县、自治县为单位按顺序编写，如浙江（安吉、临安）；由于四明山国家级自然保护区地跨多个市（县），因此，该地的分布信息保留为四明山。对于省外分布地则只写到省份、自治区、直辖市和特区等名称，参照《中国动物志》的编写规则，按顺序排列。对于国外分布地则只写到国家或地区名称，各个国家名称参照国际惯例按顺序排列，以逗号隔开。浙江省分布地名称和行政区划资料截至 2020 年，具体如下。

湖州：吴兴、南浔、德清、长兴、安吉

嘉兴：南湖、秀洲、嘉善、海盐、海宁、平湖、桐乡

杭州：上城、下城、江干、拱墅、西湖、滨江、萧山、余杭、富阳、临安、桐庐、淳安、建德

绍兴：越城、柯桥、上虞、新昌、诸暨、嵊州

宁波：海曙、江北、北仑、镇海、鄞州、奉化、象山、宁海、余姚、慈溪

舟山：定海、普陀、岱山、嵊泗

金华：婺城、金东、武义、浦江、磐安、兰溪、义乌、东阳、永康

台州：椒江、黄岩、路桥、三门、天台、仙居、温岭、临海、玉环

衢州：柯城、衢江、常山、开化、龙游、江山

丽水：莲都、青田、缙云、遂昌、松阳、云和、庆元、景宁、龙泉

温州：鹿城、龙湾、瓯海、洞头、永嘉、平阳、苍南、文成、泰顺、瑞安、乐清

目 录

第一章　啮虫目 Psocodea

啮虫目为一类小型昆虫，最长不超过 12 mm。头部大，复眼向两侧突出；后唇基特别发达，下颚须 4 节。前胸缩小，中胸发达。长翅、短翅和无翅种类均存在。大部分种类前翅 AP 室存在。足跗节 2 或 3 节。腹部分 10 节，听器位于第 1 腹节背板的两侧；气门通常 8 对。有些科的种类腹部有 2–3 个囊泡，是节间膜上的构造，可帮助啮虫在光滑表面爬行；腹部囊泡也可作为分属鉴别特征。末端具肛上板和 1 对肛侧板；通常肛侧板上具毛点区，毛点区分布有数量不等的毛点。雄虫第 9 腹板为下生殖板，对称或不对称；阳茎通常呈环状，为阳茎环。雌虫生殖突分为外瓣、背瓣和腹瓣，外瓣发达或退化；亚生殖板常具各种骨化区。

世界已知 67 科 440 属 5500 余种，中国记录 27 科 108 属 1500 余种，浙江分布 15 科 55 属 168 种。

分科检索表

一、重蟭科 Amphientomidae

主要特征：长翅、短翅或无翅，常被鳞片。触角通常 14–17 节，第 4、5 节后具次生的环；少数 13 节。单眼 2 或 3 个，有些无翅者无单眼；下颚须第 2 节上具感觉器；内颚叶端分叉，下唇须 1 或 2 节。足跗节 3 节，爪具 1 或 2 个亚端齿；前足腿节、胫节内侧具梳状齿。前翅 Sc_a 和翅痣有或无；Rs 与 M 以横脉相连；Cu_{1a} 通常长；A 脉 2 条。后翅 Rs_b 常缺，无封闭的翅室；M 不分叉。亚生殖板宽圆，通常近端具骨化的 "T" 形骨片；生殖突完全、发达，背、腹瓣具尖，外瓣宽大，无刚毛，常分 2 或更多的叶；有些无翅成虫生殖突退化，仅存外瓣。下生殖板简单，阳茎环呈叉状，端部开放；阳茎环膜质，少数具骨化构造。

分布：世界广布。世界已知 28 属 137 种，中国记录 14 属 67 种，浙江分布 3 属 6 种。

分属检索表

1. 后翅 R_1 伸达翅缘 ·· **脉重蟭属 Neuroseopsis**
- 后翅 R_1 不伸达翅缘 ··· 2
2. 爪具 1 个亚端齿 ··· **色重蟭属 Seopsis**
- 爪具 2 个亚端齿 ··· **通重蟭属 Diamphipsocus**

1. 通重蟭属 Diamphipsocus Li, 1997

Diamphipsocus Li, 1997: 392. Type species: *Diamphipsocus fulvus* Li, 1997.

主要特征：具翅，中等大小，体翅长 3–4 mm。触角通常 14 节；下颚须 4 节，无锥状和刺状感觉器；内颚叶端部分叉；单眼 3 个；头盖缝臂缺或不明显。足跗节 3 节，爪具 2 个亚端齿；后足基跗节具毛栉。前翅 Sc 端存在；Rs 分 2 支，分叉较短，M 分 3 支，M_1 和 M_2 分叉较长，M_{1+2} 短，后翅 R_1 终止于膜质部分，Rs_b 缺。阳茎环叉状，基柄宽短，端部开放，两侧膨大；阳茎球膜质；下生殖板简单。生殖突腹瓣狭长；背、外瓣合并；亚生殖板简单。

分布：古北区、东洋区。世界已知 10 种，中国记录 10 种，浙江分布 3 种。

分种检索表

1. 前翅 Rs 分叉位于 Sc_a 与 Cu_{1a} 端的连线上 ······················ **线斑通重蟭 D. grammostictous**
- 前翅 Rs 分叉位于 Sc_a 与 Cu_{1a} 端的连线外 ··· 2
2. 头顶无斑，后唇基具条带；阳茎环基柄较细长 ···························· **长柄通重蟭 D. magnimanbrus**
- 头顶具斑，后唇基无斑；阳茎环基柄较短小 ································ **小柄通重蟭 D. nanus**

（1）线斑通重蟭 *Diamphipsocus grammostictous* Li, 2002（图 1-1）

Diamphipsocus grammostictous Li, 2002: 175.

主要特征：雄性体长 2.03 mm，体翅长 3.33 mm，IO（复眼间距）=0.54 mm，*d*（复眼直径）=0.16 mm，IO/*d*（复眼间距与复眼直径之比）=3.38。头黄褐色，具褐色条斑，复眼黑色，后唇基、上唇褐色；下颚须黄褐色，端节褐色；触角褐色至深褐色。胸部深褐色；足黄褐色，无斑纹；前翅深褐色，不透明，端部脉褐色；后翅污褐色，脉褐色。腹部黄褐色，具褐斑。下颚须 4 节，无粗感觉毛，端节长为宽的 4 倍；单眼 3 个，中单眼较小；复眼卵形。足跗节 3 节，爪具 2 个亚端齿及 1 列小齿。前翅 Sc_a 存在；Rs 分叉宽；Cu_{1a}

略长于 cu_{1a}。后翅 R_1 不达翅缘。第 9 腹节背板基缘具 2 个长指状斑纹；肛上板半圆形，肛侧板毛点区不清晰，亦无毛。阳茎环基柄细短，端开放，骨化弯回达侧干的 1/2；下生殖板简单。

分布：浙江（临安）。

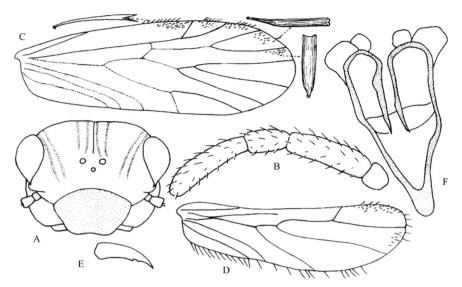

图 1-1　线斑通重虫兆 Diamphipsocus grammostictous Li, 2002（引自李法圣，2002）
A.♂头；B.♂下颚须；C.♂前翅；D.♂后翅；E.♂爪；F.♂阳茎环

（2）长柄通重虫兆 Diamphipsocus magnimanbrus Li, 1995（图 1-2）

Diamphipsocus magnimanbrus Li, 1995a: 61.

主要特征：头黄色；单眼区黄色，复眼黑色。前胸褐色至黑褐色，中后胸褐色。腹部浅褐色，腹面具浅

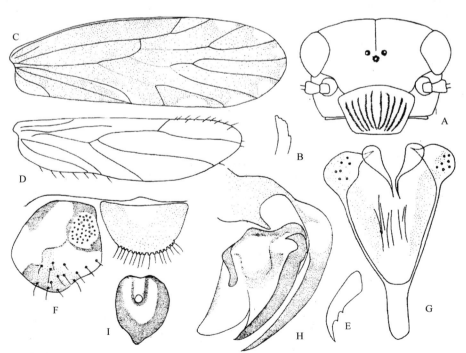

图 1-2　长柄通重虫兆 Diamphipsocus magnimanbrus Li, 1995（引自李法圣，2002）
A.♂头；B.♂内颚叶；C.♂前翅；D.♂后翅；E.♂爪；F.♂肛上板和肛侧板；G.♂阳茎环；H.♀生殖突；I.♀受精囊孔板

色斑。雄性体长 2.83 mm，体翅长 3.80 mm。头顶后缘弧圆，复眼近菱形，IO=0.50 mm，d=0.19 mm，IO/d=2.63。前翅长 3.25 mm，宽 1.12 mm；长椭圆形，未见有鳞片，Sc_a 存在，Rs 分叉短，位于 M_1 和 M_2 分叉之后，Rs 与 M 以横脉相连；M_1 和 M_2 分叉长；cu_{1a} 室三角形，A 脉 2 条。后翅翅缘具毛，顶角具长鳞毛，Rs 基部缺如，R_{4+5} 长于 Rs_a；M 单一。雄肛侧板长椭圆形，毛点小，约 9 个。阳茎环钟状，端部开放，两侧膨大，基柄长。雌性体长 2.95 mm，体翅长 3.92 mm，IO=0.56 mm，d=0.19 mm，IO/d=2.94。翅脉序同雄虫。雌肛上板半圆形，端缘毛整齐地着生在方形的突起上；肛侧板近圆形，毛点小，呈颗粒状。生殖突腹瓣长大，大部分骨化；背瓣尖，外瓣宽阔；亚生殖板简单，后缘中央略凹，骨化为褐色，两侧基角淡色；受精囊孔口基部尖、心形。

　　分布：浙江（开化）。

（3）小柄通重啮 *Diamphipsocus nanus* Li, 1995（图 1-3）

Diamphipsocus nanus Li, 1995a: 61.

　　主要特征：雄性头黄色，具淡褐色纹。胸部黄色，中胸盾片具 2 块环形褐斑；足黄色，腿节、胫节背面、端部及第 2、3 节跗节黄褐色。腹部黄色，具褐斑，背侧较深。体长 2.60 mm，体翅长 3.55 mm。头后缘弧突，复眼近菱形，单眼 3 个，靠近；IO=0.50 mm，d=0.19 mm，IO/d=2.63。前翅长 3.20 mm，宽 1.00 mm，长为宽的 3.2 倍；Sc_a 存在，无翅痣，Rs 分叉位于 M_1 和 M_2 分叉之后，R_{4+5} 长于 Rs_a；Rs 与 M 以横脉相连；M 分 3 支，M_1 和 M_2 分叉长；cu_{1a} 室三角形，Cu_{1a} 长于 Cu_1，A 脉 2 条。后翅缘具鳞毛，Rs_b 缺，R_{4+5} 长于 Rs_a。肛侧板毛点 9 个。阳茎环基柄短，阳茎端开放；下生殖板后缘中央略凹。

　　分布：浙江（开化）。

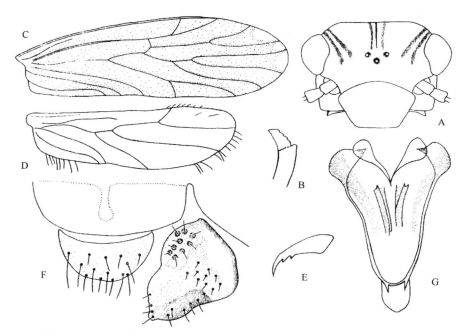

图 1-3　小柄通重啮 *Diamphipsocus nanus* Li, 1995（引自李法圣，2002）
A. ♂头；B. ♂内颚叶；C. ♂前翅；D. ♂后翅；E. ♂爪；F. ♂肛上板和肛侧板及第 9 腹节背板后缘；G. ♂阳茎环

2. 脉重啮属 *Neuroseopsis* Li, 2002

Neuroseopsis Li, 2002: 127. Type species: *Neuroseopsis curtifurcis* Li, 2002.

主要特征：体中等大小，体长（达翅端）4–5 mm。触角 14 节；下颚须无感器，单眼 3 个，头盖缝存在；足跗节 3 节，爪具 2 个亚齿端及 1 列小齿，后足跗节具毛栉。前翅端尖，外缘波曲；脉 Sc_a 缺；R_1 分 2 支；M 分 3 支；M_1 先由 M 干上分出，M_2 和 M_3 具共柄。后翅 R_1 伸达翅缘。肛上板简单，肛侧板毛点区不明显，毛点刚毛状。阳茎环基柄长，端开放，阳茎球膜质；下生殖板简单。雌受精囊具 2 条骨化脊。

分布：古北区、东洋区。世界已知 2 种，中国记录 2 种，浙江分布 1 种。

（4）长叉脉重蛄 *Neuroseopsis mecodichis* Li, 2002（图 1-4）

Neuroseopsis mecodichis Li, 2002: 128.

主要特征：雌性头黄色，头顶具褐条；头盖缝臂不明显；单眼黄色，复眼黑色；后唇基褐色；前翅褐色，不透明，端部色淡，脉除 Rs 脉褐色外余淡色；后翅污褐色，半透明。腹部黄色，背板多碎褐斑，腹板基 2 节和端 2 节褐色；生殖节褐色。体长 2.85 mm，体翅长 4.88 mm。复眼 IO=0.63 mm，d=0.28 mm，IO/d=2.25。前翅顶角突出，圆尖；外缘波曲；Sc_a 缺；R_1 伸达翅缘；Rs 分 2 支；M_1 与 M_{2+3} 分叉与 Rs 分叉相齐；Cu_{1a} 短于 Cu_1。后翅 R_1 伸达翅缘，Rs_b 缺，R_{4+5} 长于 Rs_a。肛上板半圆形，肛侧板毛点 8 个，黑色，刚毛状。生殖突腹瓣很长，端细；背、外瓣合并，端楔尖；亚生殖板简单，骨化深，两侧各具 2 个凹缺；受精囊囊状，具 2 个骨化脊，输卵管螺旋状。

分布：浙江（临安）、陕西。

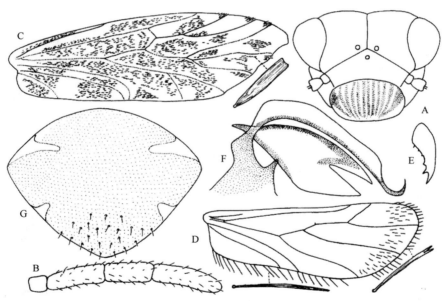

图 1-4　长叉脉重蛄 *Neuroseopsis mecodichis* Li, 2002（引自李法圣，2002）
A. ♀头；B. ♀下颚须；C. ♀前翅；D. ♀后翅；E. ♀爪；F. ♀生殖突；G. ♀亚生殖板

3. 色重蛄属 *Seopsis* Enderlein, 1906

Seopsis Enderlein, 1906a: 67. Type species: *Seopsis vasantasena* Enderlein, 1906.

主要特征：体小至中型，体翅长 3–5 mm。触角 14 节；内颚叶端部分叉。足跗节 3 节，爪具 1 个亚端齿；后足基跗节具毛栉。前翅端圆 Sc_a 存在；Rs 分 2 支，M 分 3 支，2A 存在。后翅 R_1 终止于膜质部。阳茎环开放，基部具柄，阳茎球膜质；生殖突发达，完全，外瓣发达，与背瓣合并；亚生殖板简单。

分布：世界广布。世界已知 20 种，中国记录 13 种，浙江分布 2 种。

（5）圆翅色重蛄 _Seopsis cycloptera_ Li, 1995（图 1-5）

Seopsis cycloptera Li, 1995b: 143.

　　主要特征：雄性头黄褐色，有稍深的褐色条斑，单眼周围褐色，复眼黑色；后唇基黄褐色，具稍深的条纹，前唇基、上唇深褐色；胸部褐色，足深褐色；翅污褐色，前翅端半稍淡，脉端深褐色，基半淡。腹部污白色，腹面褐色。体长 2.67 mm，体翅长 4.42 mm。单眼 3 个，复眼半球形，内侧突出，IO=0.49 mm，d=0.24 mm，IO/d=2.04。前翅长 3.83 mm，宽 1.47 mm，长为宽的 2.61 倍；宽阔、端圆，翅缘无毛，具很稀的鳞片；Sc_a 存在；R_1 伸达翅缘，cu_{1a} 室长三角形。后翅长 3.03 mm，宽 1.05 mm；R_1 终止于翅膜质部。肛上板锥状，肛侧板毛点 15 根，刚毛状，短小。阳茎环叉状，基端锥状，两侧端膨大，端突出 1 细指状突，顶端具 1 膜片；下生殖板简单。

　　分布：浙江。

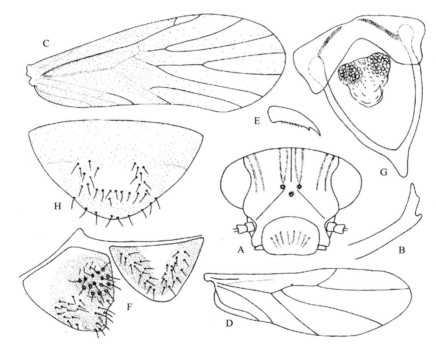

图 1-5　圆翅色重蛄 _Seopsis cycloptera_ Li, 1995（引自李法圣，2002）
A. ♂头；B. ♂内颚叶；C. ♂前翅；D. ♂后翅；E. ♂爪；F. ♂肛上板和肛侧板；G. ♂阳茎环；H. ♂下生殖板

（6）多鳞色重蛄 _Seopsis multisquama_ Li, 2002（图 1-6）

Seopsis multisquama Li, 2002: 131.

　　主要特征：雄性头黄色，具褐色条斑。胸部黄褐色；足黄色无斑；翅污黄褐色，半透明，外缘及 A 端具白斑。腹部黄色。体长 2.75 mm，体翅长 3.83 mm。复眼卵圆形，IO=0.42 mm，d=0.25 mm，IO/d=1.68。前翅翅缘鳞少，翅面具鳞片，稍长的鳞片颜色深，短宽的鳞片颜色淡；Sc_a 存在；R_1 伸达翅端，Rs 分叉长；M_3 分叉位于 Rs 分叉之前；Cu_{1a} 长于 Cu_1，cu_{1a} 室长三角形。后翅 R_1 终止于膜部，Rs_b 缺，仅存很短的一段，R_{4+5} 长于 Rs_a。肛侧板毛点区不明显，毛点刚毛状，共 13 根。阳茎环椭圆形，基柄短宽，端开放，具扩大的叶片；下生殖板简单。

　　分布：浙江（西湖）。

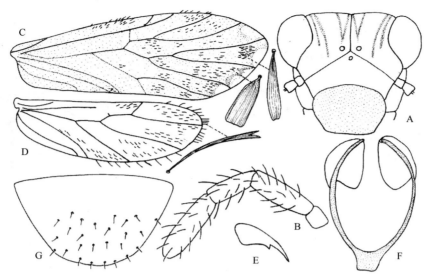

图 1-6　多鳞色重蜡 *Seopsis multisquama* Li, 2002（引自李法圣，2002）

A.♂头；B.♂下颚须；C.♂前翅；D.♂后翅；E.♂爪；F.♂阳茎环；G.♂下生殖板

二、上螮科 Epipsocidae

主要特征：长翅、短翅或无翅。头长，上唇两侧具骨化的脊；短翅和无翅型无单眼；内颚叶端分叉或不分叉；触角 13 节。爪具或无亚端齿，爪垫细或无。翅缘具毛，脉具单列毛，Cu_2 具毛或光滑；前翅 Rs 与 M 以横脉相连；后翅 Rs 与 M 以横脉相连或合并一段或以一点相接。生殖腹瓣退化或发达，背、外瓣合并，外瓣具长毛；亚生殖板简单或具后叶。雄阳茎环简单；基部封闭或开放；外阳基侧突发达或无；下生殖板简单。

分布：世界广布。世界已知 16 属 150 种，中国记录 12 属 25 种，浙江分布 4 属 8 种。

分属检索表

1. 无翅 ·· 半脊上螮属 *Dimidistriata*
- 长翅 ·· 2
2. 前翅 Rs 和 M 分支多于 3 支 ·································· 肘上螮属 *Cubitiglabrus*
- 前翅 Rs 分 2 支，M 分 3 支 ·· 3
3. 爪无亚端齿，阳茎环环状，基部封闭 ·························· 异上螮属 *Heteroepipsocus*
- 爪具亚端齿，阳茎环基部开放 ······························· 散上螮属 *Spordoepipsocus*

4. 半脊上螮属 *Dimidistriata* Li *et* Mockford, 1997

Dimidistriata Li *et* Mockford, 1997: 141. Type species: *Dimidistriata longicapita* Li *et* Mockford, 1997.

主要特征：无翅。头长，上唇具两侧的脊。触角 13 节；内颚叶端分叉；具小齿；无单眼及头盖缝臂。足跗节 2 节，爪无亚端齿及爪垫，后足跗节无毛。生殖突腹瓣无；背、外瓣具长刚毛；亚生殖板简单。

分布：东洋区。世界已知 1 种，中国记录 1 种，浙江分布 1 种。

（7）长头半脊上螮 *Dimidistriata longicapita* Li *et* Mockford, 1997（图 1-7）

Dimidistriata longicapita Li *et* Mockford, 1997: 141.

主要特征：雌性体长 1.23 mm，无翅，触角长 1.19 mm，鞭节 1–3 节分别长为 0.19 mm、0.09 mm、0.08 mm，IO=0.17 mm，*d*=0.09 mm，IO/*d*=1.89，后足跗节分别长为 0.20 mm、0.13 mm。头黄色，头顶隐见深黄色条

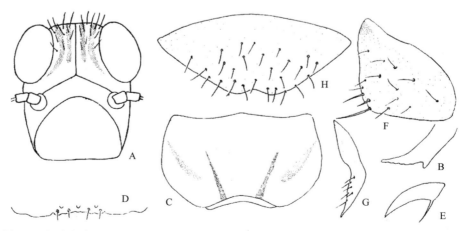

图 1-7　长头半脊上螮 *Dimidistriata longicapita* Li *et* Mockford, 1997（引自李法圣，2002）
A. ♀头；B. ♀内颚叶；C. ♀上唇；D. ♀上唇感器；E. ♀爪；F. ♀肛侧板；G. ♀生殖突；H. ♀亚生殖板

斑；后唇基、前唇基及上唇黄色，上唇两侧脊褐色；内颚叶端扩大、斜伸，端略波形，近端内侧具 2 个齿突；下颚须及触角黄色。胸部黄褐色；足黄色。腹部黄色，各节背板具褐色斑纹。足跗节 2 节，爪无亚端齿及爪垫；无毛栉。肛上板半圆形，肛侧板无毛点区及毛点，内侧具 3 根粗长刚毛。生殖突腹瓣退化，背、外瓣合并，具长毛；亚生殖板简单，后缘中部略凹，无骨化区。

分布：浙江（临安）。

5. 异上蜡属 *Heteroepipsocus* Li, 1995

Heteroepipsocus Li, 1995a: 65. Type species: *Heteroepipsocus longicellus* Li, 1995.

主要特征：触角 13 节，内颚端窄；头长，上唇两侧具骨化的脊；头盖缝臂退化或细弱。足跗节 2 节，爪无亚端齿，无爪垫，后足跗节具毛栉。翅缘及脉具毛，脉具单列毛，后翅仅端部脉具毛。雄阳茎环封闭，外阳基侧突膜质，宽大，阳茎球膜质；下生殖板简单。雄腹瓣退化，外瓣与背板合并，多长刚毛；亚生殖板简单。

分布：东洋区。世界已知 4 种，中国记录 3 种，浙江分布 2 种。

（8）短室异上蜡 *Heteroepipsocus brevicellus* Li, 1995（图 1-8）

Heteroepipsocus brevicellus Li, 1995a: 66.

主要特征：雄性头深褐色，后唇基褐色，具深褐色条纹，基缘黑色，前唇基和上唇黄褐色；单眼区、复眼黑色；下颚须褐色；触角黄色至黄褐色。胸部褐色，背侧板之间具宽的黄色区；足褐色，转节、腿节黄色。翅透明，前翅各脉端及翅痣内具褐斑。腹部黄色。体长 1.75 mm，体翅长 2.70 mm。复眼短椭圆形，IO=0.28 mm，d=0.14 mm，IO/d=2.00。爪长、细直，无亚端齿，爪垫无，仅具基部的长刺。前翅翅痣和 cu_{1a} 室扁长，弧圆；前翅 Rs 和 M 以横脉相连，Rs 分叉短于 Rs_a，而近于 M_1 和 M_2 分叉；M 分 3 支；cu_{1a} 室长于 Cu_1。后翅 Rs 和 M 以横脉相连，R_{4+5} 与 Rs_a 约等长。雄性肛上板半圆形；肛侧板毛点 18 个。阳茎环封闭，骨化强，外阳基侧突膜质，宽阔；下生殖板简单，半圆形。

分布：浙江（开化）。

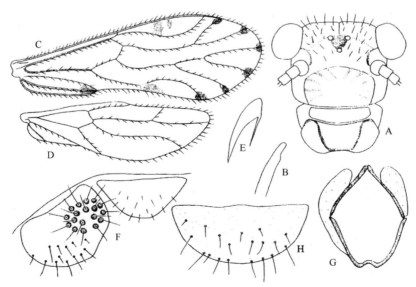

图 1-8 短室异上蜡 *Heteroepipsocus brevicellus* Li, 1995（引自李法圣，2002）
A.♂头；B.♂内颚叶；C.♂前翅；D.♂后翅；E.♂爪；F.♂肛上板和肛侧板；G.♂阳茎环；H.♂下生殖板

（9）长室异上啮 *Heteroepipsocus longicellus* Li, 1995（图 1-9）

Heteroepipsocus longicellus Li, 1995a: 65.

主要特征： 雄性头深褐色。前胸黄褐色，中后胸褐色，背板与侧板之间具宽的黄色区；足黄褐色，胫节端、跗节褐色；翅透明，前翅污褐色，脉间具稍深的斑，脉端及 cu_{1a} 室斑较明显，A 端黑褐色；腹部黄色，基部背面褐色。体长 2.17 mm，体翅长 3.58 mm。头长，近长方形，上唇具骨化脊；复眼球形，IO=0.39 mm，d=0.19 mm，IO/d=2.05。前翅基部窄，端宽圆；翅痣扁长，脉具单列毛，Cu_2 具毛；Rs 和 M 以横脉相连，Rs 分 2 支，R_{4+5} 长于 Rs_a；M 分 3 支，Rs 分叉近 M_3 分叉；cu_{1a} 室长，为 Cu_1 的 1.4 倍。后翅 Rs 与 M 以一点相接，R_{4+5} 略短于 Rs_a。肛上板近梯形，端弧圆、宽阔，肛侧板毛点 24 个。阳茎环封闭，端尖锐，外阳基侧突膜质，宽阔；下生殖板近矩形，两侧前角具浅褐色骨化。

分布： 浙江（开化）。

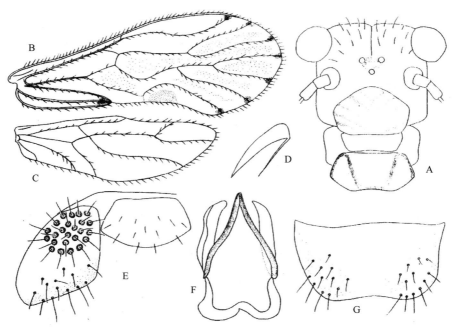

图 1-9　长室异上啮 *Heteroepipsocus longicellus* Li, 1995（引自李法圣，2002）
A. ♂头；B. ♂前翅；C. ♂后翅；D. ♂爪；E. ♂肛上板和肛侧板；F. ♂阳茎环；G. ♂下生殖板

6. 散上啮属 *Spordoepipsocus* Li, 2002

Spordoepipsocus Li, 2002: 201. Type species: *Spordoepipsocus perforatus* Li, 2002.

主要特征： 雄性长翅，中等大小。上唇两侧具骨化的脊，上唇感器 5 个，3 个板状、2 个刚毛状；内颚叶端分叉。足跗节 2 节，爪具亚端齿，无爪垫。后翅 Rs 与 M 以横脉相连或合并一段。翅缘具毛，前翅 Cu_2 具毛，后翅脉仅端部具毛。阳茎环基部开放，内阳基侧突端合并；下生殖板简单。

分布： 东洋区。世界已知 4 种，中国记录 4 种，浙江分布 3 种。

分种检索表

1. 后翅 Rs 与 M 以横脉相连 ·· 多孔散上啮 *S. perforatus*

- 后翅 Rs 与 M 合并一段 ··· 2

2. 上唇基无褐斑 ·· 无孔散上蜡 *S. imperforatus*
- 上唇基有褐斑 ·· 细散上蜡 *S. subtilis*

（10）无孔散上蜡 *Spordoepipsocus imperforatus* Li, 2002（图 1-10）

Spordoepipsocus imperforatus Li, 2002: 203.

主要特征：雄性体长 2.38 mm，体翅长 4.05 mm，IO=0.26 mm，d=0.19 mm，IO/d=1.37。头黑褐色；下颚须淡褐色；触角黄褐色。胸部褐色，背面黑色；足褐色至深褐色；翅均污褐色，脉深褐色，端半沿脉稍淡。腹部淡色，第 9 节背板骨化为褐色。上唇两侧具内化的脊；前内面具 5 个感器，3 个板状、2 个刚毛状。前翅翅痣宽大，后角不明显；Rs 与 M 以横脉相连；R_{4+5} 短于 Rs_a；M_1 稍长于 M_{1+2}。肛上板半圆形，端部具 1 透明区；肛侧板毛点 35 个。阳茎环基部开放，外阳基侧突宽长，内阳基侧突细，端合并成角状；阳茎球膜质；下生殖板简单。

分布：浙江（临安）。

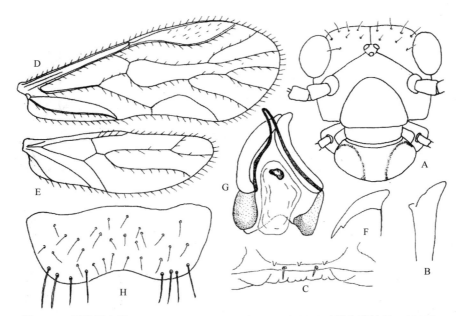

图 1-10　无孔散上蜡 *Spordoepipsocus imperforatus* Li, 2002（引自李法圣，2002）
A. ♂头；B. ♂内颚叶；C. ♂上唇前缘，示感觉器；D. ♂前翅；E. ♂后翅；F. ♂爪；G. ♂阳茎环；H. ♂下生殖板

（11）多孔散上蜡 *Spordoepipsocus perforatus* Li, 2002（图 1-11）

Spordoepipsocus perforatus Li, 2002: 203.

主要特征：雄性体长 2.17 mm，体翅长 6.40 mm，IO=0.41 mm，d=0.22 mm，IO/d=1.86。头深褐色至黑色；后唇基、前唇基及上唇深褐色；下颚须及触角深褐色。胸部黄褐色，背面深褐色；足褐色至深褐色；翅污褐色，脉深褐色。腹部淡黄色，第 9 节背板骨化褐色。上唇两侧具骨化的脊。前翅翅痣长大，后角不明显；前翅 Rs 和 M 以横脉相连；R_{4+5} 长于 Rs_a；M_1 长于 M_{1+2}；cu_{1a} 室长大；后翅 Rs 和 M 以横脉相连，R_{4+5} 略长于 Rs_a。肛上板钟罩形，端部具 1 膜区，多小毛；肛侧板毛点 28 个。阳茎环基部开放，外阳基侧突宽，端外倾，具多个小孔；内阳基侧突骨化为褐色，端封闭；阳茎球膜质，具鳞状纹；下生殖板简单。

分布：浙江（临安）。

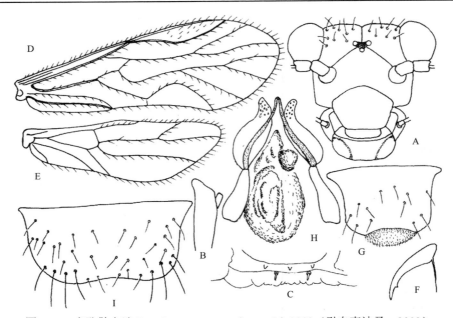

图 1-11　多孔散上啮 *Spordoepipsocus perforatus* Li, 2002（引自李法圣，2002）

A.♂头；B.♂内颚叶；C.♂上唇前缘，示感觉器；D.♂前翅；E.♂后翅；F.♂爪；G.♂肛上板；H.♂阳茎环；I.♂下生殖板

（12）细散上啮 *Spordoepipsocus subtilis* Li, 2001（图 1-12）

Spordoepipsocus subtilis Li, 2001: 122.

主要特征：雄性体长 2.33 mm，体翅长 4.00 mm，IO=0.38 mm，*d*=0.15 mm，IO/*d*=2.53。头顶部褐色无斑。胸部深褐色。翅透明、褐色，脉黄褐色。腹部黄色，具少量褐斑。前翅翅痣狭长，后缘弧圆，无后角；Sc 脉自由；Rs 与 M 以横脉相连，Rs 分叉狭长；cu_{1a} 室长扁，长为 Cu_1 的 1.32 倍。后翅 Rs 分叉较短，

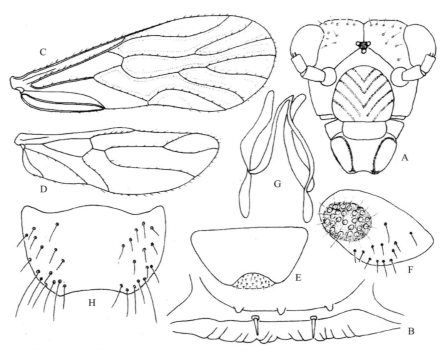

图 1-12　细散上啮 *Spordoepipsocus subtilis* Li, 2001（引自李法圣，2002）

A.♂头和上唇；B.♂上唇感器；C.♂前翅；D.♂后翅；E.♂肛上板；F.♂肛侧板；G.♂阳茎环；H.♂下生殖板

R_{4+5} 与 Rs_a 约相等。翅缘及脉具单列毛，Cu_2 具毛。肛上板半圆形；肛侧板具毛点 27 个。阳茎环基部开放，内阳基侧突端连在一起，阳茎球膜质；下生殖板近矩形，无骨化区，两侧后角毛长。

分布：浙江（临安）。

7. 肘上螆属 *Cubitiglabrus* Li, 1995

Cubitiglabrus Li, 1995a: 63. Type species: *Cubitiglabrus quadripunctaus* Li, 1995.

主要特征：长翅，中等大小，体翅长 3–5 mm。头盖缝臂无，单眼 3 个，头长，上唇两侧具骨化的脊；内颚叶端宽阔，无齿。足跗节 2 节，爪直、细、有或无亚端齿。前翅缘及脉具毛，Cu_2 无毛，脉单列毛；翅痣和 cu_{1a} 室扁长，Rs 和 M 以横脉相连；Rs 分 4 或 5 支，M 分 6–7 支。后翅 Rs 和 M 以横脉相连或一点相接，翅缘及端部具毛。下生殖板简单；阳茎环基部封闭，外阳基侧突膜质及阳茎球无骨化。

分布：东洋区。世界已知 3 种，中国记录 3 种，浙江分布 2 种。

（13）多脉肘上螆 *Cubitiglabrus polyphebius* Li, 1995（图 1-13）

Cubitiglabrus polyphebius Li, 1995b: 144.

主要特征：雄性头部褐色，颊下区及额具黄斑，后唇基、前唇基褐色，上唇黄色，具深褐色骨化的脊；下颚须深褐色；触角黄色；单眼区、复眼黑色。胸部深褐色；足深褐色，胫节基、端两部分色淡；翅透明，浅污黄色，脉深褐色；前翅翅痣内及 A 端具褐斑。腹部黄色，生殖节骨化为褐色。体长 3.00 mm，体翅长 4.82 mm。头长，向下垂伸。复眼球形，IO=0.38 mm，d=0.20 mm，IO/d=1.90；后唇基横宽，两侧中部凹入；唇两侧具骨化的脊。跗节 2 节，爪有亚端齿。前翅端圆，翅痣狭长，后缘中部突出；Rs 与 M 以横脉相连；Rs 分 4 支；M 分 7 支，第 6 支又分为 2 支；Cu_1 分 2 支，cu_{1a} 室窄长，半圆形；脉除 Cu_2 无毛外，余具单列毛。后翅翅缘及端部脉具单列毛。雄性肛上板半圆形，肛侧板毛点约 31 个。阳茎环封闭，外阳基侧突粗壮；下生殖板简单。

分布：浙江（庆元）。

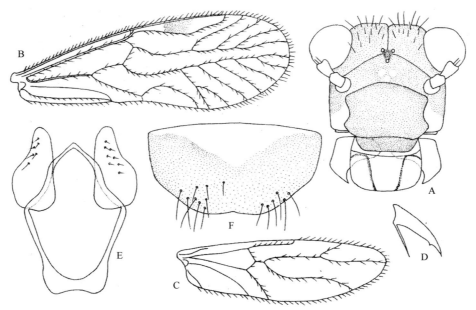

图 1-13　多脉肘上螆 *Cubitiglabrus polyphebius* Li, 1995（引自李法圣，2002）

A. ♂头；B. ♂前翅；C. ♂后翅；D. ♂爪；E. ♂阳茎环；F. ♂下生殖板

（14）四点肘上啮 *Cubitiglabrus quadripunctatus* Li, 1995（图 1-14）

Cubitiglabrus quadripunctatus Li, 1995a: 64.

主要特征：雄性头部黄色，复眼间具 4 个小圆斑，触角窝间有 1 条弧形的褐带；后唇基黄色，顶端有褐带；前唇基污褐色，上唇黄色，两侧脊褐色；下颚须褐色；触角黄色。胸部有由头侧面经胸部至腹端的褐带，颈部背面具 5 条、前胸具 4 条，中后胸各 1 条褐带。腹部黄色，背侧具褐带。复眼球形，向侧上方突出，$IO=0.38$ mm，$d=0.25$ mm，$IO/d=1.52$。前翅周缘具毛，脉具单列毛，Cu_2 无毛；翅痣和 cu_{1a} 室长扁；Rs 和 M 以横脉相连，Rs 分 4 支，M 分 6 支，最后两支由 R_5 上分出，Rs 和 M 分支可多到 5 支和 8 支。后翅翅缘及端部脉具毛，Cu_2 无毛；Rs 分叉长，R_{4+5} 长于 Rs_a。雄性肛上板简单，圆锥状，肛侧板毛点 28 个。阳茎环封闭，骨化强；外阳基侧突膜质，宽阔；下生殖板简单，后缘具宽的骨化。

分布：浙江（开化）。

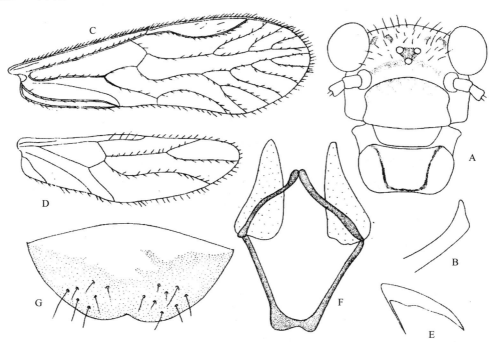

图 1-14　四点肘上啮 *Cubitiglabrus quadripunctatus* Li, 1995（引自李法圣，2002）
A. ♂头；B. ♂内颚叶；C. ♂前翅；D. ♂后翅；E. ♂爪；F. ♂阳茎环；G. ♂下生殖板

三、外蝎科 Ectopsocidae

主要特征：小型，体长 1.5–2.5 mm；体暗褐色；翅透明或具斑纹。通常长翅型，少数短翅及小翅型。触角 13 节；内颚叶端分叉；上唇感器 5 个；头盖缝存在，单眼 3 个或无。前翅缘及脉具稀疏小毛，Cu_2 无毛；后翅缘无毛或仅径叉缘具毛。前翅翅痣近矩形，Rs 与 M 通常以一点相接，或合并一段或以横脉相连，Rs 分 2 支，M 分 3 支，Cu_1 单一，Rs_b 长，常为 M_b 的 2 倍。后翅 Rs 与 M 以横脉相连。足跗节 2 节，爪无亚端齿，爪垫宽。第 9 腹节背常具齿突或其他构造。生殖突完全或退化仅存外瓣；亚生殖板简单，后叶单突或双突。阳茎环环状，阳茎球骨化强、复杂，下生殖板简单。

分布：世界广布。世界已知 7 属 270 种，中国记录 5 属 60 种，浙江分布 2 属 2 种。

8. 无眼外蝎属 *Ectianoculus* Li, 1995

Ectianoculus Li, 1995b: 169. Type species: *Ectianoculus baishanzuicus* Li, 1995.

主要特征：触角 13 节，无单眼，头盖缝臂无；内颚叶向端变细，不分叉。翅痣矩形；前翅 Rs 和 M 以一点相接；前翅缘及脉具毛，Cu_2 无毛。后翅 Rs 和 M 以横脉相连，翅缘及脉无毛。肛侧板内侧具 2 个齿突，毛点 8 个。生殖突完全，腹瓣细长；背、外瓣发达，长条形，外瓣端具长刚毛；亚生殖板后叶双突。

分布：东洋区。世界已知 1 种，中国记录 1 种，浙江分布 1 种。

（15）百山祖无眼外蝎 *Ectianoculus baishanzuicus* Li, 1995（图 1-15）

Ectianoculus baishanzuicus Li, 1995b: 170.

主要特征：雌性头黄色，具黄褐色斑，后唇基黄褐色，复眼黑色，上唇黄色；下颚须黄色，端节近端

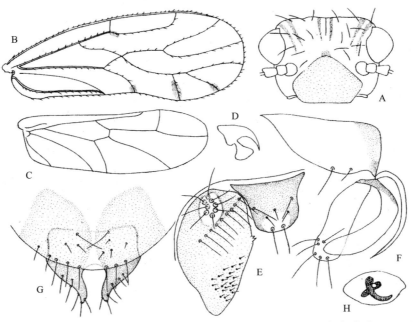

图 1-15　百山祖无眼外蝎 *Ectianoculus baishanzuicus* Li, 1995（引自李法圣，2002）
A. ♀头；B. ♀前翅；C. ♀后翅；D. ♀爪；E. ♀肛上板和肛侧板；F. ♀生殖突；G. ♀亚生殖板；H. ♀生殖孔板

具褐色环；触角黄色，第 3 节端大部分及以后各节深褐色。胸部黄色，背板稍深；足黄色；前翅透明，浅污黄色，前翅 M_2 和 M_3 及 Cu_1 端具淡褐色斑。腹部淡黄色，背板具淡褐色横带。体长 2.08 mm，体翅长 2.42 mm，IO=0.38 mm，d=0.10 mm，IO/d=3.80。前翅翅痣近矩形；Rs 和 M 以一点相接，Rs_b 长，与 Rs_a 约等长，为 M_b 端的 2 倍；Rs 分叉宽长；M 分 3 支，M_{1+2} 短，约为 M_2 的 1/3；后翅径叉缘无毛。肛上板近梯形，端具 1 对长刚毛；肛侧板毛点 8 个，内侧缘齿内小外大，近中部具 1 列长毛，共 9 根。生殖突腹瓣细长；背瓣长、膜质；外瓣长条状，具长毛；亚生殖板后叶双突，长角状、略波曲，基部骨化呈块状；生殖孔板近椭圆形。

分布：浙江（庆元）。

9. 邻外啮属 *Ectopsocopsis* Badonnel, 1955

Ectopsocopsis Badonnel, 1955: 185. Type species: *Ectopsocopsis balli* Badonnel, 1955.

主要特征：体小型。触角 13 节。足跗节 2 节，爪无亚端齿，爪垫宽阔，后足基跗节具毛栉。翅端宽阔，近矩形；前翅 Rs 与 M 以一点相接或以横脉相连，或合并一段；Rs_b 长于 M_b；Rs 分 2 支，M 分 3 支；Cu_1 不分叉；翅缘及脉具毛，脉具单列毛，短小，Cu_2 无毛。雄性第 9 腹节背板具复杂构造的交合器。肛侧板内侧具 1 个角突，毛点 8 个。阳茎环环状，内阳基侧突端合并，具基部的长柄；下生殖板简单，后缘两侧各具 1 指突。雌性生殖突退化，仅存在外瓣，与受精囊孔板连在一起。

分布：世界广布。世界已知 43 种，中国记录 22 种，浙江分布 1 种。

（16）条形邻外啮 *Ectopsocopsis sarmentiformis* Li, 2002（图 1-16）

Ectopsocopsis sarmentiformis Li, 2002: 945.

主要特征：雌性头黄色，具褐斑，后唇基具淡色条纹；下颚须黄色，端节褐色；触角黄色至黄褐色。胸部黄褐色；足黄色；翅污黄褐色，脉褐色。腹部黄褐色。体长 1.80 mm，体翅长 2.08 mm，IO=0.38 mm，d=0.11mm，IO/d=3.45。前翅翅痣矩形，较狭长，向端稍变窄；Rs 与 M 合并一段，R_{4+5} 为 Rs_a 的 1.6 倍；M_1 为 M_{1+2} 的 4.15 倍。后翅长 1.33 mm，宽 0.43 mm，长为宽的 3.09 倍；R_{4+5} 为 Rs_a 的 1.38 倍。肛侧板内侧具单一齿突，毛点 9 个。生殖突仅存外瓣，短小，端具 4 长刚毛；生殖孔板孔后具向后延伸的骨片，边界不明显，后缘骨片 1 块，鸟头状；亚生殖板骨化端略膨大，后叶单突。

分布：浙江（江干）。

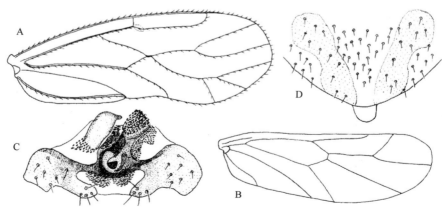

图 1-16　条形邻外啮 *Ectopsocopsis sarmentiformis* Li, 2002（引自李法圣，2002）
A. ♀前翅；B. ♀后翅；C. ♀生殖突；D. ♀亚生殖板

四、沼蠦科 Elipsocidae

主要特征：长翅、短翅或无翅；体小至中型。触角 13 节；内颚叶端分叉，外侧支宽，具齿。翅痣突出，游离，与 Rs 不相连；Rs 和 M 通常合并一段，或以横脉相连或以一点相接；cu_{1a} 室自由，少数缺 cu_{1a} 室；M 分 3 或 2 支；翅缘和脉具单列刚毛。后翅 Rs 和 M 合并一段或后翅退化，脉细弱。足跗节多数 3 节，少数 2 节，爪具亚端齿，爪垫有或无。雄性下生殖板简单，阳茎环呈环状，外阳基侧突长适中，约为环长的 1/3。雌性亚生殖板后缘具突出；生殖突完全，外瓣具刚毛，有些无翅成虫退化，仅存背瓣。

分布：世界广布。世界已知 5 属 90 种。中国记录 2 属 3 种，浙江分布 1 属 2 种。

10. 伪沼蠦属 *Pseudopsocus* Kolbe, 1882

Pseudopsocus Kolbe, 1882: 208. Type species: *Pseudopsocus rostocki* Kolbe, 1882.

主要特征：雄性长翅，雌性无翅。触角 13 节，单眼 3 个，雌性无单眼；下颚须第 4 节细长，端圆。前翅无明显斑纹，Rs 与 M 合并一段，有时以横脉相连；翅缘及脉具单列毛，毛少稀疏，Cu_2 无毛。后翅 Rs 与 M 合并一段或以横脉相连或以一点相接。基节器仅雄性有。跗节 3 节，爪具亚端齿；爪垫细，端钝圆。肛侧板简单，毛点及毛点区仅雄性有。雄性下生殖板简单，通常具 1 骨化的脊。阳茎环环状，内阳茎端合并。雌性亚生殖板后缘具双叶突出，端具刚毛；生殖突完全，外瓣发达，具刚毛。卵块产，具纹饰。

分布：古北区、东洋区。世界已知 4 种，中国记录 2 种，浙江分布 2 种。

（17）无脊伪沼蠦 *Pseudopsocus acarinatus* Li, 2002（图 1-17）

Pseudopsocus acarinatus Li, 2002: 959.

主要特征：雄性体长 2.57 mm，体翅长 4.08 mm，IO=0.31 mm，d=0.29 mm，IO/d=1.07。头黑色，仅

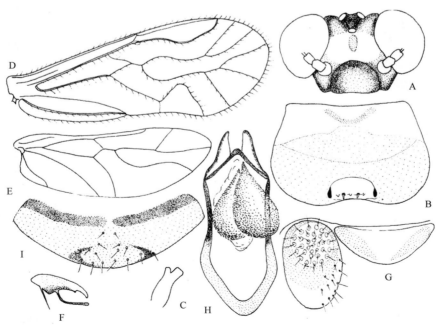

图 1-17　无脊伪沼蠦 *Pseudopsocus acarinatus* Li, 2002（引自李法圣，2002）

A.♂头；B.♂上唇，示上唇感器；C.♂内颚叶；D.♂前翅；E.♂后翅；F.♂爪；G.♂肛上板和肛侧板；H.♂阳茎环；I.♂下生殖板

额区黄褐色；下颚须、触角黑色。前胸深褐色，中后胸黄褐色，背面黑色；足褐色，基节深褐色；翅透明，污褐色，脉深褐色，翅痣褐色，向前缘变深褐色。腹部黄色，各节背板具淡褐色横带，第 9 节背板黑褐色。前翅翅痣大，后角圆；Rs 与 M 合并一段，M 分 3 支，M_3 分叉与 Rs 分叉近齐；cu_{1a} 室三角形；翅缘稀毛，脉毛很小，小于脉的粗度，Cu_2 无毛；后翅径叉缘具 8 毛。肛侧板毛点 32 个。阳茎环环状，外阳基侧突端楔尖；内阳基侧突骨化深，呈角状；阳茎球双球形，由骨化鳞状物组成；下生殖板简单，端及基骨化深，中部骨化淡。

　　分布：浙江（临安）。

（18）脊伪沼啮 *Pseudopsocus carinatus* Li, 1995（图 1-18）

Pseudopsocus carinatus Li, 1995b: 184.

　　主要特征：雄性头黑色，额区黄褐色，后唇基黑褐色，前唇基黄色，上唇黑色；单眼区、复眼黑色；下颚须缺；触角黄褐色。胸部褐色，背板黑褐色；足深褐色；翅透明浅污褐色，前缘及基半稍深。腹部黄色，背板中部淡褐色。体长 2.67 mm，体翅长 4.23 mm。后唇基半圆形；单眼 3 个，大、远离；复眼肾形，IO=0.25 mm，d=0.28 mm，IO/d=0.89。前翅前缘有断痕，翅痣后角弧圆；Sc 自由，Rs 与 M 合并一段，R_{4+5} 与 Rs_a 约相等；r_5 室基部膨突；M_3 分叉与 Rs 分叉约齐平，M_1 为 M_{1+2} 的 4 倍；cu_{1a} 室自由、长，略短于 Cu_1。后翅径叉具刚毛 6 根。雄性肛上板矮三角形，肛侧板毛点 32 个；阳茎环基部封闭，阳茎球由骨化的齿组成；下生殖板内面具 1 脊，骨化基缘波形，平伸。

　　分布：浙江（庆元）。

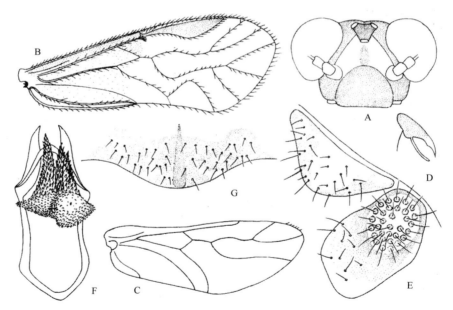

图 1-18　脊伪沼啮 *Pseudopsocus carinatus* Li, 1995（引自李法圣，2002）
A. ♂头；B. ♂前翅；C. ♂后翅；D. ♂爪；E. ♂肛上板和肛侧板；F. ♂阳茎环；G. ♂下生殖板

五、叉䗩科 Pseudocaeciliidae

主要特征：长翅或短翅；中等大小，体翅长 2.00–4.30 mm。体翅多毛。内颚叶细，端分叉、具齿；触角 13 节，短于前翅。翅缘具毛，外缘具交叉毛，膜质部具毛或无毛；前翅脉毛双列，端部分支脉较稀疏；Cu_2 无毛；后翅仅端部具毛；前翅 Rs 与 M 合并一段或以一点相接或以横脉相连；M 分 3 或 2 支；cu_{1a} 室自由。足跗节 2 节，爪具或无亚端齿，爪垫宽或细，端部膨大，通常基跗节具毛栉。雄性外阳基侧突通常宽长，内阳基侧突形成封闭的阳茎环；阳茎球骨化呈杵状，骨化强或弱，或膜质；下生殖板后叶完全或左右分开，具各种角或指状突起，或齿突。雌性亚生殖板后叶双突，少数呈锥状，或弧圆，具 1 对或 2 对刚毛；生殖突完全，外瓣发达。

分布：世界广布。世界已知 27 属 260 种，中国记录 19 属 108 种，浙江分布 5 属 11 种。

分属检索表

1. 前翅面除端部外具毛，膜质部多毛 ························· 毛叉䗩属 *Trichocaecilius*
- 前翅面膜质部无毛或仅端部具毛 ·· 2
2. 前翅 Rs_a 明显波弯 ··· 3
- 前翅 Rs_a 较直 ·· 4
3. 前翅 Rs_a 十分波曲，具 2 个峰突；亚生殖板后叶具 1 对刚毛 ········· 蛇叉䗩属 *Ophiodopelma*
- 前翅 Rs_a 波曲，仅具 1 个峰突 ··································· 配叉䗩属 *Allocaecilius*
4. 背瓣端不分叶；阳茎球骨化十分弱，通常 2 条，膜质状 ············· 叉䗩属 *Pseudocaecilius*
- 背瓣端分叶；阳茎球骨化较叉䗩属强 ····························· 异叉䗩属 *Heterocaecilius*

11. 毛叉䗩属 *Trichocaecilius* Badonnel, 1967

Trichocaecilius Badonnel, 1967: 140. Type species: *Trichocaecilius delictrs* Badonnel, 1967.

主要特征：头和胸部具长毛。前翅前缘变粗。Rs 和 M 合并一段或以横脉相连，M 分 3 支，Cu_{1a} 自由。后翅 Rs 和 M 合并一段，R 和 $M+Cu_1$ 由基部分开。翅缘及脉具毛，后翅仅翅缘具毛。前翅外缘具交叉毛；膜质部具毛。爪具亚端齿，爪垫细，端膨大；后足仅基跗节具毛栉。下生殖板完整，具 1 对长指突和小齿；阳茎球骨化为杆状。亚生殖板后叶双叶，具 2 对刚毛；生殖突完全，背瓣具叶，外瓣发达，多长刚毛。雄性肛上板、肛侧板具粗糙区，肛侧板端具指状突起。

分布：东洋区、旧热带区。世界已知 9 种，中国记录 5 种，浙江分布 1 种。

（19）天目山毛叉䗩 *Trichocaecilius tianmushanicus* Li, 2002（图 1-19）

Trichocaecilius tianmushanicus Li, 2002: 993.

主要特征：雄性体长 1.75 mm，体翅长 3.00 mm，IO=0.27 mm，d=0.16 mm，IO/d=1.69。雄性头黄色，翅深污黄褐色，脉褐色。腹部黄色，背板褐色，雌性腹板具褐色横带。前翅翅痣狭长，端宽圆；Rs 和 M 合并一段。前后翅膜质部均具毛。肛上板和肛侧板具粗糙区，肛侧板毛点 10 个，端具指状突起。阳茎环环状，内阳基侧突封闭，阳茎球骨化杆状，粗壮；下生殖板骨化为 1 块，两侧指状突起端具 2 个齿突，后缘具 8 个小齿突，对称。雌性体长 2.22 mm，体翅长 3.23 mm，IO=0.42 mm，d=0.12 mm，IO/d=3.50。前翅长 2.67 mm，宽 1.00 mm。前翅脉序除 Rs 分叉较长外同雄性，后翅脉序及毛同雄性。肛上板、肛侧板具长毛，肛侧板毛点 10 个；生殖突腹瓣细长而尖；背瓣宽长，端分叶；外瓣发达，长于背瓣的 1/2，具长刚毛；亚生殖板后叶双突，三角形，具 4 毛，基部骨化端扩大，近扇形。

　　分布：浙江（临安）。

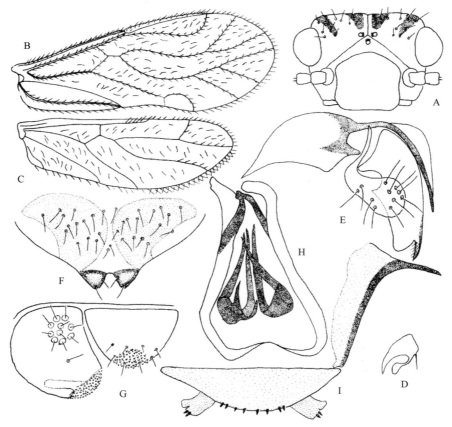

图 1-19　天目山毛叉啮 *Trichocaecilius tianmushanicus* Li, 2002（引自李法圣，2002）
A. ♀头；B. ♀前翅；C. ♀后翅；D. ♀爪；E. ♀生殖突；F. ♀亚生殖板；G. ♂肛上板和肛侧板；H. ♂阳茎环；I. ♂下生殖板

12. 蛇叉啮属 *Ophiodopelma* Enderlein, 1908

Ophiodopelma Enderlein, 1908: 767. Type species: *Ophiodopelma ornatipenne* Enderlein, 1908.

　　主要特征：体小型，宽短。触角 13 节；下颚须端分叉，一长一短。跗节 2 节，爪无亚端齿，爪垫宽，后足基跗节具毛栉。翅宽阔，翅痣后角不明显，圆；Rs 波曲，Rs 分叉近长方形；M 分 3 支；cu_{1a} 室自由，近三角形；后翅 R 和 $M+Cu_1$ 由基部分开，Rs 和 M 合并较长。翅外缘具交叉毛，脉具双列毛，前翅 Cu_2 无毛。肛上板、肛侧板简单；生殖突腹瓣细长；背瓣宽大；外瓣发达，具长毛；亚生殖板后叶双突，具 1 对刚毛。雄性肛上板、肛侧板简单；阳茎环基端开放，粗壮；阳茎球骨化杆状；下生殖板简单，后缘完整，具后突。

　　分布：东洋区、澳洲区。世界已知 10 种，中国记录 5 种，浙江分布 1 种。

（20）无眼蛇叉啮 *Ophiodopelma anocellum* Li, 2002（图 1-20）

Ophiodopelma anocellum Li, 2002: 1051.

主要特征：雌性体长 3.05 mm，体翅长 4.30 mm，IO=0.39 mm，d=0.12 mm，IO/d=3.38。头黄色，胸部鲜黄色；足褐色，前中足端跗节、前足腿节、胫节基、后足跗节黄色；翅透明，脉褐色，前翅脉有淡区；前翅多斑纹，翅痣斑大。腹部鲜黄色。前翅翅痣后角圆；Rs_a 波弯，r_3 室近方形，M 分 3 支，cu_{1a} 室自由，偶尔与 M 以横脉相连。后翅无基脉，R 与 M+Cu_1 在基部分开，R_2 室小。肛侧板毛点 9 个。生殖突腹瓣细，具叶；背瓣宽长，分叶；外瓣狭长，多长刚毛；亚生殖板无骨化，后叶 1 对，各具刚毛 1 根；受精囊孔板半圆形，基半部骨化为褐色。

分布：浙江（临安）。

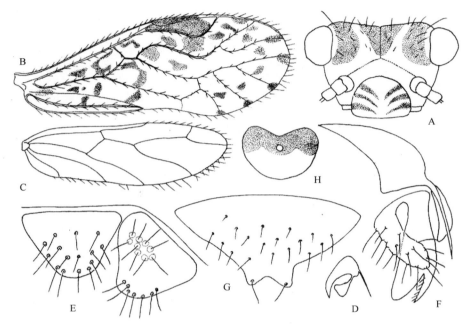

图 1-20　无眼蛇叉啮 *Ophiodopelma anocellum* Li, 2002（引自李法圣，2002）
A. ♀头；B. ♀前翅；C. ♀后翅；D. ♀爪；E. ♀肛上板和肛侧板；F. ♀生殖突；G. ♀亚生殖板；H. ♀受精囊孔板

13. 配叉啮属 *Allocaecilius* Lee *et* Thornton, 1967

Allocaecilius Lee *et* Thornton, 1967: 12. Type species: *Allocaecilius heterothrax* Lee *et* Thornton, 1967.

主要特征：体小型，体翅长小于 3 mm。触角 13 节；内颚叶端分叉不明显，外支长尖，内支短。跗节分 2 节，爪无亚端齿，爪垫细，端膨大。前翅宽阔，翅痣后角圆；Rs 和 M 合并一段，Rs 分叉长，长于 Rs_a；M 分 3 支；cu_{1a} 室高，长小于高的 1.5 倍。后翅 R 与 M+Cu_1 由基部分开，不共柄。翅外缘交叉毛明显；前翅脉具双列毛。阳茎环基部分开，骨化强；阳茎球骨化，形状多样；下生殖板简单，或具角突。生殖突腹瓣粗壮；背瓣宽大，端分叶；外瓣发达，多长毛；亚生殖板后缘双突，具 2 对刚毛。

分布：东洋区。世界已知 9 种，中国记录 5 种，浙江分布 1 种。

（21）长室配叉啮 *Allocaecilius tenuilongus* Li, 1995（图 1-21）

Allocaecilius tenuilongus Li, 1995b: 179.

主要特征：雌雄头黄色，头顶及后唇基两侧和复眼与后唇基之间有褐斑；下颚须褐色；触角淡褐色。

胸部黄色，两侧由后唇基向后经胸部两侧各有 1 条褐色纵带，中后胸背板具褐斑；足黄色，前中足胫节褐色；翅污褐色，脉褐色。腹部黄色。雌性复眼肾形，IO=0.31 mm，d=0.13 mm，IO/d=2.38。前翅 Rs 与 M 合并一段，Rs_a 波曲，Rs 分叉长，为 Rs_a 的 2 倍，R_3 室端宽阔；M 分 3 支，M_b 波曲；cu_{1a} 室高，为 Cu_1 的 1/2。后翅 R、M+Cu_1 由基部分开，基室开放，Rs 和 M 合并长。肛侧板毛点 10 个；生殖突腹瓣发达，端分叶，具毛；背瓣长三角形；外瓣发达，具长刚毛；亚生殖板后叶 2 个，具 4 根长刚毛；骨化短粗，端钝、外弯。雄性脉序同雌性。肛侧板毛点 10 个；阳茎环骨化强、粗壮，基部开放，阳茎球骨化呈杆状；下生殖板后缘骨化强，具长角状突起，基端有 2 对角突。

　　分布：浙江（庆元）。

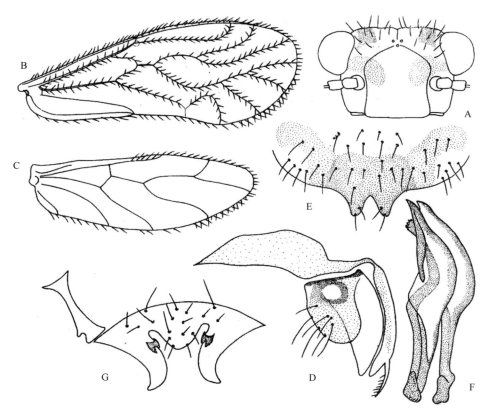

图 1-21　长室配叉啮 *Allocaecilius tenuilongus* Li, 1995（引自李法圣，2002）
A. ♀头；B. ♀前翅；C. ♀后翅；D. ♀生殖突；E. ♀亚生殖板；F. ♂阳茎环；G. ♂下生殖板

14. 叉啮属 *Pseudocaecilius* Enderlein, 1903

Pseudocaecilius Enderlein, 1903: 258. Type species: *Pseudocaecilius elutus* Enderlein, 1903.

　　主要特征：触角 13 节。爪无亚端齿，爪垫宽；通常后足跗节具毛栉。前翅脉 R 和 M 合并一段，或以一点相接或以横脉相连；cu_{1a} 室扁长。后翅 R 和 M+Cu_1 由基部分开，不共柄，Rs 与 M 合并一段。翅缘及脉具毛，外缘具交叉毛，脉毛双列，Cu_2 无毛，后翅脉端具毛。肛侧板简单；阳茎环封闭，有时基部以膜质相连，阳茎球骨化弱，膜质；下生殖板后缘中央分开，具角突。亚生殖板后叶双突，少数单突。

　　分布：世界广布。世界已知 48 种，中国记录 17 种，浙江分布 2 种。

（22）十一斑叉啮 *Pseudocaecilius undecimimaculatus* Li, 1995（图 1-22）

Pseudocaecilius undecimimaculatus Li, 1995b: 182.

主要特征：雄性头乳黄色。胸部淡黄色，沿侧板下缘具 1 条松散的褐色纵带，中胸前盾片前端具 2 条褐带；足淡黄色；前翅透明，浅污黄色，沿翅端缘共有 11 块明显的褐斑，痣基、A 端斑较深；后翅透明，浅污黄色。腹部黄色。体长 2.25 mm，体翅长 3.42 mm。复眼肾形，IO=0.31 mm，d=0.27 mm，IO/d=1.15。前翅翅痣宽阔，后角圆；Rs 和 M 合并一段，Rs 分叉略短于 Rs_a，近 M_3 分叉；M 分 3 支；cu_{1a} 室长而扁，略短于 Cu_1。第 9 腹节背板后缘中部具小齿，肛侧板毛点 10 个；阳茎环狭长，外阳基侧突长，内阳基侧突较短，阳茎球膜质；下生殖板后缘具双角。

分布：浙江（庆元）。

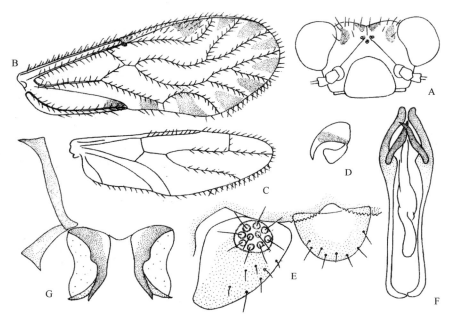

图 1-22　十一斑叉啮 *Pseudocaecilius undecimimaculatus* Li, 1995（引自李法圣，2002）
A. ♂头；B. ♂前翅；C. ♂后翅；D. ♂爪；E. ♂肛上板和肛侧板；F. ♂阳茎环；G. ♂下生殖板

（23）斜带叉啮 *Pseudocaecilius plagiozonalis* Li, 1995（图 1-23）

Pseudocaecilius plagiozonalis Li, 1995b: 181.

主要特征：雌雄头黄色，具褐色斑。胸部褐色至深褐色，雌性淡黄色。腹部乳黄色。雄性复眼大，肾形，IO=0.34 mm，d=0.25 mm，IO/d=1.36。前翅翅痣扁，无后角，前缘变粗；Rs 与 M 以横脉相连，Rs 分叉长，略长于 Rs_a；M 分 3 支，M_3 分叉与 Rs 分叉相齐；cu_{1a} 室扁长，略短于 Cu_1。后翅长 2.58 mm，宽 0.83 mm，长为宽的 3.11 倍；Rs_a 直，与 R_{4+5} 在同一直线上。肛侧板毛点 10 个；阳茎环粗壮，基端以膜质相连；外阳基侧突长，内阳基侧突端连在一起，具角突；阳茎球骨化弱；下生殖板具 1 对长角状突起。雌性复眼较雄性为小，近半球形，IO=0.50 mm，d=0.18 mm，IO/d=2.78。肛侧板毛点 10 个。生殖突腹瓣细长，背瓣宽长，外瓣短宽，具长刚毛；亚生殖板后叶粗壮，端部两侧突出，具 1 对长刚毛。

分布：浙江。

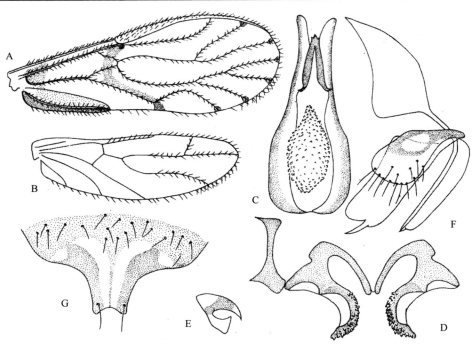

图 1-23　斜带叉啮 *Pseudocaecilius plagiozonalis* Li, 1995（引自李法圣，2002）
A. ♂前翅；B. ♂后翅；C. ♂阳茎环；D. ♂下生殖板；E. ♀爪；F. ♀生殖突；G. ♀亚生殖板

15. 异叉啮属 *Heterocaecilius* Lee *et* Thornton, 1967

Heterocaecilius Lee *et* Thornton, 1967:13. Type species: *Heterocaecilius simplex* Lee *et* Thornton, 1967.

　　主要特征：爪垫宽。前翅 Rs 与 M 合并一段或以一点相接；cu_{1a} 室扁长。后翅 R 与 $M+Cu_1$ 由基部分开，无共柄。翅缘具毛，外缘具交叉毛，前翅脉毛双列，通常端部分支脉较稀疏，Cu_2 无毛；后翅端部脉具毛。下生殖板后叶中央分开，具各种角突；阳茎球骨化弱、杆状。生殖突完全，背瓣分叶，亚生殖板后叶双突，具 2 对刚毛。

　　分布：世界广布。世界已知 80 种，中国记录 32 种，浙江分布 6 种。

分种检索表

（24）十二齿异叉蚣 *Heterocaecilius duodecidentus* (Li, 2002)（图 1-24）

Obrocaecilius duodecidentus Li, 2002: 1035.

Heterocaecilius duodecidentus: Lienhard, 2003: 711.

主要特征：雌雄头部黄色，复眼黑色。胸部深褐色；足褐色，前足转、腿节黄色。翅深污黄褐色，翅痣褐色，脉褐色。腹部黄色，散生小的褐色斑点。雄复眼椭圆形，IO=0.27 mm，*d*=0.19 mm，IO/*d*=1.42。前翅翅痣后角圆，cu_{1a} 室半圆形，长为宽的 2 倍。后翅 R 和 M+Cu_1 由基部分开，R_{4+5} 长于 Rs_a。肛上板和肛侧板具粗糙区，肛侧板毛点 10 个；阳茎环环状，外阳基侧突宽阔，内阳基侧突较细，阳茎球骨化、黑色、杆状；下生殖板后缘具 2 个指状突起，端各具 3 齿，中部 4 组，共 8 齿，对称。雌性体长 2.10 mm，体翅长 3.05 mm。复眼半圆形，IO=0.41 mm，*d*=0.10 mm，IO/*d*=4.10。脉序及毛同雄性。肛侧板毛点 10 个；生殖突腹瓣细长，具宽的叶；背瓣宽大，端分叶；外瓣长，发达，长于背瓣长的 1/2，具多根长刚毛；亚生殖板后叶双突，具 2 对刚毛，基部骨化短宽，端钩弯。

分布：浙江（庆元）。

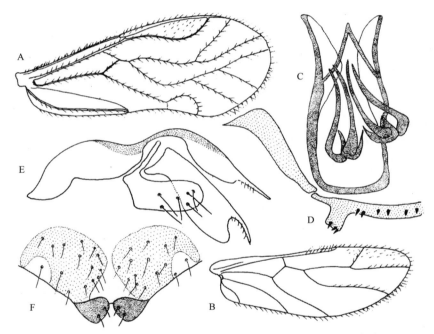

图 1-24 十二齿异叉蚣 *Heterocaecilius duodecidentus* (Li, 2002)（引自李法圣，2002）
A.♂前翅；B.♂后翅；C.♂阳茎环；D.♂下生殖板；E.♀生殖突；F.♀亚生殖板

（25）圆室异叉蚣 *Heterocaecilius circulicellus* Li, 1995（图 1-25）

Heterocaecilius circulicellus Li, 1995b: 180.

主要特征：雌性头黄色，具黄褐色斑。腹部黄色，散生褐色斑点。复眼小，卵圆形，IO=0.42 mm，*d*=0.09 mm，IO/*d*=4.67。前翅长 2.47 mm，宽 0.92 mm，长为宽的 2.68 倍；翅缘具毛，外缘具交叉毛；翅痣端渐宽阔，后缘圆；Rs 与 M 以横脉相连，Rs_a 波曲，分叉短，近 M_1 和 M_2 分叉；M 分 3 支；cu_{1a} 室高，弧圆。后翅长 1.93 mm，宽 0.72 mm，长为宽的 2.68 倍；R_{2+3} 与 R_{4+5} 以 90° 角分叉。肛上板端刚毛长，肛侧板毛点 10 个；生殖突腹瓣宽长，端具叶突；背瓣长方形，端具分叶，具小毛；外瓣近椭圆形，具长毛；亚生殖板后叶双突，具 4 长毛，骨化分为 2 褐色块状区域。

分布：浙江、湖北。

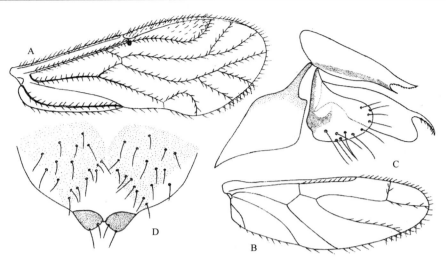

图 1-25　圆室异叉啮 *Heterocaecilius circulicellus* Li, 1995（引自李法圣，2002）
A. ♀前翅；B. ♀后翅；C. ♀生殖突；D. ♀亚生殖板

（26）西湖异叉啮 *Heterocaecilius xihuicus* (Li, 2002)（图 1-26）

Obrocaecilius xihuicus Li, 2002: 1039.

Heterocaecilius xihuicus: Lienhard, 2003: 711.

主要特征：雌性头黄色，具褐斑。腹部黄色，背面有褐斑，腹面深褐色。体长 2.45 mm，体翅长 3.25 mm。复眼椭圆形，IO=0.44 mm，d=0.13 mm，IO/d=3.38。前翅长 2.62 mm，宽 1.00 mm；翅痣后角圆，Rs 与 M 以一点相接，Rs 分叉短于 Rs_a；M_3 分叉先于 Rs 分叉，M_1 为 M_{1+2} 的 2 倍；cu_{1a} 室半圆形，长为宽的 2 倍。后翅长 2.07 mm，宽 0.77 mm；R 和 $M+Cu_1$ 由基部分开，R_{4+5} 与 Rs_a 约相等。肛侧板毛点 10 个；生殖突腹瓣宽长，具叶；背瓣宽大，端分叶；外瓣发达，多长毛。亚生殖板后突双叶，具 2 对长刚毛，亚生殖板基部骨化的基部宽阔，向端变尖。

分布：浙江（西湖）。

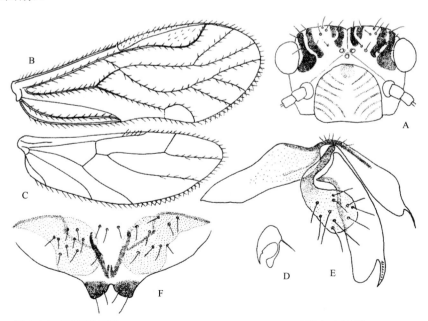

图 1-26　西湖异叉啮 *Heterocaecilius xihuicus* (Li, 2002)（引自李法圣，2002）
A. ♀头；B. ♀前翅；C. ♀后翅；D. ♀爪；E. ♀生殖突；F. ♀亚生殖板

（27）无齿异叉啮 *Heterocaecilius abacutidens* Li, 2002（图 1-27）

Heterocaecilius abacutidens Li, 2002: 1083.

主要特征：雄性 IO=0.24 mm，*d*=0.24 mm，IO/*d*=1，前翅长 2.60 mm，宽 1.07 mm。头黄色，沿复眼内侧具褐斑，毛深褐色。胸部黄褐色；足淡黄色；翅深污黄色，脉黄色。腹部淡黄色。前翅翅痣后缘弧圆；Rs 与 M 合并一段，Rs 分叉稍短于 Rs_a；M_3 分叉与 Rs 分叉相齐，M_1 为 M_{1+2} 的 2.33 倍；cu_{1a} 室扁长，长为宽的 2.8 倍。后翅 R 和 $M+Cu_1$ 由基部分开，R_{4+5} 长于 Rs_a。第 9 腹节背板后缘具齿突。肛侧板毛点 10 个；阳茎环封闭，阳茎球骨化，杆状，但很弱；下生殖板后缘分开，各具 3 个长角突起。

分布：浙江（临安）。

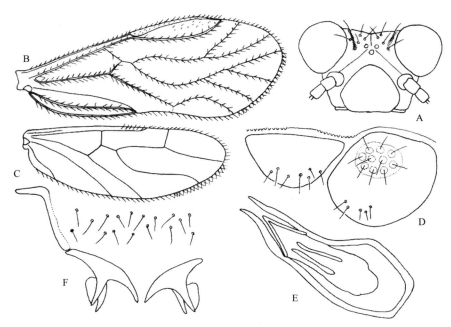

图 1-27 无齿异叉啮 *Heterocaecilius abacutidens* Li, 2002（引自李法圣，2002）
A.♂头；B.♂前翅；C.♂后翅；D.♂肛上板和肛侧板；E.♂阳茎环；F.♂下生殖板

（28）糙痣异叉啮 *Heterocaecilius tartareus* Li, 2002（图 1-28）

Heterocaecilius tartareus Li, 2002: 1086.

主要特征：雌雄头黄色。胸部、足黄褐色。腹部黄色，雄性基部具褐斑，雌性两侧具深褐斑。雄性复眼肾形，IO=0.23 mm，*d*=0.23 mm，IO/*d*=1。前翅翅痣后缘平直，后角略显，弧圆；Rs 和 M 合并一段，Rs 分叉与 Rs_a 约相等；M_3 分叉与 Rs 分叉相齐；cu_{1a} 室扁长。后翅 R 与 $M+Cu_1$ 由基部分开，R_{4+5} 稍短于 Rs_a。第 9 腹节背板后缘具齿突。肛上板中部具粗糙区，肛侧板毛点 10 个。阳茎环封闭，阳茎球骨化弱，杆状；下生殖板后突双角，内侧角细，外侧角粗大，近基呈球形膨大。雌性复眼椭圆形，IO=0.38mm，*d*=0.13mm，IO/*d*=2.92。脉序及毛同雄性。

分布：浙江（临安）、湖南、贵州。

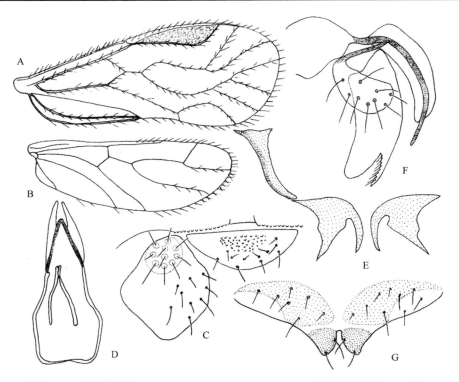

图 1-28　糙痣异叉啮 *Heterocaecilius tartareus* Li, 2002（引自李法圣，2002）

A. ♂前翅；B. ♂后翅；C. ♂肛上板和肛侧板；D. ♂阳茎环；E. ♂下生殖板；F. ♀生殖突；G. ♀亚生殖板

（29）齿突异叉啮 *Heterocaecilius odontothelus* Li, 2002（图 1-29）

Heterocaecilius odontothelus Li, 2002: 1088.

　　主要特征：雄性头淡黄色。腹部黄色，两侧具少量褐斑。复眼肾形，IO=0.22 mm，*d*=0.21 mm，IO/*d*=1.05。

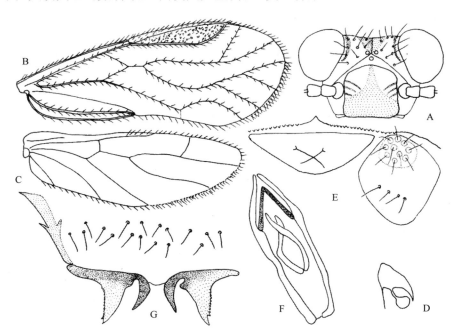

图 1-29　齿突异叉啮 *Heterocaecilius odontothelus* Li, 2002（引自李法圣，2002）

A. ♂头；B. ♂前翅；C. ♂后翅；D. ♂爪；E. ♂肛上板和肛侧板；F. ♂阳茎环；G. ♂下生殖板

前翅 Rs 和 M 合并一段，Rs 分叉短于 Rs_a；M_3 分叉先于 Rs 分叉，M_1 为 M_{1+2} 的 1.4 倍；cu_{1a} 室扁长，长为宽的 2.42 倍。后翅长 1.58 mm，宽 0.55 mm；R 与 M 由基部分开，R_{4+5} 长于 Rs_a。第 9 腹节背板后缘具齿突。肛上板背具 1 对长毛。肛侧板毛点 10 个。阳茎环封闭，阳茎球骨化弱，杆状；下生殖板后缘分开，具 2 对角突，外侧角宽大，外缘具小齿。

分布：浙江（临安）。

六、美䖪科 Philotarsidae

主要特征：中等大小，体翅长 2.00–5.50 mm，通常长翅，少数短翅，稀有小翅。内颚叶端细，分叉；上唇感器 9 个；触角 12 或 13 节；有些端节端具 1 长刚毛。前翅 cu$_{1a}$ 室自由；M 分 3 支。翅缘和脉上具单列刚毛，前翅基半脉上通常多于 1 列刚毛；后翅端部脉具刚毛；外缘具交叉毛。足跗节 3 节，爪具亚端齿，爪垫细、端膨大。亚生殖板后叶很长或短，生殖突完全，外瓣十分发达；阳茎环封闭，阳茎球骨化强。

分布：世界广布。世界已知 5 属 100 种，中国记录 3 属 15 种，浙江分布 2 属 3 种。

16. 阿䖪属 *Aaroniella* Mockford, 1951

Aaroniella Mockford, 1951: 102. Type species: *Elipsocus maculosus* Aaron, 1951.

主要特征：小到中等大小，体翅长 2.00–4.00 mm，长翅。单眼 3 个；触角 12–13 节，端具 1 刚毛，内颚叶端分叉。足跗节 3 节，爪具亚端齿，爪垫细、端钝，后足仅基跗节具毛栉。前后翅缘具毛，外缘具交叉毛；前翅脉具单列毛，Cu$_2$ 无毛；后翅 R$_1$、Rs 和 M 端部具毛。翅痣宽阔，后角圆；前翅 Rs 和 M 合并一段，M 分 3 支，cu$_{1a}$ 室自由，A 脉 1 条。后翅 R 和 M+Cu$_1$ 由基部分开，不共柄；Rs 和 M 合并一段。雄性肛上板近端具粗糙区；阳茎环环状，外阳基侧突宽短，阳茎球骨化强，呈深色骨片；下生殖板简单。雌性生殖突腹瓣细长；背瓣宽阔、近矩形；外瓣发达，具长刚毛；亚生殖板后叶短，有时具骨片。

分布：世界广布。世界已知 36 种，中国记录 8 种，浙江分布 2 种。

（30）曲阿䖪 *Aaroniella flexa* Li, 2002（图 1-30）

Aaroniella flexa Li, 2002: 964.

主要特征：雄性体长 2.00–2.67 mm，体翅长 3.55–3.67 mm，IO=0.38 mm，*d*=0.28 mm，IO/*d*=1.36，前翅长 3.00 mm、宽 1.03 mm，后翅长 2.03 mm、宽 0.77 mm。头黄色具黑斑，单眼内侧及复眼黑色。胸部深褐色；足黄褐色，跗节、前中足胫节中部及后足胫节两端深褐色。翅透明，脉褐色，翅斑深褐色，毛基深

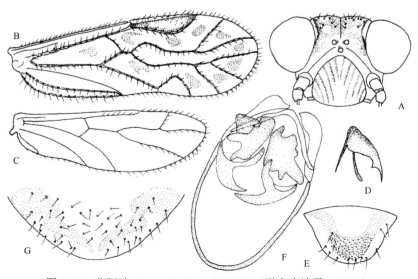

图 1-30　曲阿䖪 *Aaroniella flexa* Li, 2002（引自李法圣，2002）

A. ♂头；B. ♂前翅；C. ♂后翅；D. ♂爪；E. ♂肛上板；F. ♂阳茎环；G. ♂下生殖板

褐色。腹部黄色，背板基部和端部具碎褐斑，腹板各节具褐色横带。前翅翅痣后角圆，Rs 分叉近 M_3 分叉；cu_{1a} 室小，三角形。后翅 R_{4+5} 长于 Rs_a。肛上板及肛侧板具粗糙区，毛点约 35 个。阳茎环环状，外阳基侧突骨化弱，宽阔；内阳基侧突强骨化，端部合并为弧状；阳茎球骨化很强，呈黑色，不规则形；下生殖板简单，骨化褐色，波曲，端膨大，向基变细。

　　分布： 浙江（临安）。

（31）多斑阿䗄 *Aaroniella multipunctata* Li, 1995（图 1-31）

Aaroniella multipunctata Li, 1995b: 183.

　　主要特征： 雌雄头黄色，多深褐色斑。胸部黄色，背板褐色，侧腹面多褐纹；足黄色，腿节、胫节具褐斑，基跗节褐色；翅透明，稍污黄色，前翅多深褐色斑，脉粗壮深褐色，毛深褐色。腹部黄色，具少许褐斑。雄复眼半球形，IO=0.43 mm，d=0.19 mm，IO/d=2.26。肛上板半圆形，具粗糙区；肛侧板毛点 22 个。阳茎环骨化强；下生殖板简单，后缘圆突。雌性复眼较小，IO=0.50 mm，d=0.16 mm，IO/d=3.13。肛上板三角形，基缘波曲；肛侧板毛点 18 个。生殖突腹瓣细长，端具小刺毛；背瓣近矩形，端圆突有毛；外瓣横长，近矩形，具长刚毛；亚生殖板后叶短，有强的骨化区，基部骨化略平伸，波曲，深褐色；受精囊孔板长椭圆形。

　　分布： 浙江（庆元）。

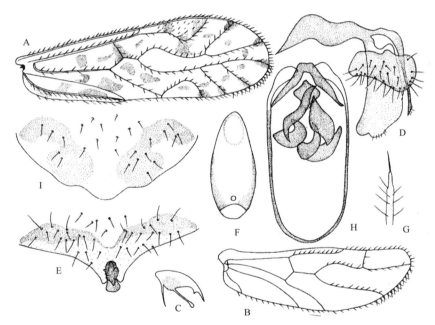

图 1-31　多斑阿䗄 *Aaroniella multipunctata* Li, 1995（引自李法圣，2002）
A. ♀前翅；B. ♀后翅；C. ♀爪；D. ♀生殖突；E. ♀亚生殖板；F. ♀受精囊孔板；G. ♂触角端；H. ♂阳茎环；I. ♂下生殖板

17. 亮䗄属 *Haplophallus* Thornton, 1959

Haplophallus Thornton, 1959: 336. Type species: *Haplophallus orientalis* Thornton, 1959.

　　主要特征： 中等大小，体翅长 3–4.5 mm，体被毛。触角 13 节；内颚叶端平截，具小齿。足跗节 3 节，爪具亚端齿，爪垫窄，端钝或稍膨大；后足仅基跗节具毛栉。翅缘具毛，外缘具交叉毛；脉具单列毛，但前翅 R 具双列毛，Cu_2 无毛；后翅 R_1 及 Rs 和 M 端具毛。翅痣后缘弧圆，无后角；Rs 和 M 合并一段。雄性阳茎环环状，阳茎球膜质无骨化；下生殖板简单。雌性生殖突完全，腹瓣长而尖，背瓣矩形，端具尖；

外瓣卵圆形或扇形，具长刚毛。

分布：世界广布。世界已知 26 种，中国记录 4 种，浙江分布 1 种。

（32）中国亮啮 *Haplophallus chinensis* Li, 1995（图 1-32）

Haplophallus chinensis Li, 1995b: 182.

主要特征：雌性头深黄色，具深褐色斑。胸部褐色，中后胸背板黄色，具褐斑；足褐色，腿节、胫节具黄斑；翅透明，脉褐色；前翅翅痣周缘深褐色斑，端褐色。腹部黄色，具淡褐色麻点状斑。体长 2.33 mm，体翅长 3.77 mm。头顶后缘波曲，单眼大、远离。复眼短肾形，IO=0.41 mm，d=0.16 mm，IO/d=2.56；后唇基球形。前翅 Rs_a 部弓弯，分叉长；cu_{1a} 室小，近半圆形。肛上板半圆形，肛侧板毛点 23 个。亚生殖板后叶长，指状向端略变细，骨化呈"八"字形；生殖突腹瓣细长，端钝；背瓣近矩形，宽长，后角略尖；外瓣大，半圆形，具长刚毛。

分布：浙江（庆元）。

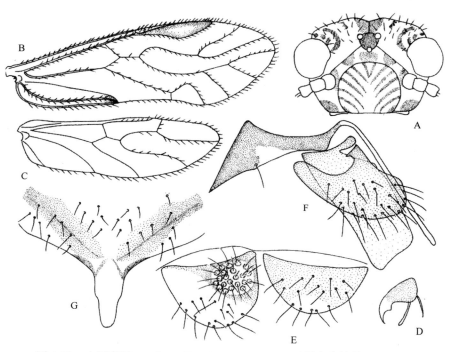

图 1-32 中国亮啮 *Haplophallus chinensis* Li, 1995（引自李法圣，2002）
A. ♀头；B. ♀前翅；C. ♀后翅；D. ♀爪；E. ♀肛上板和肛侧板；F. ♀生殖突；G. ♀亚生殖板

七、半啮科 Hemipsocidae

主要特征：长翅或短翅，中小型，体翅长 3.00–5.00 mm。粗壮，被粗长刚毛。触角 13 节，单眼 3 个。足跗节 2 节，爪无亚端齿，爪垫宽阔。前翅缘及脉（除 Cu_{1b}、Cu_2 无毛外）具单列刚毛，毛序较稳定；M 分 2 支，Cu_{1a} 以横脉与 M 相连。翅痣扁，无后角。后翅无毛，M 单一，Rs 与 M 合并一段。雄性肛上板端具 3 长刚毛，基缘有齿或无齿；肛侧板具角突或无；阳茎环端开放，内阳基侧突细弱；下生殖板简单。雌性腹瓣长而宽，背瓣窄，外瓣宽大，稀被长刚毛；亚生殖板后缘具凹缺或弧圆。

分布：世界广布。世界已知 3 属 58 种，中国记录 3 属 20 种，浙江分布 1 属 3 种。

18. 后半啮属 *Metahemipsocus* Li, 1995

Metahemipsocus Li, 1995a: 73. Type species: *Metahemipsocus longicornis* Li, 1995.

主要特征：长翅，中小型，体翅长 3.00–5.00 mm。触角 13 节，略长于前翅；下颚须第 2、3 节各具 1 刚毛；头胸被毛。前翅缘、脉（除 Cu_{1b}、Cu_2 无毛外）具毛，翅痣后缘弧平，Rs 和 M 合并一段，或以一点相接或以横脉相连，M 分 2 支，Cu_{1a} 以横脉与 M 相连。后翅无毛；Rs 与 M 合并一段。足跗节分 2 节，爪无亚端齿，爪垫宽。雄性肛上板后缘两侧无角突，肛侧板具长的角突。阳茎环开放；下生殖板简单，后缘圆。雌性外瓣宽阔，具稀疏长毛，亚生殖板后缘圆，骨化呈"八"字形，基部分开。

分布：古北区、东洋区。世界已知 21 种，中国记录 17 种，浙江分布 3 种。

分种检索表

1. 前翅 Rs 与 M 合并一段 ·· 长角后半啮 *M. longicornis*
- 前翅 Rs 与 M 以一横脉相接 ··· 2
2. 亚生殖板后缘具凹缺 ·· 凹缘后半啮 *M. interaus*
- 亚生殖板骨化镰刀状 ·· 扇板后半啮 *M. flabellatus*

（33）长角后半啮 *Metahemipsocus longicornis* Li, 1995（图 1-33，图版 I-1）

Metahemipsocus longicornis Li, 1995a: 73.

主要特征：雌雄头深黄褐色，毛褐色，单眼区及复眼黑色，后唇基具褐条；下颚须和触角黄色。胸部深黄色，背毛褐色，足黄色；翅透明，浅污褐色，脉黄褐色，翅痣黄色。腹部黄色，背板具淡褐色横带。雄性体长 3.30 mm，体翅长 3.75–4.05 mm；胸背被粗毛，体粗壮，IO=0.56 mm，d=0.19 mm，IO/d=2.95。前翅长 3.40 mm，宽 1.10 mm；Rs 和 M 合并一段，Rs 分叉近 M_3 分叉；M 分叉短，与 Cu_{1a} 端相齐，雌性分叉长，位于 Cu_{1a} 之前。后翅长 2.50 mm，宽 0.88 mm。雄性第 9 背板后缘与肛上板基部具粗齿突，肛上板三角形，端具 3 根长刚毛；肛侧板角突长，毛点 9 个。阳茎环端开放，阳茎球端具骨化区域；下生殖板后缘圆，骨化呈"八"字形。雌性体长 3.25 mm，体翅长 4.13–4.44 mm，IO=0.60 mm，d=0.21 mm，IO/d=2.86。前翅长 3.45 mm，宽 1.13 mm；后翅长 2.50 mm，宽 0.85 mm；脉序同雄性。肛上板梯形，肛侧板三角形，毛点 9 个。生殖突腹瓣细、端尖，背瓣宽阔，外瓣宽大，稀具刚毛。

分布：浙江（西湖）。

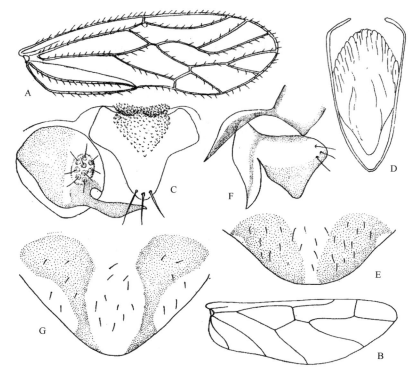

图 1-33　长角后半啮 *Metahemipsocus longicornis* Li, 1995（引自李法圣，2002）
A. ♂前翅；B. ♂后翅；C. ♂肛上板和肛侧板；D. ♂阳茎环；E. ♂下生殖板；F. ♀生殖突；G. ♀亚生殖板

（34）凹缘后半啮 *Metahemipsocus interaus* Li, 1995（图 1-34）

Metahemipsocus interaus Li, 1995b: 185.

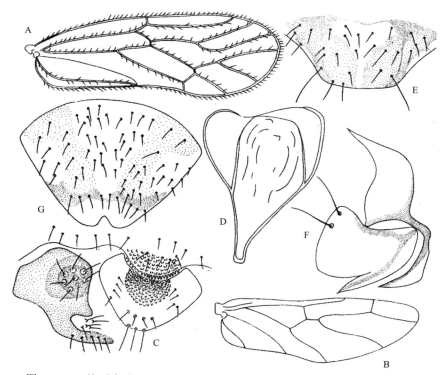

图 1-34　凹缘后半啮 *Metahemipsocus interaus* Li, 1995（引自李法圣，2002）
A. ♂前翅；B. ♂后翅；C. ♂肛上板和肛侧板；D. ♂阳茎环；E. ♂下生殖板；F. ♀生殖突；G. ♀亚生殖板

主要特征：雌雄头黄色，仅单眼区及复眼黑色；下颚须、触角黄色。胸部、足黄色；翅透明，浅污黄色，脉黄色。腹部黄色，背板具褐色横带。雄性体长 3.22 mm，体翅长 3.77 mm。触角 13 节，长 4.39 mm，IO=0.60 mm，d=0.24 mm，IO/d=2.50。前翅长 3.20 mm，宽 1.08 mm。翅痣平直、狭长；脉 Rs 与 M 以一点相接或以横脉相连，M 以横脉与 Cu_{1a} 连接；cu_{1a} 室三角形。后翅长 2.45 mm，宽 0.78 mm；腹部第 9 腹节背板后缘具方形齿突 19 个；肛侧板具长角突，毛点 8 个；肛上板三角形，基部具齿突，端具 3 长刚毛。下生殖板简单，两侧各具 1 长刚毛。雌性体长 3.62 mm，体翅长 4.42 mm，IO=0.63 mm，d=0.23 mm，IO/d=2.74。前翅长 3.50 mm，宽 0.83 mm。雌性肛上板近梯形，肛侧板三角形，毛点 8 个；生殖突腹瓣细尖，背瓣和外瓣连在一起，外瓣具 1 对长刚毛；亚生殖板后缘具凹缺，骨化呈"八"字形，端膨大。

分布：浙江（庆元）。

（35）扇板后半螆 *Metahemipsocus flabellatus* Li, 2002（图 1-35）

Metahemipsocus flabellatus Li, 2002: 894.

主要特征：雌性头黄色，具淡褐色条斑；单眼区、复眼黑色；后唇基具淡褐色条纹，前唇基黄色，上唇淡褐色；下颚须、触角黄色。胸、足及腹部黄色，腹部背板具深褐色横带；翅透明，稍污黄色，脉黄褐色。体长 2.58 mm，体翅长 3.39 mm，IO=0.63 mm，d=0.21 mm，IO/d=3.00。前翅长 3.33 mm，宽 1.10 mm；翅痣狭长，无后角；Rs 与 M 以横脉相连；Rs 分叉长，Rs_b 与 Rs_a 约相等；M_b 稍短于 M_a；Cu_{1a} 与 M 以横脉相连。后翅长 2.50 mm，宽 0.80 mm；R_{4+5} 与 Rs_a 约相等。肛上板具黄褐色斑，肛侧板毛点 7 个。生殖突腹瓣宽短；背、外瓣合并，背瓣窄，端尖；外瓣宽阔，具 1 对长刚毛；亚生殖板扇形，骨化镰刀状，呈"八"字形分开，靠近后缘具 2 块褐斑，位于两骨化区域之间。

分布：浙江（开化）。

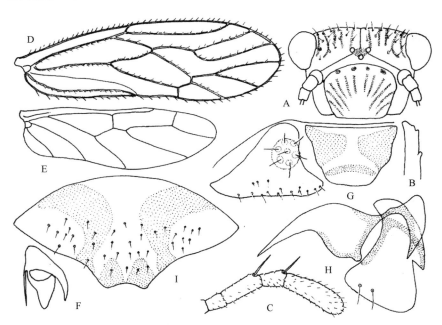

图 1-35　扇板后半螆 *Metahemipsocus flabellatus* Li, 2002（引自李法圣，2002）
A. ♀头；B. ♀内颚叶；C. ♀下颚须；D. ♀前翅；E. ♀后翅；F. ♀爪；G. ♀肛上板和肛侧板；H. ♀生殖突；I. ♀亚生殖板

八、单蚝科 Caeciliusidae

主要特征：长翅、短翅或无翅。体中等大小。触角 13 节，线状或鞭节第 1、2 节膨大；单眼 3 个或无。足跗节 2 节，爪无亚端齿，爪垫宽。翅痣发达；前翅 Rs 与 M 合并一段或以横脉相连或以一点相接；Rs 分 2 支，M 分 2 或 3 支，Cu_{1a} 自由或与 M 合并一段或以横脉相连；后翅基脉长，Rs 与 M 合并一段。前翅缘及脉具毛，脉单列毛或基半部（R、$M+Cu_1$、A）双列毛，Cu_2 无毛或具单列毛；通常膜质部无毛，少数基半部具毛；后翅缘除前缘基 2/3 无毛外具毛，脉无毛，少数 R_1 端具毛。肛上板和肛侧板简单，雄性有些属具瘤突或齿突（粗糙区）。雄性阳茎环封闭，或基部开放，下生殖板简单。雌性生殖突腹瓣细长，背外瓣合并，或外瓣退化，通常具 1 根刚毛；亚生殖板简单，有些后缘中央凹缺。

分布：世界广布。世界已知 32 属 680 种，中国记录 11 属 337 种，浙江分布 6 属 41 种。

分属检索表

1. 前翅基半部脉具双列毛 ·· 2
- 前翅脉具单列毛或无翅或小翅 ·· 3
2. 前翅 M 分 2 支 ··· **等蚝属 Isophanes**
- 前翅 M 分 3 支 ··· **寇蚝属 Kodamaius**
3. 雄性肛上板和肛侧板具粗糙区或肛上板具瘤突，雌性背外瓣合并成 "7" 或 "T" 形 ············· 4
- 雄性肛上板和肛侧板无粗糙区或肛上板具瘤突，雌性背外瓣合并，基部不扩大，不呈 "7" 或 "T" 形 ············· 5
4. 雄性前足胫节膨大 ··· **肿腿单蚝属 Phymocaecilius**
- 前足胫节正常 ·· **单蚝属 Caecilius**
5. 雄性阳茎环状，基部封闭；雌性背、外瓣呈叶状或基部扩大，端细长 ·········· **安蚝属 Enderleinella**
- 雄性阳茎环基部开放，仅以膜质相连；雌性背、外瓣呈杆状，基部不扩大 ········· **准单蚝属 Paracaecilius**

19. 等蚝属 Isophanes Banks, 1937

Isophanes Banks, 1937: 256. Type species: *Isophanes decipiens* Banks, 1937.

主要特征：体中等大小，体翅长 3.00–4.00 mm，深色具光泽。触角 13 节，线状；内颚叶端部渐细、不分叉；上唇感器为 2 根刚毛，两毛间具不规则突起。跗节 2 节，爪无亚端齿，爪垫宽，后足基跗节具毛栉。翅痣宽短，后角明显；前翅 Rs 与 M 合并一段，或以横脉相连或以一点相接；Rs 分 2 支，分叉较短宽；M 分 2 支，中室狭长；Cu_{1a} 与 M 合并一段。后翅基脉长，Rs 与 M 合并一段。前翅缘及脉具刚毛，Cu_2 具毛；其中 R、$M+Cu_1$ 及 A 具双列毛；后翅缘及 R_1 端具毛。雄性肛上板及肛侧板具粗糙区；阳茎环封闭，阳茎球骨化强。雌性亚生殖板简单，无后叶，生殖突腹瓣细长，背外瓣合并，呈 "T" 形，外瓣具 1 刚毛。

分布：古北区、东洋区、旧热带区。世界已知 12 种，中国记录 7 种，浙江分布 2 种。

（36）黄色等蚝 Isophanes luteus Li, 2002（图 1-36）

Isophanes luteus Li, 2002: 250.

主要特征：雄性体长 2.42 mm，体翅长 3.67 mm，触角长 2.01 mm，IO=0.40 mm，*d*=0.31 mm，IO/*d*=1.29。

前翅长 3.28 mm、宽 1.40 mm，后翅长 2.53 mm、宽 1.07 mm。头黄色，被褐色短毛。胸部黄色，中后胸背部有些小褐斑；翅均污褐色，翅痣前缘及前后断口处褐色。腹部黄色。爪无亚端齿，爪垫宽阔。前翅翅痣宽短，后角突出、圆，前缘前后端有断口；Rs 分叉短，仅为 Rs_b 的 2/5；M 分 3 支，分支集中于端部，Cu_1 和 M 合并一段，中室狭长，近矩形。后翅 Rs 与 M 合并一段，Rs 分叉短，为 Rs_a 的 2/3。翅缘具毛，前翅脉具单列毛，但基半部（Cu_2 除外）具双列毛；后翅脉仅 R_1 端具毛。肛上板中部具 1 瘤突；肛侧板毛点 31–34 个，端具粗糙区；阳茎环封闭，外阳基侧突较粗壮，阳茎球多齿突，端具两小锥状体；下生殖板简单，骨化区域两侧各自呈"C"形弯向两边，端略膨大。

分布：浙江（临安）。

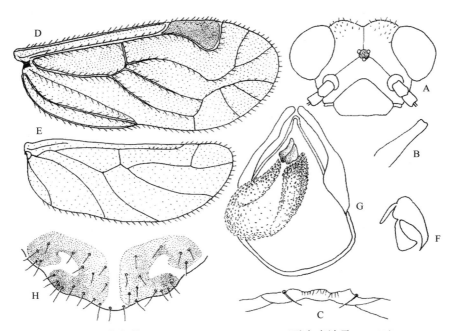

图 1-36 黄色等蚖 *Isophanes luteus* Li, 2002（引自李法圣，2002）
A. ♂头；B. ♂内颚叶；C. ♂上唇感器；D. ♂前翅；E. ♂后翅；F. ♂爪；G. ♂阳茎环；H. ♂下生殖板

（37）东洋等蚖 *Isophanes orientalis* Garcia Aldrete, 1999（图 1-37）

Isophanes orientalis Garcia Aldrete, 1999: 243.

主要特征：雌雄头褐色，隐见稍深的斑纹，后唇基具深褐色条纹，前唇基褐色，上唇深褐色；翅污褐色，翅痣深褐色。腹部黄褐色。雌性体长 3.02 mm，体翅长 4.38 mm。复眼卵圆形，IO=0.56 mm，d=0.19 mm，IO/d=2.95。前翅翅痣后角圆，后缘为外缘长的 1.69 倍；Rs 与 M 以一点相接；Rs 分叉宽阔，R_{4+5} 为 Rs_a 的 0.48 倍；M 分 2 支，M_1 为 $M+Cu_1$ 的 4 倍。后翅长 2.73 mm，宽 1.10 mm；R_{4+5} 短于 Rs。肛侧板毛点 21 个。生殖突腹瓣细长，淡褐色；背外瓣合并，基部扩大，具 1 长刚毛；亚生殖板简单，骨化褐色，向端渐变细尖。雄性体长 2.71 mm，体翅长 3.65–3.75 mm，IO=0.38 mm，d=0.29 mm，IO/d=1.31。前翅长 3.23 mm，宽 1.35 mm；后翅长 2.50 mm，宽 1.03 mm；脉序同雌性。仅肛侧板具粗糙区，毛点 29 个。阳茎环环状，内阳基侧突细，端封闭，阳茎球骨化强，三球状；下生殖板骨化淡褐色，基部宽大，端足状。

分布：浙江（西湖）。

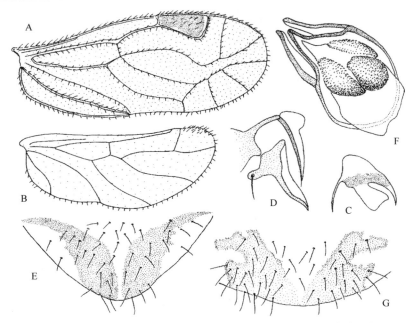

图 1-37　东洋等啮 *Isophanes orientalis* Garcia Aldrete, 1999（引自李法圣，2002）
A. ♀前翅；B. ♀后翅；C. ♀爪；D. ♀生殖突；E. ♀亚生殖板；F. ♂阳茎环；G. ♂下生殖板

20. 寇啮属 *Kodamaius* Okamoto, 1907

Kodamaius Okamoto, 1907: 138. Type species: *Kodamaius brevicormis* Okamoto, 1907.

主要特征：中等大小，暗色具亮光，通常雌性体色比雄性深；体翅长 4.00–7.00 mm。触角 13 节；内颚叶向端部变窄，具不明显的分叉；上唇有 2 根刚毛。足跗节 2 节，基跗节具毛栉；爪无亚端齿，爪垫宽阔。前翅翅痣宽阔，后角或圆或尖或具距脉；R 粗壮，M 分 3 支，Rs 和 M 多数以横脉相连，少数合并一段或以一点相接；cu_{1a} 室三角形、矩形或梯形，与 M 以横脉相连，少数合并一段或以一点相接。前翅缘及脉具毛，基半部脉（除 Cu_2 具单列毛）具双列毛，后翅缘及 R_1 端具刚毛。雄性肛侧板具粗糙区，阳茎环封闭，阳茎球端通常具 1 横向骨片；生殖突背腹瓣细长，背瓣基部扩大；外瓣具 1 刚毛。亚生殖板后缘无突起；受精囊球形，少数较长，椭圆形，柄长。

分布：世界广布。世界已知 40 余种，中国记录 30 种，浙江分布 1 种。

（38）明水寇啮 *Kodamaius mingshuii* Li, 2002（图 1-38）

Kodamaius mingshuii Li, 2002: 279.

主要特征：雌性体长 3.47 mm，体翅长 4.78 mm，IO=0.57 mm，*d*=0.22 mm，IO/*d*=2.59，前翅长 3.95 mm、宽 1.47 mm，后翅长 2.92 mm、宽 0.93 mm。头黄褐色，具黑色至黑褐色斑，单眼区和复眼黑色。前胸淡黄色，后缘具细褐边；中后胸褐色，中胸前盾片黑褐色，盾片两侧后半淡黄色；翅均污褐色，前翅基半部具深褐色斑，痣斑及后缘斑污褐色。腹部黄色，背板具淡褐色带，生殖节深褐色。内颚叶向端变细，端平截；上唇感觉器为 2 长刚毛。爪无亚端齿，爪垫宽阔。前翅翅痣后角明显，圆；Rs 分叉短于 Rs_a；M_{1+2} 为 M_a 的 1.8 倍；cu_{1a} 室三角形，底为高的 1.7 倍。后翅 Rs 与 M 以横脉相连接，R_{4+5} 长于 Rs_a。肛上板半圆形；肛侧板毛点 21 个。生殖突腹瓣细长；背瓣细长，端钝，基部呈 "7" 形扩大；外瓣退化，具 1 刚毛；亚生殖板简单，骨化呈"八"字形，端略膨大。受精囊椭圆形，横径 0.15 mm。

分布：浙江（临安）。

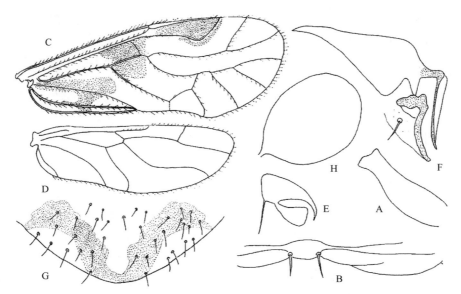

图 1-38　明水寇啮 *Kodamaius mingshuii* Li, 2002（引自李法圣，2002）
A. ♀内颚叶；B. ♀上唇感器；C. ♀前翅；D. ♀后翅；E. ♀爪；F. ♀生殖突；G. ♀亚生殖板；H. ♀受精囊

21. 肿腿单啮属 *Phymocaecilius* Li, 2002

Phymocaecilius Li, 2002: 295. Type species: *Phymocaecilius subulosus* Li, 2002.

主要特征：体中等大小，体翅长 3–5 mm。触角 13 节，短于前翅；内颚叶端不分叉或分叉小；上唇感器 5 个，或仅 2 刚毛，上唇有刺。足跗节 2 节，前足胫节变粗，爪无亚端齿，爪垫宽；后足基跗节具毛栉。翅缘具毛，前翅脉具单列毛，Cu_2 无毛，后翅脉光滑。雄性肛上板具瘤突或粗糙区或无上述构造，肛侧板具粗糙区；阳茎环环状，下生殖板简单。雌性生殖突腹瓣细长；背外瓣合并，外瓣仅 1 根刚毛；亚生殖板简单，具"八"字形骨化。

分布：东洋区。世界已知 5 种，中国记录 5 种，浙江分布 1 种。

（39）粗茎肿腿单啮 *Phymocaecilius fortis* (Li, 1995)（图 1-39）

Caeciliu fortis Li, 1995b: 144.

Phymocaecilius fortis: Li, 2002: 295.

主要特征：雄性头黄色，仅单眼区、复眼黑色。胸部黄色，背板褐色；足黄色，胫节、跗节褐色；翅透明，污黄褐色，前翅毛深褐色。腹部黄色。体长 2.21 mm，体翅长 3.17–3.25 mm。复眼大，肾形，IO=0.18 mm，d=0.24 mm，IO/d=0.75。前足胫节变粗，中后足正常。前翅长 2.62 mm，宽 0.93 mm；前翅 Rs 与 M 合并一段，Rs 分叉与 Rs_a 约相等；cu_{1a} 室高，近方形。后翅长 2.00 mm，宽 0.67 mm。肛上板具 1 瘤突；肛侧板具粗糙区。阳茎环完全，阳茎球双球；下生殖板骨化简单。

分布：浙江（庆元）。

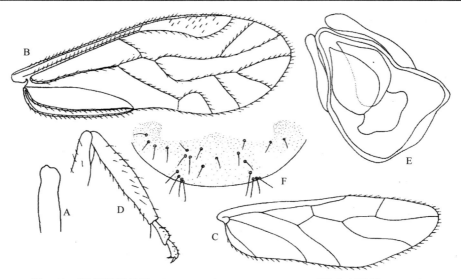

图 1-39　粗茎肿腿单啮 *Phymocaecilius fortis* (Li, 1995)（引自李法圣，2002）
A.♂内颚叶；B.♂前翅；C.♂后翅；D.♂前足；E.♂阳茎环；F.♂下生殖板

22. 单啮属 *Caecilius* Curtis, 1837

Caecilius Curtis, 1837: 648. Type species: *Caecilius fenestratus* Curtis, 1837.
Valenzuela Navás, 1924a: 20. Type species: *Valenzuela marianus* Navás, 1924.
Mepachycera Enderlein, 1925: 106. Type species: *Dypsocus parvulus* Banks, 1920.

主要特征：中等大小，长翅、短翅、无翅均有。体翅长 2.50–6.00 mm。触角 13 节；单眼 3 个或无；内颚叶端分叉不明显；上唇感器不定；无上唇刺，头盖缝发达。足跗节 2 节，爪无亚端齿，爪垫宽阔，后足基跗节具毛栉。翅痣后角圆；前翅具单列毛，Cu$_2$ 无毛；后翅脉无毛。雄性肛上板和肛侧板具瘤突或齿突，后者称粗糙区；阳茎环封闭，环状；下生殖板简单，通常具骨化区。雌性生殖突腹瓣细长，背外瓣合并，基部扩大，呈"7"和"T"形，外瓣退化仅存 1 根或 2 根刚毛；亚生殖板后缘弧圆或具凹缺，基部具骨化区，常呈"八"字形；受精囊球形，柄狭长。

分布：世界广布。世界已知 419 种，中国记录 214 种，浙江分布 31 种。

分种检索表

1. 前翅具明显的斑纹 ·· 2
 - 前翅黄色、黄褐色或褐色，无明显的斑纹 ··· 11
2. 前翅斑纹不呈纵带形 ··· 3
 - 前翅至少端半部斑纹呈纵带形 ··· 7
3. 两眼间红斑伸达复眼 ··· 4
 - 两眼间红斑不伸达复眼 ··· 5
4. 头两侧无下述斜带 ·· 四斑单啮 *C. quadrimaculatus*
 - 头两侧具由头顶斜伸至后唇基的黑色斜带 ·························· 斜红斑单啮 *C. plagioerythrinus*
5. 两复眼间斑伸达后唇基 ··· 单毛单啮 *C. hapalotrichus*
 - 两复眼间斑不伸达后唇基 ··· 6
6. 体翅长，雄性 3.33 mm，雌性 3.67 mm ···························· 横红斑单啮 *C. spiloerythrinus*
 - 体翅长，雄性 3.42 mm，雌性 4.12 mm ···························· 痣角褐单啮 *C. fusicangularis*

7. 前翅纵带在 rs 室基超过 M ·· 8
- 前翅纵带在 rs 室基不超过 M ·· 10
8. 前翅基半部同色，无透斑 ··· 中带单啮 *C. medivittatus*
- 前翅基半部后缘具透斑 ·· 9
9. 前翅沿 R$_{4+5}$ 无斑 ··· 条唇单啮 *C. chilozonus*
- 前翅沿 R$_{4+5}$ 具斑 ·· 狭痣二条单啮 *C. stenostigmus*
10. 两眼间具窄的褐色横带 ··· 红纵带单啮 *C. rubicundus*
- 两眼间无褐色横带 ··· 窄纵带单啮 *C. persimilaris*
11. 前翅污褐色 ·· 12
- 前翅污黄或污黄褐色 ·· 19
12. 头正视无斑或仅头盖缝干两侧和额区具斑，或其中之一具斑 ······························· 13
- 头正视除头盖缝干和额区外具斑 ·· 16
13. 前翅污褐色，沿基脉和 Cu$_1$ 具斑 ·· 14
- 前翅沿基脉和 Cu$_1$ 无斑 ·· 15
14. 体较小，体翅长 3.17 mm，IO/*d*=2.06 ······················· 多孔单啮 *C. foramilulosus*
- 体较大，体翅长 3.88 mm，IO/*d*=0.50 ······················· 四条单啮 *C. quaterimaculus*
15. 头盖缝干两侧具斑 ··· 钩茎单啮 *C. incurviusculus*
- 头盖缝干两侧无斑 ··· 小囊单啮 *C. microcystus*
16. 头顶无斑 ·· 棕头单啮 *C. phaeocephalus*
- 头顶具斑 ·· 17
17. 两眼间横带为不连续的横带 ······································· 窄翅单啮 *C. angustiplumalus*
- 两眼间横带为连续的横带 ·· 18
18. 后翅 R$_{4+5}$ 长于 Rs$_a$ ··· 细带单啮 *C. striolatus*
- 后翅 R$_{4+5}$ 与 Rs$_a$ 相等 ······································· 方茎单啮 *C. cuboides*
19. 头部具斑 ··· 20
- 头部无斑 ·· 28
20. 头部仅头盖缝干两侧及额区具斑 ·· 21
- 头部除头盖缝干两侧及额区外多斑 ·· 24
21. 雄性 ·· 22
- 雌性 ·· 23
22. 前翅 M$_1$ 为 M$_{1+2}$ 的 2 倍 ································· 波曲单啮 *C. subundulatus*
- 前翅 M$_1$ 为 M$_{1+2}$ 的 3 倍 ······························· 百山祖单啮 *C. baishanzuicus*
23. 前翅 Rs 分叉与 M$_3$ 分叉约相齐 ······························· 等叉单啮 *C. isochasialis*
- 前翅 Rs 分叉不与 M$_3$ 分叉相齐 ······························· 浙江单啮 *C. zhejiangicus*
24. 头顶无斑，如有斑在两复眼间不呈横带 ························· 褐带单啮 *C. phaeozonalis*
- 两复眼间具横带或沿头盖缝臂具斑 ·· 25
25. 沿头盖缝臂具斑，但两侧不与复眼相接 ························· 梅斑单啮 *C. plumimaculatus*
- 头斑多样，两侧必与复眼相接 ·· 26
26. 两眼间斑与后唇基或额区的斑相接，不伸达头顶 ··············· 阔带单啮 *C. immensifascus*
- 两眼间斑宽阔多样，或延伸至头顶，或与后唇基相接 ·· 27
27. 体翅长 4.60 mm，两复眼间斑中部较淡 ·························· 匕形单啮 *C. pugioniformis*
- 体翅长 3.67 mm，两复眼间斑颜色均一 ·························· 古田山单啮 *C. gutianshanicus*
28. 后唇基具条纹 ·· 暗淡单啮 *C. hebetatus*
- 后唇基无条纹 ·· 29

29. A 区黄褐色 ·· 金黄单啮 **C. citrinus**

- A 区不呈黄褐色 ··· 30

30. 前翅 M_1 和 M_2 分叉位于翅痣与 M_3 端的连线之内 ·································· 吴氏单啮 **C. wui**

- 前翅 M_1 和 M_2 分叉位于翅痣与 M_3 端的连线之外 ····························· 大囊单啮 **C. megalocystis**

（40）四斑单啮 *Caecilius quadrimaculatus* Li, 1993（图 1-40）

Caecilius quadrimaculatus Li, 1993b: 56.

主要特征：雌雄头黄色，具棕褐色斑。胸部黄色，中后胸背面深棕色，侧腹面具深棕褐色斑；翅半透明，污白色，具褐色斑纹，端部斑黄色；后翅污褐色。腹部黄色，背侧具褐斑或红褐色斑纹。雄性头斑较少，前翅端部斑纹不明显。雌性体长 3.00 mm，体翅长 3.50–3.75 mm，IO=0.38 mm，d=0.17 mm，IO/d=2.24。前翅长 2.83 mm，宽 1.02 mm；翅痣后缘弧圆；肛侧板毛点 14 个。生殖突腹瓣细长，背、外瓣合并，较短，基部扩大，具 1 长刚毛；亚生殖板骨化向端渐变细尖；受精囊小，球形，褐色，横径 0.09 mm。雄性体长 1.88 mm，体翅长 2.88–2.93mm，IO=0.21 mm，d=0.24 mm，IO/d=0.88。前翅长 3.35 mm，宽 0.90 mm；后翅长 1.80 mm，宽 0.60 mm；Rs 分叉与 Rs_a 约相等，M_1 为 M_{1+2} 的 3.06 倍，后翅 R_{4+5} 长于 Rs_a；脉序除前翅外同雌性。肛上板具瘤突，肛侧板毛点 27 个。阳茎环封闭，阳茎球双球状；下生殖板骨化弯曲，端膨大。

分布：浙江（西湖）、吉林、山东、贵州。

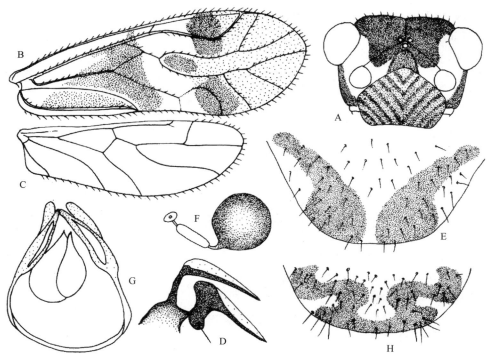

图 1-40　四斑单啮 *Caecilius quadrimaculatus* Li, 1993（引自李法圣，2002）

A. ♀头；B. ♀前翅；C. ♀后翅；D. ♀生殖突；E. ♀亚生殖板；F. ♀受精囊；G. ♂阳茎环；H. ♂下生殖板

（41）斜红斑单啮 *Caecilius plagioerythrinus* Li, 1993（图 1-41）

Caecilius plagioerythrinus Li, 1993a: 320.

主要特征：雌性体长 3.07 mm，体翅长 4.08 mm，IO=0.38 mm，d=0.18 mm，IO/d=2.11，前翅长 3.33 mm、宽 1.17 mm，后翅长 2.50 mm、宽 0.82 mm。头黄色，头顶中央两侧具 2 条红带，由头顶向后唇基斜伸具 2 条黑色宽带。前胸黄色，背面褐色；中后胸褐色，背面黑褐色；前翅污白色，基半及外缘淡污褐色，沿有些脉具黑褐色斑；后翅均污褐色。腹部黄色，背板基部具红斑。前翅翅痣后角圆；Rs 分叉与 Rs$_a$ 等长，近 M_3 分叉；M_1 为 M_{1+2} 的 2.27 倍。后翅 R$_{4+5}$ 长于 Rs$_a$。肛侧板毛点 20 个。生殖突腹瓣细长；背、外瓣合并，端细长，基扩大，呈"7"形钩弯，具 1 粗长刚毛；亚生殖板后缘中央平凹，两侧突出，骨化指状，端圆钝。雄性体长 2.50 mm，体翅长 3.50 mm，IO=0.19 mm，d=0.28 mm，IO/d=0.68。前翅长 2.92 mm、宽 1.07 mm，后翅长 2.20 mm、宽 0.72 mm。仅肛侧板具粗糙区，毛点 31 个。阳茎环环状；下生殖板骨化深，向外呈"U"形弯曲，端膨大。

分布：浙江（临安）、陕西、广东、广西、贵州。

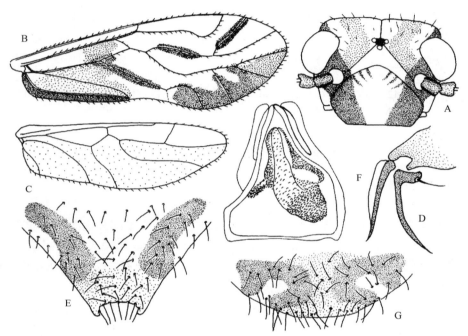

图 1-41　斜红斑单蛄 *Caecilius plagioerythrinus* Li, 1993（引自李法圣，2002）
A.♀头；B.♀前翅；C.♀后翅；D.♀生殖突；E.♀亚生殖板；F.♂阳茎环；G.♂下生殖板

（42）单毛单蛄 *Caecilius hapalotrichus* Li, 2002（图 1-42）

Caecilius hapalotrichus Li, 2002: 349.

主要特征：雌性头黄色，复眼间至后唇基端深棕色，后唇基黄色，具淡褐色带，前唇基及上唇黄色；下颚须黄色；触角深褐色。前胸黄色，两侧具淡褐色带，中后胸黄褐色，中胸前盾片前、盾片两侧具褐斑；足黄色；翅污黄褐色，后翅稍淡，前翅前缘区及翅痣污黄色。腹部黄色。体长 2.83 mm，体翅长 3.78 mm。复眼肾形，IO=0.35 mm，d=0.14 mm，IO/d=2.50。翅痣后角弧圆；Rs 分叉短，近 M_1 和 M_2 分叉。R$_{4+5}$ 为 Rs 的 0.77 倍；M_1 为 M_{1+2} 的 2.18 倍；cu$_{1a}$ 室长为 Cu$_1$ 的 0.56 倍。后翅长 2.00 mm，宽 0.60 mm；R$_{4+5}$ 长于 Rs$_a$。肛侧板毛点 21 个。生殖突腹瓣细长；背、外瓣合并，端部细长，基部扩大成三角形，外瓣仅存 1 长刚毛；亚生殖板骨化由基向端渐变细尖；受精囊褐色，球形。

分布：浙江（西湖）。

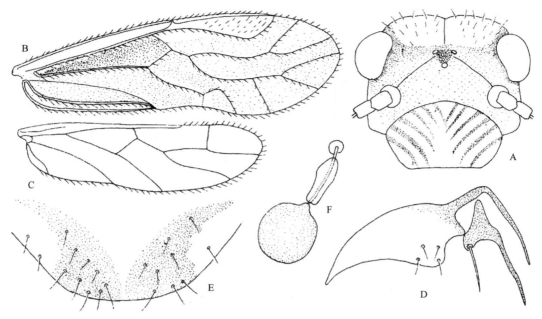

图 1-42　单毛单啮 *Caecilius hapalotrichus* Li, 2002（引自李法圣，2002）
A. ♀头；B. ♀前翅；C. ♀后翅；D. ♀生殖突；E. ♀亚生殖板；F. ♀受精囊

（43）横红斑单啮 *Caecilius spiloerythrinus* Li, 1993（图 1-43）

Caecilius spiloerythrinus Li, 1993a: 321.

　　主要特征：雄性体长 2.33 mm，体翅长 3.33 mm。头黄色，两复眼间具宽的红色横带；后唇基具褐色条纹，上唇及前唇基黄色。胸部褐色，具棕红色斑；足黄色；前翅污黄或污白色，具黄褐色斑；后翅污黄色，脉淡褐色。腹部黄色，背面具红斑。前翅 Rs 分叉位于 M_{1+2} 的中部，cu_{1a} 室半圆形。后翅 R_{4+5} 与 Rs_a

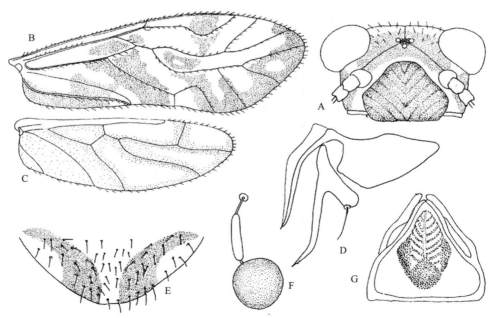

图 1-43　横红斑单啮 *Caecilius spiloerythrinus* Li, 1993（引自李法圣，2002）
A. ♀头；B. ♀前翅；C. ♀后翅；D. ♀生殖突；E. ♀亚生殖板；F. ♀受精囊；G. ♂阳茎环

约相等。肛上板和肛侧板具粗糙区，肛侧板毛点约 30 个；阳茎环封闭；下生殖板骨化向两侧平伸、波曲，端膨大。雌性体长 2.73 mm，体翅长 3.67 mm。前翅长 3.00 mm、宽 1.05 mm，后翅长 2.17 mm、宽 0.73 mm；脉序同雄性。肛侧板毛点约 20 个；生殖突腹瓣细长，背瓣基部扩大，端细长，外瓣与背瓣合并，具 1 长刚毛；亚生殖板后缘圆，骨化呈"八"字形；受精囊球形，褐色，横径 0.05 mm。

分布：浙江（临安）、湖北、福建、广西、贵州、云南。

（44）痣角褐单蛂 *Caecilius fusicangularis* Li, 1995（图 1-44）

Caecilius fusicangularis Li, 1995b: 147.

主要特征：雌雄头黄色，两眼间具宽的红色横带，颊区具红斑，后唇基具淡褐色至褐色条纹，前唇基、上唇黄色；单眼区及复眼黑色。胸部黄褐色，雌性后胸侧板黄色；足黄色，端跗节褐色；翅污白色，透明，前翅具污褐色斑，翅痣及后翅淡污褐色。腹部黄色。雄性体长 2.33 mm，体翅长 3.42 mm。雄性复眼大，IO=0.17 mm，d=0.28 mm，IO/d=0.61。前翅长 2.71 mm，宽 1.00 mm；翅痣宽阔，后角圆；Rs 和 M 合并一段，cu$_{1a}$ 室近半圆形。雄性肛上板半圆形，具粗糙区；肛侧板毛点 28 个，具粗糙区。阳茎环基封闭，阳茎球 3 个；下生殖板骨化"工"字形，基缘波曲。雌性体长 3.00 mm，体翅长 4.12 mm，IO=0.31 mm，d=0.21 mm，IO/d=1.48。前翅长 3.42 mm，宽 1.26 mm；后翅长 2.33 mm，宽 0.85 mm；脉序同雄性。肛侧板毛点 22 个；生殖突腹瓣细长尖，背瓣"丁"字形，外瓣仅存 1 刚毛；亚生殖板骨化基部膨大，端平截、扩大。

分布：浙江（庆元）。

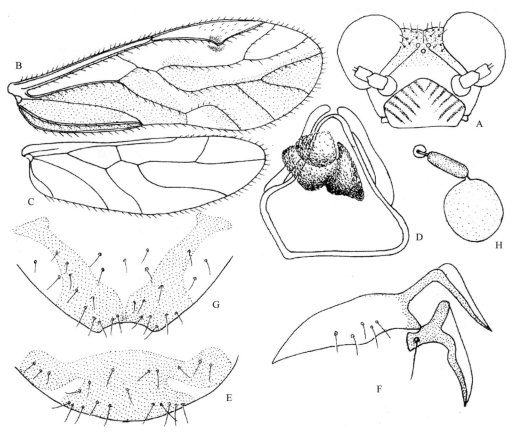

图 1-44　痣角褐单蛂 *Caecilius fusicangularis* Li, 1995（引自李法圣，2002）
A. ♂头；B. ♂前翅；C. ♂后翅；D. ♂阳茎环；E. ♂下生殖板；F. ♀生殖突；G. ♀亚生殖板；H. ♀受精囊

（45）中带单蜡 *Caecilius medivittatus* Li, 1992（图 1-45）

Caecilius medivittatus Li, 1992a: 306.

Caecilius brunneolus Li, 1995a: 67.

Valenzuela brunneimaculatus Mockford, 1999: 381.

　　主要特征：雌雄头深棕色，额区黄色，单眼区黑色。胸部褐色，背板深褐色；足黄色至黄褐色，翅污褐色，前翅端半形成中央宽的褐带，前后缘污白色，痣斑褐色；后翅前缘端半污白色。腹部黄色，生殖节褐色。雌性体长 2.25 mm，体翅长 3.88–4.03 mm，IO=0.38 mm，d=0.16 mm，IO/d=2.38。前翅翅痣宽阔，后角明显，圆钝；Rs 分叉短于 Rs_a，近 M_1 和 M_2 分叉，M_1 为 M_{1+2} 的 2.6 倍。肛侧板毛点 15–17 个。生殖突腹瓣细长，基部以直角弯回；背、外瓣合并，基部扩大，外瓣具 1 长刚毛；亚生殖板骨化褐色，基部宽阔，两侧平行，端半变细，顶端扩大、平截；受精囊褐色，横径 0.17 mm。雄性体长 2.18 mm，体翅长 3.55 mm，IO=0.25 mm，d=0.23 mm，IO/d=1.09。前翅长 2.88 mm，宽 1.00 mm；后翅长 2.15 mm，宽 0.68 mm。脉序同雌性。肛上板和肛侧板具粗糙区，毛点 24 个。阳茎环封闭，骨化，表面褶皱；下生殖板简单，后缘略凹，骨化粗壮，端波曲。

　　分布：浙江（庆元）、陕西、江西、湖南、福建、广东、广西、四川、贵州、云南。

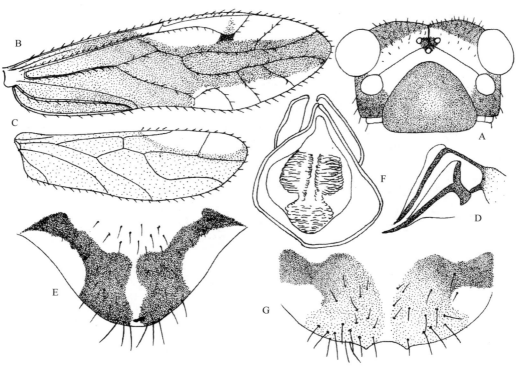

图 1-45　中带单蜡 *Caecilius medivittatus* Li, 1992（引自李法圣，2002）
A. ♀头；B. ♀前翅；C. ♀后翅；D. ♀生殖突；E. ♀亚生殖板；F. ♂阳茎环；G. ♂下生殖板

（46）条唇单蜡 *Caecilius chilozonus* Li, 1995（图 1-46）

Caecilius chilozonus Li, 1995b: 146.

　　主要特征：雄性头深黄色，两触角窝周及头顶、复眼侧具褐斑；后唇基具深褐色条，唇基及前唇基黄色；下颚须黄色，端节端褐色；触角黄色，基 2 节褐色；单眼区、复眼黑色。胸部黄色，中后胸背板深褐色；足黄色，胫节、跗节稍深；翅透明，具污褐色斑，具斑处脉亦深褐色。腹部黄色。体长 2.08 mm，体翅长 3.24 mm。复眼大，IO=0.18 mm，d=0.20 mm，IO/d=0.90；后唇基扁宽，宽约为高的 2 倍。后足跗节分别长 0.29 mm 和 0.12 mm，基跗节毛栉 20 个。前翅长 2.88 mm，宽 1.07 mm；翅缘具毛，脉具单列毛，翅痣端宽阔，后角圆；Rs 和 M 合并一段，Rs 分叉短于 Rs_a；cu_{1a} 室扁长。后翅长 2.23 mm，宽 0.73 mm；R_{4+5} 长于 Rs_a。肛上板及肛侧板具粗糙区，肛侧板毛点 22 个；阳茎环封闭，阳茎球强骨化，表面具鳞片状骨化和齿状突起；下生殖板骨化弱，两端膨大。

　　分布：浙江。

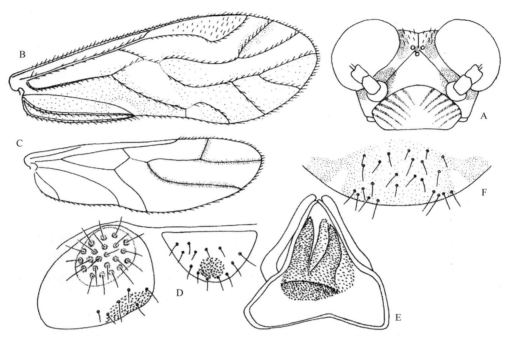

图 1-46　条唇单蛄 *Caecilius chilozonus* Li, 1995（引自李法圣，2002）
A.♂头；B.♂前翅；C.♂后翅；D.♂肛上板和肛侧板；E.♂阳茎环；F.♂下生殖板

（47）狭痣二条单蛄 *Caecilius stenostigmus* Li, 1995（图 1-47）

Caecilius stenostigmus Li, 1995b: 145.

　　主要特征：雌性体长 2.67 mm，体翅长 5.08 mm，IO=0.42 mm，d=0.14 mm，IO/d=3.0，前翅长 3.96 mm、宽 1.2 mm，后翅长 2.93 mm、宽 0.85 mm。头黑色，后唇基大部分黄褐色；下颚须及触角全缺。胸黑色，腹面黄色；足黄色；前翅透明，淡污褐色，端半部具黑褐色斑，沿 R_{2+3}、R_{4+5} 两条黑带伸到翅缘；翅痣黄色；后翅污黑褐色，顶角透明。腹部黄色。前翅翅痣狭长，后角弧圆；Rs 和 M 合并一段，Rs 分叉宽大；M_1 和 M_2 分叉大，M_1 伸向翅端，M_2 弧伸向外缘；cu_{1a} 室小。后翅 r_3 室大，R_{4+5} 为 Rs_a 的 1.8 倍。肛上板半圆形；肛侧板毛点 20 个；生殖突腹瓣细长，背瓣"丁"字形，外瓣具 1 刚毛；亚生殖板骨化褐色，端平截。

　　分布：浙江（临安）。

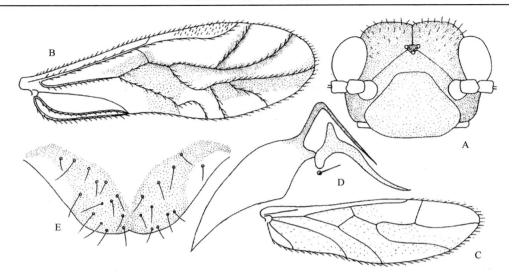

图 1-47　狭痣二条单啮 *Caecilius stenostigmus* Li, 1995（引自李法圣，2002）
A. ♀头；B. ♀前翅；C. ♀后翅；D. ♀生殖突；E. ♀亚生殖板

（48）红纵带单啮 *Caecilius rubicundus* Li, 1995（图 1-48）

Caecilius rubicundus Li, 1995b: 146.

主要特征：雌性头全为黄色，单眼区、复眼黑色；复眼间具 1 褐色横带，两端较深；下颚须缺如，触角黄褐色。胸部黄色，两侧有 1 条波曲的细的褐色纵带；足黄色；前翅污黄色，端半具 1 淡褐色纵带，基端不超过 M；后翅浅污黄色。腹部淡黄色，第 2、3 节背板黑褐色。体长 3.00 mm，体翅长 5.33 mm。复眼肾形，IO=0.36 mm，d=0.21 mm，IO/d=1.71。前翅翅痣窄长，刀状；Rs 和 M 合并一段，Rs 分 2 支，Rs_a 略长于 R_{4+5}；M_1 和 M_2 分叉长，M_2 近 M_{1+2} 的 2 倍；cu_{1a} 室扁长。后翅长 3.17 mm，宽 0.95 mm；仅翅缘具毛；R_{4+5} 为 Rs_a 的 1.25 倍。雌性肛上板半圆形；肛侧板毛点 23 个。生殖突腹瓣细长，端尖；背瓣基部扩大，外瓣具 1 刚毛；受精囊淡色，横径 0.09 mm。

分布：浙江（庆元）。

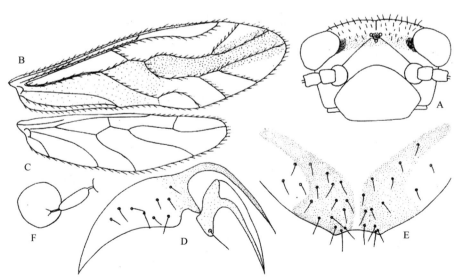

图 1-48　红纵带单啮 *Caecilius rubicundus* Li, 1995（引自李法圣，2002）
A. ♀头；B. ♀前翅；C. ♀后翅；D. ♀生殖突；E. ♀亚生殖板；F. ♀受精囊

（49）窄纵带单螯 *Caecilius persimilaris* (Thornton *et* Wong, 1966)（图 1-49）

Fuelleborniella persimilaris Thornton *et* Wong, 1966: 4.

Caecilius dolichostigmus Li, 1992a: 307.

Caecilius persimilaris: Badonnel, 1981: 125.

　　主要特征：雌雄头深棕褐色，额区淡或黄色；后唇基深褐色，前唇基、上唇黄褐色，下颚须黄色，端节端深褐色。胸部褐色，前盾片、盾片两侧黑色；足黄色，端跗节褐色；前翅透明，深污黄色，翅端半具黄褐色纵带，不超过 Rs 室基缘痣端及沿后缘具斑；后翅黄褐色，顶角污黄色。腹部淡黄色至黄色；生殖节骨化为褐色。雄性体长 2.55 mm，体翅长 4.17 mm。复眼大，IO/*d*=1.14。前翅长 3.45 mm，宽 1.18 mm，翅痣后角明显、圆角状突起；Rs 分叉近 M_3 分叉。后翅长 2.56 mm，宽 0.82 mm，Rs 长于 R_{4+5}。肛上板和肛侧板具粗糙区，肛侧板毛点区毛点 24 个；阳茎环封闭，阳茎具粗齿；下生殖板骨化连在一起，两侧端骨化深褐色。雌性体长 2.75 mm，体翅长 5.53 mm。复眼较雄性为小，IO/*d*=2.19。前翅长 4.55 mm，宽 1.47 mm；后翅长 3.42 mm，宽 3.42 mm；脉序同雄性。肛侧板毛点区毛点 27 个。生殖突腹瓣细长；背瓣基部扩大，呈“丁”字形；外瓣退化，仅剩 1 刚毛；亚生殖板后缘圆，骨化向端变细，端向两侧扩大；受精囊球形，褐色，横径 0.13 mm。

　　分布：浙江（庆元）、陕西、湖北、湖南、福建、广东、海南、香港、广西、云南；印度。

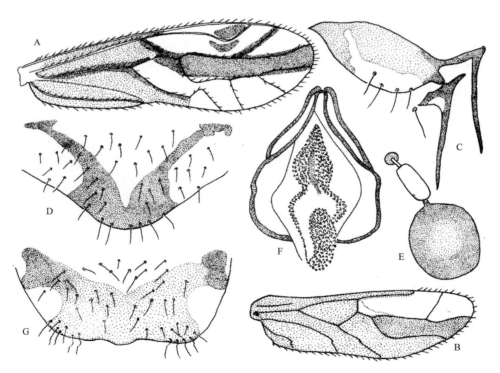

图 1-49　窄纵带单螯 *Caecilius persimilaris* (Thornton *et* Wong, 1966)（引自李法圣，2002）
A. ♀前翅；B. ♀后翅；C. ♀生殖突；D. ♀亚生殖板；E. ♀受精囊；F. ♂阳茎环；G. ♂下生殖板

（50）多孔单螯 *Caecilius foramilulosus* Li, 1995（图 1-50）

Caecilius foramilulosus Li, 1995b: 150.

　　主要特征：雄性头深褐色，后唇基具深褐色条纹，前唇基黄色，唇基褐色；单眼区及复眼黑色；下颚须、触角深褐色。胸部褐色，背板黑褐色，前胸背板黄色，有褐斑；足黄色，胫节、跗节、中后足基节深褐色；前翅污褐色，翅痣内及沿后缘、A 区及沿脉具褐斑；后翅污褐色。腹部黄色，背板第 2、3、8、9 节红褐色，第 4–7 节后缘褐色。体长 2.08 mm，体翅长 3.17 mm。复眼圆肾形，IO=0.35 mm，d=0.17 mm，IO/d=2.06。前翅翅痣宽大，后缘圆；脉 Rs 和 M 合并一段，Rs 分叉长于 Rs_a，近 M_3 分叉；M_2 近 M_{1+2} 的 2 倍；cu_{1a} 室大。后翅长 1.95 mm，宽 0.70 mm；R_{4+5} 近 Rs_a 的 2 倍。肛上板具粗糙区，肛侧板具瘤突；阳茎环封闭；阳茎球不规则；下生殖板骨化两端呈网状。

　　分布：浙江（庆元）。

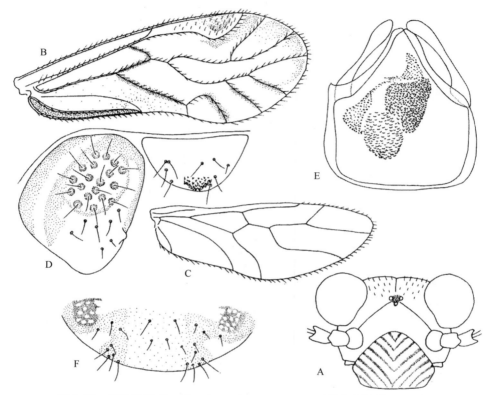

图 1-50　多孔单啮 *Caecilius foramilulosus* Li, 1995（引自李法圣，2002）
A. ♂头；B. ♂前翅；C. ♂后翅；D. ♂肛上板和肛侧板；E. ♂阳茎环；F. ♂下生殖板

（51）四条单啮 *Caecilius quaterimaculus* Li, 2002（图 1-51）

Caecilius quaterimaculus Li, 2002: 380.

　　主要特征：雄性头黄色，具很淡的斑纹，单眼区黑色；后唇基具条纹，前唇基及上唇黄色；下颚须黄色。前胸淡黄色，中后胸褐色；足淡黄色，前足胫节、跗节及中后足基节黄褐色；翅透明，前翅基半具污黄色斑，痣斑及沿 M_1–M_3 及 Cu_{1a} 具深黄色斑。腹部黄色。体长 2.50 mm，体翅长 3.88 mm。复眼大，肾形，IO=0.16 mm，d=0.32 mm，IO/d=0.50。前翅长 3.25 mm，宽 1.22 mm；翅痣后角不明显，弧圆；Rs 分叉稍短于 Rs_a，位于 M_{1+2} 中部；M_1 和 M_2 分叉宽阔，M_1 约为 M_{1+2} 的 2 倍。后翅长 2.47 mm，宽 0.80 mm；R_{4+5} 约为 Rs_a 的 1.4 倍。肛侧板及肛上板具粗糙区，肛侧板毛点 29 个。阳茎环封闭，阳茎球骨化弱；下生殖板简单，骨化弱。

　　分布：浙江（临安）。

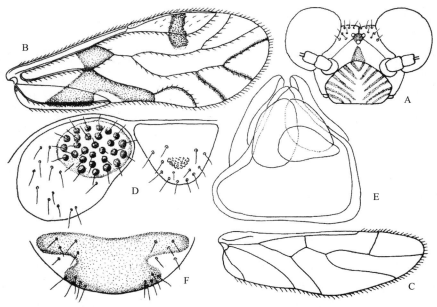

图 1-51　四条单蜢 *Caecilius quaterimaculus* Li, 2002（引自李法圣，2002）

A. ♂头；B. ♂前翅；C. ♂后翅；D. ♂肛上板和肛侧板；E. ♂阳茎环；F. ♂下生殖板

（52）钩茎单蜢 *Caecilius incurviusculus* Li, 1995（图 1-52）

Caecilius incurviusculus Li, 1995b: 148.

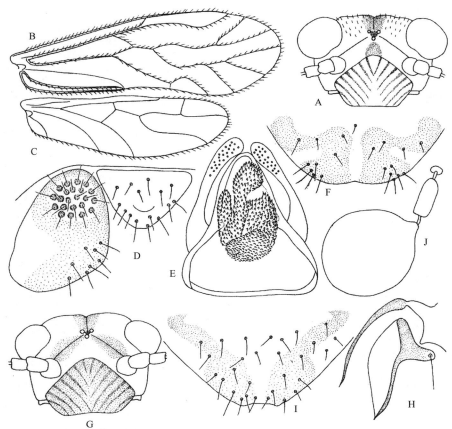

图 1-52　钩茎单蜢 *Caecilius incurviusculus* Li, 1995（引自李法圣，2002）

A. ♂头；B. ♂前翅；C. ♂后翅；D. ♂肛上板和肛侧板；E. ♂阳茎环；F. ♂下生殖板；G. ♀头；H. ♀生殖突；I. ♀亚生殖板；J. ♀受精囊

主要特征：雌雄头黄色至黄褐色，具褐色至深褐色斑，雌性沿侧干具淡红色斑。腹部黄色，雄性第 7–9 节背板具褐斑。雄性体长 2.67 mm，体翅长 3.87 mm。复眼较雌性稍大，IO=0.30 mm，d=0.20 mm，IO/d=1.5。前翅翅痣狭长，后角弧圆；Rs 和 M 合并一段，较长；Rs 分叉短于 Rs$_a$；cu$_{1a}$ 室扁长。后翅长 2.23mm，宽 0.72mm；R$_{4+5}$ 长于 Rs$_a$。肛上板具 1 瘤突；肛侧板未见粗糙区，毛点 22 个。阳茎环封闭，阳茎球稍骨化，为小齿，外阳基侧突具小孔；下生殖板骨化端波曲。雌性体长 3.08 mm，体翅长 4.27 mm。复眼肾形，IO=0.40 mm，d=0.20 mm，IO/d=2.00。脉序同雄性。肛侧板毛点 19–20 个；生殖突腹瓣细长，基缢缩，背瓣基部横长，外瓣仅存 1 刚毛；亚生殖板后缘中部略凹，骨化基部宽阔，端具倒钩；受精囊褐色，横径 0.17 mm。

分布：浙江。

（53）小囊单啮 *Caecilius microcystus* Li, 1995（图 1-53）

Caecilius microcystus Li, 1995b: 149.

主要特征：雌雄头黄色，具褐斑，后唇基褐色，前唇基、唇基黄色；单眼区、复眼黑色；下颚须黄色，端节褐色，雄性为黄褐色；翅污褐色，翅痣及 A 区稍深。腹部黄色。雄性体长 2.27 mm，体翅长 3.60–3.69 mm；复眼大，IO=0.19 mm，d=0.21 mm，IO/d=0.90。前翅长 3.15 mm，宽 1.20 mm，长为宽的 2.63 倍；翅痣狭长；Rs 分叉短于 Rs$_a$；cu$_{1a}$ 室半圆形。肛上板、肛侧板具粗糙区；肛侧板毛点 22 个；阳茎环封闭，外阳基侧突多孔，阳茎球 5 瓣；下生殖板简单，骨化区域近“八”字形。雌性体长 3.00 mm，体翅长 4.00 mm。复眼较雄性为小，IO=0.34 mm，d=0.14 mm，IO/d=2.43。前翅长 3.40 mm，宽 1.17 mm；脉序除与雄性相同外，前翅 Rs 分叉长于 Rs$_a$，后翅 R$_{4+5}$ 为 Rs 的 2 倍。肛侧板毛点 18 个；生殖突腹瓣细长，略波曲；背瓣基部横长，外瓣具 1 长刚毛；亚生殖板后缘中部平凹，骨化端圆钝、呈指状；受精囊球形，黄色，横径 0.09 mm。

分布：浙江（庆元）。

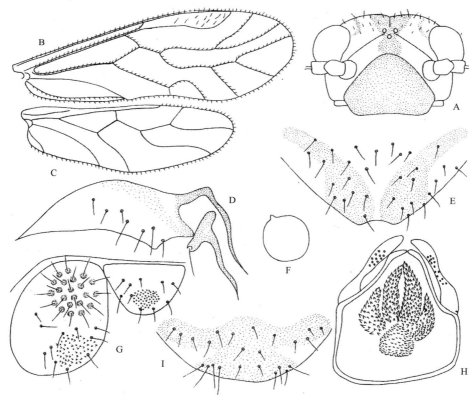

图 1-53　小囊单啮 *Caecilius microcystus* Li, 1995（引自李法圣，2002）

A. ♀头；B. ♀前翅；C. ♀后翅；D. ♀生殖突；E. ♀亚生殖板；F. ♀受精囊；G. ♂肛上板和肛侧板；H. ♂阳茎环；I. ♂下生殖板

（54）棕头单蚖 *Caecilius phaeocephalus* Li, 1995（图 1-54）

Caecilius phaeocephalus Li, 1995b: 150.

主要特征：雌雄头棕褐色。腹部褐色。雄性体长 1.93 mm，体翅长 3.08 mm。复眼较雌性稍大，IO=0.24 mm，d=0.18 mm，IO/d=1.33。前翅长 2.58 mm，宽 0.98 mm；翅痣宽大；Rs 分叉短，M_1 和 M_2 分叉相齐，cu_{1a} 室长约为 Cu_1 的 1/2。后翅长 1.95 mm，宽 0.70 mm；Rs 分叉近直角，Rs_a 与 R_{4+5} 约相等。肛上板、肛侧板具粗糙区，肛侧板毛点 27–28 个；阳茎环封闭，阳茎球多瓣；下生殖板骨化 5 裂。雌性体长 2.43 mm，体翅长 3.25 mm。复眼肾形，IO=0.3 mm，d=0.14 mm，IO/d=2.14。前翅长 2.77mm，宽 1.00 mm；脉序同雄性。后翅长 2.13 mm，宽 0.75 mm。肛侧板毛点 16 个；生殖突腹瓣细长，背瓣基扩大，外瓣具 1 刚毛；亚生殖板骨化指状；受精囊球形、褐色，横径 0.13 mm。

分布：浙江（庆元）。

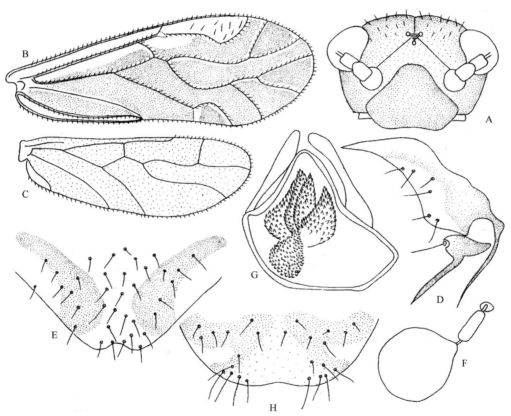

图 1-54　棕头单蚖 *Caecilius phaeocephalus* Li, 1995（引自李法圣，2002）
A.♀头；B.♀前翅；C.♀后翅；D.♀生殖突；E.♀亚生殖板；F.♀受精囊；G.♂阳茎环；H.♂下生殖板

（55）窄翅单蚖 *Caecilius angustiplumalus* Li, 1995（图 1-55）

Caecilius angustiplumalus Li, 1995b: 151.

主要特征：雌雄头黑褐色，头盖缝臂与复眼间具 2 块黄斑。胸部褐色，背板深褐色；足淡黄色；前翅深污褐色，前缘具淡区；后翅污褐色。腹部黄色，生殖节骨化为深褐色。雄性体长 2.52 mm，体翅长 4.25 mm。复眼大、肾形，IO=0.19 mm，d=0.26 mm，IO/d=0.73。前翅翅痣扁长，后角圆；Rs 分叉略短于 Rs_a；cu_{1a} 室大，长约为 Cu_1 的 2/3。后翅长 2.60 mm，宽 0.80 mm；R_{4+5} 长于 Rs_a。肛上板、肛侧板具粗糙区，肛侧板毛点 24–26 个；阳茎环封闭，阳茎球骨化淡褐色。雌性体长 2.83 mm，体翅长 4.75 mm。复眼短肾形，IO=0.33 mm，d=0.20mm，IO/d=1.65。前翅长 3.82 mm，宽 1.15 mm；后翅长 2.88 mm，宽 0.85 mm。脉序同雄性。肛侧板毛点 21 个；生殖突腹瓣细长、尖，背瓣基部横长，端细长尖，外瓣仅存 1 刚毛；亚生殖板后缘中部平凹，骨化粗壮，近端外侧具 1 个小突起；受精囊淡色，横径 0.14 mm。

分布：浙江（庆元）、四川。

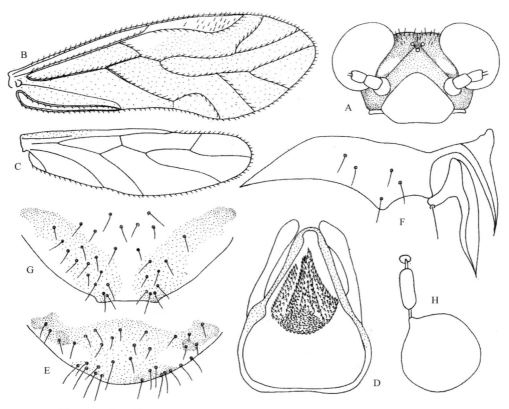

图 1-55　窄翅单啮 *Caecilius angustiplumalus* Li, 1995（引自李法圣，2002）
A. ♂头；B. ♂前翅；C. ♂后翅；D. ♂阳茎环；E. ♂下生殖板；F. ♀生殖突；G. ♀亚生殖板；H. ♀受精囊

（56）细带单啮 *Caecilius striolatus* Li, 1995（图 1-56）

Caecilius striolatus Li, 1995b: 153.

主要特征：雌雄头黄色，多褐斑，两眼间具横带，后唇基具褐色条斑，前唇基、上唇黄色。足淡黄色，基节、端跗节褐色，雄性前足胫节褐色；前翅污褐色，雌性前缘有淡区。腹部黄色。雌性体长 4.58 mm，体翅长 4.92 mm。复眼肾形，IO=0.35 mm，d=0.17 mm，IO/d=2.06。前翅长 4.10 mm，宽 0.93 mm；Rs 分叉短，与 M_1 和 M_2 分叉约齐；M_{1+2} 略短于 M_2；cu_{1a} 室半圆形，约为 Cu_1 的 3/5。后翅长 3.08 mm，宽 0.89 mm；R_{4+5} 长于 Rs_a。肛侧板毛点 21 个。生殖突腹瓣细，较背瓣为短；背瓣基部宽大，外瓣仅存 1 长刚毛；受精囊球形，淡褐色；横径 0.13 mm。雄性体长 2.33 mm，体翅长 4.33 mm。复眼大、肾形，IO=0.19 mm，d=0.25 mm，IO/d=0.76。前翅长 3.77 mm，宽 1.30 mm；后翅长 2.80 mm，宽 0.87 mm；脉序同雌性，但 Rs 分叉位于 M_{1+2} 中部。肛上板及肛侧板具粗糙区；阳茎环封闭，阳茎球由小的齿组成，基部鳞状；下生殖板骨化两侧向上弯。

分布：浙江（庆元）。

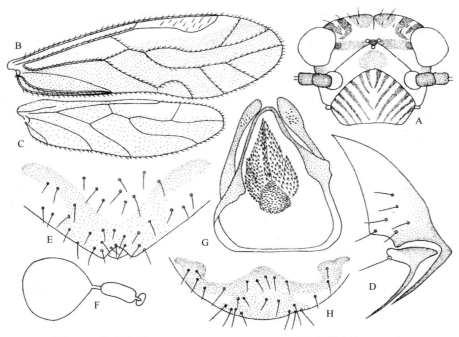

图 1-56 细带单蟜 *Caecilius striolatus* Li, 1995（引自李法圣，2002）

A. ♀头；B. ♀前翅；C. ♀后翅；D. ♀生殖突；E. ♀亚生殖板；F. ♀受精囊；G. ♂阳茎环；H. ♂下生殖板

（57）方茎单蟜 *Caecilius cuboides* Li, 1995（图 1-57）

Caecilius cuboides Li, 1995b: 152.

主要特征：雌雄头黄色，具褐斑，两眼间具 1 横带，后唇基具深褐色带，前唇基、唇基黄色；下颚须

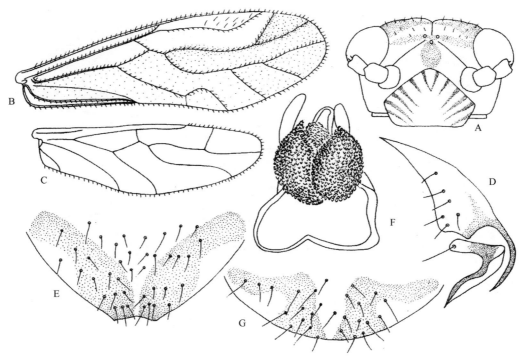

图 1-57 方茎单蟜 *Caecilius cuboides* Li, 1995（引自李法圣，2002）

A. ♀头；B. ♀前翅；C. ♀后翅；D. ♀生殖突；E. ♀亚生殖板；F. ♂阳茎环；G. ♂下生殖板

黄色，端节端尖褐色。胸部黄色，具深褐色斑；前翅深污褐色，前缘区污白色；后翅污褐色，有淡区。腹部黄色，雌性背板有淡褐色斑。雌性体长 3.18 mm，体翅长 5.42 mm。复眼卵圆形，IO=0.34 mm，d=0.19 mm，IO/d=1.79。前翅翅痣狭长，后角扁，弧圆；Rs 分叉短，与 M_1 和 M_2 分叉相齐；M 分 3 支。后翅 R_{4+5} 与 Rs_a 约相等。肛侧板毛点 22 个。生殖突腹瓣短细、尖，背瓣基部横长，端细尖、波曲；外瓣具 1 毛；亚生殖板骨化端方形。雄性体长 2.67 mm，体翅长 4.45 mm。复眼大，椭圆形，IO=0.19 mm，d=0.28 mm，IO/d=0.68。前翅长 3.77 mm，宽 1.33 mm；后翅长 2.78 mm，宽 0.90 mm；脉序同雌性。肛上板及肛侧板具粗糙区，毛点 20 个；阳茎环封闭，阳茎球大；下生殖板骨化端向两侧平伸，略波曲。

　　分布：浙江（庆元）。

（58）波曲单蛄 *Caecilius subundulatus* Li, 1995（图 1-58）

Caecilius subundulatus Li, 1995b: 154.

　　主要特征：雌雄头淡黄色，头顶至后唇基具深褐色带，后唇基褐色，隐见条纹，前唇基、上唇淡褐色。胸部黄色，背板褐色；翅均匀污褐色，脉深褐色。腹部黄色。雌性体长 2.42 mm，体翅长 3.33 mm。复眼肾形，IO=0.31 mm，d=0.15 mm，IO/d=2.07。前翅长 2.75 mm、宽 0.95 mm；翅痣狭长；Rs 和 M 合并一段，Rs 分叉长，长于 Rs_a；M 分 3 支；M_1 和 M_2 分叉宽大；cu_{1a} 室大。后翅长 2.10 mm、宽 0.70 mm；Rs 基段短，R_{4+5} 长于 Rs_a。肛侧板毛点 15 个；生殖突腹瓣粗壮，基部略膨大，背瓣基部膨大，外瓣具 2 条刚毛；亚生殖板后缘中部凹入，骨化端球形膨大；受精囊球形，淡褐色；横径 0.11 mm。雄性体长 2.23 mm，体翅长 3.00–3.17mm。复眼大、肾形，IO=0.18 mm，d=0.21 mm，IO/d=0.86。后翅长 2.03 mm、宽 0.67 mm。脉序同雌性。肛上板具 1 瘤突，肛侧板具粗糙区；毛点 16 个；阳茎环封闭，阳茎球三球形。

　　分布：浙江（庆元）。

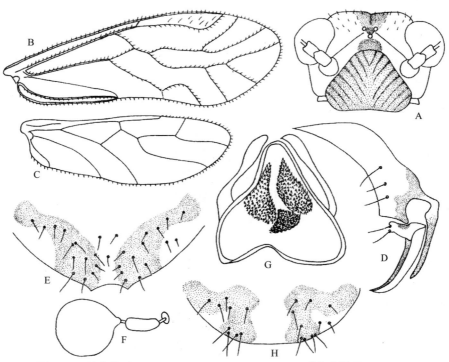

图 1-58　波曲单蛄 *Caecilius subundulatus* Li, 1995（引自李法圣，2002）

A. ♀头；B. ♀前翅；C. ♀后翅；D. ♀生殖突；E. ♀亚生殖板；F. ♀受精囊；G. ♂阳茎环；H. ♂下生殖板

（59）百山祖单蜢 *Caecilius baishanzuicus* Li, 1995（图 1-59）

Caecilius baishanzuicus Li, 1995b: 155.

主要特征：雌雄头黄色，头顶中缝两侧、额区具褐斑，后唇基褐色，雄性仅额区具斑。胸部黄色，中后胸背板具明显的褐斑；足黄色，端跗节褐色；前翅污褐色，雄性稍淡，近污黄色，脉褐色，后翅污褐色，雄性污黄色。腹部黄色。雌性体长 2.52 mm，体翅长 3.25 mm。复眼椭圆形，IO=0.28 mm，d=0.13 mm，IO/d=2.15。前翅翅痣狭长，后角靠前、圆；Rs 分叉与 Rs$_a$ 约等长；cu$_{1a}$ 室扁长，长约为 Cu$_1$ 的 2/3。后翅 R$_{4+5}$ 长于 Rs$_a$。肛侧板毛点 17 个；生殖突腹瓣较粗壮；背瓣呈"7"字形，基部扩大近四边形；外瓣退化，仅存 1 刚毛；亚生殖板后缘中部凹入，骨化由基向前渐细，端圆；受精囊黄色，横径 0.11 mm。雄性体长 2.00 mm，体翅长 3.17 mm。复眼大、肾形，IO=0.19 mm，d=0.20 mm，IO/d=0.95。脉序同雌性。肛侧板毛点 17 个；阳茎环双球，狭长；下生殖板骨化两侧突短，端分叉。

分布：浙江（庆元）。

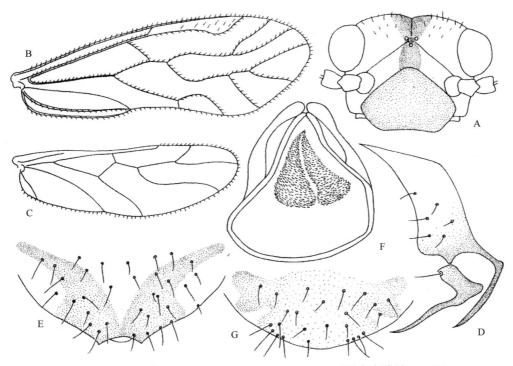

图 1-59　百山祖单蜢 *Caecilius baishanzuicus* Li, 1995（引自李法圣，2002）
A.♀头；B.♀前翅；C.♀后翅；D.♀生殖突；E.♀亚生殖板；F.♂阳茎环；G.♂下生殖板

（60）等叉单蜢 *Caecilius isochasialis* Li, 1995（图 1-60）

Caecilius isochasialis Li, 1995b: 156.

主要特征：雌性头黄色，头顶及额具深褐色斑，后唇基褐色，隐见褐条，前唇基、上唇黄色；中缝、单眼区黑色，复眼褐色；下颚须黄色，端节褐色；触角褐色。胸部黄褐色，背板深褐色；足黄色，胫节、跗节褐色；前翅污黄褐色，脉褐色。腹部淡黄色。体长 2.70 mm，体翅长 4.03 mm，IO=0.33 mm，d=0.16 mm，IO/d=2.06。前翅长 3.50 mm，宽 1.27 mm；翅缘及脉具毛，脉具单列毛，Cu$_2$ 无毛；翅痣狭长，Rs 分叉长，与 M$_3$ 分叉近齐；M$_{1+2}$ 约为 M$_2$ 的 2/3；cu$_{1a}$ 室大，长约为 Cu$_1$ 的 2/3。后翅长 2.58 mm，宽 0.90 mm；R$_{4+5}$ 长于 Rs$_a$。肛侧板毛点区多小孔，毛点 20 个；生殖突腹瓣细长，背瓣细长，波曲，基部扩大横行；外瓣退化，仅存 1 刚毛；亚生殖板后缘中央凹入，骨化指状，端内弯；受精囊球形，淡色，横径 0.12 mm。

　　分布：浙江（庆元）。

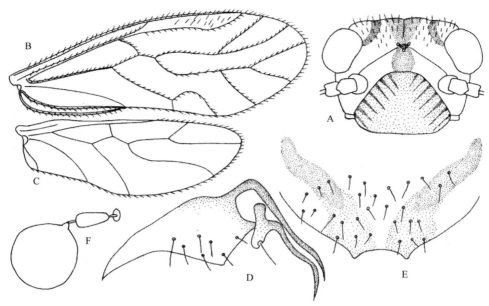

图 1-60　等叉单啮 *Caecilius isochasialis* Li, 1995（引自李法圣，2002）
A. ♀头；B. ♀前翅；C. ♀后翅；D. ♀生殖突；E. ♀亚生殖板；F. ♀受精囊

（61）浙江单啮 *Caecilius zhejiangicus* Li, 1995（图 1-61）

Caecilius zhejiangicus Li, 1995b: 155.

　　主要特征：雌性头黄色，头盖缝干两侧至后唇基具 1 褐带，后唇基具条纹，前唇基、上唇黄色；单眼区复眼黑色；下颚须淡黄色，端节端深褐色。胸部淡黄色，前胸淡黄色，中、后胸背板具深褐色斑；足淡黄色，端跗节褐色；前翅污黄色，前缘区污白色，脉端半深褐色，基部淡色；沿 M+Cu$_1$、Cu$_1$ 具褐斑，A区褐色；后翅污白色，端半污黄色。腹部淡黄色。体长 2.83 mm，体翅长 4.83 mm。复眼椭圆形，IO=0.38 mm，

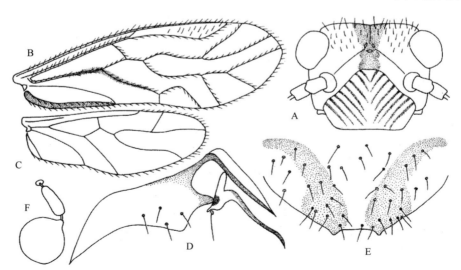

图 1-61　浙江单啮 *Caecilius zhejiangicus* Li, 1995（引自李法圣，2002）
A. ♀头；B. ♀前翅；C. ♀后翅；D. ♀生殖突；E. ♀亚生殖板；F. ♀受精囊

d=0.19 mm，IO/*d*=2。前翅长 4.12 mm，宽 1.37 mm；翅痣狭长，Rs 分叉长，长于 Rs$_a$，近 M$_3$ 分叉；M$_1$ 和 M$_2$ 分叉宽大；cu$_{1a}$ 室大，长约为 Cu$_1$ 的 2/3。后翅长 2.83 mm，宽 1.00 mm；R$_{4+5}$ 长于 Rs$_a$。肛侧板毛点约 21 个；生殖突腹瓣、背瓣细长，基部横长；外瓣仅剩 1 刚毛；亚生殖板后缘凹入，骨化向端渐变细，向外弯、端圆；受精囊淡色，球形，横径 0.096 mm。

　　分布：浙江（庆元）。

（62）褐带单蜡 *Caecilius phaeozonalis* Li, 1995（图 1-62）

Caecilius phaeozonalis Li, 1995a: 69.

　　主要特征：雄性头两侧从两触角窝向后通过颈、胸部到腹部前 4 节两侧各具 1 褐色纵带。头黄色，两触角窝间具不连续的褐带，带区的毛深色。足黄色，端跗节、前足胫节、跗节淡黑褐色；前翅透明，污黄色，前缘区及翅痣淡色，但后者较厚不透明，脉淡色，但 Rs 和 M 的端部褐色；后翅污黄色。体翅长 4.75–4.78mm；复眼大，肾形，IO=0.21 mm，*d*=0.26 mm，IO/*d*=0.81。前翅长 3.83 mm，宽 1.28 mm；翅痣狭长，后缘弧平；Rs 和 M 合并一段，Rs 分叉，近 M$_3$ 分叉；cu$_{1a}$ 室长。后翅长 2.72 mm，宽 0.82 mm；Rs 和 M 合并特别长，约为 Rs$_a$ 端的 1.7 倍。雄性肛上板锥状，具粗糙区；肛侧板毛点 20 个，之间密布小孔。阳茎环封闭，外阳基侧突膜质；阳茎球骨化弱，膜质，仅基部骨化；下生殖板后缘弧圆，骨化波曲，端粗壮、褐色。

　　分布：浙江（开化）。

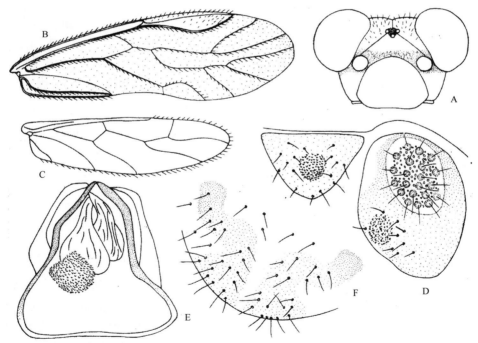

图 1-62　褐带单蜡 *Caecilius phaeozonalis* Li, 1995（引自李法圣，2002）
A. ♂头；B. ♂前翅；C. ♂后翅；D. ♂肛上板和肛侧板；E. ♂阳茎环；F. ♂下生殖板

（63）梅斑单蜡 *Caecilius plumimaculatus* Li, 2002（图 1-63）

Caecilius plumimaculatus Li, 2002: 459.

　　主要特征：雌性体长 3.17 mm，体翅长 4.72 mm，IO=0.43，*d*=0.17 mm，IO/*d*=2.53。头黄色，头盖

缝黑色，沿两侧具淡褐色斑，沿头盖缝臂具淡红色斑；额区的斑及单眼区褐色；后唇基褐色，具深褐色条斑，前唇基及上唇褐色；下颚须淡黄色，端节半褐色；触角深褐色，基 2 节黄褐色。胸褐色，背面深褐色；足淡黄色，基节、腿节端、胫节基及端跗节黄褐色；翅污黄色，透明。腹部黄色，背板具红褐色斑，第 9 节背板骨化为褐色。翅痣后角明显，圆钝；Rs 分叉位于 M_{1+2} 中央，与 Rs_a 约等长；M_1 为 M_{1+2} 的 3 倍；cu_{1a} 室长为 Cu_1 的 0.5 倍。后翅长 2.70 mm，宽 0.82 mm；R_{4+5} 长于 Rs_a。肛侧板毛点 20 个。生殖突腹瓣细长，基部以直角折回，背面具 1 角突；背、外瓣合并，端细长，基部扩大，外瓣具 1 长刚毛，亚生殖板后缘中央宽阔平凹，两侧具乳突，骨化粗壮，内侧深，外侧较浅；受精囊褐色，球形，横径 0.13 mm。

分布：浙江（西湖）。

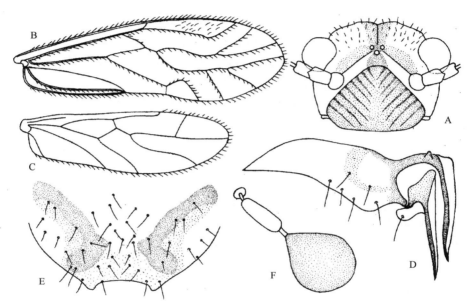

图 1-63　梅斑单啮 *Caecilius plumimaculatus* Li, 2002（引自李法圣，2002）
A. ♀头；B. ♀前翅；C. ♀后翅；D. ♀生殖突；E. ♀亚生殖板；F. ♀受精囊

（64）阔带单啮 *Caecilius immensifascus* Li, 2002（图 1-64）

Caecilius immensifascus Li, 2002: 473.

主要特征：雄性头黄色，两眼间具深褐色横带，沿复眼内侧具 1 黑褐色条纹，额区的斑及后唇基褐色，后者隐见条纹，前唇基、唇基黄色；单眼区及复眼黑色；下颚须、触角缺。胸部黄色，前胸背板褐色，中后胸背板深褐色；足淡黄色，端跗节、前中足胫节褐色；翅污褐色，前翅前缘区稍淡。腹部黄色。体长 2.92 mm，体翅长 4.78 mm。复眼大、肾形，IO=0.19 mm，d=0.28 mm，IO/d=0.68。前翅翅痣后角圆；Rs 分叉略短于 Rs_a；M_1 和 M_2 分叉大，M_{1+2} 约为 M_2 的 3/5；cu_{1a} 室扁长，约为 Cu_1 的 2/3。后翅长 2.95 mm，宽 0.93 mm；R_{4+5} 长于 Rs_a。肛上板及肛侧板具粗糙区，肛侧板毛点 27 个，毛点区多小孔。阳茎环封闭，骨化区三球形；外阳基侧突端多小孔；下生殖板骨化区很淡。

分布：浙江（开化）。

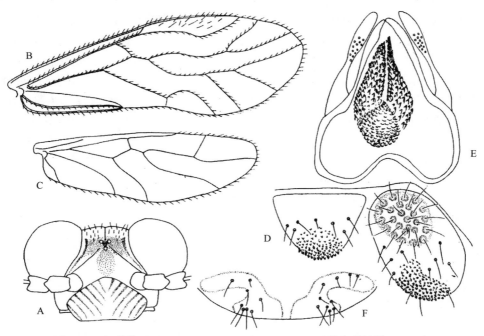

图 1-64　阔带单蜡 *Caecilius immensifascus* Li, 2002（引自李法圣，2002）
A.♂头；B.♂前翅；C.♂后翅；D.♂肛上板和肛侧板；E.♂阳茎环；F.♂下生殖板

（65）匕形单蜡 *Caecilius pugioniformis* Li, 1995（图 1-65）

Caecilius pugioniformis Li, 1995b: 157.

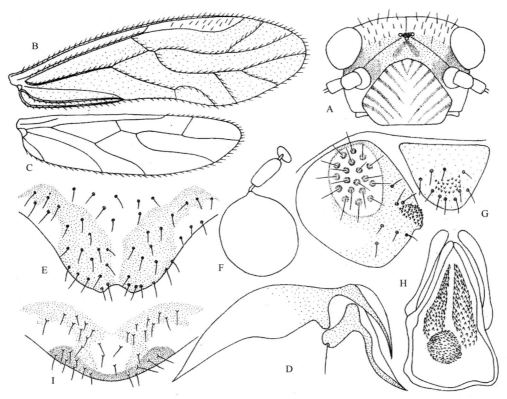

图 1-65　匕形单蜡 *Caecilius pugioniformis* Li, 1995（引自李法圣，2002）
A.♀头；B.♀前翅；C.♀后翅；D.♀生殖突；E.♀亚生殖板；F.♀受精囊；G.♂肛上板和肛侧板；H.♂阳茎环；I.♂下生殖板

主要特征：雌雄头黄色，两复眼间具 1 褐色横带，中部色淡，两端黑褐色；后唇基隐见条纹，前唇基、上唇褐色；下颚须黄色，端节端褐色；触角黑色。胸部黄色，后翅深污黄色，腹部黄色。雌性体长 3.30 mm，体翅长 4.60 mm。下颚须端节长为宽的 3.33 倍；复眼椭圆形，IO=0.36 mm，d=0.19 mm，IO/d=1.89。前翅长 3.38 mm，宽 1.10 mm；翅痣狭长，后角不明显。肛侧板毛点 22 个；生殖突腹瓣细，基部膨大；背瓣基部扩大，呈"7"字形；外瓣退化，仅存 1 刚毛；亚生殖板后缘中部凹入，骨化深褐色，粗壮、端平截；受精囊深黄褐色，横径 0.14 mm。雄性体长 2.63 mm，体翅长 4.40 mm。复眼大、肾形，IO=0.22 mm，d=0.25 mm，IO/d=0.88。前翅长 3.37 mm，宽 1.08 mm；后翅长 2.45 mm，宽 0.71 mm；脉序同雌性。肛上板及肛侧板具粗糙区，肛侧板毛点 19 个；阳茎环封闭，阳茎球三球形；下生殖板骨化两端分叉。

分布：浙江（庆元）。

（66）古田山单啮 *Caecilius gutianshanicus* Li, 1995（图 1-66）

Caecilius gutianshanicus Li, 1995a: 68.

主要特征：雄性头褐色，具棕褐色斑，两眼间有 1 条深棕褐色横带，后唇基褐色，前唇基及上唇淡黄色；复眼黑色。胸部黄色，背板褐色；足淡黄色，端跗节、前足胫节黄或黄褐色；前翅透明，深污黄色，前缘区色淡、污白色，翅痣污白色，不透明。腹部黄色。头部后缘稍弧鼓，复眼肾形，突出，IO=0.19 mm，d=0.24 mm，IO/d=0.79。前翅端圆，长 3.10 mm，宽 1.08 mm；翅痣后角弧圆；脉 Rs 和 M 合并一段，cu_{1a} 室小，底宽小于 Cu_1 的 1/2。后翅长 2.32 mm，宽 0.72 mm；翅缘具毛，R_{4+5} 长于 Rs_a。雄性肛上板和肛侧板具粗糙区；肛侧板毛点 19 个；阳茎环环状，外阳基侧突宽阔；阳茎球骨化弱，膜质，仅基端部分具有鳞片状褐色骨化区域；下生殖板后缘圆，骨化端膨大，骨化黄褐色。

分布：浙江（开化）。

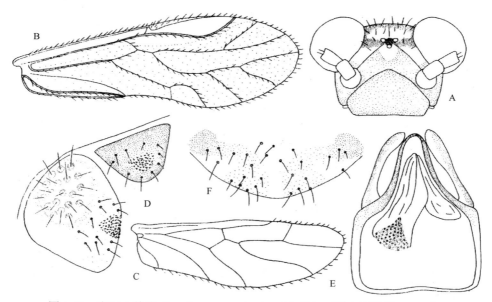

图 1-66　古田山单啮 *Caecilius gutianshanicus* Li, 1995（引自李法圣，2002）
A. ♂头；B. ♂前翅；C. ♂后翅；D. ♂肛上板和肛侧板；E. ♂阳茎环；F. ♂下生殖板

（67）暗淡单啮 *Caecilius hebetatus* Li, 1995（图 1-67）

Caecilius hebetatus Li, 1995b: 160.

主要特征：雄性头淡黄色，后唇基隐见条纹，前唇基、唇基淡黄色；单眼区、复眼黑色；下颚须淡黄色，端节端褐色；触角褐色。胸部黄色，中后胸背板具明显的黑褐色斑；足淡黄色，前中足胫节淡褐色；前翅污黄色，前缘区淡色，A 区褐色，后翅浅污黄色。腹部淡黄色。体长 2.33 mm，体翅长 3.72–3.92 mm。复眼大、肾形，IO=0.15 mm，d=0.28 mm，IO/d=0.54。前翅长 3.00 mm，宽 1.10 mm；翅痣长，端半宽阔，后角圆；Rs 分叉略短于 Rs_a；M_2 为 M_{1+2} 的 1.29 倍；cu_{1a} 室近三角形，长约为 Cu_1 的 2/3。后翅长 2.28 mm，宽 0.73 mm；R_{4+5} 长于 Rs_a。肛上板、肛侧板具粗糙区，肛侧板毛点 26 个；阳茎环封闭，阳茎球五裂；下生殖板简单。

　　分布：浙江（庆元）。

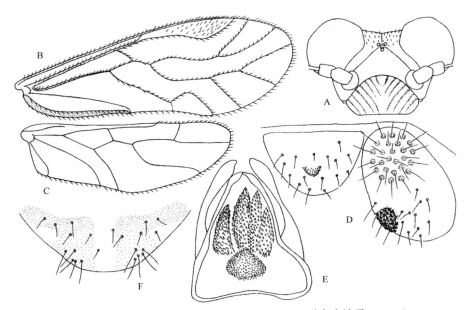

图 1-67　暗淡单啮 *Caecilius hebetatus* Li, 1995（引自李法圣，2002）
A. ♂头；B. ♂前翅；C. ♂后翅；D. ♂肛上板和肛侧板；E. ♂阳茎环；F. ♂下生殖板

（68）金黄单啮 *Caecilius citrinus* Li, 1995（图 1-68）

Caecilius citrinus Li, 1995b: 159.

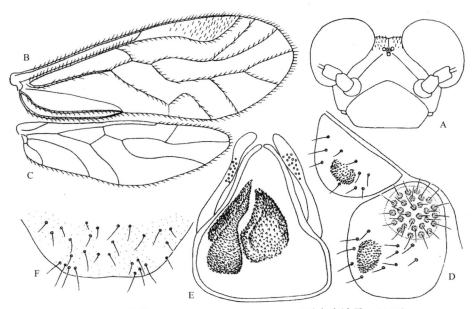

图 1-68　金黄单啮 *Caecilius citrinus* Li, 1995（引自李法圣，2002）
A. ♂头；B. ♂前翅；C. ♂后翅；D. ♂肛上板和肛侧板；E. ♂阳茎环；F. ♂下生殖板

主要特征：雄性头黄色，单眼区、复眼黑色；下颚须淡黄色；触角黄色。胸部淡黄色，中后胸背面具淡褐色斑；足淡黄色；前翅浅污黄色，前缘区淡，脉褐色，A 区黄褐色；后翅浅污黄色。腹部淡黄色。体长 2.45 mm，体翅长 4.47 mm。复眼大、肾形，IO=0.20 mm，d=0.28 mm，IO/d=0.71。前翅长 3.77 mm，宽 1.40 mm；翅痣宽大，后角圆；Rs 分叉狭长，长于 Rs$_a$；M$_{1+2}$ 与 M$_2$ 约等长；cu$_{1a}$ 室长大，约为 Cu$_1$ 的 2/3。后翅长 2.87 mm，宽 0.88 mm；端圆尖，R$_{4+5}$ 长于 Rs$_a$。肛上板和肛侧板具粗糙区，肛侧板毛点 29 个。阳茎环封闭，外阳基侧突端多孔；阳茎球多瓣，齿状骨化；下生殖板弱骨化。

分布：浙江（庆元）。

（69）吴氏单蜡 *Caecilius wui* Li, 1995（图 1-69）

Caecilius wui Li, 1995b: 158.

主要特征：雌雄头全为淡黄色，仅雌头盖缝干两侧及额部具淡褐色斑。胸部黄色，中后胸背板褐色；足淡黄色，端跗节、前足胫节基、端部褐色；前翅污黄色，前缘区淡色，脉端部褐色，基部淡色；沿 M+Cu$_1$、Cu$_1$ 和 A 区褐色；后翅浅污黄色，雄性 A 区褐色。腹部淡黄色。雌性体长 3.12 mm，体翅长 5.02–5.80 mm。复眼肾形，IO=0.40 mm，d=0.20 mm，IO/d=2。前翅长 4.38 mm，宽 1.53 mm；翅痣狭长，后角弧圆，cu$_{1a}$ 室近三角形，长约为 Cu$_1$ 的 2/3。后翅长 3.23 mm，宽 1.03 mm；R$_{4+5}$ 长于 Rs$_a$。肛侧板毛点 20 个；生殖突腹瓣细长，背瓣基部横长，呈"丁"字形；外瓣具 1 长刚毛；亚生殖板后缘中部凹入，骨化指状，端圆；受精囊淡色，球形，横径 0.12 mm。雄性体长 2.75 mm，体翅长 5.12 mm。复眼大、肾形，IO=0.16 mm，d=0.35 mm，IO/d=0.46。前翅长 4.65 mm，宽 1.65 mm；后翅长 3.27 mm，宽 1.10 mm；脉序同雌性。肛上板、肛侧板具粗糙区，肛侧板毛点 32 个；阳茎环封闭，阳茎球骨化，外阳基侧多孔；下生殖板骨化区域端部不愈合，近"八"字形。

分布：浙江（庆元）、湖北。

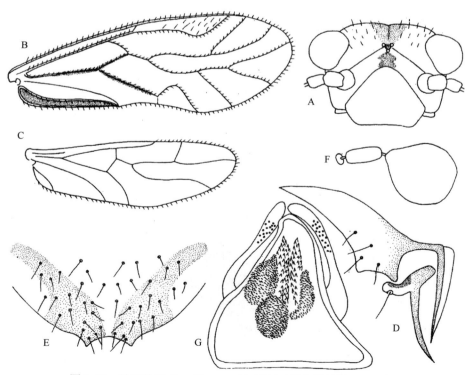

图 1-69　吴氏单蜡 *Caecilius wui* Li, 1995（引自李法圣，2002）
A. ♀头；B. ♀前翅；C. ♀后翅；D. ♀生殖突；E. ♀亚生殖板；F. ♀受精囊；G. ♂阳茎环

（70）大囊单蚧 *Caecilius megalocystis* Li, 1995（图 1-70）

Caecilius megalocystis Li, 1995a: 70.

主要特征：雌性头黄色，单眼区褐色，复眼黑色；后唇基深黄色，前唇基、上唇黄色；下颚须黄色，端节黄褐色；触角基 3 节黄色，第 3 节端及以后各节褐色。胸部足及腹部全为黄色；翅透明，前翅污黄色。体长 2.33 mm，体翅长 3.03 mm。复眼肾形，IO=0.28 mm，d=0.16 mm，IO/d=1.75。前翅长 2.43 mm，宽 0.88 mm；翅痣后角圆；Rs 和 M 合并一段，Rs 分叉与 Rs_a 约相等，近 M_3 分叉；cu_{1a} 室长为 Cu_1 的 1/1.6，Cu_{1a} 端弯曲。后翅长 1.83 mm，宽 0.63 mm；Rs 分叉长，R_{4+5} 为 Rs 的 1.5 倍；翅缘具毛。雌性肛上板半圆形，肛侧板毛点不清晰；生殖突腹瓣基部弓弯；背瓣基部膨大，端部细长；外瓣退化，仅存 1 刚毛；亚生殖板中部略凹，骨化基部宽，端呈指状；受精囊淡色，横径 0.16 mm。

分布：浙江（开化）。

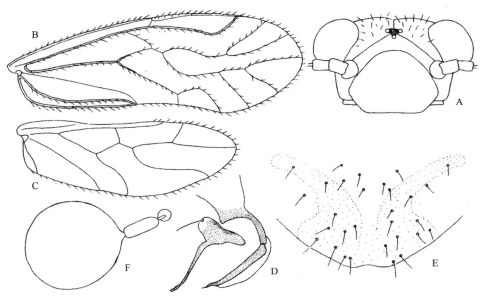

图 1-70　大囊单蚧 *Caecilius megalocystis* Li, 1995（引自李法圣，2002）

A.♀头；B.♀前翅；C.♀后翅；D.♀生殖突；E.♀亚生殖板；F.♀受精囊

23. 安蚧属 *Enderleinella* Badonnel, 1932

Enderleinella Badonnel, 1932: 77. Type species: *Caecilius perlatus* Kolbe, 1932.

主要特征：成虫具翅。体小至中型。体翅长 3–5 mm。触角 13 节；单眼 3 个或无；内颚叶端部不分叉。足跗节 2 节，爪无亚端齿，爪垫宽阔；后足基跗节具毛栉。前翅翅痣后角不明显，Rs 与 M 合并一段，Rs 分 2 支，M 分 3 支，cu_{1a} 室通常很小。后翅基脉长，翅缘具毛，前翅脉具单列毛，Cu_2 无毛。雄性肛上板和肛侧板无粗糙区或瘤突。阳茎环环状，下生殖板后缘弧圆或具凹缺。雌性生殖突腹瓣退化，短小，背、外瓣合并，肥大，长且呈叶状，外瓣有 1 根长刚毛，少数具 2 根或多根刚毛。

分布：世界广布。世界已知 44 种，中国记录 35 种，浙江分布 4 种。

分种检索表

1. 前翅 cu_{1a} 室长长于 Cu_1 的 1/2 ·· **双毛安蚧 *E. biaristata***
- 前翅 cu_{1a} 室长短于 Cu_1 的 1/2 ··· 2

2. 后翅 R_{4+5} 约等于 Rs_a ·· 天目山安蜡 *E. tianmushanana*

- 后翅 R_{4+5} 明显长于 Rs_a ··· 3

3. 前翅 M_1 为 M_{1+2} 的 3.3 倍以上 ··· 梯唇安蜡 *E. trapezia*

- 前翅 M_1 为 M_{1+2} 的 2.8 倍以下 ··· 扁室安蜡 *E. explanata*

（71）双毛安蜡 *Enderleinella biaristata* Li, 1995（图 1-71）

Enderleinella biaristata Li, 1995b: 161.

主要特征：雌性头淡黄色，额区有淡褐色斑，后唇基隐见条纹，前唇基、唇基黄色；单眼区淡色，中干及复眼黑色；触角黄色，第 1 节、第 2 节基部、第 5 节褐色。胸部黄色，前胸背板各骨片边缘褐色；足淡黄色，腿节、胫节端、端跗节，前足胫节淡褐色；前翅污黄色，基半部及前缘区污白色，翅痣污白色，端部脉及 A 区褐色。腹部黄色。体长 2.95 mm，体翅长 4.47 mm。内颚叶分叉浅，中央略低凹；上唇感器 7 个；下颚须缺；复眼卵圆形，IO=0.29 mm，d=0.19 mm，IO/d=1.53。前翅长 3.87 mm，宽 1.40 mm；翅痣狭长，后角不明显；Rs 平直，分叉长于 Rs_a；cu_{1a} 室底长为 Cu_1 的 0.6 倍。后翅缺。肛上板、肛侧板缺。生殖突腹瓣细长，背瓣宽大，端具小刺齿；外瓣具 2 条长刚毛；亚生殖板后缘凹缺，骨化端膨大；受精囊葫芦形，淡色，横径 0.11 mm。

分布：浙江（庆元）。

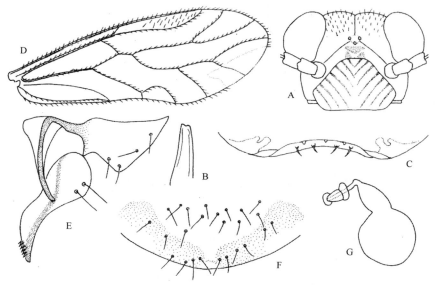

图 1-71　双毛安蜡 *Enderleinella biaristata* Li, 1995（引自李法圣，2002）
A. ♀头；B. ♀内颚叶；C. ♀上唇感器；D. ♀前翅；E. ♀生殖突；F. ♀亚生殖板；G. ♀受精囊

（72）天目山安蜡 *Enderleinella tianmushanana* Li, 2002（图 1-72）

Enderleinella tianmushanana Li, 2002: 552.

主要特征：雌性体长 2.28 mm，体翅长 3.30–3.58 mm，IO=0.24 mm，d=0.16 mm，IO/d=1.50，前翅长 2.67 mm，宽 0.96 mm，后翅长 2.00 mm，宽 0.68 mm。头黄色，具黄褐色斑，单眼区淡黄色，额区具斑；后唇基黄色，隐见条纹，前唇基及上唇黄色。前胸黄色，中后胸黄褐色，背面稍淡；足黄色，基节黄褐色；

前翅污黄色，翅痣深黄色，后翅浅污黄色。腹部黄色。前翅翅痣后缘平滑，无后角；Rs 分叉与 Rs_a 约相等，M_1 为 M_{1+2} 的 2 倍；cu_{1a} 室扁小。后翅 R_{4+5} 与 Rs_a 约相等。肛侧板毛点 16 个。生殖突腹瓣细长；背、外瓣合并，基部膨大，向端渐变细，端钝，外瓣仅存 1 长刚毛；亚生殖板骨化很淡，端呈指状；受精囊小，长 0.05 mm。雄性体长 1.97 mm，体翅长 2.95 mm，IO=0.16 mm，d=0.23 mm，IO/d=0.70。脉序同雌性，但翅痣后角稍突出，弧圆。肛侧板毛点 19 个。阳茎环封闭，阳茎球 1 对，长卵形，基部有 1 个小突起；下生殖板骨化指状，略波曲。

分布：浙江（临安）。

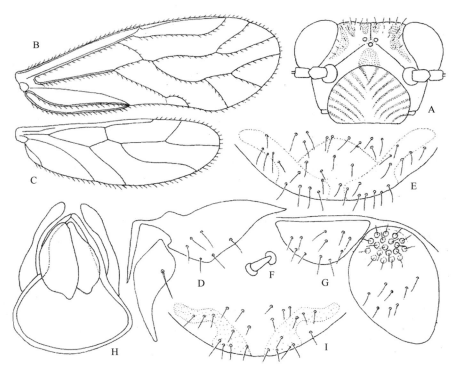

图 1-72　天目山安蛄 *Enderleinella tianmushanana* Li, 2002（引自李法圣，2002）
A. ♀头；B. ♀前翅；C. ♀后翅；D. ♀生殖突；E. ♀亚生殖板；F. ♀受精囊；G. ♂肛上板和肛侧板；H. ♂阳茎环；I. ♂下生殖板

（73）梯唇安蛄 *Enderleinella trapezia* Li, 1995（图 1-73）

Enderleinella trapezia Li, 1995b: 160.

主要特征：雌雄头黄色，后唇基褐色，雄性周缘具淡褐条；中干、复眼黑色，单眼区淡色。胸部黄色至深黄色；足淡黄色，胫节、跗节黄褐色；翅透明，深污黄色，翅痣污白色，脉淡黄色。腹部黄色。雄性体长 1.83 mm，体翅长 2.90 mm。复眼大、肾形，IO=0.19 mm，d=0.19 mm，IO/d=1。前翅长 2.33 mm，宽 0.92 mm；翅痣狭长，与前缘近平行；Rs 直，分叉长大，长于 Rs_a；cu_{1a} 室小，长约为 Cu_1 的 1/2。后翅长 1.78 mm，宽 0.65 mm。肛上板、肛侧板无粗糙区，肛侧板毛点 20 个。阳茎环封闭，阳茎球膜质，2 个；下生殖板简单，骨化很淡。雌性体长 2.42 mm，体翅长 3.13 mm。触角长 1.53 mm；复眼卵圆形，IO=0.29 mm，d=0.16 mm，IO/d=1.81。前翅长 2.50 mm，宽 0.95 mm；后翅长 1.93 mm，宽 0.67 mm；脉序同雄性。肛侧板毛点 13 个；生殖突腹瓣短小，背板宽大，膜质，具 1 长的刚毛；亚生殖板骨化浅，向端变细尖。

分布：浙江（庆元）。

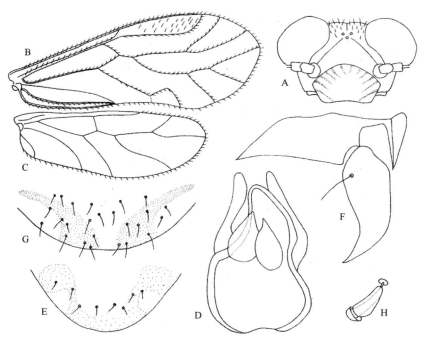

图 1-73　梯唇安啮 *Enderleinella trapezia* Li, 1995（引自李法圣，2002）
A. ♂头；B. ♂前翅；C. ♂后翅；D. ♂阳茎环；E. ♂下生殖板；F. ♀生殖突；G. ♀亚生殖板；H. ♀受精囊

（74）扁室安啮 *Enderleinella explanata* Li, 2002（图 1-74）

Enderleinella explanata Li, 2002: 535.

　　主要特征：雄性体长 1.92 mm，体翅长 3.08 mm，IO=0.13 mm，*d*=0.23 mm，IO/*d*=0.57，前翅长 2.47 mm，宽 0.93 mm，后翅长 1.90 mm，宽 0.68 mm。头深黄色，额区具褐斑，单眼区黄色；后唇基黄色，隐见稍深

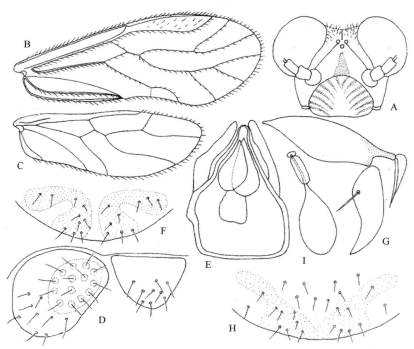

图 1-74　扁室安啮 *Enderleinella explanata* Li, 2002（引自李法圣，2002）
A. ♂头；B. ♂前翅；C. ♂后翅；D. ♂肛上板和肛侧板；E. ♂阳茎环；F. ♂下生殖板；G. ♀生殖突；H. ♀亚生殖板；I. ♀受精囊

的条纹，前唇基及上唇淡黄色。胸部黄色；足黄色，端跗节及前中足胫节黄褐色；翅透明，污黄色，翅痣深污黄色。腹部黄色。前翅翅痣后角不显；Rs 分叉长于 Rs_a，近 M_3 分叉；M_1 为 M_{1+2} 的 2 倍；cu_{1a} 室扁小，室长为宽的 3 倍，Cu_1 为室长的 1.87 倍。后翅 R_{4+5} 为 Rs_a 的 1.6 倍。肛侧板毛点 14 个。阳茎环封闭，环状，阳茎球由 3 个球瓣组成；下生殖板骨化淡，弧向外弯。雌性体长 2.00 mm，体翅长 3.00 mm，IO=0.24 mm，d=0.15 mm，IO/d=1.60，前翅长 2.55 mm、宽 0.97 mm。脉序相似于雄性，但前翅 cu_{1a} 室长为宽的 2 倍；后翅 R_{4+5} 为 Rs_a 的 1.6 倍。肛侧板毛点 14 个。生殖突腹瓣细小；背、外瓣合并，刀状，外瓣具 1 长刚毛；亚生殖板简单，骨化基部宽大，端指状；受精囊淡色，椭圆形，横径 0.07 mm。

分布：浙江（临安）、福建。

24. 准单蜎属 *Paracaecilius* Badonnel, 1931

Paracaecilius Badonnel, 1931: 253. Type species: *Paracaecilius berlandi* Badonnel, 1931.

Caecilioidus Badonnel, 1955: 140. Type species: *Caecilius oxystigma* Badonnel, 1955.

Eocaecilius Badonnel, 1959: 13. Type species: *Eocaecilius wittei* Badonnel, 1959.

Badonnelipsocus Li, 1993a: 345. Type species: *Badonnelipsocus chebalinganus* Li, 1993.

主要特征：体小型，体翅长通常 2.5–4.0 mm。触角 13 节；内颚叶端不分叉；单眼 3 个。足跗节 2 节，爪无亚端齿，爪垫宽；后足基跗节具毛栉。翅痣后角不明显；前翅 Rs 和 M 合并一段，Rs 分 2 支，cu_{1a} 室小；后翅基脉长，Rs 和 M 合并一段。翅缘具毛，前翅脉具单列毛，Cu_2 无毛。阳茎环基端开放，仅以膜质相接；雄性肛上板和肛侧板无粗糙区；下生殖板简单。雌性生殖突腹瓣退化，很小，背、外瓣合并，基部不扩大，杆状，外瓣仅具 1 根长刚毛；亚生殖板极简单；受精囊小，球形。

分布：世界广布。世界已知 42 种，中国记录 17 种，浙江分布 2 种。

（75）革黄准单蜎 *Paracaecilius alutaceus* Li, 2002（图 1-75）

Paracaecilius alutaceus Li, 2002: 569.

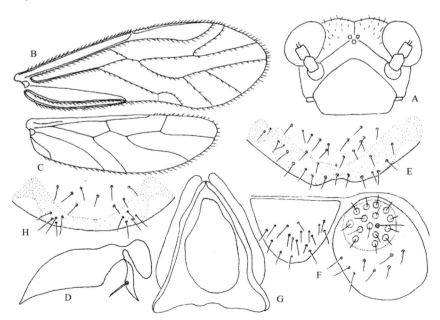

图 1-75 革黄准单蜎 *Paracaecilius alutaceus* Li, 2002（引自李法圣，2002）
A. ♀头；B. ♀前翅；C. ♀后翅；D. ♀生殖突；E. ♀亚生殖板；F. ♂肛上板和肛侧板；G. ♂阳茎环；H. ♂下生殖板

主要特征：雌雄头黄色，单眼区、后唇基、前唇基、上唇及下颚须黄色，触角褐色。胸部、足及腹部黄色；翅浅污黄褐色。雌性体长 2.37 mm，体翅长 3.25 mm。雌性复眼椭圆形，IO=0.25 mm，d=0.18 mm，IO/d=1.39。前翅 Rs 分叉长于 Rs_a；M_1 为 M_{1+2} 的 2.67 倍；cu_{1a} 室长为宽的 2.6 倍。后翅长 2.05 mm，宽 0.67 mm；R_{4+5} 为 Rs_a 的 1.75 倍。肛侧板毛点 13 个。生殖突腹瓣膜质，背、外瓣细小，外瓣具 1 长刚毛；亚生殖板后缘弧圆，骨化长条形，端略波曲，膨大。雄性体长 1.83 mm，体翅长 2.83 mm，IO=0.13 mm，d=0.22 mm，IO/d=0.59。前翅长 2.17 mm，宽 0.72 mm；后翅长 1.67 mm，宽 0.55 mm；脉序同雌性。肛侧板毛点 17 个，中央有 1 个很小。阳茎环基部开放，阳茎球单球；下生殖板骨化两端扩大、平截。

分布：浙江（定海）。

（76）球眼准单啮 *Paracaecilius sphaericus* Li, 2002（图 1-76）

Paracaecilius sphaericus Li, 2002: 576.

主要特征：雄性头包括下颚须及触角黄色，仅复眼黑色。胸部、足及腹部黄白色；翅污白色，翅痣稍有点黄，污白色。体长 1.38 mm，体翅长 2.50 mm。复眼大，圆球形，IO=0.07 mm，d=0.19 mm，IO/d=0.37。后足跗节分别长 0.25 mm 及 0.09 mm，基跗节毛栉 20 个。前翅长 2.17 mm，宽 0.73 mm；翅痣宽大，后角弧圆；Rs 分叉与 Rs_a 约相等；M_1 为 M_{1+2} 的 3.33 倍；cu_{1a} 室扁长，长为宽的 2.75 倍，Cu_1 为 cu_{1a} 室长的 2.55 倍。后翅长 1.63 mm，宽 0.52 mm；R_{4+5} 为 Rs_a 的 1.56 倍。肛侧板毛点 18 个。阳茎环封闭，阳茎球 1 对；下生殖板骨化无。

分布：浙江（定海）。

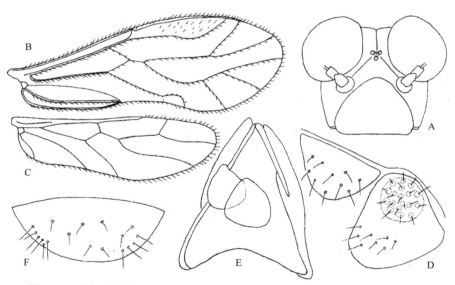

图 1-76　球眼准单啮 *Paracaecilius sphaericus* Li, 2002（引自李法圣，2002）
A. ♂头；B. ♂前翅；C. ♂后翅；D. ♂肛上板和肛侧板；E. ♂阳茎环；F. ♂下生殖板

九、狭蟷科 Stenopsocidae

主要特征：长翅，中等大小。触角 13 节，内颚叶向端渐细，不分叉。足跗节 2 节，爪无亚端齿，爪垫宽；后足仅基跗节具毛栉。翅痣狭长，后角与 Rs 以横脉相连；Rs 和 M 合并一段，M 分 3 支；cu_{1a} 室近三角形，顶角与 M 以横脉相连；后翅 Rs 与 M 合并一段。前翅缘具毛，脉具单列毛或基部脉具双列毛。雄性阳茎环封闭，外阳基侧突粗壮，阳茎球通常 1 对；下生殖板简单。雌性生殖突背、腹瓣细长，背瓣基扩大，外瓣退化，无刚毛；亚生殖板简单，具倒"八"字形骨化；受精囊通常梨形。

分布：世界广布。世界已知 4 属 190 余种，中国记录 4 属 154 种，浙江分布 4 属 12 种。

分属检索表

1. 后翅径叉缘无毛 ··· 雕蟷属 *Graphopsocus*
- 后翅径叉缘具毛 ·· 2
2. 前翅 Cu_2 无毛 ·· 狭蟷属 *Stenopsocus*
- 前翅 Cu_2 具毛 ·· 3
3. 前翅膜质部无毛 ··· 肘狭蟷属 *Cubipilis*
- 前翅基半膜质部具毛 ·· 毛狭蟷属 *Malostenopsocus*

25. 雕蟷属 *Graphopsocus* Kolbe, 1880

Graphopsocus Kolbe, 1880: 124. Type species: *Hemerobius cruciatus* Linnaeus, 1768.

主要特征：体小型，体翅长通常 3–4 mm。触角 13 节，短于体翅长。跗节 2 节，爪无亚端齿，爪垫宽；仅后足基跗节具毛栉。翅痣宽短，通常长为宽的 2.3–3.5 倍；后角尖，与 Rs 以横脉相连；Rs 与 M 合并一段；M 分 3 支；cu_{1a} 室三角形，顶角与 M 以横脉相连。后翅 Rs 与 M 合并一段。前翅缘及脉具短稀刚毛，脉单列毛（除 Cu_2 外）；后翅无毛。阳茎环封闭，阳茎球通常 2 个；下生殖板简单。生殖突背、腹瓣粗壮或细长，背瓣基扩大，外瓣退化，无刚毛；亚生殖板简单，骨化呈条状，或由粗变细尖；受精囊壶形，囊端突膨大，孔口位端突之下。

分布：世界广布。世界已知 21 种，中国记录 19 种，浙江分布 1 种。

（77）普陀山雕蟷 *Graphopsocus putuoshanensis* Li, 2002（图 1-77）

Graphopsocus putuoshanensis Li, 2002: 586.

主要特征：雄性头黄色，具褐斑，额区具黄褐色斑；后唇基黄褐色，具褐色条纹，前唇基及上唇黄色；下颚须黄色，端节端黄褐色；胸部黄色，中后胸背面具褐斑；足黄色；前翅透明，脉黄色至黄褐色，端半斑黄色，基半部斑黄褐色；后翅脉淡黄色，仅 $M+Cu_1$、Cu_1 黄褐色，斑淡黄色，基端 1 个斑黄褐色。腹部全为黄色。体长 2.17 mm，体翅长 3.42 mm。复眼肾形，IO=0.31 mm，d=0.19 mm，IO/d=1.63。前翅长 2.83 mm，宽 1.05 mm；翅痣短宽，后角明显，长为宽的 3.18 倍；Rs 和 M 合并一段，Rs_m 稍短于 Rs_a，R_{4+5} 为 Rs_a 的 1.67 倍；M_{1+2} 为 M_a 的 1.5 倍，M_1 为 M_{1+2} 的 1.53 倍；cu_{1a} 室三角形，与 M 以横脉相连；横脉长为室高的 0.42 倍。后翅长 2.10 mm，宽 0.73 mm；后翅 R_{4+5} 长于 Rs_a。肛侧板毛点 22 个；阳茎环封闭，阳茎球仅见 1 个，大；下生殖板后缘弧圆，骨化向两侧弧弯。

分布：浙江（普陀）。

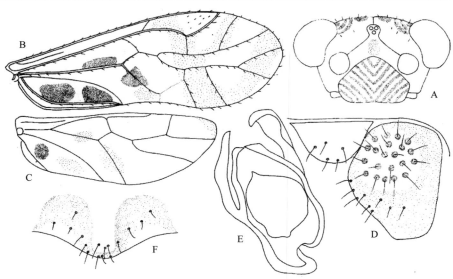

图 1-77　普陀山雕啮 *Graphopsocus putuoshanensis* Li, 2002（引自李法圣，2002）
A.♂头；B.♂前翅；C.♂后翅；D.♂肛上板和肛侧板；E.♂阳茎环；F.♂下生殖板

26. 狭啮属 *Stenopsocus* Hagen, 1866

Stenopsocus Hagen, 1866c: 203. Type species: *Psocus immaculatus* Stephens, 1836.

主要特征：中等大小，体翅长 4.00–7.00 mm。触角通常长于体翅长；内颚叶端部变窄，不分叉。跗节 2 节，爪无亚端齿，爪垫宽；后足基跗节具毛栉。翅狭长，前翅及脉具刚毛，Cu_2 无毛，脉具单列毛；后翅仅径叉缘具毛。翅痣狭长，通常长为宽的 4–7 倍，以横脉与 Rs 相连；Rs 与 M 合并一点，少数以一点相接；M 分 3 支；cu_{1a} 室三角形，以横脉与 M 相连；后翅基脉长，径叉缘具毛。阳茎环封闭，下生殖板简单；生殖突背、腹瓣细长，背瓣基部扩大；外瓣退化，无刚毛；亚生殖板简单；受精囊球形、椭圆形或梨形，端突明显。

分布：世界广布。世界已知约 125 种，中国记录 97 种，浙江分布 5 种。

分种检索表

1. 前胸黄色 ··· 锐尖狭啮 *S. percussus*
- 前胸黑或褐色 ··· 2
2. 前翅 R 黄色或褐色，沿 R 两侧无斑，痣斑不延伸至 Rs ······················· 小囊狭啮 *S. gibbulosus*
- 前翅 R 黑色，或沿 R 具斑或痣斑向下延伸至 Rs ·· 3
3. 前翅沿 R 两侧无斑，R 褐色 ·· 黄褐狭啮 *S. xanthophaeus*
- 前翅沿 R 两侧具斑 ·· 4
4. 痣斑沿 r-rs 向下延伸达 Rs ·· 台湾狭啮 *S. formosanus*
- 痣斑不向下延伸，如延伸也不达 Rs ···································· 宽痣狭啮 *S. platynotus*

（78）锐尖狭啮 *Stenopsocus percussus* Li, 1995（图 1-78）

Stenopsocus percussus Li, 1995b: 162.

主要特征：雌性头鲜黄色，后唇基深褐色，前唇基、上唇黄色；单眼内侧褐色；复眼黑色；下颚须淡黄色，端节端尖褐色；触角黄褐色。胸部黄色，中后胸背面具褐斑；足淡黄色，基跗节端、端跗节及后足胫节端淡褐色；前翅透明，稍污黄色，翅痣污黄色，沿后缘具褐边；后翅污黄色。腹部淡黄色。体长 3.33 mm，体翅长 6.08 mm。头扁、向前斜伸，后唇基十分突出。复眼卵形，IO=0.56 mm，d=0.25 mm，IO/d=2.24。前翅长 4.75 mm，宽 1.60 mm；翅痣后角尖锐，与 Rs 以横脉相连，Rs 分叉近 M_1 和 M_2 分叉；M_a 与 M_2 约等长；Cu_{1a} 与 M 以横脉相连。后翅长 3.42 mm，宽 1.05 mm；R_{4+5} 长于 Rs_a。肛侧板毛点 25 个。生殖突腹瓣细长；背瓣基部扩大，端细尖，呈"7"字形；亚生殖板简单，骨化向端渐变细尖；受精囊球形，淡色，横径 0.13 mm。

分布：浙江（庆元）。

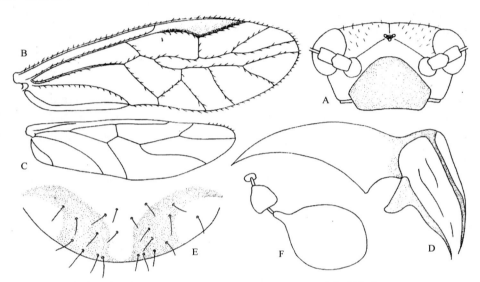

图 1-78　锐尖狭啮 *Stenopsocus percussus* Li, 1995（引自李法圣，2002）

A.♀头；B.♀前翅；C.♀后翅；D.♀生殖突；E.♀亚生殖板；F.♀受精囊

（79）小囊狭啮 *Stenopsocus gibbulosus* Li, 1995（图 1-79）

Stenopsocus gibbulosus Li, 1995b: 163.

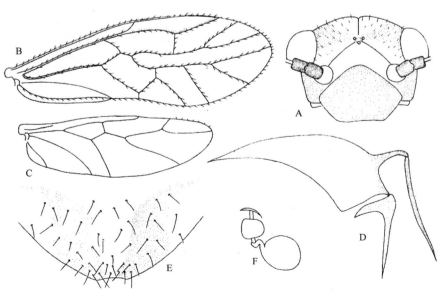

图 1-79　小囊狭啮 *Stenopsocus gibbulosus* Li, 1995（引自李法圣，2002）

A.♀头；B.♀前翅；C.♀后翅；D.♀生殖突；E.♀亚生殖板；F.♀受精囊

主要特征：雌性头淡褐色，头顶、额区黄色，后唇基褐色，前唇基淡褐色，上唇黄色；单眼区、复眼黑色；下颚须淡黄色，触角黄褐色。胸部褐色，足淡黄色，端跗节褐色；翅透明、污黄色；翅痣沿后缘具窄的褐边。腹部黄色。体长 2.98 mm，体翅长 4.23 mm。头顶缘弧圆；下颚须端节长为宽的 4.4 倍；复眼近球形，IO=0.45 mm，d=0.16 mm，IO/d=2.81。前翅长 3.55 mm，宽 1.28 mm；翅痣后角尖，与 Rs 以横脉相连，Rs 分叉近 M_1 和 M_2 分叉；M_a 长于 M_{1+2}；Cu_{1a} 与 M 以横脉相连。后翅长 2.58 mm，宽 0.83 mm；R_{4+5} 长于 Rs_a。肛侧板毛点 20 个。生殖突腹瓣细长；背瓣基部扩大，呈"7"字形；亚生殖板后缘中部略凹入，骨化粗壮，向端渐尖；受精囊淡色，球形，横径 0.07 mm。

分布：浙江（庆元）。

（80）黄褐狭啮 *Stenopsocus xanthophaeus* Li, 2002（图 1-80）

Stenopsocus xanthophaeus Li, 2002: 632.

主要特征：雌性体长 2.83 mm，体翅长 4.38 mm，IO=0.63 mm，d=0.24 mm，IO/d=2.63，前翅长 4.63 mm、宽 1.50 mm，后翅长 3.40 mm、宽 0.98 mm。头褐色，头顶黄色，额区黄褐色；单眼区及复眼黑色；后唇基褐色，前唇基及上唇黄色。胸部褐色；足黄色；翅污黄色，脉黄褐色，R 褐色；翅痣深污黄色，痣斑向后延伸至 Rs。腹部黄色。前翅翅痣后角明显，与 Rs 以横脉相连；Rs 分叉位于 M_{1+2} 中央，Rs_m 长于 Rs_a，R_{4+5} 为 Rs_m 的 2.14 倍；M_{1+2} 稍长于 M_a；Cu_{1a} 与 M 以横脉相连。后翅 R_{4+5} 长于 Rs_a。肛侧板毛点约 30 个。生殖突腹、背瓣细长。背瓣基扩大；外瓣退化，无刚毛；亚生殖板后缘圆，骨化粗壮，端平截；受精囊长椭圆形，横径 0.08 mm，纵径 0.19 mm。

分布：浙江（临安）、台湾。

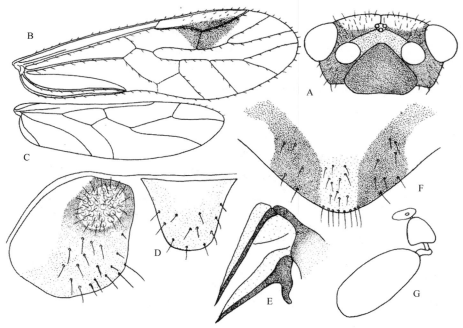

图 1-80　黄褐狭啮 *Stenopsocus xanthophaeus* Li, 2002（引自李法圣，2002）
A. ♀头；B. ♀前翅；C. ♀后翅；D. ♀肛上板和肛侧板；E. ♀生殖突；F. ♀亚生殖板；G. ♀受精囊

（81）台湾狭啮 *Stenopsocus formosanus* Banks, 1937（图 1-81，图版 I-2）

Stenopsocus formosanus Banks, 1937: 259.

主要特征：雌性体长 4.00 mm，体翅长 5.80 mm，IO=0.61 mm，d=0.28 mm，IO/d=2.18，前翅长 4.75 mm、

宽 1.58 mm，后翅长 3.40 mm、宽 1.08 mm。头黑褐色，头顶黄色，额区黄褐色；单眼区及复眼黑色；后唇基黑褐色，前唇基及上唇黄色。胸部黄色，背、腹面黑褐色；翅污黄色，脉黄褐色，R 黑褐色，近 Rs 分叉处具淡褐色斑纹；翅痣深污黄色，沿后缘具 1 宽的深褐色带，沿 r_1-rs 具褐斑至 Rs。腹部黄色，生殖节骨化黑褐色。前翅翅痣后角明显，Rs 分叉长，Rs_a 短于 Rs_m，R_{4+5} 为 Rs_a 的 2.64 倍；M_1 和 M_2 分叉位于 Rs 分叉之后，M_{1+2} 与 M_a 约相等；cu_{1a} 室三角形，与 M 以横脉相连。后翅 R_{4+5} 长于 Rs_a。肛侧板毛点约 28 个。生殖突背、腹瓣细长；背瓣基部扩大；外瓣退化，无刚毛；亚生殖板后缘弧圆，骨化粗壮，两侧近平行，端平截；受精囊近梨形。

分布：浙江（临安）、台湾。

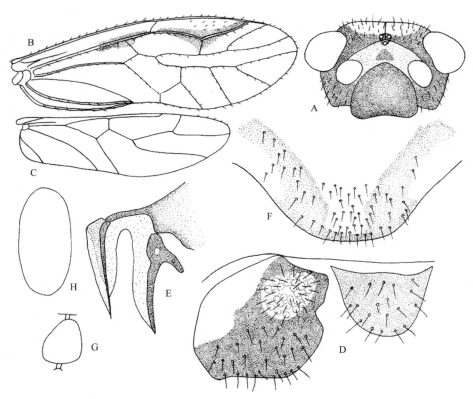

图 1-81 台湾狭蜡 *Stenopsocus formosanus* Banks, 1937（引自李法圣，2002）
A.♀头；B.♀前翅；C.♀后翅；D.♀肛上板和肛侧板；E.♀生殖突；F.♀亚生殖板；G.♀受精囊柄；H.♀卵

（82）宽痣狭蜡 *Stenopsocus platynotus* Li, 1995（图 1-82）

Stenopsocus platynotus Li, 1995b: 163.

主要特征：雌性头黑色，仅后唇基稍淡；下颚须淡黄色，端节端淡褐色；触角黑色，向端渐变淡为褐色。胸部黑色，侧腹面稍淡；足黄色，基节、腿节端、端跗节淡褐色；翅透明，污黄色；前翅翅痣黑色，沿 Rs、翅痣后缘褐色，外后缘焦褐色。腹部褐色，基部、背板深褐色。体长 3.25 mm，体翅长 4.48 mm。复眼半圆形，IO=0.54 mm，d=0.21 mm，IO/d=2.57。前翅长 3.58 mm，宽 1.30 mm；翅痣宽大，后角明显，与 Rs 以横脉相连，Rs 分叉狭窄，Rs 与 M 以一点相接；M_a 长于 M_{1+2}；Cu_{1a} 与 M 以横脉相连。后翅长 2.70 mm，宽 1.21 mm；R_{4+5} 长于 Rs_a。肛侧板毛点 26 个。生殖突腹瓣细长；背瓣细长，基部扩大，宽三角形；外瓣与背瓣合并，无刚毛；亚生殖板后缘中部略凹入，骨化粗壮，基部弯曲；受精囊椭圆形，淡色，横径 0.09 mm。

分布：浙江（庆元）。

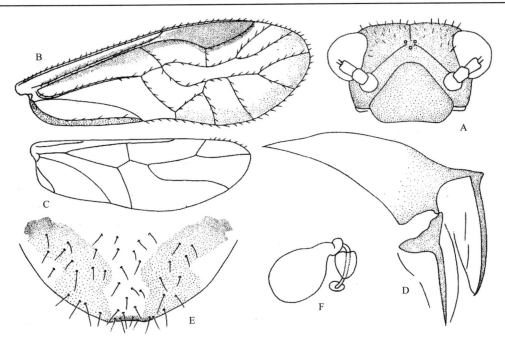

图 1-82　宽痣狭啮 *Stenopsocus platynotus* Li, 1995（引自李法圣，2002）
A. ♀头；B. ♀前翅；C. ♀后翅；D. ♀生殖突；E. ♀亚生殖板；F. ♀受精囊

27. 肘狭啮属 *Cubipilis* Li, 1993

Cubipilis Li, 1993a: 350. Type species: *Cubipilis hamaocaulis* Li, 1993.

主要特征：体翅长 4.00–7.00 mm，中等大小；触角短于体长。内颚叶端部渐细，端不分叉。足跗节 2 节，爪无亚端齿，爪垫宽；后足基跗节具毛栉。前翅缘及脉具毛，脉具单列毛，Cu_2 具毛；后翅仅径叉缘具毛。前翅翅痣与 Rs、M 与 Cu_{1a} 横脉相连，翅痣后缘较平直，后角通常不突出；翅痣长为宽的 4–6 倍。雄性阳茎环封闭，阳茎球通常 2 个；外阳基侧突粗壮；下生殖板简单，具骨化。雌性生殖突背腹瓣均细长，背瓣有时粗壮，基部扩大；外瓣退化，无刚毛；亚生殖板简单，后缘弧圆，骨化呈"八"字形，受精囊呈长梨形。

分布：古北区、东洋区。世界已知 33 种，中国记录 31 种，浙江分布 5 种。

分种检索表

1. 翅痣无斑 ··· 2
- 翅痣具斑 ··· 3
2. Rs 分叉长 ··· 圆顶肘狭啮 *C. orbiculatus*
- Rs 分叉短 ·· 百山祖肘狭啮 *C. baishanzuensis*
3. 痣斑充满痣室 ··· 大斑肘狭啮 *C. macrostigmis*
- 痣斑不充满痣室 ··· 4
4. 额区有斑 ·· 天目山肘狭啮 *C. tianmushanensis*
- 额区无斑 ··· 褐痣肘狭啮 *C. phaeostigmis*

（83）圆顶肘狭啮 *Cubipilis orbiculatus* Li, 1995（图 1-83）

Cubipilis orbiculatus Li, 1995b: 164.

主要特征：雌性头黄色，头顶具褐纹；后唇基隐见条纹，前唇基、上唇黄色；单眼区、复眼黑色；下颚须黄色，端节端半黑褐色；触角黄色，第 3、4 节端及 5 节以后为黑色。胸部淡黄色，中后胸背板具深褐色斑；足黄色，端跗节褐色；翅污黄色，前翅脉端半深褐色，基半黄色。腹部黄色，腹板褐色。体长 3.17 mm，体翅长 4.67 mm。头顶后缘圆。复眼肾形，IO=0.44 mm，d=0.19 mm，IO/d=2.32。前翅长 3.72 mm，宽 1.42 mm；翅痣较宽短，后角不明显，以横脉与 Rs 相连，Rs 分叉较长，近 M_3 分叉；M_a 长于 M_{1+2}；Cu_{1a} 与 M 以横脉相连；Cu_2 具毛。后翅长 2.60 mm，宽 0.88 mm。肛上板、肛侧板缺。生殖突腹瓣细长，背瓣较粗壮，基部细长，呈"丁"字形；外瓣退化，无刚毛；亚生殖板骨化端膨大，足状；受精囊梨形，横径 0.14 mm。

分布：浙江。

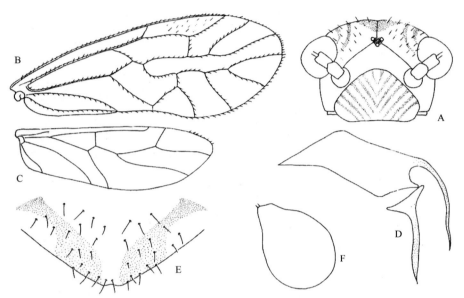

图 1-83　圆顶肘狭蝎 *Cubipilis orbiculatus* Li, 1995（引自李法圣，2002）
A. ♀头；B. ♀前翅；C. ♀后翅；D. ♀生殖突；E. ♀亚生殖板；F. ♀受精囊

（84）百山祖肘狭蝎 *Cubipilis baishanzuensis* Li, 1995（图 1-84）

Cubipilis baishanzuensis Li, 1995b: 164.

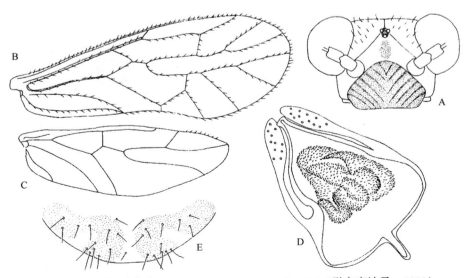

图 1-84　百山祖肘狭蝎 *Cubipilis baishanzuensis* Li, 1995（引自李法圣，2002）
A. ♂头；B. ♂前翅；C. ♂后翅；D. ♂阳茎环；E. ♂下生殖板

主要特征：雄性头黄色，额区具褐斑；后唇基褐色，具稍深的条纹，前唇基、上唇基淡褐色；单眼区黄色，复眼黑色；下颚须缺。前胸黄色，中后胸背板褐色；足淡黄色，胫节、跗节稍深；翅污黄色，脉淡褐色；前翅透明，翅痣浅黄色、无斑。腹部黄色。体长 3.25 mm，体翅长 5.03 mm。复眼肾形，IO=0.33 mm，d=0.28 mm，IO/d=1.18。前翅长 4.45 mm，宽 1.75 mm；翅痣后角不明显，与前缘平行，端斜伸，与 Rs 以横脉相连；Rs 分叉短，R_{4+5} 约为 Rs_a 的 2 倍；M_{1+2} 约为 M_a 的 2.5 倍；cu_{1a} 室三角形，较矮，与 M 以横脉相连；Cu_2 具毛。后翅长 3.27 mm，宽 1.10 mm。肛侧板毛点 33 个。阳茎环封闭，阳茎球分多瓣，外阳基侧突多孔；下生殖板简单，骨化向两侧平伸，端膨大。

　　　分布：浙江（庆元）。

（85）大斑肘狭啮 *Cubipilis macrostigmis* Li, 1995（图 1-85）

Cubipilis macrostigmis Li, 1995b: 165.

　　　主要特征：雄性头黄色，头盖缝干两侧、额区具斑，后唇基黄色，具深褐色带，前唇基、上唇淡黄色；单眼及复眼黑色；下颚须褐色或黄褐色。前胸黄色，中后胸背面具深褐色斑；足黄色，腿节端、胫节、跗节深褐色；翅污黄色、透明；前翅 R、R_1 和翅痣褐色。腹部淡黄色，第 9 节背板、下生殖板褐色。体长 3.25 mm，体翅长 5.33 mm。触角长 3.08 mm，为体长的 0.95 倍。复眼肾形，IO=0.33 mm，d=0.28 mm，IO/d=1.18。前翅长 4.67 mm，宽 1.72 mm；翅痣后角不明显，宽短，与 Rs 以横脉相连；Rs 分叉近 M_1 和 M_2 分叉；R_s 室宽阔，两边平行；M_{1+2} 与 M_a 约等长；Cu_{1a} 与 M 以横脉相连。后翅长 3.50 mm，宽 1.18 mm；R_{4+5} 长于 Rs_a。肛上板具 1 瘤突，肛侧板毛点 32 个。阳茎环封闭，阳茎球基部 1 对近圆形，端部 1 对长条形，外阳基侧突端多孔；下生殖板骨化平伸。

　　　分布：浙江（庆元）。

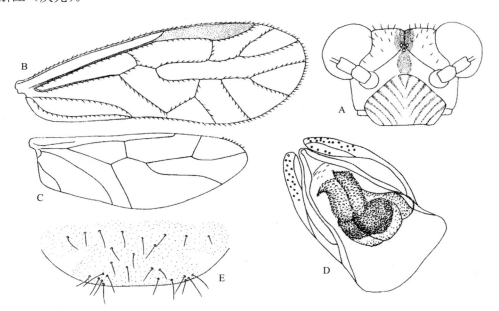

图 1-85　大斑肘狭啮 *Cubipilis macrostigmis* Li, 1995（引自李法圣，2002）
A.♂头；B.♂前翅；C.♂后翅；D.♂阳茎环；E.♂下生殖板

（86）天目山肘狭啮 *Cubipilis tianmushanensis* Li, 2002（图 1-86）

*Cubipilis tianmushanensi*s Li, 2002: 722.

　　　主要特征：雄性头黄色，头顶黄褐色，沿头盖缝臂及额区具黄褐色或褐色斑；后唇基、前唇基及上唇黄色；下颚须淡黄色，第 4 节端部稍黄褐色；触角黄褐色，端部几节颜色稍浅。前胸淡黄色，中后胸黄褐色，具黑斑；足黄色，腿节端及胫节稍黑褐色；翅污黄色，脉黄色至黄褐色，痣斑由小点组成。腹部黄色。体长 3.28 mm，体翅长 5.78 mm，IO=0.38 mm，d=0.36 mm，IO/d=1.06，前翅长 5.00 mm、宽 1.93 mm，后翅长 3.63 mm、宽 1.20 mm，后足跗节分别长 0.51 mm、0.18 mm。前翅翅痣宽阔，后角明显，与 Rs 以横脉相连；M_a 和 M_1 分别为 M_{1+2} 的 0.62 倍和 2.31 倍；Cu_{1a} 与 M 以横脉相连，横脉长为室高的 0.89 倍。后翅 R_{4+5} 为 Rs 的 1.14 倍。肛侧板毛点约 39 个。阳茎环封闭，阳茎球 1 对，长条形；下生殖板简单，骨化向两侧弧弯，端部膨大。

　　分布：浙江（临安）。

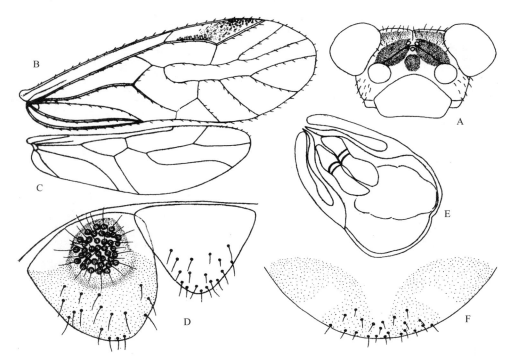

图 1-86　天目山肘狭蟜 *Cubipilis tianmushanensis* Li, 2002（引自李法圣，2002）
A. ♂头；B. ♂前翅；C. ♂后翅；D. ♂肛上板和肛侧板；E. ♂阳茎环；F. ♂下生殖板

（87）褐痣肘狭蟜 *Cubipilis phaeostigmis* Li, 1995（图 1-87）

Cubipilis phaeostigmis Li, 1995b: 165.

　　主要特征：雌雄头淡黄或黄色，头顶具褐斑。前胸黄色，中后胸褐色，中胸背板深褐色；足淡黄色；翅透明、浅污黄色，翅痣棕褐色。腹部乳黄色。雄性体长 3.05 mm，体翅长 4.58 mm。触角长 3.34 mm，短于体翅长。复眼肾形，IO=0.32 mm，d=0.30 mm，IO/d=1.07。前翅长 4.07 mm，宽 1.38 mm；翅缘及脉具毛；前翅翅痣宽长，无后角，与 Rs 以横脉相连；Rs 分叉近 M_1 和 M_2 分叉；R_5 室宽，前后缘平行；Cu_{1a} 与 M 以横脉相连。后翅 Rs 与 M 合并很长，长于 R_{2+3}，径叉缘具毛约 14 根。肛侧板毛点 41 个。阳茎环封闭，内阳基侧突端略扩大，阳茎球骨化强，分成 6 瓣，其中顶端 2 长条形，端具角突。雌性体长 3.00 mm，体翅长 4.75–5.17 mm，IO=0.50 mm，d=0.19 mm，IO/d=2.63。前翅长 4.00 mm，宽 1.43 mm；翅痣扁长，无后角或仅为小角突出；与 Rs 以横脉相连；R_5 室宽，前后缘平行；M_a 长于 M_{1+2}；cu_{1a} 室低，Cu_{1ab} 短于 Cu_{1aa}。后翅长 2.83 mm，宽 1.00 mm；脉序同雄性。肛侧板毛点 30 个，肛上板基端有些粗糙刻纹。生殖腹瓣细长；背瓣基部扩大成三角形，端细长；外瓣退化，无刚毛；亚生殖板后缘中央略凹，骨化端膨大；受精囊梨形，淡黄色，横径 0.14 mm。

　　分布：浙江（庆元）。

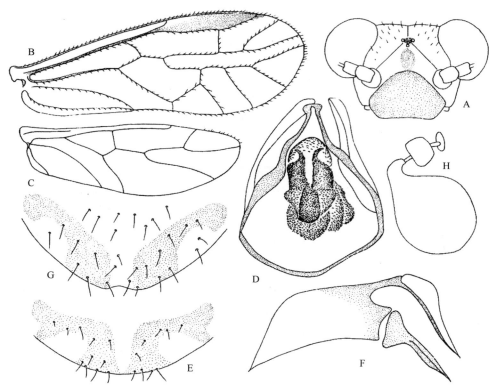

图 1-87 褐痣肘狭啮 *Cubipilis phaeostigmis* Li, 1995（引自李法圣，2002）
A. ♂头；B. ♂前翅；C. ♂后翅；D. ♂阳茎环；E. ♂下生殖板；F. ♀生殖突；G. ♀亚生殖板；H. ♀受精囊

28. 毛狭啮属 *Malostenopsocus* Li, 1992

Malostenopsocus Li, 1992b: 245. Type species: *Malostenopsocus yunnanicus* Li, 1992.

主要特征：中等大小，体翅长 5–7 mm；较粗壮。触角 13 节，短于体长；内颚叶端渐细，不分叉；足跗节 2 节，爪无亚端齿，爪垫宽，后足基节具毛栉。翅痣宽短，长为宽的 3.5–5.5 倍，后角明显，与 Rs 以横脉相连；脉粗壮，Rs 与 M 合并一段，M 分 3 支，cu_{1a} 室三角形，顶角与 M 以横脉相连；通常 rs 室基部扩大。后翅基脉长，R_{1+5} 与 R_{2+3} 分叉近直角。前翅缘具毛，脉具单列毛，基部脉具双列毛，翅基半膜质部具毛；后翅仅径叉缘具毛。雄性阳茎环封闭，阳茎球 1 对；下生殖板简单，后缘弧圆，具骨化。雌性生殖突背、腹瓣细长，背瓣基扩大，外瓣无刚毛；亚生殖板简单，具骨化；受精囊梨形。

分布：东洋区。世界已知 9 种，中国记录 8 种，浙江分布 1 种。

（88）带斑毛狭啮 *Malostenopsocus plurifasciatus* Li, 1995（图 1-88）

Malostenopsocus plurifasciatus Li, 1995b: 166.

主要特征：雌性头黄色，具深褐色斑；后唇基黄色，具褐色宽带，前唇基黄色，上唇深褐色；下颚须淡黄色，端节端半褐色。胸部黄色，中后胸背板除小盾片外具黑斑；足黄色，腿节端背面、胫节、基跗节端及端跗节褐色；翅透明，浅污黄色；前翅具褐色斑带，后翅仅 Cu_2 端具 1 褐斑。腹部黄色。体翅长约 5 mm。复眼短肾形，IO=0.46 mm，d=0.21 mm，IO/d=2.19。前翅长 4.23 mm，宽 1.58 mm；翅缘、脉及基半部膜质部具毛；翅痣宽短，后角小；Rs 分叉长，R_{4+5} 约为 Rs_a 的 2.5 倍；与翅痣以横脉相连；R_5 室基膨大；M_a 短于 M_{1+2}；cu_{1a} 室高。后翅长 2.9 mm，宽 0.93 mm；R_{4+5} 为 Rs_a 的 2 倍多；径叉缘毛约 8 根。肛侧板毛点

27 个。生殖突载瓣突宽，腹瓣细长，背瓣粗壮，基扩大成三角形；外瓣退化，无刚毛；亚生殖板后缘中部略凹，骨化褐色，端扩大为足形。

　　分布：浙江（庆元）。

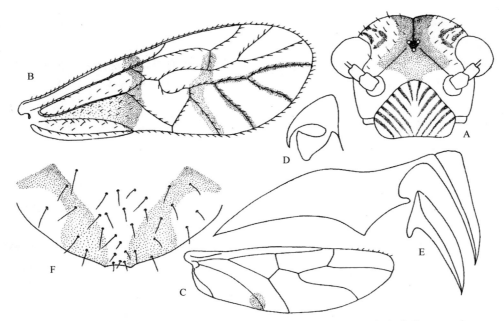

图 1-88　带斑毛狭啮 *Malostenopsocus plurifasciatus* Li, 1995（引自李法圣，2002）

A. ♀头；B. ♀前翅；C. ♀后翅；D. ♀爪；E. ♀生殖突；F. ♀亚生殖板

十、双蝎科 Amphipsocidae

主要特征：长翅或短翅。体大、多毛、平扁。触角 13 节。足跗节分 2 节，爪无亚端齿，爪垫宽。前翅宽阔，前缘脉粗，翅痣到翅端密生长的垂直刚毛，多于 1 列；翅痣后缘常具距脉；Rs 和 M 合并一段，脉具双列刚毛，Cu_2 具毛，单列；cu_{1a} 室大。后翅膜质部在端部有时具毛，端部脉具 2 列毛。下生殖板简单，阳茎环具各种骨化的阳茎球。亚生殖板简单，具"八"字形骨化；生殖突退化，腹瓣细尖，背、外瓣合并，基部膨大，无刚毛。

分布：世界分布。世界已知 21 属 226 种，中国记录 6 属 101 种，浙江分布 3 属 5 种。

分属检索表

1. 后翅前缘无毛簇 ·· 华双蝎属 *Siniamphipsocus*
- 后翅前缘具毛簇 ·· 2
2. 翅痣宽阔，后角明显、尖锐，一般具距脉 ·· 双蝎属 *Amphipsocus*
- 翅痣扁而狭长，无后角或不明显，从无距脉 ·· 塔双蝎属 *Tagalopsocus*

29. 华双蝎属 *Siniamphipsocus* Li, 1997

Siniamphipsocus Li, 1997: 444. Type species: *Siniamphipsocus aureus* Li, 1997.

主要特征：中等大小，体翅长 4.35–6.75 mm。触角 13 节，短于前翅，内颚叶端部不分叉，渐窄；上唇刚毛 4 根；足跗节 2 节，爪无亚端齿，爪垫宽，前足腿节内侧具钉状刺，通常中足基跗节具毛栉，后足跗节具毛栉。翅痣较狭长，无后角，cu_{1a} 室较高，端弧圆，通常底宽为高的 1.4–2.2 倍。后翅 R_{2+3} 短，终于前缘，通常短于 R_{4+5} 的一半。后翅前缘基端无毛簇。雄性肛上板具粗糙区，阳茎环封闭，阳茎呈球形或长椭圆形。雌性生殖突细长，背瓣基部扩大，外瓣退化，无刚毛，受精囊球形。

分布：古北区、东洋区。世界已知 22 种，中国记录 20 种，浙江分布 1 种。

（89）褐唇华双蝎 *Siniamphipsocus chiloscotius* Li, 2002（图 1-89）

Siniamphipsocus chiloscotius Li, 2002: 781.

主要特征：雌性体长 2.58 mm，体翅长 4.98 mm，IO=0.44，*d*=0.19 mm，IO/*d*=2.32，前翅长 4.00 mm、宽 1.45 mm，后翅长 2.90 mm、宽 0.93 mm。头黄色无斑，头盖缝干、单眼区及复眼黑色；后唇基褐色，前唇基及上唇黄色；下颚须黄色，端节褐色；触角黄色，第 3 节端半及以后各节黄褐色。头胸被长毛。胸部、足及腹部全为黄色；翅浅污黄色，脉黄褐色，翅痣深污黄色。前翅翅痣狭长，无后角：Rs 与 M 合并一段，Rs 分叉长，Rs_a 短于 R_{2+3} 和 R_{4+5}；M_a 长于 M_1 和 M_2 及 M_{1+2}；M_{1+2} 稍长于 M_2；cu_{1a} 室顶弧圆。后翅 Rs_a 长于 R_{4+5}，R_{4+5} 为 R_{2+3} 的 2.34 倍。前足腿节内侧具钉状刺 7 个。肛侧板毛点 17 个。生殖突背、腹瓣细长而尖，背瓣基部呈杆状扩大，外瓣退化，无刚毛；亚生殖板后缘弧圆，骨化基端扩大，向端变细尖，弧弯；受精囊球形，横径 0.08 mm。

分布：浙江（临安）。

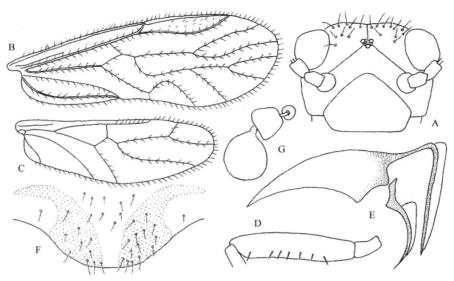

图 1-89　褐唇华双蜢 *Siniamphipsocus chiloscotius* Li, 2002（引自李法圣，2002）
A. ♀头；B. ♀前翅；C. ♀后翅；D. ♀前足腿节内侧；E. ♀生殖突；F. ♀亚生殖板；G. ♀受精囊

30. 双蜢属 *Amphipsocus* McLachlan, 1872

Amphipsocus McLachlan, 1872a: 77. Type species: *Amphipsocus pilosus* McLachlan, 1872.

主要特征：长翅，中型，体翅长 4.38–7.01 mm。头、胸被长毛。触角 13 节，被长毛；内颚叶端变细，端具小的分叉。足跗节 2 节，爪无亚端齿，爪垫宽，雄性后足跗节通常具毛栉，雌性仅基跗节具毛栉。翅痣宽阔，后角明显，多数具距脉；脉 Rs 与 M 通常合并一段，少数以横脉相连；Rs 分叉长，R_{4+5} 常波曲；M 分 3 支，cu_{1a} 室通常高，稍短于底宽。后翅前缘基端具毛簇，Rs 分叉狭长。前翅脉除 Cu_2 具单列毛外，具双列毛；后翅缘及脉具毛。雄性肛侧板具粗糙区；阳茎环封闭。雌性生殖突背、腹瓣细长，背瓣基扩大，外瓣退化，无刚毛；亚生殖板后缘弧圆；受精囊球形，囊泵矩形。

分布：古北区、东洋区、旧热带区。世界已知 100 种，中国记录 49 种，浙江分布 3 种。

分种检索表

1. 前翅具褐色横纹 ·· 古田山双蜢 *A. gutianshanus*
- 前翅无褐色横纹 ··· 2
2. 下生殖板骨化端尖锐 ··· 中突双蜢 *A. strumosus*
- 下生殖板骨化端圆钝 ··· 褐斑双蜢 *A. glandaceus*

（90）古田山双蜢 *Amphipsocus gutianshanus* Li, 1995（图 1-90）

Amphipsocus gutianshanus Li, 1995a: 71.

主要特征：雌性体淡黄色；头黄色，中缝及其两侧褐色，后唇基、前唇基及上唇黄色；单眼区及复眼黑色；下颚须黄色，端节端褐色；触角淡黄色，第 6 节端向后各节渐褐色。胸部淡黄色，中后胸背面各有 4 块褐斑；足淡黄色；前翅污黄褐色，具淡褐色纹；脉黄色，有斑处色深；后翅透明无斑。腹部黄色。体长 3.50 mm，体翅长 6.38 mm。头顶突鼓，中缝处凹下；复眼椭圆形，IO=0.63 mm，*d*=0.18 mm，IO/*d*=3.50；后唇基锥状，近基两侧最宽；下颚须端节长为宽的 3.5 倍。前翅翅痣宽阔，后角具距脉；脉 Rs 和 M 合并一段，Rs 分叉长，长于 Rs_a，近 M_3 分叉；M_1 和 M_2 分叉长，M_3 直；cu_{1a} 室近方形。肛上板锥状；肛侧板毛点 23 个。生殖突腹瓣细长，背瓣基部扩大成三角形；外瓣退化，无刚毛；亚生殖板后缘圆，骨化粗壮，"八"字形分开，端略向后弯。

　　分布：浙江（开化）。

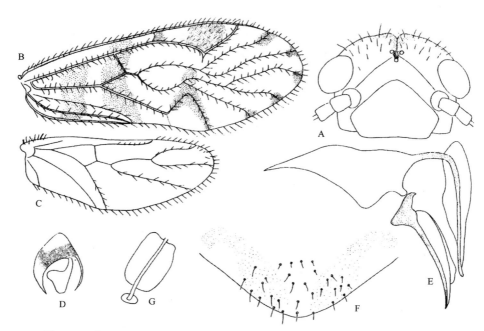

图 1-90　古田山双啮 *Amphipsocus gutianshanus* Li, 1995（引自李法圣，2002）
A. ♀头；B. ♀前翅；C. ♀后翅；D. ♀爪；E. ♀生殖突；F. ♀亚生殖板；G. ♀受精囊柄部

（91）中突双啮 *Amphipsocus strumosus* Li, 2002（图 1-91）

Amphipsocus strumosus Li, 2002: 825.

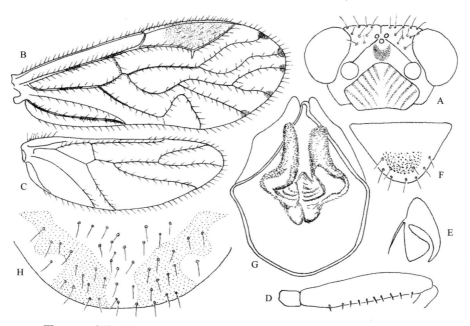

图 1-91　中突双啮 *Amphipsocus strumosus* Li, 2002（引自李法圣，2002）
A. ♂头；B. ♂前翅；C. ♂后翅；D. ♂前足腿节内侧；E. ♂爪；F. ♂肛上板；G. ♂阳茎环；H. ♂下生殖板

主要特征：雄性头黄色，额区有淡褐色斑；单眼区、复眼黑色；后唇基、前唇基及上唇黄色，后唇基具条纹；下颚须黄色，端节端褐色；触角黄色至黄褐色。胸部和足黄色；翅浅污褐色，脉黄褐色，有淡区；翅痣深污黄色。腹部黄色。体长 3.83 mm，体翅长 5.88 mm；头胸被长毛。复眼肾形，IO=0.44 mm，d=0.31 mm，IO/d=1.42。前翅翅痣宽短，后角尖，具距脉；Rs 和 M 合并的一段较短，Rs 分叉长，R_{4+5} 长于 Rs_a，R_{2+3} 等长于 Rs_a；M_1 稍长于 M_{1+2}，M_2 短于 M_{1+2}；cu_{1a} 室高，三角形，底宽与高相等。后翅 Rs 分叉长，R_{2+3} 和 R_{4+5} 长于 Rs_a。肛上板具粗糙区，肛侧板毛点 34 个。阳茎环细弱，封闭，外阳基侧突粗壮；阳茎球骨化；亚生殖板后缘圆，骨化粗，基部波纹状向外延伸，外缘中部突出，端平截。

分布：浙江（临安）。

（92）褐斑双蛄 *Amphipsocus glandaceus* Li, 1995（图 1-92）

Amphipsocus glandaceus Li, 1995b: 168.

主要特征：雌雄头黄色，头盖缝干两侧及额区具褐斑，后唇基隐见条纹；翅透明，基部、中部具褐带，翅痣端及各脉端具褐斑；后翅近中部具淡褐色带。腹部黄色，背板褐色。雄性体长 3.58 mm，体翅长 5.92 mm。复眼大，肾形，IO=0.42 mm，d=0.33 mm，IO/d=1.27。前翅翅痣宽阔，后角具距脉，Rs 与 M 合并一段，Rs 分叉长、弯曲；rs 室波曲，基部稍膨大。后翅 Rs 和 M 合并一段，Rs 分叉长，R_{2+3} 终止于前缘。肛上板具粗糙区，肛侧板毛点 31 个；阳茎环封闭，外阳基端具孔，阳茎球骨化弱，多由刺组成；下生殖板骨化粗壮。雌性体长 3.67 mm，体翅长 5.75 mm。头顶后缘突出；IO=0.49 mm，d=0.23 mm，IO/d=2.13。后翅脉序同雄性。肛侧板毛点 15–18 个。生殖突背、腹瓣均细长，背瓣基扩大，外瓣退化，无刚毛；亚生殖板骨化两端扩大，中部缢缩；受精囊大、无色、球形、横径 0.20 mm。

分布：浙江（庆元）。

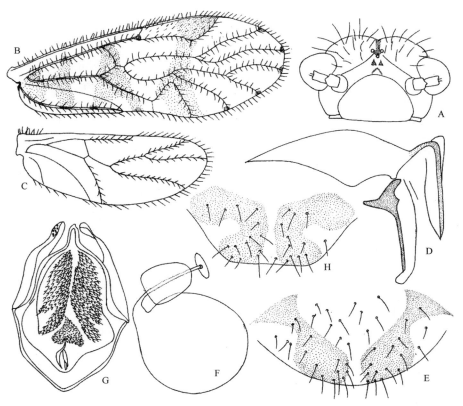

图 1-92　褐斑双蛄 *Amphipsocus glandaceus* Li, 1995（引自李法圣，2002）
A. ♀头；B. ♀前翅；C. ♀后翅；D. ♀生殖突；E. ♀亚生殖板；F. ♀受精囊；G. ♂阳茎环；H. ♂下生殖板

31. 塔双啮属 *Tagalopsocus* Banks, 1916

Tagalopsocus Banks, 1916b: 201. Type species: *Tagalopsocus luzonensis* Banks, 1916.

主要特征：体中等大小，体翅长约 5 mm。头、胸具毛，内颚叶向端变窄。前翅翅痣长，无后角，Rs 和 M 合并一段，cu_{1a} 室高。前后翅缘具毛，前翅基半部脉除 Cu_2 单列外，具双列毛，后翅缘基部具毛丛。足跗节 2 节，前足腿节内侧具钉状刺。爪垫宽，无亚端齿。雄性肛上板及肛侧板无粗糙区。阳茎环环状，阳茎球具粗糙的骨化；下生殖板简单。雌性亚生殖板简单，腹瓣细尖，背、外瓣合并，外瓣无刚毛。

分布：东洋区。世界已知 4 种，中国记录 2 种，浙江分布 1 种。

（93）三斑塔双啮 *Tagalopsocus tricostatus* (Li, 1995)（图 1-93）

Amphipsocus tricostatus Li, 1995a: 72.

Tagalopsocus tricostatus: Li, 2002: 853.

主要特征：雄性头褐色，头顶深褐色，额区具 3 个圆形黄斑。胸部淡黄色，背面具黑褐色斑，中后胸小盾片黑色或黑褐色；足淡黄色，胫节、跗节及前足腿节淡褐色；前翅半透明，污褐色，脉深褐色，有淡区，翅痣及脉端具淡褐色斑；后翅透明。腹部黄色，背面具黑褐色斑。体长 2.40 mm，体翅长 4.87 mm。头后缘弧圆，复眼球形，IO=0.39 mm，*d*=0.22 mm，IO/*d*=1.77；后唇基宽大于高。前翅宽阔，长 4.21 mm，宽 1.30 mm；翅痣扁，后缘圆；Rs 和 M 合并一段，Rs 分叉长于 Rs_a；M_3 分叉略后于 Rs 分叉；cu_{1a} 室近三角形。雄性肛上板半圆形较扁宽；肛侧板毛点 29 个。阳茎环封闭，骨化，外阳基侧突膜质、宽阔，阳茎球骨化，由密布的小齿组成；下生殖板简单，骨化中央分开，端平伸，波曲。

分布：浙江（开化）。

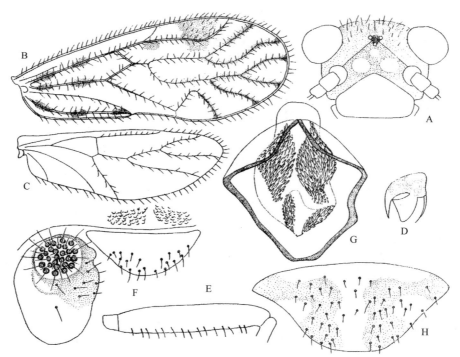

图 1-93　三斑塔双啮 *Tagalopsocus tricostatus* (Li, 1995)（引自李法圣，2002）
A. ♂头；B. ♂前翅；C. ♂后翅；D. ♂爪；E. ♂前足腿节内侧；F. ♂肛上板和肛侧板；G. ♂阳茎环；H. ♂下生殖板

十一、离蜢科 Dasydemellidae

主要特征：长翅，中到大型，体翅长 4.00–8.50 mm。头胸背面被长毛。内颚叶端变窄，不分叉；上唇感器 5 个。触角 13 节，短于体长。足跗节 2 节，爪无亚端齿，爪垫宽；后足基跗节具毛栉，雌性较退化。前翅缘及脉具毛，M+Cu$_1$、R 及 A 脉具双列毛，Cu$_2$ 具毛；后翅仅径叉缘具毛；前翅基半膜质部具毛。翅痣宽或狭长；Rs 与 M 合并一段，rs 室基宽阔或扩大，Cu$_{1a}$ 与 M 十分靠近或合并一段；后翅 Rs 和 M 合并一段。肛侧板具 3–4 个粗刺突；雄性阳茎环封闭；下生殖板简单。雌性生殖突腹瓣细长；背、外瓣合并，背瓣基明显扩大，外瓣退化无刚毛；亚生殖板简单；受精囊球形。

分布：世界广布。世界已知 3 属 27 种，中国记录 2 属 19 种，浙江分布 2 属 3 种。

32. 离蜢属 *Dasydemella* Enderlein, 1909

Dasydemella Enderlein, 1909: 332. Type species: *Dasydemella silvestrii* Enderlein, 1909.

主要特征：长翅；中等大小，体翅长通常 6.00–8.00 mm，头胸被长毛。触角短于体长，内颚叶端部不分叉，后唇基明显突出，近球形；上唇感觉器 5 个，3 个楔状和 2 个刚毛状的突起相间。足跗节 2 节，爪无亚端齿，爪垫宽；后足基跗节具毛栉，但雌性较退化。前翅翅痣狭长，后角不明显，长为宽的 4–5 倍；Rs 和 M 合并一段，Rs 分叉长，rs 室基部宽阔；M 分 3 支，M$_1$ 和 M$_2$ 分叉狭长，Cu$_{1a}$ 自由，十分弯曲，cu$_{1a}$ 室通常高是底宽的 2 倍。后翅 Rs 和 M 合并一段。前翅缘及脉具毛，基半部脉为双列毛，端半为单列，Cu$_2$ 具毛；基半部膜质部具少量刚毛。后翅 R$_1$ 端和径叉缘具毛。肛侧板内侧具 3–4 个粗长刺突；雌性生殖突腹瓣细长，背、外瓣合并，外瓣退化，无刚毛；背瓣基部十分扩大；亚生殖板简单，受精囊圆球形。雄性阳茎环封闭，阳茎球心形，下生殖板简单。

分布：古北区、东洋区、新北区。世界已知 18 种，中国记录 12 种，浙江分布 2 种。

（94）无条纹离蜢 *Dasydemella estriata* Li, 1995（图 1-94）

Dasydemella estriata Li, 1995b: 167.

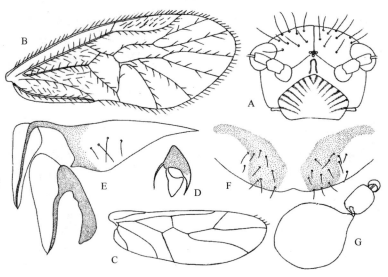

图 1-94　无条纹离蜢 *Dasydemella estriata* Li, 1995（引自李法圣，2002）

A. ♀头；B. ♀前翅；C. ♀后翅；D. ♀爪；E. ♀生殖突；F. ♀亚生殖板；G. ♀受精囊

主要特征：雌性头黄色，头盖缝褐色，额区具褐斑；后唇基具淡褐色条纹，前唇基黄色，上唇深褐色；单眼区及复眼黑色。胸部黄色，背板深褐色，侧板具褐纹；翅透明，翅缘及基半部脉淡色，端部脉深褐色。腹部黄色，背板两侧具黑褐色带。体长 4.60 mm，体翅长 7.12 mm，头胸背面被长毛。下颚须端节长为宽的 2.69 倍；复眼小，卵圆形，IO=0.69 mm，d=0.21 mm，IO/d=3.29。前翅长 5.77 mm，宽 2.67 mm；翅痣后角不明显；Rs 与 M 合并一段，Rs 分叉长，Rs_a 稍波曲；r_5 室两侧近平行；M_a 基略膨突，分叉长，M_a 与 M_{1+2} 约相等，M_1 为 M_{1+2} 的 3 倍；Cu_{1a} 弧弯，顶端十分靠近 M。后翅长 4.00 mm，宽 1.45 mm；Rs 分叉长，R_{2+3} 伸达前缘，R_{4+5} 伸达翅端。第 9 腹节背板后缘具 5 根长毛；肛侧板具粗指突。生殖突腹瓣细长，背瓣细，外瓣与背瓣基连在一起，但无刚毛；亚生殖板后缘圆弧，骨化指状；受精囊球形，生殖囊泵近长方形，无色，横径 0.16 mm。

分布：浙江（庆元）。

（95）哑铃离蜢 *Dasydemella yalinana* Li, 2002（图 1-95）

Dasydemella yalinana Li, 2002: 858.

主要特征：雄性体长 4.25 mm，体翅长 6.58 mm，IO=0.55 mm，d=0.33 mm，IO/d=1.67，前翅长 5.67 mm、宽 2.25 mm，后翅长 4.00 mm、宽 1.33 mm。头淡黄色，头顶在两复眼间头盖缝臂前形成 1 哑铃形淡褐色斑，头顶具黑色长毛，单眼区、复眼黑色，额区具褐斑；后唇基具黑褐色带斑，前唇基黄色，上唇中部具褐斑，上唇感器 5 个。头顶、胸背被长毛。胸部乳白色，背面具黑褐色斑，被黑色长毛；足乳白色，腿节背面、跗节黑褐色；翅透明，脉黄色，端半黑色，毛黑褐色，后翅脉黄色，Rs、M 及 Cu_1 黑色。腹部黄色，具碎的黑褐色斑。前翅翅痣窄小，无后角；rs 室基扩大；cu_{1a} 室高，近三角形；后翅径叉缘具 14 根小刚毛；R_{4+5} 为 Rs_a 的 2.73 倍。后足跗节无毛栉。肛上板半圆形，端具 2 根粗毛；肛侧板近圆形，内侧缘具 3 刺突，中央的较粗壮，毛点 38 个。阳茎环环状，外阳基侧突多小孔，内阳基侧突端封闭，阳茎球骨化弱；下生殖板骨化弱，基部粗，向端渐细，端弯曲膨大。

分布：浙江（临安）。

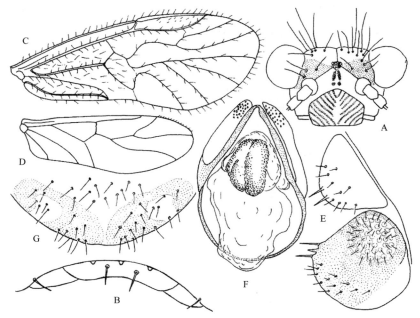

图 1-95　哑铃离蜢 *Dasydemella yalinana* Li, 2002（引自李法圣，2002）

A.♂头；B.♂上唇感器；C.♂前翅；D.♂后翅；E.♂肛上板和肛侧板；F.♂阳茎环；G.♂下生殖板

33. 犸啮属 *Matsumuraiella* Enderlein, 1906

Matsumuraiella Enderlein, 1906b: 248. Type species: *Matsumuraiella radiopicta* Enderlein, 1906.

主要特征：中等大小，体翅长 4.00–5.50 mm，头胸背面密被长毛。内颚叶简单，端渐细不分叉；触角短于前翅；上唇感器 5 个，3 个板状和 2 个刚毛状感器相间。足跗节 2 节，后足基跗节具毛栉，但较退化。爪无亚端齿，爪垫宽。翅痣后角圆、突出，长为宽的 1.5–2.5 倍；Rs 和 M 合并一段，Rs 分叉端叉开，rs 室基部膨大；M 分 3 支；Cu$_{1a}$ 与 M 合并一段。后翅 Rs 和 M 合并一段。前翅缘、基半部膜质部及脉具毛，基半部脉具双列毛，端半部为单列毛，Cu$_2$ 具单列毛；后翅仅径叉缘具毛。肛侧板具 3–4 根粗长的刺突。雄性阳茎环封闭；下生殖板简单；雌生殖突腹瓣细长，背、外瓣合并，背瓣细，基部扩大，外瓣退化，无刚毛，生殖板简单。

分布：古北区、东洋区、新北区。世界已知 9 种，中国记录 6 种，浙江分布 1 种。

（96）横带犸啮 *Matsumuraiella perducta* Li, 2002（图 1-96）

Matsumuraiella perducta Li, 2002: 875.

主要特征：雄性体长 3.28 mm，体翅长 4.42 mm，IO=0.44 mm，*d*=0.22 mm，IO/*d*=2.00，前翅长 3.83 mm、宽 1.50 mm，后翅长 2.78 mm、宽 1.00 mm。头黄色，复眼间具宽的淡褐色带，头顶被黑色长毛，后唇基外缘具短的淡色条纹，前唇基及上唇淡褐色。胸部黄色，中后胸背板具褐斑，被褐色长毛；足黄色，腿节背面淡褐色；翅透明，脉褐色，前翅斑及毛褐色，后翅沿 R$_{2+3}$ 和 R$_{4+5}$ 端具淡褐色斑。腹部黄色，背板具由碎

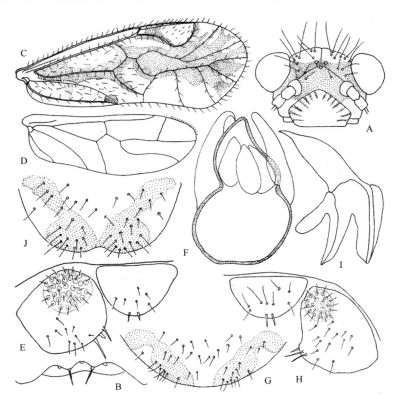

图 1-96　横带犸啮 *Matsumuraiella perducta* Li, 2002（引自李法圣，2002）

A. ♂头；B. ♂上唇感器；C. ♂前翅；D. ♂后翅；E. ♂肛上板和肛侧板；F. ♂阳茎环；G. ♂下生殖板；H. ♀肛上板和肛侧板；I. ♀生殖突；J. ♀亚生殖板

斑组成的横带。头顶和胸背被长毛。前翅翅痣后角圆、突出；Rs 和 M 合并一段，Rs 室基部膨大，M_1 为 M_{1+2} 的 2.75 倍；cu_{1a} 室宽阔；后翅 R_{4+5} 与 Rs_a 约相等。爪无亚端齿，爪垫宽阔，基跗节毛栉雄性为 19 个。雄性肛上板端具 2 根粗刚毛；肛侧板内侧缘具 3 个刺突，毛点 31 个。阳茎环环状，外阳基侧突宽阔，端具小孔；内阳基侧突封闭，阳茎球 3 瓣；下生殖板简单，骨化淡，呈"八"字形，端球形膨大。雌性体长 3.42 mm，体翅长 4.97–5.33 mm，IO=0.63 mm，d=0.16 mm，IO/d=3.94，前翅长 4.00 mm、宽 1.57 mm，后翅长 3.00 mm、宽 1.05 mm；脉序同雄性。肛上板具 2 根粗刚毛；肛侧板内侧缘具 3 个刺突，毛点 21 个。生殖突腹瓣细长；背、外瓣合并，背瓣狭长；外瓣连接于背瓣基，呈粗指状突起，无刚毛；亚生殖板简单，骨化呈"八"字形分开，基部扩大，端指状。

　　分布：浙江（临安）。

十二、围啮科 Peripsocidae

主要特征：体通常暗褐色。翅多暗褐色稍透明，通常具斑、带。成虫通常长翅，稀有短翅或小翅。内颚叶细，端分叉。头光滑，或具微毛，头盖缝臂缺。前后翅无毛。前翅 Cu_1 单一，无 cu_{1a} 室。后翅无毛，Rs 和 M 合并一段。足跗节分 2 节，仅基跗节具毛栉；爪具亚端齿，爪垫细，端钝。内阳基侧突端封闭，形成封闭的阳茎环，呈鸟喙状；少数基部开放，以膜质连接；外阳基侧突在阳茎环内。生殖突完全；外瓣发达，多毛。

分布：世界广布。世界已知 279 种，中国记录 183 种，浙江分布 4 属 16 种。

分属检索表

1. 雄第 9 腹节背板后缘突出 ·· 围啮属 *Peripsocus*
- 雄第 9 腹节背板后缘平直 ··· 2
2. 阳茎环端突呈双角状 ··· 原围啮属 *Properipsocus*
- 阳茎环端突呈单角状 ··· 3
3. 阳茎环基部最宽；雌性亚生殖板后叶双突 ·· 双突围啮属 *Diplopsocus*
- 阳茎环中上部最宽 ··· 端围啮属 *Periterminalis*

34. 围啮属 *Peripsocus* Hagen, 1866

Peripsocus Hagen, 1866c: 203. Type species: *Psocus phacopterus* Stephens, 1866.

主要特征：长翅。内颚叶端部分叉。爪具亚端齿，爪垫细。后足仅基跗节具毛栉。前翅 Rs 与 M 合并一段；M 分 3 支。雄性第 9 背板后缘中央向后延伸，具有梳状的齿突或瘤突；阳茎由内阳基侧突合并成环，外阳基侧突在环内；阳茎球呈锚状，骨化强，对称。雌性亚生殖板具明显的后叶；生殖突完全，腹瓣比较粗壮、端尖；背板宽阔，端部具刚毛；外瓣发达，多刚毛。

分布：世界广布。世界已知 279 种，中国记录 113 种，浙江分布 12 种。

分种检索表

1. 前翅 Rs 分叉位于翅痣与 M_3 端连线之外或连线上 ·· 百山祖围啮 *P. baishanzuicus*
- 前翅 Rs 分叉位于翅痣与 M_3 端连线之内 ··· 2
2. 前翅 M_1 和 M_2 的分叉位在 R_{2+3} 和 M_3 端的连线之外或连线上 ··· 3
- 前翅 M_1 和 M_2 的分叉位在 R_{2+3} 和 M_3 端的连线之内 ··· 4
3. 外瓣长于 1/2 背瓣 ··· 多角围啮 *P. polygonalis*
- 外瓣短于 1/2 背瓣 ··· 宽茎围啮 *P. platypus*
4. 前翅 M_1 长于 M_{1+2} 的 3 倍 ·· 5
- 前翅 M_1 短于 M_{1+2} 的 3 倍 ·· 9
5. 前翅 M_1 和 M_2 的分叉位于翅痣与 M_3 端的连线上或之内 ··· 6
- 前翅 M_1 和 M_2 的分叉位于翅痣与 M_3 端的连线之外 ··· 7
6. 复眼大，IO/d=0.73 ··· 奇异围啮 *P. mirabilis*
- 复眼正常，IO/d=2.77 ··· 曲突围啮 *P. decurvatus*
7. 亚生殖板基部骨化端渐尖 ·· 大突围啮 *P. megalophus*
- 亚生殖板基部骨化端具向前的角突 ·· 8

（97）百山祖围蝅 *Peripsocus baishanzuicus* Li, 1995（图 1-97）

Peripsocus baishanzuicus Li, 1995b: 174.

主要特征：雌性头黄色。前翅污褐色，翅痣及脉深褐色。腹部淡褐色。体长 2.40 mm，体翅长 3.33 mm，IO= 0.42 mm，*d*=0.17 mm，IO/*d*=2.47。前翅翅痣后角圆；Rs 分叉近 M_1 和 M_2 分叉；r_5 室稍膨大。后翅 Rs_a 长于 R_{4+5}。肛侧板毛点 32 个。生殖突腹瓣宽长，端具小刚毛；背瓣宽大，端多刚毛；外瓣大，长于背瓣的 1/2，具长刚毛；亚生殖板后叶方形，基部骨化短小，弧向外弯，向端渐变尖。

分布：浙江（庆元）。

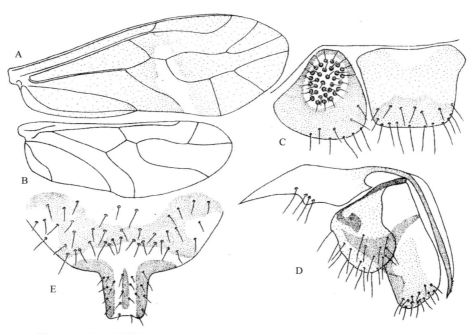

图 1-97　百山祖围蝅 *Peripsocus baishanzuicus* Li, 1995（引自李法圣，2002）
A.♀前翅；B.♀后翅；C.♀肛上板和肛侧板；D.♀生殖突；E.♀亚生殖板

（98）多角围蝅 *Peripsocus polygonalis* Li, 1995（图 1-98）

Peripsocus polygonalis Li, 1995b: 172.

主要特征：雌雄头深褐色。胸深褐色；足褐色，前足胫节、跗节黑褐色；翅深污褐色，前翅中部具 1 淡色宽带。腹部黄色，生殖节骨化深褐色。雄性体长 2.70 mm，体翅长 3.50 mm，IO=0.23 mm，*d*=0.26 mm，

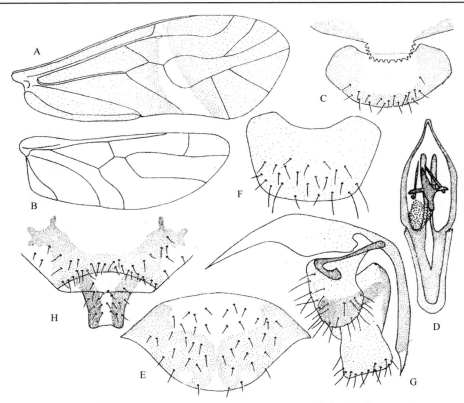

图 1-98 多角围啮 *Peripsocus polygonalis* Li, 1995（引自李法圣，2002）
A. ♂前翅；B. ♂后翅；C. ♂肛上板和第9腹节背板后缘；D. ♂阳茎环；E. ♂下生殖板；F. ♀肛上板；G. ♀生殖突；H. ♀亚生殖板

IO/*d*=0.88。前翅翅痣后角平直；Rs 分叉较狭短，与 Rs$_a$ 约等长，r$_5$ 室基部膨大，M$_1$ 和 M$_2$ 分叉与 Rs 分叉近齐，Cu$_1$ 单一。后翅 Rs 分叉近直角。第 9 节后缘突出，具 15 齿，肛侧板毛点 46 个。阳茎环基端狭窄，骨化很强，阳茎球中叶前长后短，而且后突粗壮，外阳基侧突骨化为褐色，下生殖板骨化粗壮，呈 "S" 形，端平截。雌性体长 2.67 mm，体翅长 3.50 mm。复眼卵圆形，IO=0.47 mm，*d*=0.17 mm，IO/*d*=2.76。前翅翅痣后角略突出、圆；Rs 与 M 合并一段，Rs 分叉宽阔，与 Rs$_a$ 约相等；M$_3$ 几垂直于后缘。肛侧板毛点 31 个。生殖突腹瓣宽长，端具小刺毛；背瓣宽大，端宽阔；外瓣大，长于背瓣的 1/2，多长刚毛；亚生殖板后叶端方形，基部骨化粗短，端多角突。

分布：浙江。

（99）宽茎围啮 *Peripsocus platypus* Li, 1995（图 1-99）

Peripsocus platypus Li, 1995b: 171.

主要特征：雌雄头黄色，具褐斑。雄复眼大，IO=0.15 mm，*d*=0.27 mm，IO/*d*=0.56。前翅翅痣后角弧圆；Rs 分叉长；M$_1$ 为 M$_{1+2}$ 的 3 倍。后翅长 2.77 mm，宽 0.80 mm，Rs$_a$ 与 R$_{4+5}$ 约相等。第 9 腹背板后缘具 1 瘤状突起，无齿突；肛侧板毛点 36 个。阳茎环较纤细，阳茎球中叶前后突约等长；外阳基侧突多孔；下生殖板骨化，蝙蝠状。雌性体长 3.03 mm，体翅长 3.82 mm。复眼椭圆形，IO=0.42 mm，*d*=0.14 mm，IO/*d*=3.00。前翅 Rs 分叉，M 分叉较雄性宽短，M$_3$ 几垂直后缘。肛侧板毛点 31–32 个。亚生殖板后叶端圆钝，基部骨化两侧近平行端平截；生殖突腹瓣狭长，端具短刚毛；背瓣宽长，端具毛较长；外瓣小，约为背瓣的 1/3，具长刚毛。

分布：浙江（庆元）。

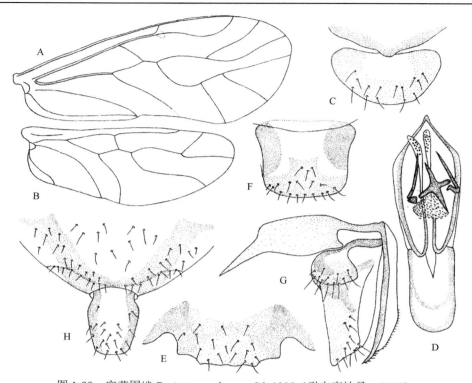

图 1-99　宽茎围啮 *Peripsocus platypus* Li, 1995（引自李法圣，2002）
A.♂前翅；B.♂后翅；C.♂第 9 腹节背板后缘及肛上板；D.♂阳茎环；E.♂下生殖板；F.♀肛上板；G.♀生殖突；H.♀亚生殖板

（100）奇异围啮 *Peripsocus mirabilis* Li, 1995（图 1-100）

Peripsocus mirabilis Li, 1995b: 175.

　　主要特征：雌性头黄色，具棕褐色斑，后唇基具棕褐色条纹，前唇基、上唇深褐色；单眼区、复眼黑色。胸部褐色至深褐色；足黄褐色；翅污黄色，脉褐色。腹部黄色。体长 2.62 mm，体翅长 3.63 mm，IO=0.19 mm，

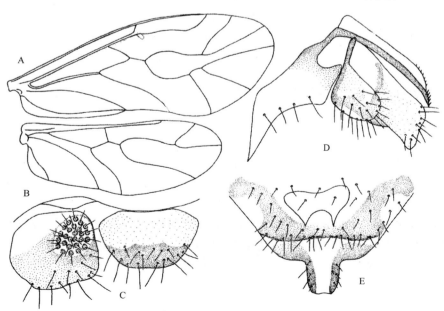

图 1-100　奇异围啮 *Peripsocus mirabilis* Li, 1995（引自李法圣，2002）
A.♀前翅；B.♀后翅；C.♀肛上板和肛侧板；D.♀生殖突；E.♀亚生殖板

d=0.26 mm，IO/d=0.73。前翅翅痣后缘波曲；Rs 分叉长；r_5 室基部膨大；M_1 和 M_2 分叉十分大。后翅长 2.25 mm，宽 0.83 mm；R_{2+3} 斜伸，Rs 分叉为锐角。肛侧板毛点 26 个。生殖突腹瓣长大；背瓣宽长，端具长刚毛；外瓣大，长约为背瓣的 1/2，具长刚毛；亚生殖板后突较小，端圆；基部骨化弧外弯，端膨大。

分布：浙江（庆元）。

（101）曲突围蛄 *Peripsocus decurvatus* Li, 1995（图 1-101）

Peripsocus decurvatus Li, 1995b: 176.

主要特征：雌性头黄色，具褐斑；后唇基褐色，前唇基、上唇深褐色；单眼区、复眼黑色。胸部褐色，背板深褐色；足褐色，转节、腿节黄色；翅均深污黄色，翅痣稍深。腹部黄色。体长 2.33 mm，体翅长 3.33 mm。复眼椭圆形，IO=0.36 mm，d=0.13 mm，IO/d=2.77。前翅 Rs 分叉位痣和 M_3 端连线之前长于 Rs_a；r_5 室基部宽阔；M_1 为 M_1 和 M_2 分叉的 4.5 倍。后翅 Rs_a 为 R_{4+5} 的 2.3 倍。肛上板六边形，肛侧板毛点 25 个；生殖突腹瓣狭长；背瓣宽，端具多根刚毛；外瓣短，仅为背瓣的 1/3；亚生殖板后叶适中，锥状，基部骨化端变细、钩弯。

分布：浙江（庆元）。

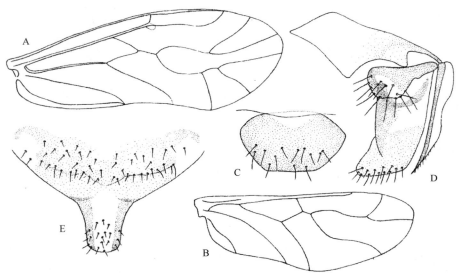

图 1-101　曲突围蛄 *Peripsocus decurvatus* Li, 1995（引自李法圣，2002）
A. ♀前翅；B. ♀后翅；C. ♀肛上板；D. ♀生殖突；E. ♀亚生殖板

（102）大突围蛄 *Peripsocus megalophus* Li, 1995（图 1-102，图版 I-3）

Peripsocus megalophus Li, 1995b: 174.

主要特征：雌雄头黄褐色，雌性具黄褐色斑。胸黄褐色。腹部黄褐色。雄性体长 2.17 mm，体翅长 3.00 mm。复眼大、肾形，IO=0.16 mm，d=0.26 mm，IO/d=0.62。前翅翅痣近矩形，Rs 分叉长于 Rs；Cu_1 单一。后翅 R_{4+5} 与 Rs_a 相等。第 9 节腹背板后缘具小瘤突；肛侧板毛点 36–39 个。阳茎环长 0.45 mm，最宽处 0.13 mm，外阳基侧突，达端部，端具孔；下生殖板骨化宽阔，弧向外弯，端尖。雌性体长 2.75 mm，体翅长 3.42 mm。复眼大，IO=0.44 mm，d=0.13 mm，IO/d=3.38。前翅翅痣后角稍突出、圆；Rs 分叉位于翅痣和 M_3 端连线以内；M_1 和 M_2 分叉大。后翅 Rs_a 为 R_{4+5} 的 1.2 倍。肛上板宽阔，近梯形；肛侧板毛点 31 个。生殖突腹瓣宽长，端具小毛；背瓣宽大，端具长刚毛；外瓣约为背瓣长的 1/3；亚生殖板后叶基部缢缩，粗大，骨化短指状；近端变细。

分布：浙江（庆元）。

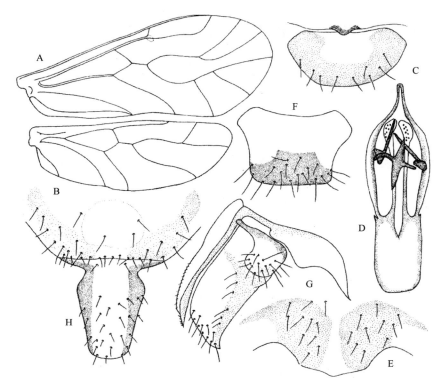

图 1-102　大突围蜡 *Peripsocus megalophus* Li, 1995（引自李法圣，2002）

A. ♂前翅；B. ♂后翅；C. ♂肛上板和第 9 腹节背板后缘；D. ♂阳茎环；E. ♂下生殖板；F. ♀肛上板；G. ♀生殖突；H. ♀亚生殖板

（103）西湖围蜡 *Peripsocus xihuensis* Li, 2002（图 1-103）

Peripsocus xihuensis Li, 2002: 1207.

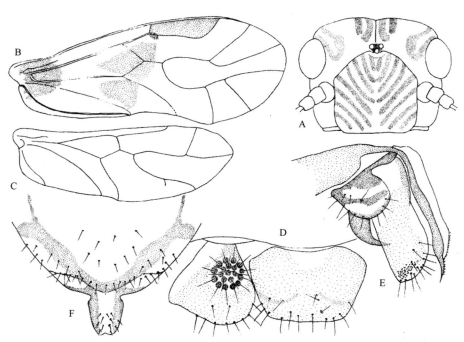

图 1-103　西湖围蜡 *Peripsocus xihuensis* Li, 2002（引自李法圣，2002）

A. ♀头；B. ♀前翅；C. ♀后翅；D. ♀肛上板和肛侧板；E. ♀生殖突；F. ♀亚生殖板

主要特征：雌性头黄色具褐斑。前翅浅污褐色，中部和基部具深黄色斑，翅痣污黄色；后翅浅污褐色。腹部黄色，背板具褐带。体长 2.17 mm，体翅长 2.33–2.58 mm。复眼椭圆形，IO=0.38 mm，d=0.09 mm，IO/d=4.22。前翅翅痣宽阔，无后角；Rs 分叉位于翅痣与 M_3 端连线之内；M_1 为 M_{1+2} 的 3 倍。肛侧板毛点约 20 个。生殖突腹瓣细长，端具小刺毛；背瓣宽长，端具齿及刚毛；外瓣发达，短于背瓣长的 1/2，具长刚毛；亚生殖板后叶椭圆形，基部缩狭，骨化细长，两侧波曲，末端具突起。

分布：浙江（西湖）。

（104）异齿围蜡 *Peripsocus varidentatus* Li, 2002（图 1-104）

Peripsocus varidentatus Li, 2002: 1145.

主要特征：雌雄头黄色。胸部黄色；后翅浅污黄色。腹部黄色。雄复眼大，椭圆形，IO=0.17 mm，d=0.19 mm，IO/d=0.89。前翅翅痣宽阔，近矩形；Rs 分叉长，近 M_3 分叉。后翅 R_{4+5} 略长于 Rs_a。第 9 腹节背板后缘突出明显，具 10 齿；阳茎环粗大，长 0.46 mm，中叶后突小，侧叶粗壮；下生殖板后缘略圆突，骨化波曲。雌性体长 2.27 mm，体翅长 2.98 mm。复眼椭圆形，IO=0.38 mm，d=0.12 mm，IO/d=3.17。脉序同雄性。肛侧板毛点 23 个。生殖突腹瓣细长；背瓣宽大，端具刚毛；外瓣较短小，短于背瓣长的 1/2，被长毛；亚生殖板后叶圆，粗大，基部骨化粗壮，近端缩狭，端扩大，呈两角突出。

分布：浙江（临安）。

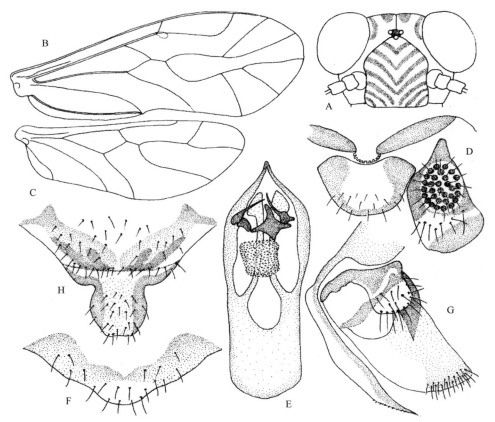

图 1-104　异齿围蜡 *Peripsocus varidentatus* Li, 2002（引自李法圣，2002）

A. ♂头；B. ♂前翅；C. ♂后翅；D. ♂第 9 腹节背板后缘及肛上板和肛侧板；E. ♂阳茎环；F. ♂下生殖板；G. ♀生殖突；H. ♀亚生殖板

（105）小室围蜡 *Peripsocus parvus* Li, 1995（图 1-105）

Peripsocus parvus Li, 1995b: 177.

　　主要特征:雌性头黄色,具淡褐色斑。胸褐色,背面深褐色;翅深污金黄色,脉褐色。腹部黄色。体长 2.50 mm,体翅长 3.58 mm。复眼椭圆形,IO=0.44 mm, d=0.15 mm, IO/d=2.93。前翅翅痣后缘圆;Rs 和 M 合并一段,Rs 分叉与 Rs$_a$ 约相等;r$_5$ 室宽大;M$_1$ 为 M$_{1+2}$ 的 2.2 倍。后翅 Rs 分叉小,R$_{4+5}$ 为 Rs$_a$ 的 0.4 倍。肛侧板毛点 30–32 个。生殖突腹瓣细长,端外侧具短毛;背瓣宽大,端具较长的刚毛;外瓣大,长方形,长于 1/2 背瓣;亚生殖板后叶锥状,宽为长的 0.91 倍,基部骨化呈短指状。

　　分布:浙江(庆元)。

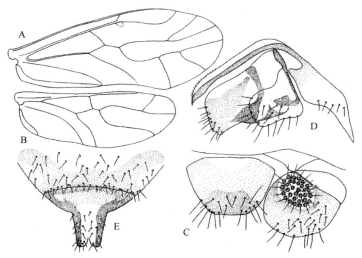

图 1-105　小室围啮 *Peripsocus parvus* Li, 1995(引自李法圣,2002)
A. ♀前翅;B. ♀后翅;C. ♀肛上板和肛侧板;D. ♀生殖突;E. ♀亚生殖板

(106)菱茎围啮 *Peripsocus rhomboacanthus* Li, 2002(图 1-106)

Peripsocus rhomboacanthus Li, 2002: 1123.

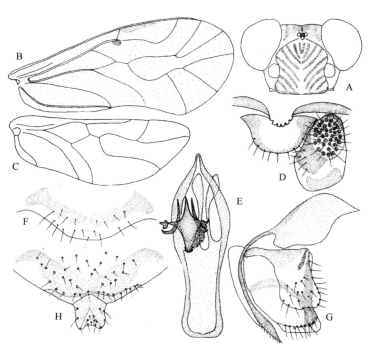

图 1-106　菱茎围啮 *Peripsocus rhomboacanthus* Li, 2002(引自李法圣,2002)
A. ♂头;B. ♂前翅;C. ♂后翅;D. ♂第 9 腹节背板后缘、肛上板和肛侧板;E. ♂阳茎环;F. ♂下生殖板;G. ♀生殖突;H. ♀亚生殖板

主要特征：雄性体长 2.22 mm，体翅长 2.83 mm，IO=0.19 mm，d=0.25 mm，IO/d=0.76。头黄色具褐斑；单眼区、复眼黑色。胸部黄褐色，背板稍深；足黄色，前中足胫节褐色；前翅污黄褐色，中央淡色横带明显，雄性翅痣前缘具黑斑；后翅浅污黄色。腹部黄色，两侧具深褐色碎斑。前翅翅痣宽阔，后角圆。第 9 腹节背板后缘突出，具 6 齿，肛侧板毛点 36 个；阳茎环环状，阳茎球菱形，两侧叶细齿状；下生殖板骨化细，平伸。雌性体长 2.43 mm，体翅长 3.20 mm，IO=0.34 mm，d=0.15 mm，IO/d=2.27。脉序近雄性。雌性肛侧板毛点 22 个。生殖突腹瓣细长；背瓣宽阔，端具短刚毛；外瓣发达，长于背瓣长的 1/2，具长刚毛；亚生殖板后叶短，两侧直，骨化向两侧分开，端楔尖。

分布：浙江（临安）。

（107）十四齿围蜡 *Peripsocus quattuordecimus* Li, 1995（图 1-107）

Peripsocus quattuordecimus Li, 1995b: 173.

主要特征：雄性头部黑褐色；雌性头部黄色，具褐斑。胸部黑褐色；足褐色至黑褐色；翅深污褐色，前翅中部具污白色纵带。腹部：雄性黄色，各节有淡褐色斑；雌性淡褐色。雄性体长 2.75 mm，体翅长 3.42 mm；复眼大，肾形。后足缺跗节。前翅长翅痣前缘变宽；Rs 分叉短，与 M$_1$ 和 M$_2$ 分叉约齐；r$_5$ 室基部膨大；M$_3$ 斜伸。腹部第 9 腹节背板后缘突出，具 14 齿；肛侧板毛点 41–43 个。阳茎环骨化强，基部狭窄，最宽处为基部的 2.8 倍，阳茎球侧叶单齿；下生殖板骨化粗壮，波曲。雌性体长 2.50 mm，体翅长 3.80 mm。复眼小、椭圆形，IO/d=2.16。前翅翅痣后角圆；r$_5$ 室基部膨大；M$_3$ 斜伸，Cu$_1$ 单一。肛侧板毛点 32 个；生殖突腹瓣细长；背瓣宽大，端具刚毛；外瓣约为背瓣长的 1/2，具长刚毛；亚生殖板后叶方形，长为宽的 0.88 倍，骨化宽短，端方形。

分布：浙江（庆元）。

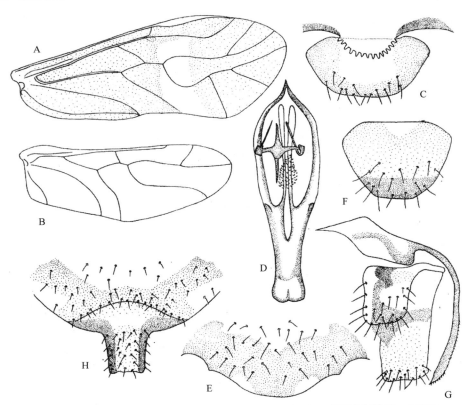

图 1-107　十四齿围蜡 *Peripsocus quattuordecimus* Li, 1995（引自李法圣，2002）

A.♂前翅；B.♂后翅；C.♂第 9 腹节背板后缘及肛上板；D.♂阳茎环；E.♂下生殖板；F.♀肛上板；G.♀生殖突；H.♀亚生殖板

（108）壮突围啮 *Peripsocus viriosus* Li, 1995（图 1-108）

Peripsocus viriosus Li, 1995b: 176.

主要特征：雌性头黄色，具褐斑。胸部深褐色；翅污褐色，脉深褐色，前翅中部具淡色横带。腹部淡褐色。体长 2.78 mm，体翅长 3.58 mm。复眼椭圆形，IO=0.44 mm，d=0.17 mm，IO/d=2.59。前翅长 2.83 mm，宽 1.07 mm；Rs 分叉位于翅痣端和 M_3 端连线之内，r_5 室基部宽阔；M_1 为 M_1 和 M_2 分叉的 2.5 倍。后翅长 2.15 mm，宽 0.77 mm；R_{2+3} 弧弯，Rs_a 为 R_{4+5} 的 1.2 倍。肛侧板毛点 30 个；生殖突腹瓣基角状弯曲，宽长，端具刚毛；背瓣宽大，端圆，具长刚毛；外瓣小，约为背瓣长的 1/3，具长刚毛；亚生殖板后叶粗，长为宽的 1.56 倍，骨化长方形延伸，端平截。

分布：浙江（庆元）。

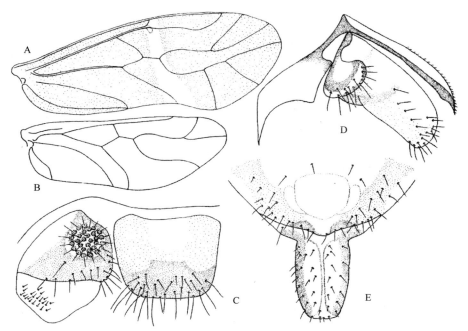

图 1-108　壮突围啮 *Peripsocus viriosus* Li, 1995（引自李法圣，2002）
A. ♀前翅；B. ♀后翅；C. ♀肛上板和肛侧板；D. ♀生殖突；E. ♀亚生殖板

35. 原围啮属 *Properipsocus* Li, 1995

Properipsocus Li, 1995b: 177. Type species: *Properipsocus gracilis* Li, 1995.

主要特征：与围啮属类似，雄性第 9 腹节背板后缘突出宽大，具齿或无齿，肛上板长方形；阳茎环端突呈上下或前后双角突出，无锚状阳茎球。雌性与围啮属难以区别，但本属亚生殖板具后叶；生殖突外瓣细长；背瓣宽大；外瓣发达，多长刚毛。

分布：东洋区。世界已知 3 种，中国记录 3 种，浙江分布 2 种。

（109）细齿原围啮 *Properipsocus gracilis* Li, 1995（图 1-109）

Properipsocus gracilis Li, 1995b: 178.

主要特征：雄性头部包括触角全为深褐色。胸部褐色；足褐色，基节、跗节深褐色；前翅污褐色，脉深褐色；后翅污褐色。腹部黄色，腹端骨化强、黑褐色。体长 2.32 mm，体翅长 2.98 mm。下颚须端节缺；复眼大，肾形，IO=0.19 mm，d=0.22 mm，IO/d=0.86。前翅宽阔，翅痣宽大，后角突出，弧圆；Rs 和 M 合并一段，Rs 分叉长大，长于 Rs_a；r_5 室基部膨大；M_1 和 M_2 分叉宽大，M_1 和 M_2 分别为 M_{1+2} 的 4 倍和 3 倍。M_3 直伸后缘，M_1 为 M_{1+2} 的 4.5 倍。第 9 腹节背板后缘突出、平，具小齿 16 个；肛侧板毛点 23 个。阳茎环封闭，端具 2 个骨化角突，外阳基侧突位于阳茎环内；阳茎球聚于顶端，由几个骨化片组成；下生殖板骨化向两侧平伸，中部粗大，两端变细。

分布：浙江（庆元）。

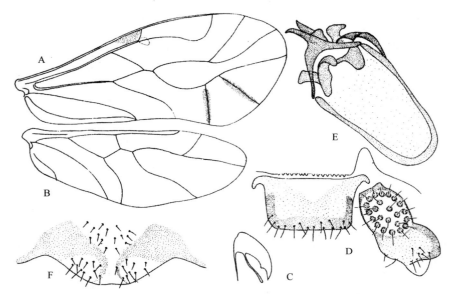

图 1-109　细齿原围啮 *Properipsocus gracilis* Li, 1995（引自李法圣，2002）
A. ♂前翅；B. ♂后翅；C. ♂爪；D. ♂第 9 腹节背板后缘及肛上板和肛侧板；E. ♂阳茎环；F. ♂下生殖板

（110）阔角原围啮 *Properipsocus laticorneus* Li, 2001（图 1-110）

Properipsocus laticorneus Li, 2001: 137.

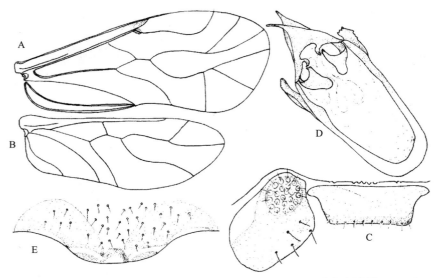

图 1-110　阔角原围啮 *Properipsocus laticorneus* Li, 2001（引自李法圣，2002）
A. ♂前翅；B. ♂后翅；C. ♂第 9 腹节背板后缘及肛上板和肛侧板；D. ♂阳茎环；E. ♂下生殖板

主要特征：雄性体长 1.97 mm，体翅长 2.68 mm，IO=0.18 mm，*d*=0.20 mm，IO/*d*=0.90。头褐色，单眼区、复眼黑色，后唇基、前唇基、上唇褐色。胸部黄褐色，背面褐色；足黄色；翅污黄褐色，半透明，脉褐色，翅痣稍深。腹部黄色，生殖节褐色。前翅翅痣宽大，后角突出、弧圆；Rs 分叉狭窄；M_1 与 M_2 分叉宽大。第 9 腹节背板具齿突区，后缘直、具小齿突。肛上板近矩形，两后侧角突出；肛侧板毛点约 22 个。阳茎环环状、封闭，长椭圆形，骨化强，端双角宽阔，骨化为黑色，基部两侧突出 1 对小角；阳茎环两侧突出不对称，阳茎球位于顶端，短叉状，基部圆；下生殖板后缘弧圆，骨化呈"八"字形分开。

分布：浙江（临安）。

36. 双突围啮属 *Diplopsocus* Li *et* Mockford, 1993

Diplopsocus Li *et* Mockford, 1993b: 55. Type species: *Diplopsocus cupressicolus* Li *et* Mockford, 1993.

主要特征：体色、外形及脉序与围啮属相似，但本属雄性第 9 跗节背板后缘平直，无齿突；阳茎环基部宽，骨化强。雌性亚生殖板后双叶突出；外瓣短小，背瓣长。

分布：世界广布。世界已知 34 种，中国记录 30 种，浙江分布 1 种。

（111）异茎双突围啮 *Diplopsocus irregularis* Li, 1995（图 1-111，图版 I-4）

Diplopsocus irregularis Li, 1995b: 178.

主要特征：雄性头深褐色，头顶棕褐色；后唇基、前唇基、上唇、下颚须及触角全为深褐色；单眼区、复眼黑色；胸部褐色，背板深褐色；足褐色；前翅污褐色，翅痣深褐色，前缘有 1 淡色区。后翅污褐色。腹部黄色，端骨化深褐色。体长 2.25 mm，体翅长 3.08 mm。复眼肾形，IO=0.14 mm，*d*=0.21 mm，IO/*d*=0.67。前翅翅痣后角圆；Rs 分叉与 M_1 和 M_2 分叉分别位于翅痣端与 M_3 端连线以内和连线上。后翅长 1.92 mm，宽 0.68 mm；与 Rs_a 等长。第 9 腹节背板后缘平直；肛侧板毛点 29–30 个。毛点区基缘多长椭圆形小孔。阳茎环基部宽大、骨化强，阳茎球骨化为黑色；下生殖板后缘凹入，波曲。

分布：浙江（庆元）。

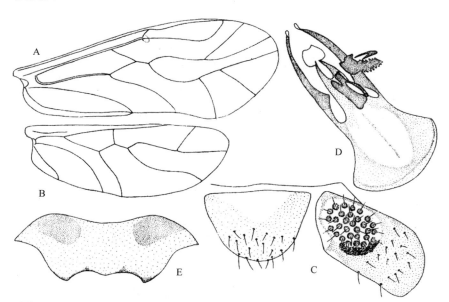

图 1-111　异茎双突围啮 *Diplopsocus irregularis* Li, 1995（引自李法圣，2002）
A. ♂前翅；B. ♂后翅；C. ♂肛上板和肛侧板；D. ♂阳茎环；E. ♂下生殖板

37. 端围啮属 *Periterminalis* Li, 1997

Periterminalis Li, 1997: 463. Type species: *Periterminalis crytomeriae* Li, 1997.

主要特征：触角13节。足跗节2节，爪具亚端齿，爪垫细，端钝，前翅光滑，翅痣近矩形，后角圆；Rs与M合并一段，M分3支，Cu$_1$单一不分支。后翅光滑。雄性第9腹节背板后缘平直，具齿，阳茎环骨化强，基端封闭，端尖单叶；阳茎球趋于端部，不呈矛状；下生殖板简单；雌性生殖突腹瓣细长，端具刺毛；背瓣宽大，端具长刚毛；外瓣宽大，具长刚毛；亚生殖板后突锥状，基部不缢缩。

分布：古北区、东洋区、旧热带区。世界已知5种，中国记录5种，浙江分布1种。

（112）叉茎端围啮 *Periterminalis scapifurca* Li, 2001（图 1-112）

Periterminalis scapifurca Li, 2001: 136.

主要特征：雄性体长1.57 mm，体翅长2.18 mm，IO=0.13 mm，*d*=0.20 mm，IO/*d*=0.65，前翅长1.83 mm、宽0.75 mm，后翅长1.33 mm、宽0.52 mm。头深褐色；下颚须黄色，第2、3节淡褐色，端节黄褐色；触角黄色。胸部黄色，背面黄褐色；足黄色，端跗节及前足胫节黄褐色；翅污黄褐色，半透明，脉褐色，翅痣稍深，具褐色点斑。腹部淡黄色，背面具淡褐色带斑。前翅翅痣宽大，后角突出、圆；Rs分叉长；M$_1$和M$_2$分叉宽大。后翅Rs末与R$_{4+5}$约相等。第9腹节背板具齿突区，后缘具小齿突。肛上板半圆形；肛侧板毛点约23个。阳茎环封闭，长椭圆形，骨化较深、壮，端突宽阔、色淡；阳茎球位于顶端、叉状，内侧支倒钩回；下生殖板后缘弧圆，骨化淡。

分布：浙江（临安）。

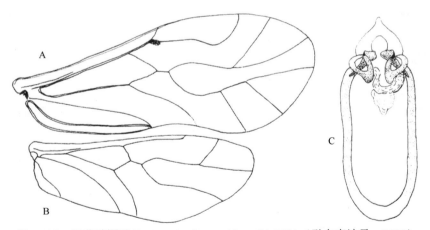

图 1-112　叉茎端围啮 *Periterminalis scapifurca* Li, 2001（引自李法圣，2002）

A. ♂前翅；B. ♂后翅；C. ♂阳茎环

十三、蝎科 Psocidae

主要特征：触角 13 节，长度不定；下颚须 4 节；内颚叶端分叉。翅光滑无毛；脉 Sc 存在；Rs 和 M 合并一段或以一点相接或以横脉相连；M 与 Cu_{1a} 合并一段或以一点相接或以横脉相连；Rs 分 2 支，M 分 3 支。后翅径叉缘光滑，少部分种类有一些刚毛。跗节 2 节，爪具亚端齿，爪垫细、端钝、基部具刺。雄性肛侧板端具明显的角突。下生殖板常具各种各样的齿、钩、刺、槽、脊或瘤等突起。阳茎环端封闭，呈环状或退化，端部分开或完全分开为两条。雌性亚生殖板通常具有后叶，端缘具刚毛。生殖突完全，腹瓣细长而尖；背瓣宽阔、膜质，端尖或圆；外瓣大，具粗长刚毛，常横宽，具后叶。受精囊孔板常有骨化。

分布：世界广布。世界已知 1030 余种，中国记录 306 种，浙江分布 15 属 47 种。

分属检索表

38. 曲蝎属 *Sigmatoneura* Enderlein, 1908

Sigmatoneura Enderlein, 1908: 761. Type species: *Cerastipsocus subcostalis* (Enderlein, 1903).

Cerastipsocus Roesler, 1944: 147. Type species: *Cerastipsocus fuscipennis* (Burmeister, 1839).

主要特征：雄雌异色，雄性体色淡，雌性体色深。触角 13 节，长于前翅的 2 倍；下颚须端节长小于宽的 2.5 倍；内颚叶端分叉。足跗节 2 节，后足跗节具毛栉；爪具亚端齿，爪垫细、端钝，具基部的刺。翅 2 对，较狭长；前翅 Sc 终止于翅前缘，Rs 和 M 一般以横脉相连，少数以一点相接或合并一段；M 分 3 支，M 与 Cu$_{1a}$ 一般合并一段，少数以一点或横脉相连；Rs 分叉大于直角，r$_3$ 室基部膨突，多波曲。雄性肛侧板具角突；阳茎环环状；下生殖板简单，锥状或具短的后叶。雌性生殖突背瓣宽长，端圆钝；外瓣无后叶；亚生殖板具后叶，长或短。

分布：世界广布。世界已知 18 种，中国记录 12 种，浙江分布 2 种。

（113）黄角短叶曲蝎 *Sigmatoneura antenniflava* Li, 2002 （图 1-113）

Sigmatoneura antenniflava Li, 2002: 326.

主要特征：雌雄头黄色，具由不连续的小斑点组成的带和斑。胸部黄色，具少量褐斑；足黄色；前翅污黄白色，脉黄色；翅痣稍深。腹部黄色，背板两侧、腹板中央具深褐色斑。雄性体长 5.35 mm，体翅长 6.50 mm。复眼肾形，IO=0.91 mm，d=0.31 mm，IO/d=2.84。前翅翅痣狭长，后角圆；脉 Sc 终止于前缘，

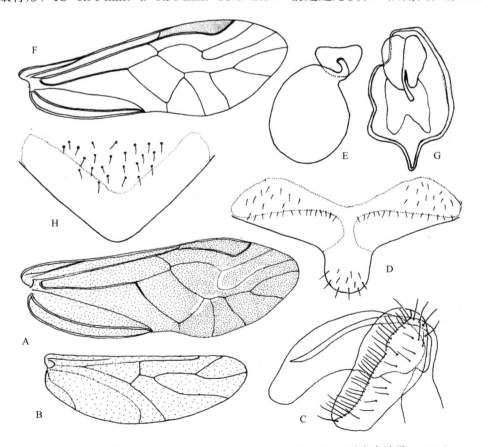

图 1-113　黄角短叶曲蝎 *Sigmatoneura antenniflava* Li, 2002（引自李法圣, 2002）
A. ♀前翅；B. ♀后翅；C. ♀生殖突；D. ♀亚生殖板；E. ♀受精囊；F. ♂前翅；G. ♂阳茎环；H. ♂下生殖板

Rs 与 M 以横脉或一点相接，Rs 分叉近直角；中室宽，近梯形；cu_{1a} 室高大于底宽。肛上板锥状；肛侧板具角突，毛点约 53 个。阳茎环环状；细弱；下生殖板锥状，骨化很淡。雌性体长 5.50 mm，体翅长 8.30 mm，IO=1.00 mm，d=0.33 mm，IO/d=3.03。前翅翅痣狭长，后角圆；脉序同雄性，但 Rs 分叉大于 90°，R_{4+5} 基部较波弯。肛上板锥状；肛侧板毛点约 59 个。生殖突腹瓣狭长；背瓣宽阔，端圆；外瓣横长，无后叶；亚生殖板后叶短，圆，骨化弱；受精囊球形，受精囊孔板三角形，受精囊横径 0.41 mm。

分布：浙江（西湖）。

（114）冠短叶曲啮 *Sigmatoneura coronata* Li, 2002（图 1-114，图版 I-5）

Sigmatoneura coronata Li, 2002: 326.

主要特征：雄性体长 3.58 mm，体翅长 6.08 mm，IO=0.68 mm，d=0.50 mm，IO/d=1.36。头黄色，沿头盖缝干具 1 褐色纵带。胸部深褐色，背面各骨片后缘为黄色，形成 2 个 "U" 形带；翅透明，脉黑褐色。腹部黄色。前翅翅痣狭长，后角明显；Sc 终止于前缘，前翅 Rs 和 M 合并一段，Rs 分叉呈 90° 角；cu_{1a} 室与 M 以横脉相连。后翅 Rs 与 M 合并一段。雄性肛上板半圆形，端具淡区；肛侧板长，端具角突，毛点 47 个。阳茎环环状，基部窄、圆；下生殖板简单，骨化淡，盘形。雌性体长 5.83 mm，体翅长 8.50 mm，IO=0.50 mm，d=0.19 mm，IO/d=2.63，前翅脉序除了 Rs 分叉大于 90° 角，R_{1+2} 长于 M_a，后翅 Rs 与 M 以横脉相连外，余同雄性。肛上板近三角形；肛侧板毛点约 56 个。生殖突腹瓣细；背瓣宽；外瓣横长，被长刚毛；亚生殖板后叶宽短，基部骨化两侧端明显膨大；受精囊球形，受精囊孔板三角形。

分布：浙江（临安）。

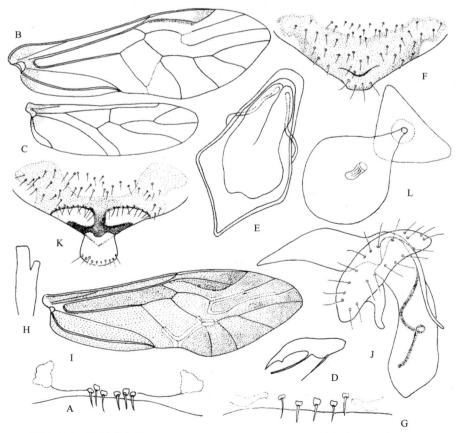

图 1-114 冠短叶曲啮 *Sigmatoneura coronata* Li, 2002（引自李法圣，2002）

A. ♂上唇感器；B. ♂前翅；C. ♂后翅；D. ♂爪；E. ♂阳茎环；F. ♂下生殖板；G. ♀上唇感器；H. ♀内颚叶；I. ♀前翅；J. ♀生殖突；K. ♀亚生殖板；L. ♀受精囊

39. 联啮属 *Symbiopsocus* Li, 1997

Symbiopsocus Li, 1997: 491. Type species: *Symbiopsocus leptocladus* Li, 1997.

Mecampsis Enderlein, 1925: 104. Type species: *Mecampsis cinctifemur* Enderlein, 1925.

Copostigma Roesler, 1944: 144. Type species: *Copostigma dorsopunctatum* Enderlein, 1925.

主要特征：触角达前翅端或稍长于前翅。翅一般淡黄色，透明，少数具淡褐色斑；前翅翅痣或有短的距脉，Sc 脉自由，Rs 与 M 以横脉相连或以一点相接或合并一段。雄性臀板后缘平直或中部略突出，位于肛上板下方；肛上板近圆形，端圆；肛侧板端具粗壮角突；下生殖板通常对称；阳茎闭合为环状，通常近菱形。雌性亚生殖板具后叶，基部骨化近"V"形，两侧膨大，端部波曲或伸直；生殖突腹瓣细长，背瓣宽长、端具尖角，外瓣横长、具后叶。

分布：古北区、东洋区。世界已知 23 种，中国记录 22 种，浙江分布 3 种。

分种检索表

1. 前翅沿外缘无斑 ·· 蛇头联啮 ***S. ophiocephalus***
- 前翅沿外缘具斑 ··· 2
2. 前翅 Rs 与 M 相接于一点 ··· 联斑联啮 ***S. unitus***
- 前翅 Rs 与 M 合并一段 ·· 多斑联啮 ***S. multimacularis***

（115）多斑联啮 *Symbiopsocus multimacularis* Li, 2002（图 1-115）

Symbiopsocus multimacularis Li, 2002: 1976.

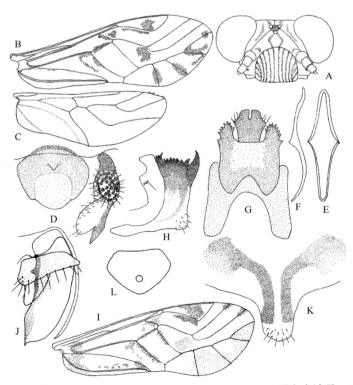

图 1-115　多斑联啮 *Symbiopsocus multimacularis* Li, 2002（引自李法圣，2002）
A. ♂头；B. ♂前翅；C. ♂后翅；D. ♂肛上板和肛侧板；E. ♂阳茎环；F. ♂阳茎环，侧视；G. ♀下生殖板腹面观；H. ♀下生殖板侧面观；I. ♀前翅；J. ♀生殖突；K. ♀亚生殖板；L. ♀受精囊孔板

主要特征：雄性体长 3.35 mm，体翅长 5.85 mm，IO=0.36 mm，d=0.46 mm，IO/d=0.78。头黄色，具淡褐色斑。胸部黄色；足黄色，中后足基节、跗节褐色，腿节具褐斑；翅透明，脉、斑褐色。腹部黄色，雌性背面具褐斑。前翅翅痣宽阔，后角明显；Sc 终止于 R，Rs 和 M 合并一段；Cu$_{1a}$ 端以直角弯向后缘。后翅 Rs 分叉狭长，径叉缘具毛。雄性肛上板近圆形，基部背面有 1 小突起；肛侧板长条形。阳茎环长菱形，基端圆；下生殖板对称，后突双叶外层端具齿，内层端具齿及毛。雌性体长 4.00 mm，体翅长 6.17 mm，IO=0.64 mm，d=0.35 mm，IO/d=1.83。脉序特征同雄性。肛上板锥状；肛侧板毛点约 40 个。生殖突腹瓣细长；背瓣宽阔，端尖；外瓣具后突及长刚毛；亚生殖板后叶宽短，基部不缢缩，骨化呈倒"几"字形，两侧端膨大；受精囊孔板五边形，横宽 0.29 mm。

分布：浙江（临安）、吉林。

（116）蛇头联啮 *Symbiopsocus ophiocephalus* (Li, 1995)（图 1-116）

Mecampsis ophiocephalus Li, 1995b: 188.

Symbiopsocus ophiocephalus: Yoshizawa & Mockford, 2012: 141.

主要特征：雄性头黄色，具深褐色斑。胸部黄色，足黄色至黄褐色，基节、胫节端、跗节黑褐色；翅透明，稍污黄色，脉深褐色，前翅具深褐色斑。腹部黄色。体长 4.17 mm，体翅长 7.00 mm。复眼大，肾形，IO= 0.48 mm，d=0.44 mm，IO/d=1.09。前翅翅痣后角尖、明显；Sc 终止于 R，Rs 和 M 以一点相接，Rs 分叉小于 90°角；M$_a$ 与 M$_{1+2}$ 约相等；Cu$_{1a}$ 顶边平直，Cu$_{1aa}$ 约以直角伸至后缘。后翅径叉缘具毛，R$_{4+5}$ 长于 Rs$_a$。肛上板近四边形，前缘圆角突出；肛侧板长条形，端外侧呈角状突起，毛点约 50 个。阳茎环长菱形，环状，端尖锐；下生殖板对称，末端具 1 蛇头状突起，两侧叶具齿。

分布：浙江（庆元）。

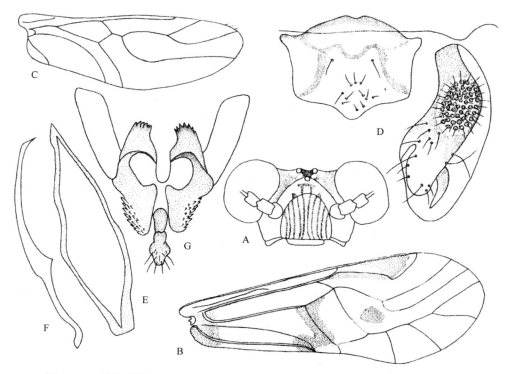

图 1-116　蛇头联啮 *Symbiopsocus ophiocephalus* (Li, 1995)（引自李法圣，2002）
A. ♂头；B. ♂前翅；C. ♂后翅；D. ♂肛上板和肛侧板；E. ♂阳茎环；F. ♂阳茎环，侧视；G. ♂下生殖板

（117）联斑联蜡 *Symbiopsocus unitus* (Li, 2002)（图 1-117）

Mecampsis unitus Li, 2002: 326.

Symbiopsocus unitus: Yoshizawa & Mockford, 2012: 141.

主要特征：雌性头黄色，具褐斑；胸部褐色；足黄色，跗节、胫节端褐色；翅透明，稍污黄色，脉褐色，斑黄褐色，痣斑深褐色。腹部黄色。体长 4.64 mm，体翅长 6.57 mm。复眼肾形，IO=0.64 mm，d=0.34 mm，IO/d=1.88。前翅翅痣后角明显；Sc 终止于 R，Rs 和 M 合并一点，M_1 和 M_2 分叉短，M_{1+2} 与 M_a 约相等；cu_{1a} 室短，Cu_{1ab} 长于 $M+Cu_{1a}$。后翅径叉缘具毛。肛上板圆锥状；肛侧板毛点约 36 个。生殖突腹瓣细长；背瓣宽阔，端尖，具齿；外瓣后突长，三角形；亚生殖板后叶近方形，基部不缢缩，骨化倒"几"字形，两侧端明显呈头状膨大；受精囊孔板三角形。

分布：浙江（临安）。

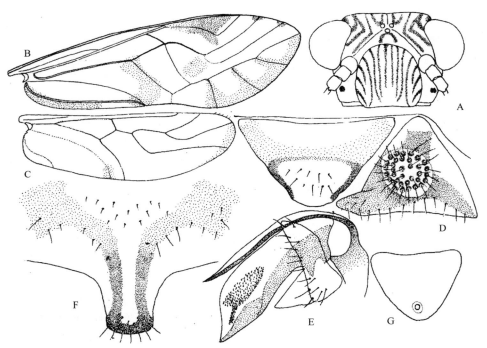

图 1-117　联斑联蜡 *Symbiopsocus unitus* (Li, 2002)（引自李法圣，2002）
A.♀头；B.♀前翅；C.♀后翅；D.♀肛上板和肛侧板；E.♀生殖突；F.♀亚生殖板；G.♀受精囊孔板

40. 皱蜡属 *Ptycta* Enderlein, 1925

Ptycta Enderlein, 1925: 102. Type species: *Ptycta baleakalae* Enderlein, 1925.

主要特征：体小至中型，触角短于或略长于前翅端。翅污黄色，前翅翅痣后角常具距脉，Rs 与 M 合并一段，Cu_{1a} 脉第 1 段与第 2 段长度不定，后翅径叉缘无毛。雄性肛侧板具单角突；下生殖板对称，中叶两侧具齿，端分叉；阳茎环闭合，端部具角突。雌性生殖突腹瓣细长，背瓣扁长，端部尖，外瓣具后叶；亚生殖板后叶较短。

分布：世界广布。世界已知 157 种，中国记录 7 种，浙江分布 2 种。

（118）内弯皱啮 Ptycta incurvata Thornton, 1960（图 1-118, 图版 I-6）

Ptycta incurvata Thornton, 1960: 245.

主要特征：雄性头黄褐色，具棕褐色斑。胸部黑褐色；足深褐色，腿节、胫节大部分褐色；前翅污黄褐色，近半透明，痣脉褐色，痣前缘黑褐色，翅基及中部具褐斑。腹部黄色，具褐斑。体长 3.15 mm，体翅长 4.30–4.63 mm，IO=0.43 mm，*d*=0.36 mm，IO/*d*=1.19。前翅翅痣宽阔，后角明显，具距脉；Sc 终止于 R，Rs 和 M 合并一段，中室长方形，M_{1+2} 略短于 M_a，Cu_{1ab} 长于 $M+Cu_{1a}$，cu_{1a} 室高。后翅 Rs 分叉窄，径叉缘具毛。肛上板宽短，六边形；肛侧板长，后角突出，端角突细尖，毛点约 28 个。阳茎环卵圆形，端具角突；下生殖板对称，具中带，端凹下，呈双角状，中带两侧具齿。

分布：浙江（临安）、香港。

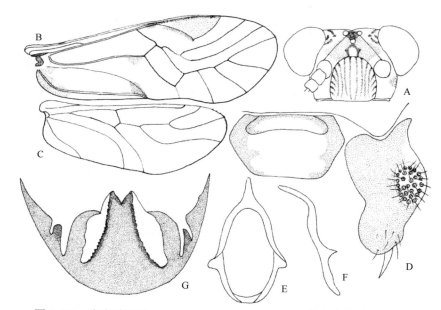

图 1-118　内弯皱啮 *Ptycta incurvata* Thornton, 1960（引自李法圣，2002）
A.♂头；B.♂前翅；C.♂后翅；D.♂肛上板和肛侧板；E.♂阳茎环；F.♂阳茎环，侧视；G.♂下生殖板

（119）环形皱啮 Ptycta gyroflexa Li, 2001（图 1-119）

Ptycta gyroflexa Li, 2001: 141.

主要特征：雄性体长 3.25 mm，体翅长 4.45 mm，IO=0.26 mm，*d*=0.45 mm，IO/*d*=0.58。头黄色至褐色，具褐或深褐色斑。胸部黑褐色；足黑褐色；翅透明，浅污褐色，前翅痣斑褐色，痣后缘具斑，褐色，前翅中、基部具斑。腹部黄色，各节背板具细褐带，腹面仅基部节具褐带。前翅翅痣后角尖；Rs 与 M 合并一段，Rs 分叉长，伸达 Cu_{1a} 弯角之前；中室狭长，近矩形；M 与 Cu_{1a} 并一段，分 3 支；cu_{1a} 室顶缘平直，端以直角弯向后缘。后翅径叉缘具毛。肛上板六边形，周围骨化为褐色，呈环形；肛侧板端突长指状，毛点约 35 个。阳茎环椭圆形，端长角突出，钩弯，两侧中部具角突；下生殖板不对称，中突两侧具小齿突。雌性体长 3.69 mm，体翅长 4.58 mm，IO=0.43 mm，*d*=0.36 mm，IO/*d*=1.19。脉序同雄性。肛侧板毛点 35 个。生殖突腹瓣细长；背瓣较宽阔，端细尖；外瓣横长，近椭圆形，无后叶，被长毛；受精囊孔板半圆形。

分布：浙江（临安）。

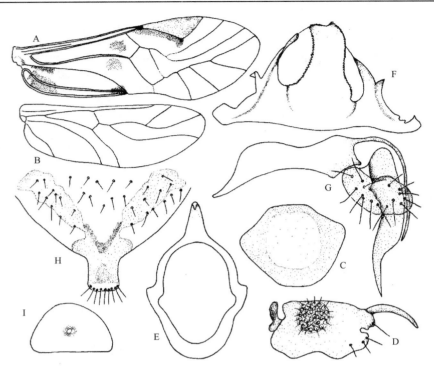

图 1-119　环形皱蝓 *Ptycta gyroflexa* Li, 2001（引自李法圣，2002）

A. ♂前翅；B. ♂后翅；C. ♂肛上板；D. ♂肛侧板；E. ♂阳茎环；F. ♂下生殖板；G. ♀生殖突；H. ♀亚生殖板；I. ♀受精囊孔板

41. 肖蝓属 *Psocidus* Pearman, 1934

Psocidus Pearman, 1934: 122. Type species: *Psocidus zanzibarensis* Pearman, 1934.

　　主要特征：体中型，触角短于或略长于前翅端。翅污黄色，前翅 Rs 与 M 合并一段，或以一点相接，Cu_{1a} 脉第 1 段与第 2 段呈直线，长度不定，后翅径叉缘无毛。雄性臀板后缘两侧具角突，肛侧板具单角突，端具粗长刚毛 1 根；下生殖板无角突；阳茎基部开放或仅以膜质连接。雌性生殖突腹瓣细长，背瓣扁长，端尖，外瓣具后叶；亚生殖板后叶较短。

　　分布：古北区、东洋区、旧热带区。世界已知 91 种，中国记录 10 种，浙江分布 1 种。

（120）长叶肖蝓 *Psocidus longifolius* Li, 2001（图 1-120）

Psocidus longifolius Li, 2001: 142.

　　主要特征：雄性体长 3.00 mm，体翅长 4.17 mm，IO=0.46 mm，*d*=0.25 mm，IO/*d*=1.84。头黄色，具深褐色斑；触角褐色。胸部深褐色，具黄斑，中胸盾片黄色；足黄色；翅透明，浅污黄色，翅痣稍深，但雌性翅痣端具深褐色斑，后缘斑褐色。腹部黄色，具褐纹。前翅翅痣后角圆；Sc 自由；Rs 与 M 以一点连接；Cu_{1a} 长于 $M+Cu_{1a}$，在同一直线上，Cu_{1a} 端以直角弯向后缘。肛侧板长，端角粗壮，毛点分两处，各为 10 个。阳茎环不呈环状，分为两叶，端扩大；下生殖板宽阔，具骨化。雌性体长 3.33 mm，体翅长 4.67 mm，IO=0.51 mm，*d*=0.25 mm，IO/*d*=2.04。脉序除前翅 Rs 和 M 合并一段外同雄性。肛侧板毛点分两处，各为 7 个和 12 个。腹瓣细长；背瓣宽阔，端细角状；外瓣横长，具长毛，后叶舌状；亚生殖板骨化深，后叶长，端略扩大，基部骨化端膨大；受精囊孔板近圆三角形，孔口具深的骨化。

　　分布：浙江（临安）、吉林。

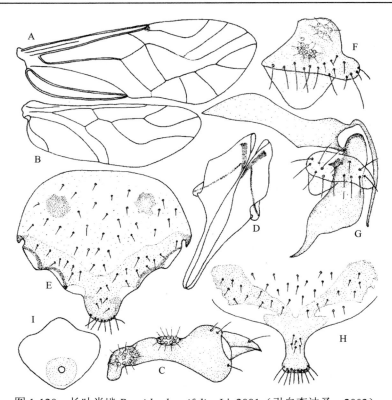

图 1-120　长叶肖啮 *Psocidus longifolius* Li, 2001（引自李法圣，2002）
A.♂前翅；B.♂后翅；C.♂肛侧板；D.♂阳茎环；E.♂下生殖板；F.♀肛侧板；G.♀生殖突；H.♀亚生殖板；I.♀受精囊孔板

42. 黑麻啮属 *Atrichadenotecnum* Yoshizawa, 1998

Atrichadenotecnum Yoshizawa, 1998: 199. Type species: *Atrichadenotecnum quadripinctatum* Yoshizawa, 1998.

Psocomesites Roesler, 1943: 4. Type species: *Psocomesites continuatum* Roesler, 1943.

主要特征：体小至中型，触角短于或略长于前翅。翅污黄色，前翅翅缘有褐斑，Rs 与 M 合并一段，或以一点相接，Cu_{1a} 脉第 1 段与第 2 段呈直线，且第 1 段明显较长，后翅径叉缘无毛。雄性臀板后缘中部凸出覆于肛上板之上，肛侧板具单角突；下生殖板不对称，具 1 对波曲状后叶，或几乎对称分为两层；阳茎环闭合，端部具角突。雌性生殖突腹瓣细长，背瓣端部具角突，外瓣具后叶；亚生殖板基部骨化呈 "V" 形，中间或有骨化中带，后叶较短。

分布：古北区、东洋区。世界已知 14 种，中国记录 7 种，浙江分布 2 种。

（121）多齿黑麻啮 *Atrichadenotecnum multidontatum* (Li, 1995)（图 1-121）

Psocomesites multidontatum Li, 1995a: 77.

Atrichadenotecnum multidontatum: Liu et al., 2013: 462.

主要特征：雄性头黄色，具淡褐或褐斑。胸部淡黄色，背板褐色，由颈部沿胸部侧板基缘具 1 细的纵带；足淡黄色；翅透明，前翅具淡黄色带斑；腹部淡黄色。体长 2.17 mm，体翅长 3.33 mm。复眼大、肾形，IO=0.24 mm，*d*=0.29 mm，IO/*d*=0.83。后足跗节分别长 0.33 mm 及 0.13 mm。前翅翅痣后角圆；脉 Sc 自由，Rs 和 M 合并一段，Rs 分叉近 90°角；中室前缘略凹。第 9 节腹板后缘突出；肛上板头状；肛侧板近半圆形，端角细指状，毛点 30 个。阳茎环瓶状，基部宽，近基两侧呈角状突起，端圆钝；下生殖板端分

2 叶，多齿，后面具 2 个突起，多齿。

分布：浙江（开化）。

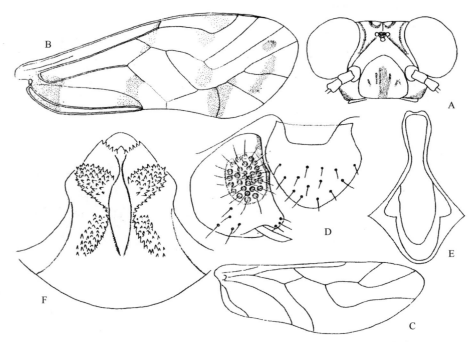

图 1-121　多齿黑麻蜡 *Atrichadenotecnum multidontatum* (Li, 1995)（引自李法圣，2002）
A.♂头；B.♂前翅；C.♂后翅；D.♂肛上板和肛侧板；E.♂阳茎环；F.♂下生殖板

（122）三叉黑麻蜡 *Atrichadenotecnum trifurcatum* (Li, 1993)（图 1-122）

Psocomesite trifurcatum Li, 1993a: 403.

Psocomesite bimaculatum Li, 1995b: 189.

Atrichadenotecnum tayal: Yoshizawa, 1998: 203.

Clematostigma excavata Li, 2002: 1428.

Atrichadenotecnum trifurcatum: Liu et al., 2013: 464.

主要特征：雄性体长 2.08 mm，体翅长 3.67–3.73 mm，IO=0.22 mm，d=0.31 mm，IO/d=0.71，前翅长 3.33 mm、宽 1.33 mm，后翅长 1.43 mm、宽 0.92 mm。头黄色，具深褐色斑，后唇基具深褐色条纹，上唇和前唇基深褐色，单眼区黑色，复眼灰褐色；下颚须黄色，第 3 节褐色，第 4 节深褐色。胸部深褐色，中后胸各骨片分界处黄色，中胸小盾片黄色；翅透明，污褐色，后翅稍淡，翅痣斑纹深褐色；后翅 cu_2 室具褐斑。腹部褐色，生殖节深褐色。前翅翅痣后角圆；脉 Sc 近 R，Rs 和 M 合并一段；中室宽，前缘凹入，M_{1+2} 稍长于 M_a；cu_{1a} 室上边呈一直线，Cu_{1a} 约为 $M+Cu_{1a}$ 的 3 倍。前翅 R_{4+5} 为 Rs_a 的 1.87 倍，径叉缘无毛。肛上板具粗齿；肛侧板端具角突，毛点 28 个。阳茎环环状，对称；下生殖板不对称，基部多小齿。雌性体长 3.33 mm，体翅长 3.92–4.00 mm，IO=0.40 mm，d=0.21 mm，IO/d=1.90，前翅长 3.37 mm、宽 1.28 mm，后翅长 2.50 mm、宽 0.90 mm。前翅翅痣后角圆尖；脉序特征似雄性；后翅径叉缘无毛。肛上板舌状；肛侧板毛点 35 个。生殖突腹瓣细长；背瓣宽长，端尖，具齿；外瓣后突小，圆舌状；亚生殖板后叶圆，基部缢缩，基部骨化三叉；受精囊孔板小，骨化近圆形。

分布：浙江（临安）、广东。

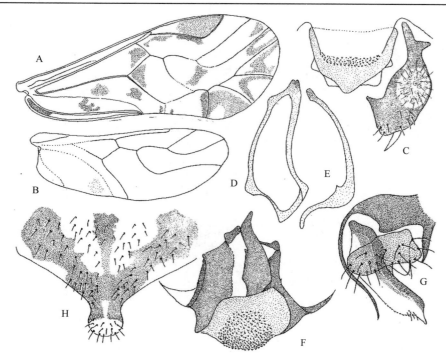

图 1-122　三叉黑麻啮 *Atrichadenotecnum trifurcatum* (Li, 1993)（引自李法圣，2002）
A. ♂前翅；B. ♂后翅；C. ♂肛上板和肛侧板；D. ♂阳茎环；E. ♂阳茎环，侧视；F. ♂下生殖板；G. ♀生殖突；H. ♀亚生殖板

43. 啮属 *Psocus* Latreille, 1794

Psocus Latreille, 1794: 85. Type species: *Hemerobius bipunctatus* Linnaeus, 1794.

主要特征：下颚须第 4 节细长，长为宽的 3 倍以上；触角与前翅约等长。翅痣后缘圆；Sc 止于 R，Rs 和 M 合并一段或以一点相接；中室宽阔，前缘内凹。后翅径叉缘无毛。雄性阳茎环细长，端圆，具不对称的叶突。雌性亚生殖板具长的后叶；生殖突腹瓣端前膨大，背瓣端尖，外瓣宽大具后叶。

分布：世界广布。世界已知 17 种，中国记录 6 种，浙江分布 2 种。

（123）扇瓣啮 *Psocus vannivalvulus* Li, 1995（图 1-123）

Psocus vannivalvulus Li, 1995b: 188.

主要特征：雌性头部淡黄色，头顶两侧具淡褐色斑。胸部黄色；足黄色，腿节端背和胫节、跗节黄褐色至褐色；翅透明、污黄色。腹部黄色，有很少量的深褐色斑。体长 3.50 mm，体翅长 5.18 mm。复眼短肾形，IO= 0.66 mm，d=0.22 mm，IO/d=3.00。前翅翅痣后角圆；Sc 终止于 R，Rs 和 M 合并一段，并与 Rs_a 平伸，Rs 分叉小于 90°；M_a 与 M_{1+2} 约相等；cu_{1a} 室顶边以钝角弯向后缘。肛上板舌状；肛侧板毛点 37 个。生殖突腹瓣长、较宽，端细尖具小刺毛；背瓣宽大，端细尖，多刺毛；外瓣宽阔，扇状，具长毛，后突较小；受精囊孔板近五边形。

分布：浙江（庆元）。

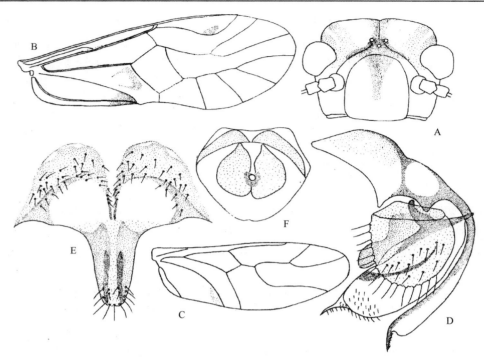

图 1-123　扇瓣蜡 *Psocus vannivalvulus* Li, 1995（引自李法圣，2002）
A.♀头；B.♀前翅；C.♀后翅；D.♀生殖突；E.♀亚生殖板；F.♀受精囊孔板

（124）尖尾蜡 *Psocus mucronicaudatus* **Li, 2002**（图 1-124）

Psocus mucronicaudatus Li, 2002: 326.

主要特征：雌性头黄色，具黄褐色斑。胸部黄色；足黄色至黄褐色；翅透明，脉褐色，翅斑褐色，痣斑

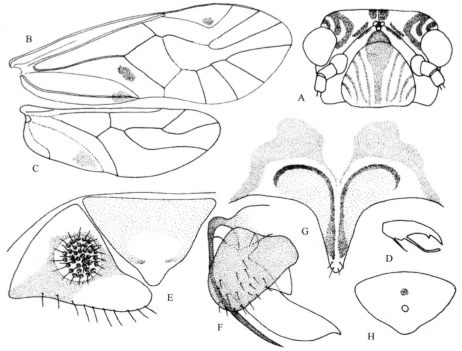

图 1-124　尖尾蜡 *Psocus mucronicaudatus* Li, 2002（引自李法圣，2002）
A.♀头；B.♀前翅；C.♀后翅；D.♀爪；E.♀肛上板和肛侧板；F.♀生殖突；G.♀亚生殖板；H.♀受精囊孔板

黑褐色。腹部黄色。体长 4.25 mm，体翅长 4.75 mm。复眼短卵形，IO=0.63 mm，d=0.25 mm，IO/d=2.52。前翅翅痣后角明显，圆角；Sc 自由，Rs 和 M 合并一段，Rs 分叉仅为 Rs_a 的 1.7 倍；中室前缘内凹，M_1 和 M_2 分叉长，M_{1+2} 短于 M_a；Cu_{1ab} 长于 $M+Cu_{1a}$。后翅径叉缘无毛。肛上板三角形；肛侧板毛点约 36 个。生殖突腹瓣细长；背瓣宽，端尖；外瓣近半圆形，后突小角突；亚生殖板后叶细锥状，骨化分两层；受精囊孔板近三角形，底宽 0.40 mm。

分布：浙江（西湖）。

44. 带麻蜡属 *Trichadenotecnum* Enderlein, 1909

Trichadenotecnum Enderlein, 1909: 329. Type species: *Trichadenotecnum sexpunctatum* (Linnaeus, 1758).

Trichadenopsocus Roesler, 1943: 4. Type species: *Psocus desolatus* Chapman, 1930.

Conothoracalis Li, 1997: 507. Type species: *Conothoracalis longimuconatus* Li, 1997.

　　主要特征：下颚须端节通常长为宽的 3 倍以下；触角与前翅约等长。前翅外缘具淡褐色带，亚缘具 5–6 褐斑；Sc 通常自由，Rs 与 M 合并一段，Rs 分叉大于 90°；M 分 3 支，与 Cu_{1a} 合并一段；cu_{1a} 室顶边呈一直线，Cu_{1ab} 长于 $M+Cu_{1a}$，端部以锐角弯回。后翅径叉缘无毛，M 基部明显弓弯，r_5 室基膨大。雄性肛上板多样，下生殖板对称或不对称，多各种突起；第 9 背瓣两侧有各种突起，多为细角、钩状；阳茎环环状。雌性亚生殖板后叶锥状，端圆或平截；生殖突背瓣端尖，外瓣具后叶。

　　分布：世界广布。世界已知 259 种，中国记录 64 种，浙江分布 14 种。

分种检索表

（125）菱茎带麻蜗 *Trichadenotecnum rhomboides* Li, 2002（图 1-125）

Trichadenotecnum rhomboides Li, 2002: 1471.

　　主要特征：雄性头黄色，具淡褐色斑。胸部、足黄色；翅透明，浅污黄色，外缘具淡褐色宽带，亚缘 6 斑及痣基斑和中带为褐色，余斑为黄褐色。腹部黄色，具褐斑。体长 2.50 mm，体翅长 3.50 mm，IO=0.31 mm，d=0.29 mm，IO/d=1.07。前翅翅痣后角圆，近端部；Sc 自由；中室近长方形，前缘内凹，cu_{1a} 室顶边平，呈一直线，Cu_{1ab} 长于 $M+Cu_{1a}$，Cu_{1a} 端呈锐角弧向后弯。后翅 M 基部宽弯。肛上板背面具"山"字形突起，中央的呈角状，两侧具密的齿突；肛侧板近半圆形，毛点约 20 个；第 9 腹节背板侧突钩、细，端钝；阳茎环菱形；下生殖板不对称，具 7 个角突。

　　分布：浙江（西湖）。

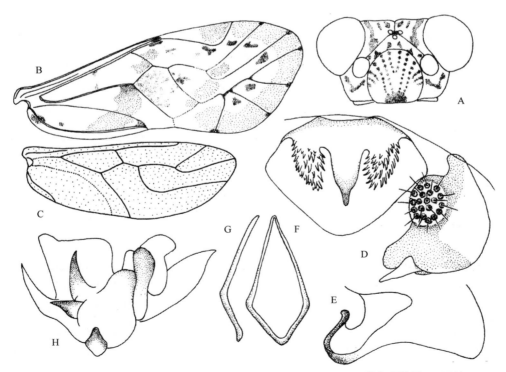

图 1-125　菱茎带麻蜗 *Trichadenotecnum rhomboides* Li, 2002（引自李法圣，2002）
A. ♂头；B. ♂前翅；C. ♂后翅；D. ♂肛上板和肛侧板；E. ♂第 9 腹节背板侧突；F. ♂阳茎环；G. ♂阳茎环，侧视；H. ♂下生殖板

（126）拟枝突带麻啮 *Trichadenotecnum spuristipiatum* Li, 1997（图 1-126）

Trichadenotecnum spuristipiatum Li, 1997: 503.

主要特征：雌性体长 2.50 mm，体翅长 4.43 mm，IO=0.44 mm，d=0.20 mm，IO/d=2.20。头黄色，具褐色至深褐色斑。前胸背板黑褐色，两侧具黑斑；中后胸淡黄色；背板具黑褐色斑；足黄褐色，胫节黄色，近端具 1 黑斑，跗节黑褐色；翅浅黄色，近半透明，前翅具黄褐色斑，外缘具淡褐色带。腹部黄色，背腹面具深褐色斑，组成横带。前翅翅痣后角圆；Sc 自由；Rs 和 M 合并一段；中室近梯形；Cu_{1a} 端以锐角弯向后缘。肛上板圆三角形；肛侧板毛点 26 个。生殖突腹瓣细，较长；背瓣宽短，向端渐尖；外瓣长卵形，具后突；亚生殖板后叶乳状，基部不缢缩，两侧骨化强。

分布：浙江（临安）、四川。

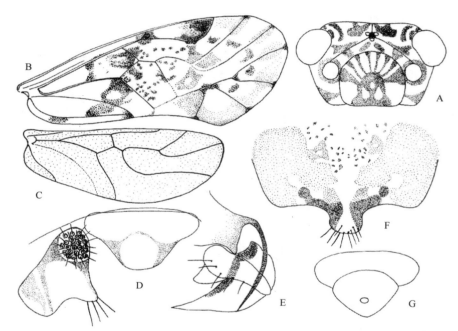

图 1-126　拟枝突带麻啮 *Trichadenotecnum spuristipiatum* Li, 1997（引自李法圣，2002）
A.♀头；B.♀前翅；C.♀后翅；D.♀肛上板和肛侧板；E.♀生殖突；F.♀亚生殖板；G.♀受精囊孔板

（127）百山祖带麻啮 *Trichadenotecnum baishanzuicum* Li, 1995（图 1-127）

Trichadenotecnum baishanzuicum Li, 1995b: 191.

主要特征：雌性体长 2.67 mm，体翅长 4.17 mm。复眼球形，IO=0.41 mm，d=0.28 mm，IO/d=1.46。头黄色，具褐斑。胸部淡褐色，背板淡黄色，有少量褐斑；足黄色，腿节、胫节、跗节褐色；翅透明，浅污黄色，具黄或褐斑，外缘带黄色。腹部黄色，有少量黄色斑点。前翅翅痣后角圆；Sc 自由；M_1 和 M_2 分叉长；cu_{1a} 室顶边平直，端呈锐角弯向后缘。后翅 r_5 室基部膨大。肛上板锥状；肛侧板毛点 17–18 个，外缘具 1 排长毛。生殖突腹瓣细长；背瓣宽阔，端细尖；外瓣长，具长毛，后突淡色；亚生殖板后突锥状，骨化呈"八"字形分开，端膨大；受精囊孔板三角形，有骨化区。

分布：浙江（庆元）。

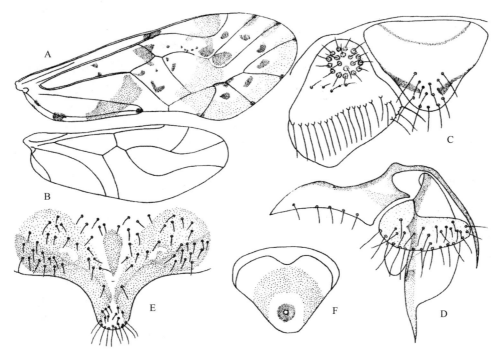

图 1-127　百山祖带麻蝖 *Trichadenotecnum baishanzuicum* Li, 1995（引自李法圣，2002）
A. ♀前翅；B. ♀后翅；C. ♀肛上板和肛侧板；D. ♀生殖突；E. ♀亚生殖板；F. ♀受精囊孔板

（128）古田带麻蝖 *Trichadenotecnum gutianum* Li, 1995（图 1-128）

Trichadenotecnum gutianum Li, 1995a: 77.

主要特征：雌性体长 3.20 mm，体翅长 4.72 mm。复眼短肾形，IO=0.40 mm，*d*=0.23 mm，IO/*d*=1.74。

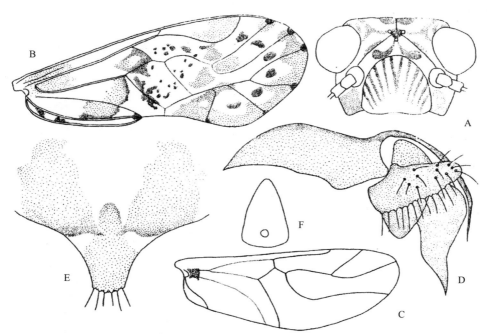

图 1-128　古田带麻蝖 *Trichadenotecnum gutianum* Li, 1995（引自李法圣，2002）
A. ♀头；B. ♀前翅；C. ♀后翅；D. ♀生殖突；E. ♀亚生殖板；F. ♀受精囊孔板

头淡黄色，具褐斑；触角黄色。胸部淡黄色，背面具褐斑。胸部淡黄色，背面具褐斑；足黄色；前翅透明，污白色，具褐斑，沿外缘具淡褐色带，沿外后缘脉端具褐斑，亚缘具 6 个深褐色斑；后翅浅污黄色。腹部黄色，基部 2 节背板褐色，腹部两侧具褐斑。前翅翅痣后缘弧圆；Sc 自由；M_{1+2} 略长于 M_a；cu_{1a} 室顶端平直，Cu_{1ab} 长于 $M+Cu_{1a}$，端部呈锐角弯曲。后翅 Rs 分叉长于 Rs_a。肛上板近梯形，肛侧板三角形，端圆。生殖突腹瓣细长；背瓣宽阔；外瓣长椭圆形，舌状；亚生殖板后叶锥状，具长刚毛，基部骨化近椭圆形。

分布：浙江（开化）。

（129）刺肛带麻螠 *Trichadenotecnum tenuispinum* Li, 1995（图 1-129）

Trichadenotecnum tenuispinum Li, 1995b: 190.

主要特征：雌性体长 3.20 mm，体翅长 5.25 mm，IO=0.45 mm，d=0.26 mm，IO/d=1.73。头黄色，具褐斑。胸部深褐色，背板淡黄色，有褐纹；足深褐色，转节、腿节大部分及端尖黄色；翅透明，稍污黄色，脉褐色，前翅外缘具淡黄褐色带，斑褐色。腹部黄色，背板有褐斑。前翅翅痣宽阔，后角圆；Sc 终止于 R；Cu_{1a} 顶边平直，端以锐角弯向后缘。肛上板舌状，肛侧板毛点 15–17 个，端及外缘具长毛。生殖突腹瓣细长；背瓣基部宽阔；外瓣横长，具长毛，后叶无色透明；亚生殖板后叶锥状，基端具突起。雄性体长 1.45 mm，体翅长 4.58 mm，IO=0.31 mm，d=0.28 mm，IO/d=1.11，前翅长 4.23 mm，宽 1.63 mm；脉序同雌性。肛上板具锥状突起，端尖具齿，基部多齿突；第 9 腹节背板侧缘突出成钩状；肛侧板狭长，端具角突，毛点 15 个；阳茎环环状，基端尖突，端中央凹入；亚生殖板不对称，多角突。

分布：浙江（临安）。

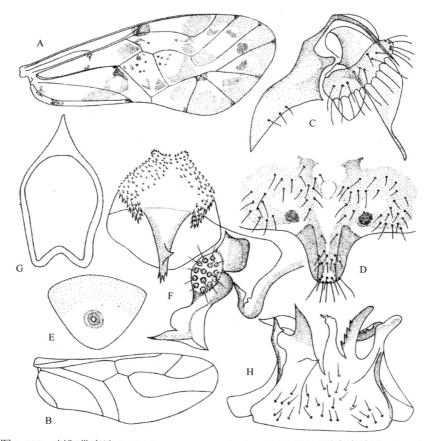

图 1-129　刺肛带麻螠 *Trichadenotecnum tenuispinum* Li, 1995（引自李法圣，2002）

A. ♀前翅；B. ♀后翅；C. ♀生殖突；D. ♀亚生殖板；E. ♀受精囊孔板；F. ♂肛上板和肛侧板及第 9 腹节背板侧突；G. ♂阳茎环；H. ♂下生殖板

（130）塔形带麻蝤 *Trichadenotecnum turriforme* (Li, 1995)（图 1-130）

Loensia turriformis Li, 1995a: 81.

Conothoracalis turriformis Li, 1997: 507.

Trichadenotecnum turriforme: Yoshizawa et al., 2007: 33.

　　主要特征：雄性体长 2.58 mm，体翅长 4.37 mm。复眼近球形，IO=0.32 mm，d=0.29 mm，IO/d=1.10。头黄色；胸部黄色，背面具深褐色斑；足黄色，具褐斑，胫节、跗节褐色，基跗节中部黄色；前翅深褐色，具污白色小斑点，脉深褐色；后翅污褐色。前翅翅痣端宽阔；Sc 自由，Rs 和 M 合并一段，Rs 分叉；中室梯形，前缘直；M_{1+2} 约为 M_a 的 2 倍；Cu_{1a} 和 M 合并一段。后翅 Rs_a 基膨突，端弯向顶角。雄性肛上板具塔形指状突起；肛侧板毛点 25 个，端指突短。阳茎环基端尖、分叉，近基两侧呈角状突起，端开放；下生殖板后突 5 个，外侧突宽阔，密具小齿，中央 3 突骨化强，两侧尖锐，中突圆端指状。

　　分布：浙江（开化）。

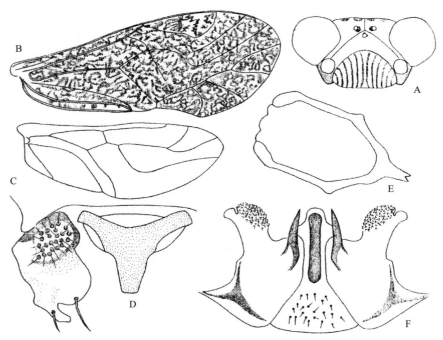

图 1-130　塔形带麻蝤　*Trichadenotecnum turriforme* (Li, 1995)（引自李法圣，2002）
A. ♀头；B. ♀前翅；C. ♀后翅；D. ♂肛上板和肛侧板；E. ♂阳茎环；F. ♂下生殖板

（131）多角带麻蝤 *Trichadenotecnum multangularis* (Li, 2002)（图 1-131）

Trichadenopsocus multangularis Li, 2002: 1499.

Trichadenotecnum multangularis: Mockford, 1993: 279.

　　主要特征：雌性体长 2.42 mm，体翅长 3.58–3.91 mm，IO=0.23 mm，d=0.29 mm，IO/d=0.79。头黄色，具褐斑；后足褐色，胫节、跗节黄褐色；翅透明，浅污黄色，斑褐色。腹部黄色无斑，生殖节黑褐色。前翅翅痣三角形，后角圆；Sc 端近 R；Rs 和 M 合并一段；M 和 Cu_{1a} 合并一段；Cu_{1a} 第 1 段短于 $M+Cu_{1a}$，Cu_{1a} 端以锐角弯向后缘。生殖突腹瓣短、细，约为背瓣长的 2/3；背瓣基部宽阔，近椭圆形，端近 1/2 处趋变细，端尖；外瓣长椭圆形，内侧端小角突出，被长毛。

　　分布：浙江（临安）。

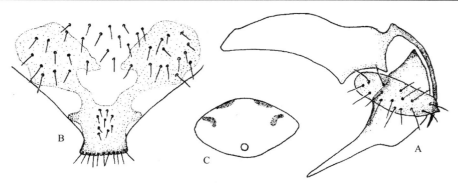

图 1-131　多角带麻蛄 *Trichadenotecnum multangularis* (Li, 2002)（引自李法圣，2002）

A. ♀生殖突；B. ♀亚生殖板；C. ♀受精囊孔板

（132）三歧带麻蛄 *Trichadenotecnum trichotomus* (Li, 2002)（图 1-132）

Trichadenopsocus trichotomus Li, 2002: 326.

Trichadenotecnum trichotomus: Mockford, 1993: 279.

主要特征：雌雄头黄色，具褐色斑。胸部背面黄色，侧腹面黄褐色，后胸背面具褐斑；足黄色至黄褐色，腿节背面深褐色；翅污黄色，透明；前翅斑淡黄色，Cu_1 下斑黄褐色，无缘带，亚缘具 6 斑。腹部黄色，各节背面由不规则的碎斑组成横带。雄性体长 2.17 mm，体翅长 3.08 mm。复眼大、肾形，IO=0.23 mm，

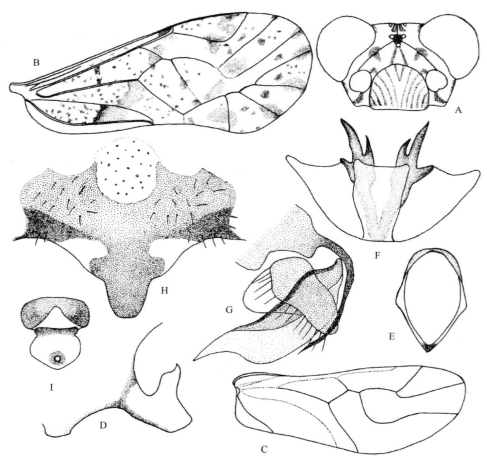

图 1-132　三歧带麻蛄 *Trichadenotecnum trichotomus* (Li, 2002)（引自李法圣，2002）

A. ♂头；B. ♂前翅；C. ♂后翅；D. ♂第 9 腹节背板侧突；E. ♂阳茎环；F. ♂下生殖板；G. ♀生殖突；H. ♀亚生殖板；I. ♀受精囊孔板

d=0.29 mm，IO/d=0.79。后足跗节毛栉分别为 18 个和 2 个。前翅翅痣后角圆，端宽阔；中室宽阔，前缘直，cu_{1a} 室顶部宽阔。第 9 腹节背板侧突粗壮，具钩；肛侧板长条形，端角钩弯，毛点约 18 个。阳茎环环状，基端角尖，端弧圆；下生殖板不对称，左侧分叉内侧刺突较小，中叶倒梯形，顶部宽。雌性体长 2.50 mm，体翅长 3.30 mm。复眼椭圆形，IO=0.34 mm，d=0.20 mm，IO/d=1.70。跗节分别长为 0.34 mm、0.11 mm，毛栉分别为 18 个和 2 个。前翅脉序同雄性。肛侧板毛点 14 个。生殖突腹瓣细，较短；背瓣宽长，端细尖；外瓣不规则卵形，后突宽；亚生殖板后突锥状，基部骨化大，横形，前面中央凹入；受精囊孔板五边形，近基端缢缩，基部有马鞍状骨片。

分布：浙江（西湖）。

（133）一字带麻蝎 *Trichadenotecnum uniformis* (Li, 2002)（图 1-133）

Trichadenopsocus uniformis Li, 2002: 326.

Trichadenotecnum uniformis: Mockford, 1993: 279.

　　主要特征：雌性头淡黄色，具淡褐色斑。胸部、足黄色；翅透明，浅污黄色，斑黄褐色，翅痣斑黑褐色，脉端具大斑，亚缘斑明显。腹部黄色，具褐斑。体长 2.45 mm，体翅长 3.45 mm。复眼椭圆形，IO=0.36 mm，d=0.20 mm，IO/d=1.80。后足跗节分别长 0.37 mm 和 0.10 mm，毛栉分别为 20 个和 2 个。前翅透明，浅污黄色，翅痣后角明显。肛上板馒头形；肛侧板三角形，毛点约 15 个。生殖突腹瓣长而具尖；背瓣宽长，端狭尖；外瓣矩形，后突三角形；亚生殖板后叶圆方形，骨化很淡，呈"一"字平伸，两侧为三角形，后缘中央具 4 块褐斑；受精囊孔板三角形，具 1 缺环骨化。

　　分布：浙江（西湖）。

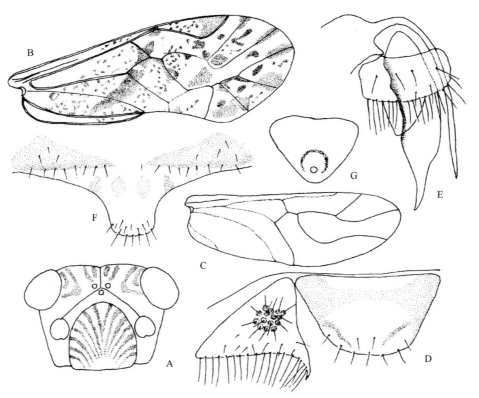

图 1-133　一字带麻蝎 *Trichadenotecnum uniformis* (Li, 2002)（引自李法圣，2002）
A. ♀头；B. ♀前翅；C. ♀后翅；D. ♀肛上板和肛侧板；E. ♀生殖突；F. ♀亚生殖板；G. ♀受精囊孔板

（134）帚状带麻啮 *Trichadenotecnum scoparius* (Li, 1995)（图 1-134）

Trichadenopsocus scoparius Li, 1995b: 192.

Trichadenotecnum scoparius: Mockford, 1993: 279.

　　主要特征：雌性头黄色，具深褐色斑；胸部黄色，有褐斑；足褐色至深褐色，转节、腿节腹面黄色；翅透明，浅污黄色；腹部黄色，有少量褐斑。体长 2.33 mm，体翅长 3.47 mm。复眼卵形，IO=0.33 mm，d=0.20 mm，IO/d=1.65。后足跗节分别长 0.34 mm 和 0.12 mm，基跗节毛栉 17 个。前翅翅痣宽阔，后角圆；cu_{1a} 室顶边平直，Cu_{1aa} 以锐角弯向后缘。肛侧板毛点 12–14 个。生殖突腹瓣细长；背瓣宽阔，端细尖；外瓣横长，具长刚毛，亚生殖板后叶长大，锥状，骨化三叉，两侧端膨大；受精囊孔板三角形，有骨化区。

　　分布：浙江（庆元）。

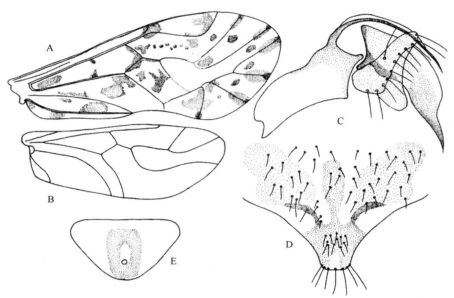

图 1-134　帚状带麻啮 *Trichadenotecnum scoparius* (Li, 1995)（引自李法圣，2002）

A.♀前翅；B.♀后翅；C.♀生殖突；D.♀亚生殖板；E.♀受精囊孔板

（135）二出带麻啮 *Trichadenotecnum biternatus* (Li, 1995)（图 1-135）

Trichadenopsocus biternatus Li, 1995b: 192.

Trichadenotecnum biternatus: Mockford, 1993: 279.

　　主要特征：雌雄性头黄色，具深褐色斑；胸部黄色，侧板、后胸具褐斑，中胸盾片后缘及小盾片黑色；足深褐色，前中足腿节呈淡黄与褐色相间的环斑，胫节黄色；翅透明，浅污黄色，具褐色至深褐色斑。腹部黄色，具褐斑。雄性体长 2.33–2.38 mm，体翅长 3.55–3.78 mm。复眼大，肾形，IO=0.28–0.33 mm，d=0.21 mm，IO/d=1.33–1.57。足跗节 2 节。前翅翅痣宽阔，后角圆；Cu_{1a} 与 M 合并一段，端以锐角弯向后缘。第 9 腹节背板侧突端膨大，被密齿；肛上板半圆形；肛侧板端角突较小，毛点 14 个。阳茎端开放，两侧端膨大；下生殖板对称，中叶棒状，端膨大，由腹面伸出 2 个分支的齿突。雌性体长 2.50 mm，体翅长 3.75–4.00 mm，IO=0.39 mm，d=0.22 mm，IO/d=1.77。后足跗节分别长 0.38 mm 和 0.13 mm，基跗节毛栉分别为 20 个。脉序同雄性。肛上板半圆形，端具长毛；肛侧板毛点 15 个，外缘具 1 排长毛；生殖突腹瓣短，细尖；背瓣宽阔，端细尖；外瓣横宽，具长刚毛，后突舌状，无色；受精囊孔板呈五边形，骨化深，基部有 2 骨化。

分布：浙江（庆元）。

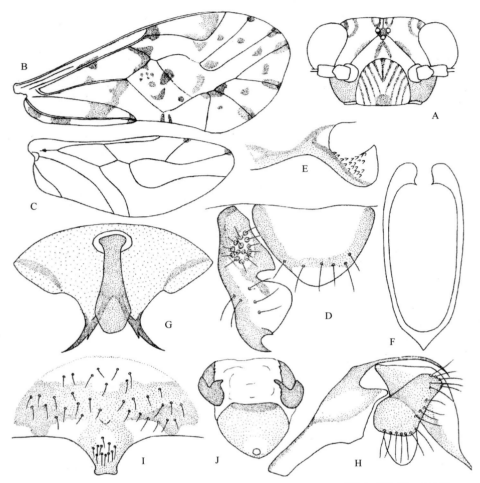

图 1-135　二出带麻蝎 *Trichadenotecnum biternatus* (Li, 1995)（引自李法圣，2002）

A. ♂头；B. ♂前翅；C. ♂后翅；D. ♂肛上板和肛侧板；E. ♂第 9 腹节背板侧突；F. ♂阳茎环；G. ♂下生殖板；H. ♀生殖突；I. ♀亚生殖板；J. ♀受精囊孔板

（136）亚圆带麻蝎 *Trichadenotecnum subrotundus* (Li, 2002)（图 1-136）

Trichadenopsocus subrotundus Li, 2002: 326.

Trichadenotecnum subrotundus: Mockford, 1993: 279.

主要特征：雌性头黄色，具深褐色斑纹。胸部褐色，足黄色；前翅污褐色，具黄褐色斑，翅脉外缘端斑明显，亚缘斑 4 个，深褐色；后翅浅污褐色。腹黄色，具少量褐斑。体长 3.00 mm，体翅长 4.42 mm。复眼肾形，IO=0.50 mm，d=0.21 mm，IO/d=2.38。后足跗节分别长 0.41 mm 和 0.14 mm，毛栉分别为 19 个和 3 个。前翅翅痣三角形，后角圆；中室长，前缘略弧凹；肛上板锥状；肛侧板毛点约 27 个。生殖突腹瓣细长，长于背瓣的 1/2；背瓣基半部宽阔，端半部细长而尖；外瓣横长，后突平，不明显，外侧端具 1 指状突起；亚生殖板后叶平截，中部略缢缩，基部骨化呈椭圆形。

分布：浙江（临安）。

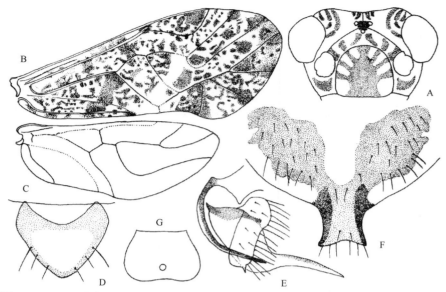

图 1-136 亚圆带麻啮 *Trichadenotecnum subrotundus* (Li, 2002)（引自李法圣，2002）

A. ♀头；B. ♀前翅；C. ♀后翅；D. ♀肛上板；E. ♀生殖突；F. ♀亚生殖板；G. ♀受精囊孔板

（137）丽豹斑带麻啮 *Trichadenotecnum opiparipardalis* (Li, 1995)（图 1-137）

Trichadenopsocus opiparipardalis Li, 1995a: 79.

Trichadenotecnum opiparipardalis: Mockford, 1993: 279.

主要特征：雌性头黄色，具深褐色斑。胸部黄色，具深褐色斑；足深褐色，胫节、跗节黄色；前翅半透明，污白色，具褐斑，端部斑深褐色；后翅污褐色。腹部黄色，背腹两侧具褐色斑纹。体长 2.30 mm，体翅长 4.00 mm。头顶后缘平，复眼肾形，IO=0.40 mm，d=0.21 mm，IO/d=1.90。后足跗节为 2 节，分别长 0.38 mm 及 0.14 mm，毛栉分别为 19 个和 2 个。前翅翅痣扁，后角圆；cu_{1a} 室上缘平直，端弧弯。后翅 R_{2+3} 略弯曲。肛上板半圆形；肛侧板毛点约 22 个；生殖板突腹瓣细长；背瓣基部宽，端细长；外瓣长椭圆形，无后突；受精囊孔板三角形。

分布：浙江（开化）。

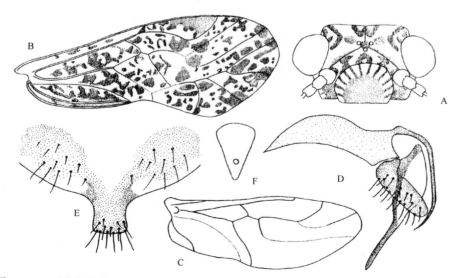

图 1-137 丽豹斑带麻啮 *Trichadenotecnum opiparipardalis* (Li, 1995)（引自李法圣，2002）

A. ♀头；B. ♀前翅；C. ♀后翅；D. ♀生殖突；E. ♀亚生殖板；F. ♀受精囊孔板

（138）一角带麻蝎 *Trichadenotecnum uncornis* (Li, 1995)（图 1-138）

Trichadenopsocus uncornis Li, 1995b: 193.

Trichadenotecnum uncornis: Mockford, 1993: 279.

主要特征：雌性头黄色，具深褐色斑。胸部褐色，具少量黄斑；足褐色，后足腿节黑色；前翅透明，多褐斑，亚缘具 4–5 个褐斑。腹部黄色，无斑。体长 3.08 mm，体翅长 4.27 mm。复眼椭圆形，IO=0.42 mm，*d*=0.22 mm，IO/*d*=1.91。后足跗节分别长 0.41 mm 和 0.13 mm，毛栉为 21 个和 2 个。前翅翅痣宽阔，后角圆；Sc 终止于 R；cu_{1a} 室顶边平直，Cu_{1ab} 略长于 $M+Cu_{1a}$，Cu_{1aa} 弧弯向后缘。后翅 r_5 室膨鼓，最宽处为最窄处的 1.6 倍。肛上板和肛侧板外缘具长毛，肛侧板毛点 23 个；生殖突腹瓣细长而尖；背瓣宽大，端细尖；外瓣横长，外侧具 1 角突，无后突，具长刚毛。亚生殖板后叶基部缩狭，端平截，基部骨化，膨大为球形；受精囊孔板短梨形，受精囊近梨形。

分布：浙江（庆元）。

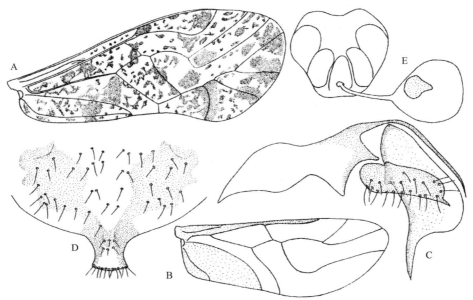

图 1-138　一角带麻蝎　*Trichadenotecnum uncornis* (Li, 1995)（引自李法圣，2002）
A.♀前翅；B.♀后翅；C.♀生殖突；D.♀亚生殖板；E.♀受精囊

45. 点麻蝎属 *Loensia* Enderlein, 1924

Loensia Enderlein, 1924: 35. Type species: *Psocus fasciatus* Fabricius, 1787.

主要特征：长翅。下颚内颚叶端部分叉。中胸前盾片无角突。前翅斑纹细碎，外缘无大斑；翅痣后角圆；Sc 通常自由，Rs 分叉不小于 90°。雄性阳茎环环状，下生殖板对称或部分对称。雌性亚生殖板具后叶；生殖突外瓣后叶有或无。

分布：世界分布。世界已知 36 种，中国记录 22 种，浙江分布 3 种。

分种检索表

1. 受精囊孔板呈倒钟形 ·· 密斑点麻蝎 *L. spissa*
- 受精囊孔板不呈倒钟形 ··· 2

2. 下生殖板无中突 ·· 八角点麻啮 *L. octogona*
- 下生殖板具中突 ·· 钉突点麻啮 *L. spicata*

（139）密斑点麻啮 *Loensia spissa* Li, 1995（图 1-139）

Loensia spissa Li, 1995b: 194.

　　主要特征：雌性头黄色，具深褐色斑；后唇基具深褐色条斑，前唇基、上唇深褐色；单眼区、复眼黑色；下颚须深褐色；触角深褐色，向端部渐淡为褐色。胸部深褐色，中胸前盾片、盾片黄色；足深褐色，转节和腿节端、胫节两端黄色；前翅透明或污白色，密布深褐色小斑点；后翅透明。腹部黄色，各节腹面及两侧具褐斑。体长 2.83 mm，体翅长 4.17 mm，IO=0.38 mm，d=0.17 mm，IO/d=2.24。前翅翅痣宽阔，后角圆；Sc 终止于 R；cu_{1a} 室顶边平直，Cu_{1ab} 短于 $M+Cu_{1a}$，Cu_{1aa} 垂直于后缘。肛侧板毛点 18–21 个。生殖突腹瓣短细而尖；背瓣宽阔，端楔尖；外瓣横长，具长刚毛，后突横宽，内侧具 1 角突；亚生殖板后叶长，两侧平行、端平截，基部骨化弧弯；受精囊孔板倒"钟"字形，有骨化区。

　　分布：浙江（庆元）。

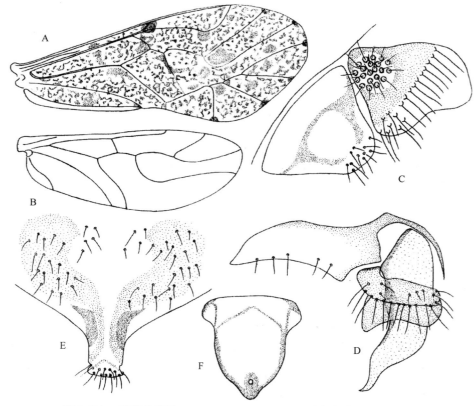

图 1-139　密斑点麻啮 *Loensia spissa* Li, 1995（引自李法圣，2002）
A. ♀前翅；B. ♀后翅；C. ♀肛上板和肛侧板；D. ♀生殖突；E. ♀亚生殖板；F. ♀受精囊孔板

（140）八角点麻啮 *Loensia octogona* Li, 2002（图 1-140）

Loensia octogona Li, 2002: 1535.

　　主要特征：雄性头黄色。胸部黄色，侧腹面黄褐色。腹部黄色，具褐斑。体长 2.00 mm，体翅长 3.20 mm。复眼大，似菱形，IO=0.20 mm，d=0.33 mm，IO/d=0.61。爪具亚端齿，爪垫细、端钝。前翅翅痣后角圆；

Sc 自由，Rs 与 M 合并一段；cu_{1a} 室顶边平。肛上板端角状突起，似钟形；肛侧板狭长，端具 2 个角突，一大一小，毛点约 22 个。第 9 腹节侧突如鸡头，背侧多齿。阳茎环基端圆，端平，两侧中部具角突；下生殖板具 8 个角突，基部 1 对呈长指状。

　　分布：浙江（西湖）。

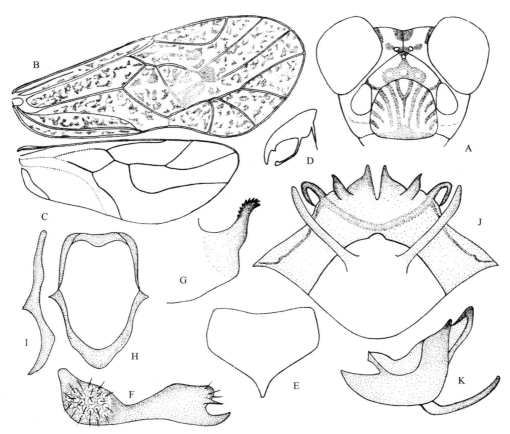

图 1-140　八角点麻蝠 *Loensia octogona* Li, 2002（引自李法圣，2002）

A. ♂头；B. ♂前翅；C. ♂后翅；D. ♂爪；E. ♂肛上板；F. ♂肛侧板；G. ♂第 9 节背板侧突；H. ♂阳茎环；I. ♂阳茎环，侧视；J. ♂下生殖板；K. ♂下生殖板，侧视

（141）钉突点麻蝠 *Loensia spicata* Li, 1995（图 1-141）

Loensia spicata Li, 1995a: 80.

　　主要特征：雄性头黄色，具深褐色斑。胸部深褐色，具黄斑；足黄色，基节深褐色，腿节具云状褐斑；前翅污白色，半透明，多褐斑；后翅污褐色。腹部黄色，两侧具褐色纵带。体长 2.02 mm，体翅长 3.85 mm。复眼肾形，IO=0.29 mm，*d*=0.23 mm，IO/*d*=1.26。前翅翅痣宽圆，后角弧圆；Rs 和 M 合并一段；cu_{1a} 室顶边平直。肛上板近半圆形，骨化弧形；肛侧板毛点 22 个，端角细指状；第 9 腹节背板侧突指状，端具小齿。阳茎环基端角状，端开放；下生殖板对称，具中叶，长钉状，两侧具骨化的钩突。

　　分布：浙江（开化）。

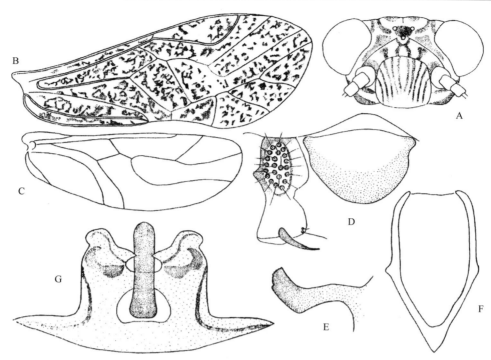

图 1-141　钉突点麻啮 *Loensia spicata* Li, 1995（引自李法圣，2002）
A. ♂头；B. ♂前翅；C. ♂后翅；D. ♂肛上板和肛侧板；E. ♂第 9 腹节背板侧突；F. ♂阳茎环；G. ♂下生殖板

46. 指啮属 *Stylatopsocus* Li, 2002

Stylatopsocus Li, 2002: 1341. Type species: *Stylatopsocus biuncialis* Li, 2002.

主要特征：体小至中型，触角未达前翅端。翅污黄色，前翅 Rs 与 M 合并一段，Cu_{1a} 脉第 1 段与第 2 段约等长，后翅径叉缘无毛。雄性肛侧板具双角突；第 8 腹板骨化与下生殖板愈合；下生殖板对称，后叶双指突起，两侧具副片；阳茎环呈单指状，两侧各有 1 个突起。雌性未知。

分布：古北区、东洋区。世界已知 2 种，中国记录 2 种，浙江分布 1 种。

（142）铃形指啮 *Stylatopsocus campanulinus* Li, 2001（图 1-142）

Stylatopsocus campanulinus Li, 2001: 140.

主要特征：雄性体长 2.33 mm，体翅长 3.12 mm，IO=0.21 mm，*d*=0.29 mm，IO/*d*=0.72，前翅长 2.50 mm、宽 0.93 mm，后翅长 1.93 mm、宽 0.68 mm。头黄色。胸部褐色；足黄色；翅透明，浅污褐色；痣斑深褐色，其他斑纹淡褐色，M_2、M_3 及 Cu_{1a} 端具斑。腹部黄色，生殖节深褐色。前翅翅痣后角圆；Sc 自由；Rs 和 M 合并一段；M 和 Cu_{1a} 合并一段，第 1 段短于 M+Cu_{1a}，M 分 3 支；Cu_{1a} 端以直角弯向后缘。后翅径叉缘无毛；Rs 分叉宽阔。第 9 腹节背板后缘两侧各具 1 指状突起。肛上板两侧基角突出具齿突；肛侧板端角粗短，毛点 22 个。阳茎环单指状，近铃形，具长柄，端具齿，各具 1 副片；下生殖板对称，端分三叶，侧叶狭长具齿，中叶头状，向前钩弯。

分布：浙江（临安）。

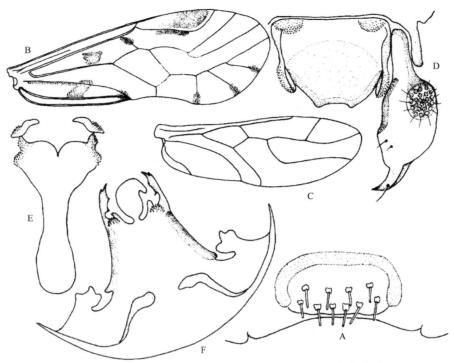

图 1-142　铃形指蝉 *Stylatopsocus campanulinus* Li, 2001（引自李法圣，2002）
A. ♂上唇感器；B. ♂前翅；C. ♂后翅；D. ♂肛上板、肛侧板及第 9 节背板侧突；E. ♂阳茎环；F. ♂下生殖板

47. 新蓓蝉属 *Neoblaste* Thornton, 1960

Neoblaste Thornton, 1960: 239. Type species: *Neoblaste papillosus* Thornton, 1960.

　　主要特征：体小至中型，触角未达前翅端。翅污黄色，前翅 Rs 与 M 合并一段，或以一点相接，Cu_{1a} 脉第 1 段与第 2 段约等长，后翅径叉缘无毛。雄性肛侧板具单角突；第 8 腹板骨化与下生殖板愈合；下生殖板对称，后叶双指状突起，两侧具副片；阳茎端部分开，呈叉状，基部骨化连接。雌性生殖突腹瓣细长，背瓣扁长，端部具角突，外瓣具后叶；亚生殖板后叶较长，且两侧骨化。

　　分布：古北区、东洋区。世界已知 26 种，中国记录 12 种，浙江分布 1 种。

（143）弯钩新蓓蝉 *Neoblaste ancistroides* Li, 2002（图 1-143）

Neoblaste ancistroides Li, 2002: 326.

　　主要特征：雄性体长 2.50 mm，体翅长 3.70 mm，IO=0.30 mm，d=0.25 mm，IO/d=1.2，后足跗节分别长 0.31 mm、0.10 mm。头黄色具斑。胸部褐色，背面深褐色；足黄色，基节褐色；翅透明，浅污黄色，翅痣浅黄褐色，脉黄褐色。腹部黄色，具褐斑。前翅翅痣后缘圆弧；Sc 自由，Rs 与 M 合并一段，Rs 分叉稍长于 Rs_a 的 2 倍；M_a 与 M_{1+2} 约相等，M 与 Cu_{1a} 合并一段。后翅径叉缘无毛。肛上板近半圆形；肛侧板毛点约 40 个，端角突粗壮。阳基侧突分两叉，外侧具角，基部连在一起；下生殖板内侧 1 对突出端具角，外侧 1 对端弯钩状。雌性体长 3.00 mm，体翅长 4.25 mm，IO=0.47 mm，d=0.21 mm，IO/d=2.24，后足跗节分别长 0.41 mm、0.11 mm。脉序同雄性。肛上板锥状，肛侧板毛点 28 个。生殖突腹瓣细长；背瓣宽长，端具尖角；外瓣近椭圆形，具后角及长刚毛。

　　分布：浙江（临安）。

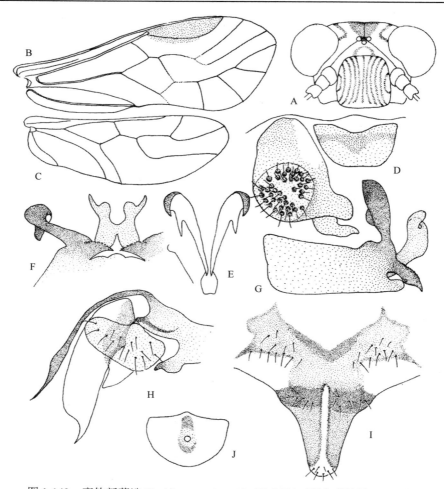

图 1-143　弯钩新蓓啮 *Neoblaste ancistroides* Li, 2002（引自李法圣，2002）

A. ♂头；B. ♂前翅；C. ♂后翅；D. ♂肛上板和肛侧板；E. ♂阳基侧突；F. ♂下生殖板；G. ♂下生殖板，侧视；H. ♀生殖突；I. ♀亚生殖板；J. ♀受精囊孔板

48. 拟新啮属 *Neopsocopsis* Badonnel, 1936

Neopsocopsis Badonnel, 1936: 419. Type species: *Psocus hirticornis* Reuter, 1893.

Pentablaste Li, 2002: 1367. Type species: *Pentablaste obconica* Li, 2002.

　　主要特征：长翅，中等大小，体翅长 3–6 mm。触角短于前翅；下颚须端节长为宽的 3 倍以上。翅痣后角圆，Sc 居中或终止于 R，前翅 Rs 与 M 不定，合并一段或一点相接或以横脉相连；中室大，近梯形。雄性下生殖板对称，具 2 对侧突及中叶，阳基侧突分开。雌性生殖突腹瓣细长；背瓣宽长，端具细角突，外瓣横长。

　　分布：古北区、东洋区。世界已知 13 种，中国记录 12 种，浙江分布 2 种。

（144）深色拟新啮 *Neopsocopsis profunda* (Li, 1995)（图 1-144，图版 II-1）

Neoblaste profunda Li, 1995b: 186.

Neopsocopsis flavae Li, 1995b: 187.

Neopsocopsis schizopetla Li, 1997: 488.

Neopsocopsis profunda: Yoshizawa, 2010: 35.

　　主要特征：雄性体长 3.05 mm，体翅长 4.83 mm。头黄色，具淡褐色斑。胸部褐色；足黄色；前翅污黄色，脉褐色，翅痣及后缘斑褐色；后翅污黄色；腹部黄色。前翅翅痣后角圆；Sc 终止于 R；Rs 和 M 以横脉相连。后翅 Rs 分叉长于 Rs_a。肛上板弧圆，基部具瘤突及粗糙；肛侧板端突呈指突，毛点 38 个。阳基侧突棒状，每侧顶端具 1 块骨片；下生殖板及第 8 节腹板骨化，端具 5 个突起，外侧及中央突出多齿。雌性体长 3.50 mm，体翅长 5.27 mm，IO=0.48 mm，d=0.28 mm，IO/d=1.71。脉序同雄性。肛侧板毛点 30 个；生殖突腹瓣细长，端尖锐；背瓣宽长，端尖，具小齿；外瓣横长，外侧具角状后突；亚生殖板后叶圆指状，骨化 2 块，深褐色；受精囊骨片倒三角形。

　　分布：浙江（临安）。

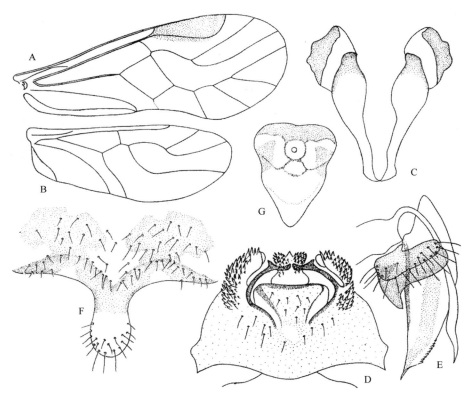

图 1-144　深色拟新蝓 *Neopsocopsis profunda* (Li, 1995)（引自李法圣，2002）
A. ♂前翅；B. ♂后翅；C. ♂阳茎环；D. ♂下生殖板；E. ♀生殖突；F. ♀亚生殖板；G. ♀受精囊孔板

（145）淡黄拟新蝓 *Neopsocopsis flavida* (Li, 1989)（图 1-145，图版 II-2）

Blastopsocidus flavidus Li, 1989: 46.

Neopsocopsis flavida: Li, 2002: 1376.

Pentablaste lanceolate Li, 2002: 1377.

　　主要特征：雄性体长 2.40 mm，体翅长 3.95 mm，IO=0.27 mm，d=0.31 mm，IO/d=0.87。头淡黄色，具褐斑。胸部褐色，中后胸背板黄色，具深褐色斑；足黄色，胫节和跗节褐色；翅透明，污黄褐色，翅痣棕褐色。腹部黄色。前翅翅痣后缘弧圆；Sc 近 R，Rs 和 M 合并一段，Rs 分叉与 Cu_{1a} 弯角处相齐；M_{1+2} 长于 M_a。雄性肛上板锥状；肛侧板角突粗壮，毛点 31 个。阳基侧突叉状，棒状，端内侧波曲，端具分支，基部以膜质连接；下生殖板对称，五裂。雌性体长 3.00 mm，体翅长 4.17 mm，IO=0.41 mm，d=0.14 mm，IO/d=2.93。脉序同雄性。肛上板舌状，肛侧板毛点 28 个。生殖突腹瓣细长；背瓣宽长；外瓣横长，椭圆，后突三角形；亚生殖板后叶长，端圆，骨化仅伸至后叶基部 1/3；受精囊孔板椭圆形，横径 0.15 mm。

分布：浙江（临安）、陕西。

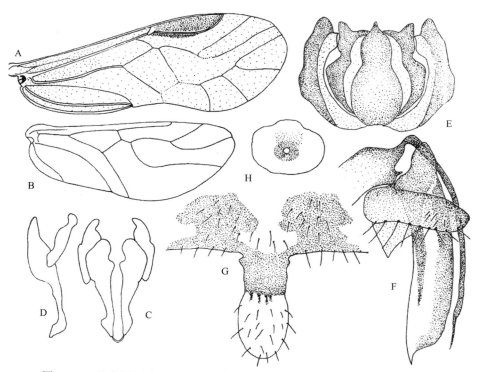

图 1-145　淡黄拟新啮 *Neopsocopsis flavida* (Li, 1989)（引自李法圣，2002）
A. ♂前翅；B. ♂后翅；C. ♂阳基侧突；D. ♂阳基侧突，侧视；E. ♂下生殖板；F. ♀生殖突；G. ♀亚生殖板；H. ♀受精囊孔板

49. 蓓啮属 *Blaste* Kolbe, 1883

Blaste Kolbe, 1883: 79. Type species: *Blaste juvenilis* Kolbe, 1883.

主要特征：长翅。下颚须端节长为宽的 3 倍以上；爪具亚端齿，爪垫细、端钝；后足跗节具毛枎。前翅翅痣后角圆或后缘弧圆；Rs 与 M 合并一段。后翅径叉缘无毛。雄性第 8–9 腹板骨化，下生殖板对称，3 或 2 叶；肛上板具中角或侧角突，肛侧板端部具角突；阳基侧突端具分叉，基部膜质连接。雌性生殖突腹瓣细长、端尖；背瓣宽长，端尖；外瓣具后叶；亚生殖板后叶圆，骨化不伸达后叶端部。

分布：世界广布。世界已知 106 种，中国记录 8 种，浙江分布 1 种。

（146）直行蓓啮 *Blaste verticalis* Li, 2002（图 1-146）

Blaste verticalis Li, 2002: 326.

主要特征：雌性头鲜黄色。胸部褐色，背面深褐色；翅透明，前翅污黄色，翅痣、翅脉黄褐色。腹部黄色，背板具大的褐斑。体长 3.00 mm，体翅长 4.25 mm。复眼肾形，IO=0.46 mm，d=0.21mm，IO/d=2.19。前翅翅痣后角圆；脉 Sc 终止于 R，Rs 和 M 合并一段，Rs 分叉在 Cu_{1aa} 弯角之后；M_{1+2} 稍长于 M_a，M 与 Cu_{1a} 合并一段，Cu_{1ab} 短于 $M+Cu_{1a}$，Cu_{1a} 端弓弯。肛上板近梯形；肛侧板毛点约 30 个。生殖突腹瓣细长；背瓣宽长，端渐尖；外瓣横长，后突角状；受精囊孔板圆三角形，横径 0.22 mm。

分布：浙江（西湖）。

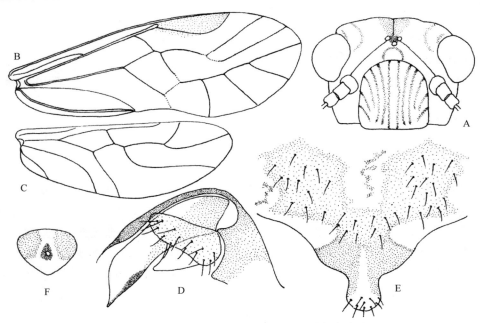

图 1-146 直行蓓蜡 *Blaste verticalis* Li, 2002（引自李法圣，2002）
A. ♀头；B. ♀前翅；C. ♀后翅；D. ♀生殖突；E. ♀亚生殖板；F. ♀受精囊孔板

50. 触蜡属 *Psococerastis* Pearman, 1932

Psococerastis Pearman, 1932: 202. Type species: *Psocus gibbosus* Sulzer, 1776.

主要特征：长翅。触角长是前翅的 1.5–2.0 倍。下颚须端节粗短。翅痣后角钝圆；Sc 大多自由，少数终止于 R；Rs 分叉大约呈 60°角。雄性第 9 腹节背板中央一般呈圆形或舌状突起。雌性生殖突腹瓣细长，背瓣宽阔，端尖，外瓣后叶明显；亚生殖板后叶短圆，基部缢缩，骨化后伸部分呈音叉形。

分布：世界广布。世界已知 144 种，中国记录 81 种，浙江分布 10 种。

分种检索表

1. 前翅 m_3 室和沿 M_3 无斑 ⋯⋯⋯⋯⋯⋯⋯⋯⋯⋯⋯⋯⋯⋯	梨形触蜡 *P. pyriformis*	
- 前翅 m_3 室具斑或沿 M_3 具斑 ⋯⋯⋯⋯⋯⋯⋯⋯⋯⋯⋯⋯⋯	2	
2. 前翅 m_3 室无斑，但沿 M_3 具斑 ⋯⋯⋯⋯⋯⋯⋯⋯⋯⋯⋯	3	
- 前翅 m_3 室具斑 ⋯⋯⋯⋯⋯⋯⋯⋯⋯⋯⋯⋯⋯⋯⋯⋯	6	
3. 雄性 ⋯⋯⋯⋯⋯⋯⋯⋯⋯⋯⋯⋯⋯⋯⋯⋯⋯⋯⋯	4	
- 雌性 ⋯⋯⋯⋯⋯⋯⋯⋯⋯⋯⋯⋯⋯⋯⋯⋯⋯⋯⋯	5	
4. IO/d 为 1.35 以上 ⋯⋯⋯⋯⋯⋯⋯⋯⋯⋯⋯⋯⋯⋯	线斑触蜡 *P. linearis*	
- IO/d 为 1.35 以下 ⋯⋯⋯⋯⋯⋯⋯⋯⋯⋯⋯⋯⋯⋯	瓶茎触蜡 *P. ampullaris*	
5. 体黑色，具白斑，后翅沿外缘脉端具褐斑 ⋯⋯⋯⋯⋯	白斑触蜡 *P. albimaculata*	
- 体褐色，具褐或黑斑，后翅脉端无斑 ⋯⋯⋯⋯⋯⋯	粗茎触蜡 *P. stulticaulis*	
6. 前翅 Rs 和 M 以一点相接或以很短的横脉相连 ⋯⋯	7	
- 前翅 Rs 和 M 合并一段 ⋯⋯⋯⋯⋯⋯⋯⋯⋯⋯⋯	8	
7. 阳茎环呈三角形 ⋯⋯⋯⋯⋯⋯⋯⋯⋯⋯⋯⋯⋯	天目山触蜡 *P. tianmushanensis*	
- 阳茎环多样，但不呈三角形 ⋯⋯⋯⋯⋯⋯⋯⋯⋯	莫干山触蜡 *P. moganshanensis*	

8. 复眼大，IO/*d* 为 1.35 以下 ··· 双球触啮 *P. dicoccis*
- 复眼小，IO/*d* 为 1.40 以上 ·· 9
9. 亚生殖板骨化区域两端不具小的分叉 ··· 裂口触啮 *P. scissilis*
- 亚生殖板骨化区域两端具小的分叉 ··· 百山祖触啮 *P. baishanzuica*

（147）梨形触啮 *Psococerastis pyriformis* Li, 1995（图 1-147）

Psococerastis pyriformis Li, 1995b: 195.

主要特征：雄性头黄色，具褐斑。胸部黄色，具深褐色斑；足黄色，基节、胫节端及跗节褐色；翅透明，翅痣及后缘斑稍深，前翅 M+Cu$_1$ 和 A 上有小斑 1 个。腹部黄色，多褐斑。体长 3.92 mm，体翅长 5.67–6.00 mm。复眼较小，肾形，IO=0.63 mm，*d*=0.29 mm，IO/*d*=2.17。前翅翅痣后角宽，后角尖锐；Sc 近于 R；Rs 和 M 合并一段；M$_a$ 略长于 M$_{1+2}$；中室长方形；M+Cu$_{1a}$ 为 Cu$_{1ab}$ 的 1/3。后翅 R$_{4+5}$ 为 R$_{2+3}$ 的 2 倍。第 9 腹节背板后缘呈方形突起；肛上板舌状；肛侧板端角突出，毛点 36 个。阳茎环环状呈梨形，端具长柄；下生殖板不对称，具中突。

分布：浙江（庆元）。

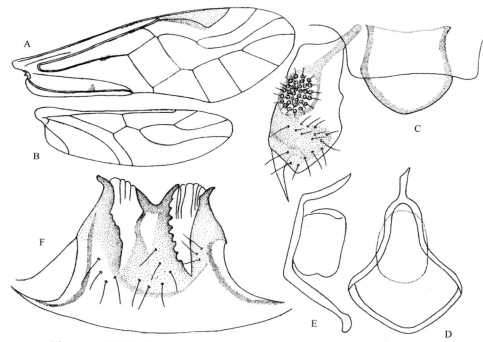

图 1-147　梨形触啮 *Psococerastis pyriformis* Li, 1995（引自李法圣，2002）
A.♂前翅；B.♂后翅；C.♂肛上板和肛侧板；D.♂阳茎环；E.♂阳茎环，侧视；F.♂下生殖板

（148）线斑触啮 *Psococerastis linearis* Li, 1990（图 1-148）

Psococerastis linearis Li, 1990: 5.

主要特征：雄性体长 4.17 mm，体翅长 6.00 mm，IO=0.56 mm，*d*=0.38 mm，IO/*d*=1.47。头黄色，具褐斑。胸背黄色，中胸前后缘黑色；足黄色；翅透明，翅痣褐色，端部脉沿脉具褐斑，近基具 1 条深褐色横带。腹部黄色。雄性第 9 节背板向后突伸；肛侧板骨化球拍状，下生殖板不对称，骨化边缘多锯齿形突起；阳茎环封闭，粗壮，端呈 1 长柄状突起。雌性体长 4.67 mm，体翅长 7.33 mm，IO=0.88 mm，*d*=0.33 mm，

IO/d=2.67。前翅翅痣三角形、端宽阔，Sc 自由，Rs 与 M 合并一段；中室前缘弧凹，M_{1+2} 与 M_a 约相等。后翅 Rs_a 短于 R_{2+3}，为 R_{4+5} 的 0.47 倍。肛上板锥状、端平；肛侧板三角形，毛点约 30 个。亚生殖板两侧骨化近方形；生殖突腹瓣细长；背瓣长宽；外瓣半月形。

　　分布：浙江（临安）。

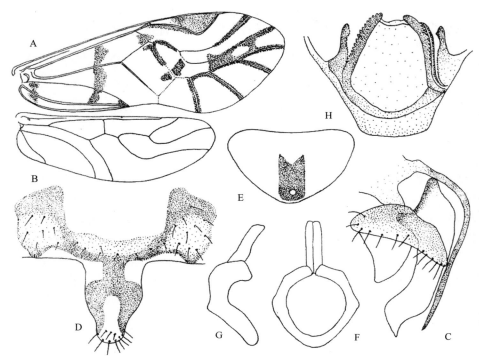

图 1-148　线斑触蝎 *Psococerastis linearis* Li, 1990（引自李法圣，2002）
A. ♀前翅；B. ♀后翅；C. ♀生殖突；D. ♀亚生殖板；E. ♀受精囊孔板；F. ♂阳茎环；G. ♂阳茎环，侧视；H. ♂下生殖板

（149）瓶茎触蝎 *Psococerastis ampullaris* Li, 1992（图 1-149）

Psococerastis ampullaris Li, 1992a: 321.

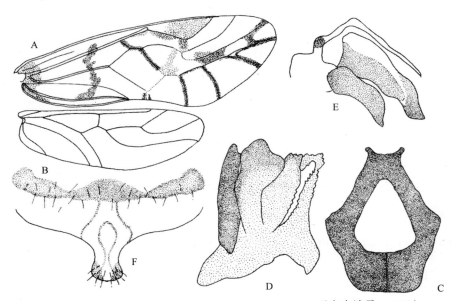

图 1-149　瓶茎触蝎 *Psococerastis ampullaris* Li, 1992（引自李法圣，2002）
A. ♂前翅；B. ♂后翅；C. ♂阳茎环；D. ♂下生殖板；E. ♀生殖突；F. ♀亚生殖板

主要特征：雄性体长 3.39 mm，体翅长 6.89 mm，IO=0.50 mm，d=0.47 mm，IO/d=1.06。头黄色，具黑色斑纹。前胸黑色，中后胸褐色，背面具黑斑；足黄褐色，胫节两端、跗节黑褐色；前翅透明，具褐色斑纹。腹部黑色至黑褐色，具黄色斑纹。前翅翅痣扁、后缘圆；Sc 自由；Rs 与 M 合并一段。雄性肛上板横宽；肛侧板毛点约 45 个。下生殖板不对称；阳茎环瓶状，粗壮，骨化为黑色，基部中央具 1 黑线。雌性体长 4.29 mm，体翅长 8.57 mm，IO=0.76 mm，d=0.26 mm，IO/d=2.92。脉序同雄性。雌性肛上板三角形，顶部圆；肛侧板毛点约 35 个。亚生殖板后伸骨化呈音叉形，基部骨化细，两端膨大不显著；生殖突外瓣特殊、纵向加长；受精囊孔口骨化为椭圆形，孔口大。

分布：浙江（临安）、湖南。

（150）白斑触啮 *Psococerastis albimaculata* Li *et* Yang, 1988（图 1-150，图版 II-3）

Psococerastis albimaculata Li *et* Yang, 1988: 80.

主要特征：雌性头黄白色或乳黄色。胸部黑色至黑褐色；足褐色至深褐色；翅透明，脉黑褐色，前翅斑及翅痣斑黑褐色。腹部白色，背腹具黑褐色斑。雄性体长 4.00 mm，体翅长 6.54 mm。复眼大，肾形，IO=0.49 mm，d=0.52 mm，IO/d=0.94。前翅翅痣三角形，后角圆；Sc 自由；Rs 与 M 合并一段；M_{1+2} 与 M_a 约相等。后翅 Rs 分叉宽阔。第 9 腹节后缘略波曲，肛上板半圆形，具 "U" 形骨化；肛侧板毛点约 40 个。阳茎环瓶形，基部粗壮，端具细颈，顶端略膨大；下生殖板不对称。雌性体长 5.33 mm，体翅长 7.63 mm。IO/d=2.26。脉序特征同雄性。雌性肛上板锥状；肛侧板三角形，毛点约 40 个。生殖突腹瓣细长，但短于背瓣；背瓣长，端尖；外瓣横长，后突狭长，骨化褐色；受精囊孔板椭圆形，孔上缘具骨化区。

分布：浙江（临安、庆元）、湖北、四川、贵州。

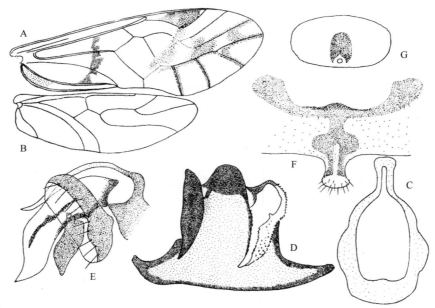

图 1-150　白斑触啮 *Psococerastis albimaculata* Li *et* Yang, 1988（引自李法圣，2002）
A.♂前翅；B.♂后翅；C.♂阳茎环；D.♂下生殖板；E.♀生殖突；F.♀亚生殖板；G.♀受精囊孔板

（151）粗茎触啮 *Psococerastis stulticaulis* Li, 1989（图 1-151）

Psococerastis stulticaulis Li, 1989: 48.

主要特征：雌性体长 5.17 mm，体翅长 8.07 mm，IO=0.78 mm，d=0.29 mm，IO/d=2.69。头黄色，具

褐斑。胸部黄色，具黑褐色斑；足黄色，腿节具褐斑，胫节两端及跗节黑褐色；翅透明，脉褐色，前翅具褐斑，端部脉沿脉具斑，痣斑褐色。腹部黄色，具褐斑。前翅翅痣宽阔，后角圆；脉 Sc 自由，Rs 和 M 合并一段；中室前缘弧凹。肛上板锥状，肛侧板三角形，毛点约 38 个。生殖突腹瓣细长；背瓣宽长；外瓣横长，后突三角形；亚生殖板后叶圆，基部缩狭，基部骨化横长。雄性体长 4.18 mm，体翅长 6.89 mm，IO/d=1.42。脉序特征同雄性。肛上板半圆形，肛侧端角细长，毛点约 35 个。阳茎环粗壮，近菱形；下生殖板不对称。

分布：浙江（临安）、内蒙古、甘肃、山西、陕西、安徽、湖北、贵州。

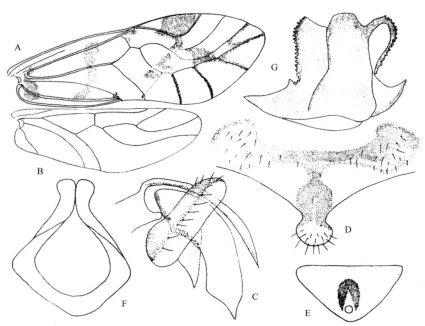

图 1-151　粗茎触蝓 *Psococerastis stulticaulis* Li, 1989（引自李法圣，2002）
A.♀前翅；B.♀后翅；C.♀生殖突；D.♀亚生殖板；E.♀受精囊孔板；F.♂阳茎环；G.♂下生殖板

（152）天目山触蝓 *Psococerastis tianmushanensis* Li, 2002（图 1-152）

Psococerastis tianmushanensis Li, 2002: 1638.

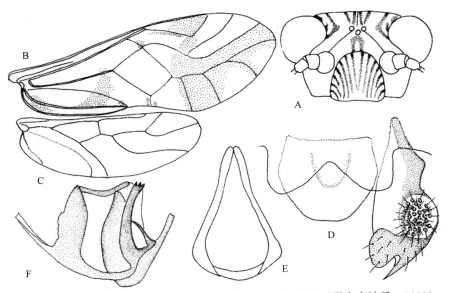

图 1-152　天目山触蝓 *Psococerastis tianmushanensis* Li, 2002（引自李法圣，2002）
A.♂头；B.♂前翅；C.♂后翅；D.♂肛上板和肛侧板；E.♂阳茎环；F.♂下生殖板

主要特征：雄性体长 3.25 mm，体翅长 5.90 mm，IO=0.50 mm，d=0.36 mm，IO/d=1.39。头黄色，具褐斑。胸部褐色，具黄斑；足黄色，中后足基节、胫节端及跗节褐色；翅透明，脉褐色，部分区域浅褐色；前翅斑褐色，痣斑稍深。腹部黄色，具褐斑。前翅翅痣三角形，后角尖、明显；Sc 自由；Rs 和 M 以一点相接；中室十分宽阔，前缘略波曲，M_2 弧弯；cu_{1a} 室近三角形。后翅 R_{2+3} 短于 Rs_a。第 9 腹节背板后缘具突起，中央具深的凹陷；肛上板舌状；肛侧板狭长，端具角突较短，毛点约 38 个。阳茎环三角形；下生殖板不对称。

分布：浙江（临安）。

（153）莫干山触啮 *Psococerastis moganshanensis* Li, 1992（图 1-153，图版 II-4）

Psococerastis moganshanensis Li, 1992c: 406.

主要特征：雄性头黄色，具褐斑。胸部黄色至黄褐色，中胸前盾片前部黑褐色，侧腹面深褐色；足黄褐色；前翅透明，具褐斑，翅痣棕褐色；后翅浅污褐色。腹部黄色，具褐斑。体翅长 4.77 mm。复眼肾形，IO=0.41 mm，d=0.25 mm，IO/d=1.64。前翅翅痣宽阔，后角圆；脉 Sc 自由；Rs 和 M 以一点相接；中室近梯形，前缘直，M_{1+2} 长于 M_a，cu_{1a} 室宽阔，Cu_{1ab} 与 $M+Cu_{1a}$ 约相等。后翅 Rs 分叉宽阔，R_{2+3} 短于 Rs_a。腹部第 9 节背板后伸成舌状突起；肛上板锥状，基部两侧近平行；肛侧板狭长，端平截，端角突长，毛点 27 个；阳茎环细弱；下生殖板不对称。

分布：浙江（德清）。

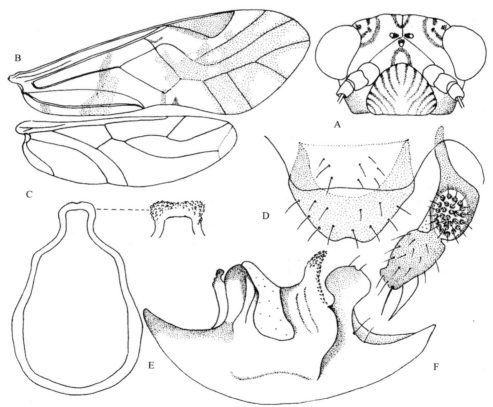

图 1-153　莫干山触啮 *Psococerastis moganshanensis* Li, 1992（引自李法圣，2002）
A. ♂头；B. ♂前翅；C. ♂后翅；D. ♂肛上板和肛侧板；E. ♂阳茎环；F. ♂下生殖板

（154）双球触蝎 *Psococerastis dicoccis* Li, 1995（图 1-154）

Psococerastis dicoccis Li, 1995a: 76.

　　主要特征：雄性头淡黄色，具褐斑。胸部淡黄色，侧、腹板具褐斑；足淡黄色；翅透明，前翅具褐斑，m_3 室充满褐斑；后翅浅污褐色。腹部淡黄色。体长 3.25 mm，体翅长 5.38 mm。复眼肾形，IO=0.47 mm，d=0.36 mm，IO/d=1.31。前翅翅痣宽阔，后角圆；Sc 自由；Rs 和 M 合并一段，Rs 分叉约呈 60°角。后翅 Rs 和 M 合并一段，R_{2+3} 短于 Rs_a。第 9 腹节背板后缘向后呈舌状突起，盖于肛上板基半；肛上板舌状，近方形；肛侧板短宽，端角突细长而端尖。阳茎环环状；阳茎球 2 个、膜质；下生殖板不对称，具中突，各突出边具齿。

　　分布：浙江（开化）。

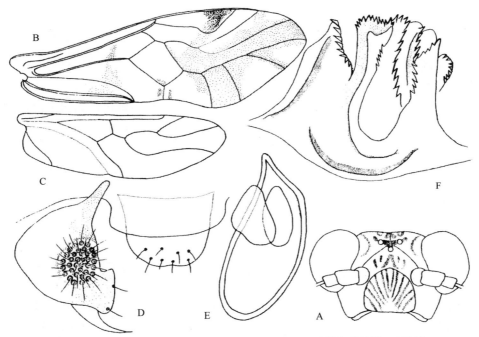

图 1-154　双球触蝎 *Psococerastis dicoccis* Li, 1995（引自李法圣，2002）

A.♂头；B.♂前翅；C.♂后翅；D.♂肛上板和肛侧板；E.♂阳茎环；F.♂下生殖板

（155）裂口触蝎 *Psococerastis scissilis* Li, 1992（图 1-155）

Psococerastis scissilis Li, 1992c: 405.

　　主要特征：雌性体长 5.00 mm，体翅长 7.78 mm，IO=0.79 mm，d=0.28 mm，IO/d=2.82。头黄色，具褐斑。胸部深褐色，背面具黄斑；足黄色，胫节端、跗节及中后足基节褐色；翅透明，浅污黄色；前翅斑褐色。腹部黄色，具少量褐斑。前翅翅痣端宽阔，后角圆；Sc 自由；Rs 和 M 合并一段；M 和 Cu_{1a} 合并一段。肛侧板毛点约 28 个。生殖突腹瓣细长，与背瓣约等长；背瓣宽长；外瓣横长，被长毛，后突长大，舌状；亚生殖板后叶短，乳头状；基部骨化，两侧膨大成椭圆形，骨化弱；受精囊孔板三角形，孔周具锥状骨化。

　　分布：浙江（临安）。

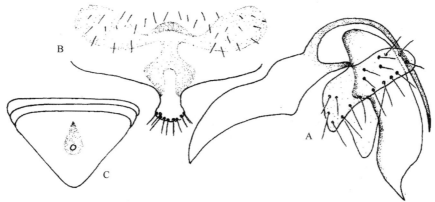

图 1-155　裂口触啮 *Psococerastis scissilis* Li, 1992（引自李法圣，2002）
A. ♀生殖突；B. ♀亚生殖板；C. ♀受精囊孔板

（156）百山祖触啮 *Psococerastis baishanzuica* Li, 1995（图 1-156）

Psococerastis baishanzuica Li, 1995b: 195.

主要特征：雌性头黄色，具褐斑；下颚须黄色，端节褐色。胸部淡黄色，具褐斑；足淡黄色，腿节端具 2 块淡褐色斑，胫节端及跗节褐色；翅透明，脉褐色，基半淡黄色；前翅具褐斑。腹部黄色，背板具黑褐色斑。体长 4.67 mm，体翅长 8.63 mm。复眼椭圆形，IO=0.83 mm，d=0.31mm，IO/d=2.68。前翅翅痣后角圆；Sc 自由；Rs 分叉十分长，约为 Rs_a 的 5 倍。肛侧板毛点 42 个。生殖突腹瓣狭长；背瓣宽长；外瓣横长，具长刚毛；亚生殖板后叶圆形，骨化基部两侧具小的分叉。

分布：浙江（庆元）。

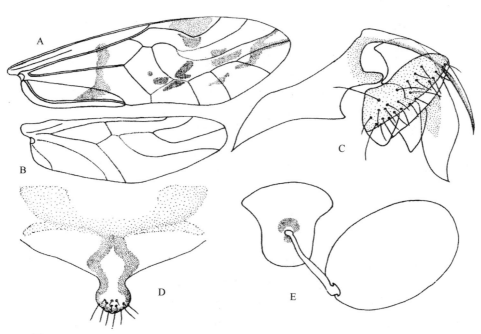

图 1-156　百山祖触啮 *Psococerastis baishanzuica* Li, 1995（引自李法圣，2002）
A. ♀前翅；B. ♀后翅；C. ♀生殖突；D. ♀亚生殖板；E. ♀受精囊

51. 昧蝤属 *Metylophorus* Pearman, 1932

Metylophorus Pearman, 1932: 202. Type species: *Psocus nebulosus* Stephens, 1836.

主要特征：触角长于前翅。下颚须端节长为宽的 3–4.5 倍。内颚叶端部分叉。翅污褐色或具污褐色斑；翅痣端部宽阔，后角圆；Sc 脉自由，少数终止于 R。雄性肛侧板端部具长角突；下生殖板对称或不对称；阳茎环两侧常具角突。雌性肛侧板具黑色杆状骨化结构；亚生殖板后叶长；生殖突腹瓣细长；背瓣宽长，端钝或扩大；外瓣横长；生殖孔板骨化较强，常不对称。

分布：世界广布。世界已知 50 种，中国记录 26 种，浙江分布 2 种。

（157）普通昧蝤 *Metylophorus plebius* Li, 1989（图 1-157，图版 II-5）

Metylophorus plebius Li, 1989: 51.

主要特征：雄性体长 4.64 mm，体翅长 6.46 mm，IO=0.53 mm，d=0.42 mm，IO/d=1.26。体褐色至深褐色。头部黄色，具深褐色斑。足深褐色，腿节基半黄褐色；翅褐色，翅痣、脉深褐色。腹部黄色，具深褐色不规则斑。前翅翅痣宽阔，后角圆；Sc 自由；Rs 与 M 合并一段；M 和 Cu_{1a} 合并一段。肛侧板毛点约 25 个。下生殖板不对称，共 7 个突起，中叶近基部有 1 角突；阳茎环封闭，颈短，近中两侧具小角突起。雌性体长 6.07 mm，体翅长 7.76 mm。脉序同雄性。雌性肛上板舌状，长约为宽的 4/5；肛侧板长锥状，毛点约 37 个。亚生殖板后突长，骨化后突锥状、细长；基部骨化横突弧向后弯，两端膨大；生殖突背瓣狭长，末端膨大，具骨化条；腹瓣细长，端钝；外瓣横长，具后突、端圆；受精囊孔口具骨化。

分布：浙江（临安）、吉林、山西、甘肃、陕西、湖北、湖南、广西、四川。

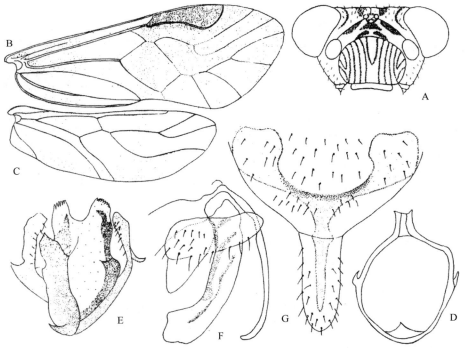

图 1-157　普通昧蝤 *Metylophorus plebius* Li, 1989（引自李法圣，2002）
A. ♂头；B. ♂前翅；C. ♂后翅；D. ♂阳茎环；E. ♂下生殖板；F. ♀生殖突；G. ♀亚生殖板

（158）吴氏昧啮 *Metylophorus wui* Li, 1995（图 1-158）

Metylophorus wui Li, 1995a: 75.

主要特征：雌雄头黄色。胸部黄色，背面具褐斑；足黄色，胫、跗节深褐色。腹部雄性褐色，雌性黄色。雄性体长 3.00 mm，体翅长 5.75 mm。复眼肾形，IO=0.41 mm，d=0.49 mm，IO/d=0.84；前翅翅痣后角圆尖；Sc 自由，Rs 与 M 合并一段；M_{1+2} 与 M_a 约相等；cu_{1a} 室高；R_{4+5} 长于 Rs_a。足跗节 2 节，毛栉分别为 25 个和 7 个。肛侧板端角粗壮，毛点 44 个。下生殖板不对称，具宽的中带，中带顶端凹，两侧多齿，基部具 3 个角突；第 9 腹节背板后缘突出两叶；阳茎环瓶状，两侧中部具角突，阳茎球稍骨化，近锚状。雌性体长 4.25 mm，体翅长 6.03 mm，IO=0.67 mm，d=0.32 mm，IO/d=2.09。翅痣及脉序同雄性。肛侧板长锥状，外侧具 1 骨化杆。生殖突腹瓣细长；背瓣宽长；外瓣近长卵形；亚生殖板后叶长，长锥状，基部两侧膨大；受精囊孔板椭圆形，孔周骨化，后具骨化长柄。

分布：浙江（开化）。

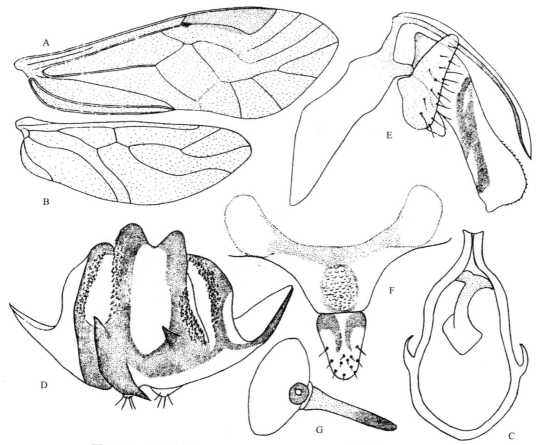

图 1-158　吴氏昧啮 *Metylophorus wui* Li, 1995（引自李法圣，2002）
A.♂前翅；B.♂后翅；C.♂阳茎环；D.♂下生殖板；E.♀生殖突；F.♀亚生殖板；G.♀受精囊孔板

52. 瓣啮属 *Longivalvus* Li, 1993

Longivalvus Li, 1993a: 394. Type species: *Longivalvus dictyodromus* Li, 1993.

主要特征：长翅，中大型，体翅长 4–10 mm。触角 13 节，长为前翅的 1.5 倍以上；下颚须端节通常为宽的 3 倍以下；下颚须内颚叶端分叉，内侧支窄；上唇感器 4 个，刚毛状。翅痣后角圆；脉 Sc 自由，Rs 和 M 合并一段或以一点或以横脉相接，Rs 分叉小于 60°角；M 与 Cu_{1a} 合并一段。后翅缘光滑，Rs 与 M 合并一段。雄性第 9 腹节背板后缘呈舌状突起，盖在肛上板上；肛侧板端具角突。下生殖板不对称，具角、齿突；阳茎环封闭，呈瓶状，端分叉。雌性亚生殖板后叶细，端膨大，基部骨化两侧膨大；生殖突腹瓣细长；背瓣宽长，端膨大；外瓣横长，为长的 3 倍以上，后突大而显著。

分布：古北区、东洋区。世界已知 6 种，中国记录 6 种，浙江分布 1 种。

（159）明斑瓣蛄 *Longivalvus hyalospilus* Li, 2002（图 1-159）

Longivalvus hyalospilus Li, 2002: 326.

主要特征：雌性体长 5.36 mm，体翅长 8.96 mm，IO=0.81 mm，*d*=0.31 mm，IO/*d*=2.61。后足跗节分别长 0.64 mm、0.32 mm。头顶褐色，隐见深褐色斑纹。胸部黑褐色，骨片后缘具黄褐色边；足黄色，基节深褐色，胫节端及跗节黑褐色；前翅污褐色，仅翅痣下及 A 端 Cu_{1b} 处透明；后翅污褐色。腹部黄色，背板具深褐色斑，腹板基半具深褐色斑。前翅翅痣端宽阔，后角圆；Rs 和 M 合并一段，cu_{1a} 室近方形。后翅 R_{2+3} 长于 Rs_a。肛上板锥状；肛侧板三角形，毛点约 43 个。生殖突腹瓣细长；背瓣宽长，端略膨大；外瓣

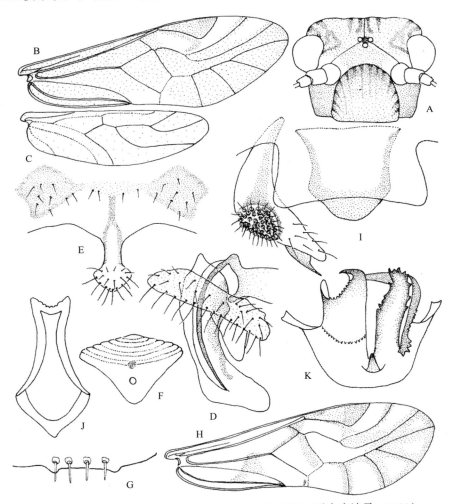

图 1-159　明斑瓣蛄 *Longivalvus hyalospilus* Li, 2002（引自李法圣，2002）
A. ♀头；B. ♀前翅；C. ♀后翅；D. ♀生殖突；E. ♀亚生殖板；F. ♀受精囊孔板；G. ♂上唇感器；H. ♂前翅；I. ♂肛上板和肛侧板；J. ♂阳茎环；K. ♂下生殖板

横长，具后突；亚生殖板后叶长，端膨大，基部细，基部骨化深褐色，两端膨大近方形；受精囊孔板近三角形。雄性体长 4.11 mm，体翅长 7.14 mm，IO=0.50 mm，d=0.44 mm，IO/d=1.14，后足跗节分别长 0.66 mm、0.29 mm。前翅脉序特征除 Rs 分叉角度大，除基部略膨大外同雌性。肛上板舌状，肛侧板毛点约 46 个，端具角突；第 9 腹节背板后突方形；阳茎环瓶状，基部具角突，端双角突出；下生殖板不对称。

　　分布：浙江（临安）。

十四、羚蛄科 Mesopsocidae

主要特征：长翅或无翅。长翅型，体翅长 4.67–6.79 mm，触角 13 节，单眼 3 个。无翅型，无单眼，前翅 Rs 和 M 合并一段，R 和 M+Cu 共柄或由基部分开，翅缘在 R_{2+3} 和 R_{4+5} 之间具或无刚毛。足跗节 3 节，爪具亚端齿，爪垫细、钝或尖。雄性阳茎环呈环状，下生殖板简单，后缘圆滑无突起。雌性生殖突完全，腹瓣长，端膨大；背瓣宽大，近长方形；外瓣椭圆，具长刚毛。

分布：世界广布。世界已知 13 属 84 种，中国记录 5 属 19 种，浙江分布 2 属 4 种。

53. 锥羚蛄属 *Conomesopsocus* Li, 2002

Conomesopsocus Li, 2002: 1296. Type species: *Conomesopsocus melanostigmus* Li, 2002.

主要特征：内颚叶端部分叉小。足跗节 3 节，爪具亚端齿，爪垫细、端钝；后足基跗节具毛栉。前翅 Rs 与 M 合并一段，M 分 3 支，cu_{1a} 室三角形。后翅径叉缘具毛；R 和 $M+Cu_{1a}$ 共柄，Rs 和 M 合并一段；A 长，伸向近 Cu_2 端。肛侧板内缘具 2 根粗刚毛，在毛间具叉状突起。阳茎环椭圆形，中央部缩狭，外阳基侧突端锥状，阳茎弓弧圆无突起；下生殖板后缘中央弧形突起。

分布：古北区、东洋区。世界已知 2 种，中国记录 2 种，浙江分布 2 种。

（160）黑痣锥羚蛄 *Conomesopsocus melanostigmus* Li, 2002（图 1-160）

Conomesopsocus melanostigmus Li, 2002: 1297.

主要特征：雄性体长 3.83 mm，体翅长 5.25 mm，IO=0.50 mm，*d*=0.43 mm，IO/*d*=1.16。头黑色，除颊区、触角窝内侧具 2 块黄色斑外均黑色；触角黑色。胸部深褐色，背板及前胸黑色；足黑褐色；翅透明，稍有点污褐色，脉黑褐色，仅后缘 Cu_2 和 A 黄色；翅痣及痣后斑黑褐色。腹部黄色，散生碎的褐斑。前翅

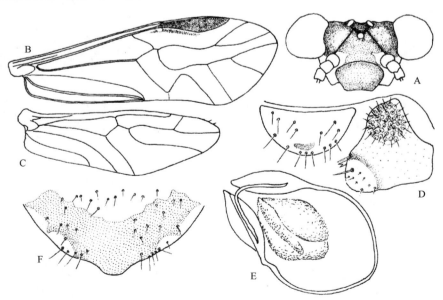

图 1-160　黑痣锥羚蛄 *Conomesopsocus melanostigmus* Li, 2002（引自李法圣，2002）

A. ♂头；B. ♂前翅；C. ♂后翅；D. ♂肛上板和肛侧板；E. ♂阳茎环；F. ♂下生殖板

翅痣狭小，后缘弧圆；Rs 与 M 合并一段，Rs 分叉位于 M_{1+2} 中部；cu_{1a} 室三角形。后翅径叉缘具毛 2 根；R 和 $M+Cu_1$ 具共柄；R_{4+5} 与 Rs_a 相等。肛上板半圆形，端具粗齿区；肛侧板内侧缘具 2 根粗长毛，中央有 1 双齿状突起，毛点 45–46 个。阳茎环环状，外阳基侧突锥状，内阳基侧突呈弧状，骨化为黑褐色，阳茎球具淡黑色纹；下生殖板后缘中央丘状突起，骨化褐色，基缘波曲。

　　分布：浙江（临安）。

（161）新月锥羚蚖 *Conomesopsocus meniscatus* Li, 2001（图 1-161）

Conomesopsocus meniscatus Li, 2001: 138.

　　主要特征：雄性体长 3.00 mm，体翅长 4.92 mm，IO=0.49 mm，d=0.46 mm，IO/d=1.07。头黄色、复眼间具黑褐色宽横带。胸部、足黑褐色；翅透明，脉黑褐色；痣斑及后缘斑黑褐色。腹部黄色，有少量不规则褐斑。上唇有 9 个刚毛，分 2 列，后列较短，具上唇刺。前翅翅痣狭小，后缘弧圆，无后角；脉 Sc 自由；Rs 与 M 合并一段，Rs 分叉狭长；M 分 3 支；Cu_{1a} 自由。后翅径叉缘无毛。肛上板半圆形；肛侧板毛点 37 个，之间多小孔，内侧具 2 根粗长刚毛，毛间具 2 个长齿突。阳茎环环状，外阳基侧突端呈锥状，多小孔；下生殖板后缘弧圆，骨化向两侧斜伸，端扩大，平截，两侧基部具 2 个骨化深斑，多长刚毛。

　　分布：浙江（临安）。

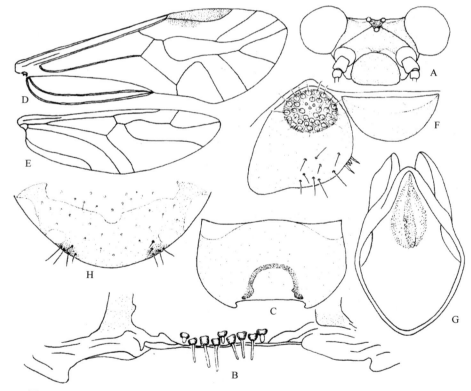

图 1-161　新月锥羚蚖 *Conomesopsocus meniscatus* Li, 2001（引自李法圣，2002）
A.♂头；B.♂上唇感器；C.♂上唇；D.♂前翅；E.♂后翅；F.♂肛上板和肛侧板；G.♂阳茎环；H.♂下生殖板

54. 羚蚖属 *Mesopsocus* Kolbe, 1880

Mesopsocus Kolbe, 1880: 112. Type species: *Elipsocus unipunctatus* Muller, 1764.

主要特征：雄性具翅，雌性长翅、小翅或无翅。触角 13 节，单眼 3 个。足跗节 3 节，爪具亚端齿，爪垫细、端钝。前翅 Rs 和 M+Cu$_1$ 合并一段，M 分 3 支；后翅 R 和 M+Cu$_1$ 具共柄，Rs 和 M 合并一段，径叉缘具毛。雌性生殖突背瓣宽阔；腹瓣端膨大，端部具角突；外瓣近半圆形；亚生殖板后叶端圆或突起。雄性阳茎环端弧突，外阳基侧突端不向两侧膨突。

分布：世界广布。世界已知 45 种，中国记录 13 种，浙江分布 2 种。

（162）双角羚蛄 *Mesopsocus corniculatus* Li, 2002（图 1-162）

Mesopsocus corniculatus Li, 2002: 1299.

主要特征：雄性头淡黄色，头顶单眼区两侧及额区具 2 块大的深褐色斑，中央具 2 个黄斑。胸部黄色，侧板骨片边缘褐色；足乳白色，胫节淡黄色；翅透明；翅痣短小，污白色不透明。腹部乳白色，两侧具由不规则黑褐色纹组成的带。体长 3.33 mm，体翅长 4.67 mm，复眼近球形，IO=0.66 mm，d=0.31 mm，IO/d=2.13。前翅翅痣后缘弧平，无后角；Rs 与 M 以一点相接，Rs 分叉短，与 M$_3$ 分叉相齐；基部弧弯；cu$_{1a}$ 室高，长宽约相等。后翅基脉长，R$_{4+5}$ 与 Rs$_a$ 约相等。肛上板半圆形，肛侧板毛点约 44 个，内侧缘具 2 根粗毛及 1 齿突。阳茎环环状，外阳基侧突粗壮，端缩狭成柄状；阳茎球膜质，基部 1 对稍骨化，端具 1 对小角突；下生殖板无骨化，具长毛。

分布：浙江（西湖）。

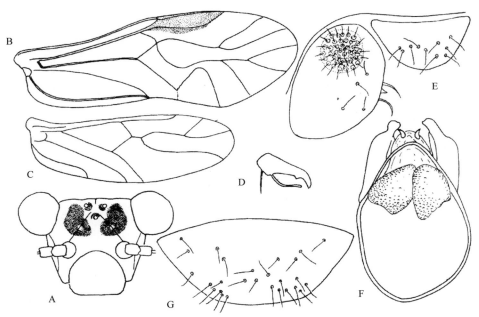

图 1-162　双角羚蛄 *Mesopsocus corniculatus* Li, 2002（引自李法圣，2002）
A. ♂头；B. ♂前翅；C. ♂后翅；D. ♂爪；E. ♂肛上板和肛侧板；F. ♂阳茎环；G. ♂下生殖板

（163）褐带羚蛄 *Mesopsocus phaeodematus* Li, 2002（图 1-163，图版 II-6）

Mesopsocus phaeodematus Li, 2002: 1300.

主要特征：雌性体长 4.30 mm，体翅长 5.50 mm，IO=0.88 mm，d=0.34 mm，IO/d=2.59。头黄色，单眼内侧、复眼黑色，复眼间、复眼和触角窝间具黑斑；后唇基黄色，近上缘具 1 宽的褐带，前唇基及上唇黄色。胸部黄色，背板具褐斑，侧板边缘深褐色；前翅透明，稍有点污褐色；翅痣褐色，前缘区深褐色，脉深褐色。腹部黄色，背板具褐纹。前翅翅痣后角圆；Rs 分叉先于 M$_3$ 分叉，cu$_{1a}$ 室大，三角形。后翅 R

与 M+Cu$_1$ 由基部分开，R$_{4+5}$ 略长于 Rs$_a$，径叉缘毛 5 根。肛上板近矩形，肛侧板毛点 30 个。生殖突腹瓣较细长，近端扩大，端尖；背瓣宽长，端具尖，外瓣扇形，被长毛；亚生殖板基部骨化端扩大，中央弧凹。

　　分布：浙江（临安）。

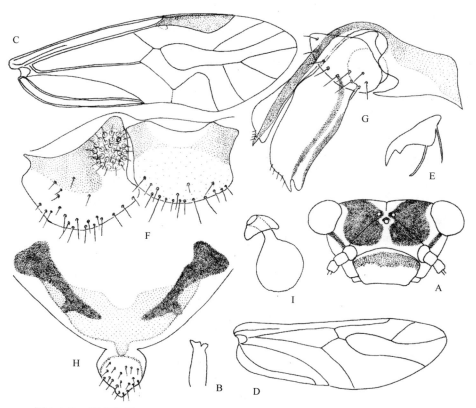

图 1-163　褐带羚䗛 *Mesopsocus phaeodematus* Li, 2002（引自李法圣，2002）
A.♀头；B.♀内颚叶；C.♀前翅；D.♀后翅；E.♀爪；F.♀肛上板和肛侧板；G.♀生殖突；H.♀亚生殖板；I.♀受精囊

十五、鼠䗊科 Myopsocidae

主要特征：长翅，中至大型，体翅长 4.00–9.00 mm。单眼 3 个，少数无单眼；触角 12 或 13 节，内颚叶端分叉。前翅 Rs 和 M 合并一段或以一点连接或以横脉相接，M 分 3 支，Cu_{1a} 与 M 以横脉相连或以一点相接，或合并一段；后翅 Rs 和 M 合并一段或以横脉相连。跗节分 3 节，爪具亚端齿，爪垫宽。雄性肛上板简单，肛侧板端部具突起；阳茎环状或杆状；下生殖板常有各种突起。雌性生殖突完整，背瓣狭长，外瓣无后突，具长刚毛；亚生殖板具后叶或无。

分布：世界广布。世界已知 8 属 125 种，中国记录 6 属 22 种，浙江分布 1 属 5 种。

55. 苔鼠䗊属 *Lichenomima* Enderlein, 1910

Lichenomima Enderlein, 1910a: 66. Type species: *Lichenomima conspersa* Enderlein, 1910.

主要特征：后翅 Rs 和 M 以一横脉连接，雄性肛侧板具长指状突起，肛上板基部呈锥状延伸；阳茎环长杆状；基部开放；雌性亚生殖板后缘具各种短的突起。

分布：世界广布。世界已知 31 种，中国记录 14 种，浙江分布 5 种。

分种检索表

1. 前翅 Cu_{1a} 与 M 合并一段···········杭州苔鼠䗊 *L. hangzhouensis*
- 前翅 Cu_{1a} 与 M 以一点相接或以横脉相连···········2
2. 亚生殖板后叶宽或锥状···········3
- 亚生殖板后叶小，呈柄或角状···········4
3. 亚生殖板后叶宽，呈舌状突起···········驼突苔鼠䗊 *L. gibbulosa*
- 亚生殖板后缘呈圆锥状···········白斑苔鼠䗊 *L. leucospila*
4. 亚生殖板后叶弧圆，舌状···········小角苔鼠䗊 *L. corniculata*
- 亚生殖板后叶呈小角突起···········单角苔鼠䗊 *L. unicornis*

（164）杭州苔鼠䗊 *Lichenomima hangzhouensis* Li, 2002（图 1-164）

Lichenomima hangzhouensis Li, 2002: 1325.

主要特征：雄性头黄褐色，具黑褐色斑。胸部黄色，具褐斑；前翅具密的褐斑，翅前缘具有白斑，外缘白斑 10 个呈弧形排列，脉褐色，白斑相间；痣褐色；后翅污褐色，脉深褐色，Cu_2 淡。腹部黄色，背板具褐斑。体长 2.68 mm，体翅长 4.82 mm。复眼肾形，IO=0.40 mm，d=0.29 mm，IO/d=1.38。前翅翅痣后角圆，Rs 和 M 以 1 短的横脉相接，R_{4+5} 为 Rs_a 的 2.33 倍；M_{1+2} 约为 M_a 的 2 倍；Cu_{1a} 与 M 合并为一短的距离。肛上板后角较长；肛侧板单角，钩弯，毛点约 30 个。阳茎环基部开放，近端连在一起；下生殖板后缘波弯。

分布：浙江（西湖）。

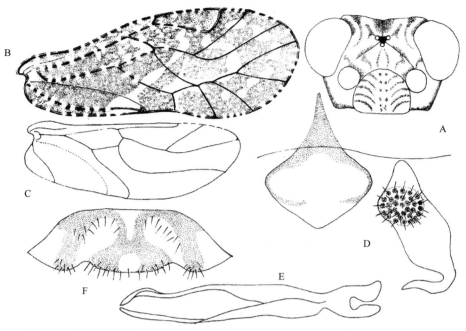

图 1-164　杭州苔鼠啮 *Lichenomima hangzhouensis* Li, 2002（引自李法圣，2002）

A.♂头；B.♂前翅；C.♂后翅；D.♂肛上板和肛侧板；E.♂阳茎环；F.♂下生殖板

（165）驼突苔鼠啮 *Lichenomima gibbulosa* Li, 2002（图 1-165）

Lichenomima gibbulosa Li, 2002: 1332.

主要特征：雌性头黄色，具深褐色条斑。胸部黄色，具褐斑；足黄色，基节褐色，第 2、3 节跗节深褐色；前翅褐色由细碎斑组成，脉褐色，基部有白斑，外缘脉深褐色；后翅污褐色，顶角翅缘黄、褐色相间。

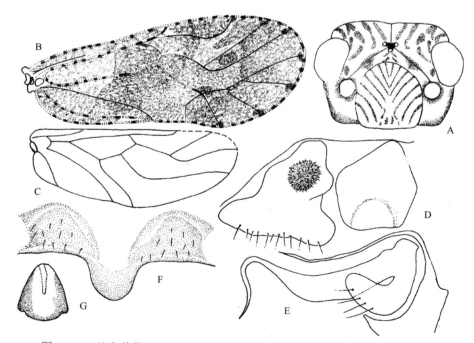

图 1-165　驼突苔鼠啮 *Lichenomima gibbulosa* Li, 2002（引自李法圣，2002）

A.♀头；B.♀前翅；C.♀后翅；D.♀肛上板和肛侧板；E.♀生殖突；F.♀亚生殖板；G.♀受精囊孔板

腹部黄色,背腹板由碎斑组成褐色横带。体长 4.04 mm,体翅长 6.61 mm。复眼肾形,或半圆形,IO=0.64 mm, d=0.26 mm,IO/d=2.46。前翅翅痣后缘圆,Rs 和 M 以横脉相接;M_{1+2} 小于 M_a,cu_{1a} 和 M 以一点相接,cu_{1a} 室小。后翅 Rs 和 M 以 1 横脉相连,Rs_a 短于 M_a。肛上板、肛侧板膜质,毛点不清。生殖突腹瓣细长而尖;背瓣狭长;外瓣椭圆,具长刚毛;亚生殖板后突圆,骨化"八"字形,受精囊孔板锥形,侧后缘具骨化。

　　分布:浙江(西湖)。

(166)白斑苔鼠啮 *Lichenomima leucospila* Li, 2002(图 1-166)

Lichenomima leucospila Li, 2002: 1333.

　　主要特征:雌性体长 4.71 mm,体翅长 6.41 mm,IO=0.66 mm,d=0.28 mm,IO/d=2.36,头黄色。前胸褐色,中后胸黄色,中胸前盾片具 2 个、盾片中部具 1 个宽的深棕色带或斑,小盾片具 1 棕褐色环形斑;足黄色,腿节背面、胫节端及第 2、3 节深棕色;前翅具密的褐斑,分布有白斑,脉深褐色,脉及翅缘具白斑;后翅污褐色。腹部黄色,背面具 3 条棕褐色带。前翅翅痣宽阔,后角圆;R_{4+5} 为 Rs_a 的 2.1 倍;M_{1+2} 长于 M_a,Cu_{1a} 与 M 以一点相接。后翅 Rs 和 M 以横脉相连,R_{4+5} 略长于 Rs_a。肛上板锥形,顶端钝,肛侧板毛点 39 个。生殖突腹瓣细长,长于背瓣的 1/2;背瓣狭长,端尖细;外瓣长卵形,具长刚毛;亚生殖板后缘呈锥状突起,无凹缺;生殖孔板钟状。

　　分布:浙江(临安)。

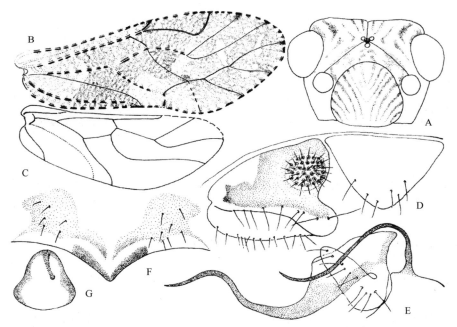

图 1-166　白斑苔鼠啮 *Lichenomima leucospila* Li, 2002(引自李法圣,2002)
A.♀头;B.♀前翅;C.♀后翅;D.♀肛上板和肛侧板;E.♀生殖突;F.♀亚生殖板;G.♀生殖孔板

(167)小角苔鼠啮　*Lichenomima corniculata* Li, 1995(图 1-167)

Lichenomima corniculata Li, 1995b: 196.

　　主要特征:雌雄头黄色。胸部黄色,背、侧面多褐斑;足黄色;前翅褐色,多污白色斑,翅缘及基部脉具白斑。雄性体长 4.00 mm,体翅长 6.38 mm。复眼近圆形,IO=0.5 mm,d=0.28 mm,IO/d=1.79。前翅翅痣后角圆，Rs 与 M 以一点相接，Rs 分叉长；cu$_{1a}$ 室基端方形。肛上板圆锥状，基部收缩；肛侧板端无突起，毛点约 34 个。阳茎环呈 3 条，两侧条端膨大，折回，中央一条端分叉；下生殖板两侧中部缢缩。雌性体长 4.50 mm，体翅长 7.33 mm，IO=0.69 mm，d=0.32 mm，IO/d=2.16。前翅脉序同雄性。肛上板圆锥状；肛侧板毛点 29 或 30 个。生殖突腹瓣细尖；背瓣狭长，端细尖；外瓣半圆形，具长刚毛；亚生殖板末端骨化钟罩状。

分布：浙江（庆元）。

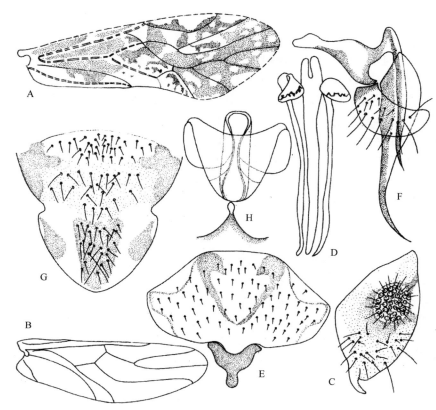

图 1-167 小角苔鼠啮 *Lichenomima corniculata* Li, 1995（引自李法圣，2002）
A. ♂前翅；B. ♂后翅；C. ♂肛上板；D. ♂阳茎环；E. ♂下生殖板；F. ♀生殖突；G. ♀亚生殖板；H. ♀受精囊孔板

（168）单角苔鼠啮 *Lichenomima unicornis* Li, 2002（图 1-168）

Lichenomima unicornis Li, 2002: 1334.

主要特征：雌性体长 4.40 mm，体翅长 6.17 mm，IO=0.71 mm，d=0.31 mm，IO/d=2.29。头黄色，具深褐色斑，单眼区、复眼黑色。胸部黄色，密布褐斑；足仅存前足，黄色，腿节背面具褐斑。腹部黄色，背面基部具少量褐斑，腹板具褐色横带。前翅翅痣后角明显，圆；Rs 与 M 以一点相接；Cu$_{1a}$ 与 M 以横脉相连。后翅 Rs 与 M 以横脉相连。肛上板三角形，近端具 2 长毛；肛侧板毛点约 40 个。生殖突腹瓣细长；背瓣狭长；外瓣长肾形，被长刚毛；亚生殖板后缘锥状，端平截，中央具 1 角突，基部骨化两侧膨大，基缘具深边，后缘两侧骨化深褐色；受精囊孔板兜形，两侧缘及中央基半具深褐色骨化带斑。

分布：浙江（临安）。

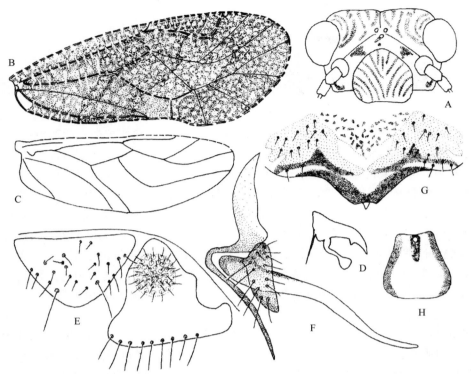

图 1-168　单角苔鼠啮 *Lichenomima unicornis* Li, 2002（引自李法圣，2002）
A. ♀头；B. ♀前翅；C. ♀后翅；D. ♀爪；E. ♀肛上板和肛侧板；F. ♀生殖突；G. ♀亚生殖板；H. ♀受精囊孔板

第二章　缨翅目 Thysanoptera

　　缨翅目 Thysanoptera 俗称蓟马（thrips），其个体小，行动敏捷，多数种类生活在植物花中，取食花粉；也有相当一部分种类生活在植物叶面上，取食植物汁液，或在植物叶面上形成虫瘿，为植物害虫。少数种类生活在枯枝落叶中，取食真菌孢子。还有一些种类捕食其他蓟马、螨类，为益虫。

　　蓟马许多种类广泛分布于世界各地，食性复杂，大多为植食性，通过锉吸式口器锉破植物表皮组织而吮吸汁液。例如，稻直鬃蓟马 Stenchaetothrips biformis (Bagnall, 1913)是印度、东南亚和我国稻区重要害虫；玉米黄呆蓟马 Anaphothrips obscurus (Müller, 1776)为害玉米；西花蓟马 Frankliniella occidentalis (Pergande, 1895)是世界性害虫，已在北京、云南、浙江、山东、贵州、江苏、新疆等地定殖，对蔬菜和花卉生产造成了巨大损失。一些种类为捕食性，捕食红蜘蛛、粉虱、木虱、介壳虫及其他蓟马。例如，带翅虱管蓟马 Aleurodothrips fasciapennis (Franklin, 1908)捕食介壳虫、粉虱、木虱的卵和若虫。另外，有些种类专食一些恶性杂草，可用于生物防治。

　　体长 0.4–14 mm，细长而扁，或圆筒形；色：黄褐、苍白或黑；触角 6–9 节，鞭状或念珠状；复眼多为圆形，有翅种类单眼 2 或 3 个，无翅种类无单眼；口器锉吸式，上颚口针多不对称；翅狭长，边缘有很多长而整齐的缨状缘毛；雌性产卵器锯状或无。各足跗节端部有可伸缩的泡囊状构造。

　　卵灰白色、黄色或者黑色，圆柱形或肾形。表面常有不同形状的网纹。在锯尾亚目中，雌性将卵单个产于植物组织内部，卵壳光滑。而管尾亚目将卵产于植物表面，卵壳网纹通常五边或六边形。

　　若虫在锯尾亚目中有 4 个龄期，罕有 3 个龄期，而在管尾亚目中有 5 个龄期。第 3–5 龄不取食，不活动，有外生翅芽，被称为"前蛹期"，变态类型为过渐变态。

　　缨翅目分为 2 亚目，世界已知 9 科约 1200 属 7400 多种，中国记录 181 属 650 多种，浙江分布 24 属 45 种。

I. 锯尾亚目 Terebrantia

　　通常有翅，前翅大，翅脉发达，至少有前缘脉与 1 条纵脉伸达翅端，翅脉上有微毛；雌性腹部末节圆锥形，有锯状产卵器；雄性腹部末端阔而圆，末节有臀刚毛。

　　该亚目分布于古北区、东洋区、新北区、旧热带区、新热带区、澳洲区。世界已知 743 属 3800 多种，中国记录 129 属 367 种，浙江分布 1 科 19 属 33 种。

十六、蓟马科 Thripidae

　　主要特征：触角 5–9 节，端部 1 节或 2 节较细，形成节"芒"；节 III–IV 感觉锥叉状或简单；各节通常有刚毛及微毛。下颚须 2–3 节，下唇须 2 节；翅较窄，端部较窄尖，常略弯曲，有 2 条或 1 条纵脉，横脉常退化；锯状产卵器腹向弯曲。

　　分布：世界广布。世界已知 290 属 2100 余种，中国记录 97 属 347 种，浙江分布 4 亚科 19 属 33 种。

分亚科检索表

1. 足密被微毛列；后头区常发达，且具明显的相互交错的横纹；前胸在靠近后缘中部有 1 个大的骨化板，后胸腹板后半部常增厚 ·· 绢蓟马亚科 Sericothripinae

- 足不密被微毛列，但常有相互交织的或者弱的横纹或网纹；后头区常不发达，很狭窄；前胸没有骨化板；后胸盾片一致，后半部没有增厚 ·· 2

2. 后胸内叉骨极度增大，伸至中胸，基部有横脊 ···································· 棍蓟马亚科 Dendrothripinae

- 后胸内叉骨常不极度增大，"U"或"Y"形，常不发达，没有伸至中胸，如伸至中胸，则基部没有横脊 ·················· 3

3. 头和足常有强烈的网纹（圈针蓟马属 Monilothrips 背及前胸背板较平滑，仅颈部明显网纹）；触角节端部常细长且尖，顶部针状；前翅前脉常在基部与前缘脉愈合；中、后胸内叉骨常无刺；体强烈骨化 ········· 针蓟马亚科 Panchaetothripinae

- 头和足常无网纹，如有网纹则触角端部不尖；前翅前脉在基部不与前缘脉愈合；中、后胸内叉骨有或无内叉骨刺；体常不强烈骨化 ·· 蓟马亚科 Thripinae

（一）棍蓟马亚科 Dendrothripinae

主要特征：体宽而扁，具精致刻纹。头常在复眼间下陷。触角第 II 节膨大。下颚须 2 节。中胸具刺腹片且常与后胸腹片愈合。后胸腹片叉骨极度增大，伸至中胸腹片；前翅后缘缨毛直；跗节通常 1 节。腹部背片两侧有网纹、横纹或微毛状线纹，中对鬃粗且互相靠近。

分布：古北区、东洋区、新北区、旧热带区、新热带区、澳洲区。世界已知 15 属 90 种，中国记录 3 属 14 种，浙江分布 1 属 3 种。

56. 伪棍蓟马属 *Pseudodendrothrips* Schmutz, 1913

Pseudodendrothrips Schmutz, 1913: 992. Type species: *Pseudodendrothrips ornatissima* Schmutz, 1913.

主要特征：体甚小，头宽甚大于长，前缘在复眼间凹陷。颊向基部收缩。复眼大而突出。触角 8 节或 9 节，节 II 最大，节 III–IV 感觉锥叉状。前胸甚宽于长，背片有横纹。后角鬃 1 对，较长，后缘鬃 3 对。后胸盾片有纵纹，无亮孔。前翅基部宽，端部尖，前缘缨毛着生在前缘上，后缘缨毛直。中胸腹片内叉骨具弱刺。中胸腹片和后胸腹片被缝分离。后胸腹片内叉骨很大。各足跗节 1 节。后足跗节很长。后足胫节有 1 粗刚毛在端部。腹节背片侧部有细密横纹，略呈网状。节 II–VIII 背片中对鬃靠近，向后部渐长，6 对背鬃较长。节 VIII 后缘梳不规则，节 IX 和 X 有微毛在后部。雄性腹节 IX 背片无角状粗鬃，腹片无腺域。

分布：古北区、东洋区、新北区、旧热带区、新热带区、澳洲区。世界已知 19 种，中国记录 6 种，浙江分布 3 种。

分种检索表

1. 腹节 II–VIII 背板两侧各有两暗褐色斑；前翅前脉鬃着生处有暗斑 ························· 榆伪棍蓟马 *P. ulmi*

- 腹节背板无褐色斑；前翅前脉鬃着生处无暗斑 ·· 2

2. 前胸后缘有长鬃 2 对 ·· 桑伪棍蓟马 *P. mori*

- 前胸后缘有长鬃 1 对 ·· 巴氏伪棍蓟马 *P. bhatti*

（169）巴氏伪棍蓟马 *Pseudodendrothrips bhatti* Kudô, 1984（图 2-1）

Pseudodendrothrips bhatti Kudô, 1984: 487.

主要特征：雌性：体黄白色。单眼前复眼间头部棕色。足黄色，前足胫节中部 1/3 浅棕色，中足胫节颜色稍浅；前翅灰色，前缘缨毛灰褐色；触角节 I–III 深灰色，节 III 梗部稍浅，节 IV–VIII 灰色，基部 1/3–1/2 处稍浅。

头部　头宽大于长，布满不规则横纹，在复眼间为纵的相互交织的纹。触角节 III 几乎与节 IV 等长；节 III 和节 IV 的感觉锥比节长稍短；节 V 明显短于节 III 和节 IV；节 VII 部分有缝但很少完整或缺少；节 III 和节 IV 有 3 排微毛，节 V 有 2 排，节 VI 背面有 1–2 排，腹面有 2 排。

胸部　前胸宽大于长，比头部稍短，中部大约有 23 条线纹，有 6–8 根背片鬃；前胸后缘鬃对 III 常是 3 对中最长的，后角鬃常显著长于后缘鬃；后胸盾片有纵纹，两侧为网纹，前中鬃位于前部 1/3 处且相互靠近，后胸小盾片光滑；中胸腹板有 19–22 根鬃，后胸有 12–14 根。前翅前缘脉有鬃 19–22 根，前脉基部 3–4 根，端部 2–3 根；后足基跗节 0.72–0.77 倍于后足胫节。

腹部　腹节 IV–VII 后缘中部有一些微毛；节 IX 背中鬃和侧鬃近乎等长；节 X 背中鬃短于节 X 长，比节 IX 的背侧鬃稍短。

雄性：颜色和雌性相同。腹节 IX 背板背中鬃比其他排成一横排的鬃靠近前缘；阳茎端部尖，和阳茎基侧突等长，阳茎基侧突端部钝。

分布：浙江（临安）、台湾、广东；日本。

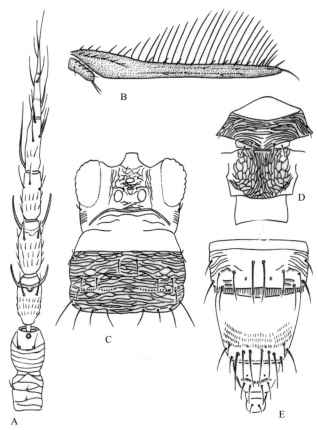

图 2-1　巴氏伪棍蓟马 *Pseudodendrothrips bhatti* Kudô, 1984（仿自 Kudô，1984）
A. 触角；B. 前翅；C. 头和前胸；D. 中、后胸盾片；E. 腹节 VIII–X 背片

（170）桑伪棍蓟马 *Pseudodendrothrips mori* **(Niwa, 1908)** （图 2-2）

Belothrips mori Niwa, 1908: 180.

Pseudodendrothrips mori: Stannard, 1968: 237.

　　主要特征：雌性：体长 0.8 mm，淡黄色至白色，头和前胸色较深；触角节 I 常较淡；体鬃色淡；前翅淡黄或带灰。

　　头部　头宽大于长，复眼凸出，头前缘触角间向前延伸至触角节 I 中部，截断形，颊很短，后部有平滑颈状带，带内后部有模糊细横线纹。单眼区有不规则网纹和线纹，单眼间鬃位于前单眼两侧，在单眼三角形外缘连线之外。头背鬃均短小。触角 8 节，节 VII 有 1 斜缝，似 9 节，节 II 最大，向端部逐渐变细；节 III–IV 上叉状感觉锥较长，下颚须基节长于端节。

　　胸部　前胸宽大于长，背片布满细交错横纹，两侧后部各有 2 个光滑无纹区，后角外鬃长于内鬃，前缘无鬃，前角鬃和 2 对后缘鬃和 5 对背片鬃均短小；中后胸两侧中部略收缩，后胸盾片中部有纵纹，两侧网纹略呈六角形，前缘鬃距前缘近，前中鬃距前缘 20 μm，相互靠近，中、后胸盾片各鬃均短小；中胸内叉骨无刺，后胸内叉骨增大，并排向前延伸。前翅前缘鬃约 30 根，前脉基部鬃 3 根，中部鬃和端部鬃 4 根或 3 根，后脉鬃缺。足较细，后足胫节端部有 1 长距，后足跗节很长，是后足胫节长的 0.7 倍，端部有 2 个小距。

　　腹部　腹节 II–VII 背片两侧有宽的线纹区，由横线和短纵线互相结合构成；节 VIII 两侧横纹区较小；节 II–VII 背片后缘中部有些微毛；节 IX–X 后部有些微毛；节 VIII 后缘梳完整；节 II–VII 各背片有鬃约 10 对，有纹区内 8 对，对 II 在纹区内缘，各中对鬃（对 I）相当长。腹片无附属鬃。

　　雄性：体长 0.6 mm，形态和体色似雌性，但头和前足胫节不阴暗。触角节 I–II 淡，其余灰色，但节 III–V 基部淡。腹节 IX 背片鬃略呈弧形排列，腹片无腺域。

　　分布：浙江（临安）、北京、河北、河南、陕西、江苏、湖北、湖南、福建、台湾、广东、海南、广西；朝鲜，日本，美国。

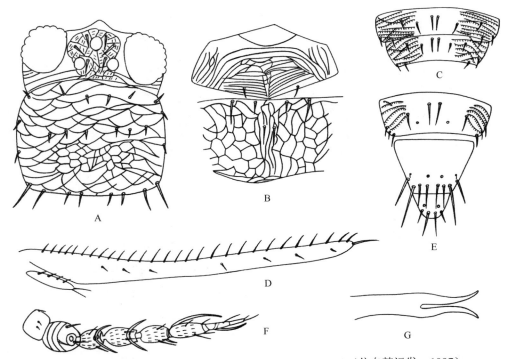

图 2-2　桑伪棍蓟马 *Pseudodendrothrips mori* (Niwa, 1908)（仿自韩运发，1997）
A. 头和前胸；B. 中、后胸盾片；C. 腹节 V–VI 背片；D. 前翅；E. 腹节 VIII–X 背片；F. 触角；G. 后胸内叉骨

（171）榆伪棍蓟马 *Pseudodendrothrips ulmi* Zhang *et* Tong, 1988（图 2-3）

Pseudodendrothrips ulmi Zhang *et* Tong, 1988: 275.

主要特征：雌性：头胸黄褐色，腹部黑色，腹节 II–VIII 背板两侧各有两暗褐色斑纹；触角节 I 及节 III–V 黄褐色，节 II 及节 VI–VIII 暗褐色；各足黄色，胫节略呈褐色；前翅黄色，翅脉黑褐色。

头部 复眼间有网纹，单眼区位于复眼间后部，单眼相互靠近，月晕红色，头鬃短小；口锥极长，伸至后胸前缘，下颚须 2 节；触角 8 节，节 III–IV 感觉锥叉状，节 VII 有横间缝，似将该节分为 2 节。

胸部 前胸背板密生横线纹，后角有 1 根长鬃，其他背鬃短；中胸两侧为横纹，仅中部有几个网纹；后胸中部为大网纹，两侧一小部分线纹模糊。翅黄色，翅瓣端部有 2 根粗鬃，前翅前缘鬃 23 根，前脉鬃 6 根，间距相等，脉鬃粗壮，黑褐色。中后胸内叉骨无刺，后胸内叉骨伸至中胸后缘。各足细长，胫节端部有 1 粗鬃，跗节端部有 2 根粗鬃。

腹部 腹节 II–VIII 背板中对鬃相互靠近，自前向后逐渐变长，两侧有细横纹，并着生细毛列，节 VIII 后缘梳完整，节 IX 背片后缘着生 3 对粗鬃；腹片无附属鬃。

分布：浙江（临安、泰顺）。

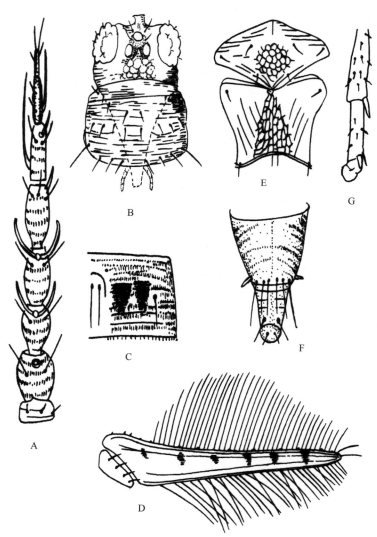

图 2-3 榆伪棍蓟马 *Pseudodendrothrips ulmi* Zhang *et* Tong, 1988（仿自张维球和童晓立，1988）
A. 触角；B. 头和前胸；C. 腹节 V 背片（部分）；D. 前翅；E. 中、后胸盾片；F. 腹节 IX–X 背片；G. 后足胫节及跗节

（二）针蓟马亚科 Panchaetothripinae

主要特征：体表通常有雕刻纹，头和前胸常有隆起刻纹，体背和足常有网纹。触角 5–8 节；节 II 增大，呈球状；节 III 和 IV 通常端部收缩如瓶，而基部有梗；端部数节偶尔愈合，节芒通常 2 节，针状。单眼区常隆起。下颚须 2 节。中、后胸腹片内叉骨常很发达。前翅前脉与前缘脉常愈合，超过基部 1/3。腹节背片常具特化的刻纹，如成簇的圆纹、孔区或网结状突起；偶尔有反曲的握翅鬃或单个中刚毛。节 X 偶然不对称，少数有延长的节 X，管状。腹部通常缺侧片。雄性腹片腺域呈现单个且完整。

分布：古北区、东洋区、新北区、旧热带区、新热带区、澳洲区。世界已知 45 属 125 种，中国记录 15 属 31 种，浙江分布 4 属 4 种。

分属检索表

1. 头背较平滑，仅后部颈片有网纹，前胸有长鬃 ··· 圈针蓟马属 *Monilothrips*
 - 头背有强皱纹，强网纹或网状凸起延伸成凸缘 ··· 2
2. 翅窄但基部宽；触角 8 节，节 III 和 IV 感觉锥简单；翅脉鬃小 ······························ 阳针蓟马属 *Heliothrips*
 - 翅较宽；触角 III–IV 感觉锥叉状 ·· 3
3. 前胸不具网纹，较平滑，仅有横纹 ··· 滑胸针蓟马属 *Selenothrips*
 - 前胸具多角形网纹 ··· 巢针蓟马属 *Caliothrips*

57. 巢针蓟马属 *Caliothrips* Daniel, 1904

Caliothrips Daniel, 1904: 296. Type species: *Caliothrips woodworthi* Daniel, 1904.

主要特征：前翅常有暗带，颊平行或向后部略拱。头背多角形网纹中有蠕虫状皱纹，后头顶有 1 横的平滑后缘带，常载有稀疏小点。触角 8 节，节 III–IV 感觉锥叉状。前胸盾片有多角形网纹，中间有蠕虫状线纹或粗；中胸盾片充满刻纹；后胸盾片完全网纹，缺 1 个中部三角形网纹构造；后胸小盾片横而显著，中部有网纹。后胸腹片内叉骨增大。前翅前缘有缨毛，后缘缨毛波曲；脉上刚毛列不完整，脉鬃常强而暗，翅端尖。跗节 1 节。靠近腹部背面节 II–VII 背片两侧 1/3 有多角形网纹或有横纹，平滑或线纹内有蠕虫状皱波，各节背片一般中部平滑；缺前缘扇。节 II–VIII 背片两侧 1/3 后缘有不规则的鳍梳，梳的中部 1/3 有 1 个凸缘裂片。节 VIII 背片后缘梳不完整。腹部腹片有横网纹。雌性腹片 3 对后缘鬃间距宽。雄性腹节节 IX 背片有 3 对明显的鬃；腹片腺域多样。

分布：世界广布。世界已知 21 种，中国记录 2 种，浙江分布 1 种。

（172）印度巢针蓟马 *Caliothrips indicus* (Bagnall, 1913)（图 2-4）

Heliothrips indicus Bagnall, 1913a: 291.
Caliothrips indicus: Wilson, 1975: 74.

主要特征：雌性：体长 1.2 mm，体一致黑棕色。触角节 I、II 和 VI–VIII 暗棕色，节 III–V 基半部淡黄色，端半部黄棕色；足腿节暗棕色、端部 1/5 黄色，胫节棕色、端部 1/3 黄色，各足跗节黄色；前翅基部有 1 淡棕区，近基部及近端部有白带，自前、后脉分叉处至近端部白带处及端部为暗带。

头部 头宽大于长，两颊直，后头顶网纹中无蠕虫状皱纹，但有小圆点。头、胸、腹网纹中均含有蠕虫状皱纹。单眼小，后单眼距复眼后缘近；前单眼前中对鬃缺，前外侧鬃 1 对。单眼鬃位于后单眼之前。触角 8 节，节 IV 和 V 腹面有横排微毛，节 II–IV 有横纹线，节 II 粗，节 III 和 IV 两端细，口锥端圆。

　　胸部　前胸宽大于长，背片网纹多纵向，两侧有 2 对小的和 1 对大的无纹区，前胸鬃透明；后胸盾片网纹不形成三角区，两侧和后胸小盾片上网纹中无蠕虫状皱纹；前翅端尖，脉不显著，微毛密而小；前缘鬃 21 根，前脉基部鬃 5 根，端鬃 2 根，后脉鬃 5 根；前缘缨毛少，短于前缘鬃，后缘缨毛波曲，翅瓣前缘鬃 5 根。中胸前小腹片后缘中部延伸物短，端部分叉，后胸内叉骨呈两臂向前伸达中胸，臂端很宽。

　　腹部　腹节 II–VIII 背片侧部 1/3 具长的不完全网纹和线纹，其中有蠕虫状皱纹，后缘有规则梳齿，中部 1/3 平滑，后缘有凸缘片，其上有梳齿；各背片鬃较短中对鬃很小，间距近；节 V 背片各鬃均在后缘之前；节 II–VII 腹片有横纹，内 I 和 II 在后缘上，内 III 在后缘之前；节 X 纵裂很短。

　　雄性：体色似雌性，但较细小，体长 1.0 mm。腹节 IX 背片鬃约为 2 横列，前排内 I 对较粗，后排内 I 和 II 较粗。节 III–VII 腹片的腺域横卵形，节 V 腺域宽 41，中部长 5，端部长 6。

　　分布：浙江（临安）、广东、海南、云南；印度。

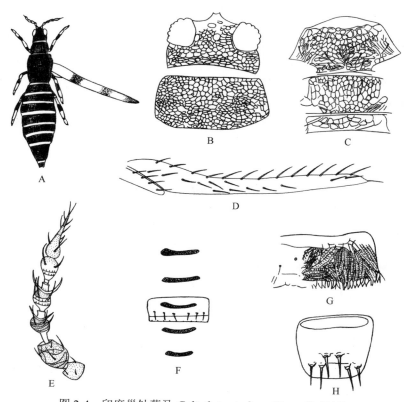

图 2-4　印度巢针蓟马 *Caliothrips indicus* (Bagnall, 1913)

A. ♀全体；B. 头和前胸；C. 中、后胸盾片；D. 前翅；E. 触角；F. ♂节 V 腹片及 III–VII 节腺域；G. ♂腹节 VI 背片；H. ♂腹节 IX 背片（A、F、G、H 仿自韩运发，1997）

58. 阳针蓟马属 *Heliothrips* Haliday, 1836

Heliothrips Haliday, 1836: 443. Type species: *Heliothrips abonidum* Haliday, 1836.

　　主要特征：头部布满多角形网纹，后部收缩成颈状。单眼区不隆起。触角 8 节，节 III–IV 感觉锥简单，无微毛。口锥宽圆。前胸背片小，宽而全部有网纹，鬃小而弱。中胸盾片完整；后胸盾片有明显的三角形刻纹区。前翅端较截圆；鬃微小；前脉与前缘脉在交叉处愈合；后缘缨毛直。足粗，跗节 1 节。腹节背片除了后中部平滑区盖以网纹，前缘线以前有 1 横列网纹，各背片中对鬃间距可变；节 VIII 背片后缘梳毛完整，节 X 背片完全纵裂。雄性腹节 IX 背片后中部有 3 对角状刺。节 III–VII 腹片有圆的、长椭圆的或横的腺域。

　　分布：世界广布。世界已知 5 种，中国记录 1 种，浙江分布 1 种。

（173）温室蓟马 *Heliothrips haemorrhoidalis* (Bouché, 1833)（图 2-5）

Thrips haemorrhoidalis Bouché, 1833: 42.

Heliothrips haemorrhoidalis: Burmeister, 1838: 412.

主要特征：雌性：体长 1.3 mm，体棕色。触角节 I–II 淡棕色，节 III–V 和节 VI 基部 1/3 淡黄色，节 VI 端部 2/3 棕色，节 VII–IX 黄色；足和翅黄色。

头部　颊在复眼后收缩，后缘收缩成颈；头背面布满大网纹，单眼区在复眼间前半部；头鬃均小，单眼间鬃在前后单眼中心连线上；触角 8 节，节 II 粗大，节 III–IV 上感觉锥简单，节 II–VI 上有横线纹，缺微毛；口锥端部宽圆，伸至前胸腹板近后缘，下颚须 2 节。

胸部　前胸宽是长的 2 倍，两侧较圆，布满网纹；中胸盾片完整，后部中间无纵缝，其上布满网纹；后胸盾片倒三角形明显，其两侧网纹弱；前翅前缘鬃退化，前脉鬃 14 根，后脉鬃 8 根，翅缘缨毛直。

腹部　腹节背片前缘线不明显，节 II–VIII 两侧布满多角形网纹，前脊线前有横排网纹，中对鬃周围光滑无纹；节 VIII 背片后缘梳完整，节 IX 布满多角形网纹，节 X 背片纵裂完全，其上网纹模糊。

分布：浙江（临安、泰顺、景宁）、福建、台湾、广东、海南、广西、四川、贵州、云南；朝鲜，日本，越南，菲律宾，泰国，德国，法国。

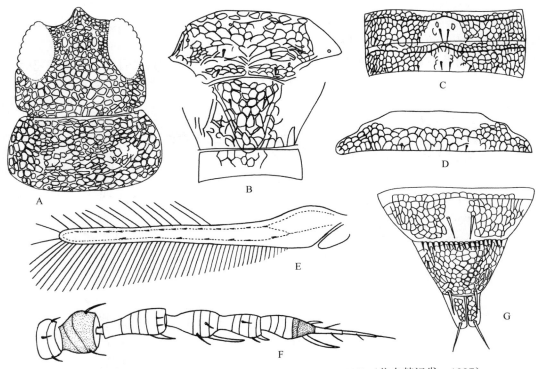

图 2-5　温室蓟马 *Heliothrips haemorrhoidalis* (Bouché, 1833)（仿自韩运发，1997）
A. 头和前胸；B. 中、后胸盾片；C. 腹节 V–VI 背片；D. 腹节 I 背片；E. 前翅；F. 触角；G. 腹节 IX–X 背片

59. 滑胸针蓟马属 *Selenothrips* Karny, 1911

Heliothrips (*Selenothrips*) Karny, 1911: 179. Type species: *Physopus rubrocincta* Giard, 1901.

主要特征：头方形，后部略低平，收缩成 1 假颈片。触角 8 节，节 III 和 IV 瓶状，有叉状感觉锥，各节上无横排微毛。前胸宽约为长的 2 倍，鬃发达，无网纹仅有横纹。后胸盾片有倒三角形网纹区，其中有 1 对中对鬃较粗而长。前翅前缘鬃发达，前后脉鬃多，表面有横排微毛，后缘缨毛波曲。腹部两侧 1/3 有多角形网纹，中对鬃发达；中间数节背片后中部有微毛；节 VIII 后缘梳完整，梳毛长；节 IX 和 X 背片平滑，节 X 不纵裂。

分布：世界广布。世界已知 1 种，中国记录 1 种，浙江分布 1 种。

（174）红带滑胸针蓟马 *Selenothrips rubrocinctus* (Giard, 1901)（图 2-6）

Physopus rubrocincta Giard, 1901: 264.

Selenothrips rubrocinctus: Karny, 1911: 179.

Brachyurothrips indicus Bagnall, 1926: 98.

主要特征：雌性：体长 1.0–1.4 mm，暗棕色。各足棕色，但胫节端部和跗节为淡黄色。前翅为黄色但基部暗。

头部　单眼间有网纹，后部有交错横纹，颊略外拱，后部收缩成 1 伪领（颈片），其前半部有横纹，后半部光滑。单眼间鬃在后单眼前，位于前后单眼中心连线外缘，单眼和复眼后鬃呈 1 横列。触角节 II 粗大，节 III–IV 两端细，节 IV 端部颈状部长于节 III 的，仅节 II 有线纹，各节普通刚毛粗而长，节 III 和 IV 感觉锥叉状，节 V–VII 的感觉锥简单。

胸部　前胸背片布满粗的交错横纹。中胸盾片无纵缝，布满横交错线纹，后胸盾片载有稀疏横纹的倒三角区，边缘暗，其两侧网纹细，前中鬃较粗，远离前缘，其后感觉孔 1 对；后胸小盾片横宽，具弱网纹，中胸前小腹片后缘延伸物较粗短；后胸内叉骨以两粗臂向前伸，与中胸内叉骨接触。前翅翅面微毛长度近似。脉不凸。脉鬃列完整，前脉鬃 12 根，后脉鬃 9 根。前缘缨毛长于前缘鬃，后缘缨毛波曲。足上网纹粗。

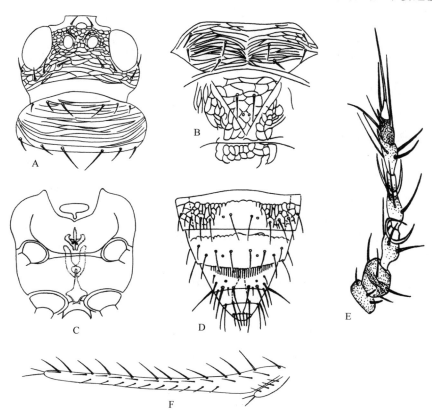

图 2-6　红带滑胸针蓟马 *Selenothrips rubrocinctus* (Giard, 1901)

A. 头和前胸；B. 中、后胸盾片；C. 中、后胸腹片（示内叉骨）；D. ♀腹节 VIII–X 背片；E. 触角；F. 前翅（C、D、E 仿自韩运发，1997）

腹部　腹节 I 背片网纹弱；节 I–VIII 前脊线略粗而起伏不平，节 II 中部和两侧有网纹，前脊线之前有细弱横网纹，中后部平滑，节 IX 除前侧缘有弱网纹外，其他部分和节 IX 平滑。节 I 背片中对鬃小而靠近，节 II–VIII 背片各鬃均不在后缘上，鬃向后渐加长，节 IV–VIII 背片后中部各有一片微毛，尤以节 VIII 为多，节 VIII 后缘梳发达，仅两侧缘缺，节 IX 背片鬃长 129，后缘长鬃较粗而长；节 X 背片不纵裂。节 III–VII 腹片前缘线细，后缘以前有向前拱的深色横线，其后光滑；各后缘鬃均在后缘之前。

雄性：似雌性，但较细小，腹节 IX 背片有 3 对角状刺。腹节 IX 背片鬃排列不甚规则。节 III–VII 腹片腺域在前中部，呈圆点状，节 III–VII 的腺域直径 8–12，占腹片宽度的 0.04–0.06。

分布：浙江、福建、台湾、广东、海南、广西、云南；东南亚，埃及，肯尼亚，墨西哥，巴西，哥伦比亚。

60. 圈针蓟马属 *Monilothrips* Moulton, 1929

Monilothrips Moulton, 1929: 93. Type species: *Monilothrips kempi* Moulton, 1929.

主要特征：头正方形，后部载有网纹的宽颈片。口锥相当长而端圆。触角 8 节，III 和 IV 瓶形，具叉状感觉锥。前胸后角有 1 根长鬃。中胸盾片网纹完全。后胸盾片有网纹，中部不形成三角形。前翅鬃较细，前缘鬃长于前缘缨毛，前、后脉鬃列完全。足长，跗节 2 节。胸腹片内叉骨缺刺。腹节背片布满网纹，鬃小。腹端节有长刚毛。节 X 纵裂完全。节 II 和 III 腹片有完全的后凸缘。雄性罕见，腹节 IX 背片有 2 对粗角状鬃。腹片腺域缺。

分布：东洋区、新北区。世界已知 1 种，中国记录 1 种，浙江分布 1 种。

（175）指圈针蓟马 *Monilothrips kempi* Moulton, 1929（图 2-7）

Monilothrips kempi Moulton, 1929: 94.
Monilothrips montanus Jacot-Guillarmod, 1942: 64.

主要特征：雌性：体长 2.0 mm，体暗棕色至黑色。前翅基部棕色，前脉分叉区棕色，脉淡棕色，脉间淡，翅端暗。

头部　单眼前有细网纹，向后有横线纹，复眼大，单眼间鬃位于前、后单眼的中心连线上。触角 8 节，节 III–IV 前端细如瓶颈，节 IV 比 III 细长，节 I–VI 纹少而细，各节长（宽）：节 I 27（36），II 58（36），III 103（31），IV 90（31），V 71（27），VI 41（21），VII 21（15），VIII 58（10）。节 III 和 IV 的感觉锥叉状，其余简单，口锥端圆。

胸部　前胸背片较平滑，网纹和线纹轻而不甚规则，鬃较细长。中胸盾片无中纵缝，前中部为网纹，两侧和后部为线纹。后胸盾片具网纹，两侧有少数线纹，前缘鬃接近前缘，向内移至近中部，前中对鬃向后移至近后缘，其前 1 对感觉孔。后胸小盾片后外角略延伸，中部网纹很弱。前翅翅脉显著，有完整的鬃列，前缘鬃 35 根，前脉鬃 23 根，后脉鬃 17 根，后缘缨毛波曲。中胸前小腹片后缘延伸物大。后胸内叉骨无向前伸的臀。足长，多皱纹，跗节 II 端部有 1 细指状突起，此特征在针蓟马亚科中少有。

腹部　腹节 I 背片中部前脊线向前拱，形成 1 个大扇形区。节 I–IX 背片布满网纹，节 II–VIII 前脊线粗，节 III–VIII 的在两侧向后凹，节 II–III 和 VIII 全部、节 IV–VII 两侧 1/3 的后缘有板状物，节 VIII 的板状后缘形成三角形齿梳及梳毛，背片中对鬃小而间距很宽，节 X 背片无网纹，中纵裂完全。腹节 II–VII 腹板仅两侧有轻线纹，节 VIII 和 IX 布满网纹，节 X 无纹，节 II–VIII 前缘线清晰，各有 3 对后缘鬃，节 VI–VII 的内 III 对在后缘上，其他则靠近后缘。

雄性：体长 1.7 mm，似雌性，腹节 IX 背片有 2 对粗刺，无雄性腺域。腹节 IX 背片鬃大致为 4 横列：前排 1 对，在两侧；中排 2 对，内 I 对在中部，内 II 对在两侧；3 排 1 对（呈粗刺），后排 3 对，内 I 对呈粗刺状，内 II 对略呈粗刺状。

分布：浙江（泰顺）、台湾、四川、云南；印度，美国，埃及。

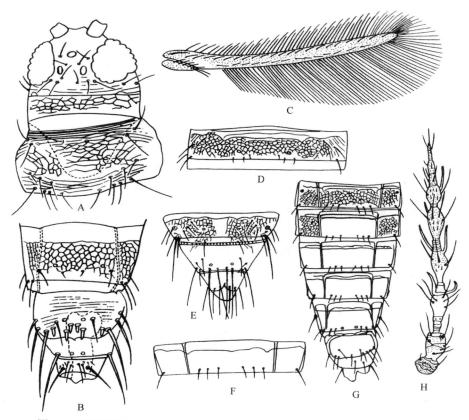

图 2-7 指圈针蓟马 *Monilothrips kempi* Moulton, 1929（仿自韩运发，1997）

A. 头和前胸；B. ♂腹节 VIII–X 背片；C. 前翅；D. 腹节 V 背片；E. ♀腹节 VIII–X 背片；F. 腹节 V 腹片；G. ♂腹节 IV–X 腹片；H. 触角

（三）绢蓟马亚科 Sericothripinae

主要特征：头通常较短，宽于长，眼前或多或少下陷。触角 7–8 节，节 II 不特别增大。节 III 和节 IV 感觉锥叉状。下颚须通常 3 节。前胸通常具有特殊纹和无纹区，中胸腹片与后胸腹片被缝分离，中胸内叉骨有刺。足腿节、胫节上常密被微环列微毛。跗节 2 节。前翅后缘缨毛波曲。腹部有密排微毛；中对鬃互相靠近。腹部密被微毛是该亚科主要特征。

分布：世界广布。世界已知 3 属约 140 种，中国记录 3 属约 28 种，浙江分布 2 属 2 种。

61. 裂绢蓟马属 *Hydatothrips* Karny, 1913

Hydatothrips Karny, 1913: 281. Type species: *Hydatothrips adolfifriderici* Karny, 1913.

主要特征：后头区呈新月形；触角 7 或 8 节，节 III 和 IV 感觉锥叉状，节 VI 有 1 线状感觉锥。头和前胸密布横纹或网纹。"V"形内突后胸腹片分为两臂。前翅前脉鬃完全，后脉鬃 0–2 根。腹节 I–VII 背板两侧 1/3 密被微毛；腹节 II–VII 背板后缘有梳毛，两侧长，中间短或无；节 VIII 后缘梳完整。腹节 II–VII 节背片中对鬃位置和大小不相似，II–IV 背板中对鬃相互靠近，节 V–VIII 中对鬃相距很宽。

分布：世界广布。世界已知 40 种，中国记录 14 种，浙江分布 1 种。

（176）齿裂绢蓟马 *Hydatothrips dentatus* (Steinweden *et* Moulton, 1930)（图 2-8）

Sericothrips dentatus Steinweden *et* Moulton, 1930: 20.

Hydatothrips dentatus: Han, 1990: 121.

　　主要特征：雌性：体长 1.1 mm。体棕和黄二色，黄色部分包括：头背复眼后，触角节 I、II 和 III 之基部，前胸前部及两侧网纹区，前翅近基部，腹节 I–VI。头背后部有网纹。触角 8 节，节 III 和 IV 较细，有叉状感觉锥。前胸前部和两侧有网纹，中后部的骨化板前缘和两侧较内凹，板内有线纹。中、后胸盾片线纹间有颗粒。腹节 II–VI 背片两侧密被微毛；节 I–VI 背片两侧后缘有梳毛；节 VII 和 VIII 后缘梳毛列完整；背片横列刚毛对 III 着生在后缘上。腹板无微毛。

　　分布：浙江（临安）、河南、湖北、福建、四川。

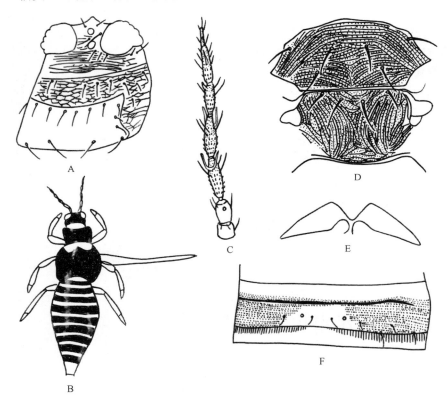

图 2-8　齿裂绢蓟马 *Hydatothrips dentatus* (Steinweden *et* Moulton, 1930)（仿自韩运发，1997）
A. 头和前胸；B. ♀全体；C. 触角；D. 中、后胸盾片；E. 后胸腹片的"V"形内突；F. 腹节 V 背片

62. 绢蓟马属 *Sericothrips* Haliday, 1836

Sericothrips Haliday, 1836: 439. Type species: *Sericothrips staphylinus* Haliday, 1836.

Rhytidothrips Karny, 1910: 41. Type species: *Rhytidothrips bicornis* Karny, 1910.

Sussericothrips Han, 1991: 208. Type species: *Sussericothrips melilotus* Han, 1991.

　　主要特征：常短翅，雌性很少长翅；后胸后部 1/3 处有横排的微毛；腹节背板中部和两侧均密被微毛，主要鬃由亚缘伸出；腹节背板后缘梳完整。

　　分布：世界广布。世界已知 9 种，中国记录 2 种，浙江分布 1 种。

（177）后稷绢蓟马 *Sericothrips houjii* (Chou *et* Feng, 1990)（图 2-9）

Hydatothrips houjii Chou *et* Feng, 1990: 9-12.

Sussericothrips melilotus Han, 1991: 208-211.

Sericothrips houjii: Mirab-balou et al., 2011: 55-61.

主要特征：雌性：体长 1.0–1.1 mm。体二色。第 III–VI 腹节淡黄色，其余深棕色；主要鬃棕色。眼后 1 条弧线将头后部分成半月形头后区，单眼鬃长度相似，单眼间鬃位于前单眼两侧，在前后单眼外缘连线上，眼后鬃 6 对。触角 8 节，第 III、IV 节叉状感觉锥较短，仅超过前节基部，第 VI 节内侧感觉锥基部与该节愈合部分很短，约为感觉锥的 1/6。前胸背板布满交错的横纹，中后部有小块光滑区，骨化板深棕色，前缘凹陷，后缘较平直，两侧缘外拱，沿骨化板周边约有 15 根粗鬃；中胸背板布满横纹；后胸背板布满横纹，线上有极短的纵线；腹部背板密排微毛，且后缘梳完整，第 II–VII 腹节背板鬃大小相似，内 III 在后缘上，其余鬃大致呈一横排，第 IX 腹节背板鬃呈两排，前排 3 对，后排 5 对，外侧缘有 1 对长鬃；第 II–VI 腹节腹板布满微毛，后缘梳完整；第 VII、VIII 腹节中部缺微毛；第 VII 腹节后缘鬃均长于后缘之前，仅两侧有梳毛，腹板无附属鬃。

分布：浙江（临安、景宁）、内蒙古、河北、山西、河南、陕西、宁夏、甘肃。

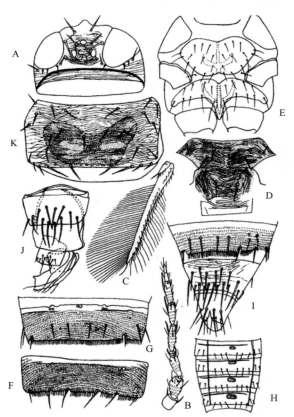

图 2-9　后稷绢蓟马 *Sericothrips houjii* (Chou *et* Feng, 1990)（仿自韩运发，1997）

A. 头；B. 触角；C. 前翅；D. 中、后胸盾片；E. 中、后胸腹片；F. 腹节 V 腹片；G. 腹节 V 背片；H. ♂腹节 III–VI 腹片；I. ♀腹节 VIII–X 背片；J. ♂腹节 IX–X；K. 前胸

（四）蓟马亚科 Thripinae

主要特征：体表常有简单刻纹，有时局部有网纹。触角 6–9 节，节 III 和 IV 一般有微毛；端节罕

有愈合，节芒 1 或 2 节，非针状。下颚须通常 3 节，少有 2 节。头和前胸无隆起刻纹，常有长鬃。长翅或无翅。前翅罕有缺前缘缨毛，前脉少有与前缘愈合。腹部各节至少有 1 对侧片，通常有背侧片；背片通常无特殊刻纹、反曲的刚毛或单个的中对鬃；节 X 对称，罕有管状的。雄性腹部腹片腺域偶尔分成几部分。

分布：世界广布。世界已知 280 属 1970 余种，中国记录 46 属 216 种，浙江分布 12 属 24 种。

分属检索表

1. 前胸无长鬃，有时后角有适当长的鬃，1 对或多于 1 对；翅鬃比较弱小 ······················ 呆蓟马属 *Anaphothrips*
- 前胸后角至少有 1 对长鬃；翅鬃通常强大 ·· 2
2. 前胸有 6 对非常长的鬃 ··· 食螨蓟马属 *Scolothrips*
- 前胸长鬃从不多于 5 对 ·· 3
3. 腹节背板两侧 1/3 密被微毛 ·· 4
- 腹节背板两侧 1/3 不密被微毛；腹节背板两侧很少有微毛 ··· 5
4. 前胸后角长鬃 1 对 ··· 硬蓟马属 *Scirtothrips*
- 前胸后角长鬃 2 对 ··· 喙蓟马属 *Mycterothrips*
5. 前胸前缘通常有 1 对长鬃 ·· 花蓟马属 *Frankliniella*
- 前胸前缘无长鬃 ·· 6
6. 腹节 V–VIII 背板两侧有成对微弯梳 ·· 7
- 腹节背板无微弯梳 ··· 10
7. 腹节背板后缘无缘膜 ··· 8
- 腹节背板有缘膜 ·· 9
8. 前单眼前侧鬃长于单眼间鬃 ··· 直鬃蓟马属 *Stenchaetothrips*
- 前单眼前侧鬃短于或约等于单眼间鬃 ·· 蓟马属 *Thrips*
9. 腹板有许多附属鬃，无缘膜；基腹片有鬃 ································· 小头蓟马属 *Microcephalothrips*
- 腹板无附属鬃，后缘有缘膜；基腹片无鬃 ···································· 腹齿蓟马属 *Fulmekiola*
10. 腹节 VIII 背板后缘无梳和缘膜 ··· 异色蓟马属 *Trichromothrips*
- 腹节 VIII 背板后缘梳完整或无梳，但是有宽的缘膜 ··· 11
11. 前单眼前鬃存在 ··· 三鬃蓟马属 *Lefroyothrips*
- 前单眼前鬃缺 ··· 带蓟马属 *Taeniothrips*

63. 呆蓟马属 *Anaphothrips* Uzel, 1895

Anaphothrips Uzel, 1895: 29. Type species: *Anaphothrips virgo* Uzel, 1895 = *Thrips obscura* Müller, 1776.

主要特征：长翅，短翅或无翅。头和宽等长。触角 8–9 节，节 III 和 IV 有叉状感觉锥。头有 2 对前单眼鬃，眼后鬃单列。下颚须 3 节。前胸无强刻纹，无特别长的鬃。后胸盾片有网纹，中胸腹片内叉骨有刺。跗节 2 节。长翅型前翅前脉鬃列有宽的间断。后脉鬃 6–11 根，后缘缨毛波曲。背侧片存在，腹板没有附属鬃。腹节 II–VIII 背片中对鬃微小，间距宽；节 VIII 背片后缘有疏或密的延伸物；节 X 背片有纵裂。节 II 腹片后缘鬃 2 对，III–VII 各有 3 对后缘鬃。雄性节 III–VI 腹片各有 1 卵形或月牙形或 "C" 形腺域；节 IX 背片有 2 对粗短角状鬃。

分布：世界广布。世界已知 78 种，中国记录 5 种，浙江分布 2 种。

（178）玉米黄呆蓟马 *Anaphothrips obscurus* (Müller, 1776)（图 2-10）

Thrips obscura Müller, 1776: 96.

Anaphothrips obscurus: Bhatti, 1978a: 89.

　　主要特征：雌性：长翅型体暗黄，胸部有不定形的暗灰色斑，腹部背片较暗；触角节 Ⅰ 淡白，节 Ⅱ–Ⅳ 黄色，但逐渐暗，节 Ⅴ–Ⅷ 灰棕色；口锥端部棕色。前翅灰黄色；足黄色，腿节和胫节外缘略暗。腹部鬃较暗。头前部较圆，后部背面有横纹；单眼区在复眼间前中部，单眼间鬃位于前后单眼三角形外缘连线之外。触角 8 节，节 Ⅱ 较大，节 Ⅲ 有梗，节 Ⅳ–Ⅵ 基部和端部较细，节 Ⅲ–Ⅳ 叉状感觉锥较短，节 Ⅵ 端部有淡而亮的斜缝。前胸宽大于长，背片光滑，仅边缘有少数线纹和鬃；中胸盾片线纹不密；后胸盾片中部有模糊网纹，两侧为纵纹，其后有 1 对感觉孔。前翅前缘鬃 21 根，前脉基部鬃 8–10 根，端鬃 2 根，后脉鬃 7–8 根。仅中胸腹片内叉骨有刺。腹节背片两侧有少数线纹，节 Ⅴ–Ⅷ 背片两侧无微弯梳，节 Ⅷ 后缘梳完整。腹部无附属鬃，后缘鬃较长。

　　雄性：腹节 Ⅲ–Ⅳ 有"C"形腺域。

　　分布：浙江（临安、景宁）、内蒙古、河北、山西、河南、陕西、宁夏、甘肃、新疆、江苏、福建、台湾、广东、海南、四川、贵州、西藏；亚洲，欧洲，北美洲，澳大利亚。

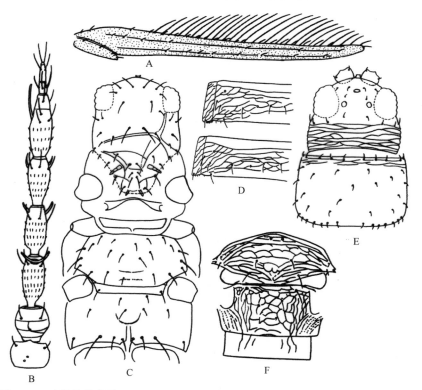

图 2-10　玉米黄呆蓟马 *Anaphothrips obscurus* (Müller, 1776)（仿自 Kudô，1989）
A. 前翅；B. 触角；C. 头和胸（腹面）；D. 腹节 Ⅲ–Ⅳ 背片（部分）；E. 头和前胸；F. 中、后胸盾片

（179）苏丹呆蓟马 *Anaphothrips sudanensis* Trybom, 1911（图 2-11）

Anaphothrips sudanensis Trybom, 1911: 1.

Anaphothrips transvaalensis Faure, 1925: 150.

主要特征：雌性：长翅型体棕黄二色，以棕色为主，前胸、腹节 III–IV 或节 III–V 或 III–VI 黄色；触角棕色，节 III–IV 黄色，节 V 淡棕色；前翅基部 1/4 和端部 2/4 淡黄色，近中部 1/4 淡棕色，呈暗带。颊略凸。头背在眼后有稀疏横纹，单眼区位于复眼后部，3 对单眼鬃均存在，单眼间鬃位于前后单眼三角形外缘连线之外；头背眼后有些稀疏横线纹；前单眼鬃位于触角后和复眼前缘。触角 8 节，节 III 感觉锥简单或叉状，节 IV 感觉锥叉状，节 VI 无横间缝。前胸背面平滑，无长鬃，前缘有 5 对，侧缘有 3 对，后缘有 6–7 个小鬃。中胸盾片横纹稀疏。后胸盾片有横纹或网纹，两侧为纵纹，后部的感觉孔小。前翅前缘鬃 19 根，前脉基部鬃 6–7 根，端鬃 3–4 根，后脉鬃 8 根。腹节 I 背片和节 II–VIII 背片两侧有弱横纹，中对鬃微小而间距宽；节 VIII 后缘梳完整，节 X 背片纵裂完全。腹片无附属鬃。

短翅型似长翅型，但翅胸黄色，腹节 VI 有时仅后部暗，足黄色；单眼缺或很小。无后翅。

雄性：腹节 III–VIII 腹片有横的不完全环形腺域。节 IX 背片中部有 1 对尾向栗棕色角状粗鬃，其后还有 1 对短粗角状鬃。

分布：浙江（临安）、山东、湖北、湖南、福建、台湾、广东、海南、广西、重庆、四川、贵州、云南；中亚，巴基斯坦，印度，印度尼西亚，塞浦路斯，澳大利亚，埃及，苏丹，摩洛哥，非洲南部。

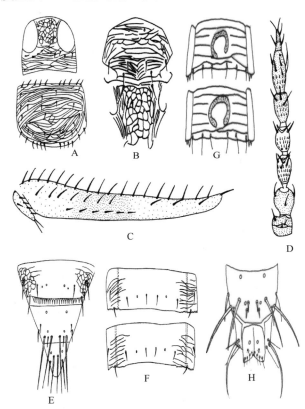

图 2-11　苏丹呆蓟马 *Anaphothrips sudanensis* Trybom, 1911
A. 头和前胸；B. 中、后胸盾片；C. 前翅；D. 触角；E. ♀腹节 VIII–X 背片；F. 腹节 V–VI 背片；G. 腹节 V–VI 腹片；H. ♂腹节 IX–X 背片（G、H 仿自 Kudô，1984）

64. 花蓟马属 *Frankliniella* Karny, 1910

Frankliniella Karny, 1910: 46. Type species: *Thrips intonesa* Trybom, 1895.

主要特征：触角 8 节。前单眼前鬃、前外侧鬃和单眼间鬃并存，单眼间的鬃发达。下颚须 3 节。前胸前缘、前角通常各有 1 对长鬃，但前角长鬃长于前缘长鬃，后角有 2 对长鬃，后缘有 1 对较长鬃，其外有 2 对短鬃，其内有 1 对短鬃。前翅 2 条纵脉鬃大致连续排列。腹节 V–VIII 节背片两侧有微弯梳，节 VIII

背板微梳的气孔在前侧。节 VIII 背板后缘有梳或无梳。雄性腹板有腺域。

分布：古北区、东洋区、新北区、旧热带区、新热带区、澳洲区。世界已知 150 种，中国记录 14 种，浙江分布 3 种。

分种检索表

1. 腹节 VIII 后缘梳缺或较退化，仅留痕迹 ·· 茭笋花蓟马 *F. zizaniophila*
- 腹节 VIII 后缘梳完整 ··· 2
2. 后胸盾片有钟感器 ··· 西花蓟马 *F. occidentalis*
- 后胸盾片无钟感器 ··· 花蓟马 *F. intonsa*

（180）花蓟马 *Frankliniella intonsa* (Trybom, 1895)（图 2-12）

Thrips intonsa Trybom, 1895: 182.

Physapus ater De Geer, 1744: 6.

Thrips pallida Karny, 1907: 49.

Physapus brevistylis Karny, 1908a: 278.

Frankliniella breviceps Bagnall, 1911a: 2, 10.

Frankliniella intonsa: Hood, 1914: 37.

Frankliniella formosae Moulton, 1928b: 291, 324.

主要特征：雌性：体长 1.4 mm，体棕色。触角节 III–IV 和 V 基半部黄色，节 I–II 和 VI–VIII 棕色。前翅微黄色。腹节 I–VII 前缘线暗棕色。体鬃和翅鬃暗棕色。

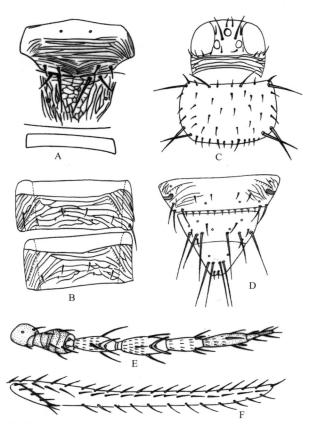

图 2-12　花蓟马 *Frankliniella intonsa* (Trybom, 1895)（仿自韩运发，1997）

A. 中、后胸盾片；B. 腹节 V–VI 背片；C. 头和前胸；D. 腹节 VIII–X 背片；E. 触角；F. 前翅

头部　颊后部窄，头顶前缘仅中央突出，背片在眼后有横纹。单眼间鬃较粗，在后单眼前内侧，位于前、后单眼中心连线上。眼后鬃仅复眼后鬃 iii 较长而粗，其他均细小。触角 8 节，节 III 有梗，III–V 基部较细，节 III–IV 端部略细缩；各节长（宽）：I 24（32），II 41（29），III 61（24），IV 56（22），V 41（22），VI 55（22），VII 9（7），VIII 17（5）；节 III 和 IV 感觉锥叉状。下颚须 3 节。

胸部　前胸背片横线纹弱。背片鬃 10 根，前缘鬃 4 对，内 II 对长；后缘鬃 5 对，内 II 较长。长鬃长：前缘鬃 53，前角鬃 61，后角外鬃 90，内鬃 88，后缘鬃 51；其他各鬃长 7–19。羊齿内端细，互相接触。中胸盾片布满细横纹；中后鬃和后缘鬃均在后缘稍前，较细。后胸盾片前部为横线，约 3 条，其后为网纹，两侧为纵纹；前缘鬃较细，在前缘上；前中鬃较粗，靠近前缘；亮孔（钟感器）缺。中胸内叉骨刺长度大于叉骨宽。前翅前缘鬃 27 根；前脉鬃均匀排列，21 根；后脉鬃 18 根。

腹部　腹节 I 背片布满横纹，节 II–VIII 背片仅两侧有横线纹；腹片亦有线纹。节 V–VIII 背片两侧微弯梳清晰。节 V 背片中对鬃在背片中横线稍后，位于无鬃孔前内侧。节 VIII 背片后缘梳完整，梳毛基部略为三角形，梳毛稀疏而小。腹片仅有后缘鬃，节 II 2 对，节 III–VII 3 对，除节 VII 中对鬃略微在后缘之前外，均着生在后缘上。

雄性：似雌性，但小而黄。节 IX 背片鬃几乎为一横列，节 X 内对鬃细，外对较粗。节 III–VII 腹片有近似哑铃形的腺域。

分布：浙江（临安）、全国各地；亚洲，欧洲。

（181）西花蓟马 *Frankliniella occidentalis* (Pergande, 1895)（图 2-13）

Euthrips occidentalis Pergande, 1895: 392.

Frankliniella occidentalis: Karny, 1912: 334.

Frankliniella claripennis Morgan, 1925: 138.

Frankliniella trehernei Morgan, 1925: 139.

Frankliniella dahliae Moulton, 1948: 70.

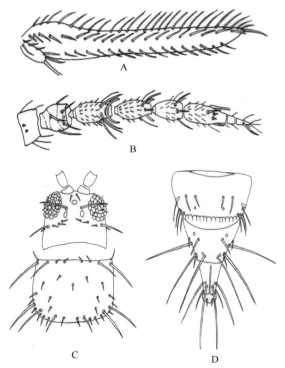

图 2-13　西花蓟马 *Frankliniella occidentalis* (Pergande, 1895)（仿自韩运发，1997）

A. 前翅；B. 触角；C. 头和前胸；D. 腹节 VIII–X 背片

主要特征：雌性：长翅型身体和足颜色多变。前翅白色，鬃色深。单眼鬃 3 对，单眼间鬃长于后单眼外缘之间的距离，着生于单眼三角形前部；眼后鬃 I 存在，鬃 IV 长于后单眼之间的距离。触角 8 节，节 III 和 IV 感觉锥叉状，节 VIII 长于节 VII。前胸有 5 对主要鬃。前缘鬃稍短于前角鬃，1 对小鬃位于后缘亚中鬃之内。后胸背板前缘有 2 对鬃。前翅鬃列完全。腹节 V–VIII 背板有成对的微弯梳，有时在节 IV 不明显，节 VIII 微弯梳在气孔前外侧；节 VIII 后缘梳完整。节 III–VII 腹板无附属鬃。

雄性：颜色稍白。腹节 VIII 背板无后缘梳。节 III–VII 腹板有横的腺域。

分布：浙江（临安）、北京、山东、河南、陕西、江苏、安徽、湖北、福建、广东、海南、广西、重庆、四川、贵州、云南；世界广布。

（182）菱笋花蓟马 *Frankliniella zizaniophila* Han *et* Zhang, 1982（图 2-14）

Frankliniella zizaniophila Han *et* Zhang, 1982: 210.

主要特征：雌性：体长 1.2 mm，体淡棕色至暗棕色。触角节 III–V 或包括 VI 基半部黄色，节 III 最淡；体鬃暗；前翅淡黄色；腹节 III–VII 背板前缘线深棕色。

头部　单眼间鬃位于后单眼之前，在前、后单眼三角形外缘连线上。前单眼前鬃和前侧鬃及复眼后鬃小。眼后有线纹。触角 8 节，各节长（宽）：节 I 22（30），II 29（28），III 37（21），IV 31（20），V 32（20），VI 43（18），VII 9（9），VIII 14（6）。节 III 和 IV 上感觉锥叉状。口锥伸达前胸中部，端部圆。下颚须 3 节。

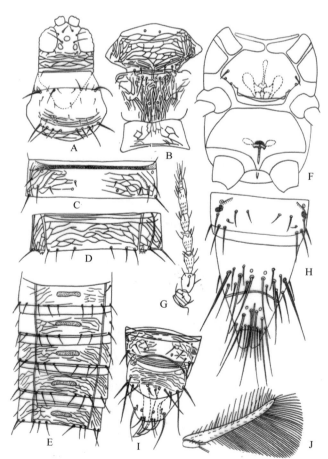

图 2-14　菱笋花蓟马 *Frankliniella zizaniophila* Han *et* Zhang, 1982（仿自韩运发，1997）

A. 头和前胸；B. 中、后胸盾片；C. 腹节 V 背片；D. 腹节 V 腹片；E. ♂腹节 III–VII 腹片；F. 中、后胸腹片；G. 触角；H. ♀腹节 VIII–X 背片；

I. ♂腹节 VIII–X 背片；J. 前翅

　　胸部　前胸背片仅后部有少数线纹；背片几乎无鬃（边缘鬃除外）；后缘鬃 2 对。中胸盾片有横纹，中后鬃亦接近后缘，各鬃均小。后胸盾片前部有几条横纹，其后和两侧为纵纹，前中鬃后端部有 1 对感觉孔。仅中胸腹片内叉骨有刺。前翅前缘鬃 17–21 根，前脉鬃 11–15 根，后脉鬃 9–12 根，脉鬃大体连续排列。

　　腹部　腹节 II–VII 背片两侧有线纹；背片 V–VIII 两侧有微弯梳；中对鬃小，间距宽，几乎在背片中线上，在无鬃孔正前方。背侧片无附属鬃。各后缘鬃除节 VII 中对以外均着生在后缘上。节 VIII 背片后缘梳缺。

　　雄性：与雌性相似，但较小，常色淡。腹节 III–VII 腹板有雄性腺域，宽横带状，端部稍阔圆，但不甚规则，为腹片宽度的 0.29。节 IX 背片鬃约呈 1 横列。

　　分布：浙江（临安）、江苏、湖北、福建。

65. 腹齿蓟马属 *Fulmekiola* Karny, 1925

Fulmekiola Karny, 1925: 18. Type species: *Fulmekiola interrupta* Karny, 1925.

　　主要特征：单眼前外侧鬃远长于单眼间鬃。触角 7 节，节 III 和 IV 有叉状感觉锥。下颚须 3 节。前胸后角有 2 对长鬃，后缘鬃 3 对。中后胸内叉骨均无刺。前翅前缘鬃 4 根。各足跗节 2 节，后足胫节无特别长的刚毛。腹节 I–VIII 背片和节 II–VII 腹片有长角齿。雄性腹节 II–VIII 腹片后缘有角状齿；腹节 III–VII 腹片有横腺域。

　　分布：世界广布。世界已知 1 种，中国记录 1 种，浙江分布 1 种。

（183）蔗腹齿蓟马 *Fulmekiola serrata* (Kobus, 1892)（图 2-15）

Thrips serrata Kobus, 1892: 16.
Fulmekiola serrata: Priesner, 1938a: 29.
Fulmekiola interrupta Karny, 1925: 19.
Thrips moultoni Ishida, 1934: 55.

　　主要特征：雌性：体细长，灰褐色，胸部和腹节 I 淡；触角节 I–II、节 VI 端部和节 VII 灰褐色；头部和腹部颜色一致，腹节 III–V 和 VI 基部黄色；前翅淡棕色，基部黄色；各足胫节和跗节黄色。

　　头部　头后部有横线纹，单眼月晕红色，单眼间鬃细长，位于前后单眼三角形外缘连线之外，单眼前侧鬃粗，眼后鬃均细小，单眼后鬃远离后单眼，在其他鬃之后，其他鬃紧围复眼排列。触角 7 节，节 III–IV 有短的叉状感觉锥。口锥端部钝，伸至前胸腹板 1/3 处。

　　胸部　前胸背板有横纹，背鬃稀疏，很短，后角有 2 对长鬃，后缘鬃 3 对，很小。中胸盾片有横纹，前面有 1 对亮孔。后胸盾片前部有横纹，其后和两侧为纵密纹，前缘鬃和前中鬃靠近，1 对感觉孔在中后部。中后胸内叉骨均无刺。前翅前缘鬃 22 根，前脉基部鬃 4+3 根，端鬃 3 根，后脉鬃 9 根。

　　腹部　腹节 II–VIII 背片有弧形线纹，节 V–VIII 背片两侧有微弯梳，节 II–VIII 背片中对鬃微小，各中对鬃在无鬃孔前内方或正上方，节 VIII 背片后缘无梳毛。腹板无附属鬃，节 V–VII 腹面后缘有粗齿，被后缘鬃分开。

　　雄性：似雌性，但体较小，色常较淡。前足较粗，前足腿节增大。节 III–VII 腹片有横腺域。节 IX 背鬃内 III 在最前，其余在后，大致呈弧形排列。

　　分布：浙江（临安）、陕西、湖南、福建、台湾、广东、海南、广西、四川、云南；日本，巴基斯坦，印度，孟加拉国，越南，菲律宾，马来西亚，印度尼西亚，毛里求斯。

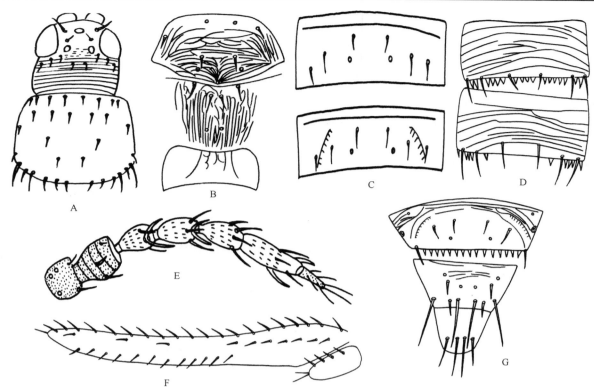

图 2-15　蔗腹齿蓟马 *Fulmekiola serrata* (Kobus, 1892)（仿自韩运发，1997）
A. 头和前胸；B. 中、后胸盾片；C. 腹节 V–VI 背片；D. 腹节 V–VI 腹片；E. 触角；F. 前翅；G. 腹节 VIII–X 背片

66. 三鬃蓟马属 *Lefroyothrips* Priesner, 1938

Taeniothrips (*Lefroyothrips*) Priesner, 1938b: 499. Type species: *Taeniothrips* (*Lefroyothrips*) *lefroyi* (Bagnall, 1913).
Lefroyothrips: Han, 1997: 224.

　　主要特征：触角 8 节，节 III 和 IV 感觉锥叉状，节 VI 感觉锥较细。单眼鬃 3 对。眼后鬃呈 2 排。下颚须 3 节。前胸后角有 2 对长鬃，后缘有 3 对鬃。翅发达，有 2 条纵脉。体鬃和翅鬃发达，腹端鬃长。腹节 VIII 背片后缘梳完整且梳毛细长。雄性腹节 IX 背片后部有角状刺；腹片有腺域。

　　分布：东洋区。世界已知 8 种，中国记录 1 种，浙江分布 1 种。

（184）褐三鬃蓟马 *Lefroyothrips lefroyi* (Bagnall, 1913)（图 2-16）

Physothrips lefroyi Bagnall, 1913a: 292.
Lefroyothrips lefroyi: Ananthakrishnan, 1969: 119.
Taeniothrips (*Lefroyothrips*) *cuscutae* Priesner, 1938b: 500.

　　主要特征：雌性：体长 1.4–1.7 mm，体黄色至橙黄色。前翅前后交叉处、中部有鬃处及近端部第 2 端鬃处有界限不清的暗黄带。腹部 II–VIII 背片前中部暗黄色，前缘线棕色。触角、翅和显著长体鬃棕色。
　　头部　单眼前后具细横纹，后头顶横线纹粗糙。各鬃均小。单眼间鬃在前、后单眼中部的外缘连线之内。后单眼后方有小鬃 1 对，向后又有小鬃 1 对，大致与 5 对复眼后鬃呈 1 横列，复眼后鬃距复眼较远。触角 8 节，节 III 基部有梗，节 IV 和 V 基部较细，节 III 和 IV 端部收缩显著，如瓶颈状：各节长（宽）：节 I 37（37），II 46（32），III 85（27），IV 85（24），V 58（19），VI 58（19），VII 10（7），VIII 19（5）；节 III

和 IV 感觉锥叉状。下颚须 3 节。

胸部 背片线纹较多,背片鬃约 20 根;后缘鬃 3 对,大小近似;前角鬃较长而粗;后角内鬃长于外鬃。中胸盾片有横纹。后胸盾片中部为网纹,两侧为纵线纹;1 对感觉孔在鬃后;前缘鬃在前缘上,较细;前中鬃距前缘很近,显著粗而暗。仅中胸内叉骨有刺。前翅翅鬃粗暗,前缘鬃 40 根;前脉基部鬃 7 根,端鬃 3 根,后脉鬃 17 根。

腹部 腹节 I–VIII 背片和腹片均有横线纹。各中对鬃微小,与无鬃孔在一条横线上,在背片中部以前。节 V–VIII 背片无微弯梳;节 VIII 背片后缘梳完整,梳毛细;节 IX 背片鬃长;背中鬃和中侧鬃均为 160,侧鬃 175;节 X 背片鬃长 122–153。腹片无附属鬃。腹片后缘鬃均在后缘上。

雄性:似雌性,但较小,体色较黄。腹节 IX 背片后部有 6 根短粗角状刺,呈前 2 后 4 排列。前 2 长 24,后 4 长 37,前 2 粗于后 4。角状刺两侧有 1 对细鬃,侧缘 1 对粗鬃。节 III–VII 腹片有横腺域。

分布:浙江(松阳)、江西、福建、台湾、广东、广西、贵州、云南;日本,印度,印度尼西亚。

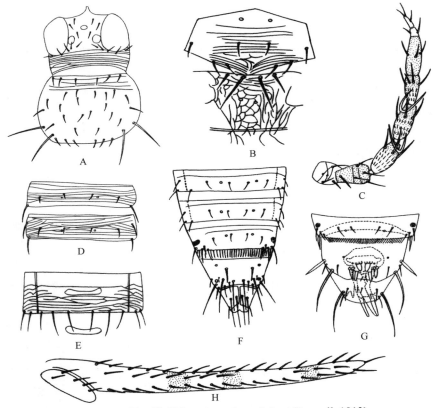

图 2-16 褐三鬃蓟马 Lefroyothrips lefroyi (Bagnall, 1913)

A. 头和前胸;B. 中、后胸盾片;C. 触角;D. 腹节 V–VI 背片;E. 腹节 V 腹片;F. ♀腹节 VI–X 背片;G. ♂腹节 VIII–X 背片;H. 前翅(E–G 仿自韩运发,1997)

67. 小头蓟马属 *Microcephalothrips* Bagnall, 1926

Microcephalothrips Bagnall, 1926: 113. Type species: *Microcephalothrips (Thrips) abdominalis* (Crawford, 1910).

Aureothrips Raizada, 1966: 277.

主要特征:头小,宽略大于长。前单眼与后单眼远离。头鬃小。触角 7 节,节 III、IV 感觉锥简单或叉状。下颚须 3 节。前胸背板鬃小,后缘鬃 5–6 对。中胸腹片与后胸腹片被一条缝分离。中胸腹片内叉骨有刺。后胸盾片具纵纹。前翅有 2 条纵脉;前脉鬃有大间断,后脉鬃连续排列。后缘缨毛波曲。翅瓣前缘鬃 5 根。跗节 2 节。腹部背片后缘有三角形扇状片。腹片有附属鬃。雄性节 III–VII 有腺域。

　　分布：世界广布。世界已知 4 种，中国记录 4 种，浙江分布 1 种。

（185）腹小头蓟马 *Microcephalothrips abdominalis* (Crawford, 1910)（图 2-17）

Thrips abdominalis Crawford, 1910: 157.

Microcephalothrips abdominalis: Steinweden & Moulton, 1930: 27.

　　主要特征：雌性：体长 1.0 mm。体棕色，头较暗；前翅淡棕色，前足胫节和各足跗节淡棕色。

　　头部　单眼区前后有横线纹。头鬃小。单眼间鬃在前单眼后两侧，位于前后单眼外缘连线之外，单眼后鬃在后单眼后内侧；复眼后鬃 4 对。触角 7 节，节 III–IV 感觉锥叉状。口锥端部钝圆，伸至前足基节间。

　　胸部　前胸背片较光滑，后缘处有横线纹，背片鬃小，后缘鬃 6 对，后角鬃 2 对，内角鬃长于外角鬃。羊齿分离。中胸背片布满横交错线纹，后缘无刺；后胸背片前中部有几条横纹，其后及两侧为纵纹，前缘鬃长 16，前中鬃远离前缘，中后部有 1 对感觉孔。中后胸腹片分离。仅中胸腹片叉骨有刺。前翅前缘鬃 21 根，前脉基鬃 4+3 根，端鬃 3 根，后脉鬃 7 根，翅瓣鬃 4+1 根。

　　腹部　腹节 I 背片布满横线纹；节 II–VIII 背片仅两侧有横线纹，后缘有三角形扇片；节 II 背片背侧鬃 3 根，节 V–VIII 微弯梳存在。节 II 腹片后缘鬃 2 对，节 III–VII 腹片后缘鬃 3 对，节 VII 后缘中对鬃在后缘之前；腹片有附属鬃。

　　雄性：似雌性，较小而色淡；腹节 III–VII 腹片各有 1 近圆形或横椭圆形腺域。腹片附属鬃比雌性少。

　　分布：浙江（临安）、河南、陕西、湖北、湖南、台湾、广东、海南、广西、四川、贵州、云南；朝鲜，日本，印度，菲律宾，印度尼西亚，澳大利亚，新西兰，埃及等。

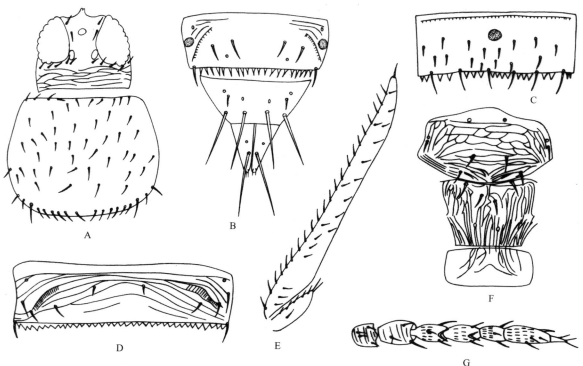

图 2-17　腹小头蓟马 *Microcephalothrips abdominalis* (Crawford, 1910)（仿自韩运发，1997）
A. 头和前胸；B. ♀腹节 VIII–X 背片；C. 腹节 V 腹片；D. 腹节 V 背片；E. 前翅；F. 中、后胸盾片；G. 触角

68. 喙蓟马属 *Mycterothrips* Trybom, 1910

Mycterothrips Trybom, 1910: 158. Type species: *Mycterothrips laticauda* Trybom, 1910.

Physothrips Karny, 1912: 336.

主要特征：触角 8 节，节 I 背顶鬃 1 对。单眼鬃 3 对。口锥长。下颚须 3 节。前胸后角有 2 对粗而长的鬃，其内后缘鬃 2 对。中、后胸内叉骨有刺，有时仅后胸有刺。跗节 2 节。前翅前脉鬃有大间断，端鬃 2 根或 3 根。腹节 V–VIII 背片两侧无微梳，后缘无缘膜；各背片两侧和背侧片有时被有微毛。节 III–V 背片后缘两侧通常有梳毛；背片 VIII 后缘梳毛长而规则；节 X 较宽。

分布：世界广布。世界已知 25 种，中国记录 9 种，浙江分布 2 种。

（186）并喙蓟马 *Mycterothrips consociatus* (Targioni-Tozzetti, 1887)（图 2-18）

Thrips (Euthrips) consociate Targioni-Tozzetti, 1887: 425.

Mycterothrips consociatus: Mound et al., 1976: 36.

Physothrips schillei Priesner, 1919: 122.

主要特征：雄性：体长 1 mm。体淡棕色至棕色，前翅、足胫节和跗节较淡。

头部　眼后有横线纹。前单眼前鬃和前外侧鬃存在，单眼间鬃位于后单眼内缘；节 VI 长于节 I–V 之和；节 III 和 IV 感觉锥叉状，节 V 和 VI 有简单感觉锥。口锥端部窄圆，伸达前胸腹片近后缘。

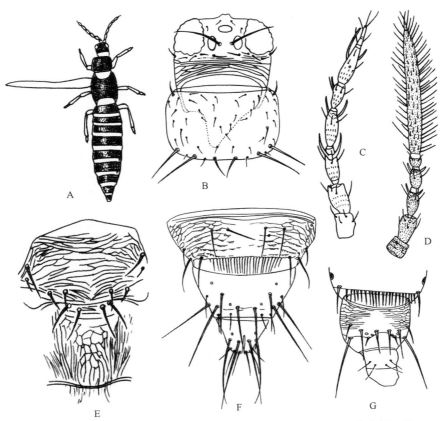

图 2-18　并喙蓟马 *Mycterothrips consociatus* (Targioni-Tozzetti, 1887)（仿自韩运发，1997）
A. ♀全体；B. 头和前胸；C. ♀触角；D. ♂触角；E. 中、后胸盾片；F. ♀腹节 VIII–X 背片；G. ♂腹节 VIII–X 背片

　　胸部　前胸宽大于长，背片边缘有稀疏线纹。后角长鬃 2 对，内对长于外对，后缘鬃 2 对；除边缘鬃外，背片鬃约 26 根。后胸盾片前中部有 5–6 条横线纹，其后有 3–4 个模糊网纹，中后部和两侧为纵线纹；前缘鬃位于近基前缘，前中鬃靠近前缘。中、后胸内叉骨均有刺。前翅前缘鬃 26 根，前脉基部鬃 4+4 根，端鬃 2 根或偶尔一侧 3 根，后脉鬃 10 根。

　　腹部　腹节 II 背片侧缘纵列鬃 4 根。节 II–VIII 背片两侧线纹上有模糊或清晰的极短线纹（或称微毛）；节 II–VII 背片后缘两侧有短梳毛，节 VIII 后缘梳完整，梳毛较长。背片鬃位于背片前半部，长度和间距自前部节向后逐渐增加；节 IX 背片后对鬃约 2 横列，内 I、III 和 V 在前部。腹片无腺域，各节有 1–4 根附属鬃。

　　雌性：似雄性，但体较大，色较深。腹部比较粗，节 II–VIII 有深色前脊线。头部单眼间长，触角节 VI 未明显延长，节 VI 内侧有 1 较长简单感觉锥。腹节 IX 背片鬃 3 对。各腹片无附属鬃。

　　分布：浙江（临安）、广东、海南、四川；日本，欧洲。

（187）豆喙蓟马 *Mycterothrips glycines* (Okamoto, 1911)（图 2-19）

Euthrips glycines Okamoto, 1911: 221.

Mycterothrips glycines: Bhatti, 1969: 378.

　　主要特征：雌性：体长 1.1 mm。体黄色至橙黄色；前翅无色至淡黄色；腹节 II–VIII 前缘线色稍深；体鬃和翅鬃烟棕色。

　　头部　两颊近乎平行，头背眼后有横纹。前单眼前鬃长 19，前侧鬃长 16，单眼间鬃长 51，在两后单眼间内缘。单眼后鬃和复眼后鬃绕眼呈弧形排列为 1 行。触角 8 节，节 III 有梗，节 IV 和 V 基部较细，节 III 和 IV 端部稍细，各节长（宽）：节 I 24（34），II 34（29），III 49（17），IV 49（17），V 29（17），VI 54（22），VII 10（10），VIII 19（4），节 III 和 IV 感觉锥叉状。下颚须 3 节。

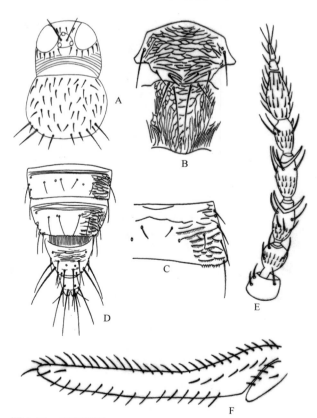

图 2-19　豆喙蓟马 *Mycterothrips glycines* (Okamoto, 1911)

A. 头和前胸；B. 中、后胸盾片；C. 腹节 II 背片（右半部）；D. 腹节 VII–X 背片；E. 触角；F. 前翅（C 仿自 Masumoto and Okajima，2006）

　　胸部　前胸背片仅前、后缘有少数横纹，背片鬃约 38 根，后角内鬃长于外鬃，后缘鬃 2 对。羊齿内端相连。中胸盾片有横纹，鬃长：前外侧鬃 36，中后鬃和后缘鬃（靠近后缘）19。后胸盾片中部有网纹，两侧为纵纹；前缘鬃在前缘上；中、后胸内叉骨均有刺。前翅前缘鬃 25 根；前脉基部鬃 7 根，端鬃 2 根，后脉鬃 14 根。

　　腹部　腹节 II–VIII 整个背片有横线纹，背片两侧和背侧片横纹上有极短微毛；节 III–V 背片后缘两侧有细梳毛；背片中对鬃自节 VI–VIII 间距逐渐增大，长度逐渐变长；节 V–VIII 背片两侧无微梳；节 VIII 背片后缘梳完整。节 IX 背片鬃长：背中鬃长 97，中侧鬃 114，侧鬃 97；节 X 背鬃长 97 和 107。腹片无附属鬃；后缘鬃：节 II 有 2 对，节 III–VII 有 3 对，节 VII 中对后缘鬃在后缘之前。

　　雄性：似雌性，但较细小。触角节 I–III 黄色，节 IV 和 V 基部较淡。腹片 V–VIII 有 1–4 根附属鬃。

　　分布：浙江（临安）、湖北、福建、台湾、广东、四川；朝鲜，日本。

69. 硬蓟马属 *Scirtothrips* Shull, 1909

Scirtothrips Shull, 1909: 222. Type species: *Scirtothrips ruthveni* Shull, 1909.

Physothrips Karny, 1914: 364.

Sericothripoides Bagnall, 1929: 69.

　　主要特征：体小，黄或橙黄。头宽大于长。有单眼。头鬃短小，单眼鬃 3 对。触角 8 节，节 III–IV 感觉锥叉状。下颚须 3 节。前胸常有细密横纹，无骨化板，后角有 1 对较长鬃，后缘鬃 4 对。中后胸内叉骨均有刺。前翅窄，有 2 条纵脉，但后脉不显著；前脉鬃间断，后脉仅在端部有少数鬃。跗节 2 节。腹节 I–VIII 两侧有密排微毛，节 VIII 后缘梳完整，腹板没有附属鬃，有微毛。雌性产卵器发达。雄性腹节 IX 两侧有时有 1 对镰形抱钳；腹片无腺域。

　　分布：世界广布。世界已知 40 种，中国记录 7 种，浙江分布 1 种。

（188）茶黄硬蓟马 *Scirtothrips dorsalis* Hood, 1919（图 2-20）

Scirtothrips dorsalis Hood, 1919: 90.

Heliothrips minutissimus Bagnall, 1919: 260.

Anaphothrips andreae Karny, 1925: 24.

　　主要特征：雌性：体长 0.9 mm。体黄色，但触角和翅较暗；足黄色；腹节 III–VIII 背片中部有灰暗斑，另有暗前脊线；体鬃暗；前翅橙黄带灰色，近基部似有 1 小淡色区。

　　头部　头背有众多的细横线纹。单眼呈扁三角形排列于复眼间中后部。单眼间鬃位于两后单眼内缘。触角 8 节，节 III 基部有梗，节 IV 基部较细，节 III 和 IV 端部较细；各节长（宽）：节 I 15（21），II 29（24），III 45（17），IV 45（17），V 31（15），VI 41（13），VII 8（6），VIII 10（5），节 III 和 IV 感觉锥叉状。口锥端部宽圆。

　　胸部　前胸背片布满细横纹，中、后部两侧无纹光滑，背片鬃约 20 根，后缘鬃 3 对。中胸盾片布满横线纹。后胸盾片有网纹和线纹，中部两侧的较弱，后胸中对鬃远离前缘。前翅窄，前缘鬃 24 根，前脉基部鬃 7 根，端鬃 3 根（其中 1 根在中部），后脉鬃 2 根。中、后胸内叉骨刺较长。前足较短粗。各足跗节 2 节。

　　腹部　腹节 I 背片有细横纹；节 II–VIII 背片两侧 1/3 有密排微毛，通常有 10 排，约占该节长的 2/3；节 IX 背片长鬃是体鬃最长者，长：背中鬃 44，中侧鬃 46，侧鬃 44；节 X 鬃长 46–51。节 III–VII 腹片整个宽度均有微毛。后缘鬃着生在后缘上。腹板无附属鬃。

雄性：似雌性，但较细小。腹部各节暗斑和前缘线常不显著。腹部腹板无附属鬃。

分布：浙江（临安）、河南、陕西、安徽、福建、台湾、广东、海南、广西、云南；日本，巴基斯坦，印度，马来西亚，印度尼西亚，澳大利亚，非洲南部。

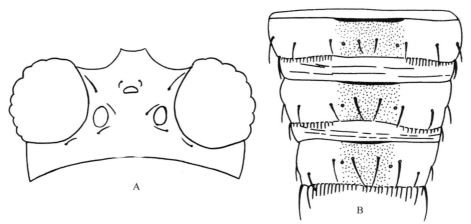

图 2-20　茶黄硬蓟马 *Scirtothrips dorsalis* Hood, 1919（仿自王清玲，1994）

A. 头；B. 腹节 VI–VIII 背片

70. 食螨蓟马属 *Scolothrips* Hinds, 1902

Scolothrips Hinds, 1902: 133. Type species: *Thrips sexmaculata* Pergande, 1894.

Chaetothrips Schille, 1910: 5. Type species: *Chaetothrips uzeli* Schille, 1910.

主要特征：触角 8 节，有长刚毛，节 III 和 IV 有叉状感觉锥。下颚须 3 节。前胸前缘有 5 对（2 对长和 3 对短）鬃，侧缘有长鬃 1 对，后缘有 4 对（3 对长和 1 对短）鬃；1 对前基鬃（在后缘之前）存在或缺。雌性为长翅，雄性为长翅或短翅。翅脉显著，沿脉排列有鬃，多数种类有 3 个暗点或暗带，其中 1 个在翅瓣上。腹端鬃较长。腹片仅有后缘鬃，无附属鬃。体较弱，体鬃和翅鬃很长。

分布：世界广布。世界已知 20 种，中国记录 5 种，浙江分布 1 种。

（189）塔六点蓟马 *Scolothrips takahashii* Priesner, 1950（图 2-21）

Scolothrips takahashii Priesner, 1950: 52.

主要特征：雌性：体长 1.1–1.2 mm。体黄色至橙黄色。中胸盾片两侧和后胸盾片、腹节 I–VIII 背片暗灰，节 IX 和 X 暗灰。触角节 I 淡黄色，II–VIII 淡灰色，III–VI 基部略淡。前翅透明而微黄，但翅瓣基部 2/3、前后脉交叉处及超过中部有 2 个长大于宽的黑斑。体鬃和翅鬃弱灰，在黑斑上的鬃较暗。

头部　背片光滑无纹。前单眼前鬃长 61，前外侧鬃长 44，单眼间鬃长 95，单眼间鬃在前单眼后，位于单眼三角形中心连线外缘。触角 8 节，节 III 和 IV 近似纺锤形，节 III、IV 感觉锥叉状。下颚须 3 节。

胸部　前胸背片光滑，四周有 6 对长鬃。中、后胸内叉骨有刺，长 71–73，大于内叉骨宽度；中胸盾片后部有横线纹，中后鬃远离后缘；后胸盾片前部有 2 条横线，其后为网纹，两侧为纵纹，无感觉孔。前翅前缘鬃 19–20 根，前脉鬃 9–10 根，后脉鬃 4–6 根。

腹部　腹节 II–VIII 背片两侧有稀疏横纹。各节中对鬃微小，与无鬃孔在一条横线上，位于孔的内侧。节 VIII 背片无梳。腹片无附属鬃。腹片后缘鬃，除节 VII 内中对 I 在后缘之前外，其余均着生在后缘上。

雄性：与雌性相似，但较细小，体淡黄色，腹部背片灰色，翅胸仅前翅基部附近灰黑色。长翅型翅斑与雌性相似。腹节 IX 背片鬃内对 I（背中鬃）、II 和 IV 大致在前列，III 和 V 在后列。节 III–VIII 腹片上有哑铃形腺域。

分布：浙江（临安）、北京、河北、山东、河南、陕西、江苏、湖北、湖南、福建、台湾、广东、海南、广西、四川、云南。

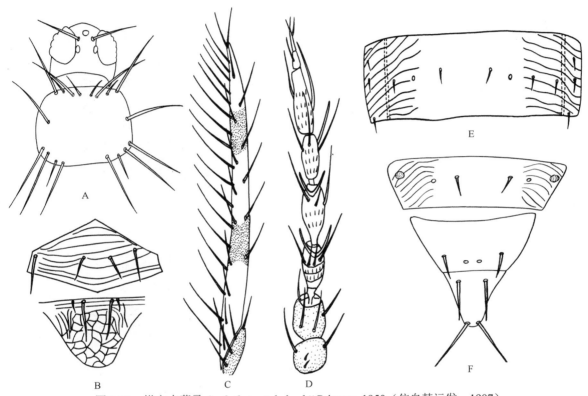

图 2-21　塔六点蓟马 Scolothrips takahashii Priesner, 1950（仿自韩运发，1997）
A. 头和前胸；B. 中、后胸盾片；C. 前翅；D. 触角；E. 腹节 V 背片；F. 腹节 VIII–X 背片

71. 直鬃蓟马属 Stenchaetothrips Bagnall, 1926

Stenchaetothrips Bagnall, 1926: 107. Type species: Stenchaetothrips melanurus Bagnall, 1926.

Anaphidothrips Hood, 1954: 211.

Chloëthrips Priesner, 1957: 162.

主要特征：头和宽基本等长，缺单眼前鬃，单眼前侧鬃常长于单眼间鬃，很少等长。眼后鬃单行或双行排列，鬃 III 长于或等于鬃 I。下颚须 3 节。触角 7 节，节 III 和 IV 感觉锥叉状。前胸每后角有 2 对长鬃，后角鬃之间后缘鬃 3 对。中胸腹侧缝存在。跗节 2 分节。后前翅前脉有基鬃 7 根，端鬃 3 根，后脉鬃均匀排列，多于 10 根；翅瓣鬃 5+1 根。腹节背板后缘和两侧有或无齿；腹节 V–VIII 两侧有微弯梳，节 VIII 后缘梳完整或缺失。腹板无附属鬃。雄性腹板 III–VI 或 VII 有圆形或横向的腺域。

分布：世界广布。世界已知 30 种，中国记录 20 种，浙江分布 2 种。

（190）竹直鬃蓟马 *Stenchaetothrips bambusae* (Shumsher, 1946)（图 2-22）

Thrips bambusae Shumsher, 1946: 182.

Stenchaetothrips bambusae: Bhatti & Mound, 1980: 14.

主要特征：雌性：体长 1.1–1.2 mm。体淡棕色；前翅灰色，但基部 1/4 较浅；第 III–VIII 腹节前缘具暗横条。头宽稍大于长，单眼三角区位于复眼间后方，单眼间鬃位于前后单眼外缘连线上；触角 7 节，第 III–IV 节感觉锥叉状。前胸背板光滑，仅后部具横纹，背板鬃约 30 根；后胸背板前部具线纹，后部和两侧为纵纹；前翅前脉鬃 7+3 根，后脉鬃 11–13 根。第 I 腹节盾片布满横纹，第 II–VIII 腹节背板前缘和两侧具横纹，侧缘及背侧片后缘具小齿；第 VIII 腹节后缘梳完整；第 V–VIII 腹节背板两侧具微弯梳；腹部腹板无附属鬃。雄性相似于雌性，但体较小。

分布：浙江（临安、泰顺）、北京、河北、山东、河南、陕西、江苏、湖北、湖南、福建、台湾、广东、海南、广西、四川、云南。

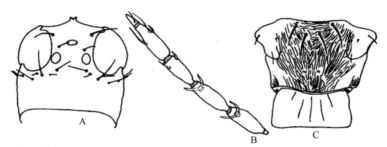

图 2-22　竹直鬃蓟马 *Stenchaetothrips bambusae* (Shumsher, 1946)（仿自韩运发，1997）
A. 头；B. 触角 III–VII 节；C. 中、后胸盾片

（191）稻直鬃蓟马 *Stenchaetothrips biformis* (Bagnall, 1913)（图 2-23）

Bagnallia biformis Bagnall, 1913b: 237.

Stenchaetothrips biformis: Bhatti & Mound, 1980: 14.

Thrips (Bagnallia) oryzae Williams, 1916: 353.

Thrips holorphnus Karny, 1925: 15.

主要特征：雌性：体长 1.0 mm。体暗棕色；前翅灰棕色，近基部有 1 小淡色区。

头部　头长略小于宽，触角间有 1 延伸物。单眼前侧鬃长于单眼间鬃，单眼间鬃位于前后单眼外缘连线之外，眼后鬃 I 短于眼后鬃 III。触角 7 节，节 III–IV 上有叉状感觉锥。口锥伸至前胸腹板 2/3 处。

胸部　前胸宽大于长，有 2 对近等长的后角鬃，后缘鬃 3 对。中胸盾片前部和后部较光滑。后胸盾片前部有几条横纹，中部和两侧全为细纵纹，前中鬃在前缘后，其后无亮孔。中后胸腹片内叉骨无刺。前翅前缘鬃 24 根，前脉鬃 4+3 根，端鬃 3 根，后脉鬃 11 根。

腹部　腹节 I–VIII 两侧后缘有向外斜的微齿，有的个体仅留痕迹；腹节 II 背片侧缘纵列鬃 4 根；节 V–VIII 两侧有微弯梳；节 VIII 背片后缘梳完整。腹板无附属鬃，节 VII 后缘中对鬃着生在后缘之前，其他后缘鬃着生在后缘上。

雄性：体小，色稍淡，腹部钝圆。腹部背片后缘齿比雌性显著。节 III–VII 腹片有哑铃形腺域。

分布：浙江（临安）、辽宁、河北、河南、宁夏、江苏、湖北、江西、湖南、福建、台湾、广东、海南、广西、四川、贵州、云南；朝鲜、日本、巴基斯坦、印度、尼泊尔、孟加拉国、越南、泰国、斯里兰卡、菲律宾、马来西亚、印度尼西亚、罗马尼亚、英国、巴西。

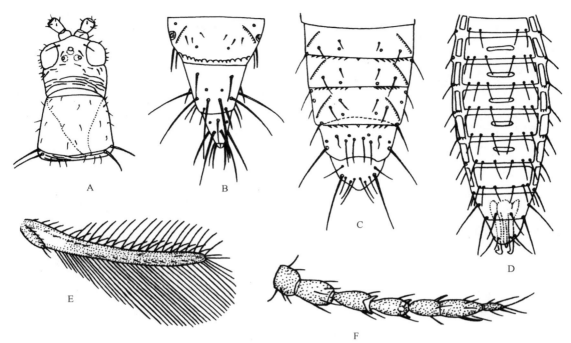

图 2-23　稻直鬃蓟马 Stenchaetothrips biformis (Bagnall, 1913)（仿自韩运发，1997）
A. 头和前胸；B. ♀腹节 VIII–X 背片；C. ♂腹节 VI–X 背片；D. ♂腹节 II–X 腹片；E. 前翅；F. 触角

72. 带蓟马属 *Taeniothrips* Amyot *et* Serville, 1843

Taeniothrips Amyot *et* Serville, 1843: 64. Type species: *Thrips primulae* Zetterstedt, 1828.

Oxythrips Uzel, 1895: 29.

主要特征：触角 8 节，节 III 和 IV 感觉锥叉状。头背前单眼前鬃缺，前外侧鬃和单眼间鬃存在；单眼间鬃常位于后单眼间。下颚须 3 节。前胸后角有 2 根长鬃，后缘鬃 3 对。中胸腹片内叉骨有刺，后胸叉骨无刺。前翅有 2 条纵脉；前脉鬃有间断，后脉鬃 10 根左右；跗节 2 节。腹节 VI 和 VII 背片无微毛；节 VIII 背片微毛呈不规则群，后缘梳完整。节 V–VIII 背片两侧缺微弯梳。腹片无附属鬃。雄性节 IX 背片无角状刺突；腹片有腺域。

分布：世界广布。世界已知 40 种，中国记录 9 种，浙江分布 1 种。

（192）油加律带蓟马 *Taeniothrips eucharii* (Whetzel, 1923)（图 2-24）

Physothrips eucharii Whetzel, 1923: 30.

Taeniothrips eucharii: Bhatti, 1978b: 195.

Taeniothrips gracilis Moulton, 1928a: 289.

主要特征：雌性：体长 1.66 mm。体暗棕色；触角棕色，但节 III 的梗、最基部和端部 1/3，节 IV 最基部和感觉锥基部的圆环白色或黄色。前足腿节灰棕色但外缘较淡；中、后足腿节除最基部较淡外棕色；所有胫节灰棕色，前足胫节端部稍淡于中、后足胫节；各足跗节黄色。前翅暗棕色，但基部淡。各体鬃和翅鬃暗棕色。

头部　眼后有许多横纹，眼后显著收缩，颊显著外拱。单眼间鬃长，约为头长的一半，在后单眼前缘线上或稍前，位于 3 个单眼内缘连线上。触角 8 节，节 III 基部梗显著，节 IV 和 V 基部显著细，节 III 和 IV 端部细缩如瓶颈，其长约为该节长度的 1/3 强；各节长（宽）：节 I 30（36），II 39（30），III 78（27），IV 87（23），V 45（18），VI 81（18），VII 10（7），VIII 18（5）；节 III 和 IV 叉状感觉锥较大，节 VI 内侧感觉锥较细，伸达节 VII 近端部。口锥伸达前足基节后缘。下颚须 3 节。

胸部　前胸背片有微弱模糊横纹，前缘鬃、侧鬃和背片鬃长约 23，但背片近后外缘处有 1 根鬃较长，长约 34，前角鬃长 29，后角外鬃长 105，内鬃长 120，后缘鬃 3 对，（自内向外）长：内 I 48，II 18，III 15。中胸盾片有横纹，3 对鬃大小近似，前外侧鬃长 23，中后鬃长 28，后缘鬃长 24。后胸盾片线纹，除后外侧部分外较稀疏，前部有 3 条横纹，其后为大网纹，后部网纹模糊；前缘鬃（外对鬃）长 41，间距 67，在前缘上；前中鬃（内对鬃）长 57，间距 13，距前缘 3；1 对感觉孔在中部。前翅前缘鬃 24–26 根，前脉基、中部鬃 7–9 根，端鬃 3 根，后脉鬃 11–14 根。

腹部　腹节背片两侧有微弱稀疏横纹。节 I–VIII 前缘有棕色横线；节 V–VIII 成为横带。节 I–VIII 背片中对鬃向后数节渐长而间距小。节 VII 腹板后缘中对鬃和亚中对鬃均在后缘之前。节 VIII 背片后缘梳毛长而完整。节 IX 背片后缘长鬃长：背中鬃 187，侧中鬃 178，侧鬃 187。节 X 背片后缘长鬃长 175–178。腹片无附属鬃。

雄性：体长 1.5 mm。似雌性，但前足腿节较淡，体较细小，触角节 VI 长为宽的 5 倍。节 III–VII 腹片雄性腺域大，中部收缩，其宽度占据该节腹片宽度的大部分。节 IX 背片中部有 1 对长鬃、接近后缘中央，在其前外侧有 1 对短的鬃。

分布：浙江（临安）、陕西、台湾、广东、海南、香港、广西；日本，美国。

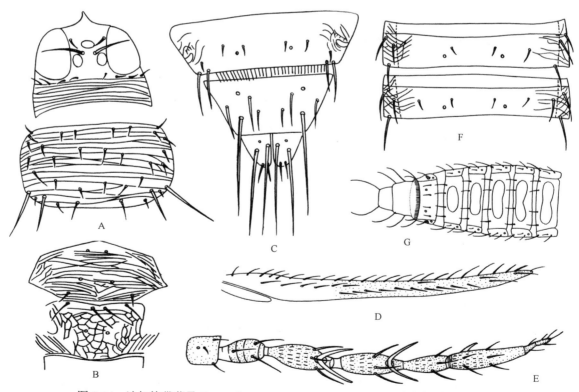

图 2-24　油加律带蓟马 *Taeniothrips eucharii* (Whetzel, 1923)（仿自韩运发，1997）
A. 头和前胸；B. 中、后胸盾片；C. ♀腹节 VIII–X 背片；D. 前翅；E. 触角；F. 腹节 V–VI 背片；G. ♂腹节 III–X 腹片

73. 蓟马属 *Thrips* Linnaeus, 1758

Thrips Linnaeus, 1758: 343. Type species: *Thrips physapus* Linnaeus, 1758.

Parathrips Karny, 1907: 47.

Achaetothrips Karny, 1908: 111.

Isoneurothrips Bagnall, 1915: 592.

Isochaetothrips Moulton, 1928c: 227.

Priesneria Maltbaek, 1928: 159.

　　主要特征：前单眼前鬃（对 I）缺，前外侧鬃（对 II）短于或约等于单眼间鬃（对 III）。眼后鬃呈 1 列。触角 7 或 8 节，节 I 无背顶鬃，III 和 IV 感觉锥叉状。下颚须 3 节。前胸背片后角有 2 根长鬃。通常有 3–4 对后缘鬃。仅中胸内叉骨有刺。跗节 2 节。翅瓣前缘鬃 5 根，偶有 4 根；前翅前脉鬃有宽的间断或近乎连续排列；后脉鬃较多。腹节 IV 或 V–VIII 背片两侧有微弯梳，节 VIII 的微弯梳位于气孔的后中（内）侧。节 VIII 后缘梳多样。腹片有或无附属鬃，背侧片有或无附属鬃。雄性似雌性，节 III–VII 有圆形或横向腺域。

　　分布：世界广布。世界已知 286 种，中国记录 50 种，浙江分布 8 种。

分种检索表

1. 腹节腹片无附属鬃 ·· 2
- 腹节腹片至少有 1 对附属鬃 ·· 5
2. 体棕色至深棕色，或至少腹节端部棕色 ···································· 台湾蓟马 ***T. formosanus***
- 体主要黄色，或至少腹节端部不是棕色 ·· 3
3. 单眼间鬃位于单眼三角形外或靠近单眼三角形的边缘 ···························· 棕榈蓟马 ***T. palmi***
- 单眼间鬃位于单眼三角形内 ·· 4
4. 触角 7 节 ·· 黄蓟马 ***T. flavus***
- 触角 8 节 ·· 八节黄蓟马 ***T. flavidulus***
5. 后胸盾片无成对钟感器 ··· 葱韭蓟马 ***T. alliorum***
- 后胸盾片有成对钟感器 ·· 6
6. 后胸中对鬃位于前缘之后；触角 7 节 ······································· 色蓟马 ***T. coloratus***
- 后胸中对鬃位于前缘上；触角 7 节或 8 节 ·· 7
7. 眼后鬃均小；触角 8 节 ··· 杜鹃蓟马 ***T. andrewsi***
- 眼后鬃对 I 发达，常远大于对 II ································· 黄胸蓟马 ***T. hawaiiensis***

（193）葱韭蓟马 *Thrips alliorum* (Priesner, 1935)（图 2-25）

Taeniothrips alliorum Priesner, 1935a: 128.

Thrips alliorum: Bhatti, 1978b: 195.

Taeniothrips carteri Moulton, 1936: 183.

　　主要特征：雌性：体长 1.5 mm。体栗棕色；前翅略黄而微暗；足棕色，但前足胫节（两侧除外），中、后足胫节两端或端部和各足跗节暗黄色。体鬃暗棕而翅鬃暗黄色。腹节 II–VIII 背片前缘线黑棕色。

　　头部　眼后有横纹。单眼在复眼间中后部。单眼前侧鬃长 21；单眼间鬃长 40，基部间距 27，在前、后单眼之中途的中心连线外缘；单眼后鬃距后单眼远；复眼后鬃呈 1 横列。触角 8 节，各节长（宽）：节 I 26

（34），II 38（27），III 61（19），IV 56（19），V 45（17），VI 58（19），VII 10（8），VIII 12（5）；节 III
和 IV 叉状感觉锥伸达前节基部。下颚须 3 节。

胸部 前胸背片前、后缘有横线纹；背片鬃较少，16–20 根；后侧角 1 根鬃较长；前角鬃长 24；后角外
鬃短于内鬃；后缘鬃 3 对。羊齿内端相连。中胸盾片布满横纹，中后鬃离后缘远；前外侧鬃长 22，中后鬃
长 15。后胸盾片前中部有几条横纹，其后和两侧有纵纹；仅中胸内叉骨有刺。前翅前缘鬃 23 根；前脉基
部鬃 7 根，端鬃 3 根；后脉鬃 12 根；翅瓣前缘鬃 5 根。

腹部 腹节 II–VIII 背片前缘和两侧有横纹。中对鬃约在背片中横线上，无鬃孔在后半部，节 V–VIII
背片两侧的微弯梳模糊，节 V 和 VI 的梳几乎不可见。节 VI 和 VII 背片的鬃 III 退化变小。节 VIII 背片后
缘梳退化，可见少数痕迹。背侧片通常有 1–3 根，偶尔有 0–6 根附属鬃。节 II 腹片有附属鬃 6–8 根，节 III–VII
有 9–14 根。节 VII 腹片中对后缘鬃在后缘之前。

雄性：短翅型，体色与雌性基本一致，但较小。前翅长 114，中部宽 57。前缘鬃 8 根，前脉鬃 6 根，
后脉鬃 2 根，翅瓣前缘鬃 5 根；后翅亦短。节 III–VIII 腹片附属鬃为 4–8 根。腹节 III–VII 有横腺域。

分布：浙江（临安、景宁）、山东、陕西、宁夏、新疆、福建、台湾、广东、海南、广西、贵州；朝鲜、
日本，美国（夏威夷）。

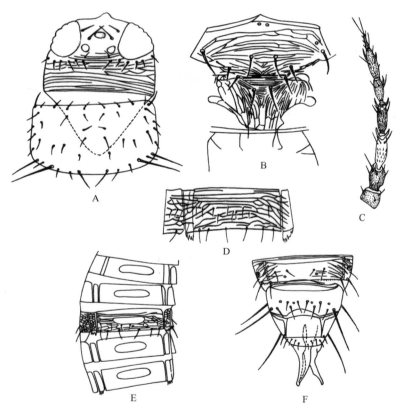

图 2-25　葱韭蓟马 *Thrips alliorum* (Priesner, 1935)（仿自韩运发，1997）
A. 头和前胸；B. 中、后胸盾片；C. 触角；D. 腹节 V 腹片；E.♂腹节 III–VII 腹片；F.♂腹节 VIII–X 背片

（194）杜鹃蓟马 *Thrips andrewsi* (Bagnall, 1921)（图 2-26）

Physothrips andrewsi Bagnall, 1921: 394.

Thrips andrewsi: Bhatti, 1969: 380.

Taeniothrips ghoshi Bhatti, 1962: 35.

主要特征：雌性：体长 1.6 mm。体暗棕色；前翅灰棕色但基部 1/4 较淡；足腿节淡棕色，后足腿节较

暗些；各足胫节暗黄，跗节较胫节淡。体鬃和翅鬃暗。

头部　两颊较外拱，眼前和眼后有横纹。前单眼前侧鬃长 10；单眼间鬃在前单眼后，位于前、后单眼外缘连线上；眼后鬃粗细相似，较细；单眼后鬃长 17；复眼后鬃呈 1 横列。触角 8 节，节 III–IV 端部稍细缩，节 III 和 IV 上叉状感觉锥未伸达前节基部。下颚须 3 节。

胸部　前胸背片布满横线纹；有背片鬃 30 根，后侧有 1 根较长鬃；前角鬃较长，长 27；后角外鬃长于内鬃；后缘鬃 3 对。中胸盾片布满横线纹；鬃长：前外鬃长 44，中后鬃长 24，后缘鬃长 22；中后鬃离后缘较远。后胸盾片前中部 1/3 为横纹，其后有少数网纹，两侧为纵纹；前缘鬃在前缘上；前中鬃在前缘上；1 对感觉孔在较后部。前翅前缘鬃 58；前脉鬃 44，后脉鬃 51。前缘鬃 30 根，前脉基部鬃 7 根，端鬃 3 根，后脉鬃 14 根。

腹部　腹节 II–VIII 背片两侧有横纹，腹片两侧和中部均有横纹。节 II 背片两侧缘具纵列鬃 4 根。背片无鬃孔在后半部，中对鬃在其前内方。节 VI 和 VII 鬃 III 退化变小。节 VIII 背片后缘梳完整，毛短，仅两侧缘缺。节 IX 背片鬃分别长 124 和 112。节 X 背片鬃长 122。背侧片无附属鬃。腹片附属鬃数目：节 II 3，III–VII 11–17 根；长短和排列不甚规则。节 VII 腹片中对后缘鬃着生在后缘之前。

雄性：体较小，黄色。长鬃暗。腹节 VIII 后缘无梳，仅中部有少数（5 根）微毛。腹部腹板节 III–VII 有横腺域。

分布：浙江（临安）、河南、陕西、湖北、湖南、广东、海南、广西、四川、云南；日本，印度。

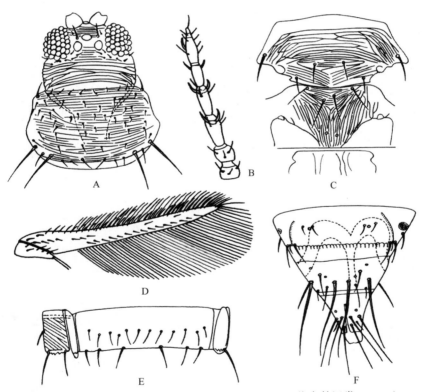

图 2-26　杜鹃蓟马 Thrips andrewsi (Bagnall, 1921)（仿自韩运发，1997）
A. 头和前胸；B. 触角；C. 中、后胸盾片；D. 前翅；E. ♀腹节 V 腹片；F. ♀腹节 VIII–X 背片

（195）色蓟马 Thrips coloratus Schmutz, 1913（图 2-27）

Thrips coloratus Schmutz, 1913: 1002.

Thrips japonicus Bagnall, 1914a: 288.

Thrips melanurus Bagnall, 1926: 111.

主要特征：雌性：体长 1.2 mm。体橙黄色，但后胸小盾片、腹部背片中部灰棕色，末两节全暗棕色，连成 1 条暗纵带；前翅灰黄色，但基部约 1/4 较淡；体鬃和翅鬃暗棕色；腹节 II–VIII 背片前缘线暗。

头部　背面布满横纹。前单眼前侧鬃长 15，较细；单眼间鬃较粗，位于前、后单眼外缘连线之外。触角 7 节，节 III–IV 端部略细缩；各节长（宽）：节 I 24（28），II 32（24），III 49（17），IV 44（16），V 37（15），VI 53（16），VII 14（5）；节 III、IV 叉状感觉锥未伸达前节基部。下颚须 3 节。

胸部　前胸明显宽大于长，背片布满横纹，但后部两侧有光滑区；背片鬃较多，约 36 根；后外侧有 1 根鬃较粗而长；后角鬃长：外 50，内 54；后缘鬃 3 对，均较粗但不长。中胸盾片布满横纹；鬃较粗短，中后鬃距后缘远；前外侧鬃长 32，中后鬃长 17，后缘鬃长 17。后胸盾片前中部有几条密排横纹，其后有几个横、纵网纹，两侧为密纵纹；1 对感觉孔位于后部。前缘鬃较粗，在前缘上；前中鬃较粗，距前缘 12。前翅翅鬃较粗短，前脉基部鬃 7 根，端鬃 3 根，后脉鬃 13 根。

腹部　腹节 II–VIII 背片中对鬃两侧有横纹，腹片中部和两侧均有横纹。节 II 背片侧缘纵列鬃 4 根。无鬃孔在背片后半部，中对鬃在前半部，位于无鬃孔的前内方。节 VIII 背片后缘梳完整，梳毛细。背侧片无附属鬃。腹片附属鬃细而长，节 II 2 根，节 III–VIII 13–16 根。节 VII 腹片中对鬃位于后缘上。

雄性：比雌性小。体色相似，但腹部暗斑消失，翅色淡；触角节 VI 端部 1/4、节 V 端部和节 VII 棕色；体鬃和翅鬃棕色。节 III–VII 腹片有近似横腺域，其宽度占腹片宽度的 0.3–0.4。

分布：浙江（临安）、河南、陕西、湖北、江西、湖南、台湾、广东、海南、广西、四川、贵州、云南、西藏；朝鲜，日本，巴基斯坦，印度，尼泊尔，斯里兰卡，印度尼西亚，巴布亚新几内亚，澳大利亚。

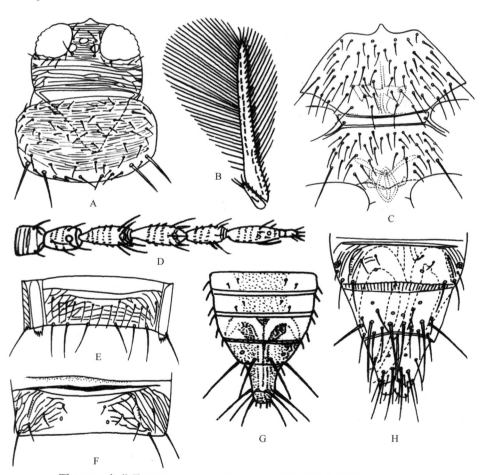

图 2-27　色蓟马 *Thrips coloratus* Schmutz, 1913（仿自韩运发，1997）
A. 头和前胸；B. 前翅；C. 中、后胸腹片；D. 触角；E. 腹节 V 腹片；F. 腹节 V 背片；G. ♀腹节 VI–X 背片；H. ♀腹节 VIII–X 背片

（196）八节黄蓟马 *Thrips flavidulus* (Bagnall, 1923)（图 2-28）

Physothrips flavidulus Bagnall, 1923: 628.

Thrips flavidulus: Jacot-Guillarmod, 1975: 1114.

主要特征：雌性：体长 1.4 mm。体黄色，但触角节 III–V 端半部、节 IV–VIII 暗黄棕色，长体鬃和翅鬃烟棕色；腹节 II–VIII 背片前缘线色较深。

头部　单眼呈扁三角形排列。触角 8 节，节 III 和 IV 叉状感觉锥伸达前节基部。

胸部　前胸背片布满横纹，但两侧有光滑区；背片鬃较多，边缘鬃除外，有鬃约 40 根；前外侧有 2 根鬃较暗，粗长，后外侧有 1 根鬃较暗，粗长，其他背片鬃较细；后缘鬃 3 对，内对粗长。中胸盾片布满横纹；前外侧鬃显著粗长，后中鬃距后缘远。后胸盾片前中部有几条短横纹，其后为网纹，两侧为纵纹；1 对感觉孔位于后部；前缘鬃在前缘上。

腹部　腹节 II–VIII 背片两侧有横纹，而腹片两侧和中部均有横纹。节 V–VIII 背片两侧微弯梳，长而清晰。节 II 背片侧缘纵列鬃 4 根。无鬃孔在背片后半部，中对鬃在背片中横线上，位于无鬃孔前内方。节 VI–VII 背片鬃 III 退化变小。节 VIII 背片后缘梳完整，梳毛细。节 IX 背鬃长：背中鬃 82，中侧鬃 111，侧鬃 104。节 X 背鬃分别长 108 和 100。背侧片和腹片均无附属鬃。节 VII 腹片中对后缘鬃着生在后缘之前。

雄性：较雌性细小而色淡，黄白色；唯触角节 III–IV 端半部、V 端部、VI 端部大半及 VII 和 VIII 较灰暗，长体鬃和翅鬃较暗。腹节 II 背片侧缘纵列鬃 4 根。

分布：浙江（临安）、山东、河南、陕西、宁夏、甘肃、湖北、江西、湖南、福建、台湾、广东、海南、广西、四川、贵州、云南、西藏；朝鲜，日本，印度，尼泊尔，斯里兰卡，东南亚。

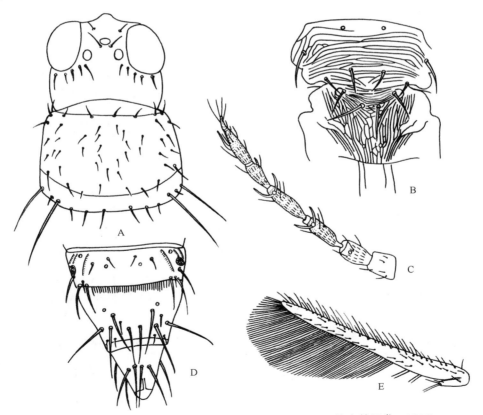

图 2-28　八节黄蓟马 *Thrips flavidulus* (Bagnall, 1923)（仿自韩运发，1997）
A. 头和前胸；B. 中、后胸盾片；C. 触角；D. ♀腹节 VIII–X 背片；E. 前翅

（197）黄蓟马 *Thrips flavus* Schrank, 1776（图 2-29）

Thrips flavus Schrank, 1776: 31.

Thrips clarus Moulton, 1928a: 294.

Taeniothrips sulfuratus Priesner, 1935b: 358.

Taeniothrips rhopalantennalis Shumsher, 1946: 166.

主要特征： 雌性：体长 1.1 mm。体黄色，腹节 II–VIII 前缘线较暗，体鬃和翅鬃暗棕色。

头部 两颊略外拱，眼前、后有横纹。前单眼前侧鬃长 14；单眼间鬃位于前、后眼中心连线上；单眼后鬃距后单眼近，约长如单眼间鬃；复眼后鬃围眼呈单行排列于复眼后缘。触角 7 节，节 III 和 IV 叉状感觉锥伸达前节基部。

胸部 前胸背片布满横线纹，但中部较弱，背片鬃约 30 根，前外侧有 1 根鬃较粗、长 22，后外侧有 1 根鬃较粗而长，前角鬃长 24，后角外鬃长 82，内鬃长 82，后缘鬃 3 对。羊齿内端接触。中胸盾片前中部为横纹；前外侧鬃显著粗而长；中后鬃距后缘远。后胸盾片前中部为横纹，其后和两侧为纵纹；1 对感觉孔位于后部；前缘鬃在前缘上；前中鬃距前缘 17。

腹部 腹节 II–VIII 背片两侧有横纹，腹片两侧和中部均有横纹。节 II 背片侧缘纵列鬃 4 根。节 II–IV 背片鬃 II 比鬃 III 短而细。无鬃孔在背片后半部，中对鬃在背片前半部，位于无鬃孔前内方。中对鬃自节 VI 向后渐长。节 VI 和 VII 的鬃 III 退化变小。节 VIII 背片后缘梳完整，梳毛细。

雄性：似雌性，但较小而淡黄。腹节 VIII 背片后缘梳缺，节 III–VII 腹片有横腺域。

分布： 浙江（临安）、河北、河南、陕西、江苏、湖北、湖南、福建、台湾、广东、海南、广西、贵州、云南；亚洲，欧洲，北美洲。

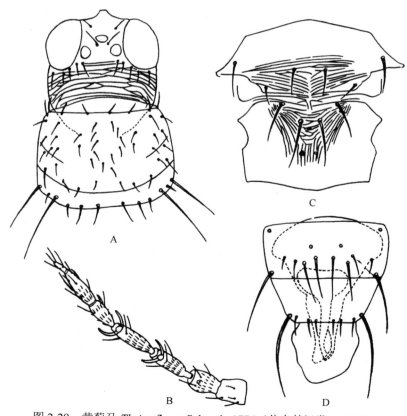

图 2-29　黄蓟马 *Thrips flavus* Schrank, 1776（仿自韩运发，1997）

A. 头和前胸；B. 触角；C. 中、后胸盾片；D. ♂腹节 VIII–X 背片

（198）台湾蓟马 *Thrips formosanus* Priesner, 1934（图 2-30）

Thrips formosanus Priesner, 1934: 283.

主要特征：雌性：体长 1.5 mm。体棕色至暗棕色，但触角 III 灰黄色，腿节、胫节端部淡，翅基部略微淡，体鬃和翅鬃暗棕色，腹部背片前缘线色不深。

头部 眼后横纹多。前单眼前侧鬃长 17；单眼间鬃长 27，位于前单眼后外侧的前、后单眼外缘连线上；单眼后鬃在复眼后鬃之前，共同围眼呈弧形排列。触角 7 节，节 VI 不密生刚毛，仅约 10 根；节 III 和 IV 端部稍细缩，不细缩如瓶颈；叉状感觉锥不长于该节长的一半；各节长（宽）：节 I 24（29），II 40（22），III 61（19），IV 53（19），V 39（17），VI 53（18），VII 17（7）。

胸部 前胸宽大于长，背片线纹少；鬃少，约 20 根；近前外侧角有 2 对、近后侧角有 1 对较长鬃，其他背片鬃较小；后角外鬃长 65，内鬃长 64；后缘鬃 3 对。中胸盾片中后鬃远离后缘，鬃长：前外侧鬃 27，中后鬃 22，后缘鬃 19。后胸盾片前中部有几条横纹，其后和两侧为纵纹；两对鬃和中胸盾片鬃粗细相似；前缘鬃在前缘上；1 对感觉孔位于后部。前翅前脉鬃 53，后脉鬃 56。前缘鬃 32 根，前脉基部鬃 7 根，端鬃 3 根，后脉鬃 15 根。

腹部 腹节背片两侧有横纹，腹片两侧和中部均有线纹，但很弱。无鬃孔的背片后半部，中对鬃的前半部，位于无鬃孔前内方。节 V 背片长 72，宽 295；中对鬃间距 68；鬃长：中对鬃（内对 I）15，II 24，III 24，IV（后缘上）60，V 44，VI（背侧片后缘上）51；节 VI 和 VII 背片鬃 III 退化变小。节 VIII 背片后缘梳

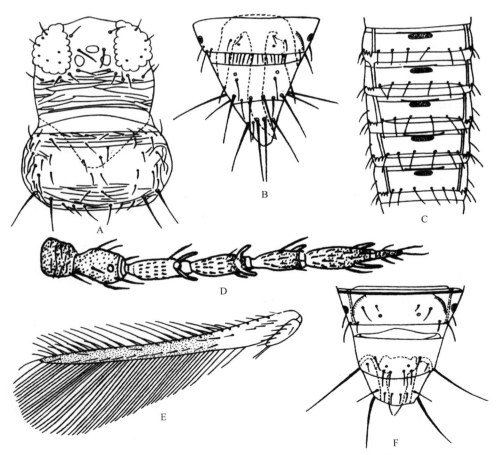

图 2-30 台湾蓟马 *Thrips formosanus* Priesner, 1934（仿自韩运发，1997）
A. 头和前胸；B. ♀腹节 VIII–X 背片；C. ♂腹节 III–VII 腹片；D. 触角；E. 前翅；F. ♂腹节 VIII–X 背片

完整，梳毛细。节 IX 背鬃长：背中鬃 97，中侧鬃 116，侧鬃 119。背侧片和腹片均无附属鬃。节 VII 腹片中对鬃位于后缘之前。

雄性：相似于雌性，但较小。节 III–VII 腹片有横腺域。节 IX 背片毛序如图 2-30 所示。

分布：浙江（临安）、河南、台湾、广东、海南、四川；尼泊尔。

（199）黄胸蓟马 *Thrips hawaiiensis* (Morgan, 1913)（图 2-31）

Euthrips hawaiiensis Morgan, 1913: 3.

Thrips hawaiiensis: Bhatti, 1969: 381.

主要特征：雌性：体长 1.2 mm。体淡色至暗棕色，通常胸部淡，橙黄或淡棕色；腹部背片前缘线暗棕色；触角棕色，但节 III 黄色；前翅灰棕色；腿节较暗黄；体鬃和翅鬃暗棕色。

头部　眼间横纹较前、后部为轻。单眼呈扁三角形排列于复眼间中、后部。单眼间鬃在前单眼后外侧，位于前、后单眼外缘连线上或中心连线之外；单眼后鬃靠近后单眼；复眼后鬃在单眼后鬃之后，围眼另呈 1 横列。触角 7 节，各节长（宽）：节 I 22（25），II 30（20），III 50（17），IV 49（17），V 34（15），VI 50（15），VII 17（7）；节 III 和 IV 叉状感觉锥伸达前节基部。

胸部　前胸背片布满横纹。背片鬃较多，36 根；前侧角有 2 根，后侧角有 1 根鬃较粗而长，其他背片鬃较细而短；后角外鬃长 50，内鬃长 53；后缘鬃 3 对。羊齿内端相连。中胸盾片布满横纹；前外鬃粗，长 34；中后鬃距后缘远，长 20；后缘鬃长 17。后胸盾片前中部有密排横纹，其后似有 2–3 个横、纵网纹，但不显著呈网纹，两侧为密纵纹；1 对感觉孔互相靠近在后部；前翅前缘鬃 42，前脉鬃 39，后脉鬃 42。前缘鬃 25 根，前脉基部 7 根，端鬃 3 根，后脉鬃 14 根。

腹部　腹节背片 II–VIII 中对鬃两侧有重横线纹而腹片两侧和中部均有线纹但轻微。节 II 背片侧缘鬃 4 根。无鬃孔在背片后半部，中对鬃在前半部，位于无鬃孔前内方。节 V 背片长 74，宽 284；中对鬃间距 63；鬃长：中对鬃（内 I 鬃）5，II 17，III 29，IV（后缘上）51，V 34，VI（背侧片后缘上）49。节 VI–VII 鬃 III 退化变小。节 VIII 背片后缘梳完整，梳毛不长，细，不密。节 IX 背片鬃长：背中鬃 74，中侧鬃 84，

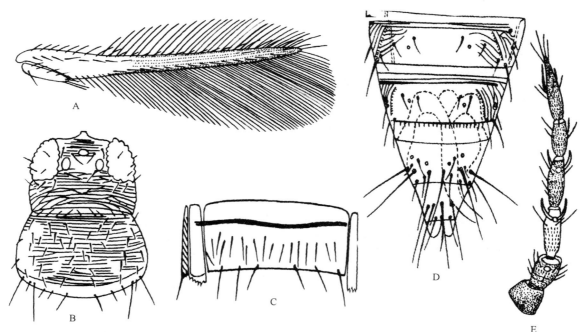

图 2-31　黄胸蓟马 *Thrips hawaiiensis* (Morgan, 1913)（仿自韩运发，1997）
A. 前翅；B. 头和前胸；C. 腹节 V 腹片；D. ♀腹节 VII–X 背片；E. 触角

侧鬃 86。节 X 背鬃分别长 86 和 84。背侧片无附属鬃。腹片附属鬃细长，大致呈 1 横列，鬃数：节 II 5 根，III–VII 13–20 根。节 VII 腹片中对后缘鬃略在后缘之前。

　　雄性：似雌性，但体较小而黄，节 III–VII 腹片有横腺域。节 VIII 背片后缘梳毛在中部，不显著。

　　分布：浙江（临安）、河南、陕西、甘肃、湖北、湖南、台湾、广东、海南、广西、四川、云南、西藏；朝鲜，日本，泰国，巴基斯坦，印度，孟加拉国，越南，斯里兰卡，菲律宾，马来西亚，新加坡，印度尼西亚，巴布亚新几内亚，澳大利亚，新西兰，美国，牙买加，墨西哥。

（200）棕榈蓟马 *Thrips palmi* Karny, 1925（图 2-32）

Thrips palmi Karny, 1925: 10.

Thrips nilgiriensis Ramakrishna, 1928: 245.

Thrips leucadophilus Priesner, 1936: 91.

　　主要特征：雌性：体长 1.0 mm。全体黄色，但触角节 III–V 端部 2/3、VI–VII 淡棕色至棕色，体鬃较暗。

　　头部　前单眼前外侧鬃长 12；单眼间鬃长 18，位于前单眼后外侧，在单眼间三角形外缘连线之外；复眼后鬃大致一横列。触角 7 节，节 III 和 IV 上叉状感觉锥未伸达前节基部。口锥端部窄。

　　胸部　前胸宽大于长，背片有细线纹；后角鬃长：内 64，外 63；后缘鬃 3 对；背片鬃（不包括边缘鬃）28 根；中胸盾片中对鬃位于后缘之前，远离后缘；中胸盾片前外侧鬃长 27；中后鬃长 21，后缘鬃长 15。后胸盾片前中部有 7–8 条横线纹，其后及两侧为较密的纵线纹，末端愈合，中对鬃位于前缘之后；前中鬃长 35，距前缘 16，间距 11；有 1 对感觉孔。仅中胸内叉骨有刺；前翅前缘鬃 24 根，前脉基部鬃 4+3 根，端鬃 3 根，后脉鬃 12 根。

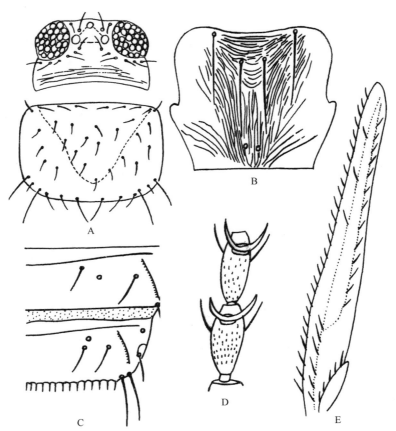

图 2-32　棕榈蓟马 *Thrips palmi* Karny, 1925（仿自韩运发，1997）
A. 头和前胸；B. 后胸盾片；C. 腹节 VII–VIII 背片；D. 触角 III–IV 节；E. 前翅

腹部 腹节背片两侧有弱线纹。节 II 背片侧缘纵列鬃 4 根。节 V 背片长 67，各鬃长：中对鬃（内鬃 I）7，亚中鬃（内鬃 II）25，内鬃 III 26，内鬃 IV 49，内鬃 V 26，节 III 和 IV 背片内鬃 II 长度和粗细近似于内鬃 III；内鬃 II 长 25，内鬃 III 长 28。节 VIII 背片后缘梳完整。节 IX 背片后缘长鬃长：背中鬃 77，中侧鬃 90，侧鬃 83。腹片无附属鬃。节 VII 腹片中对后缘鬃略在后缘之前。

雄性：相似于雌性，但较小；腹部节 III–VII 腹片有椭圆形腺域。

分布：浙江（临安）、湖北、湖南、台湾、广东、海南、香港、广西、四川、云南、西藏；日本，印度，泰国，菲律宾，新加坡，印度尼西亚。

74. 异色蓟马属 *Trichromothrips* Priesner, 1930

Trichromothrips Priesner, 1930: 9. Type species: *Trichromothrips bellus* Priesner, 1930.

Micothrips Ananthakrishnan, 1965: 18.

主要特征：体细长，通常浅黄色或二色。眼后强收缩。口锥短圆，下颚须 3 节。无单眼前鬃，单眼间鬃长。眼后鬃 5 对，排成 1 排。触角 8 节，节 I 有 1 对背顶鬃，III–IV 节感觉锥叉状。前胸光滑，后角有 2 对鬃。中胸背板中对鬃位于前缘附近或在亚中鬃前面；后胸背板常光滑，中间纹线很弱，中对鬃位于前缘或者靠近前缘。前翅前脉鬃列中间有大的间断，端鬃 2 根；翅瓣基部通常有 4 根鬃；端部有 2 根鬃；后缘缨毛弯曲。跗节 2 分节。腹部背板无梳或缘膜；II–VII 背板中间常光滑，两侧有刻纹，且两侧的 3 根鬃呈直线排列；节 VIII 后缘无梳。雄性腹节 IX 背板通常有 1 对后缘突起；III–VIII 腹板每节有 3–6 个腺域。

分布：世界广布。世界已知 34 种，中国记录 6 种，浙江分布 1 种。

（201）络石异色蓟马 *Trichromothrips trachelospemi* Zhang et Tong, 1996（图 2-33）

Trichromothrips trachelospemi Zhang et Tong, 1996: 253.

主要特征：雌性：体长 1.23 mm。头褐色，单眼后方至基部黄色；胸部黄色，前翅腋片及前翅灰褐色，足黄色；腹部各节淡褐色，并常有不规则的红色斑块。

头部 颊在复眼后方略向后收窄。单眼前鬃 1 对，单眼间鬃位于后单眼内侧，复眼后鬃各 5 根。头部后方具不明显的横形状网纹。口锥伸达近前胸后缘。触角 8 节，节 III–VI 基部呈短柄状，节 III、IV 各着生叉状感觉锥，锥长超过着生节之半，节 VI 外侧亦具 1 长的感觉锥，锥长达节 VIII 的端部。

胸部 前胸背板平滑，前缘鬃 6 根，侧缘鬃 4 根，后缘角具粗鬃 2 根，后缘鬃 4 根。中、后胸背板平滑，纵纹稀少，中胸背板中背鬃和中侧鬃着生近一连线上。后胸背板的中背鬃和侧背鬃着生于靠近后胸背板前缘处，后胸背板无感觉孔。中胸腹板内叉骨具小刺。前翅及其腋片密生微毛，前翅前缘鬃 22–23 根，上脉基鬃 3+4 根，端鬃 2 根，上脉鬃 13–15 根。

腹部 腹节 VIII 背板后缘无后缘梳。腹节 II–VII 节腹板后缘鬃各 3 对，节 VII 腹板后缘鬃着生于该节的后缘上，各节腹板无附属鬃。

雄性：与雌性相似，但腹节 III–VIII 腹板中央近前方有 1 横向似哑铃形的腹腺域，两侧具 1 对近圆形腹腺域；节 IX 背板后缘中央着生 1 对粗鬃。

分布：浙江（临安、景宁）。

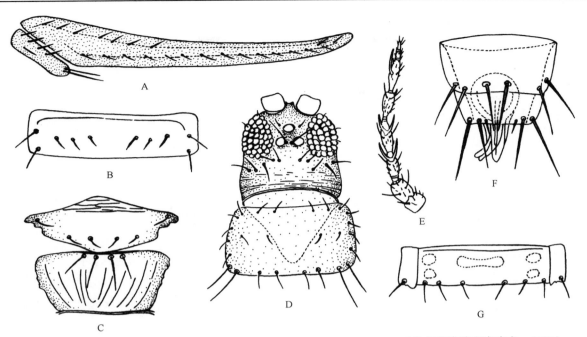

图 2-33　络石异色蓟马 *Trichromothrips trachelospemi* Zhang *et* Tong, 1996（仿自张维球和童晓立，1996）
A. 前翅；B. 腹节 V 背片；C. 中、后胸盾片；D. 头和前胸；E. 触角；F. ♂腹节 IX–X 背片；G. ♂腹节 V 腹片

II. 管尾亚目 Tubulifera

雌性无产卵器，腹末呈管状。末节臀刚毛自端部一环生出。前翅无缘脉，有时仅有 1 条不达顶端的中央纵条；无纤微毛，仅有少数基部鬃。腹节 VIII 腹片发达，明显与腹节 VII 分离。卵多长圆筒形，表面常有花纹。

该亚目仅包括 1 科，即管蓟马科 Phlaeothripidae，世界广布。

十七、管蓟马科 Phlaeothripidae

主要特征：体型一般较大，2–14 mm；长翅型前翅无翅脉和微毛，仅基部鬃较发达；腹部末端呈管状，雌性无特殊产卵器。卵多长圆筒形，表面常有花纹。若虫有 5 个龄期，第 3–5 龄不食少动，称为"前蛹"期。

生物学：该科种类约一半取食绿色植物；在温带地区一般在菊科和禾本科植物花内取食，在热带地区常在植物叶上营虫瘿生活；一些亲缘关系甚远的种类捕食其他小节肢动物。有一半的种类在树皮下、枯枝落叶中取食真菌孢子、菌丝体或菌的消化产物。

分布：世界广布。世界已知 2 亚科 457 属 3500 多种，中国记录 79 属 285 种，浙江分布 5 属 12 种。

（一）灵管蓟马亚科 Idolothripinae

主要特征：该亚科的种类大多取食菌类孢子，生活在枯树枝上、叶屑中、草和苔属植物丛基部。体型一般较大，长 5–14 mm；下颚针较粗，直径 5–10 μm，宽同下唇须；腹节 I 盾片宽，常具发达的侧叶；雄性腹节 VIII 一般无腺域；雄性腹节 IX 的背中鬃 I 发达，几乎与背侧鬃 II 等长。

分布：世界广布。世界已知 81 属 721 种，中国记录 19 属 70 种，浙江分布 1 属 1 种。

75. 岛管蓟马属 *Nesothrips* Kirkaldy, 1907

Nesothrips Kirkaldy, 1907: 103. Type species: *Nesothrips oahuansis* Kirkaldy, 1907.

主要特征：体小到中等。头常宽于长，常呈卵圆，但有时长于宽，通常在眼前略延伸。口锥端部宽圆。口针在头内呈"V"形，间距宽。触角 8 节，节 III 有 2 感觉锥，节 IV 有 4 个。节 VII 短而宽，有不显著梗，与节 VII 间的缝明显。前胸背片宽，在雄性中增大，后侧缝完全。前下胸片及中胸前小腹片一般发达。前足跗齿存在于雄性中，而雌性缺。后胸盾片中对鬃通常小。腹节 I 背片盾板大多数种有侧叶。管较短，边缘直。

分布：世界广布。世界已知 22 种，中国记录 9 种，浙江分布 1 种。

（202）短颈岛管蓟马 *Nesothrips brevicollis* (Bagnall, 1914)（图 2-34）

Oedemothrips brevicollis Bagnall, 1914b: 29.
Nesothrips brevicollis: Mound, 1974: 114.

主要特征：雌性：体暗棕色至黑棕色，翅较暗黄，基部 2/3 有棕色纵条，前足胫节（边缘除外）及各足跗节较黄，体鬃暗。

头部　头背线纹模糊，后部较窄，宽大于或等于长。复眼后鬃尖。复眼后鬃内侧 1 对鬃细；其他头鬃很小。触角 8 节，较短粗，节 III–VII 基部的梗显著，节 VII 基部宽；感觉锥较细；节 III–VII 数目：1+1、1+2+1、1+1、1+1、1。口锥端部较宽圆。口针缩入头内。无下颚桥。

胸部　前胸很宽。背片光滑，后侧缝完全，内纵黑条占背片长约 2/3。除边缘鬃外，仅 2 根极小鬃。腹面前下胸片长条形。前基腹片近乎长三角形。中胸前小腹片中峰显著，两侧叶略向前外伸。中胸盾片前部和后缘有稀疏横纹；各鬃均微小，长 7–9。后胸盾片中部有网纹，两侧有纵纹，均轻微模糊；前缘鬃微小，互相靠近于前缘角；前中鬃较长。前翅中部略窄；间插缨 10 根；翅基鬃间距近似，内 I 距前缘较内 II 和 III 为近，均尖；长：内 I 38，内 II 53，内 III 87。各足线纹少，鬃少而短；跗节无齿。

腹部　腹节 I 的盾板中部馒头形，网纹横向，两侧叶向外渐细。节 II–IX 背片前脊线清晰；线纹和网纹很轻微或模糊；管光滑，鬃微小。节 II 的握翅鬃不反曲，节 III–VII 各节仅后部 1 对握翅鬃，其他小鬃少。节 V 背片长 97，宽 413。节 IX 背片后缘长鬃长度：背中鬃 85，中侧鬃 106，侧鬃 121，显著短于管。节 X（管）长：184，为头长的 1.1 倍，宽：基部 85，端部 43。节 X 长肛鬃长：内中鬃 104，中侧鬃 92，甚短于管。

分布：浙江（临安）、天津、山西、河南、陕西、湖北、湖南、福建、台湾、海南；日本，印度，菲律宾，印度尼西亚，斐济，美国（夏威夷），毛里求斯。

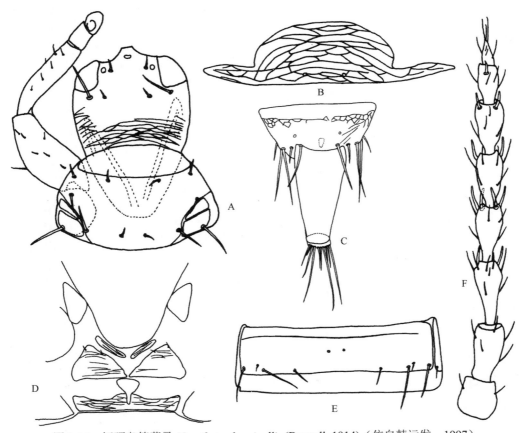

图 2-34　短颈岛管蓟马 *Nesothrips brevicollis* (Bagnall, 1914)（仿自韩运发，1997）
A. 头、前足及前胸背板，背面观；B. 腹节 I 盾板；C. ♀节 IX–X 腹面；D. 前、中胸腹板；E. 腹节 V 背板；F. 触角

（二）管蓟马亚科 Phlaeothripinae

主要特征：体型小至中型，通常 2–5 mm；下颚口针较细，直径通常 1–3 μm，少数种类 4–5 μm，细于下唇须。腹节 I 盾片通常窄，无发达的侧叶；雄性腹节 IX 背侧鬃 II 短粗，其短于背中鬃 I。

分布：世界广布。世界已知 376 属 2845 种，中国记录 60 属 215 种，浙江分布 4 属 11 种。

分属检索表

76. 竹管蓟马属 *Bamboosiella* Ananthakrishnan, 1957

Bamboosiella Ananthakrishnan, 1957: 65. Type species: *Bamboosiella bicoloripes* Ananthakrishnan, 1957.

Antillothrips Stannard, 1957: 20.

主要特征：体小到中等大小，棕色。下颚口针比较短；口针桥消失；复眼后鬃端部尖或扁；触角节 III 具 0+1 或 1+1 感觉锥；前胸背板前缘一般比较平直；前胸背板前缘鬃和中侧鬃发达或退化；前下胸片弱或缺；翅一般比较发达。前翅中部收缩，间插缨有或无；腹节 III–VII 各有 2 对发达的 "S" 形握翅鬃。

分布：古北区、东洋区。世界已知 28 种，中国记录 3 种，浙江分布 1 种。

（203）短鬃竹管蓟马 *Bamboosiella brevibristla* Sha et al., 2003（图 2-35）

Bamboosiella brevibristla Sha et al., 2003: 243.

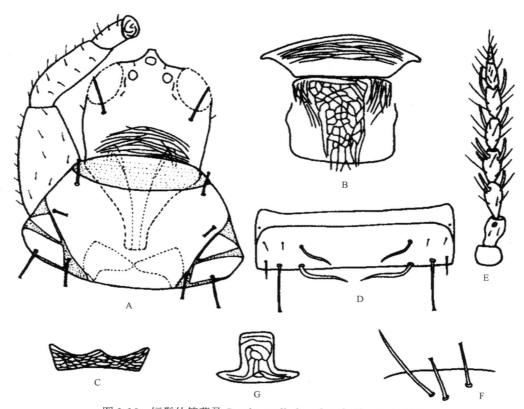

图 2-35　短鬃竹管蓟马 *Bamboosiella brevibristla* Sha et al., 2003

A. 头、前足及前胸背板，背面观；B. 后胸背板；C. 中胸前小腹片；D. 腹节 V 背板；E. 触角；F. 前翅基部；G. 腹节 I 盾板

主要特征：雌性两色。头、胸、尾管中部和两边缘，以及第 VII 腹节和第 IX 腹节后部 1/3 为棕色；尾管两端为黄棕色，第 III–VI 腹节黄棕色，第 II 腹节黄色，第 VII 腹节和第 IX 腹节前部 2/3 为黄棕色。所有足腿节棕色，前足胫节中部黄色，两端棕色，中后足胫节端部和基部黄棕色，所有跗节黄色。触角 8 节，触角第 I 节棕色，第 II 节主要呈黄色、侧缘较深，第 III 节黄色，第 IV 节黄色、中部稍深，第 V 节棕色、基部 1/4 为黄色，第 VI、VII 节棕色。头基部 1/3 有横网纹；复眼后鬃较短；口锥钝圆，下颚口针短，未伸入头内；触角第 III、IV 节感觉锥均为 1+1。前胸背板后侧缝完全，前缘鬃退化，前角鬃、后角鬃和后侧鬃端部膨大，中侧鬃较短，但端部膨大；前胸前下胸片缺，基腹片发达；前跗齿缺；中胸背板前半部有横网纹，后胸背板中间有大的多边形网纹；前小腹片船形，中部突出；前翅基部 I 和 II 端部膨大，III 端部尖，间插缨 6 根或 7 根。第 I 腹节盾板具简单线纹；第 II–VII 腹节背板各有 2 对握翅鬃；第 IX 腹节背板后缘长鬃 I 和 III 较长，端部钝，II 较短且端部尖；尾管短于头，肛鬃稍短于尾管。

分布：浙江（临安）。

77. 简管蓟马属 *Haplothrips* Amyot *et* Serville, 1843

Haplothrips Amyot *et* Serville, 1843: 640. Type species: *Phloeothrips albipennis* Burmeister, 1836.

主要特征：中等大小，通常单色。单眼存在。触角 8 节，节 III 不对称，有 0–3 个简单感觉锥，节 IV 有 4 或 5 个（2+2 或 2+2+1）感觉锥。节 VIII 基部无梗。下颚口针通常长，缩入头壳很深，中间间距较宽；口针桥存在。口锥短，端部宽圆或窄圆。前下胸片存在。后侧缝完全。前翅中部收缩，间插缨有或无。腹节 II–VII 通常各有 2 对 "S" 形握翅鬃。雄性腿节略增大，无腹腺域。

分布：世界广布。世界已知 220 种，中国记录 18 种，浙江分布 7 种。

分种检索表

1. 前胸前缘鬃退化或甚短于其他长鬃 ·········· 巴哥里简管蓟马 *H. bagrolis*
- 前胸前缘鬃发达，不甚短于其他长鬃，在 20 μm 以上 ·········· 2
2. 复眼后鬃端部尖；翅基鬃内 I、II 和 III 端部均尖 ·········· 尖毛简管蓟马 *H. reuteri*
- 复眼后鬃端部钝或膨大；翅基鬃内 I、II 和 III 端部不均尖 ·········· 3
3. 复眼后鬃端部钝或扁钝 ·········· 4
- 复眼后鬃端部膨大 ·········· 6
4. 前胸主要鬃端部膨大，翅基鬃 I 和 II 端部膨大，III 端部尖 ·········· 华简管蓟马 *H. chinensis*
- 前胸主要鬃端部钝或扁钝，翅基鬃与上述不同 ·········· 5
5. 前翅间插缨 8–9 根，翅基鬃 I 和 II 端部钝，III 端部膨大 ·········· 桔简管蓟马 *H. subtilissimus*
- 前翅间插缨 11 根或 13 根，翅基鬃 I 和 II 端部扁钝，III 端部尖 ·········· 狭翅简管蓟马 *H. tenuipennis*
6. 触角节 III 有 1+0 个感觉锥 ·········· 草皮简管蓟马 *H. ganglbaueri*
- 触角节 III 有 1+1 个感觉锥 ·········· 菊简管蓟马 *H. gowdeyi*

（204）巴哥里简管蓟马 *Haplothrips bagrolis* Bhatti, 1973（图 2-36）

Haplothrips bagrolis Bhatti, 1973: 535.

主要特征：雌性：体长 2.19 mm。体暗棕色；前足胫节黄色，两边缘为黑棕色，所有跗节黄色。触角第 III、IV、V、VI 节为黄色。

头部 两颊平直。前单眼着生在延伸物上。复眼腹面无延伸；复眼后鬃端部膨大。节 III–VI 感觉锥分别为 0+1、2+2+1、1+1、1+1。

胸部　前下胸片长三角形。后侧缝完全。前胸背板前缘鬃和后缘鬃短小，其余各主要鬃端部均膨大。前足腿节略膨大，跗节有微齿。中胸前小腹片中间连接，中央有圆形突起。中胸背板前半部有横网纹，后半部无网纹。后胸背板中间有纵网纹，网纹下部超出背板基线。前翅中部收缩，间插缨 9–10 根。翅基部鬃内 I、II 端部膨大，内 III 很长，端部尖。

腹部　腹节 I 盾板钟状，两边有耳形延伸，上有不规则纹。节 II 背板上有一些可见网纹。节 II–VII 各有 2 对粗大的"S"形握翅鬃。节 IX 背侧鬃 II 长于背中鬃 I，背中鬃 I、背侧鬃 II 和侧鬃 III 端部尖。尾管长 140，短于头部和前胸，基部宽 90，端部宽 40，肛鬃 3 对，长于尾管。

雄性：与雌性相似。体长 1.70 mm；前翅间插缨 9 根；前足跗节齿相对较大。伪阳茎端刺逐渐向端部变窄，柱状，顶端向内有些凹入，射精管长，伸达伪阳茎端刺端部。

分布：浙江（临安）、江苏；印度。

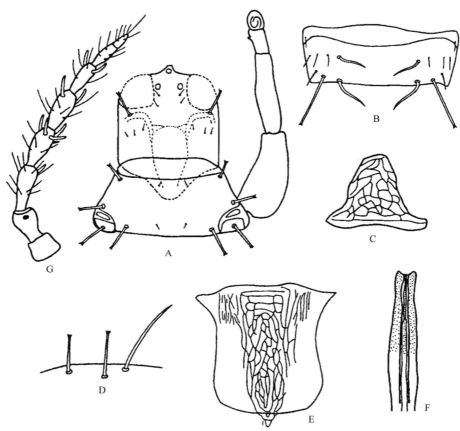

图 2-36　巴哥里简管蓟马 *Haplothrips bagrolis* Bhatti, 1973（仿自韩运发，1997）
A. ♂头、前足和前胸背板，背面观；B. 腹节 V 背板；C. 腹节 I 盾片；D. 翅基鬃；E. 后胸背板；F. 伪阳茎端刺；G. 触角

（205）华简管蓟马 *Haplothrips chinensis* Priesner, 1933（图 2-37）

Haplothrips chinensis Priesner, 1933: 359.

Haplothrips grandior Priesner, 1933: 361.

主要特征：雌性：体长 2.14 mm。体暗棕色；头部及管基部颜色较深；触角节 III–VI 黄色；前足胫节及全部跗节黄色；管端半部 1/3 黄棕色。

头部　两颊平直。前单眼着生在延伸物上，复眼腹面无延伸；复眼后鬃钝。口锥长 105，端部钝；下颚口针缩入头内不深，仅到中部；口针桥存在。触角节 III–VI 感觉锥分别为 0+1、2+2、1+1、1+1。

　　胸部　前胸背板后缘鬃退化，其余各主要鬃发达且端部膨大。后侧缝完全。前下胸片存在，基腹片相对较大。前足胫节略膨大，前足跗节有微齿。中胸前小腹片连接，中央有圆形突起。中胸背板前部 1/4 为膜质，前部 3/4 有弱横网纹。后胸背板纵网纹很弱。前翅中部收缩，间插缨 6–10 根；翅基部内 I、II 端部膨大，III 端部尖，II 距 III 距离较近，I–III 几乎排成 1 条直线。

　　腹部　腹节 I 盾板端部钝圆，两边有耳形延伸，上面有淡网纹。节 II–VII 各有 2 对"S"形握翅鬃，3 对附属鬃。节 IX 背中鬃 I、背侧鬃 II 和侧鬃 III 均长，端部尖。尾管长 140，短于头部和前胸，基部宽 70，端部宽 40。肛鬃 3 对，短于尾管。

　　雄性：似雌性。腹节 IX 的节 II 较短。伪阳茎端刺近端部突然膨大，指状，顶端钝，射精管较长。

　　分布：浙江（临安）、吉林、北京、河北、山西、河南、宁夏、新疆、江苏、安徽、湖北、湖南、福建、台湾、广东、海南、广西、贵州、云南、西藏；朝鲜，日本。

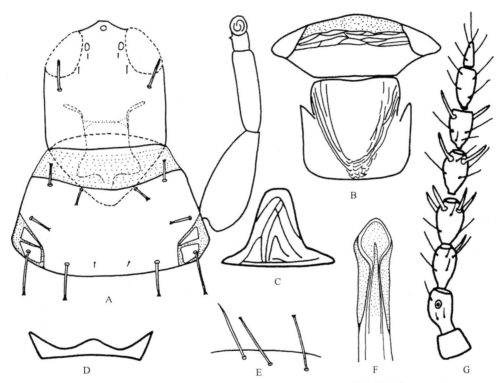

图 2-37　华简管蓟马 *Haplothrips chinensis* Priesner, 1933（仿自韩运发，1997）
A. ♀头、前足和前胸背板，背面观；B. 中后胸背板；C. 腹节 I 盾片；D. ♀中胸前小腹片；E. 翅基鬃；F. 伪阳茎端刺；G. 触角

（206）草皮简管蓟马 *Haplothrips ganglbaueri* Schmutz, 1913（图 2-38）

Haplothrips ganglbaueri Schmutz, 1913: 1034.

Haplothrips vernoniae Priesner, 1921: 1-20.

Zygothrips andhra Ramakrishna, 1928: 217-316.

Haplothrips priesnerianus Bagnall, 1933: 313-334.

Haplothrips tolerabilis Priesner, 1936: 96.

　　主要特征：雄性：体长 1.64 mm。体棕色；中、后足跗节棕色较浅，前足胫节中间部分和跗节黄色；触角节 III–VI 为黄色，节 III 色较亮。

头部　两颊光滑，较平直，仅在基部略有收缩。复眼腹面无延伸；复眼后鬃端部膨大，短于复眼。前单眼着生正常。口锥短，端部宽圆，口针中部间距 80；下颚口针缩入头内较深，但未达到复眼后缘；口针桥存在。触角 8 节，节 III–VII 基部形成小柄，III–VI 的感觉锥分别为 1+0、2+2、1+1、1+1。

胸部　前下胸片近似三角形。后侧缝完全。前胸背板后缘鬃退化，其余各主要鬃均发达且端部膨大。前足腿节略膨大，跗节基部内缘有 1 小齿。前翅中部收缩，间插缨 7 根，翅基鬃内 I、II 端部膨大，内 III 端部尖，内 II 距内 III 较近，内 I–III 几乎成 1 条线。中胸前小腹片中间断开，两边形成两个三角形片。中胸背板有横的网纹。后胸背板中部有纵网纹。

腹部　腹节 I 盾板端部平截状，两边有耳形延伸，上有弯曲的纵纹。节 II–VII 各有 2 对 "S" 形握翅鬃，3 对附属鬃。节 IX 背侧鬃 II 短于背中鬃 I 和侧鬃 III，端部均尖。尾管长 140，略长于前胸，基部宽 55，端部宽 30。肛鬃 3 对，长于尾管。伪阳茎端刺端部柱状，端部不膨大，射精管较长，到达伪阳茎端刺顶端。

雌性：相似于雄性。前翅间插缨 5–7 根。

分布：浙江（临安）、山东、河南、江苏、上海、湖北、江西、湖南、福建、台湾、广东、海南、广西、四川、贵州、云南；日本，印度，斯里兰卡，印度尼西亚。

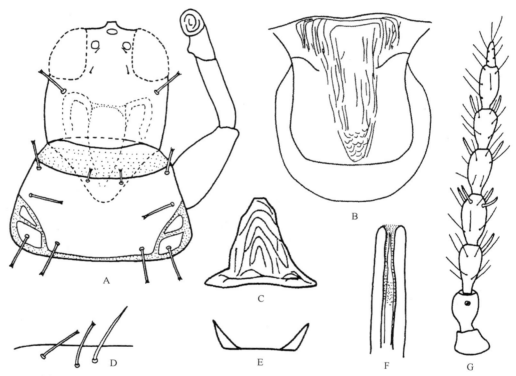

图 2-38　草皮简管蓟马 *Haplothrips ganglbaueri* Schmutz, 1913（仿自韩运发，1997）
A. ♂头、前足和前胸背板，背面观；B. 中后胸背板；C 腹节 I 盾片；D. 翅基鬃；E. ♀中胸前小腹片；F. 伪阳茎端刺；G. 触角

（207）菊简管蓟马 *Haplothrips gowdeyi* (Franklin, 1908)（图 2-39）

Anthothrips gowdeyi Franklin, 1908: 724.

Haplothrips (Haplothrips) gowdeyi: Pitkin, 1976: 250.

主要特征：雄性：体长 1.99 mm。体棕色。前足胫节端部及所有跗节白棕色，中后足胫节暗棕色；触角节 III、IV、V 为黄色，节 VI 基部 1/2 为黄色；腹节 II–IX 棕色逐渐加深。

头部　两颊向后收缩。复眼腹面无延伸；复眼后缘端部膨大。前单眼着生在延伸物上。口锥端部平截状；下颚口针缩入头内较深，仅到中上部；口针中部间距宽。触角节 III–VI 的感觉锥分别为 1+1、2+2+1、1+1、1+1。

胸部　前胸背板后缘鬃退化，其余主要鬃均发达，且都端部膨大。前下胸片近似三角形。后侧缝完全。前足腿节略膨大，跗节有小齿。前翅间插缨 6–7 根；翅基鬃内 I、II 端部膨大，内 III 端部尖。中胸前腹片中间连接，中央有圆形突起。中胸背板前部 1/3 无纹，后部 2/3 有粗的横网纹。后胸背板中部有纵的粗纹。

腹部　腹节 I 盾板端部钝圆，基部两侧有耳形延伸，上有曲线纹。节 II–VII 各有 2 对"S"形握翅鬃，3 对附属鬃。节 IX 背侧鬃 II 短粗，背中鬃 I、背侧鬃 II 和侧鬃 III 分别长 90、33、110。肛鬃 3 对，长于尾管长度。伪阳茎端刺向端部逐渐膨大，至近端部最大，顶端平钝，射精管较长。

雌性：与雄性相似，体长 1.74 mm。

分布：浙江（临安、景宁）、新疆、江西、湖南、福建、台湾、广东、海南、广西、四川、贵州、云南；日本，印度，拉丁美洲。

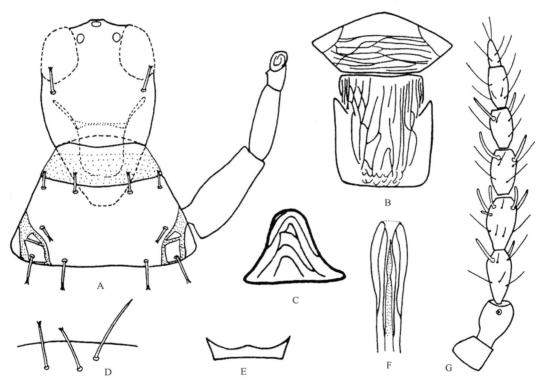

图 2-39　菊简管蓟马 *Haplothrips gowdeyi* (Franklin, 1908)（仿自韩运发，1997）
A. ♂头、前足和前胸背板，背面观；B. 中、后胸背板；C. 腹节 I 盾片；D. 翅基鬃；E. ♂中胸前小腹片；F. 伪阳茎端刺；G. 触角

（208）桔简管蓟马 *Haplothrips subtilissimus* (Haliday, 1852)（图 2-40）

Phloeothrips subtilissimus Haliday, 1852: 1100.

Haplothrips subtilissimus: Bagnall, 1911a: 11.

主要特征：雄性：体长约 1.6 mm。体暗棕色，包括触角和足，但触角节 III 淡棕色，前足胫节端半部和跗节黄棕色，中、后足跗节淡棕色；前翅无色透明，但最基部淡棕色；体鬃淡棕色。

头部　单眼在复眼中线以前，后单眼靠近复眼。复眼后鬃端部钝而不膨大。其他头鬃微小。触角 8 节，节 VIII 基部不收缩；节 I–VIII 长（宽）分别为：34（34）、44（24）、49（22）、56（27）、51（24）、44（24）、41（19）、29（12）；节 III 长为宽的 2.23 倍。感觉锥较小，节 III 1 个、节 IV 4 个。口锥短，端部窄圆。下颚针缩入头内 1/2，不及复眼后鬃处。下颚桥在头后缘处。

胸部 背片光滑，仅后缘有很少弱线纹。长鬃端部钝，但不膨大。其他背片鬃约 8 根，微小而尖。前下胸片紧围口锥。中胸前小腹片横带状，中部和两侧略高。后胸盾片较光滑，仅两前侧角有些纵纹。前翅中部收缩显著；间插缨 8–9 根。翅基鬃内 I 和 II 端部钝，内 III 略微膨大，内 I 和 III 在前，内 II 略靠后。

腹部 腹节 I 背片盾板近似三角形，内有较多线纹。各背片较光滑，仅节 II–VI 有少数微弱线纹在背片两侧。节 II–VII 后侧鬃甚长于节 VIII 的，节 V 的长 85，端部均钝而不膨大。节 IX 背鬃长鬃端部尖。管（节 X）长 122，为头长的 0.61 倍。肛鬃均尖，长 117。

雌性：相似于雄性，但较大。节 IX 背侧鬃 II 长度近似于背中鬃 I 和侧鬃 III。

分布：浙江（临安）、福建、广东；日本，中亚，欧洲，北美洲。

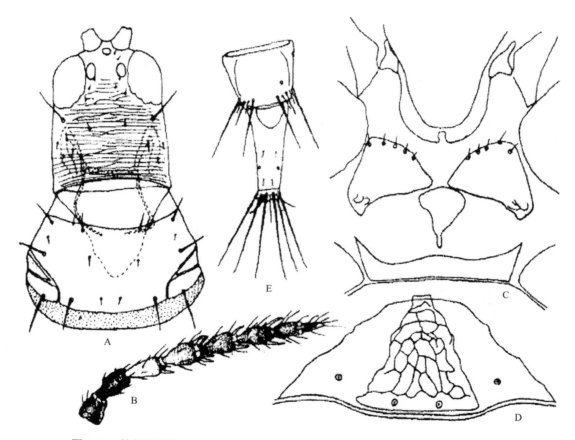

图 2-40 桔简管蓟马 *Haplothrips subtilissimus* (Haliday, 1852)（仿自韩运发，1997）
A. 头、前胸背板，背面观；B. 触角；C. 前、中胸腹板；D. 腹节 I 盾板；E. 第 IX 和第 X 腹节

（209）狭翅简管蓟马 *Haplothrips tenuipennis* Bagnall, 1918（图 2-41）

Haplothrips tenuipennis Bagnall, 1918: 210.

主要特征：雌性：体长 1.8 mm。体暗棕色至黑色，但触角节 III–VI 暗黄色，节 VII–VIII 和前足胫节基部 2/3 淡棕色；前、中、后足胫节端部和各足跗节暗黄色；翅无色，体鬃较暗。

头部 头背横线纹轻微。复眼后鬃端部扁钝。其他背鬃均细小而尖。触角 8 节，节 II–VII 基部梗显著或较细；节 I–VIII 长（宽）分别为：24（41）、41（26）、48（26）、58（31）、48（26）、43（24）、41（21）、24（9）。感觉锥小，长 14–19，数目分别为：节 III 1+1、节 IV 4 个、节 V 和节 VI 各 1+1、节 VII 腹端 1 个。口锥端部较窄。口针较细，缩入头内至复眼后，中部间距较大，76。下颚桥存在。

　　胸部　背片光滑，后侧缝完全。除后缘鬃和其他小背片鬃端部尖以外，边缘长鬃端部均扁钝。腹面前下胸片包围口锥。前基腹片近似三角形。中胸前小腹片中峰不高。中胸盾片后中部缺横线纹；前外侧鬃端部扁钝，其他鬃均很小。后胸盾片后部两侧光滑，纵交错线纹细，有的仅隐约可见；鬃均小；间插缨 11 或 13 根；翅基鬃间距近似，内 I 和 II 端部扁钝，内 III 端部尖。前足跗节无齿。

　　腹部　腹节 I 背片的盾板近梯形，但前端平，板内仅几条山峰式纵线纹。背片线纹轻微；节 II–VII 各有 2 对握翅鬃，外侧有短鬃 3–4 对；后缘背侧长鬃端部略钝，节 V 的内 I 长 97，内 II 长 72。节 V 背片长 126，宽 291；节 IX 背片后缘鬃均端部尖。肛鬃均尖。

　　雄性：相似于雌性，但体较小，体长 1.5 mm。前足腿节稍膨大，跗节有小齿；腹节 IX 背片后缘中侧鬃短于背鬃和侧鬃。

　　分布：浙江（临安）、云南、西藏；印度，印度尼西亚。

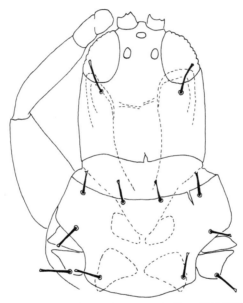

图 2-41　狭翅简管蓟马 *Haplothrips tenuipennis* Bagnall, 1918 头、前足和前胸背板（仿自 Pitkin, 1976）

（210）尖毛简管蓟马 *Haplothrips reuteri* (Karny, 1907)（图 2-42）

Anthemothrips reuteri Karny, 1907: 51.

Haplothrips reuteri: Pitkin, 1976: 253; Han, 1997: 456.

Haplothrips tenuisetosus Bagnall, 1933: 313-334.

Haplothrips satanas Bagnall, 1933: 313-334.

　　主要特征：雌性：体长 2.39 mm。体棕色到黑棕色；触角暗棕色，触角节 III 较亮；前足胫节端部及前足跗节黄棕色，前足其余部分及中、后足全为暗棕色。

　　头部　有横网纹。两颊平直。口锥长，端部宽圆；下颚口针缩入头内较深，但未接触复眼后缘；口针桥存在。前单眼着生在延伸物上。复眼腹面无延伸；复眼后鬃端部尖。触角 8 节，节 III–VII 基部形成短柄，节 III–VI 感觉锥分别为：1+1、2+2、1+1、1+1；节 I–VIII 长（宽）分别为：40（40）、55（31）、55（30）、60（37）、55（30）、50（25）、45（20）、38（13）。

胸部　前胸背板后缘鬃较弱小，其余各鬃均发达且端部尖。前下胸片存在，三角形。后侧缝完全。前足腿节略膨大，跗节基部有 1 小齿。中胸前小腹片中间断开，两边形成两个三角形。中胸背板有横网纹。后胸背板有纵网纹。前翅端部缘缨羽状；翅基部鬃排成 1 个三角形，且端部尖。翅基部及翅瓣为黄棕色，前翅间插缨 4—8 根。

腹部　腹节 I 盾板三角形，基部两侧无耳形延伸，上有弯曲网纹。节 II–VI 上有淡网纹。节 II–VII 各有 2 对"S"形握翅鬃，3 对附属鬃。节 IX 背中鬃 I、背侧鬃 II 及侧鬃 III 端部尖。尾管长于前胸。肛鬃 3 对。

雄性：与雌性相似。体长 2 mm；前足跗节齿明显；腹节 IX 的节 II 粗短。伪阳茎端刺特殊，端部向外形成 2 个大的、尖的突起，钉形，近端部收缩；射精管很长，到达顶端。

分布：浙江（临安）、内蒙古、宁夏；俄罗斯，蒙古国，巴基斯坦，印度，伊朗，欧洲，苏丹，埃及。

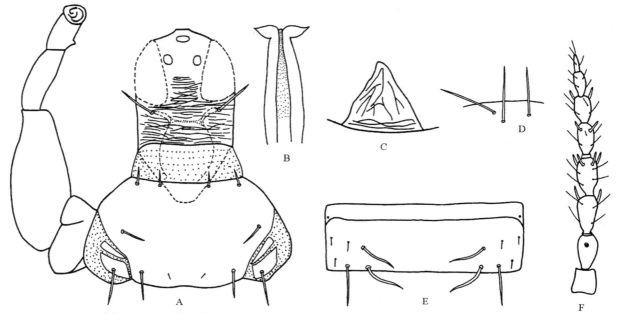

图 2-42　尖毛简管蓟马 *Haplothrips reuteri* (Karny, 1907)（仿自韩运发，1997）
A. ♀头、前足和前胸背板，背面观；B. 伪阳茎端刺；C. 腹节 I 盾片；D. 翅基鬃；E. 腹节 V 背板；F. 触角

78. 长鬃管蓟马属 *Karnyothrips* Watson, 1923

Karnyothrips Watson, 1923: 23. Type species: *Karnynia weigeli* Watson, 1923.

主要特征：棕色或黄棕二色。下颚口针缩入头内很深；口针桥存在。复眼后鬃端部膨大。触角节 III 感觉锥 0+1 或 1+1；节 IV 感觉锥为 1+2+1 或更少。前胸前缘鬃经常退化。后侧缝完全。前足跗节端部有 1 向前的齿，中、后足腿节膨大。肛鬃较长，约为尾管 2 倍或以上。

分布：世界广布。世界已知 46 种，中国记录 2 种，浙江分布 1 种。

（211）白千层长鬃管蓟马 *Karnyothrips melaleucus* (Bagnall, 1911)（图 2-43）

Hindsiana melaleucus Bagnall, 1911b: 61.

Karnyothrips melaleucus: Pitkin, 1976: 26.

主要特征：雌性：体长 1.68 mm。体两色。头部、腹节 I 盾板、腹节 IX 下部 2/3 及节 X 褐色，节 II–VII 黄色，前缘有淡褐色横带纹；触角节 I 淡褐色，节 II–V 黄色，节 VI–VIII 褐色；前足腿节基半部淡褐色，前足其余部分及中、后足全部为黄色。

头部　头部横纹不明显。两颊在复眼后向基部渐收缩。单眼 3 个，前单眼着生正常；复眼腹面无延伸；眼后鬃端部膨大，较长。口锥端部钝圆；口针缩入头内较深，但未接触复眼后缘，口针中间间距较小；口针桥存在，但不明显。触角 8 节，节 III–VI 感觉锥分别为 1+1、1+1+1、1+1、1+0；节 VIII 基部连接广泛；触角节 I–VIII 长（宽）分别为：36（33）、48（27）、48（26）、51（28）、45（24）、40（21）、49（20）、25（41）。

胸部　前胸前缘鬃和后缘鬃退化，其余各主要鬃均发达，且端部膨大。基腹片发达，上有横纹。后侧缝完全。中胸前腹片较弱小，中间连接，中央无突起。中胸背板前半部有横纹，下半部无纹。后胸背板纵纹较少。前翅间插缨 1–2 个，翅基部鬃内 I–III 排成三角形，且端部均膨大。前足腿节特别膨大，跗节有 1 小齿。中、后足腿节膨大。

腹部　腹节 I 盾板端部梯形，端部平截状，基部两侧无耳形延伸。节 II–VII 各有 2 对 "S" 形握翅鬃，4 对附属鬃，节 VII 后缘 "S" 形握翅鬃较平直，不弯曲且纤细。节 IX 背中鬃 I、背侧鬃 II 及侧鬃 III 端部尖，II 纤细，较短，I 和 III 较长，长于尾管的长度。尾管长短于头部和前胸。肛鬃 3 对，非常长，长于尾管的长度。

分布：浙江（临安）、台湾、广东、海南、广西、贵州、云南；日本，印度，印度尼西亚。

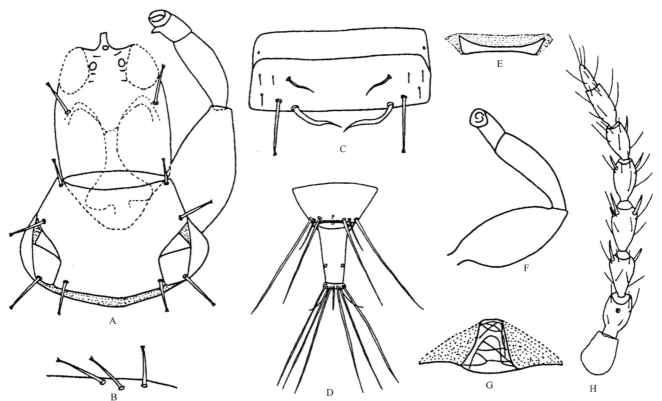

图 2-43　白千层长鬃管蓟马 *Karnyothrips melaleucus* (Bagnall, 1911)（♀）（仿自韩运发，1997）
A. 头、前足和前胸背板，背面观；B. 翅基鬃；C. 腹节 V 背板；D. 腹节 IX–X；E. 中胸前小腹片；F. 后足；G. 腹节 I 盾片；H. 触角

79. 滑管蓟马属 *Liothrips* Uzel, 1895

Liothrips Uzel, 1895: 261. Type species: *Phloeothrips setinodis* Hood, 1918.

主要特征：头略长于宽至 2 倍长于宽，背面常有横线纹，至多在单眼区有六角形网纹。单眼存在，单眼鬃很小，1 对复眼后鬃较长。两颊略拱或直或向基部变窄，至多有些弱小鬃。触角 8 节，绝不很短或念珠状。感觉锥在节 III 仅外端有 1 个，节 IV 1+2 个，较长到很长。口锥适中长，端部宽圆到尖窄。下颚针缩入头内很深。前胸平滑至多有部分弱纹，边缘鬃多数发达。后侧缝完全。前下胸片缺。后胸盾片部分有弱纵纹。前翅发达，边缘平行，翅基鬃发达，总有或仅有少数间插缨。足简单，前腿节不增大，腿节、胫节无钩齿。前足跗节无齿，握翅鬃发达。节 IX 背片长鬃端部尖，雄性侧鬃短于背中鬃和背侧鬃。雄性腹部腹片无腺域。

分布：世界广布。世界已知 260 种，中国记录 25 种，浙江分布 2 种。

（212）胡椒滑管蓟马 *Liothrips piperinus* Priesner, 1935（图 2-44）

Liothrips piperinus Priesner, 1935b: 361.

主要特征：雌性：体长 2.9 mm。体淡灰色到黑色；前足腿节端部及各足跗节和中后足胫节浅黄色。触角节 I、II、VII、VIII 黑色，III、IV 节黄色，节 V 端部 2/3 处带有淡黑色，节 VI 端部 1/2 处淡黑色。前翅略微灰色，中央有 1 条黑带，后部边缘灰白色；后翅有 1 条长灰黑带，后部边缘灰色。触角和足细长，各鬃长，且端部膨大。管基部黑色。

头部　两颊略拱，复眼发达，后单眼比前单眼发达。复眼后鬃粗长，端部膨大，黑色。触角 8 节，节 III 外端有 1 个细长的感觉锥；节 IV 1+2+1 个；下颚针深达头部复眼后鬃处，在中部相互靠近。

胸部　前胸有微网纹。5 对鬃发达，端部钝或微膨大，前缘鬃与前角鬃等长。前基腹片内缘相距较远，近似三角形。中胸前小腹片完全断开，两侧叶近似三角形。后胸盾片前部有纵条纹；间插缨 14–20 根；翅基鬃端部膨大。

腹部　腹节 I 的盾板三角形，有微网纹。节 IX 背侧鬃 I 和背中鬃 II 端部尖，短于管。管渐向端部缩窄。肛鬃短于管。

分布：浙江（临安）、福建、台湾、广东、海南、广西；日本。

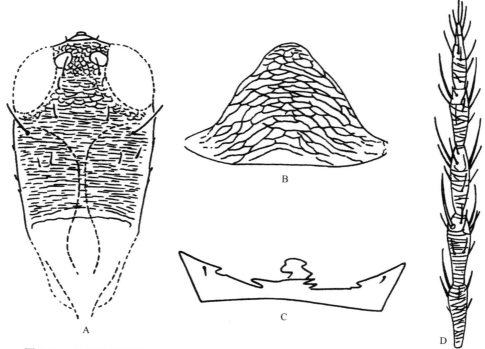

图 2-44　胡椒滑管蓟马 *Liothrips piperinus* Priesner, 1935（♀）（仿自 Okajima，2006)
A. 头；B. 腹节 I 盾板；C. 中胸前小腹片；D. 触角节 III–VIII

（213）百合滑管蓟马 *Liothrips vaneeckei* Priesner, 1920（图 2-45）

Liothrips vaneeckei Priesner, 1920: 211.

主要特征：雄性：体长 2.1 mm。体暗棕色至棕黑色，但触角节 III 黄色，节 IV–VI 端部黄色中略带棕色；前翅微暗，特别是沿边缘和围绕翅基鬃弱暗；各足腿节最端部、前足胫节及中后足胫节端半部和各足跗节黄色；长鬃棕色，节 IX 背片长鬃淡。

头部　背面有横线纹。复眼后鬃尖。其他头鬃均小。触角 8 节，感觉锥较细，节 III 有 1 个，节 IV 有 3 个。下颚针缩入头内复眼后鬃处，间距较宽。

胸部　前胸背片线纹弱。后侧缝完全。长鬃较长，端部鬃尖，前缘鬃最短。前下胸片缺。后胸盾片有纵网纹和横网纹。后胸侧缝短。前翅边缘平行。翅基鬃端部尖。有间插缨 7–12 根。

腹部　腹节 I 盾板有弱纹。节 II–VII 背片有反曲握翅鬃。节 IX 背片后缘长鬃约长如管。管长 217，为头长的 0.9 倍。节 VII 腹片有腺域。

雌性：相似于雄性。体长 2.7 mm。

分布：浙江（临安）、黑龙江、吉林、辽宁、河南、新疆、江西、福建、台湾、广东、海南、广西；朝鲜，日本，意大利，荷兰，奥地利，北美洲，新西兰。

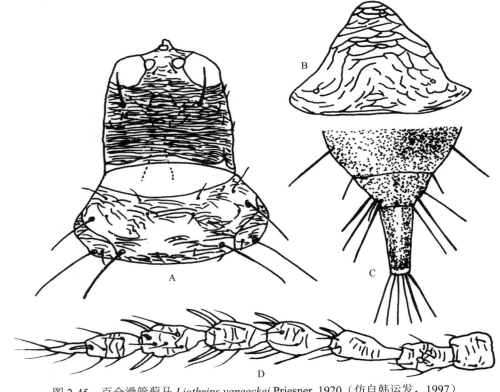

图 2-45　百合滑管蓟马 *Liothrips vaneeckei* Priesner, 1920（仿自韩运发，1997）
A. 头和前胸背板，背面观；B. 腹节 I 盾板；C. ♀腹节 VIII–X 腹面；D. 触角

第三章　广翅目 Megaloptera

广翅目俗称齿蛉、鱼蛉或泥蛉。成虫小至大型。头大，多呈方形，前口式；口器咀嚼式，部分种类雄性上颚极长；复眼大，半球形。翅宽大，膜质、透明或半透明，前、后翅形相似，但后翅具发达的臀区；脉序复杂，呈网状，无缘饰。幼虫蛃形，头前口式，口器咀嚼式，上颚发达；腹部两侧成对的气管腮。

完全变态。生活史较长，完成一代一般需 1 年以上，最长可达 5 年。卵块产于水边石头、树干、叶片等物体上。幼虫常生活于流水的石块下或池塘及静流的底层。幼虫捕食性；蛹常见于水边的石块下或朽木树皮下。成虫白天停息在水边岩石或植物上，多数种类夜间活动，具趋光性。幼虫对水质变化敏感，可作为指示生物用于水质监测；幼虫还可以作为淡水经济鱼类的饵料，并具有一定的药用价值。

广布于世界各大动物地理区。世界已知 380 余种，中国记录约 124 种，浙江分布 18 种。

十八、齿蛉科 Corydalidae

主要特征：成虫头部短粗或扁宽，头顶三角形或近方形。单眼 3 枚，近卵圆形。触角丝状、近锯齿状或栉状。唇基完整或中部凹缺。上唇三角形、卵圆形或长方形；上颚发达，内缘多具发达的齿；下颚须 4–5 节；下唇须多 3–4 节。前胸四边形，一般较头部细；中后胸粗壮。跗节 5 节，均为圆柱状。翅长卵圆形；径脉与中脉间具翅疤，前翅翅疤 3 个，后翅翅疤 2 个。雄性腹端第 9 腹板发达；肛上板 1 对，发达；臀胝卵圆形、发达；第 10 生殖基节多发达。雌性腹端生殖基节多具发达的侧骨片，端部多具细指状的生殖刺突。幼虫腹部 1–8 节两侧各具 1 对气管鳃，末端具 1 对末端具爪的臀足。

分布：世界广布。世界已知 27 属约 300 种，中国已知 10 属 109 种，浙江分布 6 属 16 种。

分属检索表

1. 成虫头部具复眼后侧片；雄性臀胝位于第 9 背板与肛上板之间；第 9 生殖刺突发达；幼虫气管鳃腹面具毛簇；第 8 腹节气门无特化 ·· 2
- 成虫头部无复眼后侧片；雄性臀胝与肛上板愈合；第 9 生殖刺突退化或缺如；幼虫气管鳃腹面无毛簇；第 8 腹节气门特化，常延伸为呼吸管 ·· 4
2. 前翅 A_1 分 2 支 ··· 星齿蛉属 *Protohermes*
- 前翅 A_1 分 3 支 ··· 3
3. 头顶具 1 对发达的齿状突；上颚明显雌雄异型；前翅前缘横脉多网状 ···············巨齿蛉属 *Acanthacorydalis*
- 头顶无齿状突；雌雄上颚形状相同；前翅前缘横脉相互平行而非网状 ···············齿蛉属 *Neoneuromus*
4. 雌性触角栉状；前翅 A_1 与 A_2 间的横脉与 A_2 的分支点或前支连接；雄性第 10 生殖基节由近基部分叉 ··栉鱼蛉属 *Ctenochauliodes*
- 雌性触角近锯齿状；前翅 A_1 与 A_2 间的横脉与 A_2 柄部连接；雄性第 10 生殖基节不分叉 ················· 5
5. 前翅臀脉较平直而非波状；雄性第 10 生殖基节外露 ·······································斑鱼蛉属 *Neochauliodes*
- 前翅臀脉强烈的波状弯曲；雄性第 10 生殖基节包被于第 9 背板，侧面观不可见 ·········准鱼蛉属 *Parachauliodes*

80. 巨齿蛉属 *Acanthacorydalis* van der Weele, 1907

Acanthacorydalis van der Weele, 1907: 228. Type species: *Corydalis asiatica* Wood-Mason, 1884.

主要特征：体大型，全黑色或黑褐色具黄色斑纹。头部大而扁宽，唇基前缘中央具 1 较深的半圆形凹缺。复眼后侧缘齿发达，头顶还具 1 对齿状突起。雄性上颚极发达，明显大于雌性，约等于头部及前胸的总长，其内缘基部具 1 大齿，端半部具 1–3 小齿。前翅前缘横脉多分叉或连接。雄性腹端第 9 背板一般纵向分成左右对称的两片；第 9 腹板宽大于长，端缘两侧各具 1 瓣状突起；肛上板棒状、略弯曲；第 10 生殖基节倒拱形，稍骨化，生殖刺突指状。

分布：古北区、东洋区。世界已知约 8 种，中国记录 6 种，浙江分布 2 种。

（214）越中巨齿蛉 *Acanthacorydalis fruhstorferi* van der Weele, 1907（图 3-1，图版 III-1）

Acanthacorydalis fruhstorferi van der Weele, 1907: 233.

主要特征：头部黑褐色。复眼褐色；单眼黄色，单眼前具 1 不明显的红褐色或黄褐色斑。雄性下颚外颚叶黄褐色；上颚极发达，其内缘具 3 齿，基齿发达、尖锐，中齿和端齿短尖。外咽片前端两侧向前呈刺状突伸。胸部黑褐色，前胸腹板除前后缘黑色外均红褐色或黄褐色。翅半透明，横脉两侧具明显褐斑。脉褐色。腹部黑褐色，被暗黄色短毛。雄性腹端背视第 9 背板纵向分成左右对称的 2 片，基缘"V"形凹缺；第 9 腹板横宽，端缘平直或略向内凹，其瓣状突端部缩尖；肛上板棒状，端半部向外弯曲，末端内缘明显凹缺；生殖刺突短粗，中部不膨大，端部缩小并向内弯曲，末端具 1 骨化小爪；第 10 生殖基节中部较宽，基缘略呈梯形凹缺，侧臂近基部缢缩，端缘微凹，侧突约等于侧臂长度的 1/2。

分布：浙江（安吉、开化）、江西、湖南、福建、广东、广西、贵州、云南；越南。

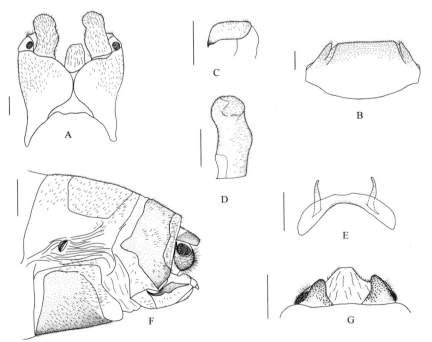

图 3-1 越中巨齿蛉 *Acanthacorydalis fruhstorferi* van der Weele, 1907（引自杨定和刘星月，2010）

A. ♂外生殖器背面观；B. ♂第 9 腹板腹面观；C. ♂第 9 生殖刺突腹面观；D. ♂肛上板腹面观；E. ♂第 10 生殖基节+第 10 生殖刺突腹面观；F. ♀外生殖器侧面观；G. ♀外生殖器背面观。标尺=1 mm

（215）单斑巨齿蛉 Acanthacorydalis unimaculata Yang et Yang, 1986（图 3-2，图版 III-2）

Acanthacorydalis unimaculata Yang et Yang, 1986: 85.

主要特征：头部黑褐色，头顶具黄色网状纹；腹面黑色，同样具黄色网状纹。复眼褐色；单眼黄色，中单眼前具 1 黄斑，单眼后则无任何黄斑，有些个体单眼后具很窄的红褐色或黄褐色区域，并向头部两侧缘延伸。后头黄色，具 3 黑斑，中斑细，两侧斑楔形。雄性上颚极发达，内缘基齿发达、尖锐，端半部仅具 1 小短尖的端齿，而无中齿。外咽片前端两侧向前呈刺状突伸。前胸背板前缘两侧各具 1 逗点状黄斑，其后紧接 1 长钩状黄斑，近侧缘还具 1 纵斑；近后侧缘处微隆起，黄色；中斑多呈楔形并伸达前缘，其基部两侧具 1 对三角形黄斑；前胸腹板近前缘及侧缘各具 2 个黄色小条斑，后面还具 2 个近方形的大黄斑，与侧缘者几乎愈合，该黄斑在雄性多扩展，甚至几乎使腹板全呈黄色。中胸前缘中央具 1 对卵形黄斑。翅烟褐色，横脉两侧有明显的褐斑，后翅基半部近乎无色透明。脉黑褐色。雄性腹端第 9 背板纵向分为左右 2 片，基缘"V"形凹缺；第 9 腹板横宽，其瓣状突末端缩尖；肛上板棒状，基半部较细，端半部加粗并明显外弯，末端内缘略凹陷；生殖刺突短粗，中部明显膨大，端部缩小且稍内弯，末端具 1 骨化小爪；第 10 生殖基节基缘的中央半圆形凹缺，侧臂的端半部缩小，端缘中央微凹，侧突较短、约为侧臂长的 1/2。

分布：浙江（德清、临安、莲都）、安徽、江西、湖南、福建、广东、广西、贵州、云南；越南。

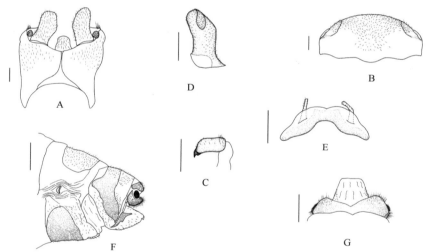

图 3-2 单斑巨齿蛉 Acanthacorydalis unimaculata Yang et Yang, 1986（引自杨定和刘星月，2010）
A. ♂外生殖器背面观；B. ♂第 9 腹板腹面观；C. ♂第 9 生殖刺突腹面观；D. ♂肛上板腹面观；E. ♂第 10 生殖基节+第 10 生殖刺突腹面观；F. ♀外生殖器侧面观；G. ♀外生殖器背面观。标尺=1 mm

81. 齿蛉属 Neoneuromus van der Weele, 1909

Neoneuromus van der Weele, 1909b: 252. Type species: Neuromus fenestralis McLachlan, 1869.

主要特征：体大型，黄褐色、红褐色或黑褐色。头部大而扁平，头顶明显方形，复眼后侧缘齿发达、刺状，头顶无齿状突起。雌雄上颚形状和大小相同，内缘具 3 个齿。前胸长明显大于宽。翅大而狭长，端半部多褐色，横脉两侧多具褐斑。后翅臀区翅面上被黄色或褐色的短毛。雄性腹端第 9 背板完整，基缘弧形凹缺，基部中央具内陷，端缘中央具向两侧延伸的裂缝；第 9 腹板纵向延长，基部宽并向端部渐窄，端半部突伸在肛上板之间，末端平截或分叉；肛上板棒状，端半部明显膨大而内弯；生殖刺突为细长的爪状，末端具 1 内弯的骨化小爪；第 10 生殖基节基部宽而向端部缩小，基缘梯形或弧形凹缺，中部两侧多向后隆突，侧突细长的指状，但有时完全消失；载肛突圆柱形、骨化较强。

　　分布：古北区、东洋区。世界已知 13 种，中国记录 10 种，浙江分布 3 种。

分种检索表

1. 前翅 1mp-cua 横脉处具 1 深色斑纹 ·· 东方齿蛉 *N. orientalis*
- 前翅 1mp-cua 横脉处无深色斑纹 ··· 2
2. 头及前胸背板黄褐色；雄性第 9 腹板末端中央明显凹陷，两侧具短指状突；雄性第 10 生殖基节与生殖刺突连接处较长、细指状 ·· 普通齿蛉 *N. ignobilis*
- 头及前胸背板红褐色；雄性第 9 腹板末端中央凹陷，两侧突起宽圆；雄性第 10 生殖基节与生殖刺突连接处较短、近三角形 ·· 东华齿蛉 *N. similis*

（216）普通齿蛉 *Neoneuromus ignobilis* Navás, 1932（图 3-3，图版 III-3）

Neoneuromus ignobilis Navás, 1932a: 147.

Corydalis huangshanensis Ôuchi, 1939: 230.

　　主要特征：头部黄褐色，复眼后侧区具 1 宽的黑色纵带斑，有时纵斑向两侧扩展以至整个头顶几乎为黑色。复眼褐色；单眼黄色，其间黑色，单眼前有横向扩展到触角基部的黑斑。雄性上颚、下颚须端部 3 节及下唇须端部 3 节均黑色，而上颚端部及其内缘的齿红褐色；下颚密被黄色的毛。外咽片前缘两侧黑色，略向前突伸。前胸长明显大于宽，两侧各具 1 宽的黑色纵带斑。前胸腹板前缘黑色，两侧缘各具 2 个月牙形的小黑斑。中后胸背板两侧和小盾片褐色。前翅端半部黄褐色或褐色而基半部几乎无色。后翅色浅，基半部完全透明，臀区翅面被黄色的短毛。脉黄色，横脉色深，特别是前缘横脉和径横脉深褐色。雄性腹端第 9 背板完整，基缘弧形凹缺；第 9 腹板末端中央深凹，明显分成 2 叉；肛上板棒状，端半部明显膨大，

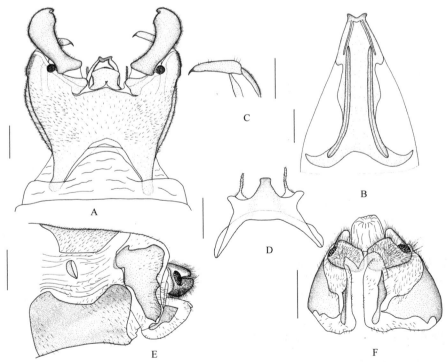

图 3-3　普通齿蛉 *Neoneuromus ignobilis* Navás, 1932（引自杨定和刘星月，2010）

A. ♂外生殖器背面观；B. ♂第 9 腹板腹面观；C. ♂第 9 生殖刺突腹面观；D. ♂第 10 生殖基节+第 10 生殖刺突腹面观；E. ♀外生殖器侧面观；F. ♀外生殖器腹面观。标尺=1 mm

末端明显向内弯曲；生殖刺突为细长的爪状，末端具1内弯的骨化小爪；第10生殖基节两侧臂较长，腹视基缘较深的弧形凹缺，端缘平直、两侧略向外延伸，中部两侧隆突发达，其上各具1细长的指状侧突。

　　分布：浙江（德清、安吉、临安、开化、莲都、庆元、龙泉）、山西、陕西、安徽、湖北、江西、湖南、福建、广东、广西、重庆、四川、贵州；越南，老挝。

（217）东方齿蛉 *Neoneuromus orientalis* Liu *et* Yang, 2004（图 3-4，图版 III-4）

Neoneuromus orientalis Liu *et* Yang, 2004: 154.

　　主要特征：头部黄褐色，复眼后侧区具1宽的黑色纵带斑，有时纵斑向两侧扩展以至整个头顶几乎黑色。复眼褐色；单眼黄色，其间黑色。雄性上颚端部及其内缘的齿为红褐色；下颚密被黄色的毛。外咽片前缘两侧黑色，略向前突伸。前胸背板两侧各具1宽的黑色纵带斑；腹板前缘黑色，两侧缘各具2个月牙形的小黑斑。前翅无色透明，仅顶角为极浅的褐色；除前缘横脉外，其余横脉两侧有褐斑，有时全翅的褐斑退化消失。后翅无色，完全透明，臀区翅面被黄色的短毛。脉黄褐色，前缘横脉和径横脉颜色较深。雄性腹端第9背板完整，基缘弧形凹缺；第9腹板末端中央深凹，明显分成2叉；肛上板棒状，端半部明显膨大，末端略内弯；生殖刺突细长，末端具1内弯的骨化小爪；第10生殖基节两侧臂较短，腹视基缘梯形浅凹，端缘平直、两侧略向外延伸，中部两侧的突起短小但明显突出，其上的指状侧突较短。

　　分布：浙江（安吉、临安、丽水）、福建、广东、广西、四川、贵州；越南。

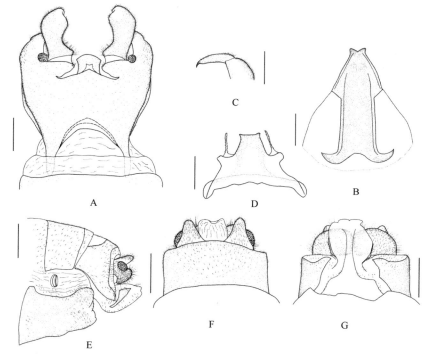

图 3-4　东方齿蛉 *Neoneuromus orientalis* Liu *et* Yang, 2004（引自杨定和刘星月，2010）

A. ♂外生殖器背面观；B. ♂第9腹板腹面观；C. ♂第9生殖刺突腹面观；D. ♂第10生殖基节+第10生殖刺突腹面观；E. ♀外生殖器侧面观；F. ♀外生殖器背面观；G. ♀外生殖器腹面观。标尺=1 mm

（218）东华齿蛉 *Neoneuromus similis* Liu, Hayashi *et* Yang, 2018（图 3-5，图版 III-5）

Neoneuromus similis Liu, Hayashi *et* Yang in Yang et al., 2018: 593.

　　主要特征：头部红褐色，后外侧具小黑斑或深红褐色斑，侧面具宽的黑斑。复眼褐色；单眼黄色，其间黑色。上唇黄褐色；上颚黑色，端部及其内缘的齿为红褐色；下颚黄色，下唇黄褐色，下颚须及下唇须端部 3 节均黑色。前胸黄褐色至深红褐色，前胸背板前缘黑色，前端两侧各具 1 短的黑色纵带斑。中后胸褐色至深褐色，侧缘及盾片颜色更深。前翅透明，端半部略带烟褐色，中部具近方形透明区域，前翅 1mp-cua 横脉处无斑纹。后翅端半部烟褐色。脉浅褐色至暗褐色。雄性腹部黑褐色。雄性腹端第 9 背板近梯形，基缘弧形凹缺；第 9 腹板狭窄细小，具 1 对狭窄的纵向内脊，顶端非常狭窄并形成 1 对微弱的短而钝的突起；第 9 生殖刺突为细长的爪状；第 10 生殖基节具 1 对短的近三角形侧突；第 10 生殖刺突为细长指状。

分布： 浙江（泰顺）、江苏、安徽、江西、福建、广东。

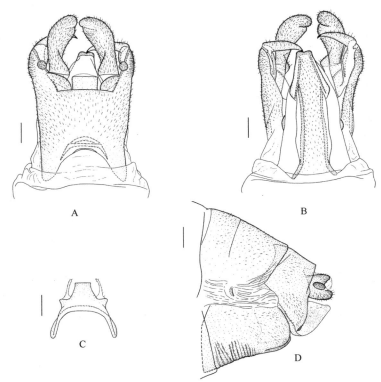

图 3-5　东华齿蛉 *Neoneuromus similis* Liu, Hayashi *et* Yang, 2018（引自杨定和刘星月，2010）
A. ♂外生殖器背面观；B. ♂外生殖器腹面观；C. ♂第 10 生殖基节+第 10 生殖刺突腹面观；D. ♀外生殖器侧面观。标尺=1 mm

82. 星齿蛉属 *Protohermes* van der Weele, 1907

Protohermes van der Weele, 1907: 243. Type species: *Hermes anticus* Walker, 1853.
Allohermes Lestage, 1927: 100. Type species: *Protohermes davidi* van der Weele, 1909.

主要特征： 体中至大型，多浅黄色或黄褐色，但有时黑褐色。头部短粗，复眼后侧缘齿有或无。单眼球形突起，中单眼有时横长，侧单眼靠近或远离中单眼。触角近锯齿状，约为头部和前胸的总长。唇基前缘中央无凹缺。上唇近三角形。前胸长略大于宽，背板两侧具数量、形状各异的黑斑或褐斑。翅大而狭长，浅烟褐色至黑褐色，多具淡黄色或乳白色的斑纹。雄性腹端第 9 背板完整，基缘弧形凹缺；第 9 腹板多宽阔，端缘中央具"V"形或梯形凹缺，凹缺的宽窄深浅因种而异；肛上板形状变化很大，呈细指状、棒状、短圆柱状、扁平瓣状或长带状；生殖刺突爪状，多向内背侧弯曲，长短粗细因种而异；第 10 生殖基节一般呈拱形，有时具背向突伸的中突，侧突指状或瘤状，有时则强烈膨大成梯形。

分布： 古北区、东洋区。世界已知 79 种，中国记录 46 种，浙江分布 5 种。

分种检索表

（219）花边星齿蛉 *Protohermes costalis* (Walker, 1853)（图 3-6，图版 III-6）

Hermes costalis Walker, 1853a: 207.

Protohermes griseus Stitz, 1914: 201.

Protohermes costalis: Banks, 1937: 275.

主要特征：头部黄褐色，无任何斑纹；头顶方形，无复眼后侧缘齿。复眼褐色；单眼黄色，其内缘黑色，中单眼横长，侧单眼远离中单眼。前胸背板近侧缘具 2 对黑斑；中后胸背板两侧各具 1 对褐斑。前翅半透明，浅灰褐色，前缘横脉间充满褐斑，翅基部具 1 个大的淡黄斑，中部具 3-4 个多连接的淡黄斑，近端部 1/3 处具 1 淡黄色圆斑。后翅较前翅色浅，近端部 1/3 处具 1 淡黄色圆斑。脉黄褐色，但在淡黄斑中呈黄色。雄性腹端第 9 背板近长方形，基缘弧形凹缺，端缘弧形隆突；第 9 腹板宽阔，中部明显隆起，侧缘几乎相互平行，端缘梯形凹缺，两侧各形成 1 末端尖锐的三角形突起；肛上板短柱状，外端角略向外突伸，末端微凹且密生长毛，肛上板腹面内端角具 1 近三角形小突，其上具 1 毛簇；生殖刺突为基粗端细略向内背侧弯曲的爪；第 10 生殖基节拱形，基缘背中突稍隆起，端缘中央具 1 小的三角形凹缺并形成 1 对乳突状隆突，侧突指状、其端半部明显变细且向内弯曲。

分布：浙江（安吉、临安、莲都）、河南、安徽、湖北、江西、湖南、福建、台湾、广东、广西、贵州、云南；印度。

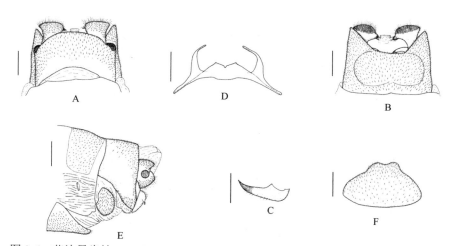

图 3-6 花边星齿蛉 *Protohermes costalis* (Walker, 1853)（引自杨定和刘星月，2010）

A. ♂外生殖器背面观；B. ♂外生殖器腹面观；C. ♂生殖刺突后面观；D. ♂第 10 生殖基节+第 10 生殖刺突腹面观；E. ♀外生殖器侧面观；F. ♀第 8 生殖基节腹面观。标尺=1 mm

（220）古田星齿蛉 *Protohermes gutianensis* Yang *et* Yang, 1995（图 3-7，图版 IV-1）

Protohermes gutianensis Yang *et* Yang, 1995: 129.

　　主要特征：头部黄褐色，复眼后侧缘黑色，但有时头侧缘全为黑色，头顶两侧另具 1 对细长的黑色纵斑；头顶近方形，无复眼后侧缘齿。复眼黑色；单眼黄色，其内缘褐色，中单眼横长，侧单眼远离中单眼。前胸背板侧缘具 1 对较宽的黑色纵斑。中后胸黄色，背板前侧角各具 1 褐斑。前翅透明，浅烟褐色，前缘横脉间具褐斑，翅基部具 1 不明显的小淡黄斑，中部沿肘脉具 2–4 个淡黄斑，近端部 1/3 处无淡黄斑。后翅较前翅色浅，基半部无色透明。脉浅褐色，但在淡黄斑内及后翅基部的翅脉淡黄色。雄性腹端第 9 背板近长方形，侧缘直，基缘梯形凹缺，端缘中央微凹；第 9 腹板宽大，近半圆形，中部明显隆起，端缘中央窄长方形深凹，两侧各形成 1 较大的近三角形突起；肛上板短柱状，外端角明显向外突伸，末端内凹，其上密生长毛，肛上板腹面内侧近基部具 1 个小突，其上具 1 毛簇；生殖刺突爪状，基粗端细，略向内背侧弯曲；第 10 生殖基节拱形，基缘背中突梯形，端缘中央凹缺并形成 1 对近长方形的突起，侧突细长的指状、末端被短毛。

　　分布：浙江（安吉、临安、开化、莲都）、河南、甘肃、江西、湖南、福建、广东、广西、重庆、四川、贵州。

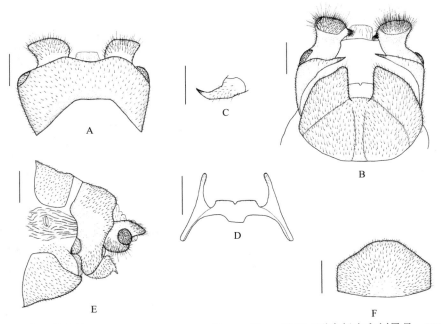

图 3-7　古田星齿蛉 *Protohermes gutianensis* Yang *et* Yang, 1995（引自杨定和刘星月，2010）
A. ♂外生殖器背面观；B. ♂外生殖器腹面观；C. ♂生殖刺突后面观；D. ♂第 10 生殖基节+第 10 生殖刺突腹面观；E. ♀外生殖器侧面观；F. ♀第 8 生殖基节腹面观。标尺=1 mm

（221）中华星齿蛉 *Protohermes sinensis* Yang *et* Yang, 1992（图 3-8，图版 IV-2）

Protohermes sinensis Yang *et* Yang, 1992: 640.

　　主要特征：头部暗黄色至褐色，头顶两侧各具 3 个褐色或黑色的斑，前面的斑较大、近方形，后面外侧的斑楔形，内侧的斑小点状；中单眼前还具 1 褐色或黑色的横斑；头顶方形，无复眼后侧缘齿。复眼褐色；单眼黄色，其内缘黑色。前胸背板近侧缘各具 1 黑色纵带斑；中后胸背板两侧各具 1 对黑斑。翅透明，浅褐色，翅基部具 1 大而不规则的淡黄斑，中部具 3–4 个近圆形的淡黄斑，近端部 1/3 处具 1 淡黄色圆斑；

脉褐色，淡黄斑中的脉呈黄色。后翅较前翅色浅，中部及近端部 1/3 处各具 1 淡黄色圆斑；脉褐色，在淡黄斑中的脉以及基部的中脉、肘脉、臀脉和轭脉呈黄色。雄性腹端第 9 背板近长方形，侧缘直，基缘宽的梯形凹缺，端缘中央微凹；第 9 腹板近长方形，中部明显隆起，侧缘直，端缘宽而浅的"V"形凹缺；肛上板短柱状，端部略膨大，外端角不向外突伸，末端微凹且密被长毛，肛上板腹面内端角具 1 不发达的小突，其上具 1 毛簇；生殖刺突爪状，基部粗且略向端部缩尖，略向内背侧弯曲；第 10 生殖基节拱形，基缘深的梯形凹缺，但背中突略隆起，端缘中央微凹并形成 1 对不发达的隆突，侧突细长的指状、其端半部被毛且略内弯。

　　分布：浙江（德清、丽水）、河南、上海、湖南。

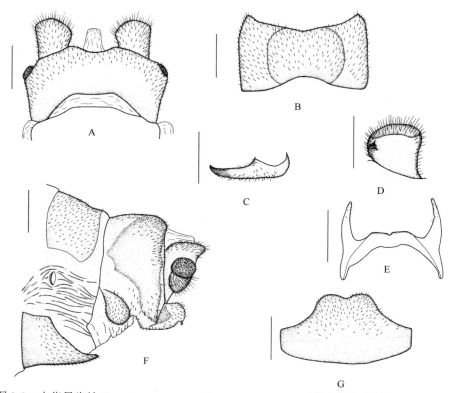

图 3-8　中华星齿蛉 Protohermes sinensis Yang et Yang, 1992（引自杨定和刘星月，2010）
A.♂外生殖器背面观；B.♂第 9 腹板腹面观；C.♂生殖刺突后面观；D.♂肛上板腹面观；E.♂第 10 生殖基节+第 10 生殖刺突腹面观；F.♀外生殖器侧面观；G.♀第 8 生殖基节腹面观。标尺=1 mm

（222）炎黄星齿蛉 *Protohermes xanthodes* Navás, 1914（图 3-9，图版 IV-3）

Protohermes xanthodes Navás, [1914] 1913: 427.

Protohermes rubidus Stitz, 1914: 201.

Protohermes martynovae Vshivkova, 1995: 24.

　　主要特征：头部黄色或黄褐色；头顶两侧各具 3 黑斑，前面的斑大、近方形，后面外侧的斑楔形，内侧的斑小点状；头顶方形，复眼后侧缘齿短钝。复眼褐色；单眼黄色，其内缘黑色，中单眼横长，侧单眼远离中单眼。前胸背板近侧缘具 2 对黑斑；中后胸背板两侧有时浅褐色。前翅极浅的烟褐色，但翅痣黄色，翅基部具 1 淡黄斑，中部具 3–4 淡黄斑，近端部 1/3 处具 1 淡黄色小圆斑。后翅基半部近乎无色透明，翅中部径脉与中脉间具 2 淡黄斑。脉浅褐色，但在淡黄斑中的脉及后翅基半部的翅脉淡黄色，亚前缘脉和第 1 径脉有时黄色。雄性腹端第 9 背板近长方形，基缘梯形凹缺，端缘中央微凹；第 9 腹板端缘梯形凹缺，两侧各形成 1 末端尖锐的三角形突起；肛上板短棒状，基粗端细，中部内侧微凹，近端部内侧具 1 毛簇；

生殖刺突背视明显可见，较粗壮，末端具 1 内弯的小爪；第 10 生殖基节拱形，基缘弧形，侧突较骨化，指状而末端尖锐。

　　分布：浙江（丽水）、辽宁、北京、河北、山西、山东、河南、陕西、甘肃、安徽、湖北、江西、湖南、广东、广西、重庆、四川、贵州、云南；俄罗斯，韩国。

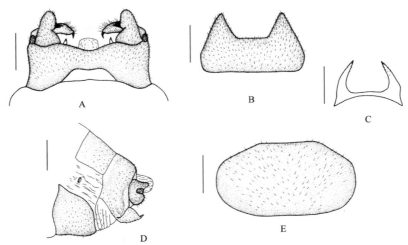

图 3-9　炎黄星齿蛉 *Protohermes xanthodes* Navás, 1914（引自杨定和刘星月，2010）
A.♂外生殖器背面观；B.♂第 9 腹板腹面观；C.♂第 10 生殖基节+第 10 生殖刺突腹面观；D.♀外生殖器侧面观；E.♀第 8 生殖基节腹面观。标尺=1 mm

（223）朱氏星齿蛉 *Protohermes zhuae* Liu, Hayashi *et* Yang, 2008（图 3-10，图版 IV-4）

Protohermes zhuae Liu, Hayashi *et* Yang, 2008: 39.

　　主要特征：头部黄褐色，头顶大多无黑色斑点，有时会有 1 对小斑点，头后部侧缘有 1 对黑色斑点。复眼

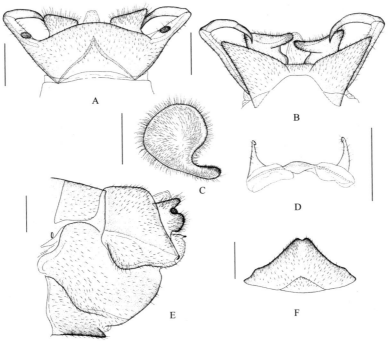

图 3-10　朱氏星齿蛉 *Protohermes zhuae* Liu, Hayashi *et* Yang, 2008（引自杨定和刘星月，2010）
A.♂外生殖器背面观；B.♂外生殖器腹面观；C.♂肛上板后面观；D.♂第 10 生殖基节+第 10 生殖刺突腹面观；E.♀外生殖器侧面观；F.♀第 8 生殖基节腹面观。标尺=1 mm

棕色，单眼黄色，其内缘黑色。胸部黄褐色，前胸背板侧缘具 2 对狭窄而广泛分离的黑斑，前 1 对斑点有时侧弯；中胸和后胸偏浅褐色，中胸和后胸比前胸长得多。翅灰褐色，具几个淡黄色的斑点；前翅前缘横脉间具多条褐色条纹；前翅基部具 1 个不规则的斑点，中部有 4–7 个近椭圆形斑点，其中 2–3 个较大，外缘 1/3 处具 1 圆斑。后翅颜色比前翅稍暗，后翅基半部无斑点，外缘 1/3 具 1 圆斑。脉褐色。腹部褐色。雄性腹端第 9 背板近梯形，基缘具弧形凹缺，端缘微凹，中部呈"V"形，后端两侧向外突伸成细长棒状；第 9 腹板较短，端缘具 1 宽大的梯形凹缺，两侧各形成 1 末端钝圆的三角形突起；第 9 生殖刺突爪状，端部向内弯曲；肛上板近圆柱形，较短，约为第 9 背板长的 1/2，后外侧顶角微凹，后视一般呈逗号状，背板宽而圆，腹侧具 1 长指状突，中间强烈弯曲，具短密刚毛；第 10 生殖基节拱形，背中突和腹内突不发达，侧突细长指状，端部向腹部弯曲。

分布：浙江（龙泉、泰顺）、福建。

83. 栉鱼蛉属 *Ctenochauliodes* van der Weele, 1909

Ctenochauliodes van der Weele, 1909b: 263. Type species: *Chauliodes nigrovenosus* van der Weele, 1907.

主要特征：体小至中型；体黄褐色至黑色。头部短粗，头顶近三角形；雌雄两性触角均为栉状。前胸近圆柱形，长宽近乎相等；中后胸较粗壮。翅较狭长，末端钝圆；翅透明或半透明，多具褐斑。雄性腹端第 9 背板近长方形，宽大于长，基缘弧形浅凹，侧面观腹端角尖锐；第 9 腹板近半圆形，与第 9 背板近乎等长；肛上板短棒状，基部粗而端部明显缢缩，近端部腹面多具 1 向内突伸的小突，或端部向腹面内侧弯曲；臀脉位于肛上板基部，大而明显突出；第 10 生殖基节强骨化，侧面观端半部略加宽，腹面观由近基部向端部分为左右 2 个形状不对称的突起。雌性腹端第 8 生殖基节多呈长方形，端缘不突出；肛上板短棒状，基部宽大而端部强烈缢缩，并具明显突出的臀脉；第 9 生殖基节近三角形，末端缩尖；生殖刺突消失。

分布：东洋区。世界已知 13 种，中国记录 12 种，浙江分布 1 种。

（224）灰翅栉鱼蛉 *Ctenochauliodes griseus* Yang *et* Yang, 1992（图 3-11，图版 IV-5）

Ctenochauliodes griseus Yang *et* Yang, 1992a: 1.

Ctenochauliodes moganshanus Yang *et* Yang, 1992b: 415.

主要特征：头部端半部褐色，而头顶橙黄色；复眼深褐色；触角黑色；口器黑褐色。胸部褐色，但前胸背板前缘黑色；足黑褐色，密被暗黄色短毛；翅灰褐色，半透明，无任何斑纹，但前翅前缘域中部近无色透明；脉深褐色。腹部深褐色。腹端背视第 9 背板基缘弧形凹缺；第 9 腹板长三角形；肛上板基部宽阔，而端半部明显缢缩，腹内突自近端部伸出并向内弯折；第 10 生殖基节强骨化，近基部向端部分为相互靠近的

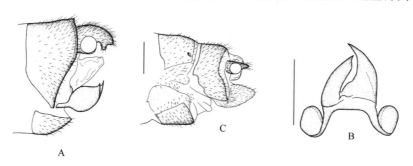

图 3-11 灰翅栉鱼蛉 *Ctenochauliodes griseus* Yang *et* Yang, 1992（引自杨定和刘星月，2010）
A. ♂外生殖器侧面观；B. ♂第 10 生殖基节腹面观；C. ♀外生殖器侧面观。标尺=1 mm

左右 2 个突起，其末端侧视钩状并向背面弯曲，左突短而内弯、末端缢缩成小刺突，右突明显长于左突、基部宽而渐向端部缢缩成长刺状。

　　分布：浙江（德清）、安徽。

84. 斑鱼蛉属 *Neochauliodes* van der Weele, 1909

Neochauliodes van der Weele, 1909b: 259. Type species: *Chauliodes sinensis* Walker, 1853.

　　主要特征：体中至大型；体长 15–50 mm，前翅长 25–68 mm，后翅长 23–61 mm。体黄色至黑色。头部短粗，头顶近三角形。复眼明显突出。触角一般短于前翅长的 1/2，雄性为栉状，而雌性为近锯齿状。翅透明或半透明，多具褐斑，且于中部多连接形成横带斑，有时几乎完全黑褐色。雄性腹端第 9 背板近长方形，基缘弧形凹缺；第 9 腹板骨化较弱，近半圆形，短于第 9 背板，端缘具 1 近三角形膜质瓣；肛上板略短于第 9 背板，侧扁，近四边形，末端多膨大并具多列黑色刺状短毛；臀胝位于肛上板基部，不明显突出；第 10 生殖基节强骨化，结构简单，长约为第 9 背板与肛上板长度之和，端半部一般向背上方弯曲。

　　分布：古北区、东洋区。世界已知 48 种，中国记录 28 种，浙江分布 4 种。

分种检索表

1. R_3 和 R_4 近乎平直，端部不向后弯曲 ··· 污翅斑鱼蛉 *N. fraternus*
- R_3 和 R_4 端部向后弯曲 ··· 2
2. 头部完全橙黄色 ··· 台湾斑鱼蛉 *N. formosanus*
- 头部褐色或具褐斑 ··· 3
3. 雌性第 9 生殖基节末端钩状下弯 ··· 黑头斑鱼蛉 *N. nigris*
- 雌性第 9 生殖基节末端非钩状 ··· 中华斑鱼蛉 *N. sinensis*

（225）台湾斑鱼蛉 *Neochauliodes formosanus* (Okamoto, 1910)（图 3-12，图版 IV-6）

Chauliodes formosanus Okamoto, 1910b: 263.
Chauliodes kawarayamanus Okamoto, 1910b: 262.
Neochauliodes formosanus: Lestage, 1927: 80.

　　主要特征：头部橙黄色；复眼黑褐色；触角黑褐色；口器淡黄色，但上颚末端暗红色，下颚须和下唇须端部 3 节黑褐色。前胸橙黄色，但背板两侧略深；中后胸淡黄色，但背板两侧具深褐色斑。足黑褐色，密被暗黄色短毛，爪红褐色。翅无色透明，具大量褐斑。前翅前缘域近基部具少量褐斑，翅痣短、淡黄色，其内侧具 1 较长的褐斑，其外侧有时具 1 褐斑；翅基部、中部及端部具大量小点斑，中部的斑有时略连接为横带状，其两侧的区域完全透明无斑。后翅与前翅斑型相似，但前缘域基半部几乎完全褐色，翅基部完全透明无斑，中部的斑完全愈合为 1 较宽并伸至肘脉的横带斑。腹部黑褐色，腹面色略浅，被暗黄色短毛。雄性腹端肛上板侧视近方形，背端角钝圆并明显向后突伸；背视端半部球形膨大。第 10 生殖基节强骨化，基缘近 "V" 形凹缺，近端部两侧略向外扩展，端缘微凹；侧视端半部明显膨大、近勺形，略向背上方弯曲。

　　分布：浙江（余姚、开化、景宁、温州）、山东、青海、江西、湖南、福建、台湾、广东、海南、香港、广西、重庆、云南；韩国，日本。

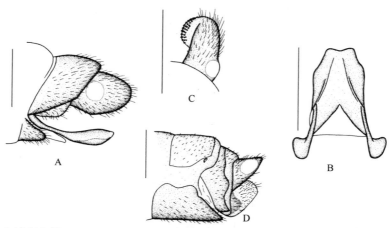

图 3-12　台湾斑鱼蛉 *Neochauliodes formosanus* (Okamoto, 1910)（引自杨定和刘星月，2010）
A. ♂外生殖器侧面观；B. ♂第 10 生殖基节腹面观；C. ♂肛上板背面观；D. ♀外生殖器侧面观。标尺=1 mm

（226）污翅斑鱼蛉 *Neochauliodes fraternus* (McLachlan, 1869)（图 3-13，图版 V-1）

Chauliodes fraternus McLachlan, 1869a: 37.

Neochauliodes discretus Yang *et* Yang, 1993: 246.

Neochauliodes fraternus: Stitz, 1914: 203.

　　主要特征：头部黄褐色，单眼三角区及两侧单眼外侧的区域多黑褐色；复眼黑褐色；触角黑色；口器黄褐色，但上颚端半部红褐色，下颚须和下唇须端部黑褐色。胸部深褐色至黑褐色，仅前胸背板中央具淡黄色纵带斑。足浅黄褐色至浅褐色，密被褐色短毛，但胫节和跗节色略变深，爪红褐色。翅无色透明，具浅褐色的雾状斑纹；翅痣长，淡黄色。前翅翅痣内侧具 1 褐斑；翅基部在肘脉前具若干多连接的浅褐斑，有时前缘区基部也具若干浅褐斑；中横带斑连接前缘和后缘，一般呈雾状且横向分开，但有时颜色加深且呈散点状；翅端部沿纵脉具若干浅褐色斑点。后翅与前翅斑型相似，但基部无任何斑纹，中横带斑仅伸至中脉。腹部黑褐色。雄性腹端肛上板侧视近方形，背面观端半部明显膨大、呈球形；第 10 生殖基节强骨化，扁宽，腹面观近梯形，末端略弧形凹缺，第 10 生殖基节侧视端半部明显膨大，略向背上方弯曲。

　　分布：浙江（安吉、杭州、鄞州、东阳、开化、庆元、景宁）、山东、安徽、湖北、江西、湖南、福建、台湾、广东、海南、广西、四川、贵州、云南。

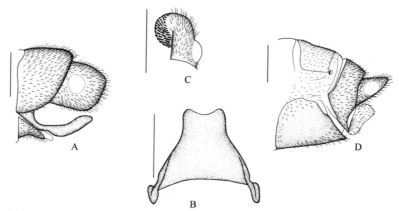

图 3-13　污翅斑鱼蛉 *Neochauliodes fraternus* (McLachlan, 1869)（引自杨定和刘星月，2010）
A. ♂外生殖器侧面观；B. ♂第 10 生殖基节腹面观；C. ♂肛上板背面观；D. ♀外生殖器侧面观。标尺=1 mm

（227）黑头斑鱼蛉 *Neochauliodes nigris* Liu *et* Yang, 2005（图 3-14，图版 V-2）

Neochauliodes nigris Liu *et* Yang, 2005: 17.

主要特征：头部黑褐色或黑色，但唇基黄色；复眼黑褐色；触角黑褐色；口器黄色，但上颚端半部红褐色，下颚须和下唇须的末端黑褐色。前胸黄褐色，近侧缘各具 1 浅褐色至黑褐色的纵带斑；中后胸褐色至黑褐色，但背板中央黄褐色。足黄褐色至褐色，密被黄褐色短毛，但胫节和跗节黑褐色，爪暗红色。翅无色透明，具大量褐斑；翅痣淡黄色。前翅前缘域近基部具 1 褐斑，翅痣两侧各具 1 褐色条斑，且内侧的斑较长；翅基部具许多小点斑及 3–4 个较大的褐斑；中横带斑形状不规则，从前缘延伸至后缘；翅端半部沿纵脉具大量褐斑，有时横向扩展相接形成 1 横带斑。后翅与前翅斑型相似。腹部黑褐色。腹端肛上板侧视近方形，端缘弧形背面观端半部明显膨大、呈球形；第 10 生殖基节强骨化，腹面观基部宽且向端部略变窄，端缘近乎平截，第 10 生殖基节侧视呈勺状，端半部略膨大，末端钝。

分布：浙江（龙泉）、江西、湖南、福建、广东、广西、贵州；日本。

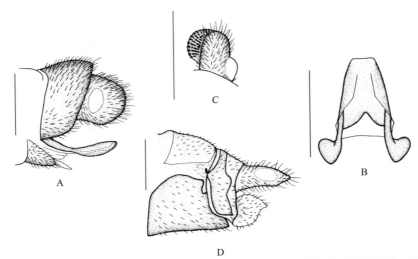

图 3-14　黑头斑鱼蛉 *Neochauliodes nigris* Liu *et* Yang, 2005（引自杨定和刘星月，2010）
A. ♂外生殖器侧面观；B. ♂第 10 生殖基节腹面观；C. ♂肛上板背面观；D. ♀外生殖器侧面观。标尺=1 mm

（228）中华斑鱼蛉 *Neochauliodes sinensis* (Walker, 1853)（图 3-15，图版 V-3）

Chauliodes sinensis Walker, 1853a: 199.

Neochauliodes sinensis: van der Weele, 1910: 63.

主要特征：头部浅褐色至褐色；复眼褐色；触角黑褐色；口器黄褐色，但上颚端半部红褐色。前胸黄褐色，两侧多深褐色；中后胸深褐色，但背板中央暗黄褐色。足黑褐色，密被褐色短毛，有时基节、转节和腿节色略浅，爪暗红色。翅无色透明，具若干褐斑；翅痣长、淡黄色，其内侧具 1 较长的条斑而外侧多无斑。前翅前缘域基部具 1 褐斑；翅基部具少量小点斑，有时略连接；中横带斑窄而长，连接前缘并伸达1A；翅端部的斑色较浅，多横向连接。后翅与前翅斑型相似，但基半部无任何斑纹，中横带斑伸至肘脉。腹部黑褐色。雄性腹端肛上板侧视近方形，背端角较圆，背面观端半部球形膨大；第 10 生殖基节强骨化，腹面观呈舌形、基宽端细，基缘浅弧形凹缺，端缘微凹，第 10 生殖基节侧视较粗，略向背面弯曲，中部较基半部略宽，末端缩尖。

分布：浙江（安吉、西湖、临安、黄岩、丽水、泰顺）、安徽、湖北、江西、湖南、福建、台湾、广东、广西、贵州。

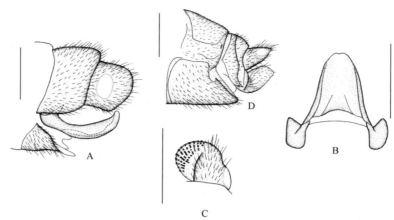

图 3-15　中华斑鱼蛉 *Neochauliodes sinensis* (Walker, 1853)（引自杨定和刘星月，2010）
A. ♂外生殖器侧面观；B. ♂第 10 生殖基节腹面观；C. ♂肛上板背面观；D. ♀外生殖器侧面观。标尺=1 mm

85. 准鱼蛉属 *Parachauliodes* van der Weele, 1909

Parachauliodes van der Weele, 1909b: 259. Type species: *Chauliodes japonicus* McLachlan, 1867.

Sinochauliodes Liu *et* Yang, 2006b: 663. Type species: *Sinochauliodes squalidus* Liu *et* Yang, 2006.

Metachauliodes van der Weele, 1910: 46. Type species: *Chauliodes japonicus* McLachlan, 1867.

主要特征：中型，体长 20–45 mm，前翅长 28–50 mm，后翅长 26–45 mm。体褐色至黑色。头部短粗，头顶近三角形。复眼明显突出。雄性触角栉状或近锯齿状，雌性触角近锯齿状，栉状触角长超过前翅长的 1/2，近锯齿状触角短于前翅长的 1/2。上唇近卵圆形。前胸近圆柱形，长宽近乎相等；中后胸较粗壮。足除密被短毛外还具若干长毛。翅狭长，长约为宽的 4.0 倍，末端钝圆或略下弯；翅透明或半透明，多具褐斑，有时完全黑褐色。前翅 A_1 后支明显呈波状，A_2 2 分支且均明显呈波状，后翅基部 MA 长并通过 1 短分支与 MP 再次连接。雄性腹端第 9 背板近长方形，长大于宽，基缘"V"形凹缺；第 9 腹板骨化较弱，近半圆形，明显短于第 9 背板，端缘具 1 近三角形膜质瓣；肛上板短于第 9 背板，侧扁，侧面观基缘宽约为第 9 背板宽的 2/3，腹面基部内侧具 1 浅凹槽，末端多膨大并具若干列黑色刺状短毛；臀胝位于肛上板基部，大但不明显突出；第 10 生殖基节强骨化，短于第 9 背板，几乎完全包被于第 9 背板内，基粗端细并向背上方弯曲。雌性腹端第 8 生殖基节近梯形，端缘一般向后突出；肛上板短棒状，背端角突出，臀胝不明显突出；第 9 生殖基节近梯形，末端缩尖；生殖刺突退化消失。

分布：古北区、东洋区。世界已知 11 种，中国记录 5 种，浙江分布 1 种。

（229）布氏准鱼蛉 *Parachauliodes buchi* Navás, 1924（图 3-16，图版 V-4）

Parachauliodes buchi Navás, 1924b: 224.

Neochauliodes griseus Yang *et* Yang, 1992: 643.

Neochauliodes pielinus Navás, 1933b: 9.

主要特征：头部黄褐色，但额完全黑褐色，头顶两侧及后侧缘也呈黑褐色；复眼褐色；触角黑褐色；口器暗黄褐色。胸部浅褐色；足黄褐色，密被暗黄色毛，但胫节和跗节黑褐色，爪红褐色；翅狭长，浅灰褐色，无明显斑纹。腹部褐色。雄性腹端第 9 背板侧视近方形，腹端角圆，后缘近乎垂直；第 9 腹板半圆形，端缘中央具 1 小三角形膜质瓣；肛上板侧扁，侧面观基半部宽而端半部明显缢缩，腹面观基半部内侧纵向浅凹，端半部内侧略膨大成球形；第 10 生殖基节强骨化，向背面弯曲，侧面观末端缩尖，腹面观基缘宽且梯形凹缺，端半部略变窄，近端部略向两侧膨大，末端平截。

分布：浙江（德清、安吉、临安）。

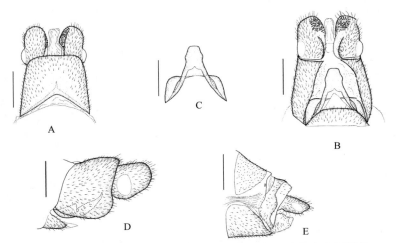

图 3-16　布氏准鱼蛉 *Parachauliodes buchi* Navás, 1924（引自杨定和刘星月，2010）
A. ♂外生殖器背面观；B. ♂外生殖器腹面观；C. ♂第 10 生殖基节腹面观；D. ♂外生殖器侧面观；E. ♀外生殖器侧面观。标尺=1 mm

十九、泥蛉科 Sialidae

主要特征：体小型，体翅多黑褐色。头部短粗，头顶近方形。复眼大，半球形，稍突出或明显突出。单眼退化消失。触角丝状，被短毛。唇基完整。上唇短宽，雄性端缘微凹或纵向分为 2 叶；上颚短尖，内缘的齿退化；下颚须 4 节；下唇须 3 节。前胸长方形，与头部近乎等宽；中后胸粗壮，不长于前胸。足第 4 跗节扩展成垫状，两侧骨化较强。翅卵圆形，无斑纹和翅疤。RP 2–4 支，MA 1–2 支；径横脉 3 支；MP 分前后 2 支，但有时各分支端部分叉，MP_1 基半部细弱；CuA 2 支，CuP 1 支，A_1 1 支，A_2 2 支，A_3 2 支。雄性第 9 背板短，基缘凹缺；第 9 腹板宽板状或窄带状；肛上板多愈合为 1 围绕肛门的板，但有时仍分为 1 对；第 9 生殖基节多扁平；臀脉与肛上板愈合，不明显；第 11 生殖基节强骨化，中部纵向分开，基部宽，端部多呈爪状或刺状，有时具 1 对膜质侧突。雌性腹端肛上板极短缩；臀脉与肛上板愈合，不明显；生殖基节末端钝圆，生殖刺突短而圆。幼虫腹部 1–7 节两侧各具 1 对气管鳃，其腹面无毛簇，第 8 节无气管鳃，第 10 节特化为 1 尾丝。

分布：世界广布。世界已知 8 属 78 种，中国记录 2 属 15 种，浙江分布 1 属 2 种。

86. 泥蛉属 *Sialis* Latreille, 1802

Sialis Latreille, 1802: 290. Type species: *Hemerobius lutarius* Linnaeus, 1758.

主要特征：小型，体长 7–16 mm，前翅长 8–17 mm，后翅长 7–16 mm。体黑色，头部或前胸有时完全为黄褐色或橙黄色；翅灰褐色。头短宽，头顶多具黄褐色隆起的斑。雄性复眼不明显突出。触角丝状。雄性上唇由基部分为 2 叶；雌性上唇短宽，近长方形，端缘不凹缺。前胸长方形，宽约为长的 2.0 倍；中后胸较粗壮。翅近卵圆形；前翅长约为宽的 3.0 倍，前缘域近基部明显加宽。前缘域基半部的横脉较密集，与 Sc 垂直或与 Sc 外侧成锐角；RP 3–5 支，但多分 4 支，MA 2 支；径横脉 3 条；MP_1 1 支，MP_2 2 支。雌雄外生殖器结构复杂多样，种间特化显著。

分布：古北区、东洋区、新北区。世界已知 57 种，中国记录 14 种，浙江分布 2 种。

(230) 中华泥蛉 *Sialis sinensis* Banks, 1940（图 3-17，图版 V-5）

Sialis sinensis Banks, 1940: 179.

主要特征：头部黑色，头顶具许多隆起的褐色条斑或点斑。触角及复眼黑褐色。胸部黑色。足深褐色。翅浅褐色，仅前翅基半部色略加深；脉深褐色。腹部黑色。雄性腹端第 9 腹板短、拱形，腹面观两侧略缢缩；肛上板较长，中部较宽，末端强烈缢缩且略弯曲；第 11 生殖基节骨化，基部略向两侧扩展，中部向两侧翼状扩展为 1 对长骨片，端部尖锐的爪状、略内弯；第 9 生殖基节侧视近方形，短于第 9 背板，背端角略向后突伸，腹面观近圆形。雌性腹端第 7 腹板端缘中央具 "U" 形的小缺刻；第 8 生殖基节近长方形，略窄于第 7 腹板，端缘中央略凸出，中部纵向浅凹。

分布：浙江（庆元）、江西、福建、台湾、四川；日本。

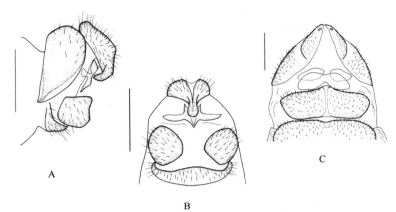

图 3-17　中华泥蛉 *Sialis sinensis* Banks, 1940（引自杨定和刘星月，2010）

A.♂外生殖器侧面观；B.♂外生殖器腹面观；C.♀外生殖器腹面观。标尺=0.5 mm

（231）异色泥蛉 *Sialis versicoloris* Liu *et* Yang, 2006（图 3-18，图版 V-6）

Sialis versicoloris Liu *et* Yang, 2006a: 32.

　　主要特征：头部黑色，但复眼后侧缘略呈橙黄色，头顶具若干条状或点状微弱隆起；复眼和触角黑褐色。胸部黑色，但前胸背板橙黄色。足黑褐色。翅浅灰褐色，仅前翅基半部色略加深、浅褐色；脉深褐色。腹部黑褐色。雄性腹端第 9 腹板宽阔，斜向腹面突伸，后面观近三角形，末端钝圆；肛上板微弱骨化，短缩，侧面观近方形；第 11 生殖基节骨化，后面观为 1 对分开的骨片，侧面观基部膨大而端半部明显向后弯曲，中部明显膨大、向两侧呈近长方形扩展，末端为 1 对略内弯的钩状突；第 9 生殖基节宽阔，侧面观宽大于长，背端角略向背面突伸。雌性头部颜色与雄性不同，呈橙黄色，但复眼、口器和触角黑色。雌性腹端第 7 腹板端缘平截；第 8 生殖基节近长方形，略窄于第 7 腹板，基部明显加宽，基缘中央近"V"形凹缺，端缘平截，其中央具"U"形凹缺。

　　分布：浙江（富阳）。

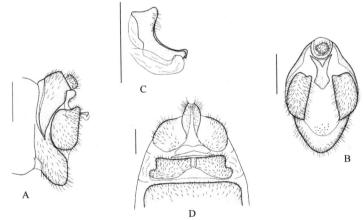

图 3-18　异色泥蛉 *Sialis versicoloris* Liu *et* Yang, 2006（引自杨定和刘星月，2010）

A.♂外生殖器侧面观；B.♂外生殖器后面观；C.♂第 11 生殖基节侧面观；D.♀外生殖器腹面观。标尺=0.5 mm

第四章　蛇蛉目 Raphidioptera

　　成虫体细长，小至中型，多为褐色或黑色。头长，后部近方形或缢缩成三角形；触角丝状；口器咀嚼式；复眼大，单眼3个或无。前胸极度延长，呈颈状；中、后胸短宽；前、后翅相似，狭长，膜质、透明，翅脉网状，具发达翅痣，后翅无明显的臀区。雄蛉腹端第9背板与第9腹板多愈合，肛上板为1围绕肛门的环形骨片，雌蛉具发达的细长产卵器。幼虫狭长；头长而扁；口器发达，前口式。

　　完全变态。完成一代一般需2–3年，短则至少1年，最长可达6年。大多数蛇蛉在春季化蛹，蛹期持续几天到3周。某些物种在夏季或秋季开始化蛹，蛹期持续数月（最长达10个月）。蛇蛉成虫和幼虫均为陆生，主要生活在山区。捕食性，成虫主要捕食蚜虫和其他胸喙亚目昆虫，成虫还取食花粉，幼虫猎物谱较广泛，包括鳞翅目、膜翅目、鞘翅目的卵和幼虫，以及蜻目、小型半翅目、跳虫、螨类和蜘蛛。

　　分布于北半球。世界已知2科31属251种，中国记录2科4属37种，浙江分布1科1属2种。

二十、盲蛇蛉科 Inocelliidae

　　主要特征：成虫体细长，小至中型，多为褐色或黑色，腹部各节多具黄色横斑。头长，后部近方形；无单眼；翅痣内无横脉；雄蛉腹端第9生殖基节壳状，内表面多具刺突和毛簇。

　　分布：北半球。世界已知5属45种，中国记录2属22种，浙江分布1属2种。

87. 盲蛇蛉属 *Inocellia* Schneider, 1843

Inocellia Schneider, 1843: 84. Type species: *Raphidia crassicornis* Schummel, 1832.

　　主要特征：成虫小型，体褐色或黑色，中后胸及腹部多具黄斑，腹部生殖前节每节具黄斑。雄蛉腹端第9生殖基节壳状，侧视近卵圆形，内表面多具毛簇和刺突；伪刺突弱骨化或强，细长叶状或钩状；殖弧叶发达或退化、盾状、近多边形或弧形。雌蛉第7腹板后缘平截或凹缺；下生殖片为1简单细小的骨片或特化为具有复杂形状的骨片。

　　分布：古北区、东洋区。世界已知34种，中国记录22种，浙江分布2种。

（232）阿氏盲蛇蛉 *Inocellia aspoeckorum* Yang, 1999（图 4-1，图版 VI-1）

Inocellia aspoeckorum Yang, 1999e: 179.

　　主要特征：雄性体长 9.5 mm，前翅长 7.5–8.5 mm，后翅长 6.5–7.0 mm。雌性前翅长 12.0–12.5 mm，后翅长 10.0–11.0 mm。头部近长方形，黑色，唇基黄色；触角淡黄色。胸部黑褐色，但中后胸小盾片黄色，其前方各具1相连的黄斑；足黄色，腿节端部及胫节色略深；翅无色透明，翅痣褐色。腹部黑褐色，生殖前节背腹两面后缘具黄色横斑；生殖节淡黄色，第9背板褐色。第9生殖基节壳状，长略大于宽，内表面腹缘中部具1排鬃，生殖刺突位于内表面近端部，爪状，向前腹面突伸；阳基侧突基部扁阔，端突细长钩状，末端微凹；殖弧叶较小，后视近梯形，中部具1端分叉的突起，腹侧角各具1齿状突；伪阳茎短，背腹两面各具 1 对毛簇。雌性腹端第 7 腹板侧视近梯形，后缘腹视平截；下生殖片前半部弱骨化，后半部骨化较强，近箭头状，但末端弧形。

分布：浙江（临安）、福建。

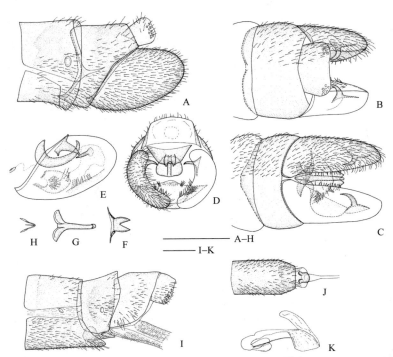

图 4-1　阿氏盲蛇蛉 *Inocellia aspoeckorum* Yang, 1999（引自 Liu et al., 2010）

A. ♂外生殖器侧面观；B. ♂外生殖器背面观；C. ♂外生殖器腹面观；D. ♂外生殖器后面观；E. ♂第 9 生殖基节及内部结构侧面观；F. ♂殖弧叶背面观；G. ♂阳基侧突背面观；H. ♂内生殖片腹面观；I. ♀外生殖器侧面观；J. ♀外生殖器腹面观；K. ♀受精囊侧面观。标尺=0.5 mm

（233）中国异盲蛇蛉 *Inocellia (Amurinocellia) sinensis* Navás, 1936（图 4-2，图版 VI-2）

Inocellia sinensis Navás, 1936: 60.

Amurinocellia australis Liu, Aspöck, Yang *et* Aspöck, 2009: 47.

　　主要特征：雄性体长 9.3–11.2 mm，前翅长 10.7–12.8 mm，后翅长 6.3–8.6 mm。雌性体长 15.2 mm，前翅长 8.9 mm，后翅长 8.1 mm。头近长方形，黑色，唇基褐色。复眼黑褐色。围角片黑褐色；触角褐色，但柄节及梗节淡黄色；口器褐色。胸部黑褐色，中后胸前半部具有 1 中等大小的黄斑，小盾片上具 1 黄色横条纹，中后胸后半部黑褐色；足黄色，密被黄色短毛，基节褐色，腿节端部和胫节中部略暗；翅透明，翅痣褐色。腹部黑褐色，每节生殖前节背面各具 1 三角形黄斑，腹面具 1 黄色窄横斑；生殖节黑褐色。雄性第 9 生殖基节侧视近四边形，长约为宽的 2 倍，端部具 1 发达的半圆形背叶和 1 腹向突伸的指突，后腹突端部具 1 毛簇，腹基角具 1 毛簇；伪刺突长钩状骨片，位于第 9 生殖基节之间，中部强烈 "S" 形弯曲；阳基侧突小，具 1 细长腹侧端部突起，突起向背侧弯曲，背侧略弯曲；殖弧叶膜质，后视细短弧形；伪阳茎短小，侧面具 1 对毛簇，末端被多根短毛；肛上板近四边形；下生殖板发达，侧叶向后扩展，扭曲。雌性第 7 腹板侧视近梯形，后缘腹视凹缺，两侧各形成 1 钝圆的突起；第 8 背板向腹面强烈延伸，腹端角突伸为 1 端尖的突起。

　　分布：浙江（临安）、江苏。

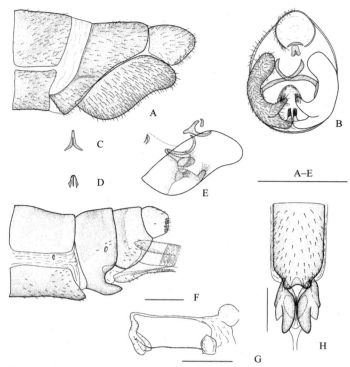

图 4-2 中国异盲蛇蛉 Inocellia (Amurinocellia) sinensis Navás, 1936

A.♂外生殖器侧面观；B.♂外生殖器后面观；C.♂阳基侧突腹面观；D.♂内生殖片腹面观；E.♂第 9 生殖基节及内部结构侧面观；F.♀外生殖器侧面观；G.♀受精囊侧面观；H.♀外生殖器腹面观。标尺=0.5 mm（A–E），1.0 mm（F–H）（A–E 引自 Shen et al.，2021；F–H 引自 Liu et al.，2009）

第五章 脉翅目 Neuroptera

　　脉翅目成虫小至大型。体形一般纤细，体壁较柔软。头部多为下口式。口器咀嚼式。触角长，丝状、念珠状、栉状或棒状。复眼发达，半球形。单眼除溪蛉科外均退化消失。前胸短宽至细长，中后胸较粗壮。翅膜质透明，翅脉网状，但在粉蛉科中翅被蜡粉，翅脉明显退化；翅缘及翅脉多被毛，有时具鳞片；翅缘有时具缘饰；翅形多样，但臀区除蛾蛉科外一般较窄，在个别物种中后翅甚至前、后翅退化。足一般较细长，但前足有时特化为捕捉足。腹部长筒状，无尾须。幼虫蛞型，口器为捕吸式，由上颚及下颚紧闭结合形成 1 对长镰刀状或刺状结构；胸足发达，无腹足。

　　完全变态。卵多为长卵形或有小突起，有时具丝质长柄。幼虫多数陆生，少数水生；大多为捕食性，但蛾蛉科幼虫可能为植食性。老熟幼虫在丝质茧内化蛹，蛹为强颚离蛹。

　　广布于世界各地。世界已知 16 科 6000 余种，中国记录 14 科 127 属 777 种，浙江分布 11 科 45 属 82 种。

分科检索表

1. 体翅覆白粉；翅脉简单，无前缘横脉列 ……………………………………………… 粉蛉科 Coniopterygidae
- 体翅无白粉；翅脉复杂，前缘横脉列发达 …………………………………………………………………… 2
2. 前翅至少具 2 个翅疤，分别位于近翅基部和中部 …………………………………………………………… 3
- 前翅无翅疤或仅在近翅基部具 1 个翅疤 ……………………………………………………………………… 5
3. 头部具 3 单眼 ……………………………………………………………………………… 溪蛉科 Osmylidae
- 头部无单眼 …………………………………………………………………………………………………… 4
4. 触角雌雄异型，雄性单栉状或粗线状，雌性细念珠状；雌性产卵器细长管状，向背上方弯曲 ……… 栉角蛉科 Dilaridae
- 触角雌雄同型，均为念珠状；雌性产卵器短瓣状 ………………………………………… 泽蛉科 Nevrorthidae
5. 触角末端不膨大 …………………………………………………………………………………………… 6
- 触角末端膨大 ……………………………………………………………………………………………… 10
6. 前足特化为捕捉足 ………………………………………………………………………… 螳蛉科 Mantispidae
- 前足正常 ……………………………………………………………………………………………………… 7
7. 前翅 Rs 至少有 2 条直接与 R 相连 …………………………………………………… 褐蛉科 Hemerobiidae
- 前翅 Rs 只有 1 条直接与 R 相连 ……………………………………………………………………………… 8
8. 翅无缘饰；Rs 与 MP 基部分支明显呈 "Z" 形，部分与其间横脉贯穿形成伪中脉和伪肘脉 ………… 草蛉科 Chrysopidae
- 翅具缘饰；Rs 与 MP 分支不呈 "Z" 形，无伪中脉和伪肘脉 ………………………………………………… 9
9. 前翅前缘横脉不分叉，CuP 单支 ………………………………………………………… 水蛉科 Sisyridae
- 前翅前缘横脉分叉，CuP 端部具多条分支 ……………………………………………… 鳞蛉科 Berothidae
10. 触角末端逐渐膨大成棒状，翅痣下方具 1 狭长翅室 ………………………………… 蚁蛉科 Myrmeleontidae
- 触角末端突然膨大成球杆状，翅痣下方无狭长翅室 …………………………………… 蝶角蛉科 Ascalaphidae

二十一、粉蛉科 Coniopterygidae

　　主要特征：小型昆虫，体长 1.5–3.0 mm，翅展 3.0–7.0 mm；体及翅均覆有灰白色蜡粉。翅脉简单，无前缘横脉列，前缘包括肩横脉（h）在内，只有 1–2 条前缘横脉，纵脉数目也大大少于脉翅目其他类群，纵脉一般仅有 8–10 条，而且到翅缘不再分成小叉。

卵为长卵形，长 0.5 mm 左右。卵壳表面粗糙，具有蜂窝状的花纹和微小突起。卵孔位于卵顶端的圆锥形突起上。

生物学：雌性一般将卵产在植物叶子边缘或下面，卵期 6 天到 3 周。幼虫多为 3 龄，16–32 天。幼虫纺锤形，胸部最宽。一般灰白色，常具各种不规则色斑。末龄幼虫的马氏管分泌白色丝质茧。蛹为离蛹。成虫分泌蜡质白粉，并用足涂抹到全身。粉蛉完成一代一般 16–69 天，一年一般 2–3 代。以预蛹在茧中越冬，第二年春季化蛹、羽化。

分布：世界广布。世界已知 3 亚科 25 属 578 种，中国记录 2 亚科 11 属 66 种，浙江分布 2 亚科 4 属 10 种。

（一）囊粉蛉亚科 Aleuropteryginae

主要特征：成虫头侧视高明显大于宽，外颚叶 3 节。前翅有 2 条径中横脉 r-m，M 脉在翅中部有 2 根刚毛（中脉鬃），其基部的翅脉多呈瘤状突起，且刚毛中间的翅脉常变得狭细。多数类群的后翅 Cu_1 的大部分与 M_1 靠近，径中横脉位于径横脉的内侧，分别与 Rs 和 M 的主干相连，如果 M 分叉，则与 M 的前支相连。蜡腺在 1–8 节背板上呈狭带状分布，在腹板上则环绕在腹囊的周围。雄蛉腹部第 9 节骨化强，特化成雄性外生殖器。幼虫触角较短，与下唇须近等长。上、下颚细长，至少大半部分突出于上唇以外。

分布：世界广布。世界已知 11 属，中国记录 6 属 22 种，浙江分布 1 属 1 种。

88. 曲粉蛉属 *Coniocompsa* Enderlein, 1905

Coniocompsa Enderlein, 1905c: 225. Type species: *Coniocompsa vesiculigera* Enderlein, 1905.

主要特征：触角短，16–21 节，鞭节各节宽大于长，基部和端部各具 1 圈毛。翅狭长，前翅具有斑纹。亚前缘脉较粗，在横脉 r 处或其前分支。亚缘室在 R 分支处加宽。径脉 R 在 Rs 分支前多平直。M 脉基部纤细，并与 R 有一段接近，中脉鬃细长，生于明显的脉鬃瘤上。多数种类 M 脉不分支。Cu 分支处较其他属更远离翅基。前后翅的后缘缘毛长。蜡腺在背板上呈窄条状分布，在腹板上分布在腹囊周围。雄性外生殖器极为相似，臀板在多数种类中骨化弱，第 9 腹板外露且骨化强。阳茎囊状，后部上弯并渐尖，端部开口。阳基侧突前端连在阳茎基部，向后延伸形成支撑阳茎的狭桥，端部与 1 对夹状的针突相连。针突具内外 2 支。雌性外生殖器骨化弱，每个侧生殖突均生有 1 对弯曲的长毛。交配囊不明显。

分布：古北区、东洋区、旧热带区。世界已知 24 种，中国记录 11 种，浙江分布 1 种。

（234）后斑曲粉蛉 *Coniocompsa postmaculata* Yang, 1964（图 5-1）

Coniocompsa postmaculata Yang, 1964a: 284.

主要特征：体长 2.5 mm。头红褐色。触角长 0.8 mm，16 节，黄褐色。下颚须和下唇须黄褐色。胸部黄褐色，中、后胸背板各有褐斑 1 对。前翅长 3.1 mm，后翅长 2.7 mm。前翅 Sc 室基部、中部和 R_1 室基部有大褐斑，纵脉 Sc_2 的基部与端部、R_{2+3}、R_{4+5}、M、Cu_1、Cu_2 的端部，以及横脉 r、r-m 和 m-cu 的周围有明显褐斑，M 以下的各室呈淡褐色。翅脉褐色，横脉颜色很浅。M 脉单一，在两脉鬃之间及其后一段细而弯曲，上面的 2 个脉鬃瘤大而色深。Cu 的分叉处与 M 和 R 连接处几平行，Cu_1 呈波浪状弯曲。后翅大部分呈淡褐色，沿纵脉上下透明，Sc_2 的基部、端部和 R_{2+3} 的端部有褐斑，M 脉单一。腹部灰黄色，杂有褐纹，腹囊以第 3 和 4 腹节上的大而明显，突出成圆锥形。雄性外生殖器臀板骨化弱，生有长毛，第 9 节腹板褐色，骨化强，短而宽。阳茎基部宽大，背缘中部略下凹，端部上弯、渐细，密生短毛。针突的外支短于阳基侧突，但明显长于内支，近端部扭曲而上弯，无背齿。

分布：浙江（安吉、西湖）、江苏、福建。

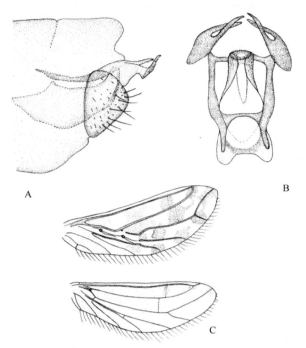

图 5-1 后斑曲粉蛉 *Coniocompsa postmaculata* Yang, 1964
A. ♂腹端，侧视；B. ♂外生殖器，背视；C. 翅

（二）粉蛉亚科 Coniopteryginae

主要特征：成虫头侧视高多不或略大于宽，外颚叶 1 节。前翅只有 1 条径中横脉 r-m，中脉 M 上无中脉鬃。后翅大小、形状与前翅相似，但啮粉蛉属 *Conwentzia* 后翅多退化，后翅为正常大小时，Cu_1 不与 M_1 靠近，R 在翅中或略前分成 R_1 和 Rs 两支，径中横脉位于径横脉的内侧，且前多在 Rs 分支点附近与其后支 R_{4+5} 相连、后与 M 的前支 M_{1+2} 相连（如果 M 分叉的话）。粉蛉属 *Coniopteryx* 的 M 脉不分叉。腹部无腹囊。蜡腺在 1–8 节的背板上呈宽带状分布，在腹板上则分布在两侧。第 8 节骨化弱，无气门。雄性腹部第 9、10 节背板愈合。幼虫触角较长，为下唇须的 2 倍。上、下颚细长，为上唇所覆盖。

分布：世界广布。世界已知 9 属 370 种，中国记录 5 属 44 种，浙江分布 3 属 9 种。

分属检索表

1. 后翅 M 不分支 ·· 粉蛉属 *Coniopteryx*
- 后翅 M 分支 ··· 2
2. 前后翅的 m-cu 横脉均斜向连在 M 的后支或分叉处 ····························· 重粉蛉属 *Semidalis*
- 至少前翅的 m-cu 横脉与纵脉垂直，并常连在 M 的主干上 ····················· 啮粉蛉属 *Conwentzia*

89. 粉蛉属 *Coniopteryx* Curtis, 1834

Coniopteryx Curtis, 1834: 528. Type species: *Coniopteryx tineiformis* Curtis, 1834.

主要特征：在触角窝之间有 1 横行的未骨化区域，其下方的额区高度骨化，某些种类具有指状、钩状突起。触角 20–38 节，雄性的触角明显比雌性短粗。下颚须细长。胸部具有明显的 2 对背斑。翅无斑，缘毛无或很短。前翅长是宽的 2.5 倍，无明显的肩横脉，Rs 在翅基部分出，M 分支；后翅比前翅狭长，长是宽的 3 倍，Rs 分支，但 M 不分支。前足腿节具有短粗且弯曲的毛。腹部灰色，骨化很弱。前 7 节具有蜡腺，呈宽带状分布在背板和腹板的两侧。第 8 节骨化弱。雄性外生殖器臀板位于腹端背方，骨化弱，生有长毛。臀板的下面是 1 对殖弧叶，针突从殖弧叶的基部或中部伸出，端部常分成内外两支。阳茎由 1 个或 1 对骨化的杆组成。雌性外生殖器骨化弱。第 9 节背板狭窄，向下延伸，其腹面的 1 个横板为第 9 节腹板，臀板常并入第 9 节背板，肛门的下面常有的 1 横板为第 10 腹板，其腹面两侧为 1 对骨化的侧生殖突。

　　分布：世界广布。世界已知 231 种，中国记录 28 种，浙江分布 5 种。

雄性分种检索表

1. 下生殖板侧视时，前缘中部向前弯曲成弧形 ·· 指额粉蛉 *C. dactylifrons*
- 下生殖板侧视时，前缘平直，不呈弧形弯曲 ··· 2
2. 触角末节端部具有 1 细长而弯曲的爪状长毛 ··· 爪角粉蛉 *C. prehensilis*
- 触角末节无爪状毛 ·· 3
3. 阳基侧突的端部具有背端突 ··· 圣洁粉蛉 *C. pygmaea*
- 阳基侧突的端部无背端突 ·· 4
4. 阳基侧突的端部向下方或后下方弯曲 ··· 阿氏粉蛉 *C. aspoecki*
- 阳基侧突下弯后，向后平伸 ··· 周氏粉蛉 *C. choui*

（235）阿氏粉蛉 *Coniopteryx (Coniopteryx) aspoecki* Kis, 1967（图 5-2）

Coniopteryx aspoecki Kis, 1967: 123.

　　主要特征：头黄褐色。额区和正常。触角黑褐色，26–30 节，鳞状毛分布在梗节和各鞭节的端部，非常厚密。普通毛排成 2 圈，各鞭节上还有长刚毛。下颚须、下唇须褐色。胸部黄褐色，具黑褐色背斑。翅淡褐色，前翅长 2.1–2.5 mm、宽 0.9–1.1 mm，后翅长 1.7–2.1 mm、宽 0.7–0.9 mm。腹部褐色。雄性外生殖器下生

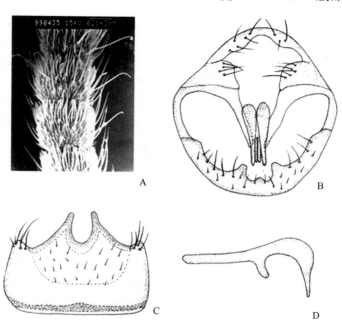

图 5-2　阿氏粉蛉 *Coniopteryx (Coniopteryx) aspoecki* Kis, 1967
A. ♂触角中部鞭节；B. ♂腹端，后视；C. ♂下生殖板，腹视；D. ♂阳基侧突，侧视。标尺=0.05 mm

殖板侧视高近等于宽，前缘平直，中部不明显前突成弧形，前缘内脊腹面完整，尾突细长，侧视尖而腹视圆钝，中端缺刻"U"形，底部中央具有 1 向上的脊，后视呈突起状。殖弧叶端部很宽。针突分叉，外支后伸而内支前伸。阳基侧突细长，在中部靠后有 1 明显的腹突，端部向下弯曲。阳茎骨化，由 2 个杆组成。

分布：浙江（西湖、临安、普陀）、吉林、内蒙古、北京、河北、山西、河南、陕西、宁夏、甘肃、上海、贵州；俄罗斯，蒙古国，罗马尼亚，奥地利。

（236）圣洁粉蛉 *Coniopteryx* (*Coniopteryx*) *pygmaea* Enderlein, 1906（图 5-3）

Coniopteryx pygmaea Enderlein, 1906c: 201.

　　主要特征：体长 2.1 mm。头深褐色。触角褐色，23–30 节。雄性触角梗节全部和鞭节端部具鳞状毛，普通毛排成 2 圈，近端部的鞭节具有长刚毛。胸部深褐色，具黑色背斑。翅几乎透明。前翅长 1.7–2.7 mm、宽 0.8–1.5 mm，后翅长 1.3–2.2 mm、宽 0.5–1.1 mm。腹部褐色。雄性外生殖器下生殖板高等于宽，前缘平直，中部不明显前突成弧形，前缘内脊腹面完整，侧突明显而尖，尾突侧视尖细，腹视呈三角形，中端缺刻"V"形。殖弧叶宽大，针突分叉，内、外两支均细长。阳基侧突细长，端部下弯，背端突细长，阳基侧突的近中部还有 1 明显的腹突。

　　分布：浙江（庆元）、辽宁、内蒙古、北京、河北、山西、陕西、宁夏、甘肃；亚洲（北部），中东，欧洲。

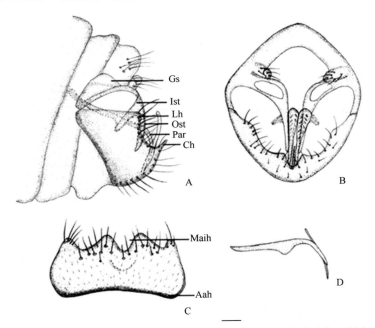

图 5-3　圣洁粉蛉 *Coniopteryx* (*Coniopteryx*) *pygmaea* Enderlein, 1906

A. ♂腹端，侧视；B. ♂腹端，后视；C. ♂下生殖板，腹视；D. ♂阳基侧突，侧视。Gs. 殖弧叶；Ist. 针突内支；Lh. 侧突；Ost. 针突外支；Par. 阳基侧突；Ch. 尾突；Maih. 尾突中端；Aah. 前缘内脊。标尺=0.03 mm

（237）周氏粉蛉 *Coniopteryx* (*Coniopteryx*) *choui* Liu *et* Yang, 1998（图 5-4）

Coniopteryx (*Coniopteryx*) *choui* Liu *et* Yang, 1998: 189.

　　主要特征：体长 1.6–1.8 mm。头部褐色。触角 24–28 节，在近基部下弯，长 1.0–1.2 mm，淡褐色。雄性触角短粗，鳞状毛分布在鞭节顶端，普通毛排成 2 圈，具长刚毛。胸部褐色。背斑不明显，仅比周围颜色略深。翅淡烟色透明。前翅长 2.6 mm、宽 1.1 mm，后翅长 2.1 mm、宽 0.7 mm。腹部淡黄色。雄性外生殖器下生殖板高大于宽，前缘平直，中部不明显前突成弧形，前缘内脊腹面连续，侧突圆钝，尾突侧视很小，但后视细长，中端凹缺"V"形，其底部与下生殖板前缘之间无纵脊。殖弧叶宽大，近于三角形。针突分叉，外支宽大，中部宽为内支的 2 倍多，端部向后弯曲。阳基侧突近端部下弯平伸向后方。阳茎为 1 对细长杆。

分布：浙江（西湖、普陀）、吉林、山东、陕西、甘肃、贵州。

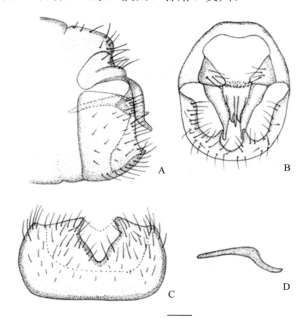

图 5-4　周氏粉蛉 *Coniopteryx (Coniopteryx) choui* Liu *et* Yang, 1998
A.♂腹端，侧视；B.♂腹端，后视；C.♂下生殖板，腹视；D.♂阳基侧突，侧视。标尺=0.04 mm

（238）指额粉蛉 *Coniopteryx (Coniopteryx) dactylifrons* Yang *et* Liu, 1999（图 5-5）

Coniopteryx (Coniopteryx) dactylifrons Yang *et* Liu, 1999: 92.

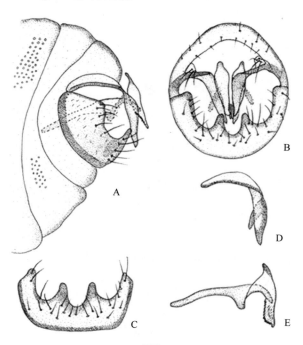

图 5-5　指额粉蛉 *Coniopteryx (Coniopteryx) dactylifrons* Yang *et* Liu, 1999
A.♂腹端，侧视；B.♂腹端，后视；C.♂下生殖板，腹视；D.♂殖弧叶和针突，侧视；E.♂阳基侧突，侧视。标尺=0.03 mm

主要特征：体长 1.5–2.2 mm。头部褐色，复眼大，雄性额区的两触角间常有 1 指状突起。触角 25 或 26 节，长 0.9–1.1 mm。鳞状毛排列在各鞭节的顶端，普通毛 2 圈，具长刚毛。胸部褐色，背部有 2 对明显的黑褐色背斑。翅烟色透明。前翅长 2.0–2.1 mm、宽 0.9–1.0 mm；后翅长 1.5–1.7 mm、宽 0.6 mm。足基节、转节、腿节褐色，胫节、跗节淡褐色。腹部黄褐色。雄性外生殖器下生殖板高与宽近等，前缘前突呈弧形，前缘内脊在腹面连续，高明显大于宽，侧突圆钝，尾突细长，中端缺刻"U"形。殖弧叶细长，两端窄、中部宽，端部具数根长毛。针突分叉，外支宽大，内支细小。阳基侧突细长，端部下弯形成端突，近端部有 1 明显的腹突，几乎与端突等长，在腹突和端突之间有 1 狭长结构，其端部下缘具有微毛。阳茎由 2 根细长的杆组成。

分布：浙江（庆元）、福建。

（239）爪角粉蛉 *Coniopteryx* (*Coniopteryx*) *prehensilis* Murphy *et* Lee, 1971（图 5-6）

Coniopteryx prehensilis Murphy *et* Lee, 1971: 155.

主要特征：头褐色。复眼褐色。触角褐色，28–31 节，长 1.2–1.4 mm。鞭节末端有 1 弯曲粗壮的爪状刚毛。鳞状毛位于梗节和大部分鞭节端部，但端部 6 节无，普通毛 2 圈，端部 13 节具有 1 或 2 根刚毛。胸部黄色，具深色背斑。翅色淡，前翅长 1.8–2.0 mm、宽 0.7–0.8 mm，后翅长 1.3–1.8 mm、宽 0.7–0.9 mm。足褐色。腹部褐色。雄性外生殖器下生殖板高等于宽，前缘平直，中部不明显前突成弧形，前缘内脊腹视连续，侧突形成下生殖板的端背角，不明显突出，尾突端而尖，但后视圆钝，中端缺刻"U"形，不伸达下生殖板宽度之半。殖弧叶因与臀板愈合而不明显，针突分叉，阳基侧突细长，端部向下弯曲，末端略上弯成小钩状，在中部靠后有 1 小的腹突。阳茎为 1 个杆或无。

分布：浙江（西湖、临安）、陕西、江西、福建、广西、四川、云南；印度，新加坡。

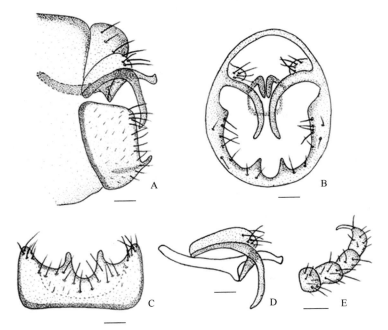

图 5-6　爪角粉蛉 *Coniopteryx* (*Coniopteryx*) *prehensilis* Murphy *et* Lee, 1971

A. ♂腹端，侧视；B. ♂腹端，后视；C. ♂下生殖板，腹视；D. ♂阳基侧突，侧视；E. ♂触角端部。标尺：A–D=0.03 mm，E=0.04 mm

90. 啮粉蛉属 *Conwentzia* Enderlein, 1905

Conwentzia Enderlein, 1905a: 10. Type species: *Conwentzia pineticola* Enderlein, 1905.

主要特征：头高等于宽。额区在触角间有 1 膜质区，不向下延伸。触角 30–57 节，鞭节上的毛不成圈排列，无鳞状毛。下颚须细长。胸部色单一，无明显的背斑。前翅长是宽的 2.5 倍，无斑，翅痣明显。翅基有 2 条肩横脉。Rs 和 M 均分支。Rs 在翅中部从 R 分出。横脉 r 和 m-cu 的位置种内差异很大。后翅多退化，等于或短于前翅长之半。退化的后翅翅脉也退化，一般 Sc 端部与 R_1 愈合；Rs 和 M 不分叉；Cu 和 A 消失。翅前缘具有短缘毛。中、后足细长。腹部灰色、骨化弱。蜡腺在 1–7 节，背板上的蜡腺带明显大于腹板两侧的。雄性外生殖器骨化强。第 9 节背板和腹板愈合。臀板基部并入第 9 节，端部形成 1 大型的指状外突，后视其内下角常有 1 向内的、端部多分叉的突起（腹内突）；下生殖板与第 9 节在腹面愈合，针突从下生殖板背方伸出；阳基侧突简单，具 1 背端齿。阳茎位于阳基侧突之间，但多数种类消失。雌性外生殖器骨化弱，结构简单。臀板发达，并入第 9 背板；第 9 腹板退化；侧生殖突很小，位于臀板腹面。

分布：世界广布。世界已知 14 种，中国记录 4 种，浙江分布 1 种。

（240）中华啮粉蛉 *Conwentzia sinica* Yang, 1974（图 5-7）

Conwentzia sinica Yang, 1974: 84.

主要特征：体长 3.0 mm。头部黄褐色。触角 31–36 节，基部两节色淡，鞭节褐色。下颚须和下唇须黄褐色，背面较深。胸部褐色。前翅长 2.5–3.4 mm，后翅长 1.0–1.6 mm。前翅横脉状的 Sc_2 位于 r 内侧，无

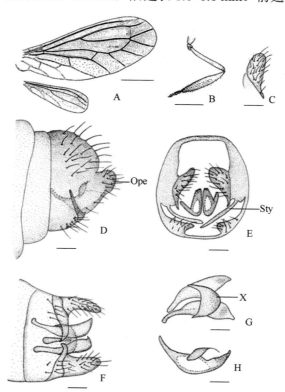

图 5-7　中华啮粉蛉 *Conwentzia sinica* Yang, 1974

A. 翅；B. 后足；C. ♂臀板外突，后视；D. ♂腹端，侧视；E. ♂腹端，后视；F. ♂腹端，腹视；G. ♂阳基侧突，背视；H. ♂阳基侧突，侧视。Ope. 臀板外突；Sty. 针突；X. 第 10 腹板。标尺：A=0.5 mm，B=0.03 mm，C–H=0.05 mm

色透明，r 横脉大部分透明，后端一小段褐色。从 Cu_2 开始，以下的脉均为无色透明。后翅短小，与前翅的比例为 1∶2.1，Sc 粗壮，Sc 与 R_1 间的横脉与前后两脉垂直。Rs 和 M 单一，其间有横脉 r-m 连接，Cu_1 达翅缘，与 Cu_2 之间有横脉。Sc_1 与 R_1 大部分褐色，端部无色透明。足淡黄褐色，中后足胫节中部粗大，两端略带褐色。腹部褐色，雄性外生殖器臀板外突后缘倾斜，宽大于长，其腹内突细小，端部不分叉。针突细长，腹视时端部略呈钩状。阳基侧突较短，基半部细而端半部膨大，末端上弯。阳茎细长而直，基部膨大。雌性腹端臀板褐色，略呈半圆形，其腹缘完整，无内凹的缺刻，刚毛稀疏，每侧仅 20 余根。

分布：浙江（西湖）、吉林、辽宁、河北、山西、陕西、甘肃、江苏、福建、广东、广西、云南。

91. 重粉蛉属 *Semidalis* Enderlein, 1905

Semidalis Enderlein, 1905b: 197. Type species: *Coniopteryx aleyrodiformis* Stephens, 1836.

主要特征：额区在触角间有 1 未骨化区，不向下延伸。触角多为 30 节左右，鞭节上的毛规则地排成 2 圈，没有鳞状毛。下颚须细长。前翅长是宽的 2 倍。肩横脉一般 1 条。R 脉在翅中部前分为 R_1 与 Rs。Rs 与 M 均分叉。横脉 r 的位置种内差异很大。m-cu 两条，端部一条倾斜，一般连在 M 的后支 M_{3+4} 上，缘毛无或很短。后翅脉序与前翅相似，只有翅前缘的基部具有缘毛。腹部灰色，骨化弱。前 7 节具蜡腺。雄性外生殖器第 9 节背板和腹板愈合，前缘被 1 条内脊所加强。臀板基部与第 9 节愈合，腹面有 1 大型外突，其背后角常向内突起。下生殖板发达，但有时完全并入第 9 节腹板，其背面常形成向后的长刺，又称尾刺。下生殖板的背面有时有 1 骨化很弱的骨片，向前斜伸向阳基侧突腹面。阳基侧突简单，背面常生有 1 到数个钩状突起。阳茎为 1 个或 1 对细长的杆，但有时消失。雌性外生殖器结构简单。臀板发达，一般骨化强。侧生殖突色深而且多毛。第 9 腹板退化，且为膜质。交配囊位于两侧生殖突之间，色淡而骨化弱。

分布：世界广布。世界已知 73 种，中国记录 10 种，浙江分布 3 种。

雄性分种检索表

1. 针突从第 9 节和臀板之间伸出，臀板外突近于三角形 ·················· **马氏重粉蛉 *S. macleodi***
- 第 9 节和臀板之间无向下伸出的针突，臀板外突指状，否则小钩愈合成"Y"形 ·················· 2
2. 小钩分离 ·················· **广重粉蛉 *S. aleyrodiformis***
- 小钩愈合 ·················· **一角重粉蛉 *S. unicornis***

（241）马氏重粉蛉 *Semidalis macleodi* Meinander, 1972（图 5-8）

Semidalis macleodi Meinander, 1972: 314.

主要特征：体长 1.9–2.3 mm。头褐色。复眼深褐色，雄性为肾形，雌性近半球形。触角 29–31 节，柄节和梗节淡黄色，鞭节黑褐色，雄性各鞭节宽略大于长，雌性长是宽的 2–3 倍。下颚须和下唇须黄褐色。胸部黑褐色。翅淡烟色。前翅长 2.8–3.5 mm、宽 1.5–1.7 mm，后翅长 2.2–2.5 mm、宽 1.2–1.4 mm。足褐色，但各节端部色略深，腿节和胫节多毛。雄性腹端深褐色。雄性外生殖器臀板侧视三角形，背后角向内尖细。针突从臀板与第 9 节之间斜伸向后下方并在臀板腹缘中部形成 1 小突起。下生殖板端部平截，形成 2 个尖侧角。阳基侧突的基半部细长，中部膨大后上弯且变细，近末端有 1 大小不等的腹突，没有小钩。

分布：浙江（临安）、安徽、湖北、台湾、广东、广西、四川、贵州、云南。

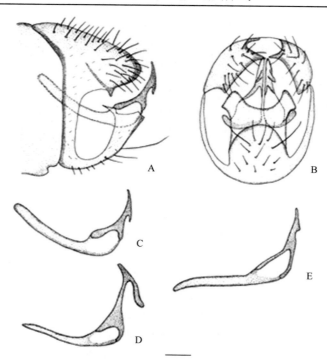

图 5-8　马氏重粉蛉 *Semidalis macleodi* Meinander, 1972
A. ♂腹端，侧视；B. ♂腹端，后视；C–E. ♂阳基侧突，侧视（示其形状变化）。标尺=0.03 mm

（242）广重粉蛉 *Semidalis aleyrodiformis* (Stephens, 1836)（图 5-9）

Coniopteryx aleyrodiformis Stephens, 1836: 116.

Semidalis aleyrodiformis: Enderlein, 1905b: 197.

主要特征：体长 2.0–3.1 mm。头褐色。触角黑褐色，25–33 节。胸部褐色，具有大的黑褐色背斑。翅烟色，几乎透明。前翅长 2.1–3.9 mm，后翅长 1.7–3.2 mm。腹部褐色。雄性外生殖器深褐色，臀板外突细长，呈指状，长明显大于宽，其内角的突起背视为三角形。下生殖板侧视短小。阳基侧突具有 2 个尖的背突，一个位于中部，另一位于端部，端部的较大。小钩小，爪状。

分布：浙江、吉林、辽宁、内蒙古、北京、天津、河北、山西、山东、河南、陕西、宁夏、甘肃、新疆、江苏、上海、安徽、湖北、江西、福建、广东、海南、香港、广西、重庆、四川、贵州、云南、西藏；日本，哈萨克斯坦，印度，尼泊尔，泰国，欧洲。

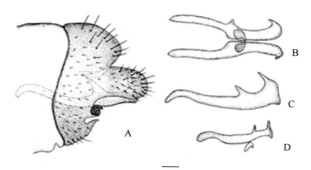

图 5-9　广重粉蛉 *Semidalis aleyrodiformis* (Stephens, 1836)
A. ♂腹端，侧视；B. ♂阳基侧突，背视；C、D. ♂阳基侧突，侧视（示其形状变化）。标尺=0.03 mm

（243）一角重粉蛉 *Semidalis unicornis* Meinander, 1972（图 5-10）

Semidalis unicornis Meinander, 1972: 330.

主要特征：体长 1.8–2.1 mm。头深褐色。触角长 1.3–2.0 mm，27–32 节。胸部褐色，背斑不明显。前翅长 2.4–2.9 mm，后翅长 1.8–2.9 mm。雄性外生殖器臀板外突指状，长为宽的 1.5 倍；下生殖板的尾端形成 1 个细长的大刺。阳基侧突基部细长，端半部膨大，近端部有 1 指状背突，阳基侧突末端向上弯曲成钩状。小钩愈合，侧视后弯，后视呈 1 个背缘略凹的横板。

分布：浙江（西湖）、福建、台湾、广东、海南、广西、四川、云南；蒙古国，马来西亚。

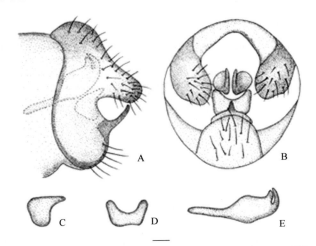

图 5-10　一角重粉蛉 *Semidalis unicornis* Meinander, 1972
A. ♂腹端，侧视；B. ♂腹端，后视；C. ♂小钩，侧视；D. ♂小钩，后视；E. ♂阳基侧突，侧视。标尺=0.04 mm

二十二、泽蛉科 Nevrorthidae

主要特征：体中小型，纤细，黄色或黄褐色。无单眼，触角念珠状；翅具翅疤和缘饰，翅脉分支较少，前缘横脉多在前缘分叉，无肩迴脉，Rs 仅 1 支从 R 分出，阶脉 2 组，CuA 长距离与翅后缘平行。幼虫体狭长，上颚与头长近乎相等，末端内弯，内缘无齿；前胸明显窄于头宽，腹部无气管鳃。

生物学：幼虫栖息于山涧细流下的水潭中，捕食性。

分布：间断分布于东亚、西欧及澳大利亚。世界已知 4 属 15 种，中国记录 2 属 7 种，浙江分布 1 属 1 种。

92. 汉泽蛉属 *Nipponeurorthus* Nakahara, 1958

Nipponeurorthus Nakahara, 1958: 25. Type species: *Nipponeurorthus pallidinervis* Nakahara, 1958.

主要特征：成虫虫体较小，雄性前翅长 6–10 mm。虫体一般黄色。前翅常透明或浅黄褐色，部分种有褐斑。前缘横脉大多具至少 1 分叉横脉，后翅 MA 与 MP 前支在外阶脉外侧分叉。雄性第 9 腹板短，不向后延伸成柄状；生殖刺突小，并向后分 2 叉。雌性愈合的第 8 生殖基节宽阔，约为第 8 背板的 2 倍长；第 9 生殖基节叶状或球棒状。

分布：古北区、东洋区。世界已知 11 种，中国记录 6 种，浙江分布 1 种。

（244）天目汉泽蛉 *Nipponeurorthus tianmushanus* Yang *et* Gao, 2001（图 5-11）

Nipponeurorthus tianmushanus Yang *et* Gao, 2001: 308.

主要特征：雄性体长 7 mm，前翅长 8 mm，后翅长 7 mm。体黄褐色，无斑纹，体被黄色细毛。触角念珠状，黄褐色但末端数节渐变为深褐色。前胸横宽，翅透明，淡橙褐色，翅痣淡褐色；前翅宽为长的 1/3，后翅宽为长的 1/2；前翅从翅痣沿翅端至肘脉端有淡褐色缘斑，阶脉 2 组，内组 5 段，外组 8 段，Rs 3 支；后翅横脉较少，肘脉与翅后缘长距离平行。腹端较粗，肛上板端缘凹缺，第 9 生殖基节基部粗而端部细且向内钩弯，第 10 生殖节具 1 对细长的骨片，且端部相接。

分布：浙江（临安）。

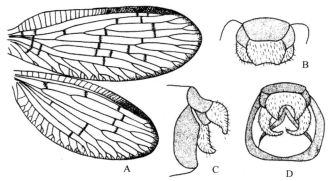

图 5-11　天目汉泽蛉 *Nipponeurorthus tianmushanus* Yang *et* Gao, 2001（♂）（引自杨集昆和高明媛，2001）
A. 翅；B. 外生殖器，背视；C. 外生殖器，侧视；D. 外生殖器，后视

二十三、水蛉科 Sisyridae

主要特征：体型较小，头部背面较平，触角念珠状；下颚须 5 节，下唇须 3 节，其端节均大而呈刀状。前胸短阔，中后胸粗大，具发达的小盾片；足狭长而简单，前足基节较长。翅 2 对，翅型相似，长卵形，翅脉及翅缘具大毛，翅膜上覆微毛，翅外缘具缘饰，翅痣处较粗糙而痣脉不明显；Rs 一般分 4 条，后 2 条间有 1 横脉，阶脉很少或仅有 1 组。腹部大部分呈膜质，背板和腹板均小而分离。雄性外生殖器特殊，殖弧叶外露于背面；1 对抱器和阳基侧突与其愈合。雌性第 8 背板大而长或与腹板相连，腹端臀板上有陷毛丛；第 9 背板分为左右两大侧片，腹端由 1 对愈合的生殖突形成产卵器，末端尖突或勾弯。

生物学：水蛉的幼虫寄生于淡水海绵内，生活习性很特殊。

分布：世界广布。世界已知 4 属 76 余种，中国记录 2 属 6 种，浙江分布 1 属 1 种。

93. 水蛉属 *Sisyra* Burmeister, 1839

Sisyra Burmeister, 1839: 975. Type species: *Hemerobius fuscatus* Fabricius, 1793.

主要特征：触角呈明显的颜色变化，棕色和黄色。下颚须和下唇须末节侧视均为三角状，基部宽，向端部变窄。前后翅 RP 具 3 条分支，无阶脉组。雄虫第 9 背板向两侧分成两个小骨片或退化消失；雄虫第 9 腹板短且简单或长且发达。

分布：世界广布。世界已知 54 种，中国记录 5 种，浙江分布 1 种。

（245）日光水蛉 *Sisyra nikkoana* (Navás, 1910)

Nopia nikkoana Navás, [1910] 1909a: 398.

Sisyrella nikkoana Banks, 1913: 218.

Sisyra japonica Nakahara, 1914: 493.

Sisyra ozememana Nakahara, 1914: 495.

Sisyra yamamurae Nakahara, 1914: 496.

Sisyra esakii Nakahara, 1915a: 99.

Sisyra nikkoana Nakahara, 1920: 163.

Sisyra aurorae Navás, 1933b: 13.

Sisyrella japonica Navás, 1935a: 73.

主要特征：头黑色；触角基半部分黑色（与头部同色），端半部的鞭节棕色（颜色逐渐向端部变浅）。前翅卵圆形，端部圆滑，棕色，前缘域基部膨大，前缘域在翅痣前具 9–14 条前缘横脉；ScP 端部弱化，不与 RA 愈合，2 条 scp-ra 横脉分别位于翅的基部和端部；CuA 和 CuP 之间端部区域具一深色长条带。雄虫第 9 背板向后腹端强烈延伸，侧面观形成一近 "V" 形的背板，被短毛；第 9 生殖基节短且卵圆形，无钩状或刺状的突起；第 9 生殖刺突强烈骨化，侧面观近三角形，末端具 2 或 3 个小突起；第 11 生殖基节背腹面分成两个部分，背面部分骨化程度低，尾面观宽拱形，横条带状，中间具 1 短突起；第 11 生殖刺突成对，尾面观宽钩状。雌虫第 9 背板近五边形，长约为宽的 1.5 倍，雌虫第 9 生殖基节长约为宽的 3.5 倍。

分布：浙江（定海）、上海。

二十四、溪蛉科 Osmylidae

主要特征：成虫体褐色至深褐色。触角长度一般不超过前翅长（伽溪蛉亚科 Gumillinae 除外）；头顶具 3 个明显单眼（伽溪蛉亚科单眼缺失）。前后翅大小相近，翅边缘具缘饰，翅基部、中部各有 1 个翅疵；前翅 Sc 与 R_1 末端愈合并伸至翅前缘；Rs 形成多条平行分支，各分支由多条径分横脉相连。外生殖器保留了脉翅目原始的特征，雄性殖弧叶外露，雌性第 9 生殖基节长瓣状，端部具指状生殖刺突。

幼虫蛞型，口器捕吸式，中胸、腹部 1–8 节两侧具 1 对气孔，末端具 1 对臀足。

生物学：幼虫半水生，多生活于水质较好的溪边；捕食性，一年 1 代，以 2 或 3 龄幼虫越冬。成虫喜阴凉潮湿，多栖息于溪边的灌木、乔木上，白天较少活动，多停歇于叶片背面；具趋光性。

分布：除新北区外全世界均有分布。世界已知 8 亚科 30 属约 200 种，中国记录 3 亚科 12 属 59 种，浙江分布 3 亚科 4 属 7 种。

分亚科检索表

1. 前翅前缘横脉分叉 ·· 溪蛉亚科 Osmylinae
- 前翅前缘横脉不分叉 ··· 2
2. 前翅径分横脉简单，除阶脉外径分横脉不超过 3 条 ···························· 少脉溪蛉亚科 Protosmylinae
- 前翅径分横脉多条，除阶脉外径分横脉多于 4 条 ································ 瑕溪蛉亚科 Spilosmylinae

（一）溪蛉亚科 Osmylinae

主要特征：体大型，触角黑色，不超过前翅长的一半。前翅一般宽阔，部分外缘分布大量褐色碎斑；翅痣色浅，一般褐色至浅褐色；前缘横脉末端分叉，部分属的横脉由短脉相连；sc-r_1 横脉一条，靠近翅基部；r_1-rs 横脉多，形成大量方形翅室；Rs 分支多条，一般超过 10 条；径分横脉稠密，通常形成 1–2 组阶脉；MA 与 Rs 分离点靠近翅基部，MP 分支靠近 MA 起点，两分支近似等长；CuP 形成大量栉状分支，通常各分支间有短脉相连；A_1 发达，形成栉状分支；A_2 形成少量栉状分支；A_3 退化，仅末端分支。后翅通常透明无斑；前缘横脉部分分叉；MA 基部完整，呈"S"形弯曲；MP 两分支间距略微加宽；CuP 长，形成大量栉状分支。雄性臭腺发达，第 9 背板一般具明显背突；殖弧叶发达，末端骨化强烈。

生物学：成虫多生活于溪流边的植被上，可捕食蚜虫、蚧、螨等小型节肢动物，当食物稀缺时也可取食花粉。幼虫半水生，可捕食水生的双翅目幼虫。

分布：古北区、东洋区。世界已知 6 属 39 种，中国记录 4 属 21 种，浙江分布 1 属 1 种。

94. 丰溪蛉属 *Plethosmylus* Krüger, 1913

Plethosmylus Krüger, 1913: 43. Type species: *Osmylus hyalinatus* McLachlan, 1875.

主要特征：体大型，头部一般黄色至褐色；复眼黑色，有金属光泽；单眼褐色。胸部黄色至暗褐色；前胸长略大于宽，生有黄色刚毛；中后胸瘤突颜色较深，一般为暗褐色，刚毛黄色。足黄色，刚毛褐色；爪深褐色，内侧有小齿。翅痣浅黄色，翅疵褐色明显；前缘横脉末端分叉，横脉之间有短脉相连；sc-r_1 横脉 1 条，靠近翅基部；r_1-rs 浓密；径分横脉多，至少形成两组阶脉；MA 与 Rs 分离点靠近翅基部；MP 分叉靠近翅基部，且两分支近等长；CuP、A_1 形成多条栉状分支，各分支间由短脉相连。后翅与前翅相近，除浅色翅痣外无斑；前缘横脉部分分叉；MA 基部呈"S"形弯曲；MP 两分支略宽，CuP 较长，近基部处有明显弯曲。雄性第 9 背板背部常具角突；臀板小，近似锥形，臀胝椭圆形；殖弧叶末端骨化，末端背部形成 1 个骨化的突起，生有大量长刚毛，腹部有 1 向上半骨化的锥形腹突，其上生有大量浓密的短毛；基部呈杆状骨化，殖弓杆细长；阳基侧突呈"C"形弯曲。雌性第 8 背板背部隆起，整个腹部末端向下弯曲；第 7 腹板与第 8 腹板相连，前端通常有 1 对腹突；第 8 腹板侧视狭长，与背部后缘相连；第 9 背板狭长，末端通常形成 1 个锥形瘤突，腹部变窄；臀板锥形；第 9 生殖基节发达，形成 1 锥形突起，与产卵瓣愈合；产卵瓣基部略膨大，刺突长，近似锥形。

分布：古北区、东洋区。世界已知 4 种，中国记录 2 种，浙江分布 1 种。

（246）浙丰溪蛉 *Plethosmylus zheanus* Yang *et* Liu, 2001（图 5-12，图版 VII-1）

Plethosmylus zheanus Yang *et* Liu, 2001: 302.

主要特征：体中至大型。头部黄褐色；触角黑色，刚毛黄色。前胸黄褐色至暗褐色，刚毛黄色；中后胸黑褐色，中胸前缘黑色。前翅较狭长，膜区颜色明亮；翅上翅斑极少，仅外阶脉处覆有 3–4 零星碎斑；翅痣浅褐色，翅疤褐色明显，位于翅中部；前缘横脉间部分由短脉相连；Rs 分支 14–15 条；径分横脉仅形成两组完整阶脉；CuP 各分支由少量短脉相连；A_1 较长，形成 7–8 条栉状分支。雄性第 9 背板背突较细长；臀板小，近似锥形；殖弧叶末端骨化，中部形成 1 个锥形瘤突，腹部向上生出 1 半骨化的锥形腹突；阳基侧突略狭长；雌性第 7 腹板形成 1 明显锥形腹突，第 8 腹板狭长；第 9 背板狭长，腹突略小；第 9 生殖基节略突出，与产卵瓣愈合。

分布：浙江（临安）、湖北。

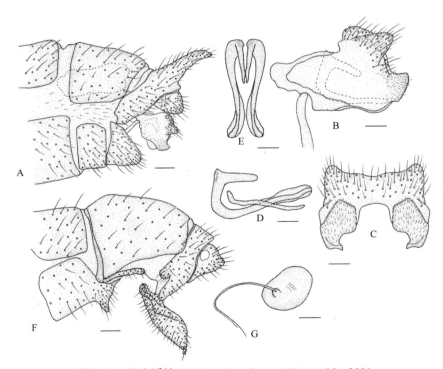

图 5-12　浙丰溪蛉 *Plethosmylus zheanus* Yang *et* Liu, 2001

A. ♂生殖节，侧视；B. ♂外生殖器，侧视；C. ♂外生殖器，腹视；D. ♂阳基侧突，侧视；E. ♂阳基侧突，背视；F. ♀生殖节，侧视；G. ♀受精囊。标尺：A、F=0.5 mm，B–E=0.2 mm，G=0.1 mm

（二）少脉溪蛉亚科 Protosmylinae

主要特征：体中小型，翅略宽，翅脉简化。前翅膜区透明，一般没有颜色，并具少量翅斑，翅痣一般为黄色至褐色，较明显；翅疤颜色较浅；翅脉褐色至深色，翅脉上分布有大量的刚毛；前缘域通常基部略宽，前缘横脉简单不分叉，且翅痣处横脉相对清晰；sc-r₁ 1 条，靠近翅基部；r₁-rs 横脉相对较少，通常 7–9 条，不超过 10 条；Rs 分支一般不超过 10 条，径分横脉数量较少，排列整齐，一般形成 2–3 组阶脉，除阶脉外，径分横脉数量不超过 3 条；径分区翅室通常呈规则的长方形；MP 分支靠近翅基部，且 MP 横脉数量一般为 3–5 条。后翅通常透明无斑，翅痣浅黄色；MA 基部发达，部分类群退化；CuA 长，末端呈栉状分支，CuP 短，倾斜至翅后缘，单支。雄性殖弧叶侧视弓形，边缘骨化，末端略微向上突起；阳基侧突侧视弯曲，基部指状，末端膨大，内侧骨片高于外侧；阳基侧突背视呈舟形；雌性第 8 腹板小，侧视指状，第 9 生殖基节狭长，与产卵瓣分离。

分布：古北区、东洋区、新热带区。世界已知 4 属 21 种，中国记录 3 属 15 种，浙江分布 1 属 2 种。

95. 离溪蛉属 *Lysmus* Navás, 1911

Lysmus Navás, 1911b: 112. Type species: *Osmylus harmandinus* Navás, 1910.

主要特征：体中小型，前翅翅脉密布褐色刚毛，膜区翅斑稀少；翅痣浅褐色至黄色，翅疤浅色不清晰；前缘横脉简单不分叉，且翅痣处横脉较稀疏；sc-r₁ 横脉 1 条，靠近翅基部；r₁-rs 横脉多条；Rs 分支 7–8 条，不超过 10 条；径分横脉较少，形成 2–3 组完整阶脉；MP 分叉点位于 MA 与 Rs 第 1 分支间；MP 之间横脉较多。后翅与前翅相近，翅痣浅色；MA 基部退化；MP 两分支平行，不扩张；CuP 短，单支。雄性第 9 背板狭长，臀板近似方形，瘤突不明显，臀胝小；殖弧叶侧视弓形，边缘杆状骨化，末端一般骨化较强；殖弓内突呈臂状弯曲，末端叶状突起；殖弓杆发达，呈托盘状；阳基侧突侧视"C"形弯曲，基部细长，末端膨大，内侧骨片明显高于外侧，背视阳基侧突呈舟形；下殖弓叉形。第 8 背板宽大，腹板退化，侧视呈指状突；第 9 背板狭长，臀板近似梯形，臀胝圆形至椭圆形；第 9 生殖基节狭长，与产卵瓣愈合；产卵瓣近似指状，刺突长；受精囊侧视弯曲，基部膨大。

分布：古北区、东洋区。世界已知 9 种，中国记录 6 种，浙江分布 2 种。

（247）胜利离溪蛉 *Lysmus victus* Yang, 1997（图 5-13，图版 VII-2）

Lysmus victus Yang, 1997a: 581.

主要特征：体中小型。头部褐色至暗褐色；触角黄色至褐色，基部深色。胸部褐色至黑色，前胸长略大于宽。足黄色至褐色，刚毛黄色；爪褐色，内侧有小齿。翅上除翅痣外几乎无斑，翅脉浅色；内阶脉处覆有浅色色斑，不明显；CuP 末端有 1 明显的褐斑；r₁-rs 横脉多条，Rs 分支 9–10 条；径分横脉形成 3 组完整阶脉；MP 横脉 5 条。后翅透明无斑，CuP 单支。雄性殖弧叶末端形成 1 指状背突，殖弓内突臂状弯曲，末端叶状突出不明显；阳基侧突侧视"C"形弯曲，基部指状，略膨大；末端膨大，近似三角形。雌性第 8 腹板退化，侧视近似指状；第 9 背板狭长，臀板近似梯形，臀胝中位；第 9 生殖基节狭长，与产卵瓣不愈合，明显分离，产卵瓣指状，中间有 1 条深色纵带，刺突指状。

分布：浙江（临安）、河北、陕西、甘肃、湖北、湖南、贵州。

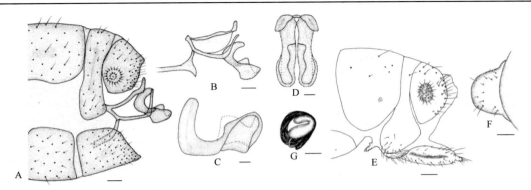

图 5-13 胜利离溪蛉 *Lysmus victus* Yang, 1997

A.♂生殖节，侧视；B.♂外生殖器，侧视；C.♂阳基侧突，侧视；D.♂阳基侧突，背视；E.♀生殖节，侧视；F.♀第 8 腹板，腹视；G.♀受精囊。标尺：A、B、E、G=0.2 mm，C、D、F=0.1 mm

（248）庆元离溪蛉 *Lysmus qingyuanus* **Yang, 1995（图 5-14，图版 VII-3）**

Lysmus qingyuanus Yang in Yang et al., 1995: 281.

主要特征：体中小型。两复眼间具 2 个褐色小斑；复眼棕绿色、带光泽；触角柄节和梗节浅灰色，鞭节黄色。胸部黄色；前胸背板两侧具灰黑色斑纹；中胸前缘具 2 个浅褐色小圆斑；后胸中央具灰黑色斑纹。翅透明，膜区有少量翅斑，翅脉淡褐色，刚毛发达；翅痣褐色，翅疤不清晰；R_1 与 Rs 间分布 3–4 褐色翅斑；CuP 末端分布有深色不规则翅斑；前翅 Rs 分支 11 条，形成两组完整阶脉。后翅透明无斑，翅痣褐色清晰；MA 基部退化。雌性第 8 腹板侧视指状，略弯曲；第 9 背板狭长；臀板近似方形，臀胝中下位；第 9 生殖基节侧视近似三角形，与产卵瓣明显分开；产卵瓣指状，刺突柱形。

分布：浙江（庆元）。

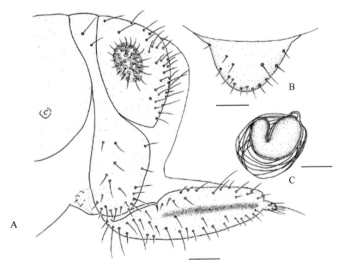

图 5-14 庆元离溪蛉 *Lysmus qingyuanus* Yang, 1995

A.♀生殖节，侧视；B.♀第 8 腹板，腹视；C.♀受精囊。标尺：A、C=0.2 mm，B=0.1 mm

（三）瑕溪蛉亚科 Spilosmylinae

主要特征：体型中等，翅狭长，翅脉较为复杂。前翅通常透明无斑，但在窗溪蛉属中前翅有大量翅斑，翅痣黄色至褐色，翅疤褐色至浅褐色，多数横脉覆有大量晕斑；翅脉褐色，生有大量刚毛；前缘横脉数目较多，末端简单不分叉；Sc 与 R_1 间距略宽，sc-r$_1$ 横脉单支，靠近翅基部；Rs 第 1 分支靠近翅基部，但是虹溪蛉属 *Thaumatosmylus* 及瑕溪蛉属 *Spilosmylus* 部分种的 Rs 第 1 分支靠近翅中部；Rs 分支多条，一般为 10 条左右；径分横脉多条，一般至少形成 1 组完整的阶脉；MA 与 Rs 分离点靠近翅基部；MP 分支点靠近翅基部，两分支近似等长；MP 与 Cu 间横脉多条，基部横脉在瑕溪蛉属及窗溪蛉属 *Thyridosmylus* 中缺失，形成 1 个巨大的翅室，而虹溪蛉属的 mp-cu 基部横脉完整；Cu 于翅基部分支，CuA 略长于 CuP，CuP 形成大量栉状分支。后翅与前翅相近，一般透明无斑；翅痣浅色；前缘域狭窄，横脉简单；MA 基部一般有 1 刺状短脉；MP 两分支略扩张，MP$_2$ 基部有 1 刺状短脉；CuA 较长，形成大量栉状分支，CuP 短单支。雄性无臭腺，殖弧叶窄，侧视弓形无刚毛，下殖弓存在；雌性第 8 腹板小，第 9 生殖基节狭长，在窗溪蛉属和虹溪蛉属部分种类中与产卵瓣愈合。

目前仅知 *Spilosmylus flavicornis* 幼虫为半水生，其他种类生物学习性未知。

分布：东洋区、旧热带区。世界已知 3 属 137 种，中国记录 3 属 23 种，浙江分布 2 属 4 种。

96. 窗溪蛉属 *Thyridosmylus* Krüger, 1913

Thyridosmylus Krüger, 1913: 87. Type species: *Osmylus langii* McLachlan, 1870.

主要特征：头部褐色至黑褐色，胸部黑褐色，前胸长大于宽，两侧生有长刚毛；中后胸粗壮，深褐色，前缘有 2 个黑色瘤突，盾片发达。足黄色，生有褐色刚毛；径节端部生有 1 端刺，跗节 5 节，爪深褐色，内侧具有小齿。前翅多分布有深色翅斑，一般在外阶脉外缘形成 1 个透明的窗斑；MP 与 Cu 间基部 1 横脉缺失，形成 1 大的翅室。后翅一般透明无斑；翅痣浅黄色，翅疤褐色；MA 基部完整；MP$_2$ 基部生有 1 短的基刺。雄性臀板生有 1 背中突，臀胝圆形；生殖器略外露，殖弧叶弓形，边缘骨化，端部有 1 个向上的背突；第 9 生殖基节指状，末端连接乳突状生殖刺突；臀板近似锥形，臀胝发达；受精囊通常简单，卵圆形。

分布：东洋区、旧热带区。世界已知 19 种，中国记录 13 种，浙江分布 3 种。

分种检索表

1. 前翅膜区无色透明 ·· 黔窗溪蛉 *T. qianus*
- 前翅膜区黄色或者褐色，分布深色翅斑 ··· 2
2. 前翅仅基部具有明显细碎褐斑；雄性阳基侧突粗壮；雌性受精囊由两个大小不同的球体组成 ········ 棕色窗溪蛉 *T. fuscus*
- 前翅近基部、后缘及外缘具有大量深褐色翅斑；雌性受精囊简单杆状 ··························· 三丫窗溪蛉 *T. triypsiloneurus*

（249）棕色窗溪蛉 *Thyridosmylus fuscus* Yang, 1999（图 5-15，图版 VII-4）

Thyridosmylus fuscus Yang, 1999c: 99.

主要特征：体型中等，头部深褐色；复眼黑褐色，触角黄色，柄节褐色，刚毛褐色；上唇深褐色，下唇须褐色，端部黑褐色。前胸背板黑褐色，生有黄色刚毛；中胸背板前缘两侧有 1 对黑色瘤突，生有棕褐色刚毛。足黄色，胫节基部有 1 褐色短刺；爪深褐色。前翅翅斑丰富，膜区黄褐色，翅脉褐色，粗壮；翅痣深褐色，中部为黄色，翅疤褐色；r$_1$-rs 横脉及外阶脉覆有晕斑，翅外缘为黄褐色连续斑块；Cu 横脉覆有晕斑；A$_2$ 长于 A$_1$ 的一半，末端为 4–5 分支；A$_3$ 单支。后翅淡烟色、无斑，翅脉褐色；翅痣、翅疤深褐色；翅脉与前翅相近。雄性第 9 背板粗短，腹板近似方形；臀板小，臀胝圆形下位，瘤突突出；中突侧视背部形成脊状突起；雌性受精囊由两个大小不等的球体组成，中间由 1 短管相连。

分布：浙江（临安）、福建、广西。

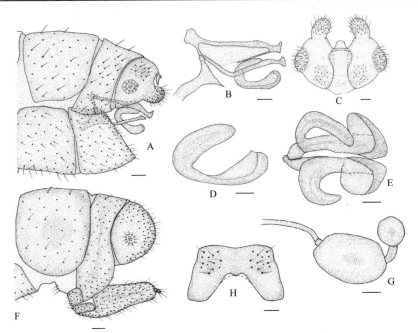

图 5-15 棕色窗溪蛉 *Thyridosmylus fuscus* Yang, 1999

A. ♂生殖节，侧视；B. ♂外生殖器，侧视；C. ♂臀板，背视；D. ♂阳基侧突，侧视；E. ♂阳基侧突，背视；F. ♀生殖节，侧视；G. ♀受精囊；H. ♀第8腹板，腹视。标尺：A、F=0.2 mm，B、C、H=0.1 mm，D、E、G=0.05 mm

（250）黔窗溪蛉 *Thyridosmylus qianus* Yang, 1993（图 5-16，图版 VII-5）

Thyridosmylus qianus Yang, 1993: 262.

主要特征：体型中等，头部黄褐色；触角丝状，短于前翅长的一半，柄节红褐色；复眼黑褐色，头顶

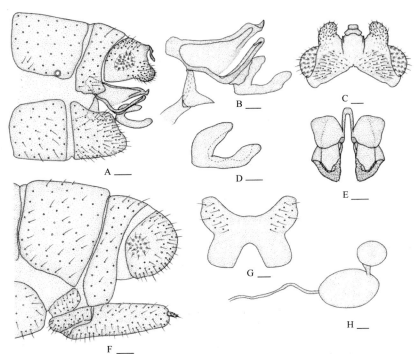

图 5-16 黔窗溪蛉 *Thyridosmylus qianus* Yang, 1993

A. ♂生殖节，侧视；B. ♂外生殖器，侧视；C. ♂臀板，背视；D. ♂阳基侧突，侧视；E. ♂阳基侧突，背视；F. ♀生殖节，侧视；G. ♀第8腹板，腹视；H. ♀受精囊。标尺：A、F=0.2 mm，B–E=0.1 mm，G、H=0.05 mm

分布 3 组黑褐色横带；下唇须暗褐色。胸部黄褐色，生有黄色刚毛；前胸较短，分布 4 条黑褐色的横带；中后胸两侧各有 1 黑色瘤突。足黄褐色，生有褐色刚毛；爪深褐色。前翅密布深色碎斑，膜区无色；阶脉两组，外阶脉处形成 1 大的透明窗斑；翅基部分布深色似横脉的小斑，Cu 中部分布 1 深色的褐斑；前翅外缘分布浅色斑块。翅脉黄色，前缘横脉不分叉，颜色深浅相间。雄性殖弧叶侧视为三角形，边缘骨化成明显杆状，端部形成 1 三角形背突，其余部分膜质；殖弓内突向上弯曲，骨化明显；殖弓杆宽大，呈托盘状，一端与殖弧叶相连。阳基侧突侧视 "C" 状弯曲。雌性第 8 背板方形，宽大，腹板退化，腹视呈鞍状；受精囊由两个大小不等的圆球组成，中间由短的膜质软管相连。

分布：浙江（临安）、山东、湖北、福建、重庆、贵州。

（251）三丫窗溪蛉 *Thyridosmylus triypsiloneurus* Yang, 1995（图 5-17，图版 VII-6）

Thyridosmylus triypsiloneurus Yang in Yang et al., 1995: 282.

主要特征：头部黑褐色，触角黄色，生有褐色刚毛。前翅分布大量深色翅斑，膜区黄色；前缘横脉区分布带形褐斑，r_1-rs 横脉覆有晕斑；翅的外缘多分布褐色翅斑，Cu 分布深色翅斑。前缘横脉简单，Rs 分支 11–12 条，MP 分叉靠近 MA 与 Rs 分离点，阶脉两组。雄性第 9 背板狭长略微向后弯曲，腹板近似方形；臀板小，近似圆形中位，瘤突粗大，背突侧视角状。殖弧叶边缘骨化成杆状，上端部分隆起，端部形成 1 向上的角状突起，其余部分膜质。雌性产卵瓣粗短近指状，刺突较短。受精囊简单，由 1 长柱形腺体组成。

分布：浙江（庆元）、湖北、湖南、福建、广西。

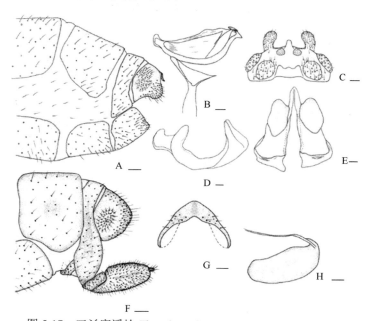

图 5-17　三丫窗溪蛉 *Thyridosmylus triypsiloneurus* Yang, 1995

A. ♂生殖节，侧视；B. ♂外生殖器，侧视；C. ♂臀板，背视；D. ♂阳基侧突，侧视；E. ♂阳基侧突，背视；F. ♀生殖节，侧视；G. ♀第 8 腹板，腹视；H. ♀受精囊。标尺：A、F=0.2 mm，B、C、G=0.1 mm，D、E、H=0.05 mm

97. 虹溪蛉属 *Thaumatosmylus* Krüger, 1913

Thaumatosmylus Krüger, 1913: 89. Type species: *Osmylus diaphanous* Gerstaecker, 1893.

主要特征：成虫体中型。翅较宽阔，膜区一般无色透明，分布少量褐色或棕色碎斑；翅痣褐色，中间黄色；翅斑褐色，不明显；前缘横脉列简单，少有分叉；Rs 分支较多，一般不少于 10 条；径分横脉复杂，至少形成一组完整的外阶脉；MP 与 Cu 间基部横脉完整，至少形成 2 个方形翅室。后翅一般透明无斑，部分种零星分布少量褐斑；MA 基部完整，MP_2 基部生有 1 短脉。雄性臀板背部生有 1 明显指状突；殖弧叶边缘骨化较强，端骨化较强，形成 1 明显向上弯曲的突起。雌性第 9 背板狭长，第 9 生殖基节近似三角形，与产卵瓣明显分离；产卵瓣纺锤形，刺突粗短。

　　分布：东洋区。世界已知 11 种，中国记录 4 种，浙江分布 1 种。

（252）浙虹溪蛉 *Thaumatosmylus zheanus* Yang *et* Liu, 2001（图 5-18，图版 VII-7）

Thaumatosmylus zheanus Yang *et* Liu, 2001: 303.

　　主要特征：体色污黄稍具黑褐斑纹；头部仅单眼后方有褐纹，前胸背稍有褐纹，中后胸背板上有钩形褐纹，胸部侧板上仅有 1 褐斑；翅略宽阔，翅上零星分布有褐色翅斑，翅脉褐色，部分浅色，呈深浅相间；Cu 间横脉及 MA 与 MP 末端分布有少量深色翅斑；Rs 分支 10–11 条，径分横脉只形成一组完整阶脉；径前中横脉 2 条。雌性受精囊形状特殊，呈 1 柱状腺体，基部连有细长导管。

　　分布：浙江（临安）。

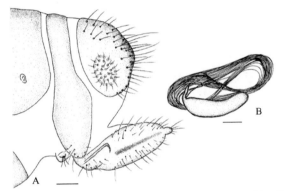

图 5-18　浙虹溪蛉 *Thaumatosmylus zheanus* Yang *et* Liu, 2001
A. ♀生殖节，侧视；B. ♀受精囊。标尺：A=0.2 mm, B=0.1 mm

二十五、栉角蛉科 Dilaridae

主要特征：体中小型，纤细，黄褐色。头部具 3 个单眼状瘤突，触角雌雄异型，雄性为栉状或粗线状，雌性为念珠状；翅具翅疤和缘饰，前缘横脉多不分叉，无肩迴脉，Rs 仅 1 支从 R 分出，MA 从 R 或 Rs 分出。雌性产卵器极度延长，弯于腹端背面。幼虫体狭长，头部和胸部近乎等宽，腹节长多大于宽；上颚与触角和下唇须长度相似，刺状直伸。

卵为长圆形，底端圆形，上方具 1 蘑菇状的似卵孔突出物。

生物学：幼虫生物学特性已知甚少，生活史长，常见于林木树皮下或朽木中捕食小虫，栉角蛉亚科 Dilarinae 幼虫生活在潮湿的土壤中，以土壤中的节肢动物或死亡的幼虫为食。成虫具趋弱光性。

分布：全世界除澳洲区外均有分布。世界已知 4 属 117 种，中国记录 2 属 44 种，浙江分布 1 属 1 种。

98. 栉角蛉属 *Dilar* Rambur, 1838

Dilar Rambur, [1838] 1837-1840: 445. Type species: *Dilar nevadensis* Rambur, [1838] 1837-1840.

主要特征：中等大小，体长 3–8 mm，雌性略大，体长 5–10 mm。雄性触角栉状。翅宽阔，一般密布褐色斑纹；R 与 Rs 间多于 5 条横脉，MA 在翅基部与 R 有较短愈合，无连接 MP 的横脉；MP 主支 2 条；前翅翅疤 2–3 个，后翅翅疤 1 个；前翅一般在 R 至 CuP 间缘饰，后翅一般在 R 至 CuA 间具缘饰。雄性第 9 背板背视前缘一般浅弧形凹缺，后缘呈"V"形或"U"形凹缺，末端钝圆，密被长毛，第 9 腹板一般明显短于第 9 背板；肛上板高度特化。生殖基节包括 1 对骨化较强的第 9 生殖基节、1 对第 10 生殖基节及横梁状的殖弧叶。下生殖板一般梯形，两侧略呈弧形。雌性第 9 背板一般较狭长，侧视斜向腹面延伸；受精囊弯曲，长管状；肛上板较小，卵圆形。

分布：古北区、东洋区。世界已知 87 种，中国记录 41 种，浙江分布 1 种。

（253）天目栉角蛉 *Dilar tianmuanus* Yang, 2001（图 5-19，图版 VIII）

Dilar tianmuanus Yang, 2001: 306.

主要特征：雄性体长 5.9 mm，前翅长 9.8 mm，后翅长 7.8 mm。触角浅黄褐色，梗节具褐色环纹；鞭节基部第 1 节分支短齿状，端部 6 节无分支，其余各节具较长分支。胸部黄褐色，前胸背板近六边形，小盾片后半部深褐色，其两侧各具 1 深褐色斜条斑。翅烟褐色。前翅密布不规则的褐色斑，基部及翅前缘斑纹色略深，翅疤 3 个；后翅浅黄褐色，斑型不明显。脉浅黄色，横脉较纵脉色略深。前翅外缘 R 至 CuP 间具缘饰；Sc 与 R 在翅痣区略相接；Rs 主支 5 条；MA 在基部与 R 愈合，无连接 MP 的横脉状分支；MP 主支 2 条；中部具 2 组阶脉。后翅外缘 R 至 CuA 间具缘饰；Rs 主支 5 条；MA 与 Rs 在基部具较短的愈合。雄性腹端第 9 背板前缘浅弧形凹缺，两侧形成 1 对宽的近三角形半背片，其后端钝圆且密被长毛；肛上板近梯形，末端具 1 对半圆形的片状突起，其下方具 1 对分叉的爪状突起，1 对骨化较弱的短指状突起，以及 1 个骨化较强的末端锯齿状的矩形突起；第 9 生殖基节基部呈膨大的囊状，末端爪状、呈角状弯曲；第 10 生殖基节较细长，基部钩状，末端长刺状，近中部延伸出 1 骨化物与第 9 生殖基节相接，明显短于第 9 生殖基节，殖弧叶横梁状，近"U"形，其两端膨大，与第 9 生殖基节基部相接。内生殖板梯形，两侧弧形。

分布：浙江（临安）、江苏。

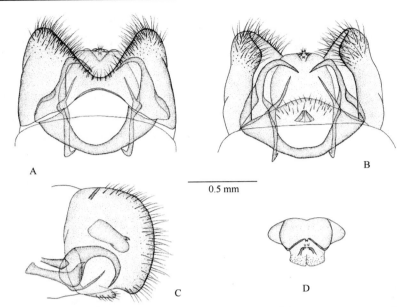

图 5-19 天目栉角蛉 *Dilar tianmuanus* Yang, 2001（引自 Zhang et al.，2015）

A. ♂外生殖器，背视；B. ♂外生殖器，腹视；C. ♂外生殖器，侧视；D. ♂肛上板，后视

二十六、鳞蛉科 Berothidae

主要特征：体小中型，体表被毛。头近前口式；触角线状，柄节较长。大多数属种的前翅为狭长勾状；翅基部常被鳞片状的毛，翅具缘饰；后翅肘脉 Cu 靠近翅后缘。雌性腹部末端具 1 对细长的侧生殖突。

生物学：等鳞蛉属 *Isoscelipteron* 等 6 属幼虫捕食白蚁。成虫多为树栖，少数栖息于灌木上；杂食性，取食花粉、菌丝、其他昆虫；有趋光性。

分布：世界广布。世界已知 25 属 117 种，中国记录 2 属 14 种，浙江分布 2 属 3 种。

99. 鳞蛉属 *Berotha* Walker, 1860

Berotha Walker, 1860: 186. Type species: *Berotha insolita* Walker, 1860.

主要特征：体中小型。触角线状，柄节较长，为宽的 3–5 倍；前翅翅面略窄，后缘近端部内凹，与外缘形成钝角，近勾状，翅痣明显。雄蛉第 9 背板和肛上板愈合；第 9 腹板一般退化，短于第 8 腹板或特化成 1 对向后延伸的瓣状结构；第 9 生殖基节勾状，背侧弯曲；第 10 生殖基节复合体形成 1 束拱状结构；第 11 生殖基节常呈弓状，骨化程度较高。雌腹部末端有 1 对细长的产卵瓣。

分布：东洋区。世界已知 11 种，中国记录 8 种，浙江分布 1 种。

（254）浙江鳞蛉 *Berotha zhejiangana* Yang *et* Liu, 1995

Berotha zhejiangana Yang *et* Liu in Yang et al., 1995: 280.

主要特征：雄性体长 7.0–9.0 mm，前翅长 11.0 mm，后翅长 10.0 mm。头部黄褐色，头顶较平，密布褐色圆点及刚毛，头腹面具长毛；触角细长，念珠状，柄节极粗长，为宽的 3 倍多并具长毛。胸部黄褐色，背板密布褐斑且多毛，前胸腹面密生黑色长毛。翅狭长且透明，略带淡烟色，翅端斜突成钝圆的锐角，外缘中部凹入；纵脉淡色具间断的褐点及毛，横脉褐色，前缘横脉列褐色，脉多分叉；翅痣红褐色；Rs 有 7 分支，与 R_1 及 M 叉平行；后翅较前翅透明且少斑，Rs 分 7 支；Cu 与翅后缘有长距离平行且靠近。腹部背面淡褐色而腹面黄褐色，均多圆斑及毛；第 9 背板和肛上板侧视后背端近直角，下生殖板极短小。

分布：浙江（开化、庆元）。

100. 等鳞蛉属 *Isoscelipteron* Costa, 1863

Isoscelipteron Costa, 1863: 34. Type species: *Isoscelipteron fulvum* Costa, 1863.

主要特征：体中小型。触角线状，柄节较长，为宽的 3–5 倍；前翅翅面较宽大，后缘近端部内凹，与外缘形成尖角，勾状，翅痣不明显。雄蛉第 9 背板和肛上板愈合；第 9 腹板一般退化，短于第 8 腹板；第 9 生殖基节勾状，腹侧弯曲；第 10 生殖基节复合体为弹簧状结构；第 11 生殖基节骨化程度较高。雌蛉腹部末端具有 1 对细长的产卵瓣。

分布：古北区、东洋区、澳洲区。世界已知 13 种，中国记录 6 种，浙江分布 2 种。

（255）喜网等鳞蛉 *Isoscelipteron dictyophilum* Yang *et* Liu, 1995（图 5-20，图版 IX-1）

Isoscelipteron dictyophilum Yang *et* Liu in Yang et al., 1995: 280.

　　主要特征：雄性体长 7.0–10.0 mm，前翅长 9.0–11.0 mm，后翅长 7.0–9.0 mm。头部黄褐色，被黄色毛；复眼黑褐色；触角细长，具浅黄色毛，柄节毛略长，柄节长宽比约为 3 : 1。胸部浅褐色，被浅黄色毛，腹面毛色深；前胸背板浅褐色，两侧具黑褐色斑点；中胸背板中部具少量褐斑；后胸背板无。足浅黄色，具浅褐色毛；胫节和跗节上具黑褐色斑点，前足腿节具少量淡褐色斑，后足腿节基部具 1 较大褐点。翅略呈烟黄色，前翅后缘颜色加深；前翅狭长而端部斜截，尖突呈勾状，外缘弧凹；翅痣褐色不明显，有些种翅痣区具少量红褐色点，Rs 分 7 支，阶脉 8 支。纵脉浅黄色，具间断的褐色小点，横脉褐色。雄性腹端第 9 背板和肛上板侧视近半圆形，腹缘平直，后缘弧形。第 9 腹板短于第 9 背板，后缘略弧形隆突。阳基腹突膜质，短杆状，末端略微变细。第 9 生殖基节成对，腹视基部较细，其后向内弯曲，中间膨大，末端尖细。第 10 生殖基节复合体为弹簧状细丝。第 11 生殖基节成对，中间呈 1 圆环状骨片结构；腹视呈杆状，中间略膨大，其后内弯，末端钝圆。下生殖板近钟形，两侧弧形。

　　分布：浙江（开化）、安徽。

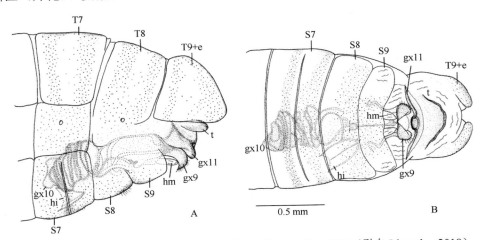

图 5-20　喜网等鳞蛉 *Isoscelipteron dictyophilum* Yang *et* Liu, 1995（引自 Li et al., 2018）

A. ♂外生殖器，侧视；B. ♂外生殖器，腹视；hi. 下生殖板；hm. 伪阳茎侧叶；gx9. 第 9 生殖基节；gx10. 第 10 生殖基节；gx11. 第 11 生殖基节（=殖弧叶）；S7. 第 7 腹板；S8. 第 8 腹板；S9. 第 9 腹板；t. 腹末隆突；T7. 第 7 背板；T8. 第 8 背板；T9+e. 第 9 背板+肛上板

（256）栉形等鳞蛉 *Isoscelipteron pectinatum* (Navás, 1905)（图 5-21，图版 IX-2）

Sisyrura pectinata Navás, 1905: 51.

Isoscelipteron pectinatum: U. Aspöck & H. Aspöck, 1991: 65.

　　主要特征：雄性体长 9.0 mm，前翅长 12.5–13.5 mm，后翅长 10.5–11.5 mm。雌性体长 6.6–9.0 mm，前翅长 11.0–13.0 mm，后翅长 10.0–11.5 mm。头部浅黄色，复眼黑褐色；触角念珠状，多毛，且柄节毛长于梗节和鞭节；柄节长为鞭小节长的 5–6 倍。胸部浅黄色，多毛，两侧色略深，具红褐色圆点。足浅黄色，胫节上具黑褐色圆点，毛色加深。翅透明，略呈烟褐色，端部色渐浅；多毛，内缘毛色较深；前翅狭长而端部斜截，尖突呈勾状，外缘弧凹，纵脉和阶脉上具灰褐色的小点，翅痣狭长浅黄色，具褐色斑点；后翅较前翅色浅。纵脉浅黄色具间断的小褐点，横脉黑褐色。雄性腹端第 9 背板侧视后端半圆形且被短毛，后下侧具 1 小的钝突。臀脉退化。第 9 腹板略短于第 8 腹板，后缘弧形凹缺。阳基腹突膜质，杆状。第 9 生殖基节成对，呈弯钩状。第 10 生殖基节复合体为弹簧状细丝，约 13 环，前端延伸至第 7 体节。愈合的第

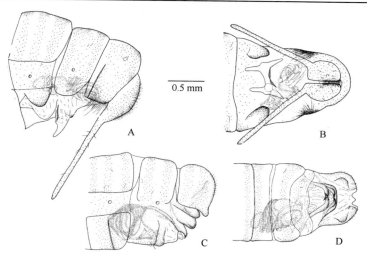

图 5-21　栉形等鳞蛉 *Isoscelipteron pectinatum* (Navás, 1905)（引自 Li et al.，2018）

A. ♀外生殖器，侧视；B. ♀外生殖器，腹视；C. ♂外生殖器，侧视；D. ♂外生殖器，腹视

11 生殖基节背视拱形，末端变细成勾状。下生殖板近三角形，两侧弧形。雌性腹端第 7 生殖基节呈半圆形骨片；第 8 生殖基节为 1 对膜质指状突起，指向前腹端；第 8 生殖突为 1 细小的骨片。第 9 背板与第 8 背板约等长，侧视腹端被长毛，第 9 生殖基节腹视呈半圆形。侧生殖突侧视约为第 9 生殖基节的 3 倍长。受精囊球状，与细长盘绕的交尾囊相接。

分布：浙江（开化）、山东、上海、四川、贵州。

二十七、螳蛉科 Mantispidae

主要特征：成虫头部一般黄褐色，呈三角形。复眼半球形凸出。单眼退化。下口式。触角通常较短，线状、念珠状或栉角状。前胸伸长，长大于宽，可分为膨大和长管两部分。前足捕捉式。翅膜质，透明或有褐斑，翅痣一般为细长或短宽的三角形；腹部圆筒形，短于翅长，雌性腹部常比雄性粗壮。

生物学：幼虫寄生性，3 个龄期。1 龄幼虫活动能力强，孵化后便迅速寻找蜘蛛寄生，在蜘蛛卵囊内蜕皮进入 2 龄。2 龄、3 龄幼虫蛴螬型，足明显退化，活动能力减弱。老熟幼虫化蛹于茧中，蛹为离蛹。成虫多生活在乔木、灌木上，且多在树冠的上层。

分布：世界广布。世界已知 4 亚科 50 属约 400 种，中国记录 9 属约 40 种，浙江分布 2 属 3 种。

101. 螳蛉属 *Mantispa* Illiger, 1798

Mantispa Illiger, 1798: 499. Type species: *Mantis pagana* Fabricius, 1775.

主要特征：体中小型。头大而扁宽，唇基前缘中央具 1 较深的半圆形凹缺。前胸细长；前胸背板一部分种具细而短的绒毛，一部分种具短粗的黑刚毛，长短不均；另一部分种前胸整体密布不规则的小瘤突，瘤突上具短粗的黑刚毛。后翅 Cu 弯向 A，二者之间具 1 极短的横脉。雄性外生殖器伪阳茎下具 1 对明显的小骨片；臀板圆突，无明显的尾突，不超过腹板后缘。

分布：世界广布。世界已知 123 种，中国记录 10 种，浙江分布 1 种。

（257）日本螳蛉 *Mantispa japonica* McLachlan, 1875（图版 X-1）

Mantispa japonica McLachlan, 1875a: 178.

主要特征：雄蛉体长 11.0–13.0 mm，前翅长 12.0–14.0 mm、宽 3.0–3.5 mm。头大部黄色，头顶瘤突具黑斑；触角柄节黄色，鞭节黑褐色。前胸大部分黑色，膨大部分具 1 椭圆形黄斑，中央接合或具 1 极窄的黑色纵带；长管状部分背板中央具 1 条极窄的黑褐色带；前背基黑色。翅痣狭长，红褐色。雄性腹末臀板不超出腹板末缘，无明显的尾突。伪阳茎下侧膜上无明显的小骨片；殖弧叶的中叶短粗。

分布：浙江（临安）、黑龙江、吉林、辽宁、安徽、湖北、贵州；俄罗斯（远东地区），韩国，日本。

102. 东螳蛉属 *Orientispa* Poivre, 1984

Orientispa Poivre, 1984: 27. Type species: *Cercomantispa shirozui* Nakahara, 1961.

主要特征：体中小型，体多为黑色或褐色，具黄斑。头部黄色，头前区中央具褐色纵带；头顶具黑斑或褐斑。触角后侧瘤突明显，大多数种不超过复眼上缘；触角柄节和梗节黄色，鞭节黑色或褐色。前胸笔直细长，膨大部分占整个前胸长的 1/5–1/4；前背突明显；长管部分背板密布细长的黄色或黄褐色刚毛，刚毛基部具明显的突起。翅近梭形，大部分透明；翅痣三角形或狭长三角形，前缘不突出。雄性腹部末端臀板尾突明显，臀板内侧的刺瘤密生短粗黑刺。

分布：古北区、东洋区。世界已知 11 种，中国记录 9 种，浙江分布 2 种。

（258）黄基东螳蛉 *Orientispa flavacoxa* Yang, 1999（图版 X-2）

Orientispa flavacoxa Yang, 1999b: 139.

主要特征：雄性体长 10.0–17.0 mm，前翅长 9.0–14.0 mm、宽 2.5–3.8 mm。头大部黄色，触角后侧瘤突黑褐色，后侧具模糊的大褐斑；头前区中央具 1 连续的黑色纵带。触角 28–31 节，柄节大部黄色，后侧上缘褐色，梗节前侧黄色，后侧褐色，鞭节黑褐色或黑色。前胸大部褐色，膨大部分具 1 对黄斑；前背基黄褐色。翅脉大部分黑褐色，翅痣浅褐色至褐色，后缘黄色。腹部大部黑褐色，中央具黑褐色纵带；第 9 背板黄色；臀板黄色，尾突内弯；第 9 腹板黄褐色；伪阳茎细长；中突细长，基部稍膨大；殖弧叶两臂呈钳状，中叶粗大，向后突出。

分布：浙江（德清、安吉、泰顺）、安徽、湖北、江西、湖南、福建、台湾、广西、四川、贵州。

（259）眉斑东螳蛉 *Orientispa ophryuta* Yang, 1999（图版 X-3）

Orientispa ophryuta Yang, 1999b: 138.

主要特征：雄性体长 14.0–18.5 mm，前翅长 12.0–16.0 mm、宽 3.5–4.2 mm。头大部黄色，头顶瘤突具 1 菱形大黑斑，后侧具 1 对黑色眉状斑；头前区中央的黑色纵带断续状，不达头顶。触角 28–32 节，柄节和梗节前侧黄色，后侧褐色，鞭节黑色。前胸大部分黑色；膨大部分中央具 1 窄的黄色纵带，两侧具对称的钩状黄斑；长管状部分侧面各具 1 窄的黄带；前背基黑色。翅脉大部分黑褐色，翅痣黑色，狭长三角形。腹部较长，超过翅后缘。第 9 背板和臀板大部分黄色；第 9 腹板褐色；中突细长，前端具明显的分叉，基部具对称向外侧延伸的小骨片；殖弧叶的中叶粗大，向后突出。

分布：浙江（安吉、龙泉）、安徽、湖北、福建、四川、贵州。

二十八、褐蛉科 Hemerobiidae

主要特征：成虫小至中型，一般黄褐色，少数绿色。触角念珠状。前胸短阔，两侧多具叶突。中胸粗大，小盾片大，后胸小盾片小。足细长，胫节具有小锯齿，跗节 5 节。翅形多样，卵形或狭长，多具褐斑，翅缘具有缘饰，翅脉上生有长毛。Rs 至少两条，一般 3–4 条，多则超过 10 条；其间的横脉呈阶梯状，称为阶脉，阶脉 1–5 组不等。腹端臀板发达，上有陷毛丛。雄性臀板常具各种突起，其形状是种类鉴别的重要特征。外生殖器由殖弧叶、阳基侧突及下生殖板组成。雌性腹端较简单，亚生殖板的形状是种类鉴别的重要依据。

幼虫与草蛉幼虫很近似，身体向内弯曲，下颚不发达，前跗节 2 个爪，触角和唇须较发达。但褐蛉幼虫头小，颚短，且硬；体毛少，且毛的变化少；胸部和腹部无具刚毛的小瘤；腹部前 3 节大小相等；2 龄和 3 龄幼虫无长筒形中垫。

生物学：幼虫一般 3 个龄期，是活跃的捕食者，可捕食多种害虫，如蚜虫、螨、介壳虫、木虱，以及其他小型的软体昆虫等的卵及成虫。在许多环境中，如森林、种植园、果园，均能发现褐蛉。

分布：世界广布。世界已知 28 属约 600 种，中国记录 7 亚科 11 属 125 种，浙江分布 6 亚科 7 属 22 种。

分亚科检索表

1. 上唇的内唇表面具有 2 排纵向排列的横向纵带 ·· 广褐蛉亚科 Megalominae
- 上唇的表面无纵带 ·· 2
2. 前翅 Rs 脉 2 支 ··· 3
- 前翅 Rs 脉至少 3 支 ··· 4
3. 雄性殖弧叶具有 1 个假殖弧叶 ·· 益蛉亚科 Sympherobiinae
- 雄性殖弧叶正常 ·· 绿褐蛉亚科 Notiobiellinae
4. 前翅无 1cua-cup 横脉 ··· 褐蛉亚科 Hemerobiinae
- 前翅具有 1cua-cup 横脉 ·· 5
5. 体大型；前翅具肩迴脉，且具 2sc-r 横脉 ·································· 钩翅褐蛉亚科 Drepanepteryginae
- 体小至中型；前翅无肩迴脉（如有，则无 2sc-r 横脉）····················· 脉褐蛉亚科 Microminae

（一）钩翅褐蛉亚科 Drepanepteryginae

主要特征：体大型。前翅肩区宽，具肩迴脉，且肩脉多分叉；具有 2sc-r、2im 和 1cua-cup 横脉；Rs 4–12 支。下颚须第 5 节和下唇须第 3 节无亚节。

分布：世界广布。世界已知 3 属约 39 种，中国记录 2 属 27 种，浙江分布 1 属 3 种。

103. 脉线蛉属 *Neuronema* McLachlan, 1869

Neuronema McLachlan, 1869b: 27. Type species: *Hemerobius decisus* Walker, 1860.

主要特征：触角 60 余节。前翅前缘具 1 条透明印痕。Rs 4–7 支，pre-3ir1 1 支以上。前翅多 3 组阶脉（前缘阶脉除外），少数 4 组。后翅沿前缘和阶脉组多具褐色条带。雄性殖弧叶中央具 1 殖弧中突，两侧有时具成对的殖弧后突。阳基侧突不成对，大部分愈合；阳基侧突端分为两叶，即端叶；背面具向背侧斜伸的阳侧突翼，并常具 1 对角状或刺状的阳侧突角，即背叶。雌性亚生殖板大多数顶端具缺口，两侧具发达程度不一的亚生殖板翼，基部的亚生殖板基常呈瘤状或指状突。

分布：古北区、东洋区；主要分布于中国，俄罗斯，日本，印度，尼泊尔。世界已知 31 种，中国记录 26 种，浙江分布 3 种。

雌性分种检索表

1. 前翅后缘三角斑不明显 ······································· 异斑脉线蛉 N. heterodelta
- 前翅后缘三角斑明显 ··· 2
2. 存在亚生殖板翼 ··· 白斑脉线蛉 N. albadelta
- 无亚生殖板翼 ·· 黑点脉线蛉 N. unipunctum

（260）白斑脉线蛉 Neuronema albadelta Yang, 1964

Neuronema albadelta Yang, 1964b: 267.

主要特征：雌性前翅长 10.3 mm、宽 4.7 mm，后翅长 9.0 mm、宽 3.9 mm。头部黄褐色。头顶靠近触角基部各具 1 浅褐条，呈"八"字形；触角窝黄褐色，柄节黄褐色，鞭节褐色，每节长大于宽，密布褐色长毛；额区中央基部具 1 浅褐斑。前胸背板黄褐色，中央褐色，两侧缘各具 1 瘤状突起，密布褐色长毛。中胸背板褐色。后胸背板黄褐色。足黄褐色，密布长短不一的黄色长毛；胫节基部和端部斑不明显，跗节端部褐色。前翅褐色，阶脉色深，后缘具 1 三角形透明斑。后翅透明，翅缘色深。腹部黄褐色，节间处色深，腹端残缺。雄性亚生殖板顶端具宽的缺口，亚生殖板基的二叶敞开宽阔。

分布：浙江（临安）。

（261）异斑脉线蛉 Neuronema heterodelta Yang et Liu, 2001

Neuronema heterodelta Yang et Liu, 2001: 299.

主要特征：雌性体长约 8 mm，前翅长 8 mm、宽 4 mm，后翅长 6 mm、宽 3 mm。体黄褐色，稍具褐斑。前翅前缘具印痕，Rs 有 6 条，最末一条又分为 2 支，阶脉 3 组，肘阶脉位于中阶脉与外阶脉之间但较近后者，中脉 M 在阶脉之内只有 2 条而不再分支，翅斑与此属已知种均很不同，后缘的三角斑不明显。后翅透明。腹端侧视臀板小而圆突，第 7 腹板的端部有 1 指状突，可能为亚生殖板的侧翼，体内翻出受精囊端部的囊管盘旋与球状囊相连。

分布：浙江（临安）。

（262）黑点脉线蛉 Neuronema unipunctum Yang, 1964（图 5-22，图版 XI-1）

Neuronema unipunctum Yang, 1964b: 269.

主要特征：雄性体长 9.3–12.0 mm，前翅长 9.0–10.0 mm、宽 4.4–5.2 mm，后翅长 8.0–9.1 mm、宽 3.7–4.8 mm。雌性体长 9.5–12.0 mm，前翅长 10.0–11.1 mm、宽 5.0–5.5 mm，后翅长 9.0–10.0 mm、宽 4.0–4.6 mm。头部黄褐色。头顶具 2 个褐斑；触角柄节黄褐色，鞭节褐色；下颚须和下唇须端节基部褐色。胸部背板中央具 1 褐色纵条带。前胸背板与头顶连接处，具 2–3 个褐斑，两侧缘各具 1 瘤状突起。足黄色，前足和中足胫节基部和端部背面各具 1 浅褐斑。前翅黄褐色，翅脉密布黑褐斑，R 脉上的斑点较深；外阶脉组和中阶脉组仅端半呈褐色，其余阶脉色淡而不明显，4r-m 横脉为褐色；后缘具 1 三角形透明斑。后翅透明，前缘端半和外阶脉组端半周围褐色，内阶脉组内侧褐带较浅。雄性臀板三角形，背侧视下角突宽，

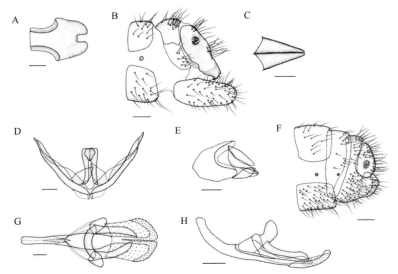

图 5-22　黑点脉线蛉 *Neuronema unipunctum* Yang, 1964

A.♀亚生殖板，腹视；B.♂腹端，侧视；C.♂下生殖板，背视；D.♂殖弧叶，背视；E.♂殖弧叶，侧视；F.♀腹端，侧视；G.♂阳基侧突，背视；H.♂阳基侧突，侧视。标尺：A、C–E、G、H=0.1 mm，B、F=0.2 mm

末端具 5 个小齿。殖弧中突较长，端部具向下的突起；殖弧后突内侧弧形，外侧缘基部内凹。阳基侧突端叶长方形而端部弧形；背叶细长，向内弯曲。下生殖板三角形。雌性腹端卵形，亚生殖板腹视端部具宽的缺口，基部较细。

　　分布：浙江（泰顺）、湖北、江西、福建、广西。

（二）褐蛉亚科 Hemerobiinae

　　主要特征：前翅 2sc-r 及 1cua-cup 横脉缺失，4r-m 横脉存在，Rs 脉 3–5 支；雌性腹末无刺突。

　　分布：世界广布。世界已知 4 属 241 种，中国记录 2 属 41 种，浙江分布 1 属 3 种。

104. 褐蛉属 *Hemerobius* Linnaeus, 1758

Hemerobius Linnaeus, 1758: 549. Type species: *Hemerobius humulinus* Linnaeus, 1758.

　　主要特征：触角超过 50 节；唇基上具明显的刚毛；前翅具肩迴脉 h，Rs 脉 3–5 支，2r-m 横脉缺失或者位于 2m-cu 横脉内侧，更靠近翅基部，CuP 脉简单无分支。雄性阳基侧突左右完全分离，殖弧叶的殖弧拱处连接的透明膜状结构表面具数量不等的长毛或是刚毛状小刺突。雌性腹末无刺突，亚生殖板的有无及形状是种的重要区别特征。

　　分布：除南极洲外均有分布。世界已知 172 种，中国记录 26 种，浙江分布 3 种。

分种检索表（♂）

1. 前翅 1m-cu 处无斑点 ·· 哈曼褐蛉 *H. harmandinus*
- 前翅 1m-cu 处具斑点 ·· 2
2. 臀板侧后角末端为粗壮棒状突，近内侧具 1 小刺；侧前角长度未深达侧后角的 1/2 ·············· 全北褐蛉 *H. humuli*
- 臀板侧后角末端为 2 个粗壮的大刺；侧前角长度超过侧后角的 1/2 ·············· 日本褐蛉 *H. japonicus*

分种检索表（♀）

（263）哈曼褐蛉 *Hemerobius harmandinus* Navás, 1910（图 5-23，图版 XI-2）

Hemerobius harmandinus Navás, [1910] 1909a: 395.

主要特征：体长 4.5–6.1 mm，前翅长 5.2–6.9 mm、宽 2.2–2.9 mm，后翅长 4.3–6.2 mm、宽 1.9–2.3 mm。头部褐色，上唇浅于周围，下唇须及下颚须黄褐色，末节褐色加深。触角褐色，超过 65 节。复眼红褐色，具金属光泽。胸部黄褐色。足黄褐色无斑。前翅顶角微尖。翅面黄褐色，沿 R_1 及 M 脉之间，自基部至翅外缘具明显透明亮带，R_3 脉前缘及相邻亚前缘域至翅外缘具不明显透明亮带；纵脉密布的褐色小圆点呈线状。后翅细长，顶角微尖，翅面浅黄透明。腹部黄褐色。雄性第 9 背板侧视长方形；第 9 腹板宽大，侧视近长方形。臀板基部宽大，近端部微缢缩，末端膨大成粗壮钩突；臀胝明显，侧视位于中上部。殖弧叶的殖弧中突呈 1 对刺状突结构，基部宽阔，中部至端部尖细，侧视钩状下弯明显；半殖弧叶膨大，侧视形状不规则；殖弧拱处透明膜具 6–10 根短刚毛。雌性第 8 背板与腹板愈合，左右两侧腹面未愈合，侧视宽大，侧缘明显弧形。亚生殖板发达呈板状，前缘中部微凹，两端微膨，多具长刚毛。

分布：浙江（临安、余姚）、河北、河南、甘肃、江苏、上海、湖北、江西、湖南、福建、广西、四川、云南；日本。

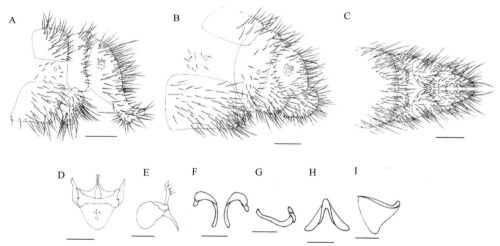

图 5-23　哈曼褐蛉 *Hemerobius harmandinus* Navás, 1910

A. ♂外生殖器，侧视；B. ♀外生殖器，侧视；C. ♀外生殖器，腹视；D. ♂殖弧叶，背视；E. ♂殖弧叶，侧视；F. ♂阳基侧突，背视；G. ♂阳基侧突，侧视；H. ♂下生殖板，背视；I. ♂下生殖板，侧视。标尺：A–C=0.2 mm，D–I=0.1 mm

（264）全北褐蛉 *Hemerobius humuli* Linnaeus, 1758（图 5-24，图版 XI-3）

Hemerobius humuli Linnaeus, 1758: 550.

主要特征：体长 5.0–6.2 mm，前翅长 6.6–7.5 mm、宽 2.6–3.2 mm，后翅长 5.6–6.2 mm、宽 2.2–2.8 mm。头部黄褐色，复眼后方沿两颊至上颚具褐带，下唇须及下颚须褐色。触角超过 55 节，黄褐色。复眼灰褐色，

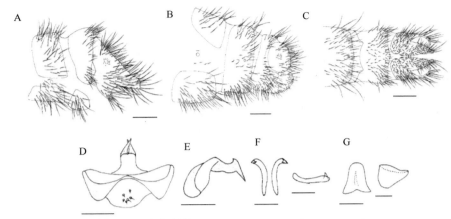

图 5-24　全北褐蛉 *Hemerobius humuli* Linnaeus, 1758

A.♂外生殖器，侧视；B.♀外生殖器，侧视；C.♀外生殖器，腹视；D.♂殖弧叶，背视；E.♂殖弧叶，侧视；F.♂阳基侧突，背视及侧视；
G.♂下生殖板，背视及侧视。标尺：A–C=0.2 mm，D–G=0.1 mm

具金属光泽。胸部浅褐色，沿背板两侧缘具褐色纵带，前方与头部后方褐带相连。足黄褐色，后足胫节端部具梭形褐斑。前翅椭圆形。翅面黄褐色，具不明显的浅黄褐色矢状纹，翅痣褐色明显，1m-cu 横脉处及 CuA 脉第 1 分叉处具褐色小圆斑；翅脉、纵脉黄褐色，间距明显以褐色间隔，横脉除最下方内阶脉组透明外，其余均为褐色。后翅椭圆形。翅面浅黄色透明，翅痣黄褐色明显；翅脉浅褐色。腹部黄褐色。雄性第 9 背板形状不规则。臀板侧后角粗壮发达，末端具 1 大刺，侧前角下伸，长度未达侧后角的 1/2；臀脉不明显。殖弧叶的殖弧中突呈 1 对刺状突结构，顶端相互交叉；半殖弧叶膨大；殖弧拱处透明膜表面具 4–7 个刚毛状小刺突。雌性第 8 背板与腹板愈合，十分宽大，尤其腹面观宽大成板状，侧视呈长方形。无亚生殖板。

分布：浙江（西湖、余姚）、黑龙江、吉林、辽宁、内蒙古、北京、河北、山西、河南、陕西、宁夏、甘肃、新疆、江苏、湖北、江西、福建、广西、四川、贵州、云南、西藏；俄罗斯，日本，印度，北美洲，非洲。

（265）日本褐蛉 *Hemerobius japonicus* Nakahara, 1915（图 5-25，图版 XI-4）

Hemerobius japonicus Nakahara, 1915b: 25.

主要特征：体长 5.0–6.2 mm，前翅长 6.5–7.9 mm、宽 3.0–3.4 mm，后翅长 6.2–7.0 mm、宽 2.6–2.9 mm。头部黄褐色，复眼后方沿两颊至上颚具褐带，下唇须及下颚须黄褐色，末节褐色加深。触角超过 65 节，黄褐色。复眼灰褐色，具金属光泽。胸部浅褐色，沿胸部背板两侧缘具褐色纵带。足黄褐色。前翅椭圆形。翅面黄褐色，具不明显浅灰褐色矢状纹，外缘及后缘浅褐色微深于其他区域，1m-cu 横脉处具不规则形状小褐斑；翅脉、纵脉黄褐色，具褐色间隔，尤其 Rs 脉起点处及分叉处明显，横脉均为褐色。后翅椭圆形。翅面黄褐色透明，无明显斑点；纵脉浅褐色，横脉褐色。腹部黄褐色，背、腹板深于侧膜。雄性第 9 背板后缘背侧微微隆起。臀板侧后角粗壮后伸，末端特化成 2 个大刺状突，侧前角下伸成棒状，超过侧后角的 1/2；臀脉不明显。殖弧叶的殖弧中突呈 1 对细长的针突，背视基部 1/4 为圆形；半殖弧叶膨大；殖弧拱处透明膜表面具 5–8 个刚毛状小刺突。雌性第 8 背板与腹板愈合，侧视呈长方形。亚生殖板小，水滴形。

分布：浙江（临安）、内蒙古、北京、山西、河南、陕西、宁夏、甘肃、新疆、安徽、湖北、江西、四川、贵州、云南、西藏；日本。

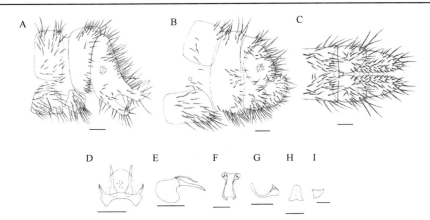

图 5-25　日本褐蛉 *Hemerobius japonicus* Nakahara, 1915

A. ♂外生殖器，侧视；B. ♀外生殖器，侧视；C. ♀外生殖器，腹视；D. ♂殖弧叶，背视；E. ♂殖弧叶，侧视；F. ♂阳基侧突，背视；G. ♂阳基侧突，侧视；H. ♂下生殖板，背视；I. ♂下生殖板，侧视。标尺：A–C=0.2 mm，D–I=0.1 mm

（三）绿褐蛉亚科 Notiobiellinae

主要特征：前翅 4r-m、4im、4m-cu 横脉缺失，2sc-r 横脉一般存在，若缺失，则肩区缘饰同样缺失，或翅痣对应处的亚前缘域区域窄于同一位置的亚前缘脉（多出现在绿褐蛉属中），Rs 脉 2 支。

分布：世界广布，主要分布于亚洲东南部，美洲中、南部，澳大利亚，非洲及太平洋的西南群岛。世界已知 4 属约 86 种，中国记录 3 属 19 种，浙江分布 2 属 4 种。

105. 绿褐蛉属 *Notiobiella* Banks, 1909

Notiobiella Banks, 1909: 80. Type species: *Notiobiella unita* Banks, 1909.

主要特征：体绿色，触角超过 40 节；前翅亚前缘域的宽度不宽于亚前缘脉，但有的种类亚前缘域在 1sc-r 横脉处微加宽，Rs 脉 2 支，R_1 脉分叉较晚，至少在主脉 1/3 处之后，CuP 脉分叉较早，在 2cua-cup 横脉前方。雄性腹末臀板侧后角特化程度较高，殖弧叶下方与阳基侧突上方之间具膜质的、管状外翻结构，表面多具小刺。雌性腹末有刺突。

分布：世界广布。世界已知 49 种，中国记录 10 种，浙江分布 2 种。

（266）翅痣绿褐蛉 *Notiobiella pterostigma* Yang *et* Liu, 2001（图 5-26，图版 XI-5）

Notiobiella pterostigma Yang *et* Liu, 2001: 301.

主要特征：体长 3.9 mm，前翅长 5.2 mm、宽 2.6 mm，后翅长 3.8 mm、宽 1.7 mm。头部黄褐色，复眼后方沿两颊至上颚褐色；下颚须及下唇须褐色。触角黄褐色；复眼红褐色，具金属光泽。胸部黄褐色，两侧缘多具长毛。足黄褐色，跗节末端微深。前翅卵圆形；翅面浅黄褐色，透明，无斑。前缘域基部明显宽于端部，肩迥脉存在，前缘横脉列近翅缘处分叉。后翅卵圆形；翅面浅黄色，透明，无斑。腹部黄褐色，颜色均一。多具毛。雌性第 8 背板与腹板愈合，侧视近梯形，背半部明显宽阔，腹半部渐窄。第 9 背板侧视背缘较窄，侧缘膨大，侧视近似"L"形，侧缘内折，上翻明显。第 9 腹板部分隐于第 9 背板内部，侧视近似卵圆形，后缘近似与臀板后缘平齐，刺突存在。臀板侧视近梯形，侧后角明显后突，臀胝明显。无亚生殖板。

分布：浙江（西湖、临安）。

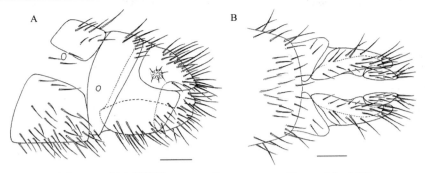

图 5-26　翅痣绿褐蛉 *Notiobiella pterostigma* Yang *et* Liu, 2001
A. ♀外生殖器，侧视；B. ♀外生殖器，腹视。标尺=0.2 mm

（267）亚星绿褐蛉 *Notiobiella substellata* Yang, 1999（图 5-27，图版 XI-6）

Notiobiella substellata Yang, 1999a: 104.

主要特征：体长 3.8–6.0 mm，前翅长 5.2–6.2 mm、宽 2.8–3.3 mm，后翅长 3.2–4.6 mm、宽 1.7–2.2 mm。头部黄褐色，沿复眼后方至两颊及上颚呈褐色，下颚须及下唇须褐色。触角黄褐色，超过 50 节；复眼大，呈红色，具金属光泽。胸部黄褐色，胸部背板无明显色带。足黄褐色，无明显斑点。前翅椭圆形；翅面浅黄褐色，透明，前缘横脉列第 2–3 支分叉处，r_1-r_2 短横脉及 1a-j 短横脉处具褐色斑点；翅脉浅黄色，透明。后翅椭圆形；翅面浅黄褐色，透明均一，无斑，翅痣加厚明显；翅脉浅黄褐色，透明。腹部浅黄褐色。多具毛。雄性第 9 背板侧视细长，第 9 腹板宽大；臀板宽大，极其发达，后缘膨大。雌性第 8 背板与腹板愈合，侧视近似梯形，背半部宽阔，腹半部渐窄。亚生殖板骨化较弱，近似长方形板状结构。

分布：浙江（西湖）、福建、广西。

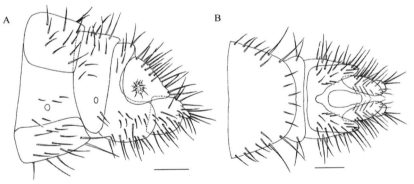

图 5-27　亚星绿褐蛉 *Notiobiella substellata* Yang, 1999
A. ♀外生殖器，侧视；B. ♀外生殖器，腹视。标尺=0.2 mm

106. 啬褐蛉属 *Psectra* Hagen, 1866

Psectra Hagen, 1866b: 376. Type species: *Hemerobius diptera* Burmeister, 1839.

主要特征：体型较小，触角超过 45 节；前翅具肩迴脉，其上仅有 1–2 支前缘横脉列，有时缺失；2sc-r 横脉存在，Rs 脉 2 支，4r-m、4rim、4m-cu 及 4ir1 横脉均缺失，CuP 分叉晚于 2cua-cup 横脉。雄性第 9 背板侧后角或臀板后角延伸特化具突起且末端具 1 排刚毛；殖弧叶简单，阳基侧突端部具 1 对弯曲的、骨化程度稍弱的骨片。雌性腹末无刺突，亚生殖板缺失。

分布：仅分布于亚洲及澳大利亚。世界已知 26 种，中国记录 5 种，浙江分布 2 种。

（268）阴齿褐蛉 *Psectra iniqua* (Hagen, 1859)（图 5-28，图版 XII-1）

Hemerobius iniquus Hagen, 1859: 208.

Psectra iniquus: Monserrat, 2000: 85.

主要特征：体长 4.2–5.6 mm，前翅长 4.0–5.6 mm、宽 1.7–2.8 mm，后翅长 3.1–5.0 mm、宽 1.0–1.9 mm。头部黄褐色，两颊至上唇具 2 条褐色条带，复眼后下方至头后缘具褐色细纹，头顶触角窝后方具半月形褐斑。触角黄褐色，约 40 节，沿柄节、梗节后侧缘具褐带，鞭节基部 10 节左右正面具褐色条带。胸部黄褐色，前胸背板盾片色深，中胸背板前后缘色深，后胸背板盾片左右各具褐色圆斑，小盾片深褐色。足黄褐色，中足腿节中部具 2 条褐色环纹。前翅椭圆形；翅面呈不均匀的浅黄褐色，沿 1sc-r 至 1m-cu 横脉处具细褐纹；翅脉黄褐色，具透明间隔。后翅椭圆形；翅面浅黄色。腹部黄褐色。雄性第 9 背板背部微微隆起，侧后角侧视特化成近三角形锥状后突，末端圆钝；臀板侧视卵圆形，侧缘臂状突大小同臀板，且末端具 1 排粗壮长刺。殖弧叶简单，无殖弧中突，外半殖弧叶发达，背视末端膨大圆钝，内半殖弧叶呈柄状；阳基侧突端叶上翻，两侧向侧上方扩展。雌性第 8 背板侧缘微凸，侧缘伸至第 7 腹板；无亚生殖板。

分布：浙江（安吉）、福建、台湾、广东、海南、广西、云南；日本，印度，泰国，斯里兰卡，印度尼西亚。

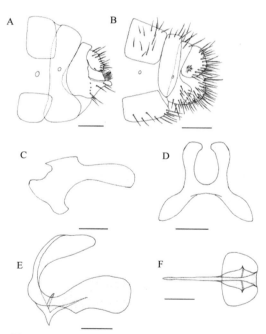

图 5-28　阴齿褐蛉 *Psectra iniqua* (Hagen, 1859)

A. ♂外生殖器，侧视；B. ♀外生殖器，侧视；C. ♂殖弧叶，侧视；D. ♂殖弧叶，背视；E. ♂阳基侧突，侧视；F. ♂阳基侧突，背视。标尺：A、B=0.2 mm，C–F=0.1 mm

（269）玉女齿褐蛉 *Psectra yunu* Yang, 1981（图 5-29，图版 XII-2）

Psectra yunu Yang, 1981: 194.

主要特征：体长 2.9–4.0 mm，前翅长 5.0–5.5 mm、宽 1.8–2.0 mm，后翅长 4.1–4.5 mm、宽 1.5–1.7 mm。

头部黄褐色，复眼后方沿复眼至两颊及上颚具褐色条带，下颚须及下唇须褐色。触角黄褐色，超过 45 节，柄节长方形，明显大于其他，沿柄节、梗节及基部 2–3 节鞭节内侧具褐色条带。胸部黄褐色，沿胸部背板左右两侧具明显褐色纵带。足黄褐色，无斑。前翅卵圆形；翅面黄褐色不均匀，在 1sc-r 处、Sc 与 R 脉近翅缘处及阶脉处均具有不明显褐斑；翅脉黄褐色，具透明间隔，沿翅脉多具黄褐色毛。后翅卵圆形；翅面浅黄色，透明，无斑；翅脉多具短褐毛。腹部褐色，颜色均一，多具毛。雌性第 8 背板侧缘微凸，长度明显超过第 7 背板。第 9 背板背半部侧视较窄，腹半部膨大，后缘平直；第 9 腹板宽大，近似半圆形，后缘长度超出臀板后缘。臀板侧视近似三角形。臀胝不明显，毛簇数为 4–5。无亚生殖板。

分布：浙江（西湖）、福建。

图 5-29　玉女嵩褐蛉 *Psectra yunu* Yang, 1981
♀外生殖器，侧视。标尺=0.2 mm

（四）益蛉亚科 Sympherobiinae

主要特征：体型较小；前翅肩区缘饰明显，2sc-r、4r-m 横脉缺失，Rs 脉 2 支，益蛉属中少数种类 3 支；雄性第 9 背板侧缘后角特化出较细的膜质边缘的管状物，殖弧叶具假殖弧中突。

分布：世界广布，主要分布于亚洲、欧洲、美洲和非洲。世界已知 3 属 69 种，中国记录 1 属 7 种，浙江分布 1 属 1 种。

107. 益蛉属 *Sympherobius* Banks, 1904

Sympherobius Banks, 1904: 209. Type species: *Hemerobius amiculus* Fitch, 1854.

主要特征：小型种类，触角超过 50 节；前翅肩区缘饰明显，肩迴脉存在；2sc-r、4m-cu 及 4im 横脉缺失，Rs 脉 2 支（少数欧亚种类 3 支），CuP 脉分叉较晚，晚于 2cua-cup 横脉；外阶脉组至少 3 支短横脉。雄性腹末臀板具数量不定的刺状突，刺突的数量及相对位置是种间重要鉴别特征，殖弧叶中假殖弧中突具明显二分叉；雌性腹末具有刺突。

分布：世界广布，广泛分布于欧亚大陆及美洲的温带及热带地区。世界已知 60 种，中国记录 7 种，浙江分布 1 种。

（270）卫松益蛉 *Sympherobius tessellatus* Nakahara, 1915（图 5-30，图版 XII-3）

Sympherobius tessellatus Nakahara, 1915b: 22.

主要特征：体长 3.7–4.3 mm，前翅长 4.9–5.3 mm、宽 2.0–2.3 mm，后翅长 4.2–4.8 mm、宽 1.8–2.0 mm。

头部黄褐色，后缘具褐色横纹，两触角间至头部前方全为褐色。触角黄褐色，柄节、梗节及鞭节基部十几节褐色偏深，超过 50 节；复眼灰褐色。胸部黄褐色，前胸背板具褐色碎斑。足黄褐色，腿节端部及跗节色微深。前翅椭圆形；翅面黄褐色，均匀密布灰褐色斑点。后翅椭圆形；翅面黄褐色。腹部浅黄褐色。雄性第 9 背板背缘宽大，腹缘渐细，侧后角形成尖细的钩状后突；第 9 腹板左右愈合在一起，基部宽大，端部渐窄。臀板侧视半圆形，后缘中部具粗壮刺状后突，平直后伸，基部具垂直上伸的粗壮刚毛 2 根，臀板侧后角特化出 2 钩状突，交叉内折；臀胝明显。殖弧叶的假殖弧中突从中部至端部表面密布小刺，回折上翻；外半殖弧叶侧缘端部渐细成钩状。雌性第 9 背板宽大，侧视近似"L"形；第 9 腹板侧视近似半圆形，大部分隐于第 9 背板内，刺突存在。臀板侧视近半圆形，臀胝明显。无亚生殖板。

分布：浙江（西湖、鄞州）、辽宁、北京、山东、甘肃、新疆、江苏、湖北、江西、福建；朝鲜，日本。

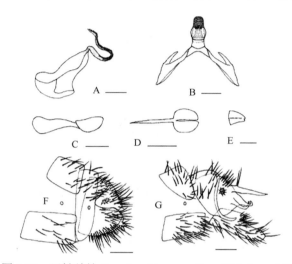

图 5-30　卫松益蛉 *Sympherobius tessellatus* Nakahara, 1915

A. ♂殖弧叶，侧视；B. ♂殖弧叶，背视；C. ♂阳基侧突，侧视；D. ♂阳基侧突，背视；E. ♀下生殖板，背视；F. ♀外生殖器，侧视；G. ♂外生殖器，侧视。标尺：A–E=0.1 mm, F、G=0.2 mm

（五）广褐蛉亚科 Megalominae

主要特征：翅展 15 mm 左右；体黑褐色，头部颜色稍淡，前翅有许多各种形状的黑褐色斑纹。前翅长 8 mm，后翅长 7 mm。头部黄褐色，触角基部 2 节黄褐色，鞭节残缺，胸背黑褐色；足黄褐色，后足胫节色淡。前翅短阔，前缘域宽，径分脉 6 支，末支再分为 3 条；阶脉 2 组，外组 12 段，内组 9 段，中脉分为 2 条；翅具鲜明的褐斑，翅基至内阶脉间为 1 三角形大斑，再向翅尖延伸 1 条褐带；前缘有一系列短条脉，后缘由许多淡褐色碎斑组成斜纹，此外还散布一些小黑点。

分布：世界广布。世界已知 1 属 42 种，中国记录 1 属 6 种，浙江分布 1 属 1 种。

108. 广褐蛉属 *Megalomus* Rambur, 1842

Megalomus Rambur, 1842: 418. Type species: *Megalomus tortricoides* Rambur, 1842.

主要特征：上唇基有两列横纹；前后翅均宽广，前缘域宽大，内有 1 条完整的印痕，无短横脉相连；Rs 4–7 支，阶脉一般 2 组。雄性臀板有 1 对延伸的突起。

分布：世界广布。世界已知 42 种，中国记录 6 种，浙江分布 1 种。

（271）友谊广褐蛉 *Megalomus fraternus* Yang *et* Liu, 2001（图 5-31）

Megalomus fraternus Yang *et* Liu, 2001: 300.

主要特征：体长 5 mm，前翅长 9 mm、宽 4 mm；后翅长 8 mm、宽 3 mm。头部黄褐色。头顶具 2 个褐斑；复眼黑褐色；触角柄节黄褐色，鞭节褐色；下颚须和下唇须端节基部褐色。胸部黄褐色，密布长短不一的褐色毛。前胸背板与头顶连接处具 2-3 个褐斑，中央具 1 褐色纵条带。足黄色，前足和中足胫节基部和端部背面各具 1 浅褐斑。前翅透明，略带淡烟色，翅前缘域宽，有印痕，前缘横脉列多分叉；Rs 有 7 支，末支分为 2 支，阶脉 2 组，内组 9 段，除第 6、7 两端透明以外均深褐色，外阶脉组 10 段，仅上面 3 段褐色，余均透明；翅中部有明显的褐斑；后翅大部透明，Rs 分为 6 支。雄蛉第 8 背板和腹板具宽短矩形；第 9 背板前后缘都向后倾斜而成不规则的四边形；第 9 腹板极短小，呈扁椭圆形；臀板较小，呈扁椭圆形，端部略尖细；阳基侧突在臀板以下伸出腹部，端部长而渐细且上弯成钩状；殖弧叶复杂，有 1 对直而斜伸的内突和向上弯折的钩突。

分布：浙江（临安）。

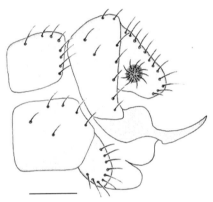

图 5-31　友谊广褐蛉 *Megalomus fraternus* Yang *et* Liu, 2001
♂外生殖器，侧视。标尺=0.2 mm

（六）脉褐蛉亚科 Microminae

主要特征：前翅 2sc-r 及 1cua-cup 横脉缺失，4r-m 横脉存在，Rs 脉 3-5 支；雌性腹末无刺突。
分布：世界广布。世界已知 4 属 114 种，中国记录 1 属 23 种，浙江分布 1 属 10 种。

109. 脉褐蛉属 *Micromus* Rambur, 1842

Micromus Rambur, 1842: 416. Type species: *Hemerobius variegatus* Fabricius, 1793.

主要特征：触角超过 50 节；前翅肩区狭窄，缺少缘饰；Rs 脉 3-7 支，sc-r 横脉 1 支或缺失，2sc-r 与 2m-cu 横脉缺失，具有 1cua-cup 横脉和 2cua-cup 横脉，MP 与 CuA 愈合或以短横脉相连，阶脉一般为两组，少数 3 组；后翅 MP 与 CuA 愈合或以短横脉相连。雄蛉第 9 背板与臀板部分愈合；殖弧中突发达；阳基侧突较简单，左右非完全分离。雌性腹末无刺突。

分布：世界广布。世界已知 89 种，中国记录 23 种，浙江分布 10 种。

分种检索表（♂）

1. 前翅基部前缘横脉列之间具有短横脉 ··· 天目连脉褐蛉 *M. tianmuanus*
- 前翅基部前缘横脉列之间无短横脉 ·· 2
2. 前翅 2 组阶脉 ··· 3
- 前翅 3 组阶脉 ··· 7
3. 前翅 CuA 与 MP 愈合 ··· 4
- 前翅 CuA 与 MP 未愈合 ··· 5
4. 后翅 CuA 与 MP 愈合 ·· 瑕脉褐蛉 *M. calidus*
- 后翅 CuA 与 MP 未愈合 ·· 角纹脉褐蛉 *M. angulatus*
5. 后翅 CuA 与 MP 愈合 ·· 颇丽脉褐蛉 *M. perelegans*
- 后翅 CuA 与 MP 未愈合 ··· 6
6. 臀板侧后角末端平钝，非尖细，具小齿 ··· 梯阶脉褐蛉 *M. timidus*
- 臀板侧后角末端尖细，无小齿 ··· 多支脉褐蛉 *M. ramosus*
7. 前翅 CuA 与 MP 未愈合 ·· 奇斑脉褐蛉 *M. mirimaculatus*
- 前翅 CuA 与 MP 愈合 ··· 8
8. 前翅 CuA 脉在与 MP 愈合后分支 ·· 点线脉褐蛉 *M. linearis*
- 前翅 CuA 脉在与 MP 愈合前分支 ··· 9
9. 后翅 CuA 与 MP 愈合 ··· 花斑脉褐蛉 *M. variegatus*
- 后翅 CuA 与 MP 未愈合 ·· 密斑脉褐蛉 *M. densimaculosus*

分种检索表（♀）[*]

1. 前翅基部前缘横脉列之间具有短横脉 ··· 天目连脉褐蛉 *M. tianmuanus*
- 前翅基部前缘横脉列之间无短横脉 ·· 2
2. 前翅两组阶脉 ··· 3
- 前翅 3 组阶脉 ··· 6
3. 前翅 CuA 与 MP 愈合 ·· 角纹脉褐蛉 *M. angulatus*
- 前翅 CuA 与 MP 未愈合 ··· 4
4. 后翅 CuA 与 MP 愈合 ·· 颇丽脉褐蛉 *M. perelegans*
- 后翅 CuA 与 MP 未愈合 ··· 5
5. 第 9 背板后缘具尖锐刺状突 ·· 梯阶脉褐蛉 *M. timidus*
- 第 9 背板后缘无尖锐刺状突 ·· 多支脉褐蛉 *M. ramosus*
6. 前翅 CuA 与 MP 未愈合 ·· 奇斑脉褐蛉 *M. mirimaculatus*
- 前翅 CuA 与 MP 愈合 ··· 7
7. 前翅 CuA 在与 MP 愈合后分支 ·· 点线脉褐蛉 *M. linearis*
- 前翅 CuA 在与 MP 愈合前分支 ··· 8
8. 后翅 CuA 与 MP 愈合 ··· 花斑脉褐蛉 *M. variegatus*
- 后翅 CuA 与 MP 未愈合 ·· 密斑脉褐蛉 *M. densimaculosus*

（272）角纹脉褐蛉 *Micromus angulatus* (Stephens, 1836)（图 5-32，图版 XII-4）

Hemerobius angulatus Stephens, 1836: 106.

Micromus angulatus: Monserrat, 2004: 16.

---

[*] 瑕脉褐蛉 *Micromus calidus* Hagen, 1859 仅有雄性标本，因此未加入雌性分种检索表。

主要特征：体长 3.8–7.0 mm，前翅长 5.9–7.1 mm、宽 2.2–3.0 mm，后翅长 4.3–6.3 mm、宽 1.8–2.6 mm。头部灰褐色。复眼之间有 2 道粗而色深的黑色斑纹，额及唇基浅黄色。触角超过 55 节，浅褐色。胸部背板浅黄褐色，背板横沟明显褐色；中后胸的盾片两侧各具 1 圆形褐斑。足黄褐色。前翅椭圆形，翅面密布大小不等的褐斑和黄褐色波状纹；翅脉呈黄褐色。后翅椭圆形，翅面浅黄褐色；翅脉黄褐色。腹部背、腹板深于侧膜，各节中间均有 1 黑色的环纹。雄性第 9 背板狭长，与臀板愈合完全，臀板呈椭圆形，侧缘后方向后延伸出 1 个细长的长臂，末端尖细且侧视呈刀片状，臀胝明显，毛簇数为 9–15；第 9 腹板侧视近似呈卵圆形，密布褐色长毛，长于臀板但短于臀板延伸的长臂；殖弧叶无殖弧中突，殖弧后突左右呈末端渐细的钩状结构，侧叶前缘呈方形结构。雌性第 8 背板细窄，亚生殖板腹面观端部渐细，基部圆钝，呈水滴形。

分布：浙江（临安）、内蒙古、北京、河北、河南、陕西、宁夏、湖北、台湾、云南；日本，英国。

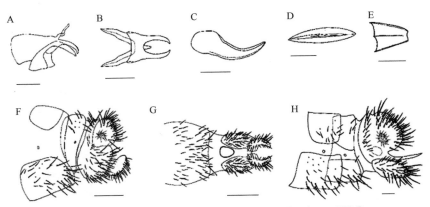

图 5-32　角纹脉褐蛉 *Micromus angulatus* (Stephens, 1836)

A. ♂殖弧叶，侧视；B. ♂殖弧叶，背视；C. ♂阳基侧突，侧视；D. ♂阳基侧突，背视；E. ♂下生殖板，背视；F. ♀外生殖器，侧视；G. ♀外生殖器，腹视；H. ♂外生殖器，侧视。标尺：A–E=0.1 mm，F–H=0.2 mm

（273）瑕脉褐蛉 *Micromus calidus* Hagen, 1859

Micromus calidus Hagen, 1859: 207.

主要特征：体长 5.4–6.2 mm，前翅长 6.2–7.0 mm、宽 2.8–3.1 mm，后翅长 5.9–6.7 mm、宽 2.3–2.5 mm。头呈浅黄褐色。头顶、额区及两颊具明显褐斑。胸部黄褐色，沿胸部背板具成对的圆形大褐斑。前翅长椭圆形。翅面色深，呈浅褐色，沿外缘及后缘具褐色条带，沿 M 脉自基部至主脉分叉点与 Cu 脉之间形成不规则深褐色大斑点；翅脉浅褐色，偶具透明间隔，Rs 脉在 R 脉上的起始位置褐色加深；Rs 脉 6 支；M 脉分为 2 支，分叉点位于翅中近基部；CuA 主脉分叉为 2 支，上支与 MP 脉融合，一段距离再分叉为 2 支；阶脉两组。后翅椭圆形，Rs 脉 5–6 支；阶脉两组，外组 6–7 段，内组 4–5 段。雄性第 8 背、腹板宽大，侧视呈方形；第 9 背板侧缘前角微突出，后缘与臀板愈合；臀板后缘近弧形，侧后角特化成 1 细长臂状突；第 9 腹板宽大，超出臀板后缘，侧视近方形。殖弧中突侧视细长，向下弯曲成钩状，基部表面密布小刺；阳基侧突简单，左右部分近基部微相连，基部与端部均上弯，侧视呈钩状。

分布：浙江（临安）、福建、台湾、西藏；日本，印度，缅甸，斯里兰卡，菲律宾，马来西亚。

（274）密斑脉褐蛉 *Micromus densimaculosus* Yang *et* Liu, 1995（图 5-33，图版 XII-5）

Micromus densimaculosus Yang *et* Liu in Yang et al., 1995: 279.

主要特征：体长 5.0–6.5 mm，前翅长 6.8–7.6 mm、宽 2.8–3.2 mm，后翅长 5.7–6.4 mm、宽 2.0–3.1 mm。

头部黄褐色。头顶沿触角窝后缘为 1 对大黑斑，头后缘具 1 对斜黑斑，2 对黑斑之间有 1 对褐色横斑；触角超过 50 节；胸部背板多深褐色斑点；足黄褐色。斑点较多，尤其是前足。前翅长椭圆形；翅面褐色，密布大小的褐斑和波状纹；翅脉、纵脉呈褐色，中间不规则间断无色，透明状，横脉褐色加深。后翅长椭圆形，黄褐色，仅前缘翅痣处具有单个小褐点；翅脉褐色，仅中阶脉组与外阶脉组之间色浅透明，形成斜状亮带。腹部浅褐色。雄性臀板背部前缘微隆起，侧视形状不规则，后缘微凸，侧后角呈渐细的斜向上弯曲的长臂，渐细但末端圆钝，上表面边缘非光滑、微凹凸不平，臀胝较明显；第 9 腹板宽大，超出臀板后缘。殖弧中突侧视细长，且端部向下弯曲成钩状，中突基部背脊处突出长的粗刺，且表面密布小刺，殖弧后突 1 对，背视细长且末端尖细。雌性亚生殖板宽大且色暗呈褐色，后缘平直，前缘圆钝，端部中央具小 "V" 形缺口。

　　分布：浙江（庆元）。

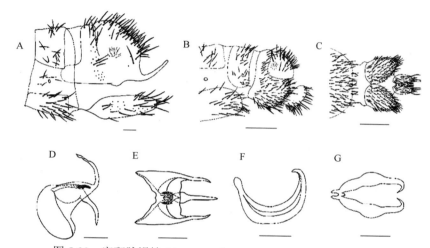

图 5-33　密斑脉褐蛉 *Micromus densimaculosus* Yang *et* Liu, 1995

A. ♂外生殖器，侧视；B. ♀外生殖器，侧视；C.♀外生殖器，腹视；D.♂殖弧叶，侧视；E.♂殖弧叶，背视；F.♂阳基侧突，侧视；G.♂阳基侧突，背视。标尺：A=1 mm，B、C=0.2 mm，D–G=0.1 mm

（275）点线脉褐蛉 *Micromus linearis* Hagen, 1858（图 5-34，图版 XII-6）

Micromus linearis Hagen, 1858: 483.

　　主要特征：体长 6.1–6.5 mm，前翅长 6.1–7.1 mm、宽 2.1–2.5 mm，后翅长 5.5–6.2 mm、宽 1.7–2.1 mm。头部黄褐色。复眼后缘各具有 1 个三角形褐斑，触角窝前缘有 1 细的弧形黑纹。触角黄褐色，末端色深。前胸背板两侧缘具褐色纵纹，中部具向内尖突的褐色区域；中后胸背板盾片两侧具 1 明显的圆形褐斑。前翅狭长。翅面透亮黄褐色，近后缘 Cu 脉至后缘区域形成烟褐色的条带，翅痣处具有 2–3 对成对的褐斑，M 脉第 1 个分叉点与 Cu 脉间具有 1 个褐色斑点。后翅狭长黄褐色，中央部分色淡而透明，上下两部分呈褐色的枝状脉。腹部黄褐色，腹板边缘褐色加深。雄性第 9 背板与臀板愈合，前侧角前凸明显；侧后角伸长特化成末端尖细的钩状，长度超出第 9 腹板，两侧钩状臂伸长向内弯曲交叉。臀板椭圆形，臀胝不明显。殖弧叶中殖弧中突细长，基部宽阔且上表面具有密集的小刺，基部至端部渐细，顶端具有钩状突；无殖弧后突；新殖弧叶存在，并特化成向下的钩状结构；殖弧侧膜较发达；内殖弧叶几乎全部透明无色。雌性第 8 背板侧视正方形。无亚生殖板。

　　分布：浙江（临安、泰顺）、内蒙古、河南、陕西、宁夏、甘肃、湖北、江西、湖南、福建、台湾、广西、重庆、四川、贵州、云南、西藏；俄罗斯，日本，斯里兰卡。

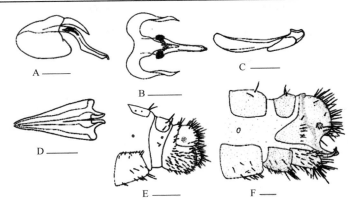

图 5-34　点线脉褐蛉 *Micromus linearis* Hagen, 1858

A. ♂殖弧叶，侧视；B. ♂殖弧叶，背视；C. ♂阳基侧突，侧视；D. ♂阳基侧突，背视；E. ♀外生殖器，侧视；F. ♂外生殖器，侧视。标尺：A–D=0.1 mm，E=0.2 mm，F=1 mm

（276）奇斑脉褐蛉 *Micromus mirimaculatus* Yang *et* Liu, 1995（图 5-35，图版 XIII-1）

Micromus mirimaculatus Yang *et* Liu in Yang et al., 1995: 278.

主要特征：体长 5.2–6.5 mm，前翅长 7.0–8.4 mm、宽 2.6–3.3 mm，后翅长 6.1–7.7 mm、宽 2.1–3.2 mm。头部黄褐色。头顶沿触角窝后缘为 1 对新月形黑斑，后缘具 1 对近矩形黑斑。触角黄褐色。复眼黑色。前胸背板近中央两侧各具有 1 条褐色纵纹，中胸盾片两侧各具 1 个褐色大圆斑。足黄褐色，多褐斑。前翅椭圆形。黄褐色，不均匀分布灰褐色波状纹，沿外阶脉组及 Cu 脉具不连续褐带；翅脉、纵脉浅褐色，具不均匀分布的褐色间隔。后翅椭圆，黄褐色，外阶脉组至外缘之间区域深。雄性第 9 背板大部分与臀板愈合，前缘侧角具圆钝突出；第 9 腹板近似矩形，宽度长于臀板但短于其下角延伸的长臂；臀板侧视呈椭圆形，后侧角特化成 1 长臂且微上翘，末端密布小刺，臀胝明显。殖弧中突发达，基部宽大具有稀疏的小刺，近中央处具 1 较大刺，中突顶端尖细成钩状微下弯，侧叶宽大，无殖弧后突。雌性第 8 背板侧视较窄、近三角形。亚生殖板宽大发达，顶端具近半圆形凸出，顶端中央微微具有凹刻，侧翼宽广，后缘较平直。

分布：浙江（临安、庆元、泰顺）、福建、台湾、广东、云南。

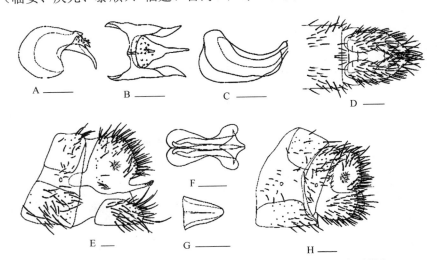

图 5-35　奇斑脉褐蛉 *Micromus mirimaculatus* Yang *et* Liu, 1995

A. ♂殖弧叶，侧视；B. ♂殖弧叶，背视；C. ♂阳基侧突，侧视；D. ♀外生殖器，腹视；E. ♂外生殖器，侧视；F. ♂阳基侧突，背视；G. ♂下生殖板，背视；H. ♀外生殖器，侧视。标尺：A–C、F、G=0.1 mm，D、H=0.2 mm，E=1 mm

（277）颜丽脉褐蛉 *Micromus perelegans* Tjeder, 1936（图 5-36，图版 XIII-2）

Micromus perelegans Tjeder, 1936: 16.

主要特征：体长 3.1–4.3 mm，前翅长 5.9–6.2 mm、宽 1.9–2.3 mm，后翅长 4.9–5.8 mm、宽 1.7–2.8 mm。头部浅褐色。触角窝具褐色环纹，触角后方具 1 对三角形褐斑，额区褐色加深，头部前方除额颊沟、额唇基沟及颊下沟外均较浅。触角超过 60 节，末端几节褐色加深。胸部黄褐色，背板中央具浅色纵带。足黄褐色，跗节末端加深，腿节具 2 个不明显褐斑。前翅椭圆形，浅黄褐色，Cu 脉与 M 脉之间自 M 脉分叉处至 2cua-cup 横脉处具 1 细条状褐斑；翅脉、纵脉黄褐色，不均匀密布褐色间隔。后翅椭圆形，淡黄色；翅脉基部至中部透明无色，中部至端部褐色加深。腹节前 4 节具褐色环纹。雄性第 9 腹板与臀板部分愈合，侧前角前凸明显，超过第 8 腹节，侧角微凸下伸，臀板侧视卵圆形，侧后角特化成尖锐刺状突，左右相互交叉，臀胝不明显，毛簇数为 12–13。殖弧中突基部宽广具长刺，中突下弯渐细，端部钩状下弯，外殖弧叶背侧中央具臂状突出，末端平钝具齿状突，两侧微具卵圆形突出。雌性第 8 背板背缘微宽于腹缘，侧视梯形。无亚生殖板。

分布：浙江（临安）、陕西、宁夏、甘肃、新疆、湖北。

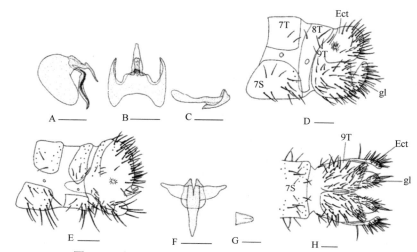

图 5-36　颜丽脉褐蛉 *Micromus perelegans* Tjeder, 1936

A.♂殖弧叶，侧视；B.♂殖弧叶，背视；C.♂阳基侧突，侧视；D.♀外生殖器，侧视；E.♂外生殖器，侧视；F.♂阳基侧突，背视；G.♂下生殖板，背视；H.♀外生殖器，腹视。7T/8T/9T：第 7、8、9 背板；7S：第 7 腹板；Ect：臀板；gl：刺突。标尺：A–C、F、G=0.1 mm，D、E、H=0.2 mm

（278）多支脉褐蛉 *Micromus ramosus* Navás, 1934（图 5-37，图版 XIII-3）

Micromus ramosus Navás, 1934: 4.

主要特征：体长 4.9–5.3 mm，前翅长 4.5–5.8 mm、宽 1.9–2.3 mm，后翅长 4.5–4.9 mm、宽 1.6–2.2 mm。头部黄褐色。头顶浅褐色，具 3 条褐色纵纹，触角窝后缘具褐色环纹。触角超过 60 节。前胸黄褐色，前后缘及中央分界线呈深褐色；中后胸呈浅黄褐色，盾片左右两侧缘各具 1 近圆形褐斑。前翅椭圆形，翅面黄褐色，翅外缘及臀区色加深，沿翅外缘及后缘具浅褐色不规则斑点，Cu 脉与 M 脉之间于 2cua-cup 横脉处具 1 方形小褐斑。后翅椭圆形，翅面淡黄色透明。腹部呈黄褐色，颜色均一。雄性第 9 背板狭长近似长三角形，与臀板愈合背面微隆起，第 9 腹板短小；臀板侧面观细长，后侧角下伸超过第 9 腹板，末端钝圆，侧前角延伸成细长臂状钩突，向内弯曲，左右相互交叉，末端呈尖钩状，臀胝明显，毛簇数为 10–12。殖弧叶殖弧中突狭长，末端钝圆，微下弯；无殖弧后突；侧叶膨大，形状不规则。下生殖板背面观近似三角形。雌性第 8 背板较狭窄。亚生殖板宽大，近似长方形，顶端微微具凹刻。

分布：浙江（庆元）、黑龙江、河南、福建、广西、云南。

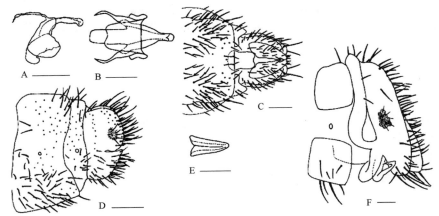

图 5-37　多支脉褐蛉 *Micromus ramosus* Navás, 1934

A. ♂殖弧叶，侧视；B. ♂殖弧叶，背视；C. ♀外生殖器，腹视；D. ♀外生殖器，侧视；E. ♂下生殖板，背视；F. ♂外生殖器，侧视。标尺：A、B、E=0.1 mm，C、D=0.2 mm，F=1 mm

（279）梯阶脉褐蛉 *Micromus timidus* Hagen, 1853（图 5-38，图版 XIII-4）

Micromus timidus Hagen, 1853: 481.

主要特征：体长 4.9–5.3 mm，前翅长 4.5–5.8 mm、宽 1.9–2.3 mm，后翅长 4.5–4.9 mm、宽 1.6–2.2 mm。头部黄褐色。头顶加深成褐色，触角窝外缘具 1 褐色环纹；触角超过 60 节。前胸背板前缘具 1 深褐色环纹；中后胸盾片左右各具 1 个圆形褐斑。前翅椭圆形；近臀区黄褐色加深，M 主脉分叉点与 CuA 脉之间具 1 椭圆形小褐斑；翅脉浅黄，不均匀分布褐色间隔，Rs 脉在 R 脉上的起始位置及与阶脉相连处加深明显。后翅椭圆形；浅黄透明。雄性第 9 背板与臀板愈合背面微隆起，侧后角微后突；臀板侧面观后缘较直，后侧角未超过第 9 腹板，前侧下角延伸成细长臂状钩突，末端平钝且具 1 排齿状突；殖弧叶殖弧中突狭长，末端渐细，端部具 1 微微向下弯曲的小钩，殖弧后突细长成长三角形；阳基侧突简单，左右两侧近端部 1/3–1/2 分离，末端圆钝微上翘；无背叶。下生殖板背面观近三角形，侧缘向下翻卷。雌性第 8 背板侧视背缘宽大，腹缘较窄；亚生殖板宽大，近似长方形，顶端及两侧中央微微具凹刻。

分布：浙江（西湖、庆元）、黑龙江、河南、福建、台湾、广东、海南、广西、云南；日本，印度，法国，大洋洲。

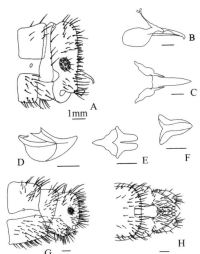

图 5-38　梯阶脉褐蛉 *Micromus timidus* Hagen, 1853

A. ♂外生殖器，侧视；B. ♂殖弧叶，侧视；C. ♂殖弧叶，背视；D. ♂阳基侧突，侧视；E. ♂阳基侧突，背视；F. ♂下生殖板，背视；G. ♀外生殖器，侧视；H. ♀外生殖器，腹视。标尺：A=1 mm，B–F=0.1 mm，G、H=0.2 mm

（280）天目连脉褐蛉 *Micromus tianmuanus* (Yang *et* Liu, 2001)（图 5-39，图版 XIII-5）

Paramicromus tianmuanus Yang *et* Liu, 2001: 299.

Micromus tianmuanus: Yang et al., 2023: 562.

主要特征：体长 6.3–6.4 mm，前翅长 8.5–10.3 mm、宽 2.9–3.3 mm，后翅长 8.5–9.0 mm、宽 2.8–3.1 mm。头部浅黄褐色。额唇基沟至上方触角处区域颜色微深于周围。触角超过 60 节。后胸背板盾片左右各具 1 个近圆形褐斑。前翅狭长。浅黄褐色透明，CuP 脉至后缘区域色微深，Rs 脉在 R 脉上起点、M 主脉分叉处、CuA 脉与 MP 脉愈合处及上方几段内外阶脉呈褐色，内外阶脉组之间平行具 1 段褐色小段带。后翅狭长。翅面浅黄褐色，翅脉浅黄褐色。雄性第 9 背板与臀板愈合完全，臀板后缘侧下角呈柱状突出且向内翻卷，端部突出但无长臂。第 9 腹板较小；殖弧叶发达，中突基部宽广，背端具发达透明薄膜，顶端具发达钩状突，伸出臀板外，且钩突基部表面具小刺；殖弧后突发达前伸特化成钩状，前伸下弯且左右相互交叉，伸出臀板外，钩突末端边缘呈锯齿状，且表面稀疏具小刺。雌性第 8 背板背面宽阔，腹面较窄，侧视近三角形。亚生殖板较小，中部呈卵圆形，顶端圆钝微凸，基部微膨大。

分布：浙江（临安）、河南、湖北、重庆、四川、贵州。

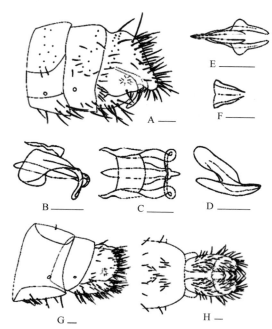

图 5-39 天目连脉褐蛉 *Micromus tianmuanus* (Yang *et* Liu, 2001)

A. ♂外生殖器，侧视；B. ♂殖弧叶，侧视；C. ♂殖弧叶，背视；D. ♂阳基侧突，侧视；E. ♂阳基侧突，背视；F. ♂下生殖板，背视；G. ♀外生殖器，侧视；H. ♀外生殖器，腹视。标尺：A=1 mm，B–F=0.1 mm，G、H=0.2 mm

（281）花斑脉褐蛉 *Micromus variegatus* (Fabricius, 1793)（图 5-40，图版 XIII-6）

Hemerobius variegatus Fabricius, 1793: 85.

Micromus variegatus: Meinander, 2009: 12.

主要特征：体长 3.5–4.5 mm，前翅长 5.2–6.5 mm、宽 1.9–2.7 mm，后翅长 5.1–5.8 mm、宽 1.8–2.4 mm。头部复眼后侧各具 1 褐色近长方形纵斑，触角窝具 1 圈深褐色环纹。前胸背板前缘具 1 对浅褐色小斑；中后胸深褐色，背板中央具 1 条浅黄褐色纵带。前、中足胫节近基部外侧各具 1 近圆形小褐斑。翅前后狭长，密布大小不等的褐斑。后翅狭长，沿翅前缘、翅外缘及 3im 横脉处具 3 个大褐斑。腹部前 4 腹板中央具 1

褐色环纹。雄性第9背板前侧角膨大微前凸成弧形，后缘与臀板愈合，侧后角延长特化成粗壮的针状突，末端渐细，向上弯曲；臀板呈椭圆形，臀胝较明显。殖弧中突发达伸向下方，基部宽广且密布小刺，末端尖细，形成下弯伸向后侧的钩状结构；无殖弧后突；外殖弧叶侧叶宽大，近似卵圆形，中部发达，向上突起形成前伸的臂状结构，末端钝平且具小齿。下生殖板背视三角形。雌性第9背板背半部细长，腹半部宽大，向后扩展近似"b"形，与部分臀板愈合；臀板侧视近似卵圆形，臀胝明显；无亚生殖板。

　　分布：浙江（临安）、河南、陕西、湖北、四川；日本，英国，加拿大。

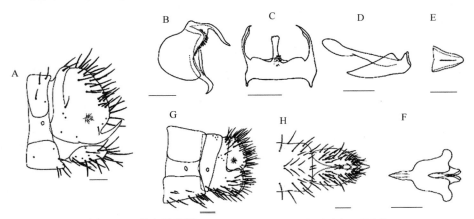

图 5-40　花斑脉褐蛉 *Micromus variegatus* (Fabricius, 1793)

A. ♂外生殖器，侧视；B. ♂殖弧叶，侧视；C. ♂殖弧叶，背视；D. ♂阳基侧突，侧视；E. ♂下生殖板，背视；F. ♂阳基侧突，背视；G. ♀外生殖器，侧视；H. ♀外生殖器，腹视。标尺：A=1 mm，B–F=0.1 mm，G、H=0.2 mm

二十九、草蛉科 Chrysopidae

主要特征：复眼发达并具金属光泽；触角丝状；前胸一般与头等宽或略窄于头部；背面及侧面的颜色和斑纹等常作为分类特征；中胸发达，具前盾片和小盾片；后胸窄于中胸，无前盾片。前后翅膜质透明，有时翅面具有斑纹；翅脉类型和颜色是重要的分类特征。腹部9节，雌雄性可通过腹端结构来识别。雄性外生殖器结构相对于雌性较复杂，是重要的分属依据。

分布：世界广布。世界已知1500种，中国记录27属251种，浙江分布8属16种。

分属检索表

1.	前翅 Sc 与 R 间无横脉；触角各鞭节具 5 个毛圈（网蛉亚科 Apochrysinae） ······	网蛉属 *Apochrysa*
-	前翅 Sc 与 R 间具横脉；触角各鞭节至多 4 个毛圈（草蛉亚科 Chrysopinae） ······	2
2.	腹部第 2 节侧面具发音结构 ······	边草蛉属 *Brinckochrysa*
-	腹部第 2 节侧面无发音结构 ······	3
3.	前翅内中室为四边形 ······	意草蛉属 *Italochrysa*
-	前翅内中室常为三角形 ······	4
4.	头具圆斑 ······	草蛉属 *Chrysopa*
-	头无斑或具方形斑 ······	5
5.	前翅 R 脉粗大或具有厚层鳞片状毛 ······	俗草蛉属 *Suarius*
-	前翅 R 脉正常 ······	6
6.	雄性腹端不具瘤状突起 ······	叉草蛉属 *Apertochrysa*
-	雄性腹端具有瘤状突起 ······	7
7.	前翅 m_2 是 m_1 的 2 倍；雄性腹端下缘具明显凹陷 ······	通草蛉属 *Chrysoperla*
-	前翅 m_2 稍长于 m_1；雄性腹端下缘无明显凹陷 ······	玛草蛉属 *Mallada*

110. 叉草蛉属 *Apertochrysa* Tjeder, 1966

Apertochrysa Tjeder, 1966: 480. Type species: *Chrysopa umbrosa* Navás, 1914.

主要特征：头部多为 2 对斑，即颊斑和唇基斑；触角一般等于或长于前翅。雄性第 8、9 腹板愈合，末端无任何突起。臀板椭圆形，臀脉位置偏上。雄性具殖弧梁、殖弧叶、殖下片、下生殖板；殖弧叶中部细，多角状或平直；殖下片形状多样；中突多叉状。雌性臀板稍倾斜，下端不超过第 7 腹板下缘；受精囊膜突常较长，亚生殖板形状多样。

分布：世界广布。世界已知 150 余种，中国记录 64 种，浙江分布 1 种。

（282）龙王山叉草蛉 *Apertochrysa longwangshana* (Yang, 1998)（图 5-41）

Dichochrysa longwangshana Yang, 1998: 149.

Apertochrysa longwangshana: Breitkreuz et al., 2021: 222.

主要特征：体长 9.0–10.0 mm。头部黄色，额区白色，触角黄褐色，颚、唇须黄色；头部仅黑色颊斑。前胸背板中部具黄色纵带，两侧绿色，具 2 个红褐色浅斑，亦具细长乳白色毛。翅透明，前翅前缘横脉列 27–30

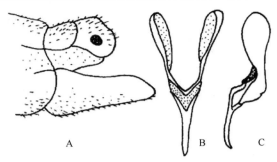

图 5-41　龙王山叉草蛉 *Apertochrysa longwangshana* (Yang, 1998)（仿自杨星科等，2005）
A. ♂腹端；B. ♂外生殖器，背视；C. ♂外生殖器，侧视

条，第 1 条、翅痣前后各横脉黄色或透明，其余黑褐色；翅痣黄绿色；径横脉近 R 端褐色；Rs 分支 11 条，第 1 条脉黑褐色，第 2–6 条近 Psm 端黑色，余为绿色；内中室三角形，r-m 位于其顶端内侧；Psm-Psc 间横脉 9 条，第 1、2、9 条褐色，余近 Psm 端褐色；阶脉 2 组，褐色并具晕斑；Cu 脉黑褐色，其他脉均绿色。后翅前缘横脉列、径横脉、阶脉及 Cu 脉均褐色，Rs 分支近 Rs 端褐色，余为绿色。腹部背面中央为黄色纵带，两侧绿色，腹面黄褐色。

分布：浙江（安吉）、贵州。

111. 网蛉属 *Apochrysa* Schneider, 1851

Apochrysa Schneider, 1851: 38. Type species: *Hemerobius leptalea* Rambur, 1842.

主要特征：大型种类；头顶具有红色条带。触角长于前翅，柄节外侧具有红色条带，鞭节各节长为宽的 3 倍，具 5 个毛圈。前胸背板长大于宽，侧缘具斑或红色条带，中胸、后胸背板无斑；足无斑，爪基部略膨大。翅宽大；Rs 自基部分出；阶脉多组，Psm 与 Psc 间隔较小，端部与外阶脉相接。后翅窄于前翅，阶脉 2 列。雄性臀板背面端部略凹，与第 9 背板不完全合并；第 8、9 腹板合并，且短而宽；无殖弧梁、殖下片及中片。雌性第 7 背板及腹板宽大；亚生殖板端部凹陷；受精囊宽大，导管细长，弯曲。

分布：东洋区、旧热带区。世界已知 10 种，中国记录 1 种，浙江分布 1 种。

（283）松村网蛉 *Apochrysa matsumurae* Okamoto, 1912

Apochrysa matsumurae Okamoto, 1912: 13.

主要特征：头黄绿色；下颚须及下唇须浅黄色。触角柄节外部两侧有红色条带，梗节外侧有黑褐色斑，鞭节接近基部的两侧红褐色。足浅黄色；爪褐色且基部膨大并强烈弯曲。前胸背板具中纵带，两侧具红色纵纹。翅无翅痣。翅脉浅绿色，具灰褐色晕斑。前翅径横脉的基部、Cu_1-Cu_2 横脉和后翅的 Psc-Cu_1 横脉为黑色。腹部背面具红色斑纹。雄性的殖弧叶窄，伪阳茎短，背观亚三角形。雌性亚生殖板向下突出；受精囊在端部分叉，形成 1 对膨大的囊腺，但无导管。

分布：浙江、福建、海南、贵州；日本。

112. 边草蛉属 *Brinckochrysa* Tjeder, 1966

Brinckochrysa Tjeder, 1966: 360. Type species: *Chrysopa peri* Tjeder, 1966.

主要特征：头有斑或无斑，唇须几乎无斑。触角稍长于前翅。胸、腹部很少有斑；爪基部膨胀，强烈弯曲。翅狭长，翅脉与草蛉属相似。腹部第 2 节侧面具发音结构。雄性臀板背面分开，端部呈钩状；第 9 腹板为 1 附肢状构造。雌性臀板背面愈合，侧面观略长于第 7 腹板；第 7 腹板端部后缘斜切。

　　分布：世界广布。世界已知 23 种，中国记录 5 种，浙江分布 1 种。

（284）秉氏边草蛉 *Brinckochrysa zina* (Navás, 1933)（图 5-42）

Chrysopa zina Navás, 1933b: 12.

Brinckochrysa zina: Yang, 1997: 68.

　　主要特征：体长 8.0 mm。头部黄色；额、唇基红色，触角下具 3 个三角形红斑且横线式排列。触角黄褐色。胸背中央具黄色纵带；前胸背板两侧褐色，具长毛。前翅前缘横脉列约 20 条，绿色；径横脉 13 条，第 1 条黑色，第 2 条两端黑色，中间绿色；Rs 分支 12 条，除 1–2 条黑褐色外，余为绿色；Psm-Psc 8 条，绿色，内中室三角形，r-m 位于其外；阶脉绿色，内/外=5/8。后翅前缘横脉列 15 条，绿色；径横脉 11 条，绿色；阶脉绿色，内/外=6/7。腹部两侧黄褐色，臀板及第 8、9 背板褐色；第 7 腹板腹面两侧各 1 突起，从腹面观，第 7 腹板分叉状；亚生殖板具长柄；受精囊导管细长。

　　分布：浙江（定海、普陀、岱山、嵊泗）、江苏、湖北。

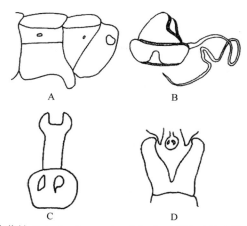

图 5-42　秉氏边草蛉 *Brinckochrysa zina* (Navás, 1933)（仿自杨星科等，2005）
A. ♀腹端，侧视；B. ♀受精囊，侧视；C. ♀亚生殖板；D. ♀腹端及亚生殖板，腹视

113. 草蛉属 *Chrysopa* Leach, 1815

Chrysopa Leach, 1815: 138. Type species: *Hemerobius perla* Linnaeus, 1758.

　　主要特征：头部多具斑纹。触角短于前翅，第 2 节常为褐色或黑色；雄性第 8、9 腹板明显分开，臀板内缘中部凹陷成两瓣；第 9 腹板末端常具生殖脊；具殖弧叶、内突及伪阳茎，在殖弧叶下具 1 对生殖囊；囊上具生殖毛。殖弧叶的中部上缘无齿且加宽，下缘多齿；内突多为三角形，顶端细长，有时呈弯曲状。

　　分布：世界广布。世界已知 189 种，中国记录 25 种，浙江分布 3 种。

分种检索表

1. 前翅阶脉中间黑色，两端绿色 ·· 大草蛉 *C. pallens*
- 非上述特征 ··· 2
2. 前翅前缘横脉列整体黑色 ··· 丽草蛉 *C. formosa*
- 前翅前缘横脉列近 Sc 黑色 ·· 叶色草蛉 *C. phyllochroma*

（285）丽草蛉 *Chrysopa formosa* **Brauer, 1850**（图 **5-43**）

Chrysopa formosa Brauer, 1850: 8.

主要特征：体长 8.0–11 mm。头部绿色，具 9 个黑褐色斑；颚唇须黑褐色；触角第 1 节绿色，第 2 节黑褐色，鞭节褐色。前胸背板绿色，两侧有褐斑及黑色刚毛，基部有 1 横沟，不达侧缘，横沟两端有"V"形黑斑；中、后胸背板绿色，盾片后缘两侧近翅基处分别具 1 褐斑。足绿色，端部褐色，爪基部弯曲。前翅前缘横脉列 19 条，黑色，翅痣浅绿色，内无脉；径横脉 11 条，近 R 端褐色；Rs 分支 12 条，第 1、2 条褐色，第 3、4 条近 Psm 端褐色，余为绿色，Psm-Psc 8 条，第 1、2、8 条褐色，第 3–6 条两端褐、中间绿色，第 7 条全绿；内中室三角形，r-m 位于其上；阶脉绿色，内/外=5/7。后翅前缘横脉列 15 条，黑褐色；径横脉 10 条，近 R 端褐色；阶脉绿色，内/外=4/6。腹部褐色，背面具灰色毛。雄性外生殖器殖弧叶侧叶较长，伪阳茎长，基部宽大。雌性亚生殖板上、下凹洼且下部较上部宽大；受精囊膜突不发达。

分布：浙江（全省）、全国广布。

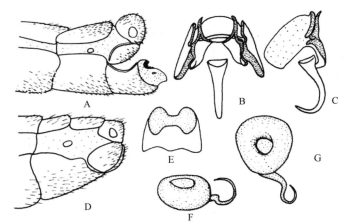

图 5-43　丽草蛉 *Chrysopa formosa* Brauer, 1850（仿杨星科等，2005）
A.♂腹端；B.♂外生殖器，背视；C.♂外生殖器，侧视；D.♀腹端；E.♀亚生殖板；F.♀受精囊，侧视；G.♀受精囊，背视

（286）大草蛉 *Chrysopa pallens* **(Rambur, 1838)**（图 **5-44**）

Hemerobius pallens Rambur, 1838: 9.

Chrysopa pallens: Schneider, 1851: 104.

主要特征：头部黄色，常为 7 斑，也有 5 斑等情况；颚唇须黄褐色，触角基部 2 节黄色，鞭节浅褐色。胸背中央具黄色纵带，两侧绿色，前胸背板基部有 1 横沟但不达侧缘。足黄绿色，胫端及跗节黄褐色，爪褐色，基部弯曲。前翅前缘横脉列在翅痣前为 30 条，黑色；翅痣淡黄色，内有绿色脉；径横脉 16 条，1–4 条部分黑色，余为绿色；Rs 分支 18 条，近 Psm 端褐色；Psm-Psc 分支 9 条，翅基的 2 条黑色，余为绿色；内中室三角形，r-m 位于其上；阶脉中间黑色，两端绿色，内/外=10/12（左）；内/外=10/11（右）。后翅前缘横脉列 24 条，黑褐色；径横脉 7 条，第 1–4 条近 R 端黑色，第 5–7 条全为黑褐色；Rs 分支 15 条，部分脉近 Rs 端黑褐色；阶脉中间黑色，两端绿色，内/外=9/12（左）；内/外=10/11（右）。腹部黄绿色，具灰色长毛，雄性第 8 腹板很小，为第 9 腹板的一半。

分布：浙江（全省）、全国广布。

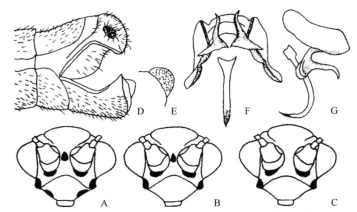

图 5-44　大草蛉 *Chrysopa pallens* (Rambur, 1838)（仿杨星科等，2005）
A–C. 头；D. ♂腹端；E. ♂生殖毛及生殖囊；F. ♂外生殖器，背视；G. ♂外生殖器，侧视

（287）叶色草蛉 *Chrysopa phyllochroma* Wesmael, 1841（图 5-45）

Chrysopa phyllochroma Wesmael, 1841: 209.

主要特征：头部绿色，共 9 个黑褐色斑，头顶 2 个，近椭圆形，中斑近长方形，两触角下斑新月形。两颊斑近似圆形，唇基斑条状。触角第 1 节绿色，第 2 节黑褐色，鞭节黄褐色，端部颜色深。触角长达翅痣前缘。下颚须端节深褐色，第 3–4 节中部为黑褐色，第 1–2 节黄褐色；下唇须第 1 节黄褐色，第 2–3 节黑褐色。前胸背板宽大于长，淡黄色，侧缘绿色，具褐色斑点，背板四周具黑色刚毛。背板中部具 1 纵脊、2 横沟。腹板黄绿色，中央具黑色纵带，达前足基节基部。中部背板中部为淡黄色，小盾片前后缘具 1 圆形黑褐色斑。中胸背板上具灰白色毛。后胸与中胸颜色相同，具灰白色毛，盾片前缘两侧各 1 黑褐色斑。足从基节到腿节绿色，胫节基部绿色，端部淡褐色；跗节及爪黄褐色，爪基部不弯曲。前翅端部钝圆，翅面及翅缘有黑褐色毛。前翅前缘横脉列在翅痣前 26 条，基部为褐色，到端部逐渐变绿；翅痣淡黄绿色，内有绿色脉；径横脉 12 条，近 R 端褐色，第 10–12 条褐色；Rs 分支 13 条，近 Rs 端褐色。内中室三角形，r-m 位于其上。Psm-Psc 间 8 条横脉，第 1 脉近 Psm 中部为褐色；1A 前叉处褐色；2A 的 1 个分支为褐色；阶脉绿色，内/外=8/8（左）；内/外=6/7（右）。后翅前缘横脉列在翅痣前为 20 条。第 1 条为绿色，第 2 条为黑褐色，并逐渐变绿色至全绿色；翅痣黄绿色，内有绿色脉；阶脉绿色，内/外=6/8。腹部绿色，具黑色密毛。

分布：浙江（全省）、全国广布。

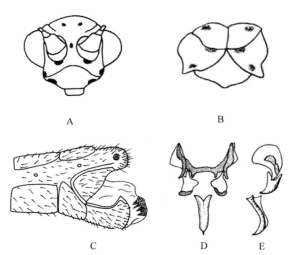

图 5-45　叶色草蛉 *Chrysopa phyllochroma* Wesmael, 1841（仿杨星科等，2005）
A. 头；B. 中胸斑纹；C. ♂腹端；D. ♂外生殖器，背视；E. ♂外生殖器，侧视

114. 通草蛉属 *Chrysoperla* Steinmann, 1964

Chrysopa (*Chrysoperla*) Steinmann, 1964: 260. Type species: *Chrysopa carnea* Steinmann, 1836.

Chrysoperla: Séméria, 1977: 238.

主要特征：头部一般具颊斑和唇基斑；上颚不对称，左上颚基部具齿；触角短于前翅，鞭节各节长是宽的 2–3 倍，每节具 4 个毛圈。胸背中央具黄色或白色纵带，有的种类两侧具红斑或黑斑；前翅透明、无斑，内中室窄小，r-m 一般位于其端部或外侧，有时也位于其上；足细长无斑，爪具齿。腹部背面中央常具黄色纵带。雄性第 8、9 腹板合并，端部呈瘤突状缢缩；具殖弧梁，但无伪阳茎及殖下片；殖弧叶具 1 对内突和 1 个中突。雌性亚生殖板端部内凹，基部凹洼或伸长成柄状；受精囊囊体较扁，腹痕明显，膜突不甚长。

分布：世界广布。世界已知 60 种，中国记录 15 种，浙江分布 3 种。

分种检索表

1. 触角间具 "Y" 形黑斑 ·· 松氏通草蛉 *Ch. savioi*
- 触角间无 "Y" 形黑斑 ··· 2
2. 前翅 Psm-Psc 第 1、2、8 褐色，余中间绿色、两端褐色 ···················· 日本通草蛉 *Ch. nipponensis*
- 前翅 Psm-Psc 第 1、2、8 条黑褐色，余皆黄绿色 ······························· 舟山通草蛉 *Ch. chusanina*

（288）舟山通草蛉 *Chrysoperla chusanina* (Navás, 1933)（图 5-46）

Chrysopa chusanina Navás, 1933b: 11.

Chrysoperla chusanina: Yang & Yang, 1990: 76.

主要特征：头部具颊斑和唇基斑；颚唇须背面褐色，腹面黄色；触角黄褐色。胸背中央具黄色纵带，前胸背板两侧褐色，中后胸背板两侧黄绿色。前翅前缘横脉列 20–22 条，近 Sc 端褐色；Sc-R 间脉浅褐色，径横脉 11 条，两端褐色，中间黄绿色；Rs 分支 11 条，第 1 条褐色，第 2–5 条近 Psm 端褐色；Psm-Psc 间

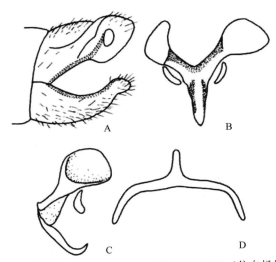

图 5-46　舟山通草蛉 *Chrysoperla chusanina* (Navás, 1933)（仿自杨星科等，2005）
A. ♂腹端；B. ♂外生殖器，背视；C. ♂外生殖器，侧视；D. ♂殖弧梁

横脉 8 条，第 1、2、8 条为黑褐色，余黄绿色；内中室三角形，r-m 位于其顶端之外；阶脉黑色，内/外=4/6；Cu 黑褐色。后翅前缘横脉列 14 条，褐色；阶脉褐色，内/外=3/5（左）；内/外=4/5（右）。

分布：浙江（定海、普陀、岱山、嵊泗）。

（289）日本通草蛉 *Chrysoperla nipponensis* (Okamoto, 1914)（图 5-47）

Chrysopa nipponensis Okamoto, 1914: 65.

Chrysoperla nipponensis: Brooks, 1994: 155.

主要特征：体长 9.5–10.0 mm。头部黄色，具黑色颊斑及唇基斑；下颚须 1–3 节黑褐色，第 4–5 节及下唇须的第 2–3 节背面黑褐色；触角第 1–2 节黄色，鞭节黄褐色。前胸背板中央具黄色纵带，两侧绿色；足黄绿色，具褐色毛；胫节、跗节及爪褐色，爪基部弯曲。前翅前缘横脉 22 条，近 Sc 端褐色，径横脉分支 11 条，第 1–8 条中间绿色，两端褐色，第 9–11 条褐色；Rs 分支 11 条，第 1–2 条褐色，第 3–5 条中间绿色，两端褐色，余近 Rs 端褐色；Psm-Psc 间横脉 8 条，第 1、2、8 条褐色，其余中间绿色、两端褐色；内中室三角形，r-m 位于其外；Cu 褐色；阶脉褐色，内/外=5/7（左）；内/外=6/7（右）。后翅前缘横脉列 18 条，近 Sc 端褐色；径横脉 11 条，第 1 和第 9–11 条褐色，余为中间绿，两端褐色；阶脉褐色，内/外=4/6。腹部背面具黄色纵带，两侧绿色，腹面浅黄色，具灰色毛。

分布：浙江（全省）、全国广布。

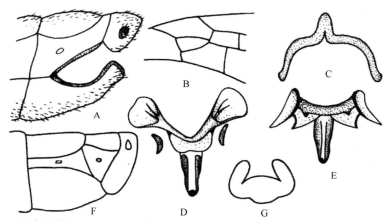

图 5-47 日本通草蛉 *Chrysoperla nipponensis* (Okamoto, 1914)（仿自杨星科等，2005）
A. ♂腹端；B. 内中室；C. ♂殖弧梁；D. ♂外生殖器，背视；E. ♂外生殖器，腹视；F. ♀腹端；G. ♀亚生殖板

（290）松氏通草蛉 *Chrysoperla savioi* (Navás, 1933)（图 5-48）

Chrysopa savioi Navás, 1933c: 4.

Chrysoperla savioi: Yang & Yang, 1990: 82.

主要特征：体长 10–12 mm。头部额中央具"Y"形斑。颚唇须黑褐色。触角第 1 节宽扁，内外两侧具黑纵纹；第 2 节褐色，余淡褐色。触角与前翅约等长。胸部中央具黄色纵带，两侧暗绿色。翅透明，狭长，端部尖；翅痣绿色；内中室三角形，r-m 位于其外；翅脉绿色。腹部黄绿色，具短黑密毛。雄性第 9 腹板短小，呈瘤状；殖弧梁中部膨大，殖弧叶两端稍膨大，边缘向内弯折；中突基部粗，到端部变细；内突退化。

分布：浙江（全省）、全国广布。

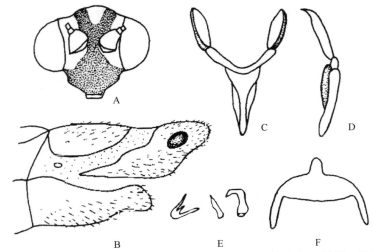

图 5-48　松氏通草蛉 *Chrysoperla savioi* (Navás, 1933)（仿自杨星科等，2005）
A. 头；B. ♂腹端；C. ♂外生殖器，背视；D. ♂外生殖器，侧视；E. ♂下生殖板；F. ♂殖弧梁

115. 意草蛉属 *Italochrysa* Principi, 1946

Italochrysa Principi, 1946: 86. Type species: *Hemerobius italica* Rossi, 1790.

主要特征：大型种类；头短宽，上颚发达，不对称；触角约与前翅等长，鞭节各节长近等宽，具 4 个毛圈。前胸背板宽大，具斑或无斑。足无斑或中足胫节具褐环；爪基部弯曲。翅窄长，前缘区窄，Sc、R 间距较大；内中室四边形；阶脉两组。雄性第 8、9 腹板合并且短小；无殖弧梁、殖下片、中叶和内突；中突宽大，端部具钩；殖弧叶宽短；具 1 对生殖侧突。雌性第 7 腹板宽大，端部侧下方内凹；亚生殖板端部内凹；受精囊囊体小、腹痕深，膜突发达。

分布：世界广布。世界已知 104 种，中国记录 24 种，浙江分布 5 种。

分种检索表

1. 胸部背面无斑纹 ·· 2
- 胸部背面具斑纹 ·· 3
2. 前翅长超过 25 mm ··· 武陵意草蛉 *I. wulingshana*
- 前翅小于等于 25 mm ··· 天目意草蛉 *I. tianmushana*
3. 腹部各节黑色，后缘黄色 ·· 日意草蛉 *I. japonica*
- 非上述特征 ·· 4
4. 前胸背板浅棕色，具横条纹 ··· 横纹意草蛉 *I. modesta*
- 前胸背板具斑 ··· 红痣意草蛉 *I. uchidae*

（291）日意草蛉 *Italochrysa japonica* (McLachlan, 1875)（图 5-49）

Nothochrysa japonica McLachlan, 1875a: 182.
Italochrysa japonica: Kuwayama, 1970: 68.

主要特征：体长 11.0～13.0 mm。头部黄褐色；触角长不超过翅痣。前胸背板黄白色，两侧及中央红褐色，中后胸中央黄白色，前盾片及盾片黑色，翅基下胸部侧板上具黑色斑纹。足淡黄色，腿节近端部均有 1 黑色环，胫节端部及跗节黑色，爪黑色。前翅翅脉多为黄色。Psm-Psc 间横脉 6–7 条；内中室四边形，r-m

横脉与伪中脉的连接点位于内中室上方近中间；阶脉黄绿色。后翅黄绿色。腹部各节基半部黑色，后缘黄色。雄性臀板黄色；第 8+9 腹板侧面呈三角形，端部呈钩状；殖弧叶中部宽大，粗细均匀，两侧向下方突起；中突基部以膜质与殖弧叶相连，骨化明显；阳基侧突基部粗，端部尖细。雌性臀胝位于臀板中上方；亚生殖板膜质柄长，端部骨化，近端部有 1 骨化突起；受精囊囊体厚，腹痕深，导管长。

分布：浙江（全省）、全国广布。

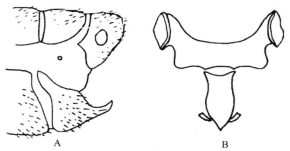

图 5-49　日意草蛉 *Italochrysa japonica* (McLachlan, 1875)（仿自杨星科等，2005）

A. ♂腹端；B. ♂外生殖器，背视

（292）横纹意草蛉 *Italochrysa modesta* (Navás, 1935)

Leucochrysa modesta Navás, 1935b: 94.

Italochrysa modesta: Brooks & Barnard, 1990: 266.

主要特征：体长 11.0 mm。体被黄毛，触角棕色。前胸背板浅棕色，具横条纹。腹部部分黄色。翅前部短小，膜质透明，翅痣透明。前翅阶脉 10–11，后翅阶脉 8–11。

分布：浙江。

（293）天目意草蛉 *Italochrysa tianmushana* Yang *et* Wang, 2005（图 5-50）

Italochrysa tianmushana Yang *et* Wang in Yang et al., 2005: 240.

主要特征：体长 10.0–12.0 mm。头部黄色；触角略长于前翅。胸背中部具宽大的黄白色纵带，前后翅下侧板上各有 1 黑色纵带。足的胫节及爪黑色。翅痣明显；前翅 R 脉基部、Rs 脉基部、Cu 脉基部、1A 和

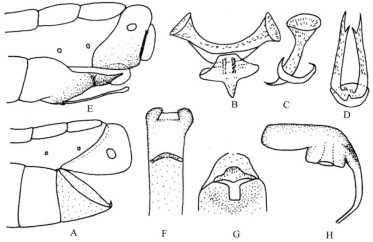

图 5-50　天目意草蛉 *Italochrysa tianmushana* Yang *et* Wang, 2005（仿自杨星科等，2005）

A. ♂腹端；B. ♂外生殖器，背视；C. ♂外生殖器，侧视；D. ♂阳基侧突；E. ♀腹端；F. ♀亚生殖板；G. ♀亚生殖板，腹视；H. ♀受精囊

2A 脉端半部等黑褐色；前缘横脉列 1–16 黑褐色，径横脉黑褐色，Rs 脉基部、第 2–7 径横脉、M-Cu 横脉、内中室的基段、第 2–3 Cu 横脉黑褐色具褐色晕斑；Psm-Psc 间横脉 9 条；内中室四边形，r-m 横脉黑色，与伪中脉的连接点位于内中室上方近基部；阶脉黑色。雄性臀胝位于臀板近中央；第 8+9 腹板端部向上弯，有侧瓣；殖弧叶粗壮，侧臂短；中突基部以膜质与殖弧叶相连，端部骨化明显；阳基侧突粗大，端部内侧各有 1 小齿。雌性臀胝位于臀板上半部；第 7 腹板宽大，端半部黑褐色、中央具马蹄形凹陷，亚生殖板从凹陷中伸出；亚生殖板膜质柄长，近中部有 1 骨化突起；受精囊腹痕深，导管细长。

分布：浙江（临安）。

（294）红痣意草蛉 *Italochrysa uchidae* (Kuwayama, 1927)

Nothochrysa uchidae Kuwayama, 1927: 120.

Italochrysa uchidae: Yang et al., 2005: 242.

主要特征：体长 12.0–14.0 mm。头部黄色；触角长于前翅。中后胸具宽大的黄白色纵带。前中足胫节外侧为黑褐色。翅痣明显，黄褐色至红褐色；前翅 R 脉基部 1/5、Cu 脉基部、3A 脉黑色，Rs、1A 和 2A 脉端半部等黑褐色；前缘横脉列 1–5 黑色，径横脉黑色，M-Cu 横脉、内中室的基段、Cu 横脉黑褐色具褐色晕斑；Psm-Psc 间横脉 9–10 条；内中室四边形，r-m 横脉黑色，与伪中脉的连接点位于内中室上方中间；阶脉黑褐色。雄性腹端密被短毛。臀胝位于臀板下半部；第 8+9 腹板端部向上弯，有侧瓣；殖弧叶中部宽大，下端两侧突起；中突宽大，基部以膜质与殖弧叶相连，端部骨化；阳基侧突细长。雌性腹端侧视，臀板近长方形，两侧各有 1 褐色圆斑，臀胝位于臀板上半部；第 7 腹板宽大；亚生殖板短宽，近端部有 1 骨化突起；受精囊形状多变，膜突不明显。

分布：浙江（临安）、江西、福建、海南、广西、贵州、云南。

（295）武陵意草蛉 *Italochrysa wulingshana* Wang *et* Yang, 1992（图 5-51）

Italochrysa wulingshana Wang *et* Yang, 1992: 413.

主要特征：体长 14.0 mm。头部黄色；触角略长于前翅。胸背中部具宽大的黄白色纵带。足的胫节和爪被黑褐色的稀疏短毛。翅痣明显；前翅 R 脉基部、Rs 脉基部黑褐色；前缘横脉列 1–18 黑褐色，径横脉多黑褐色，第 3–6 径横脉、M-Cu 横脉、内中室的基段、第 2–3 Cu 横脉黑褐色具褐色晕斑；Psm-Psc 间横脉 8–9 条；内中室四边形，r-m 横脉黑色，与伪中脉的连接点位于内中室上方中间；阶脉黑色。雄性臀胝位于臀板近端部下半部，表皮内突沿臀胝下至收缩处；第 8+9 腹板端部具有侧瓣；殖弧叶中部窄，两端宽且突起；中突短小，基部以膜质与殖弧叶相连，略骨化；无阳基侧突。雌性腹端侧视，臀板近长方形，臀

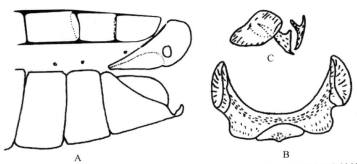

图 5-51　武陵意草蛉 *Italochrysa wulingshana* Wang *et* Yang, 1992（仿自杨星科等，2005）
A. ♂腹端；B. ♂外生殖器，背视；C. ♂外生殖器，侧视

胝位于臀板上半部；第 7 腹板宽大；亚生殖板短宽，近端部有 1 骨化突起；受精囊囊体膨大，腹痕深，膜突细长，导管粗，端部膨大，略骨化。

分布：浙江（临安）、陕西、安徽、湖北、湖南、贵州。

116. 玛草蛉属 *Mallada* Navás, 1925

Mallada Navás, [1925] 1924: 24. Type species: *Mallada stigmatus* Navás, [1925] 1924.

主要特征：上颚不对称，左上颚具齿；体背多具黄色纵带；前翅内阶脉末端与 Psm 直接相连。雄性腹部第 8、9 节腹板愈合，末端上方有向内弯曲的瘤突；臀板狭长，臀胝大，位置偏中；具殖弧梁、殖弧叶、中突及殖下片，殖弧叶中部方形，内突退化。雌性亚生殖板及受精囊与草蛉属相似。

分布：东洋区、澳洲区。世界已知 63 种，中国记录 11 种，浙江分布 1 种。

（296）亚非玛草蛉 *Mallada desjardinsi* (Navás, 1911)（图 5-52）

Chrysopa desjardinsi Navás, 1911a: 267.

Mallada desjardinsi: Brooks & Barnard, 1990: 274.

主要特征：体长 8.0–9.0 mm。体绿色。头部黄绿色，具黑色颊斑和唇基斑；下颚须第 3–4 节黑褐色；触角长于前翅，黄褐色。体背面具黄色纵带，两侧绿色。翅透明，翅脉绿色；翅痣狭长；前翅横脉列约 20 条；胫横脉约 14 条；Rs 分支 14–16 条；Psm-Psc 分支 8 条；阶脉内/外=6/8。r-m 位于中室端部略靠外侧。足绿色。腹部具白色短毛。雄性臀板狭长，臀胝大，位置偏中。

分布：浙江、陕西、湖北、江西、湖南、福建、台湾、广东、海南、广西、四川、贵州、云南。

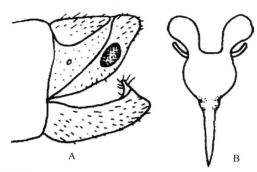

图 5-52　亚非玛草蛉 *Mallada desjardinsi* (Navás, 1911)（仿自杨星科等，2005）
A.♂腹端；B.♂外生殖器，背视

117. 俗草蛉属 *Suarius* Navás, 1914

Suarius Navás, 1914: 73. Type species: *Suarius walsinghami* Navás, 1914.

主要特征：触角第 1 节长大于宽；雄性腹部第 8、9 腹板愈合；无殖弧梁及殖下片；殖弧叶上端 2 个齿；中突端部具 2–3 齿，较短，或尖或钝；内突形态多变；前翅径脉粗大。雌性亚生殖板宽阔，下端有柄或向下延伸；后翅 R 具鳞片状后毛。

分布：世界广布。世界已知 29 种，中国记录 12 种，浙江分布 1 种。

（297）端褐俗草蛉 *Suarius posticus* (Navás, 1936)（图 5-53）

Chrysopa postica Navás, 1936: 55.

Suarius posticus: Yang & Yang, 1990: 81.

　　主要特征：体长 9.0 mm。头部无斑，触角第 1、2 节黄色，余黄褐色，触角稍长于前翅。胸背中央具黄色纵带，前胸背板两侧浅褐色。前翅前缘横脉列 19 条，第 1–3 条近 C 端褐色，第 4–5 条褐色，余近 Sc 端褐色；径横脉 11 条，近 Rs 端褐色；径横脉 10 条，第 1–2 条褐色；Psm-Psc 间横脉 8 条，第 2、3、7、8 条褐色；内中室三角形，r-m 位于其上；阶脉黑褐色，内/外=5/6（左）；内/外=5/7（右）。后翅前缘横脉列 17 条，绿色，径横脉 10 条，绿色；阶脉绿色，内/外=5/6。腹背中央具黄色纵带，腹端褐色。

　　分布：浙江（定海、普陀、岱山、嵊泗）。

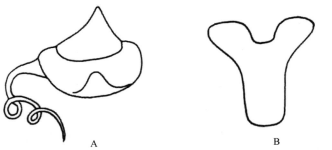

图 5-53　端褐俗草蛉 *Suarius posticus* (Navás, 1936)（仿自杨星科等，2005）

A. ♀受精囊；B. ♀亚生殖板

三十、蚁蛉科 Myrmeleontidae

主要特征：体中至大型，狭长，黄色至黑色。无单眼；触角渐向端部膨大，短于前翅长之半；足胫节具端距；翅狭长，无翅疤和缘饰；Sc 与 R 在端部愈合，前缘横脉多不分叉，无肩迴脉，CuA 分叉形成 1 显著的大三角区，横脉密集、不规则排列。幼虫体扁，与蝶角蛉幼虫相似，但胸腹两侧多无突起。

生物学：幼虫称为蚁狮，有做穴习性的蚁狮生活在山洞内、洞口、路边或河床的探头石下、屋檐下、石凳下等土质较疏松的地方，也有部分生活在沙滩、河滩、海滩等生境中；无做穴习性的蚁狮生活在裸岩、枯枝落叶层、树洞等生境中。捕食性，可取食多达 12 个目的昆虫及其他节肢动物。幼虫 3 个龄期，1–3 年 1 代。成虫栖息于植物枝条上，捕食性，夜出性，有趋光性。

分布：世界广布。世界已知 3 亚科约 198 属 1659 种，中国记录 31 属 116 种，浙江分布 10 属 13 种。

分属检索表

1. 前翅 A_2 很平缓地弯向 A_3 ·· 2
- 前翅 A_2 与 A_1 在基部靠近，然后急转向 A_3 ··· 6
2. 后翅 RP 脉分叉后于 CuA 分叉 ··· 击大蚁蛉属 *Synclisis*
- 后翅 RP 脉分叉先于 CuA 分叉，通常具有 1–2 条基径中横脉 ····································· 3
3. 触角间距小于柄节的直径；足短；雄性腹部第 4–5 节膨大，具毛刷或腹腺；翅狭长 ·········· 溪蚁蛉属 *Epacanthaclisis*
- 触角间距大于柄节的直径；足细长；雄性腹部无膨大节、毛刷或腹腺；翅较宽 ··············· 4
4. 成虫翅近镰状；雌性前第 8 生殖基节发达，长指状 ···································· 翠蚁蛉属 *Nepsalus*
- 成虫翅卵圆形；雌性前第 8 生殖基节较不发达，瘤突状或短指状 ································· 5
5. 翅斑少；前翅肘叉前区端部较宽 ·· 帛蚁蛉属 *Bullanga*
- 翅斑较多；前翅肘叉前区端部窄而长 ·· 树蚁蛉属 *Dendroleon*
6. 后翅径分横脉在 RP 脉分叉前 1–3 条；雄性无轭坠 ··· 7
- 后翅径分横脉在 RP 脉分叉前多于或等于 4 条；雄性有轭坠或无 ································· 9
7. 前翅 CuA_2 与 $CuP+A_1$ 平行至翅中部，不汇合 ································ 齿爪蚁蛉属 *Pseudoformicaleo*
- 前翅 CuA_2 与 $CuP+A_1$ 不平行，逐渐趋近，汇合为一点 ······································· 8
8. 足胫端距短小平直，仅伸达或超过第 1 跗节末端 ································ 白云蚁蛉属 *Paraglenurus*
- 足胫端距末端弧形弯曲，伸达或远超过第 4 跗节末端 ···························· 距蚁蛉属 *Distoleon*
9. 前翅前缘区单排翅室 ··· 蚁蛉属 *Myrmeleon*
- 前翅前缘区在翅痣内侧有 1 段双排翅室 ·· 哈蚁蛉属 *Hagenomyia*

118. 帛蚁蛉属 *Bullanga* Navás, 1917

Bullanga Navás, 1917: 15. Type species: *Bullanga binaria* Navás, 1917.

主要特征：成虫：体褐色或浅褐色，具黑斑。触角短棒状，鞭节端部黑色。前胸背板长大于宽。足细长，距轻微弯曲，部分种类爪基部强弯。翅透明，具少许斑纹；前翅略短于后翅，RP发出点明显先于MA发出点，具明显的前班克氏线；雄性后翅具轭坠。雄性第9生殖突呈1对长片状结构，末端强骨化；第11生殖突呈1宽拱状结构。雌性前第8生殖突瘤突状，具长刚毛；后第8生殖突指状，具长刚毛；第9生殖突具较粗长刚毛。幼虫：头深色。单眼团小，略突出。上颚略向上弯曲，具3枚主齿。头壳前缘具钝毛。前胸背板具褐色斑纹；中胸背板中央具1簇长刚毛；中胸与后胸两侧分别具2对枝突，其中胸前枝突较长。腹部密被斑纹；第9腹节锥状，挖掘毛弱。

　　分布：世界已知 3 种，中国记录 3 种，浙江分布 1 种。

（298）长裳帛蚁蛉 *Bullanga florida* (Navás, 1913)（图版 XIV）

Glenurus florida Navás, 1913a: 10.

Bullanga florida: Stange, 2004: 78.

　　主要特征：雄性体长 36–40 mm，前翅长 34–42 mm，后翅长 36–45 mm。雌性体长 36–40 mm，前翅长 36–41 mm，后翅长 38–43 mm。头部黄褐色，但额和唇基黄色，触角窝间有大块黑斑；复眼灰色，部分个体上有黑斑；触角赭色至黑色。前胸背板黄褐色，中央有 1 黑色中带，两侧各有 1 褐色侧带；中后胸黑褐色，有黄褐色斑带，中胸后缘有 2 白色刚毛撮。足大部黑褐色，但后足胫节黄色，有窄的褐色长斑，后足第 1、2 跗节黄白色。前翅肘脉合斑处有 1 黑色向后弯的弧形纹，其后方有 1 黑褐色纵纹，伸向亚端区，翅近外缘和后缘的区域散布细小的褐斑；前后班克氏线都比较清晰。后翅无明显斑纹；中脉亚端斑黑色，短线状，无肘脉合斑；雄性有轭坠。腹部背板黄白色，中央具黑纵带，其他部分黄褐色至黑褐色。雄性生殖弧骨化弱，阳基侧突宽片状，端部骨化强，相互接触，生殖中片强骨化，较大。雌性肛上片卵圆形，有浓密的长毛；第 9 内生殖突近似长三角形，具粗而稀疏的挖掘毛；第 9 外生殖突短小，第 8 外生殖突指状，向内弯曲，长而粗壮，第 8 内生殖突短小。

　　分布：浙江（临安）、河南、陕西、湖北、湖南、福建、四川、贵州、云南；印度尼西亚。

119. 树蚁蛉属 *Dendroleon* Brauer, 1866

Dendroleon Brauer, 1866: 42. Type species: *Myrmeleon pantherinus* Fabricius, 1787.

　　主要特征：体小至中型，翅狭长，前翅前缘横脉简单，仅在翅痣处有不规则的分叉；Rs 分叉点先于 CuA 分叉点，两分叉点之间相距较远；前班克氏线比较明显；雄性有轭坠。触角细长，足细长，距较纤细而平直，伸达第 2 跗节，偶有稍短的现象。雌性肛上片和第 9 内生殖突上有较密而明显的挖掘毛，第 8 外生殖突大而弯曲，无浓密刚毛；第 8 内生殖突短小，一般不超过第 8 外生殖突的 1/2。

　　分布：主要分布于东半球、北美。世界已知 20 种，中国记录 9 种，浙江分布 1 种。

（299）褐纹树蚁蛉 *Dendroleon pantherinus* (Fabricius, 1787)（图版 XV）

Myrmeleon pantherinus Fabricius, 1787: 249.

Dendroleon pantherinus: Brauer, 1866: 42.

　　主要特征：雄性体长 22–32 mm，前翅长 24–30 mm，后翅长 23–28 mm。雌性体长 22–26 mm，前翅长 24–40 mm，后翅长 23–38 mm。头顶褐色，隆起，中央有 1 对黑褐色横斑，后方有 1 对近圆形的黑褐纵斑；复眼灰黑色，有小黑斑；触角黄褐色，柄节、梗节黑褐色。前胸背板黄褐色，中后胸黄褐色至黑褐色，后胸中央颜色深。足大部分黑褐色。前足基节和腿节内侧黄色，胫节黄色且中央有小块黑斑，跗节黄色至褐色。前翅中部 CuA_1 后有明显的眼状斑，弧形眼缘线中间有部分间断。后翅基部 3/5 透明无斑，痣下室内侧有 1 大褐斑，常伸达翅前缘，翅端区有 1 "C" 形大斑，伸达翅顶角和外缘，"C" 形斑后还有 2 小褐斑紧靠翅外缘，中脉亚端斑点状；雄性有轭坠。腹部短于后翅，黑褐色；第 1、3、4 节背板中央黄白色。雄性生殖弧弱骨化，阳基侧突宽片状，端部骨化强，相互靠近，生殖中片强骨化。雌性肛上片较短宽，有浓密的长毛；第 9 内生殖突倒锥形，有较密的挖掘毛；第 9 外生殖突很小；第 8 外生殖突的指状内弯，端部较圆；第 8 内生殖突瘤突状，短于第 8 外生殖突的 1/2。

　　分布：浙江（临安）、内蒙古、北京、河北、山西、山东、陕西、宁夏、甘肃、湖北、福建；欧洲。

120. 距蚁蛉属 *Distoleon* Banks, 1910

Distoleon Banks, 1910: 42. Type species: *Distoleon verticalis* Banks, 1910.

主要特征：触角窝间距小于触角窝直径；前翅 A_2 脉呈直角折向 A_3，前翅 Rs 分叉点后于 CuA 分叉点，具前班克氏线；后翅 Rs 分叉点先于 CuA 分叉点，基径中横脉 1 条，无前班克氏线；雄性无轭坠。第 5 跗节长于 1–4 跗节之和；距发达，呈弧形弯曲，常伸达或超过第 4 跗节末端；腹部短于后翅长。雄性阳基侧突基部合并、端部分叉，呈弯钩状。雌性无第 8 内生殖突。

分布：亚洲、非洲、大洋洲和欧洲。世界已知 120 种，中国记录 9 种，浙江分布 3 种。

分种检索表

1. 前翅肘脉合斑和后翅中脉亚端斑均为近圆形大斑 ·· 黑斑距蚁蛉 *D. nigricans*
- 前翅肘脉合斑和后翅中脉亚端斑为点状小斑或线状斑 ··· 2
2. 前胸背板梯形，深棕色至黑色，中线为 1 黄色纵纹 ·· 棋腹距蚁蛉 *D. tesselatus*
- 前胸背板几乎全呈褐色 ·· 多格距蚁蛉 *D. cancellosus*

（300）多格距蚁蛉 *Distoleon cancellosus* Yang, 1987

Distoleon cancellosus Yang, 1987: 213.

主要特征：雄性体长约 50 mm。腹部第 4–7 节均极长。雌性体长 35–40 mm，前翅长 45–48 mm，后翅长 46–49 mm。头部黄色，触角上下黑色，头顶具大褐斑块；触角黄褐色、具褐环，长与头胸之和约相等；胸部背板几乎全呈褐色，侧板黄褐色、具褐色横带；足黄褐色，刚毛基部具黑点，在腿节和胫节上均有褐斑及纵条，各节端部褐色，跗节各节的端半亦为褐色，胫端距只伸达第 2 跗节。翅透明，翅痣黄白色，脉黄褐色，胫脉和肘脉上有间断的黑色，一部分横脉上也有黑色；前翅端部的横脉及缘叉上有小褐斑，翅后缘中部在 CuP 端具褐斑；后翅端部也有一些小褐斑，但少于前翅。腹部黄褐色，基部 3 节极短小而色较暗，大多节的背面有淡色斑。此种翅脉排列整齐，径区的横脉多平行而形成许多小方格，肘区则为许多网目状格，雄性腹部极长，足胫端距只伸达第 2 跗节。

分布：浙江（临安）、河南、湖南、福建、广东、海南、广西、贵州、云南、西藏。

（301）黑斑距蚁蛉 *Distoleon nigricans* (Matsumura, 1905)（图版 XVI）

Myrmeleon nigricans Matsumura, 1905: 116.

Distoleon nigricans: Okamoto, 1926: 19.

主要特征：雄性体长 30–40 mm，前翅长 34–40 mm，后翅长 31–37 mm。雌性体长 26–38 mm，前翅长 33–46 mm，后翅长 30–43 mm。头顶黑色，具 2 条横向黄色条纹，在中部交叉分别延伸至后头；触角各节黑黄相间，以黄色为主。前胸背板黑色，中线为 1 黄色纵纹，其两边各有 1 清晰的黄色条纹，从前缘延伸至后缘，此 1 纵纹有时在靠近前缘处明显加宽。足腿节膨大，尤以前足明显；跗节黑黄相间，端部黑色；胫端距伸达第 4 跗节。前翅纵脉黑色与浅黄色相间，横脉多数浅黄色，中脉亚端斑深棕色，小型点状，肘脉合斑大型，深褐色。后翅纵脉黑色与浅黄色相间，大部分横脉浅黄色，中脉亚端斑大型，常延伸至翅后缘，无肘脉合斑。腹部背板黑色，雌性 3–8 节具黄色斑点，雄性第 4 节不具黄色斑点；腹板淡黄色至深棕色无斑。雄性肛上片具较长刚毛，生殖弧呈 180°强烈弯曲，阳基侧突合并且分叉，呈弯钩状。雌性生殖器无第 8 内生殖突，第 8 外生殖突纤细短小，锥状，第 9 内生殖突与肛上片具浓密粗大的刚毛。

分布：浙江（临安）、北京、河北、山东、河南、陕西、安徽、湖北、湖南、福建、贵州；韩国，日本。

（302）棋腹距蚁蛉 *Distoleon tesselatus* Yang, 1986（图版 XVII）

Distoleon tesselatus Yang, 1986: 426.

主要特征：雄性体长 29–38 mm，前翅长 34–39 mm，后翅长 32–37 mm。雌性体长 33–36 mm，前翅长 34–39 mm，后翅长 33–37 mm。头顶黑色，具黄色条纹；触角各节黑黄相间，端部黄色。前胸背板梯形，深棕色至黑色，中线为 1 黄色纵纹，其两边各有 1 清晰的黄色条纹，在靠近前缘处向内弯曲。前足跗节黑黄相间，端部黑色；胫端距伸达第 4 跗节。翅透明而狭长；前翅纵脉黑色与浅黄色相间，横脉多数浅黄色，前缘域略宽于 R 与 Rs 间距离；中脉亚端斑深棕色，常与 Rs 区域散落的一系列小型斑点连接成线状斑，肘脉合斑小型，浅棕色，几近透明。后翅略短于前翅，Sc 与 R 黑色与浅黄色相间，其他大部分纵脉与横脉浅黄色；中脉亚端斑小型，点状，无肘脉合斑。腹部背板深棕色至黑色，第 2–7 节背板具黄色斑点，其中第 3–4 节背板各具 5 黄色斑点，其余节上的斑点有不同程度的融合；腹板淡黄色至深棕色，无斑。雄性肛上片具较长刚毛，生殖弧呈 180°强烈弯曲，阳基侧突基部合并端部分叉，呈弯钩状。雌性生殖器无第 8 内生殖突，第 8 外生殖突纤细，锥状，第 9 内生殖突与肛上片具浓密粗大的刚毛。

分布：浙江（临安）、河南、湖南、福建、广东、海南、广西、贵州、云南。

121. 溪蚁蛉属 *Epacanthaclisis* Okamoto, 1910

Epacanthaclisis Okamoto, 1910a: 285. Type species: *Acanthaclisis moiwanus* Okamoto, 1905.

主要特征：前翅 Rs 分叉点先于 CuA 分叉点，CuP 发出点与基横脉相连，2A 平缓地弯向 3A；前翅前缘域有 2–3 排小室，基径中横脉 4–6 条。前班克氏线较明显，后班克氏线不清晰；后翅前缘域单排小室，基径中横脉 1–2 条；雄性有轭坠；距发达；触角间距小于柄节直径；一些种的雄性腹部 4–5 节膨大，具毛刷或毛腺。

分布：主要分布于中亚和东亚。世界已知 13 种，中国记录 9 种，浙江分布 1 种。

（303）闽溪蚁蛉 *Epacanthaclisis minanus* (Yang, 1999)（图版 XVIII）

Botuleon minanus Yang, 1999d: 145.

Epacanthaclisis minanus: Stange, 2004: 88.

主要特征：雄性体长 35–40 mm，前翅长 38–42 mm，后翅长 40–44 mm。雌性体长 30–35 mm，前翅长 43–46 mm，后翅长 43–46 mm。头顶隆起，暗褐色，中央有 1 对小黄斑；复眼灰色，有小黑斑；触角棒状，鞭节褐色。前胸背板黄色，有 2 对黑色纵条斑，隐约可见黄色十字线分割中条斑，侧条斑明显比中条斑细，弯曲。足大部分黑色，但前足基节、转节和腿节大部分黄色，距、爪棕红色，距末端略弯，伸达第 4 跗节。前翅脉深浅相间；中脉亚端斑与肘脉合斑黑褐色，点状；翅痣白色，基部有 1 褐色小斑。后翅比前翅略窄、色淡。腹部黄色，雄性第 4 腹节端部膨大，第 5 腹节膨大；雌性腹节暗褐，均匀无膨大，节间具黄褐色边。雄性生殖弓中央膜质，两端强骨化，阳基侧突片状，后侧有片状突起，边缘骨化较强，无生殖中片。雌性肛上片卵圆形，有浓密长毛；第 9 内生殖突长，有较长的挖掘毛；无第 9 外生殖突；第 8 外生殖突粗壮；第 8 内生殖突约为第 8 外生殖突的 1/3。

分布：浙江（临安）、陕西、湖北、福建、广西、贵州。

122. 翠蚁蛉属 *Nepsalus* Navás, 1914

Nepsalus Navás, 1914: 250. Type species: *Nepsalus indicus* Navás, 1914.

主要特征：成虫：体黄褐色具斑纹。足细长。翅近镰状，具许多斑纹；具前班克氏线；雄虫后翅具轭坠。雌虫前第 8 生殖基节发达，长指状。幼虫：腹部绿色，体侧枝突发达。

生物学：栖息于布满地衣的岩壁上。

分布：主要分布于南亚和东亚。世界已知约 20 种，中国记录 9 种，浙江分布 1 种。

（304）天堂翠蚁蛉 *Nepsalus caelestis* (Krivokhatsky, 1997)（图版 XIX）

Dendroleon caelestis Krivokhatsky, 1997: 633.

Dendroleon qionganus Yang in Yang & Wang, 2002: 296.

Nepsalus caelestis: Zheng et al., 2022: 12.

主要特征：雄性体长 25–34 mm，前翅长 27–35 mm，后翅长 26–37 mm。雌性体长 25–34 mm，前翅长 27–35 mm，后翅长 26–37 mm。成虫：前胸背板中央具 1 纵条纹，两侧具模糊的环斑。前翅肘区基部具 1 褐色眼斑，眼斑中的弧纹连续，肘区边缘略内凹；后翅中脉亚端斑不与边缘斑相连。雄性第 9 生殖基节微凹陷；第 11 生殖叶半圆状。雌性前第 8 生殖基节略长于后第 8 生殖基节。幼虫：头、前胸与中胸黄褐色，后胸与腹部翠绿色，具斑纹；腹刺缺失；第 9 腹节挖掘毛退化。

分布：浙江（临安）、江西、湖南、福建、海南；越南。

123. 哈蚁蛉属 *Hagenomyia* Banks, 1911

Hagenomyia Banks, 1911: 8. Type species: *Myrmeleon tristis* Walker, 1853.

主要特征：体中至大型，头顶中度隆起，翅较宽。前翅 CuP 发出点与基横脉相连，2A 与 1A 在基部靠近，然后急转向 3A；前翅 Rs 分叉点与 CuA 分叉点几乎相对，前缘域在翅痣内侧有 1 段双排翅室，无前班克氏线，后班克氏线清晰。

分布：主要分布于东洋区、旧热带区和澳洲区。世界已知 19 种，中国记录 9 种，浙江分布 2 种。

（305）云痣哈蚁蛉 *Hagenomyia brunneipennis* Esben-Petersen, 1913（图版 XX）

Hagenomyia brunneipennis Esben-Petersen, 1913: 223.

主要特征：雄性体长 36–38 mm，前翅长 42–45 mm，后翅长 44–47 mm。雌性体长 31–43 mm，前翅长 35–48 mm，后翅长 37–51 mm。头顶隆起，黑褐色，有棕色凸斑；复眼黄色，具金属光泽，有小黑斑；触角黑色，触角窝及柄节、梗节的上下边缘黄色。前胸背板黑褐色，前缘黄色。足黄色，具黑色刚毛；前足距伸达第 2 跗节末端。前翅宽阔，透明无色，外缘下方钝圆，翅痣乳白色，大而显著，其宽度至少为痣下室宽度的 7 倍；翅脉多为黄色或浅褐色。后翅透明无色，翅痣乳白色，大而显著；Rs 分叉点稍后于 CuA 分叉点；雄性有轭坠。腹部背面深褐色，腹面为黄色至褐色，具白色短毛。雄性生殖弧弓状，强骨化，两臂较长，距离较窄；阳基侧突近三角形，底部宽；生殖中片桥形。雌性肛上片卵圆形，几乎无挖掘毛；第 9 内生殖突狭长，有稀疏的挖掘毛；无第 9 外生殖突，但在第 9 腹节的腹侧面有微微隆起，并且毛较多而粗；第 8 外生殖突长指状，生有长的黑色刚毛；第 8 内生殖突短宽，具短的黑色刚毛。

　　分布：浙江（临安）、河南、福建、四川。

（306）褐胸哈蚁蛉 *Hagenomyia fuscithoraca* Yang, 1999（图版 XXI）

Hagenomyia fuscithoraca Yang, 1999d: 150.

　　主要特征：雌性体长 40 mm，前翅长 45 mm，后翅长 46 mm。头顶隆起，亮黑色，有一些凸斑；复眼黄色，具金属光泽，有小黑斑；触角黑色，仅柄节、梗节边缘有黄色细环。前胸背板深褐色，具稀疏的长毛和短毛，背板上有一些颜色略浅的斑块，前缘两侧角黄色。足黑色为主，但前足基节、转节及腿节大部分黄色；距长，伸达第 2 跗节端部。前翅无色透明，褐色；Rs 分叉点和 CuA 分叉点几乎相对；Rs 约 11 分支，基径中横脉 10 条，Rs 分叉前有若干不规则小室；翅痣乳白色，卵圆形，痣下室狭长。后翅外缘下方略内凹；Rs 分叉点稍后于 CuA 分叉点；Rs 约 11 分支，基径中横脉 5 条；翅痣乳白色，痣下室狭长。腹部褐色，密布褐色短毛。雌性肛上片卵圆形；第 9 内生殖突呈倒三角形，有粗挖掘毛；无第 9 外生殖突；第 8 外生殖突指状，第 8 内生殖突锥状，长度超过第 8 外生殖突的 1/2，比第 8 外生殖突更长，被黑色长刚毛。

　　分布：浙江（临安）、福建。

124. 蚁蛉属 *Myrmeleon* Linnaeus, 1767

Myrmeleon Linnaeus, 1767: 913. Type species: *Myrmeleon formicarium* Linnaeus, 1767.

　　主要特征：前翅 CuP 发出点与基横脉相连，2A 与 1A 在基部靠近，然后急转向 3A；Rs 分叉点后于 CuA 分叉点；CuP+1A 与 CuA$_2$ 不平行，在达翅缘前相交；前缘域单排翅室。后翅基径中横脉多于或等于 4 条。后足第 5 跗节长于第 1 跗节。

　　分布：世界广布。世界已知 177 种，中国记录 19 种，浙江分布 1 种。

（307）双斑蚁蛉 *Myrmeleon bimaculatus* Yang, 1999（图版 XXII）

Myrmeleon bimaculatus Yang, 1999d: 149.

　　主要特征：雄性体长 29–31 mm，前翅长 28–30 mm，后翅长 27–29 mm。雌性体长 29–33 mm，前翅长 28–34 mm，后翅长 28–34 mm。头顶黑色，隆起，后方有 1 对大黄斑；复眼黄色，具金属光泽；触角黑色，触角窝及柄节大部分为黄色。前胸背板黄色，中央有 1 对褐色较宽的纵条斑。足黄色，前足有较密的黑色刚毛。前翅无色透明；前缘域宽于 R 和 Rs 的间距；Rs 分叉点略后于 CuA 分叉点；Rs 约 11 分支，基径中横脉 8 条；Rs 分叉点与痣下室之间的横脉约 22 条，无前班克氏线，后班克氏线清晰；CuA$_1$ 和后班克氏线之间的翅室 2 排。后翅 Rs 分叉点后于 CuA 分叉点；Rs 约 11 分支，基径中横脉 4 条；前后班克氏线均不明显；雄性有轭坠。腹部黑色，有浓密的白色短毛，每节腹板的端部黄色。雄性生殖弧桥形；阳基侧突宽片状，强骨化；生殖中片小。雌性肛上片卵圆形，有黑色挖掘毛；第 9 内生殖突近三角形，有短粗的挖掘毛；无第 9 外生殖突；第 8 外生殖突细长指状，顶端生有长的黑色刚毛；第 8 内生殖突小、圆形；前生殖片极小。

　　分布：浙江（临安）、福建、广东、海南、广西。

125. 白云蚁蛉属 *Paraglenurus* van der Weele, 1909

Paraglenurus van der Weele, 1909: 29. Type species: *Myrmeleon scopifer* Gerstaecker, 1888.

主要特征：前翅端区具白斑，2A 脉呈直角弯向 3A，Rs 分叉点后于 CuA 分叉点，基径中横脉不少于 7 条；后翅 Rs 分叉点先于 CuA 分叉点，基径中横脉 1 条；雄性无轭坠。距短小，仅伸达或超过第 1 跗节末端。雄性阳基侧突腹面观分开成叶片状，雌性无第 8 内生殖突，第 8 外生殖突细长，指状。

分布：亚洲，马达加斯加。世界已知 10 种，中国记录 5 种，浙江分布 1 种。

（308）白云蚁蛉 *Paraglenurus japonicus* (McLachlan, 1867)（图版 XXIII）

Glenurus japonicus McLachlan, 1867: 248.

Paraglenurus japonicus: Stange, 2004: 213.

主要特征：雄性体长 26–34 mm，前翅长 30–36 mm，后翅长 30–36 mm。雌性体长 25–35 mm，前翅长 30–37 mm，后翅长 29–37 mm。头顶隆起处为 1 棕黑色的横带，其余部分亮黑色，无斑；触角各节黑黄相间，端部及基部数节以黑色为主，中部以黄色为主。胸部背板深棕色至黑色无斑，腹板中央具 1 黄色纵条纹。足黄色具散落黑色斑点，但胫节端部黑色，中足腿节、胫节外侧棕色；胫端距几乎与第 1 跗节等长。翅透明而狭长，具少量棕色至黑色斑点；前翅翅脉黑色与浅黄色相间；中脉亚端斑点状，肘脉合斑大于中脉亚端斑，多斜向外延伸，翅端区具 1 大型乳白色云斑。后翅 Sc 脉黑色与浅黄色相间，其他大部分纵脉与横脉单色，中脉亚端斑大型，翅端区具 1 大型乳白色云斑，尖端及外缘棕色。腹部短于后翅长，深棕色至黑色；第 1–5 节背板中部及后缘大多具淡黄色横斑，第 3–4 节更明显。雄性肛上片具较长刚毛，生殖弧弯曲成锐角，阳基侧突不合并，呈方形。雌性无第 8 内生殖突，第 8 外生殖突发达，细长具浓密长毛，长度约是宽度的 4 倍，第 9 内生殖突挖掘毛发达，肛上片具浓密长毛。

分布：浙江（临安）、山东、河南、江苏、安徽、湖北、湖南、福建、台湾、广西；韩国，日本。

126. 齿爪蚁蛉属 *Pseudoformicaleo* van der Weele, 1909

Pseudoformicaleo van der Weele, 1909: 25. Type species: *Myrmeleon gracilis* Klug, 1834.

主要特征：前翅 2A 脉呈直角弯向 3A，Rs 分叉点后于 CuA 分叉点，CuA 分叉点后两排小室平行而整齐排列，CuA_2 与 CuP+1A 平行至近翅中部，以横脉相连；后翅基径中横脉 1 条，Rs 分叉点先于 CuA 分叉点；胫端距伸达第 1 跗节末端，爪尖端约 1/3 处有齿；雄性生殖弧强烈弯曲成锐角，阳基侧突合并，腹面观叉子状，侧面观弯钩状。

分布：亚洲、大洋洲和非洲。世界已知 9 种，中国记录 1 种，浙江分布 1 种。

（309）齿爪蚁蛉 *Pseudoformicaleo nubecula* (Gerstaecker, 1885)（图版 XXIV）

Creagris nubecula Gerstaecker, 1885: 101.

Pseudoformicaleo nubecula: Esben-Petersen, 1915: 67.

主要特征：雄性体长 26–32 mm，前翅长 22–28 mm，后翅长 20–24 mm。雌性体长 33–36 mm，前翅长 34–39 mm，后翅长 33–37 mm。头顶黑色，具黄色杂乱条纹；触角各节黑黄相间，以黑色为主。前胸背板深棕色，具 2 条黑色纵纹，多集中于后缘及侧缘处；中后胸黑色，具少量黄色斑纹；腹板黑色。前足胫端距浅红棕色，伸达第 1 跗节末端；爪距尖端约 1/3 处具 1 凸起的齿，钝三角形。翅透明而狭长；前翅纵脉黑色与浅黄色相间，横脉多数浅黄色，前缘域约等于 R 与 Rs 间最宽处距离，Rs 分叉点后于 CuA 分叉点，CuA 区分叉点后两排小室平行而整齐排列，且 CuA_2 与 CuP+1A 亦平行，交会处形成半圆形的脉。后翅 Rs 分叉点先于 CuA 分叉点。腹部黑色无斑，具稀疏白色刚毛，但雌性腹部不超过后翅长。雄性肛上片具较长黑色刚毛，生殖弧强烈弯曲成锐角，阳基侧突短而宽，基部合并端部分叉，呈弯钩状。雌性无第 8 内生殖突，第 8 外生殖突纤细，锥状，第 9 内生殖突与肛上片挖掘毛浓密粗大。

分布：浙江（临安）、北京、山西、山东、安徽、福建、贵州；日本，斯里兰卡，帕劳群岛，马来西亚，印度尼西亚，澳大利亚。

127. 击大蚁蛉属 *Synclisis* Navás, 1919

Synclisis Navás, 1919: 218. Type species: *Acanthaclisis baetica* Rambur, 1842.

主要特征：前翅近长卵形，前缘与后缘几乎平行；后翅短于前翅；前翅前缘域宽，双排翅室，距强弯，几乎成直角，中足腿节有 1 感觉毛，后足腿节基部没有长感觉毛。雄性肛上片延长成短尾突状。

分布：主要分布于亚洲、欧洲和非洲。世界已知 4 种，中国记录 2 种，浙江分布 1 种。

（310）追击大蚁蛉 *Synclisis japonica* (Hagen, 1866)（图版 XXV）

Acanthaclisis japonica Hagen, 1866a: 289.
Synclisis japonica: Hagen, 1866b: 378.

主要特征：雄性体长 38–43 mm，前翅长 48–54 mm，后翅长 41–47 mm。雌性体长 39–44 mm，前翅长 50–55 mm，后翅长 44–50 mm。头顶隆起，黑色，有黑褐色斑点；触角柄节黄色，梗节黄褐色。前胸背板黄色，中央有 2 条黑色纵带，两侧各有 1 细的黑色纵带延伸至后缘两侧角，两侧缘有宽的黑色纵带。足黑褐色，但前足基节、转节和腿节基部黄色，胫节有一些黄斑；距伸达第 3 跗节端部。前翅无色透明，翅脉多为黄、黑色段相间排列；前缘域为双排翅室，上、下排翅室约等大；前后班克氏线均清晰。后翅明显短于前翅，前缘域为单排翅室；前后班克氏线均清晰；基径中横脉 6 条；中脉亚端斑不明显，无肘脉合斑。腹部背面灰黑色，腹面黄色。雄性第 5 背板有霜状白斑，肛上片延长成短尾突状，被短刚毛。雌性肛上片卵圆形，上有黑色长刚毛；第 9 内生殖突细长；无第 9 外生殖突；第 8 外生殖突指状，无第 8 内生殖突。

分布：浙江（临安）、辽宁、北京、河北、河南、陕西；俄罗斯，韩国，日本。

三十一、蝶角蛉科 Ascalaphidae

主要特征：头部和胸部具浓密长毛。头短宽，复眼发达，无单眼。触角球杆状。咀嚼式口器，下颚须5节，下唇须3节。足胫节具1对粗的端距，跗节5节，其侧面和腹面具刺状毛，第5跗节较长。爪1对，爪间有时具2-4根长刚毛。翅形多样，长椭圆形、三角形、足形、细柄形等。翅痣一般呈梯形或三角形。Sc与R脉在翅痣下汇合，向后延伸至翅后缘；翅膜透明或具色斑；翅脉上常有稀疏的短毛。

生物学：幼虫生活在树叶上、苔藓中、茎秆裂缝或者死树的树皮下、地面落叶或干草中，有时也隐藏在圆材、石块或突出物下；捕食性；有用沙子、土粒、叶子或残骸碎片堆积在背上做伪装的习性；通常有3龄，1年2代至2年1代。幼虫化蛹时结茧，茧外层是石块、树叶、苔藓等小颗粒或碎片，表面粗糙。成虫飞行能力较强，捕食性，在飞行中捕食猎物。

分布：世界广布。世界已知90属438种，中国记录11属29种，浙江分布5属5种。

分属检索表

1. 复眼完整，无横沟 ··· 原完眼蝶角蛉属 *Protidricerus*
- 复眼被1条横沟分为上下两半 ··· 2
2. 翅端区小室4排，至少前翅如此；雄性触角柄节呈圆柱形，突出于复眼之上；胸侧有1黄色斜条斑 ·········· 3
- 翅端区小室3排以下；雄性触角柄节不呈圆柱形，低于复眼 ··· 4
3. 雌雄腹部均短于后翅；雄性肛上片突伸为钳状尾突；雄性触角基部无锯齿 ·························· 脊蝶角蛉属 *Ascalohybris*
- 雄性腹部长于后翅，雌性腹部短于后翅；雄性肛上片非钳状尾突；雄性触角基部有明显的锯齿 ···· 锯角蝶角蛉属 *Acheron*
4. 前翅端区小室3排，若2排则雄性腹部明显长于后翅 ··· 玛蝶角蛉属 *Maezous*
- 前翅端区小室多为2排，雄性腹部与后翅等长或略长于后翅，若前翅端区3排小室，且翅形宽，近三角形，则翅上无显著的深色前缘 ··· 苏蝶角蛉属 *Suphalomitus*

128. 原完眼蝶角蛉属 *Protidricerus* van der Weele, 1908

Protidricerus van der Weele, 1908: 61. Type species: *Idricerus exilis* McLachlan, 1894.

主要特征：翅较宽或极狭窄，翅端区较宽，3排小室。前翅无腋角，或腋角不显著。触角超过前翅长的一半。足短粗，后足端距与第1-2跗节之和等长。

分布：古北区、东洋区。世界已知6种，中国记录5种，浙江分布1种。

（311）宽原完眼蝶角蛉 *Protidricerus elwesii* (McLachlan, 1891)（图版 XXVI）

Idricerus elwesii McLachlan, 1891: 512.

Protidricerus elwesii: van der Weele, 1908: 63.

主要特征：雄性体长32-33 mm，前翅长36-37 mm，后翅长32-33 mm。雌性体长33-37 mm，前翅长42-51 mm，后翅长38-45 mm。头部黑色，但唇基、上唇黄色，下唇须、下颚须红褐色；头被浓密黑毛。复眼黄色或褐色。触角褐色，端部黑色。胸背板灰褐色，具棕色长毛；腹面灰褐色，具白色和黑色长毛。前翅较宽阔，外缘与后缘连线呈深弧线，腋角不外突；翅浅茶色，前缘区基半部色较深，翅脉深褐色；翅痣黄褐色；前缘域横脉 34–35 条，Cu 区小室 5 排。后翅翅痣黄褐色；Cu 区小室 4–5 排；CuA_2 略超过 CuA_1 的 1/4。足腿节、胫节红褐色，跗节、距及爪深红褐色。腹部黑色，一些节后缘有黄边。雄性腹基部腹板常有一段灰白色。雄性肛上片椭圆形；生殖弧宽拱形；阳基侧突端部靠近，基部远离；垫突不显著；有盾状片。雌性腹瓣长茄形，无内齿，舌片不显著；端瓣近椭圆形，约为腹瓣的 1/2。

　　分布：浙江（临安）、福建、广西、四川、贵州、西藏；巴基斯坦，印度，缅甸。

129. 锯角蝶角蛉属 *Acheron* Lefèbvre, 1842

Acheron Lefèbvre, 1842: 7. Type species: *Ascalaphus longus* Walker, 1853.

　　主要特征：触角长，几乎伸达翅痣，雄性触角基部内侧具短齿，锤状部梨形，端部平截。复眼有横沟，上半部稍大于下半部。翅较宽阔，后缘与外缘形成深弧线，外缘约为后缘的 2 倍。前翅腋角略突出，翅痣长，端区小室 3–4 排。翅完全透明，或前缘区为茶褐色，或后翅大部分为茶褐色，前翅基部与前缘区茶褐色。雄性腹部长于后翅，雌性腹部短于后翅。雄性肛副器短突状。

　　分布：主要分布于亚洲东南部。世界已知 1 种，中国记录 1 种，浙江分布 1 种。

（312）锯角蝶角蛉 *Acheron trux* (Walker, 1853)（图版 XXVII）

Ascalaphus trux Walker, 1853b: 432.
Acheron trux: van der Weele, 1908: 228.

　　主要特征：雄性体长 43–49 mm，前翅长 36–39 mm，后翅长 31–34 mm。雌性体长 34–38 mm，前翅长 35–44 mm，后翅长 32–38 mm。头部褐色至棕红色，近复眼处黄色；密被黄色和黑色长毛。复眼棕红色，密布深褐色斑点。触角棕黄色至褐色，雄性触角鞭节基部有 8–9 个内齿，第 1 齿最大。雌性触角基部无齿。胸背面黄色，但前胸背板有 2 条黑色横纹，中胸有 1 深褐色中纵带和 1 对褐色侧纵带；胸侧面和腹面黑色，有 1 黄色宽条斑从后胸斜伸至前足之后。前翅外缘与后缘转向明显，腋角微凸；翅透明，或前缘区为茶褐色，或后翅大部分、前翅基部与前缘区茶褐色；翅痣长，深褐色；前缘横脉雌性 40–41 条，雄性 34–38 条，端区小室 4 排，Cu 区 5–6 排。后翅比前翅略宽；端区小室 3–4 排，Cu 区 5–6 排；CuA_2 与 CuA_1 的夹角近 90°，CuA_2 短于或约等于 CuA_1 的 1/5。腹部深棕色至黑色，基部两节背板颜色常比较浅。雄性肛上片下方有向后伸的短突；生殖弧宽，腹面观屋脊状；阳基侧突新月形相对，垫突显著；有盾状片。雌性腹瓣卵圆形，有 1 个内齿，1 对舌片；端瓣长卵形，约为腹瓣的 2/3。

　　分布：浙江（临安）、河南、陕西、湖北、江西、湖南、福建、台湾、海南、广西、四川、贵州、云南、西藏；日本，印度，不丹，孟加拉国，缅甸，泰国，马来西亚。

130. 脊蝶角蛉属 *Ascalohybris* Sziráki, 1998

Ascalohybris Sziráki, 1998: 59. Type species: *Ascalaphus javanus* Burmeister, 1839.

　　主要特征：触角光裸，与前翅等长或至少达翅痣。复眼上下两半几乎等大。翅较宽，前翅腋角钝，略突出，端区小室 4 排，Cu 区小室 6–7 排；后翅 CuA_2 短，为 CuA_1 长度的 1/15–1/14；腹部长筒形，光裸，腹部短于后翅，约为后翅长的 2/3。雄性的肛上片长，钳状。

　　分布：主要分布于东南亚。世界已知 13 种，中国记录 2 种，浙江分布 1 种。

（313）黄脊蝶角蛉 Ascalohybris subjacens (Walker, 1853)（图版 XXVIII）

Ascalaphus subjacens Walker, 1853b: 431.

Ascalohybris subjacens: Sziráki, 1998: 59.

　　主要特征：雄性体长 30–36 mm，前翅长 32–40 mm，后翅长 27–36 mm。雌性体长 31–34 mm，前翅长 36–39 mm，后翅长 33–36 mm。头部红棕色，后头黄色，下唇须和下颚须浅黄色；头部具浅黄色和黑色细长毛。复眼褐色，具黑色小斑。触角褐色，节间色浅。胸部背面黄色至黄褐色，具 1 对深褐色或黑色宽纵带，前胸还具 1 黑色横条纹。前翅透明或浅茶褐色，翅黄色；翅痣深褐色；前缘区横脉 33–36 条。后翅翅痣深褐色；端区小室 4 排，Cu 区小室 5–6 排；CuA_2 与 CuA_1 的夹角约 60°。足红棕色，距和爪黑色；后足距约与第 1 跗节等长。腹部褐色，节间处有灰色条斑，但雌性腹部背中央具黄棕色纵带，节间处有 1 对白条斑。雄性肛上片长尾状；生殖弧宽拱形，向后伸出 1 尖突；阳基侧突骨化强，尖突形；垫突瘤突状，多黑色刚毛；无盾状片；第 9 腹板有 1 个向后伸的尖突。雌性腹瓣三角形，有 1 内齿，1 对舌片；端瓣长卵形，约为腹瓣的 3/4。

　　分布：浙江（临安）、北京、山东、河南、江苏、安徽、湖北、江西、湖南、福建、台湾、海南、广西、四川、贵州、云南；朝鲜，日本，越南，柬埔寨。

131. 玛蝶角蛉属 *Maezous* Ábrahám, 2008

Maezous Ábrahám, 2008b: 69. Type species: *Suhpalacsa princeps* Gerstaecker, 1894.

　　主要特征：体瘦长，中等大小。头与胸部等宽。头顶有柔软长毛，触角超过前翅翅基至翅痣距离的一半。胸部有中等密毛，前后翅狭长，端区钝圆，前翅腋角钝，不显著；前翅端区小室 3 排，若 2 排则雄性腹部明显长于后翅。足瘦长，第 5 跗节为 1–4 跗节之和。雌性腹部短粗，雄性腹部细长，肛上片有或长或短的延伸。

　　分布：亚洲。世界已知 17 种，中国记录 5 种，浙江分布 1 种。

（314）狭翅玛蝶角蛉 *Maezous umbrosus* (Esben-Petersen, 1913)（图版 XXIX）

Suhpalacsa umbrosus Esben-Petersen, 1913: 226.

Maezous umbrosus: Ábrahám, 2008b: 63.

　　主要特征：雄性体长 42–45 mm；前翅长 29–31 mm，后翅长 24–25 mm。雌性体长 30–32 mm；前翅长 30–35 mm，后翅长 25–28 mm。头部褐色，但颊、唇基和上唇黄色；头部被白色和黑褐色长毛。复眼黑色。触角褐色，每节端部具深褐色窄环。胸部黑色，但中后胸具成对黄斑，中后胸侧片大部分黄色。前翅狭长、透明或略带烟褐色；翅痣褐色；前缘横脉 24–27 条，端区小室 2–3 排，Cu 区小室 3–4 排。后翅近长方形；翅痣褐色；端区小室 2 排，Cu 区小室 2–3 排；CuA_2 与 CuA_1 的夹角近 90°。足细长，腿节黄褐色，胫节深褐色，跗节黑色；后足距伸达第 1 跗节末端。腹部深褐色，一些节的后缘两侧有小黄斑。雄性肛上片侧面观椭圆形，下方有指形短突；生殖弧宽片状，阳基侧突新月形，垫突不显著；有盾状片。雌性腹瓣宽片形，无内齿，舌片不显著；端瓣近椭圆形，约为腹瓣的 1/2。

　　分布：浙江（临安）、河南、陕西、湖北、江西、湖南、广西、四川、贵州、云南。

132. 苏蝶角蛉属 *Suphalomitus* van der Weele, 1908

Suphalomitus van der Weele, 1908: 181. Type species: *Suhpalacsa difformis* McLachlan, 1871.

主要特征：前翅端区小室 2 排，少数为 3 排；翅痣较长，通常长为宽的 2 倍；后翅比前翅短。雄性腹部与翅等长或略长于后翅，雌性腹部短于后翅。

分布：主要分布于亚洲、大洋洲和非洲。世界已知 20 种，中国记录 5 种，浙江分布 1 种。

（315）黄斑苏蝶角蛉 *Suphalomitus lutemaculatus* Yang, 1992（图版 XXX）

Suphalomitus lutemaculatus Yang, 1992: 650.

主要特征：雌性体长 26–30 mm，前翅长 30–34 mm，后翅长 24–28 mm。头部黑色，但颊、唇基、上唇棕黄色或黄色；头部具棕色和灰色长毛。复眼棕色，具黑色小斑。触角褐色，每节具黑色环纹，膨大部黑色。胸部黑色，隐约具小黄斑。前翅近长方形，透明；翅痣褐色；前缘横脉 28 条，翅端区小室 2 排，Cu 区小室 4–5 排。后翅翅痣褐色；端区小室 2 排，Cu 区小室 3 排，Cu 区远端单排小室 2 个。足细长，黑色；后足距达第 1 跗节末端。腹部背面黑色，每节端部两侧具红黄色横纹，腹面局部有黄斑，侧面具纵向红黄色长斑。雌性腹瓣长茄形，无内齿，1 对舌片；端瓣长卵形，约为腹瓣的 2/3。

分布：浙江（临安）、湖南、福建。

第六章　长翅目 Mecoptera

长翅目 Mecoptera 昆虫一般体中型。成虫头顶具 3 个单眼，排列成三角形；复眼大；触角细长，丝状；头前端有不同程度的延长，成为喙状，咀嚼式口器位于喙的末端。前胸小；中后胸大小、形状相似，背板具发达的盾片、小盾片和后盾片；足细长，基节发达，跗节 5 分节；翅膜质，脉序原始，前、后翅大小、形状和脉序相似；翅有时退化或消失。腹部 11 节；雄性外生殖器多膨大，尾须 1 节；雌性尾须 2 节。

完全变态。卵多圆形。幼虫蛃型、蠋型或蛴螬型，土栖，头部强烈骨化，口器咀嚼式，具有 3 对胸足，蝎蛉科和蚊蝎蛉科幼虫有 8 对腹足；蛹为强颚离蛹。

世界广布。世界已知 9 科 700 余种，中国记录 3 科 11 属近 300 种，浙江分布 2 科 3 属 32 种。付强等（2010）在《浙江凤阳山昆虫》中记述的斜带蝎蛉 *Panorpa obliquifascia* Chou *et* Wang, 1987 恐系误定，故本书未录。

分科检索表

前翅 M_4 脉基部无强烈弯曲；足为捕捉式，第 5 跗分节可折叠到第 4 跗分节形成捕捉构造，前足跗节仅有 1 爪；幼虫头部两侧各有 7 个小眼，额中央具 1 枚中单眼，各体节具肉质枝状突起，突起末端着生棒状刚毛 ·········· **蚊蝎蛉科 Bittacidae**
前翅 M_4 脉基部强烈弯曲；足为步行式，前足跗节均有 2 爪；幼虫头部两侧各有 1 对由 20–35 个小眼组成的复眼，无中单眼，各体节无肉质枝状突起 ·· **蝎蛉科 Panorpidae**

三十二、蚊蝎蛉科 Bittacidae

主要特征： 体中至大型。复眼大，单眼 3 个；上颚延长，剑状，下颚发达，下颚须 5 节，下唇须 2 节；触角细长，柄节和梗节大小约相等，鞭节各节向末端逐渐变细长，大部分鞭节上具有许多细毛。胸部强壮，背部稍隆拱，前胸明显较短，中胸和后胸较为发达。足 3 对，跗节捕捉式，第 5 跗分节可折叠到第 4 跗分节形成捕捉构造，前足跗节末端具单爪。翅窄长，前翅 CuA 不与 CuP 共柄。雄性第 9 腹节背板特化为上生殖瓣，生殖刺突极度退化，阳茎末端细长成丝状；雌性无特化的产卵器构造，仅 1 生殖孔开口于第 9 腹节末端。

复眼的大小、形状及间距，背单眼的大小，单眼三角区的颜色；喙的颜色，以及触角的颜色、相对长度和形状等是头部的分类特征。复眼大多长椭球形，单眼三角区周围的斑纹一般颜色较深，有时向周围延伸，有的种在背单眼之间具有显著的单眼鬃；触角鞭节细丝状，有的被有密毛，触角与体长的相对长度常作为分类特征。

胸部背板颜色多样，有的均为黄褐色或黑褐色，有的前后颜色不一。胸部背板的颜色，前后缘黑色长刚毛的有无及数目，背中带有无，胸部两侧颜色是否均匀等，常作为胸部的鉴别特征。

足颜色较均一，为黄褐色或红褐色，有的在腿节和胫节两端颜色加深。足的特征变异表现在腿节颜色和刺毛的有无，胫节 2 端距的相对长度，第 4 跗分节两侧刺的数目。

翅常用的鉴别特征有颜色、形状、Sc 脉末端位置、痣下横脉 Pcv 的条数、Av 脉存在与否、1A 脉终点与 FM 的相对位置、后翅 1A 脉与 CuP 脉愈合情况、翅面的斑纹等。不同属的翅形状变异较大，有的基部呈柄状，有的基部宽阔；有的端部略呈钩状，有的则较钝圆。

描述翅的特征时，常使用的术语简写包括：A. 臀脉；Av. 臀横脉；CuA. 前肘脉；CuP. 后肘脉；Cuv. 肘横脉；FM. 中脉第 1 分叉点；FM_{3+4}. M_3 和 M_4 脉分叉点；FRs. 径分脉第 1 分叉点；h. 肩横脉；M. 中脉；OM. 中脉起源点；ORs. 径分脉起源点；Pcv. 痣下横脉；Ps. 翅痣；R. 径脉；Rs. 径分脉；

Sc. 亚前缘脉；Scv. 亚前缘横脉。明斑（位于 FM 处的一个半透明斑块），以璧尔蚊蝎蛉 *Bittacus pieli* Navás, 1935 为例进行说明（图 6-1）。

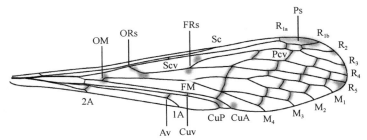

图 6-1 璧尔蚊蝎蛉 *Bittacus pieli* Navás, 1935 右翅

A. 臀脉；Av. 臀横脉；CuA. 前肘脉；CuP. 后肘脉；Cuv. 肘横脉；FM. 中脉第 1 分叉点；FRs. 径分脉第 1 分叉点；M. 中脉；OM. 中脉起源点；ORs. 径分脉起源点；Pcv. 痣下横脉；Ps. 翅痣；R. 径脉；Sc. 亚前缘脉；Scv. 亚前缘横脉

　　腹部背板颜色、形状、特殊外长物及外生殖器均可用于区分物种。雄性外生殖器的变异主要表现在上生殖瓣的特化，第 10 节背板的发达程度，尾须的相对长度和形状，载肛突、生殖肢基节、生殖刺突及阳茎叶的形状等。上生殖瓣内面一般具短锥形刺，有三角形、四边形、末端双裂、内生突起、上下缘均有突起等多种形状，长短不一，是重要的分属、分种依据（图 6-2）。雌性外生殖器的鉴别特征主要包括下生殖板的形状、颜色、气门与下生殖板的相对位置。雌虫第 8-10 节背板颜色、形状，第 10 节背板向腹部延伸的程度，肛板形状，尾须相对长度等也是重要的鉴别特征。

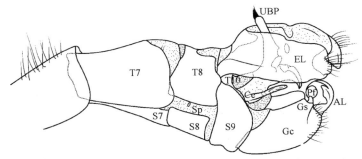

图 6-2 璧尔蚊蝎蛉 *Bittacus pieli* Navás, 1935 雄性腹部末端侧面观

AL. 阳茎叶；Ce. 尾须；EL. 上生殖瓣；Gc. 生殖肢基节；Gs. 生殖刺突；Pf. 阳茎丝；S. 腹板；Sp. 气门；T. 背板；UBP. 载肛突上瓣

　　幼虫蠋型，除 3 对胸足外，第 1-8 腹节共有 8 对腹足；触角 3 节；具 1 对复眼，每侧复眼由 7 个小眼组成；各体节具肉质枝状突起，突起末端着生棒状刚毛；腹部末端有 1 可伸缩的吸盘，在爬行中起辅助作用。

　　蛹为强颚离蛹，头部、腹部能做有限的运动。外观与成虫相似，但喙、翅和腹部均较短，触角、足和翅松散地贴于体表。

　　生物学：蚊蝎蛉一般一年发生 1 代，以卵滞育越冬。成虫发生期集中在 6 月中下旬到 8 月下旬。卵球形或立方形，常随机产于土表。幼虫生活在地表，腐食性，通常取食昆虫等软体动物的尸体（Jiang et al., 2015）。

　　分布：世界广布。世界已知 18 属 220 余种，中国记录 3 属 50 余种，浙江分布 1 属 6 种。

133. 蚊蝎蛉属 *Bittacus* Latreille, 1805

Bittacus Latreille, 1805: 20. Type species: *Panorpa italica* Müller, 1766.

　　主要特征：触角线状，或有纤毛；上颚延长，下颚和下颚须发达。中胸小盾片近椭圆形。足细长。翅基部狭窄，Sc 脉不分支，R_1 脉在翅痣内分 2 支，M 脉与 R 脉共柄。雄性腹部第 9 节背板裂开成 2 瓣并向后延伸，称为上生殖瓣；生殖肢基节近球形，中央形成 1 凹窝，由窝中伸出阳茎；第 10 节相当小，其上长有 1 对不分节的尾须；载肛突上瓣从上生殖瓣之间向背前方伸出，其上具有许多细长毛，载肛突下瓣较短；阳茎基部阔，末端逐渐延长成阳茎丝，盘曲成环状。

分布：世界广布。世界已知 100 余种，中国记录 45 种，浙江分布 6 种。

分种检索表（♂）

1. 上生殖瓣短于生殖肢基节之半；生殖肢基节末端具 2 根长毛；载肛突上方突起，末端钩曲状 ………… 吴氏蚊蝎蛉 *B. wui*
- 上生殖瓣长于生殖肢基节之半；生殖肢基节末端无长毛；载肛突上方无突起或末端非钩曲状 ……………………… 2
2. 上生殖瓣后缘分裂成两瓣 ……………………………………………………………………………………… 3
- 上生殖瓣后缘不分裂 ……………………………………………………………………………………………… 4
3. 翅痣不明显，无 Av 脉；载肛突背面具有 1 对长突起 ……………………………… 天目山蚊蝎蛉 *B. tienmushana*
- 翅痣相当明显，有 Av 脉；载肛突背面无长突起 ………………………………………… 中华蚊蝎蛉 *B. sinensis*
4. 腹部 4-6 节背板两侧及后部具明显的长毛 ………………………………………………… 璧尔蚊蝎蛉 *B. pieli*
- 腹部 4-6 节背板两侧及后部无长毛 ………………………………………………………………………… 5
5. 载肛突上瓣端部有 1 小突起，突起末端 1 簇长毛，无侧突 ………………………… 浙江蚊蝎蛉 *B. zhejiangicus*
- 载肛突上瓣端部无小突起，有 1 簇短毛，端半部具 1 对明显的侧突 ………………… 环带蚊蝎蛉 *B. cirratus*

（316）环带蚊蝎蛉 *Bittacus cirratus* Tjeder, 1956（图 6-3，图版 XXXI-1）

Bittacus cirratus Tjeder, 1956: 46.

Bittacus zoensis Cheng, 1957b: 111; Byers, 1970: 384.

　　主要特征：体褐色。前翅阔，浅褐色；在 OM、ORs、FRs、Scv、FR_{4+5} 和 Pcv 处各有 1 个黑褐色小斑，FM 处有无色明斑，Cuv 脉 1 或 2 条，Av 阙如，Pcv 1 或 2 条。雄性上生殖瓣侧面观近三角形，腹缘末端

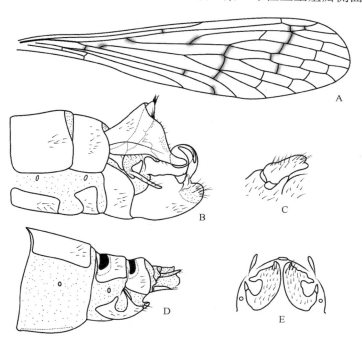

图 6-3　环带蚊蝎蛉 *Bittacus cirratus* Tjeder, 1956
A. 前翅；B. ♂腹末侧面观；C. ♂生殖刺突侧面观；D. ♀腹末侧面观；E. ♀下生殖板腹面观

向后延伸成突起，背缘的内面具有短黑刺；生殖肢基节略向上弯曲，末端有缺刻；生殖刺突短，末端圆；阳茎丝相当长，盘绕成环状；载肛突上瓣末端具有 1 束褐色短毛，端半部具 1 对明显的侧片；下瓣短，末端指状。雌性腹部第 8 节背板前脊沟黑纹最阔，第 9 节背板黑纹较阔。下生殖板侧面观近三角形，背缘中部深凹，末端具黑色刚毛。

分布：浙江（舟山）、黑龙江、吉林、陕西、江苏、上海、江西。

（317）璧尔蚊蝎蛉 Bittacus pieli Navás, 1935（图 6-4，图版 XXXI-2）

Bittacus pieli Navás, 1935b: 99.

　　主要特征：体暗褐色。前翅浅褐色；翅痣明显，在 OM、ORs、FRs 处有明显的茶褐色哑铃状暗斑，横脉上具有加深的雾状斑，1A 脉终止于 FM 处，Pcv 2 条，Av 脉 1 条。雄性腹部第 4–6 节背板两侧及后部具明显的长毛；第 7、8 节背板后缘有"V"形缺刻；上生殖瓣侧面观不规则，背缘中部向内侧弯曲，基部愈合处呈三角形脊状突起，内侧中部具有 2 个突起，背面突起末端具 2 根短锥状刺；生殖肢基节短；阳茎叶两侧向内弯折延伸；阳茎丝细长，盘绕成环；载肛突上瓣向末端逐渐变细，顶端具 1 束褐色毛。

　　分布：浙江（临安、余姚、磐安）、安徽、江西。

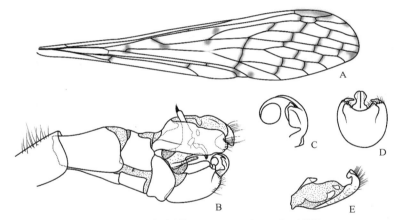

图 6-4　璧尔蚊蝎蛉 *Bittacus pieli* Navás, 1935
A. 前翅；B.♂腹末侧面观；C. 阳茎侧面观；D.♂生殖肢和阳茎后腹面观；E.♂上生殖瓣内面观

（318）中华蚊蝎蛉 Bittacus sinensis Walker, 1853（图 6-5，图版 XXXI-3）

Bittacus sinensis Walker, 1853a: 469.

Bittacus quaternipunctatus Enderlein, 1910b: 397.

Bittacus strategus Navás, 1913c: 442.

　　主要特征：头顶浅褐色。前胸背板黄褐色，前、后缘未见明显的刚毛；中、后胸背板隆起部位黑褐色，小盾片色浅，黄褐色。前翅阔，深黄色，翅端圆；翅痣明显；在 OM、ORs、FRs 和 Scv 处有黑褐色小斑，翅端的横脉具有暗褐色雾状斑，FM 处有 1 无色明斑，Cuv 和 Av 存在，Pcv 1 或 2 条。雄性上生殖瓣侧面观近梯形，背缘突出，后缘深分裂成两叶，下叶比上叶阔，向内侧弯曲，两叶具有圆形的末端，内面具有 1 列短黑刺；生殖肢基节末端有缺刻，生殖刺突短，具内突；阳茎叶阔长，末端稍尖；载肛突上瓣较长，从上生殖瓣之间伸出。雌性下生殖板基部稍窄，而后逐渐向腹面延伸，几乎愈合，端部钝圆，具暗褐色刚毛。

分布：浙江（德清、临安、开化、遂昌、庆元）、黑龙江、辽宁、陕西、江苏、上海。

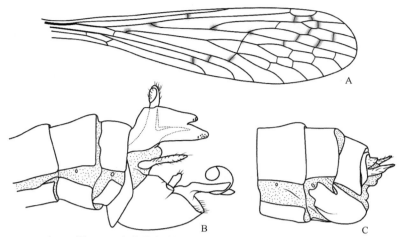

图 6-5　中华蚊蝎蛉 *Bittacus sinensis* Walker, 1853
A. 前翅；B. ♂腹末侧面观；C. ♀腹末侧面观

（319）天目山蚊蝎蛉 *Bittacus tienmushana* Cheng, 1957（图 6-6，图版 XXXI-4）

Bittacus tienmushana Cheng, 1957b: 112.

　　主要特征：体黑褐色。前胸背板不均匀暗褐色，侧板黄褐色；中胸背板前部两侧隆起部分暗褐色，后部包括小盾片及后胸背板颜色变浅，呈黄褐色。前翅阔，浅褐色，翅痣不明显；在 OM、ORs、FRs 处具有 3 个黑褐色小斑，横脉处具有褐色雾状斑，FM 处有无色明斑，无 Av 脉，Pcv 2 条。雄性上生殖瓣侧面观近梯形，腹缘末端具浅缺刻，下方内侧具短锥形黑刺；生殖肢基节略延伸，生殖刺突短，倒靴状；阳茎叶延长，末端稍尖；载肛突背面具 1 对指形突起，中央顶部具 1 簇刚毛，下瓣强烈向下钩曲。雌性下生殖板侧面近三角形，背缘与第 9 节背板侧缘愈合，第 8 节气门着生在膜质凹陷区内，第 10 节背板浅黄褐色，两侧向腹部延伸很少。

　　分布：浙江（临安、遂昌）。

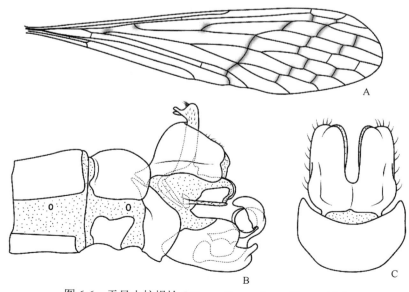

图 6-6　天目山蚊蝎蛉 *Bittacus tienmushana* Cheng, 1957
A. 前翅；B. ♂腹末侧面观；C. ♂上生殖瓣背面观

（320）吴氏蚊蝎蛉 *Bittacus wui* Zhou, 2001（图 6-7，图版 **XXXI-5**）

Bittacus wui Zhou, 2001: 394.

主要特征：头顶及胸部琥珀褐色，背部中央色淡。翅透明，黄褐色，斑纹不明显；翅痣浅褐色，不明显；FM 处有无色明斑，无 Av 脉，Pcv 1 条。腹部黄褐色，第 7–9 节色深。雄性上生殖瓣狭长，末端钝圆，内侧具锥形黑刺；生殖肢基节宽大，末端具 2 根粗长鬃毛；生殖刺突短小，三角形；阳茎丝细长，缠绕成环状；尾须粗长，长于上生殖瓣；载肛突发达，上瓣突起从上生殖瓣之间伸出，末端钩曲，下瓣呈三角形突起，末端尖锐。雌性色彩与雄性相似，下生殖板基部宽，端部钝圆，末端长有许多刚毛。

分布：浙江（临安）。

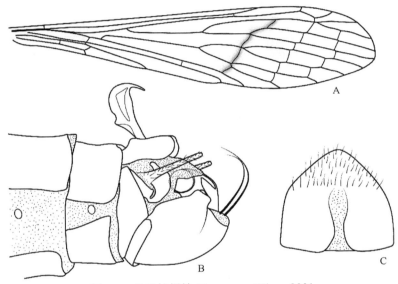

图 6-7　吴氏蚊蝎蛉 *Bittacus wui* Zhou, 2001
A. 前翅；B. ♂腹末侧面观；C. ♀下生殖板腹面观

（321）浙江蚊蝎蛉 *Bittacus zhejiangicus* Tan *et* Hua, 2008（图 6-8）

Bittacus zhejiangicus Tan *et* Hua, 2008: 487.

主要特征：头顶琥珀黄色。前胸背板不均匀的暗褐色，前缘不具明显的刚毛，中、后胸背板两侧黑褐色，背中线明显，浅褐色。翅浅黄色，翅痣长形，Pcv 2 条，Av 脉 1 条，在 ORs、FRs、OM 和 CuP 近末端处各有 1 茶褐色小斑。雄性上生殖瓣内面均密生黑色小锥形刺，生殖肢基节后缘中部圆，生殖刺突小，无突起，密被细毛；阳茎叶大，末端圆；阳茎丝细长，缠绕成环；尾须较短，端部尖；载肛突上瓣短，端部有 1 小突起，突起末端 1 簇长毛，下瓣短，基部阔，向端部逐渐变窄。雌性腹部 3–6 节背板各具很窄的前脊沟黑纹，第 7 节背板不具明显的前脊沟黑纹；第 8 节短，前脊沟黑纹最阔，第 9 节黑纹稍窄于前节。雌性下生殖板有 1 窄深的膜质区，末端腹中线处几乎愈合，仅留 1 狭缝，近后缘具少数较粗刚毛。

分布：浙江（庆元、龙泉、泰顺）。

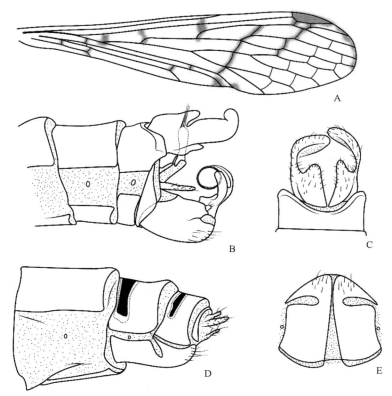

图 6-8 浙江蚊蝎蛉 *Bittacus zhejiangicus* Tan *et* Hua, 2008
A. 前翅；B. ♂腹末侧面观；C. ♂上生殖瓣背面观；D. ♀腹末侧面观；E. ♀下生殖板腹面观

三十三、蝎蛉科 Panorpidae

主要特征：头顶大多黄色、黄褐色或黑褐色，具 3 背单眼，单眼三角区常隆起且颜色加深；唇基延长成喙状，上唇较短小，下唇须长，2 节，下颚须 5 节；触角细长，丝状；中、后胸背板颜色多样，多为黄褐色或黑褐色；足跗节末端具 2 爪，爪内缘具齿；翅膜质，前翅 CuA 与 CuP 脉短距离共柄，M$_4$ 脉基部强烈弯曲；腹部近圆柱形，雄性腹部末端生殖节膨大且上举，形似蝎尾。

头部向下延长成喙，喙一般黄色、黄褐色或黑褐色，有时两侧具明显的深色纵带；口器咀嚼式，位于喙的末端；复眼发达。前胸背板前缘常具 1 列粗刚毛。中、后胸背板颜色多样，多为黄褐色或黑褐色，中央有时有浅色或深色的背中带。翅膜质，脉序原始，翅面常有显著的斑点和条带。前翅 1A 脉与翅缘的交点是否超过 Rs 脉的起源点常作为蝎蛉属 *Panorpa* 与新蝎蛉属 *Neopanorpa* 的鉴别主要特征：蝎蛉属前翅 1A 脉与翅缘的交点到达或超过 Rs 脉的起源点（ORs），而新蝎蛉属前翅 1A 脉与翅缘的交点在 Rs 脉的起源点以内。翅面常具一些斑纹，其形状和排列常被作为鉴定依据，典型的前翅斑纹由内向外依次称为基斑、基带、缘斑、痣带和端带；其中，痣带的后半部常分裂为基支和端支。痣带的基支、端支有时与痣带断开或缺失；基带有时阙如或断开成 2 斑；缘斑形状不规则，有时阙如；基斑常圆形，有时缺如，有时延伸成带状（图 6-9）。

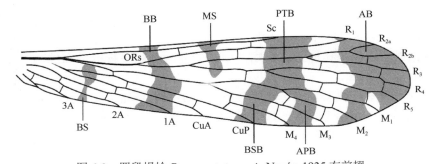

图 6-9　四段蝎蛉 *Panorpa tetrazonia* Navás, 1935 右前翅

A. 臀脉；AB. 端带；APB. 端支；BB. 基带；BS. 基斑；BSB. 基支；CuA. 前肘脉；CuP. 后肘脉；M. 中脉；MS. 缘斑；
ORs. 径分脉起源点；PTB. 痣带；R. 径脉；Sc. 亚前缘脉

雄性第 3 节背板背中突（notal organ）（图 6-10）的形状及长度，第 6 节背板末端是否具有臀角及臀角数目，第 7、8 腹节是否延长，雄性外生殖器结构及阳基侧突的形状等是重要的分类特征。通常，腹部第 7、8 节短于或长于第 6 节；有的基部不缢缩，整体呈筒形；有的基部稍缢缩，整体呈倒锥形；有的基部强烈缢缩成为柄状。第 9 节背板末端有时平截，有时有缺刻并在两侧形成 1 对细长多毛的突起；第 9 腹板（下板）末端常分裂为 2 瓣，称为下瓣。第 9 节的生殖肢分为 2 节：生殖肢基节和生殖刺突，其中生殖肢基节基部愈合，"U" 形；生殖刺突镰刀形，内缘常具中齿和基齿。阳基侧突 1 对，位于阳茎两侧；阳茎位于生殖肢基节愈合形成的凹窝中，分为腹瓣和背瓣（图 6-11）。

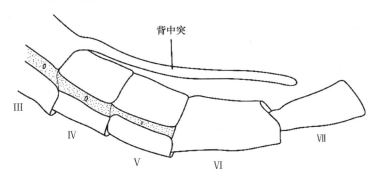

图 6-10　莫干山新蝎蛉 *Neopanorpa moganshanensis* Zhou et Wu, 1993

雄性腹部侧面观，示背中突

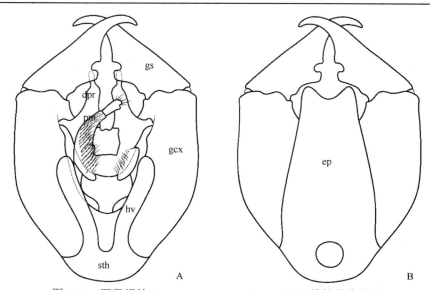

图 6-11　四段蝎蛉 *Panorpa tetrazonia* Navás, 1935 雄性外生殖器

A. ♂外生殖器腹面观；B. ♂外生殖器背面观；ep. 上板；gcx. 生殖肢基节；gs. 生殖刺突；hv. 下瓣；pm. 阳基侧突；

sth. 下板基柄；dpr. 阳茎背瓣

雌性外生殖器结构也是重要的分类特征。下生殖板上方的生殖腔内有 1 个高度骨化的结构，称为生殖板。生殖板由 1 个片状的主板和中央的中轴构成；主板后方常形成 1 对后臂；中轴的后端愈合，腹面具 1 块膨大的花饰区，交配孔位于其末端；中轴的前端分为平行或分离的两支，超出主板或完全藏于主板之内。

卵一般为椭球形，卵壳表面具有网状、多边形的几丁质纹饰（Ma et al., 2009）。

幼虫为蠋式，体圆柱形，被短毛。头部具 1 对复眼；胸足胫节内侧常具有 1 个片状的肉质突起；腹部 1–8 节具 8 对腹足，尾节具可伸缩的吸盘；腹部背面具成对的环纹毛突，其中腹部 8–10 节的毛突较为突出。幼虫为腐食性，通常取食昆虫尸体。

蛹为强颚离蛹，外形与成虫十分相似，但喙、翅和腹部较短；雄蛹可见膨大并反曲的外生殖器。

生物学：蝎蛉科昆虫一年发生 1 或 2 代，一般以老熟幼虫越冬，成虫于翌年 4 月下旬开始出现。成虫杂食性，主要取食软体动物的尸体，少数取食草本植物的花粉和花蜜。蝎蛉的交配行为复杂多样，最为突出的是献礼行为，求偶时雄性为雌性提供猎物或分泌唾液球作为彩礼。交配后 2–3 天，雌性利用腹部末端在土壤表面探索，找到合适的产卵场所后，将腹部末端插入土缝中产卵。

分布：主要分布于全北区和东洋区。世界已知 8 属 500 多种，中国记录 7 属 200 余种，浙江分布 2 属 26 种。

134. 新蝎蛉属 *Neopanorpa* van der Weele, 1909

Neopanorpa van der Weele, 1909a: 4. Type species: *Panorpa angustipennis* Westwood, 1842.

主要特征：喙细长；前翅较窄长，1A 脉与翅缘的交点在 Rs 脉的起源点以内，1A 和 2A 脉之间具 1 条横脉；雄性腹部第 3 节背中突大多发达，其长短及形状是分种的重要依据。雄性外生殖器长卵球形，下瓣常具阔长的基柄；生殖肢基节长，生殖刺突纤细；阳基侧突基部多与阳茎愈合。雌性下生殖板末端多具 "V" 形缺刻；生殖板的主板不发达，后臂发达；中轴超出或不超出主板。

分布：主要分布于东洋区。世界已知 170 余种，中国记录 100 余种，浙江分布 16 种。

分种检索表（♂）*

1. 翅面光洁无斑纹；腹部第 3 节背中突极长，伸达第 6 节末端；腹部第 1–5 节背板及第 6–8 节全为褐黑色 ·············
·· 莫干山新蝎蛉 *N. moganshanensis*
- 翅面具斑纹；腹部第 3 节背中突未伸达第 6 节末端；腹部第 1–5 节背板及第 6–8 节不全为黑色 ················· 2
2. 第 9 节腹板基柄极短，下瓣长带状 ··· 马氏新蝎蛉 *N. maai*
- 第 9 节腹板具阔长的基柄，下瓣形状多样 ··· 3
3. 缘斑分成 2 个斑点 ·· 圆突新蝎蛉 *N. circularis*
- 缘斑条带状或阙如 ·· 4
4. 前胸背板后侧方具卵圆形大斑，中胸背板侧缘具月牙形斑；前翅无缘斑和基斑 ············ 暗新蝎蛉 *N. abstrusa*
- 前胸背板后侧方无卵圆形大斑，中胸背板侧缘无月牙形斑；前翅具缘斑或基斑 ··································· 5
5. 腹部第 3 节背中突伸达第 4 节后缘 ··· 6
- 腹部第 3 节背中突未伸达第 4 节后缘 ·· 7
6. 头顶黑褐色；翅无色透明，端带具 2 个透明窗 ································· 卵翅新蝎蛉 *N. ovata*
- 头顶黄褐色；翅微暗，端带具 1 个透明窗 ·· 璧尔新蝎蛉 *N. pielina*
7. 端带、痣带、基带、缘斑、基斑及翅痣均存在 ·· 8
- 端带、痣带、基带、缘斑及翅痣均存在，但无基斑 ·· 11
8. 前胸前区的前缘两侧各具 4 根鬃毛；端带内含 1 个小的圆形透明窗 ············· 九龙新蝎蛉 *N. jiulongensis*
- 前胸前区的前缘两侧无上述特征；端带内无小的圆形透明窗 ··· 9
9. 腹部第 1–4 节背板栗褐色，第 5 节红褐色 ·· 莫干新蝎蛉 *N. mokansana*
- 腹部第 1–5 节背板黑色 ·· 10
10. 喙红褐色，中胸背板端半部和后胸背板红褐色；腹部第 3 节背中突不超过第 4 节背板中央 ····· 黄山新蝎蛉 *N. huangshana*
- 喙黄褐色，中胸背板端半部和后胸背板黄褐色；腹部第 3 节背中突超过第 4 节背板中央 ····· 天目山新蝎蛉 *N. tienmushana*
11. 翅斑网状，端带伸出 1 条细纹与痣带相连；缘斑向前伸出 1 条细纹与痣带相连，向后与基带相连··· 网翅新蝎蛉 *N. caveata*
- 翅斑无上述特征 ·· 12
12. 中、后胸翅基方各具黄褐色大斑；基带完整，斜生，颇阔 ······························ 山地新蝎蛉 *N. montana*
- 中、后胸翅基方无黄褐色大斑；基带无上述特征 ··· 13
13. 第 9 节腹板基柄明显短于下瓣 ·· 异新蝎蛉 *N. mutabilis*
- 第 9 节腹板基柄不短于下瓣 ·· 14
14. 前胸背板和中胸背板基半部黑色，中胸背板端半部和后胸背板黄褐色或褐色；前翅端带阔，具有几个透明窗 ············
·· 细纹新蝎蛉 *N. ophthalmica*
- 前胸背板黑色，中后胸背板前缘和中央黑色，后缘黄褐色；前翅端带外缘具 1 长条形透明斑，后缘处具 1 方形透明窗 ··
··· 何氏新蝎蛉 *N. hei*

（322）暗新蝎蛉 *Neopanorpa abstrusa* Zhou *et* Wu, 1993（图 6-12）

Neopanorpa abstrusa Zhou *et* Wu in Zhou et al., 1993a: 191.

主要特征：头顶黑色，喙褐黄色，中央及两侧具淡色纵条纹。胸部背板黑色，具黄褐色斑纹；侧板和腹板黄褐色；前胸背板两侧具卵圆形大斑；中胸背板两侧具月牙形斑。翅无色透明，具淡灰色斑纹；端带完整，痣带完整，基带点状；无缘斑和基斑。腹部第 1–6 节背板黑色，第 7–9 节黄褐色。雄性外生殖器长卵形，生殖刺突内缘中齿三角形，基齿尖锐；第 9 节腹板的基柄宽，下瓣基部呈柄状，端部相互重叠。雌

---

* 光泽新蝎蛉仅知雌性，故未包括在此检索表中。

性下生殖板卵圆形，末端具"V"形缺刻；生殖板中轴不超出主板。

　　分布：浙江（德清、庆元、龙泉）。

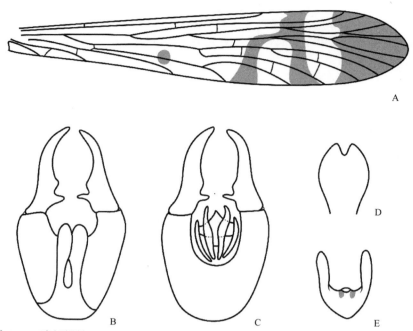

图 6-12　暗新蝎蛉 *Neopanorpa abstrusa* Zhou *et* Wu, 1993（仿自周文豹等，1993a）

A. 前翅；B. ♂外生殖器腹面观；C. ♂外生殖器腹面观，下瓣移除；D. ♀下生殖板腹面观；E. ♀生殖板腹面观

（323）网翅新蝎蛉 *Neopanorpa caveata* Cheng, 1957（图 6-13，图版 XXXI-6）

Neopanorpa caveata Cheng, 1957b: 67.

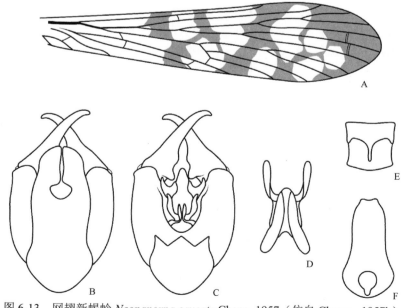

图 6-13　网翅新蝎蛉 *Neopanorpa caveata* Cheng, 1957（仿自 Cheng，1957b）

A. 前翅；B. ♂外生殖器腹面观；C. ♂外生殖器腹面观，下瓣移除；D. ♀生殖板腹面观；E. ♂背中突背面观；F. ♂上板背面观

主要特征：体浅褐色，喙红褐色。中后胸背板中央褐黑色。翅黄色，具深褐色斑纹；端带阔，痣带完整，基带完整；缘斑阔，无基斑；翅痣不明显。腹部第1–5节背板黑褐色，第6节黑褐色，第7–9节红褐色；第3节背中突棒状，不超过第4节背板中部。雄性外生殖器长卵球形，生殖肢基节长，末端平截，生殖刺突具有小的中齿和基齿；第9节腹板基柄阔长，下瓣阔；背板端部突然变窄，末端平截；阳基侧突短，呈"Y"形，基部向内弯曲。雌性下生殖板相当阔，末端具"V"形缺刻；生殖板后臂呈"U"形；中轴粗，超出主板。

分布：浙江（安吉、临安、磐安、开化、庆元）、福建。

（324）圆突新蝎蛉 *Neopanorpa circularis* Ju *et* Zhou, 2003（图 6-14）

Neopanorpa circularis Ju *et* Zhou, 2003: 37.

主要特征：喙和触角窝黄褐色，触角柄节和梗节褐色，鞭节黑褐色。前胸背板黑色，中后胸背板黑褐色，胸部侧板污黄色。翅淡灰色，具烟褐色斑纹；端带阔，内具1大型透明窗；痣带完整，在翅前缘与端带相连，基支和端支向下方逐渐变阔；基带仅存后半段；缘斑分成2个斑点；无基斑。腹部第2–5节背板黑色，第6节黑色，第7–9节黄褐色；腹部第3节背中突圆形。雄性外生殖器长卵圆形，生殖刺突内缘中齿小，三角形，基齿小，朝向腹方，着生有长毛；第9节腹板基柄阔长，下瓣基部窄，向端部逐渐变阔，中部外缘向外呈弧形弯曲；阳茎厚，端部稍分开，阳基侧突短。

分布：浙江（遂昌）。

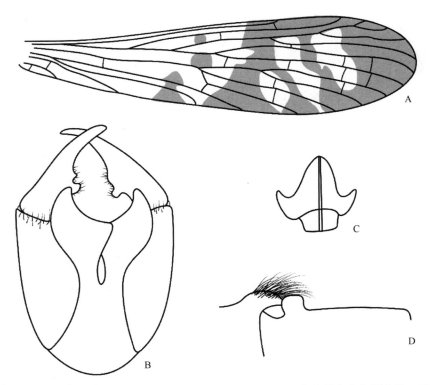

图 6-14　圆突新蝎蛉 *Neopanorpa circularis* Ju *et* Zhou, 2003（仿自琚金水和周文豹，2003）
A. 前翅；B. ♂外生殖器腹面观；C. 阳茎；D. ♂背中突侧面观

（325）何氏新蝎蛉 *Neopanorpa hei* Zhou et Fan, 1998（图 6-15，图版 **XXXI-7**）

Neopanorpa hei Zhou et Fan, 1998: 145.

主要特征：头顶黑色，喙黄褐色。前胸背板黑色，中、后胸背板前缘黑色，后缘黄褐色，侧板和腹板黄褐色。翅无色透明，具黑色斑纹；端带内缘呈波状弯曲，外缘处具 1 长条形透明窗，后缘处具 1 方形透明窗；痣带完整，具宽的基支和稍狭的端支；基带中间缢缩；缘斑存在，无基斑。腹部第 1–5 节背板黑色，第 6–9 节黄褐色；腹部第 3 节背中突不超过第 4 节背板后缘。雄性外生殖器长卵形，生殖刺突内缘中齿小，基齿大；第 9 节腹板基柄阔长，下瓣阔长，外侧折向背中向，互相重叠。雌性下生殖板阔卵圆形，末端具 "V" 形缺刻；生殖板主板不发达；后臂长；中轴短，不超出主板。

分布：浙江（安吉、临安、遂昌、泰顺）。

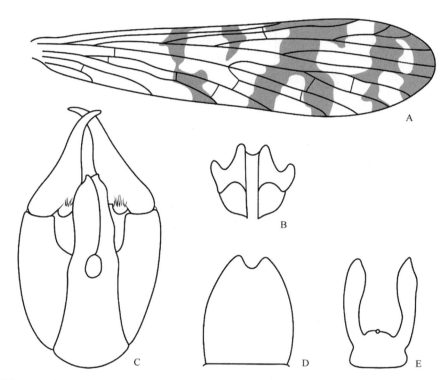

图 6-15　何氏新蝎蛉 *Neopanorpa hei* Zhou et Fan, 1998（仿自周文豹和范忠勇，1998）
A. 前翅；B. 阳茎；C. ♂外生殖器腹面观；D. ♀下生殖板腹面观；E. ♀生殖板腹面观

（326）黄山新蝎蛉 *Neopanorpa huangshana* Cheng, 1957（图 6-16，图版 **XXXI-8**）

Neopanorpa huangshana Cheng, 1957b: 70.

主要特征：体红褐色；喙红褐色，中央具 1 条深褐色纵带。胸部背板红褐色，中、后胸背板中央具黑色纵带。翅略带黄色，具深褐色斑纹；端带阔，后角具 1 小透明窗；痣带完整，具阔的基支和端支；基带完整；缘斑窄长，基斑小；翅痣不明显。腹部第 1–5 节背板黑色，第 6 节黑褐色，第 7–9 节红褐色；腹部第 3 节背中突短，不超过第 4 节背板中央。雄性外生殖器卵圆形；第 9 节腹板基柄阔长，下瓣阔，基部分离，端部 3/4 重叠；上板末端平截；阳基侧突小，"Y" 形。雌性下生殖板卵形，末端具 "V" 形缺刻；生殖板主板梯形；后臂长，末端叶状；中轴短，不伸出主板。

分布：浙江（德清、临安、余姚、江山、遂昌、庆元、泰顺）、安徽。

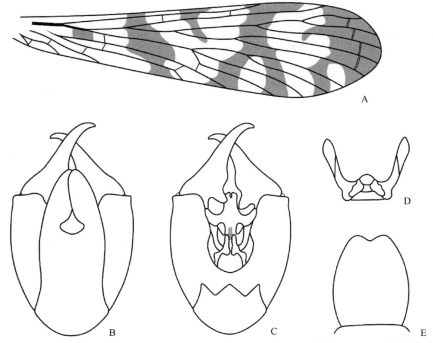

图 6-16　黄山新蝎蛉 Neopanorpa huangshana Cheng, 1957（仿自 Cheng，1957b）

A. 前翅；B.♂外生殖器腹面观；C.♂外生殖器腹面观，下瓣移除；D.♀生殖板腹面观；E.♀下生殖板腹面观

（327）九龙新蝎蛉 *Neopanorpa jiulongensis* Zhou, 1993（图 6-17，图版 XXXII-1）

Neopanorpa jiulongensis Zhou in Zhou et al., 1993b: 315.

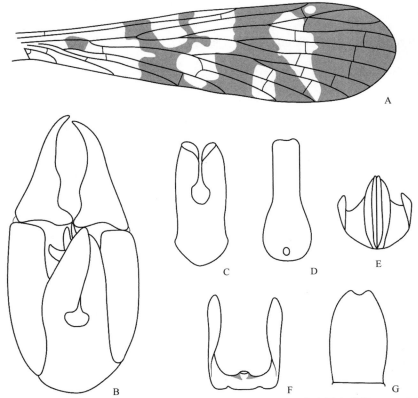

图 6-17　九龙新蝎蛉 *Neopanorpa jiulongensis* Zhou, 1993（仿自周文豹等，1993b）

A. 前翅；B.♂外生殖器腹面观；C.♂下板腹面观；D.♂上板背面观；E. 阳茎；F.♀生殖板腹面观；G.♀下生殖板腹面观

主要特征：头顶褐色，喙黄褐色。前胸背板褐色，前胸小盾片前缘两侧各具 4 根刚毛，中、后胸背板深褐色，侧板和腹板黄褐色。翅淡黄色，具黑色斑纹；端带宽，沿前缘与痣带相连接，连接处具 1 小的圆形透明窗；痣带完整；基带不规则；缘斑延长，与基带中部相连；基斑存在，明显。腹部第 1–5 节背板黑色，第 6 节黑色，第 7 节以后黄褐色；第 3 节背中突不超过第 4 节背板后缘。雄性外生殖器长卵形，生殖刺突基部宽，长有浓密的毛，端部尖细，中齿钝三角形，基齿呈乳头状突起；第 9 节腹板基柄阔，下瓣宽。雌性下生殖板末端具浅缺刻；生殖板短而宽；后臂长；中轴极短。

分布：浙江（遂昌）。

（328）光泽新蝎蛉 *Neopanorpa kwangtsehi* Cheng, 1957（图 6-18）

Neopanorpa kwangtsehi Cheng, 1957b: 80.

主要特征：头顶黑色，喙灰褐色，中央具浅色纵带。胸部黄褐色，背板中央具阔的污褐色纵带，侧板和腹板黄褐色。翅浅褐色，具浅灰褐色斑纹，不明显；端带阔，具 3 个透明窗；痣带完整，具完整的基支和端支；基带中断，不明显；缘斑小，无基斑；翅痣明显，深褐色。腹部背板污褐色。雌性下生殖板阔，末端平截；生殖板后臂"U"形；中轴伸出主板。

分布：浙江（泰顺）、福建。

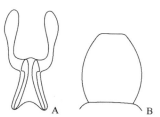

图 6-18　光泽新蝎蛉 *Neopanorpa kwangtsehi* Cheng, 1957（仿自 Cheng，1957b）

A. ♀生殖板腹面观；B. ♀下生殖板腹面观

（329）马氏新蝎蛉 *Neopanorpa maai* Cheng, 1957（图 6-19）

Neopanorpa maai Cheng, 1957b: 90.

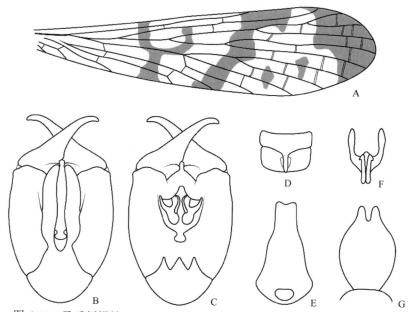

图 6-19　马氏新蝎蛉 *Neopanorpa maai* Cheng, 1957（仿自 Cheng，1957b）

A. 前翅；B.♂外生殖器腹面观；C.♂外生殖器腹面观，下瓣移除；D.♂背中突背面观；E.♂上板背面观；F.♀生殖板腹面观；G.♀下生殖板腹面观

主要特征：体黄褐色。胸部背板灰褐色，中、后胸背板具深灰褐色宽中纵带。翅透明，具浅灰色斑纹；端带阔；痣带基支宽，端支分离，端带与痣带之间另有 1 带，该带通常与痣带相连；基带完整，不规则，向外与缘斑相连；缘斑变长，无基斑。腹部第 3 节背中突略超过第 4 节背板后缘。雄性外生殖器长卵形，生殖肢基节长，内缘端部具 1 列短毛，生殖刺突细长；第 9 节腹板基柄阔，下瓣窄长，基部缢缩，略超过生殖肢基节端部；上板中央阔。雌性下生殖板中间阔，近端部突然变窄，末端具深的"V"形缺刻；生殖板中轴稍超出主板。

分布：浙江（开化）、福建。

（330）莫干山新蝎蛉 *Neopanorpa moganshanensis* Zhou *et* Wu, 1993（图 6-20，图版 XXXII-2）

Neopanorpa moganshanensis Zhou *et* Wu in Zhou et al., 1993a: 192.

主要特征：头顶黑色，喙深褐色。前胸背板前缘黑色，两侧各有 3 根黑色刚毛；中胸背板前侧缘深褐色，侧板和腹部黄褐色。翅略带淡烟褐色，仅端部色稍深；无斑纹，或具极其退化的痣带；翅痣不明显。腹部第 1–5 节背板黑色，第 6 节黑色，第 7、8 节褐黑色；腹部第 3 节背中突极长，伸达第 6 节末端。雄性生殖刺突尖细，内缘具 1 大的三角形基齿；第 9 节腹板基柄阔长，下瓣阔短，末端较狭；上板狭长，梯形，末端具阔的"U"形缺刻；阳基侧突端部叶片状；阳茎腹瓣稍短于背瓣，侧突起明显，但短小。雌性下生殖板中部宽，末端具"V"形缺刻；生殖板主板不发达，2 后臂呈"U"形。

分布：浙江（德清、安吉、临安、庆元、龙泉）、福建。

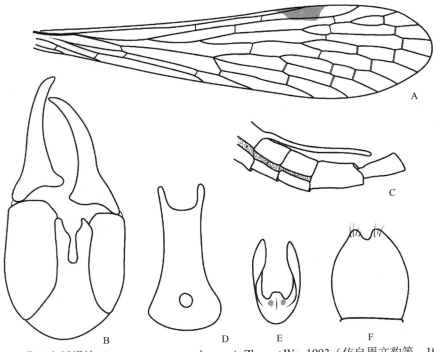

图 6-20　莫干山新蝎蛉 *Neopanorpa moganshanensis* Zhou *et* Wu, 1993（仿自周文豹等，1993a）
A. 前翅；B. ♂外生殖器腹面观；C. ♂腹部侧面观，示背中突；D. ♂上板背面观；E. ♀生殖板腹面观；F. ♀下生殖板腹面观

（331）莫干新蝎蛉 *Neopanorpa mokansana* Cheng, 1957（图 6-21）

Neopanorpa mokansana Cheng, 1957a: 30.

　　主要特征：体黄褐色，喙黄褐色。中、后胸背板栗褐色。翅黄色，具黑褐色斑纹；端带阔，痣带完整，基带完整；缘斑窄长，基斑不明显；翅痣不明显。腹部第 1–4 节背板栗褐色，其余各节红褐色；腹部第 3 节背中突超过第 4 节背板中央。雄性外生殖器卵圆形，生殖刺突细长，内缘具中齿和基齿；第 9 节腹板基柄阔长，下瓣细，末端指状，相互重叠；背板向端部逐渐变窄，末端略缺刻；阳基侧突"Y"形，外支长，简单，与阳茎愈合，内支短，基部阔，末端平截。

　　分布：浙江（德清）。

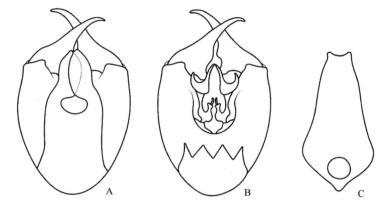

图 6-21　莫干新蝎蛉 *Neopanorpa mokansana* Cheng, 1957（仿自 Cheng，1957a）
A.♂外生殖器腹面观；B.♂外生殖器腹面观，下瓣移除；C.♂上板背面观

（332）山地新蝎蛉 *Neopanorpa montana* Zhou, 1993（图 6-22）

Neopanorpa montana Zhou in Zhou et al., 1993b: 314.

　　主要特征：头顶黑色，喙深黄褐色。胸部背板黑色，腹板和侧板深黄褐色；中、后胸两侧各具 1 黄褐色大斑。翅无色透明，具黑褐色斑纹；端带宽；痣带完整，基支很宽，端支狭；基带完整且阔；缘斑存在；无基斑。腹部第 1–5 节背板黑色，第 6 节黑色，第 7–9 节黄褐色。腹部第 3 节背中突棒状，不超过第 4 节背板后缘。雄性外生殖器长卵形，生殖刺突内缘中齿小，基齿阔，末端下方具 1 齿状突起；第 9 节腹板基柄阔长，下瓣阔长，外缘折向背中向，内缘略重叠，背板长瓶颈状，末端圆弧形；阳茎两侧齿叶状，阳基侧突杆状，弯曲，端部与阳茎愈合。

　　分布：浙江（庆元）。

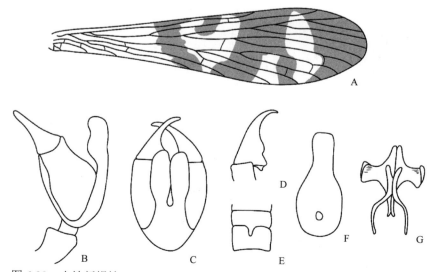

图 6-22　山地新蝎蛉 *Neopanorpa montana* Zhou, 1993（仿自周文豹等，1993b）
A. 前翅；B.♂外生殖器侧面观；C.♂外生殖器腹面观；D. 右生殖刺突背面观；E.♂背中突背面观；F.♂上板背面观；G. 阳茎和阳基侧突

（333）异新蝎蛉 *Neopanorpa mutabilis* Cheng, 1957（图 6-23，图版 XXXII-3）

Neopanorpa mutabilis Cheng, 1957b: 88.

主要特征：头顶黑褐色，喙深灰褐色。中、后胸背板具黑褐色宽带。翅无色透明，具黑褐色斑纹；端带大，后缘散乱，前缘与痣带相连；痣带完整，基支宽，端支相对较窄，在端带和痣带之间通常另有 1 窄带；基带中央间断或完整，向外与窄长的缘斑相连；基斑消失。腹部第 3 节背中突长棒状，不超过第 4 节背板后缘。雄性外生殖器长卵形，生殖刺突细长，其内缘基部有 1 大的缺刻区；第 9 节腹板基柄宽，下瓣长，明显伸过生殖刺突基部，背板窄长，末端具浅缺刻；阳基侧突呈细"Y"形。雌性下生殖板中间阔，向后渐窄，末端具宽的"V"形缺刻；生殖板主板不发达；后臂长于主板，端部叶状；中轴超出主板，前端强烈分歧。

分布：浙江（临安、泰顺）、安徽、福建。

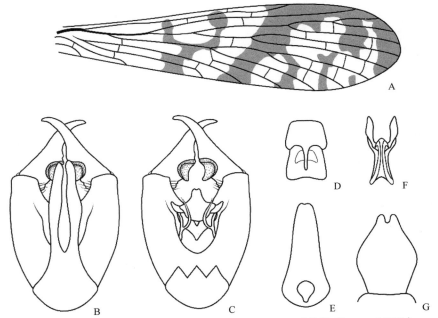

图 6-23　异新蝎蛉 *Neopanorpa mutabilis* Cheng, 1957（仿自 Cheng，1957b）

A. 前翅；B. ♂外生殖器腹面观；C. ♂外生殖器腹面观，下瓣移除；D. ♂背中突背面观；E. ♂上板背面观；F. ♀生殖板腹面观；G. ♀下生殖板腹面观

（334）细纹新蝎蛉 *Neopanorpa ophthalmica* (Navás, 1911)（图 6-24，图版 XXXII-4）

Campodotecnum ophthalmicum Navás, 1911b: 113.

Neopanorpa ophthalmica: Issiki & Cheng, 1947: 13.

主要特征：头顶黑褐色，喙黄褐色。前胸背板黑褐色，中胸背板端半部和后胸背板黄褐色，中央具黑色阔条带。翅略带黄色，具褐色斑纹；端带阔，内部具 2–3 个透明窗，在翅前缘处与痣带相连；痣带完整，基支宽，端支相对较窄；基带完整，有时断开成 2 斑；缘斑窄长，向内与基带相连；基斑小。腹部第 1–5 节背板黑褐色，腹板黄色或红褐色，第 6 节黑褐色，第 7–9 节红褐色；腹部第 3 节背中突长棒状，不超过第 4 节背板后缘。雄性外生殖器卵圆形，生殖刺突短于生殖肢基节，内缘中齿钝三角形；第 9 节腹板的基柄阔长，下瓣近三角形，基部具 1 圆形窗，端部相互重叠。

分布：浙江（余姚、磐安、龙泉、泰顺）、台湾。

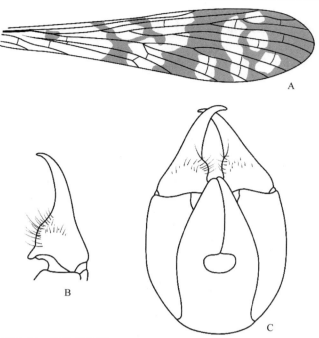

图 6-24　细纹新蝎蛉 *Neopanorpa ophthalmica* (Navás, 1911)

A. 前翅；B. 右生殖刺突腹面观；C. ♂外生殖器腹面观

（335）卵翅新蝎蛉 *Neopanorpa ovata* Cheng, 1957（图 6-25）

Neopanorpa ovata Cheng, 1957b: 89.

主要特征：头顶黑褐色，喙深褐色。胸部背板黑褐色。翅无色透明，具褐色斑纹；端带完整，具 2 个透明窗；痣带完整，基支阔，端支窄，在端带和痣带之间还有额外的 1 条横带；基带成 2 大斑；缘斑

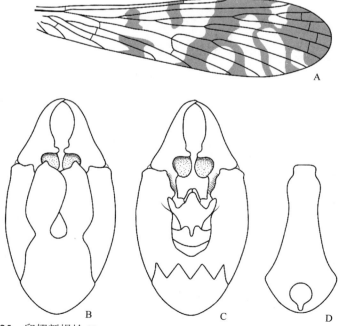

图 6-25　卵翅新蝎蛉 *Neopanorpa ovata* Cheng, 1957（仿自 Cheng，1957b）

A. 前翅；B. ♂外生殖器腹面观；C. ♂外生殖器腹面观，下瓣移除；D. ♂上板背面观

存在，无基斑；翅痣明显。腹部第 1–6 节黑褐色，以后黄褐色；腹部第 3 节背中突长棒状，伸达第 4 节背板的后缘。雄性外生殖器长卵形，生殖肢基节末端内缘具有 1 列毛；生殖刺突纤细，内缘中齿三角形，基部具缺刻区；第 9 节腹板基柄阔长，下瓣相当阔，末端外缘向后突起；背板窄长，末端平截，在接近端部处向外突出。

　　分布：浙江（德清、临安、开化、庆元）、福建。

（336）璧尔新蝎蛉 *Neopanorpa pielina* Navás, 1936（图 6-26，图版 XXXII-5）

Neopanorpa pielina Navás, 1936: 58.

　　主要特征：头顶黄褐色，喙红褐色。胸部背板黑褐色，侧板红褐色。翅稍带褐色，具暗褐色斑纹；端带阔，后缘具 1 个分离的小斑；痣带完整，基支阔，端支窄，前半部外缘向外形成 1 小突起，基带断成 2 斑；缘斑小，无基斑；翅痣明显。腹部第 1–5 节背板黑褐色，腹板红褐色，第 6 节黑色，第 7、8 节黄褐色；腹部第 3 节背中突棒状，超过第 4 节背板末端。雄性外生殖器长卵形，生殖肢基节端部内缘具 1 列毛；生殖刺突内缘具三角形中齿和碗状基齿；第 9 节腹板基柄阔长，下瓣阔，基部缢缩，外缘向背面卷曲，端部稍尖；背板末端平截；阳基侧突"Y"形，末端分歧。雌性下生殖板中间阔，向后渐窄，末端具宽"V"形缺刻；生殖板主板不发达；后臂长于主板，端部叶状；中轴超出主板，前端强烈分歧。

　　分布：浙江（开化、龙泉）、江西。

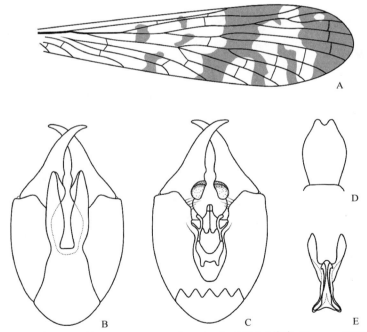

图 6-26　璧尔新蝎蛉 *Neopanorpa pielina* Navás, 1936（仿自 Cheng，1957b）
A. 前翅；B. ♂外生殖器腹面观；C. ♂外生殖器腹面观，下瓣移除；D. ♀下生殖板腹面观；E. ♀生殖板腹面观

（337）天目山新蝎蛉 *Neopanorpa tienmushana* Cheng, 1957（图 6-27，图版 XXXII-6）

Neopanorpa tienmushana Cheng, 1957b: 69.

　　主要特征：头顶黑褐色，喙黄褐色。前胸背板黄褐色，中、后胸背板中央具黑色纵带。翅黄色，半透明，具黄褐色斑纹；端带阔，后方内部具 1 个透明窗；痣带完整，基支较阔，端支较窄；基带分为 2 个不规则斑，其中后方的斑斜向外与窄长的缘斑相连；基斑小；翅痣不明显。腹部第 1–5 节背板黑褐色，第 6 节以后红褐色；腹部第 3 节背中突略超过第 4 节上圆钝的后背突。雄性外生殖器卵圆形，第 9 节腹板的基柄阔长，下瓣粗短，近基部有 1 个近心形窗口，末端重叠；背板向端部逐渐变窄，末端具"V"形缺刻；阳基侧突纤细，"Y"形，仅伸达阳茎中部。雌性下生殖板卵圆形，末端具"V"形缺刻；生殖板主板梯形；后臂长，末端叶状；中轴短，不伸出主板。

　　分布：浙江（安吉、临安、余姚、磐安、开化、遂昌、庆元、泰顺）、福建。

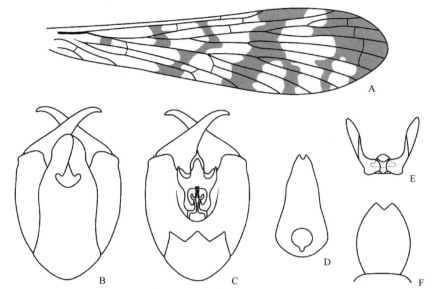

图 6-27　天目山新蝎蛉 *Neopanorpa tienmushana* Cheng, 1957（仿自 Cheng，1957b）
A. 前翅；B.♂外生殖器腹面观；C.♂外生殖器腹面观，下瓣移除；D.♂上板背面观；E.♀生殖板腹面观；F.♀下生殖板腹面观

135. 蝎蛉属 *Panorpa* Linnaeus, 1758

Panorpa Linnaeus, 1758: 551. Type species: *Panorpa communis* Linnaeus, 1758.

　　主要特征：喙短粗至细长。前翅 1A 脉与翅缘的交点超过或达到 Rs 脉的起源点；A 脉分 3 支；R_2 脉常分 2 支。雄性腹部第 3 节背中突不发达或较短，有的种第 6 节背板后缘有 1 个片状臀角。雄性第 9 节腹板的基柄阔长或不明显，下瓣阔或狭；背板末端常具"U"形缺刻；阳茎背瓣大多长于腹瓣，背瓣骨化，腹瓣膜质；生殖肢基节长，生殖刺突内缘常具中齿和基齿；阳基侧突不与阳茎愈合。雌性下生殖板末端有或无"V"形缺刻；生殖板大多具发达的主板。

　　分布：主要分布于全北区，东洋区也有不少分布。世界已知 270 余种，中国记录 120 余种，浙江分布 10 种。

分种检索表（♂）*

1. 雄性腹部第 6 节背板末端具 1 个臀角 ··· 2
- 雄性腹部第 6 节背板末端无臀角 ··· 3
2. 头顶黑色，喙中央黑色，两侧缘黄褐色；雄性下瓣伸达生殖肢基节的末端 ··············· 弯杆蝎蛉 *P. anfracta*
- 头顶深黄褐色，喙黄褐色，两侧色稍浅；雄性下瓣不伸达生殖肢基节的末端 ··············· 尤氏蝎蛉 *P. kiautai*
3. 前、中胸背板黄色；雄性基柄几乎与下瓣等长 ··· 金华蝎蛉 *P. jinhuaensis*
- 雄性基柄极短 ··· 4

---

* 克氏蝎蛉仅知雌性，故未包括在此检索表中。

4. 前、中胸背板黑褐色，痣带完整 ··· 5
- 不完全具备以上特征 ··· 6
5. 中、后胸背板前缘褐色，后缘黄褐色，胸部侧板黄色；端带阔，后缘具 1 透明窗斑；生殖刺突细长，中齿小三角形，基齿大，船形；腹阳基侧突分 2 叉，内、外支等长 ·· **金身蝎蛉 *P. aurea***
- 胸部背板黑褐色，侧板和腹板淡黄褐色；端带以 1 透明的宽条纹分割成 1 大的前斑和 1 小的后斑；生殖刺突粗长，基半部粗壮，中齿钝三角形，基齿稍尖；腹阳基侧突分 2 叉，外支长约为内支之半 ············ **黄蝎蛉 *P. lutea***
6. 前、中胸背板黑褐色；无基斑 ··· 7
- 前、中胸背板黄色；有基斑 ·· 8
7. 生殖刺突中齿钝三角形，基齿指形，末端稍尖；腹阳基侧突直棒状，不分叉，内缘具 1 列长刺 ········· **周氏蝎蛉 *P. choui***
- 生殖刺突中齿、基齿三角形，端部尖；腹阳基侧突分 2 叉，外支端部球形膨大，顶端稍尖 ············· **陈氏蝎蛉 *P. cheni***
8. 阳基侧突基部细，突然变阔，其上具 1 弯曲的长突起 ····························· **四段蝎蛉 *P. tetrazonia***
- 阳基侧突基部分叉，外支简单，长，末端窄，其上具短毛；内支粗短，内缘具 1 列褐色长硬毛 ········ **莫干山蝎蛉 *P. mokansana***

（338）弯杆蝎蛉 *Panorpa anfracta* Ju *et* Zhou, 2003（图 6-28）

Panorpa anfracta Ju *et* Zhou, 2003: 38.

主要特征：头部黑色，喙中央黑色，两侧缘黄褐色。胸部背板黑色，侧板黄褐色；前胸背板前缘两侧各具 2 根黑色刚毛。翅无色透明，无明显斑纹，翅痣明显。腹部第 2–6 节背板深黑色，第 7–8 节背板黄褐色，雄性腹部第 6 节背板末端具 1 个指状臀角。雄性外生殖器卵圆形，生殖刺突内缘中部具尖齿，基部具缺刻区；第 9 节腹板基柄短，下瓣内缘近中部具尖突出，末端钝圆，伸达生殖刺突基部；背板较窄，末端具深"U"形缺刻；阳基侧突分 2 叉。雌性下生殖板阔，卵圆形，末端无缺刻；生殖板长，主板圆阔；后臂稍短于主板；中轴不伸出主板。

分布：浙江（遂昌）。

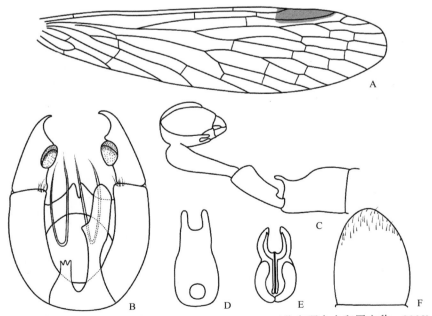

图 6-28 弯杆蝎蛉 *Panorpa anfracta* Ju *et* Zhou, 2003（仿自琚金水和周文豹，2003）
A. 前翅；B. ♂外生殖器腹面观；C. ♂腹部第 6–9 节侧面观；D. ♂上板背面观；E. ♀生殖板腹面观；F. ♀下生殖板腹面观

（339）金身蝎蛉 *Panorpa aurea* Cheng, 1957（图 6-29，图版 XXXII-7）

Panorpa aurea Cheng, 1957b: 43.

主要特征：头顶前缘褐色，后缘黄褐色，喙黄色。中后胸背板前缘褐色，后缘黄褐色，侧板黄色。翅黄色，具黄褐色斑纹；端带阔；痣带完整，具有阔的基支和端支；基带阔，完整；缘斑、基斑小，不明显。腹部第 1–5 节背板褐色，腹部第 3 节背中突略向后突出盖住第 4 节上尖锐的后背突，第 6 节无臀角。雄性外生殖器长卵形，生殖刺突细长，内缘具三角形中齿和船形缺刻的基齿；第 9 节腹板基柄短，下瓣细长，末端圆，不超过生殖刺突基部，内缘具 1 列长鬃；上板末端具深"U"形缺刻，两侧形成 1 对指形突起；阳基侧突"Y"形，外支弯曲，内支直，2 支内缘各具 1 列短刚毛。雌性下生殖板长，末端楔形，具浅缺刻；生殖板主板侧缘向内弯曲；后臂短于主板之半，末端尖；中轴长，前半部伸出主板。

分布：浙江（安吉、磐安、开化、庆元、龙泉）、江西、福建。

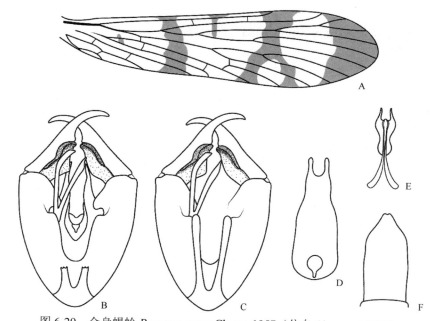

图 6-29　金身蝎蛉 *Panorpa aurea* Cheng, 1957（仿自 Cheng，1957b）

A. 前翅；B. ♂外生殖器腹面观，下瓣移除；C. ♂外生殖器腹面观；D. ♂上板背面观；E. ♀生殖板腹面观；F. ♀下生殖板腹面观

（340）陈氏蝎蛉 *Panorpa cheni* Cheng, 1957（图 6-30，图版 XXXII-8）

Panorpa cheni Cheng, 1957b: 35.

主要特征：头顶黑褐色，喙黄褐色。胸部背板褐色，侧板浅褐色。翅无色透明，具暗褐色斑纹；端带阔；痣带中部稍狭，基支阔，无端支；基带阔；缘斑小或无；无基斑；翅痣不明显。腹部第 1–5 节背板黑色，第 6 节黑褐色，第 7–9 节浅褐色；腹部第 3 节背中突略向后伸出，盖住第 4 节背板上尖锐的后背突。雄性外生殖器卵圆形，生殖刺突内缘的中齿尖锐，基齿宽大，具短尖；第 9 节腹板基柄短，下瓣窄长，伸达生殖肢基节中部，内缘具 1 列长鬃；上板末端具深的"U"形缺刻，两侧形成 1 对指状突起；阳基侧突二分叉，其中背支短，着生 1 丛粗长刺毛；腹支端部呈鼓槌状膨大，具短尖；阳茎短粗，不超过生殖肢基节端部，背瓣两侧延伸出 1 对细长的指形突起。雌性下生殖板三角形，末端缺刻浅；生殖板后臂纤细，长于主板；中轴短，不伸出主板。

分布：浙江（安吉、临安）。

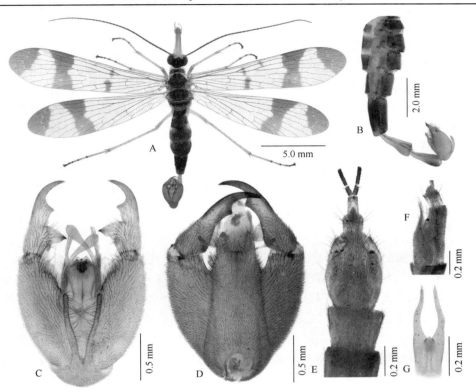

图 6-30　陈氏蝎蛉 *Panorpa cheni* Cheng, 1957

A. ♂成虫背面观；B. ♂腹部侧面观；C. ♂外生殖器腹面观；D. ♂外生殖器背面观；E. ♀腹末腹面观；
F. ♀生殖节侧面观；G. ♀生殖板腹面观

（341）周氏蝎蛉 *Panorpa choui* Zhou *et* Wu, 1993（图 6-31）

Panorpa choui Zhou *et* Wu in Zhou et al., 1993a: 190.

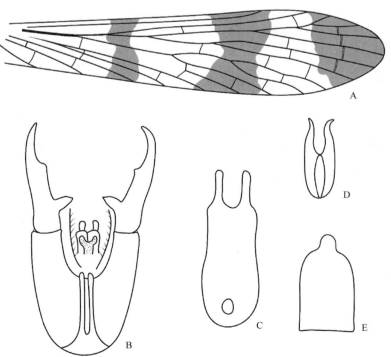

图 6-31　周氏蝎蛉 *Panorpa choui* Zhou *et* Wu, 1993（仿自周文豹等，1993a）

A. 前翅；B. ♂外生殖器腹面观；C. ♂上板背面观；D. ♀生殖板腹面观；E. ♀下生殖板腹面观

主要特征：头顶黑色，喙黄褐色。胸部背板黑色，腹板黄褐色。翅无色透明，具黑褐色斑纹；端带阔；痣带阔，具同样宽的基支，无端支；基带完整；无缘斑和基斑；翅痣淡黄色。腹部第1–6节背板黑色，腹板黑色，两侧具黄褐色小斑；第7–9节黄褐色。雄性外生殖器长卵形，生殖刺突约与生殖肢基节等长，内缘中齿钝三角形，基齿指形且末端尖；第9节腹板的基柄短，下瓣纤细，两侧近平行，伸达生殖肢基节中部；上板末端具深的"U"形缺刻；阳基侧突杆状，内缘具1列长刺。雌性下生殖板卵圆形，末端钝圆；生殖板中轴不伸出主板。

分布：浙江（德清、安吉、临安、龙泉）。

（342）金华蝎蛉 *Panorpa jinhuaensis* Wang, Gao *et* Hua, 2019（图 6-32，图版 XXXII-9）

Panorpa jinhuaensis Wang, Gao *et* Hua, 2019: 151.

主要特征：头橘色。胸部背板均一黄色，无背中带。翅黄色，斑纹褐色；端带前缘内部有时具透明窗，后缘有时具1分离斑；端带与痣带间常有2散生点状斑；痣带端支与痣带相接或断开与2点状斑相连；缘斑弧形；基带中部缢缩或断开成2斑；基斑方形；后翅基斑缺失。腹部均一的橘黄色。雄性外生殖器橘黄色；生殖刺突粗短，顶端黑色，内缘具钝圆的中齿和碗状基齿；第9节腹板的基柄较宽，下瓣较短，两瓣长三角形，内缘"U"形，外缘弧形，超过生殖肢基节中部；背板顶端圆弧状；腹阳基侧突细长，红褐色，相互交叉，阳茎背瓣向后延伸，末端膨大，斜切。雌性下生殖板基半部方形，端半部梯形，末端具浅缺刻；生殖板后臂稍短于主板，端半部扭转；中轴长，前半部伸出主板。

分布：浙江（金华）。

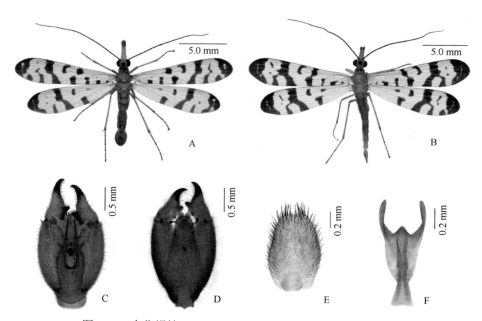

图 6-32 金华蝎蛉 *Panorpa jinhuaensis* Wang, Gao *et* Hua, 2019
A. ♂成虫；B. ♀成虫；C. ♂外生殖器腹面观；D. ♂外生殖器背面观；E. ♀下生殖板腹面观；F. ♀生殖板腹面观

（343）尤氏蝎蛉 *Panorpa kiautai* Zhou *et* Wu, 1993（图 6-33）

Panorpa kiautai Zhou *et* Wu in Zhou et al., 1993a: 189.

主要特征：头顶深黄褐色，喙黄褐色，两侧色稍浅。胸部背板黑色，前胸背板中央具1黄褐色横条带，中、后胸背板的后方有1黄褐色斑，侧板和腹板黄色。翅无色透明，具褐色斑纹；端带中央有2–3个淡色窗；痣带斜，中部稍狭，端支阙如；基带断成 2 斑；无缘斑；基斑无或为很小的圆点；翅痣明显。腹部第 6 节背板末端具 1 指状臀角。雄性外生殖器长卵形；生殖刺突短于生殖肢基节，内缘中部有 1 个三角形突起，基部有 1 个大的缺刻区；第 9 节腹板基柄短，下瓣细长，向后渐阔，末端超过生殖肢基节中部；上板末端具深的"U"形缺刻；阳基侧突粗长，弧形弯曲，相互交叉，内缘着生 1 列密集短毛。雌性未知。

分布：浙江（德清、安吉、临安、遂昌）、福建、广东。

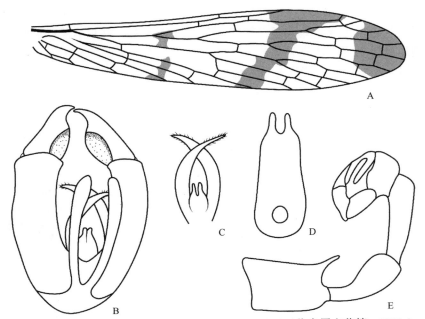

图 6-33 尤氏蝎蛉 *Panorpa kiautai* Zhou *et* Wu, 1993（仿自周文豹等，1993a）
A. 前翅；B.♂外生殖器腹面观；C. 阳茎和阳基侧突；D.♂上板背面观；E.♂腹部第 6–9 节侧面观

（344）克氏蝎蛉 *Panorpa klapperichi* Tjeder, 1950（图 6-34）

Panorpa klapperichi Tjeder, 1950: 289.

主要特征：头顶黑褐色，喙浅褐色。前胸背板黑褐色，中、后胸浅褐色。翅透明，具黑褐色斑纹；端带阔，具 2–3 个不明显的透明小窗；痣带完整，基支宽，端支细；基带窄；缘斑和基斑存在；翅痣明显；后翅基带退化为 1 个斑点，无基斑。腹部背板黑褐色，腹板浅褐色。雌性下生殖板窄长，中部缢缩，末端具浅缺刻；生殖板后臂向后渐窄；中轴短，稍长于主板之半，不超出主板。

分布：浙江（临安、开化）、福建。

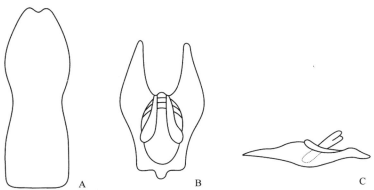

图 6-34 克氏蝎蛉 *Panorpa klapperichi* Tjeder, 1950（仿自 Tjeder，1950）
A.♀下生殖板腹面观；B.♀生殖板腹面观；C.♀生殖板侧面观

（345）黄蝎蛉 *Panorpa lutea* Carpenter, 1945（图 6-35，图版 XXXII-10）

Panorpa lutea Carpenter, 1945: 72.

　　主要特征：头顶黑褐色，喙黄褐色。胸部背板黑褐色，中、后胸小盾片稍浅。翅蜡黄色；端带阔，内缘斜，有时后缘具 1 分离的三角形小斑；痣带完整，端支略窄于基支；基带阔，呈中部缢缩的沙漏形；缘斑长方形或呈斑点状；基斑极小或消失。腹部第 1–5 节背板黑褐色，第 6 节及以后橙黄色至黄褐色；第 3 节背板后缘的背中突扁平，向后盖住第 4 节背板上尖锐的后背突；第 6 节无臀角。雄性外生殖器卵圆形。生殖刺突稍长于生殖肢基节之半，基半部粗壮，内缘具三角形中齿和基齿；第 9 节腹板基柄极短，下瓣窄长且端半部内缘具 1 列长刚毛；上板末端具深的"U"形缺刻；阳基侧突二分叉，腹支约为背支长之半，背支外缘有 1 列短刺毛。雌性下生殖板阔，端半部向后渐窄；生殖板前端窄，向后渐阔；后臂短于主板，末端渐尖；中轴短，不伸出主板，前端分歧。

　　分布：浙江（德清、安吉、临安、开化、庆元）、安徽。

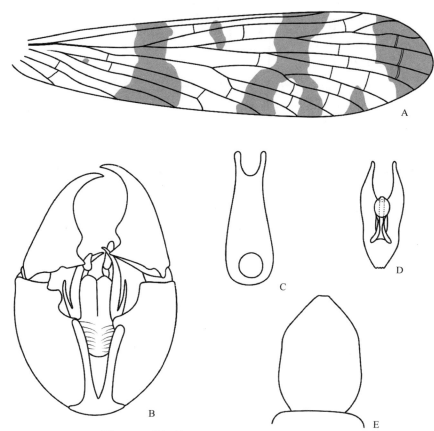

图 6-35　黄蝎蛉 *Panorpa lutea* Carpenter, 1945
A. 前翅；B. ♂外生殖器腹面观；C. ♂上板背面观；D. ♀生殖板腹面观；E. ♀下生殖板腹面观

（346）莫干山蝎蛉 *Panorpa mokansana* Cheng, 1957（图 6-36，图版 XXXII-11）

Panorpa mokansana Cheng, 1957a: 27.

Panorpa wrightae Cheng, 1957a: 28.

　　主要特征：头顶黄褐色，单眼三角区被 1 个向后延伸至后头两侧的黑褐色大斑包围。喙黄褐色。前胸背板黄褐色，中、后胸背板黄褐色，具宽阔的黄色中带。翅略带黄色，具黑褐色斑纹；端带后部具 1 个透明窗，形成 1 条向后的短带；痣带完整，基支阔，端支窄；基带明显，中部缢缩，后部宽约为前部的 2 倍；缘斑阔长；基斑矩形；翅痣不明显。腹部第 1–5 节背板黑褐色，第 3 节背中突扁平，向后盖住第 4 节背板上尖锐的后背突；第 6 节无臀角。雄性外生殖器卵圆形，生殖刺突稍长于生殖肢基节之半，内缘具明显的中齿和基齿；第 9 节腹板的基柄短，下瓣窄，伸达生殖肢基节中部；上板末端具极浅的"U"形缺刻；阳基侧突基部分叉，外支细长，内缘具短毛；内支粗短，内缘具 1 列长刚毛；阳茎背瓣末端尖锐，分歧。雌性下生殖板窄长，基部窄，中部阔，末端具浅缺刻；生殖板长菱形；后臂约与主板等长，向后渐窄；中轴不伸出主板，前端渐阔、钝圆。

　　分布：浙江（德清）。

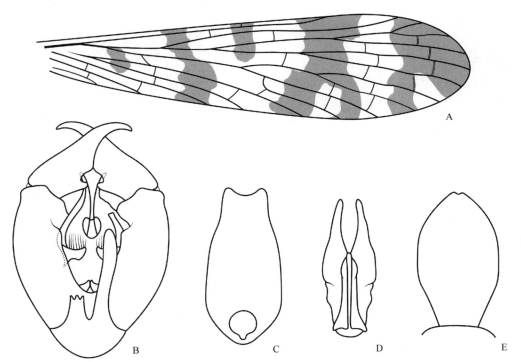

图 6-36　莫干山蝎蛉 *Panorpa mokansana* Cheng, 1957
A. 前翅；B. ♂外生殖器腹面观；C. ♂上板背面观；D. ♀生殖板腹面观；E. ♀下生殖板腹面观

（347）四段蝎蛉 *Panorpa tetrazonia* Navás, 1935（图 6-37，图版 XXXII-12）

Panorpa tetrazonia Navás, 1935b: 96.

　　主要特征：头顶黄褐色，单眼三角区被 1 个向后延伸至后头两侧的黑斑包围。喙黄褐色。前胸背板黑褐色；中、后胸背板两侧黑褐色，具宽阔的浅黄色中带。翅无色透明，具褐色斑纹；端带后缘具 1 个透明窗，在横脉处具有一些小透明斑；痣带完整，具阔的基支和稍窄的端支；基带前端窄，向后渐阔；缘斑长，基斑细线状。雄性外生殖器卵圆形；生殖刺突长于生殖肢基节之半，内缘具明显钝三角形中齿和耳状基齿；第 9 节腹板的基柄较短，下瓣纤细，伸达生殖肢基节中部；上板末端具浅缺刻；阳基侧突二分叉，外支短，内支长，内缘具 1 列长刚毛。雌性下生殖板窄长，末端无缺刻；生殖板阔，主板中部两侧向外突出；后臂细长，稍短于主板；中轴短，前端略伸出主板。

　　分布：浙江（安吉、临安、桐庐、婺城、开化、庆元）、安徽、江西。

图 6-37　四段蝎蛉 *Panorpa tetrazonia* Navás, 1935

A. ♂成虫背面观；B. ♀成虫背面观；C. ♂外生殖器背面观；D. ♂外生殖器腹面观；E. 阳茎复合体腹面观；

F. ♀下生殖板腹面观；G. ♀生殖板腹面观

第七章　毛翅目 Trichoptera

　　成虫俗称石蛾，体与翅面多毛，故名毛翅目。小至中型，体长 2–40 mm，柔弱。体多褐色、黄褐色、灰色、烟黑色，少有较鲜艳的种类。头小，能自由活动。复眼大而左右远离，单眼 3 个或无。触角丝状，多节，基部 2 节较粗大。咀嚼式口器，但较退化。翅 2 对。翅脉接近昆虫假想脉序，有时雌性无翅。足细长，各足胫节距数量有变化，跗节 5 节，爪 1 对。腹部 10 节。雌性第 8 节具下生殖板，一般无特殊的产卵器。雄性第 9 节外生殖器裸露。

　　幼虫蛃型或亚蠋型，体长 2–40 mm，生活于各类清洁的淡水水体中，如清泉、溪流、泥塘、沼泽及较大的湖泊、河流等。常筑巢于石块缝隙中，故又名石蚕。咀嚼式口器，有吐丝器。胸足 3 对，发达。腹部仅具 1 对臀足，各足具 1 爪，腹部侧面有气管鳃。裸蛹，上颚发达，腹部腹面常有气管鳃，末端常有 1 对臀突。

　　毛翅目是水生昆虫中最大的类群之一，在淡水生态系统的能量流动中起重要作用，许多种类对水质污染极敏感，被广泛用作水质监测的重要指示生物。

　　毛翅目昆虫广泛分布于世界各大动物地理区，分为 3 亚目，即环须亚目 Annulipalpia、完须亚目 Integripalpia 和尖须亚目 Spicipalpia，51 科 17 200 余种，中国记录 28 科 110 属 1420 种，浙江分布 25 科 58 属 202 种。

分科检索表

1. 体型小，体长通常 5 mm 以下；中胸盾片缺毛瘤，中胸小盾片两毛瘤横形，在中线处汇合形成钝角；后翅窄，端尖，后缘经常具长缘毛，有时长达后翅的宽度 ·· 小石蛾科 Hydroptilidae（部分）
- 体中至大型，长于 5 mm；中胸盾片常具毛瘤或缺毛瘤，中胸小盾片毛瘤圆形或长条形；后翅常宽，端部钝圆，后缘如有缘毛，则较短 ··· 2
2. 下颚须 5 节（少数 6 节），末节柔软多环纹，长至少为第 4 节长之的 2 倍；或口器退化，下颚须、下唇须缺失 ··· 3
- 下颚须 3、4 或 5 节，末节与其他节相似，长约与前几节相等 ·· 11
3. 中胸盾片有毛瘤 ··· 4
- 中胸盾片无毛瘤 ··· 8
4. 中胸盾片毛瘤近方形，相互紧贴形成大约与小盾片大小相当之毛瘤区 ················· 剑石蛾科 Xiphocentronidae
- 中胸盾片毛瘤圆形，远比小盾片小 ··· 5
5. 前翅 R_1 分叉 ··· 径石蛾科 Ecnomidae
- 前翅 R_1 不分叉 ··· 6
6. 胫距式 2, 4, 4，若为 3, 4, 4，则下颚末节仅稍长于第 3 节 ··························· 蝶石蛾科 Psychomyiidae
- 胫距式 3, 4, 4 ··· 7
7. 前胸背板宽大成领状，具中裂；中胸小盾片前缘有一段中裂；雄性后足胫节内距特别粗大，端部分叉或扭曲 ········· 畸距石蛾科 Dipseudopsidae（部分）
- 前胸背板窄小；中胸小盾片前缘无中裂；雄性后足胫节内距锥形，前胸背板中毛瘤大而略呈长方形，中胸盾片毛瘤圆形 ········· 多距石蛾科 Polycentropodidae
8. 前足胫节有 3 个距 ··· 9
- 前足胫节有 0–2 个距 ··· 10
9. 有单眼，少数缺；体大型；中胸小盾片前缘无中裂；雄性后足胫节距均为锥形；触角远比前翅长 ·················· 角石蛾科 Stenopsychidae
- 缺单眼；中胸小盾片前缘中裂；雄性后足胫节内距粗大，端部分叉或扭曲 ·········· 畸距石蛾科 Dipseudopsidae（部分）
10. 有单眼 ··· 等翅石蛾科 Philopotamidae
- 无单眼 ··· 纹石蛾科 Hydropsychidae

11. 下颚须 5 节，第 2 节短，常圆形，约与第 1 节等长 ··· 12
 - 　下颚须 3、4 或 5 节，第 2 节细长，长于第 1 节 ··· 15
12. 下颚须第 2 节形似第 1 节，圆柱形；具单眼；前足胫节缺端前距 ············ **螯石蛾科 Hydrobiosidae**
 - 　下颚须第 2 节圆球形 ··· 13
13. 前足胫节具端前距；具单眼 ··· **原石蛾科 Rhyacophilidae**
 - 　前足胫节缺端前距 ··· 14
14. 前胸盾片两中毛瘤远离；具单眼 ··· **舌石蛾科 Glossosomatidae**
 - 　前胸盾片两中毛瘤接近，几乎相互接触；具单眼或缺单眼 ··········· **小石蛾科 Hydroptilidae（部分）**
15. 头顶具 2–3 个单眼 ··· 16
 - 　头顶缺单眼 ··· 19
16. 中足胫节有 2 个端前距；中胸小盾片布满小毛，前翅有第 1 叉脉，前翅臀脉愈合部分长达第 1 臀室数分室长之和的 2 倍
 ··· **拟石蛾科 Phryganopsychidae**
 - 　中足胫节有 1 个或无端前距 ··· 17
17. 前翅基部 Sc 与 R_1 脉之间具 1 加厚且向下凹陷的区域；触角柄节常长于头；中胸小盾片窄长，末端尖，超过中胸盾板长的一半，其毛瘤长为宽的 3–4 倍；前翅狭长，翅长约为其宽的 3 倍；后翅臀区退化，仅略宽于前翅；体长不超过 7 mm
 ··· **乌石蛾科 Uenoidae**
 - 　前翅基部 Sc 与 R_1 脉之间不加厚；少数种类具加厚区域但绝不向下凹陷 ······························· 18
18. 后翅分径室端部开放，或前翅 R_1 与 C 脉之间具 1 横脉，Sc 终止于横脉上 ········· **幻石蛾科 Apataniidae**
 - 　后翅分径室闭锁，前翅缺 R_1-C 横脉 ································· **沼石蛾科 Limnephilidae**
19. 中胸盾片毛域几乎散布于整个盾片之长度 ··· 20
 - 　中胸盾片毛限于 1 对分离的毛瘤上 ··· 22
20. 触角柄节约为梗节长的 2 倍，头顶具后中脊；前、后翅径脉 R_1 与 R_2 端部愈合，或前翅 R_1 与 R_2 近端部具 1 横脉；胫距式 2, 4, 2–4 ··· **枝石蛾科 Calamoceratidae**
 - 　触角柄节约为梗节长的 3 倍，头顶缺后中脊；翅脉不如上述 ··· 21
21. 触角远长于身体；中足胫节缺端前距，胫距式 0–2, 2, 2–4 ···················· **长角石蛾科 Leptoceridae**
 - 　触角等长或略长于身体；中足胫节具 2 个端前距，胫距式 2, 4, 4 ·········· **细翅石蛾科 Molannidae**
22. 头顶具很大的后毛瘤，向内自复眼内缘至背中线，向前达头顶中央；触角不比前翅长，后翅前缘基部具弯曲的翅钩 ····
 ··· **钩翅石蛾科 Helicopsychidae**
 - 　头顶后毛瘤显著较小，或触角为前翅长的一倍半 ··· 23
23. 中胸小盾片中央具 1 个毛瘤 ··· 24
 - 　中胸小盾片中央有 1 对毛瘤，有时有一点接触 ··· 25
24. 下颚须雌雄均为 5 节，前后分径室（DC）均闭锁 ····················· **齿角石蛾科 Odontoceridae**
 - 　下颚须雌性为 5 节，雄性为 2–3 节；后翅分径室（DC）开放 ················· **瘤石蛾科 Goeridae**
25. 前胸背板具 1 对毛瘤，中胸盾片中缝深 ······················· **毛石蛾科 Sericostomatidae**
 - 　前胸背板具 2 对毛瘤，中胸盾片中缝不如上述深 ··· 26
26. 中足胫节具黑色小刺，具 0–2 个端前距，距上无毛；雄性下颚须 3 节，雌性 5 节 ············ **短石蛾科 Brachycentridae**
 - 　中足胫节无黑色小刺，有 2 个端前距，距覆毛；雄性下颚须 1 节、2 节或 3 节，雌性 5 节 ··· **鳞石蛾科 Lepidostomatidae**

I. 环须亚目 Annulipalpia

　　结网型石蛾。成虫下颚须 5 节，末节柔软，多环状纹，末节长至少为前一节长之 2 倍。
　　幼虫蛃型，头前口式，触角极小或无；臀足长并具发达的爪，活动灵便，生活于清洁至中等污染的水体中。

本亚目世界广布，共 8 科，在我国均有分布，浙江分布 8 科。

三十四、畸距石蛾科 Dipseudopsidae

主要特征：成虫缺单眼，下颚须 5 节，末节具环纹或简单，下颚通常形成喙状突，胸部背板有或无毛瘤，前胸背板大型，领状，具较深的背中裂，中胸小盾片在有些属中延长，且具前中沟。胫距式 3, 4, 4。雄性后足内端距通常粗大，端部分叉，是鉴别种类的重要依据。幼虫细长，下唇前伸，端部细，其上具细腺开口。前胸背板骨化，中、后胸背板膜质。足短，胫节、跗节短而扁，密被刷状毛。臀足长，爪缺附钩。

生物学：幼虫筑丝质管状巢。

分布：古北区、东洋区、新北区、旧热带区、澳洲区。世界已知 3 亚科 8 属 170 余种，中国记录 2 属 7 种，浙江分布 1 属 1 种。

136. 畸距石蛾属 *Dipseudopsis* Walker, 1852

Dipseudopsis Walker, 1852: 91. Type species: *Dipseudopsis capensis* Walker, 1852.

Nesopsyche McLachlan, 1866a: 268. Type species: *Nesopsyche flavisignata* McLachlan, 1866.

Esperona Navás, 1913b: 12. Type species: *Esperona orientalis* Navás, 1913.

Bathytinodes Iwata, 1927: 209. Type species: *Bathytinodes albus* Iwata, 1927.

主要特征：成虫头部光裸无毛，或仅具稀疏毛，头胸部的毛瘤不典型；中胸背板为前中沟所分隔，胫距式 3, 4, 4。前翅狭长，翅面通常具透明斑，第 1 叉短，具柄或缺如；第 2 及 4 叉长而无柄，第 3 及 5 叉长而具柄，盘室与中室闭锁。后翅短而宽，多呈三角形，色淡，近半透明；第 2 及第 5 叉长且无柄，第 1、3 及 4 叉缺如，盘室与中室闭锁。雄性外生殖器粗短，但肛上附肢大。幼虫头壳短，长短于最宽处，两侧缘近平等，额唇基沟 "V" 形，上颚端部侧面具齿。

分布：古北区、东洋区、旧热带区、澳洲区。世界已知 78 种，中国记录 5 种，浙江分布 1 种。

（348）钳形畸距石蛾 *Dipseudopsis collaris* McLachlan, 1863（图 7-1）

Dipseudopsis collaris McLachlan, 1863: 496.

Bathytinodes alba Iwata, 1927: 209-210.

Dipseudopsis bakeri Banks, 1916b: 215-216.

Dipseudopsis discors Navás, 1924c: 205.

Dipseudopsis morosa Banks, 1924: 450, in part.

Dipseudopsis stellata McLachlan, 1875b: 16-17.

主要特征：前翅长 13–15 mm。头部大多褐色，后毛瘤浅褐色，触角黄褐色。前胸浅褐色，中后胸深褐色。前翅褐色，具 5–7 个透明斑围绕盘室纵向排列，Cu_2 近端部处具 1 透明斑。后足内端距端部 1/3 分裂成 2 支近等长、端部尖锐的突起，两突起呈钳形。外端距剑状，略短于内端距。

雄性外生殖器：第 9 节背面观三角形，侧面观稍伸出于第 10 背面后方，第 9 节腹板背中突椭圆形，端部钝，伸达阳具基部 2/3 处；第 10 节倾斜，舌形；肛上附肢侧面观中上部 2/3 宽，下方 1/3 窄，且稍向前弯曲，后缘稍凹入，背缘与后缘几呈直角；下附肢指状，腹面观端部斜截或平截。阳具简单，阳茎基陷骨化，腹面观基部 1/3 窄，端部宽。

分布：浙江（杭州）、江苏、江西、广东、香港；日本，菲律宾。

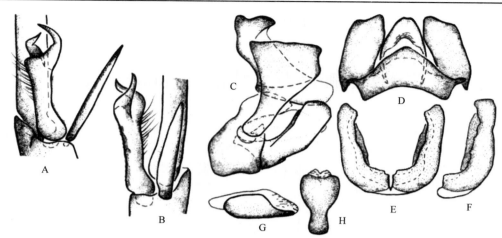

图 7-1　钳形畸距石蛾 *Dipseudopsis collaris* McLachlan, 1863（仿自 Weaver and Malicky，1994）

A. ♂左后足胫节端部，B. ♂右后足胫节端部；C-H. ♂外生殖器：C. 侧面观；
D. 背面观；E、F. 下附肢，腹面观；G. 阳具，侧面观；H. 阳具，腹面观

三十五、径石蛾科 Ecnomidae

主要特征：成虫缺单眼，下颚须 5 节，第 2 节长于第 1 节，而与第 3 节近等长。中胸盾片与小盾片均具 1 对圆形毛瘤，胫距式 2-3, 2-4, 4；翅窄，前翅 R_1 端缘分叉，分径室及中室闭锁。

分布：古北区、东洋区、旧热带区和澳洲区。世界已知 8 属 514 余种，其中径石蛾属 *Ecnomus* 为第一大属，包括约 335 种，中国记录 1 属 25 种，浙江分布 1 属 2 种。

137. 径石蛾属 *Ecnomus* McLachlan, 1864

Ecnomus McLachlan, 1864: 26, 30. Type species: *Philopotamus tenellus* Rambur, 1842.

Ecnomiella Mosely, 1935: 221. Type species: *Ecnomiella bifurcata* Mosely, 1935.

主要特征：体连翅长 4–10 mm。体黄色至褐色，多毛。头部多毛瘤，无单眼，下颚须 5 节，第 2 节长于第 1 节，短于第 3 与第 4 节，第 5 节最长。下唇须 3 节，第 1 节长于第 2 节，短于第 3 节。前胸背板具 2 对毛瘤，中胸背板中部具 1 对毛瘤，在背中线处相互接触，中胸小盾片具 1 对半圆形毛瘤，胫距式 2-3, 4, 4。目前为止，我国已知种的胫距式均为 3, 4, 4。前翅 5 叉齐全，具分径室、中室及明斑后室。后翅具第 2 及第 5 叉。

雄性外生殖器：第 9 节背板与腹板连接处窄，第 10 节小；上附肢细长或棒状，有时呈三角形，基部宽大；下附肢 1 节，其背面延伸至阳具基部，形成宽片状结构以支撑阳具；阳具简单，具阳基侧突或缺阳基侧突。

分布：古北区、东洋区、旧热带区、澳洲区。世界已知 335 种，中国记录 25 种，浙江分布 2 种。

（349）纤巧径石蛾 *Ecnomus tenellus* (Rambur, 1842)（图 7-2）

Philopotamus tenellus Rambur, 1842: 503.

Ecnomus tenellus: McLachlan, 1864: 171.

主要特征：体连翅长 4.3–5.1 mm。触角黄色，每节具褐色环。头部密被灰黄色毛。下颚须黄色，端部浅褐色。前翅灰白色，散布不规则斑点，这些斑点有时相互愈合，前缘亚端部处具一些大型黑色斑点。后翅淡灰色。足淡黄色，前中足跗节具褐色环，前足胫节具褐色端环。腹部褐色，端节黄色。

雄性外生殖器：第 9 节腹板前缘具 1 三角形凹切，后缘直，具 1 条纵线从前缘凹切处伸达后缘中央。第 10 节背板后腹突直，侧面观呈指状，背面观较宽。上附肢宽，向端部渐变窄，基部具微小的中突，中部及

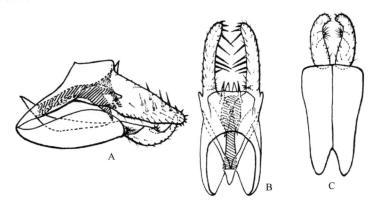

图 7-2　纤巧径石蛾 *Ecnomus tenellus* (Rambur, 1842) ♂外生殖器（仿自 Li and Morse，1997d）

A. 侧面观；B. 背面观；C. 腹面观

端部中央具粗刺。下附肢短于上附肢，中部具短的背突，侧面观端部细长，并稍上曲，腹面观端圆，中向弯曲。阳具管状，端部背缘具细小的指状突，腹缘延伸成舌状。

分布：浙江、江苏、安徽、湖北、江西、台湾、广东、四川、云南、西藏；古北区、东洋区及旧热带区。

（350）匙肢径石蛾 *Ecnomus spatulatus* Li *et* Morse, 1997（图 7-3）

Ecnomus spatulatus Li *et* Morse, 1997d: 108.

主要特征：前翅长 5.2 mm。体灰褐色。雄性外生殖器第 9 节腹板腹面观前缘呈"V"形凹入，背板侧面观三角形。第 10 节小。上附肢细长，侧面观由基部向端部渐窄，亚端部略缢缩，背面观略相向弯曲。下附肢侧面观多少呈匙形。阳具基部具叶突，阳基侧突长约为阳具的 2/3。

分布：浙江（四明山）、安徽。

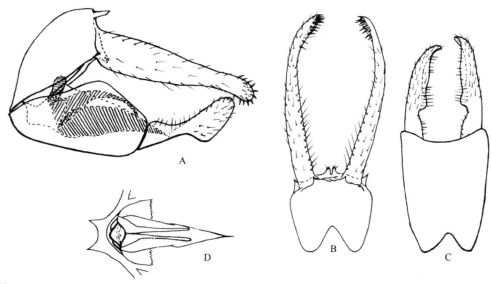

图 7-3　匙肢径石蛾 *Ecnomus spatulatus* Li *et* Morse, 1997 ♂外生殖器（仿自 Li and Morse, 1997d）
A. 侧面观；B. 背面观；C. 腹面观；D. 阳茎，背面观

三十六、纹石蛾科 Hydropsychidae

主要特征：成虫缺单眼。下颚须末节长，环状纹明显。中胸盾片缺毛瘤，胫距式 2, 2–4, 2–4。前翅具 5 个叉脉，后翅第 1 叉脉有或无。幼虫各胸节背板均骨化，中、后胸及腹部各节两侧具成簇的丝状鳃。

生物学：幼虫生活于清洁水体中，部分种具有较强的耐污能力，取食聚集在隐蔽居室网上的藻类、有机颗粒或微小型无脊椎动物。

分布：世界广布。世界已知 5 亚科 27 属 1500 余种，中国记录 14 属 200 余种，浙江分布 11 属 41 种。

分属检索表

1. 触角粗壮，下颚须第 2 节较第 3 节短；复眼小眼面间不具毛 ·· 弓石蛾属 *Arctopsyche*
- 触角细长，下颚须第 2 节较第 3 节长，若第 2 节较第 3 节短，则口器退化 ··· 2
2. 触角长超过前翅长的 1.5 倍；前翅 Cu_{1b} 与 Cu_2 在近端部处愈合或为 1 横脉相连；后翅分径室常缺，径室（RC）明显宽大；下颚须、下唇须可退化或消失 ··· 3
- 触角约与前翅等长（除缺距纹石蛾属 *Potamyia* 雄性触角较长外）；前翅 Cu_{1b} 与 Cu_2 在近端部处不愈合，也不为横脉相连；后翅分径室存在，径室（RC）较窄 ·· 7
3. 无口器，缺下颚须，缺下唇须，或下唇须痕迹状 ·· 4
- 口器完整，具下颚须及下唇须 ··· 5
4. 前翅缺盘室，Sc 与 R_1 愈合距离相当长 ··· 合脉长角纹石蛾属 *Oestropsyche*
- 前翅具盘室，Sc 与 R_1 分离 ··· 多型长角纹石蛾属 *Polymorphanisus*
5. 前翅缺盘室，雄性后翅臀区强烈加宽，雌性后翅 Sc 终止于翅的前缘 ··········· 周长角纹石蛾属 *Amphipsyche*
- 前翅具盘室，但有时很小 ·· 6
6. 后翅 R_1 终止于 R_{2+3}，通过 1 短横脉与 Sc 相连，前翅 Rs 基部退化，以 1 小横脉与 R_1 相连 ···············
   ··· 残径长角纹石蛾属 *Pseudoleptonema*
- 后翅 R_1 与 Sc 愈合，下颚须第 3 节长于第 2 节 ··························· 长角纹石蛾属 *Macrostemum*
7. 后翅 Sc 与 R_1 在端部分离，并与翅的边缘前向弯曲；雄性第 5 腹节侧面具长线形腺体·········· 腺纹石蛾属 *Diplectrona*
- 后翅 Sc 与 R_1 在端部愈合，且直；雄性第 5 腹节侧面无长线形腺体 ··· 8
8. 前翅 m-cu 横脉与 cu 横脉相距较远，两者的距离通常大于或等于 cu 横脉长度的 2 倍 ··························· 9
- 前翅 m-cu 横脉与 cu 横脉相距较近，两者的距离通常小于 cu 横脉长度的 2 倍 ······························· 10
9. 后翅 M 与 Cu 主干远离 ·· 离脉纹石蛾属 *Hydromanicus*
- 后翅 M 与 Cu 主干接近 ·· 纹石蛾属 *Hydropsyche*
10. 后翅具 m-cu 横脉，胫距式 2, 4, 4 ··· 短脉纹石蛾属 *Cheumatopsyche*
- 后翅缺 m-cu 横脉，胫距式 0–2, 4, 4 ·· 缺距纹石蛾属 *Potamyia*

138. 周长角纹石蛾属 *Amphipsyche* McLachlan, 1872

Amphipsyche McLachlan, 1872b: 68. Type species: *Amphipsyche proluta* McLachlan, 1872.

Phanostoma Brauer, 1875: 69. Type species: *Phanostoma senegalense* Brauer, 1875.

Amphipsychella Martynov, 1935a: 201. Type species: *Amphipsychella extema* Martynov, 1935.

主要特征：体小至中型，雄性前翅长 8–20 mm，雌性 6–15 mm。翅黄色或褐色，少种数类头部与胸部具斑纹。雄性触角长为前翅的 3.5 倍，雌性达其前翅的 2 倍；鞭节长，数量雄性达 75–100 节，雌性达 45–70

节。雄性头部具 2 对毛瘤，后面的 1 对毛瘤边界模糊，雌性头部仅 1 对毛瘤。下颚须第 5 节很长，分成若干次生的小节，但有时退化或完全与第 4 节愈合。胫距式 1, 4, 4，但经常退化为 0, 4, 4、0, 4, 3、0, 4, 2、0, 3, 2 或 0, 2, 2。雌性中足胫节与跗节宽扁。分径室前后翅均缺。R_1 和 Rs 在其合并处附近通常弯曲；第 1 叉通常具柄，第 2 叉无柄，少数例外。后翅 Sc 终止于翅的前缘，由 1 横脉与 R_1 相连。雄性前翅具扩大的臀区。

雄性外生殖器：下附肢 2 节，阳茎基陷袋状，与下附肢基部相连，上附肢仅在某些类群中存在。阳基鞘基部宽，中间窄，端部膨大成球形，内茎鞘刺多时可达 3 对。雌性第 8 腹板部分地分为 2 个骨片。

分布：古北区、东洋区、旧热带区。世界已知 22 种，中国记录 5 种，浙江分布 1 种。

（351）原周长角纹石蛾 *Amphipsyche proluta* McLachlan, 1872（图 7-4）

Amphipsyche proluta McLachlan, 1872b: 70.

Amphipsyche paraproluta Hwang, 1957: 387.

主要特征：雄性前翅长 11–14 mm，触角长约 30 mm，约 80 节。雌性前翅长 8–10 mm，触角长约 12 mm，约 50 节。体浅褐色，触角浅黄色，具多个小褐色环。前翅浅黄色，第 2 叉无柄。雄性前翅横脉 Sc-R 处具 1 黑斑，雌性无此斑。后翅有 m-cu 横脉。胫距式 1, 4, 4，后足端前距特小。下颚须 5 节，雄性第 5 节较前 4 节之和长 1.5 倍，雌性与之约等长。

雄性外生殖器：第 9 节侧面观窄，第 10 节背板上附肢为 1 小毛突。阳茎基陷宽而圆。下附肢基节端部膨大，端节细小。阳具基部粗，端部钝，背面具 1 小突。

雌性外生殖器：第 8 节腹板宽，方形，内侧边有很长一段加厚。

分布：浙江（临安）、黑龙江、河南、江苏、湖南、福建、四川；俄罗斯，印度。

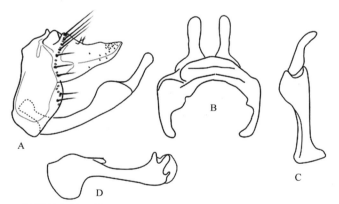

图 7-4　原周长角纹石蛾 *Amphipsyche proluta* McLachlan, 1872 ♂ 外生殖器
A. 侧面观；B. 第 9–10 节，背面观；C. 下附肢，腹面观；D. 阳具，侧面观

139. 弓石蛾属 *Arctopsyche* McLachlan, 1868

Arctopsyche McLachlan, 1868: 300. Type species: *Aphelocheira ladogensis* Kolenati, 1859.

Arctopsychodes Ulmer, 1915: 51. Type species: *Arctopsychodes reticulata* Ulmer, 1915.

主要特征：复眼光裸。下颚须第 3 节长为宽的 2 倍，稍长于第 4 节。雌性中足扁平，具细毛。前后翅盘室及前翅的中室均很小。

雄性外生殖器：第 9 节与第 8 节等高，不套缩于第 8 节内。肛上附肢游离，长，卵圆形。中附肢形态各异，或粗壮，或细长，单支或双支，光滑或具颗粒刺状突。第 10 节完全膜质，或短，或呈长管状。下附肢 2 节，第 1 节粗大，具 1 尖突或背叶及 2 或 3 个腹向的尖突，第 2 节小，插入在第 1 节的尖突中。阳具粗大，由 1 个长管状的阳基鞘组成，其内包含内茎鞘。内茎鞘膜质，端部具"S"形的阳茎孔片。

生物学：生活于静水或流水水体。

分布：古北区、东洋区、新北区。世界已知 27 种，中国记录 8 种，浙江分布 1 种。

（352）裂片弓石蛾 *Arctopsyche lobata* Martynov, 1930（图 7-5）

Arctopsyche lobata Martynov, 1930: 77.

主要特征：前翅长 12 mm。相对于体长来说，翅相对较大，雌雄前翅端部均截形，具 1 排浅黄色斑点，斑点在后缘整齐而规则，翅的其他区域深褐色。

雄性外生殖器：第 9 节侧面观上方 1/2 窄，下半部稍加宽。第 10 节三叉状，肛上附肢（上附肢）细长，较柔软；中附肢具弱刺；下附肢侧面观匙状，基节长约为宽的 1.5 倍，基部具 1 长指状基叶；下附肢端节仅为基节的 2/3，自基部向端部渐窄，腹面观末端尖。阳具粗大，侧面观膝状下弯，下弯处腹方具 1 方形内凹，背方具膜质片状突，该突起背面观呈三角形；阳具背缘近端部处具 1 缺刻。

分布：浙江（庆元）、云南、西藏；缅甸。

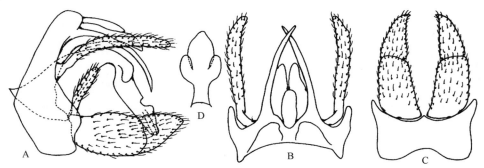

图 7-5　裂片弓石蛾 *Arctopsyche lobata* Martynov, 1930 ♂外生殖器
A. 侧面观；B. 第 9-10 节，背面观；C. 下附肢，腹面观；D. 阳具背突背面观

140. 短脉纹石蛾属 *Cheumatopsyche* Wallengren, 1891

Cheumatopsyche Wallengren, 1891: 142. Type species: *Hydropsyche lepida* Pictet, 1834.

主要特征：额在两触角间的部分细小，形成细柄状，额唇基沟上方及两触角柄节的下方呈五边形；唇基狭长，其两侧与颊下区的交接处边缘不明显；颊下区条状，其外侧稍宽；额颊沟多少倾斜，颊的上部较窄，下方略放宽；上唇椭圆形；上颚大致呈三角形。下颚须第 1 节最短，着生在负颚须节下方，第 2 节与第 3 节近等长，约为第 1 节的 3 倍，第 4 节略短，细长成短棒状；下唇须第 1 节与第 2 节近等长，第 3 节最长，约为前 1 节长的 2.5 倍。

前胸背板仅 1 对长形的毛瘤，该毛瘤在中央附近较宽大，向两侧逐渐变细。中胸盾片光滑，小盾片上具 1 大型呈圆形的毛瘤。后胸各盾片光滑无毛。中后胸背板光滑，有时具稀疏的毛，除中胸小盾片外，均不形成毛瘤。前胸侧板侧沟较短，前侧片大致呈三角形，后侧片四边形。胫距式 2, 4, 4。雄性前足爪对称。雌性中足胫、跗节扁宽。前翅 m-cu 横脉与 cu 横脉的间隔近，不及 cu 横脉长的 2 倍；Cu_{1b} 与 Cu_2 端部远离。后翅 M 与 Cu 主干远离，m-cu 横脉明显，第 1 叉存在或消失。第 10 节背板两侧有 1 对低平的小毛瘤。阳茎基长管形，内茎鞘突瓣状，一般圆阔，勺状，能活动。

分布：世界广布。世界已知 400 余种，中国记录 37 种，浙江分布 6 种。

分种检索表

1. 前翅深褐色，具浅色大斑点 ·· 2
- 前翅深褐色或褐色，或黄色，无浅色斑点或斑点小 ··· 3
2. 前翅具 3 条白色横带，下附肢端节端尖 ····································· 三带短脉纹石蛾 *C. trifascia*
- 前翅具不规则横条纹，下附肢端节端部不尖锐 ························ 多斑短脉纹石蛾 *C. dubitans*
3. 第 10 节侧叶侧面观长条形，呈薄片状上卷，缺中叶 ·············· 中华短脉纹石蛾 *C. chinensis*
- 第 10 节侧叶侧面观其他形状，通常具中叶 ··· 4
4. 第 10 节侧面观侧叶高于中叶，侧叶呈钩状，背面观侧叶相向弯曲 ····· 条尾短脉纹石蛾 *C. albofasciata*
- 第 10 节侧面观侧叶与中叶等高，背面观侧叶分开广，不相向弯曲 ····································· 5
5. 中叶端部中央向后方稍呈弧形隆出 ··· 蛇尾短脉纹石蛾 *C. spinosa*
- 中叶端部中央稍凹切 ··· 圆尾短脉纹石蛾 *C. ventricosa*

（353）条尾短脉纹石蛾 *Cheumatopsyche albofasciata* (McLachlan, 1872)（图 7-6）

Hydropsyche albofasciata McLachlan, 1872b: 68.

Cheumatopsyche albofasciata: Martynov, 1934: 284.

　　主要特征：体连翅长 7.5 mm。头褐色，触角黄白色，具黑褐色环。胸部褐色，足各节端部具黄白色毛，前翅褐色，具多数浅色小点。胸部暗绿色、褐色或黄白色。
　　雄性外生殖器：第 9 节侧后突长。第 10 节背面平坦，侧叶近条状上举，略内倾；尾须毛瘤状，椭圆形。下附肢基节细长，约为第 2 节长的 3.5 倍，端部略粗；端节短，向顶端渐尖。阳茎端部略粗，内茎鞘突较之较窄。
　　分布：浙江（临安）、黑龙江、吉林、河北、江苏、安徽、湖北。

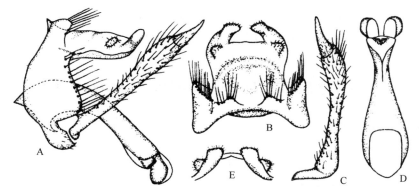

图 7-6　条尾短脉纹石蛾 *Cheumatopsyche albofasciata* (McLachlan, 1872) ♂外生殖器
A. 侧面观；B. 背面观；C. 下附肢，腹面观；D. 阳具，腹面观；E. 第 10 节，后面观

（354）中华短脉纹石蛾 *Cheumatopsyche chinensis* (Martynov, 1930)（图 7-7）

Hydropsychodes chinensis Martynov, 1930: 80.

Cheumatopsyche amurensis Martynov, 1934: 245.

Cheumatopsyche chinensis: Mosely, 1939: 27.

Cheumatopsyche banksi Mosely, 1942: 351.

Potamyia parva Tian *et* Li, 1991 [1987]: 128.

主要特征：前翅长 8.5 mm。体色暗，前翅深褐色，具浅色斑点。

雄性外生殖器：第9节侧面观前缘略向前呈弧形隆起，后缘中部具1较大的弧形凹入，侧后突钝齿状。第10节侧面观长条形，基部宽，向端部渐窄，侧毛瘤大，长卵圆形，着生于第10节背板中央偏后方；背面观呈梯形，端部向两侧稍膨大；中叶缺，侧叶侧面观三角形，前背向弯曲，背面观上卷至第10节背方。下附肢基节基部窄，向端部渐增粗，顶端平截，侧面观上缘略呈"S"形弯曲；端节侧面观基半部宽，端半部窄，腹面观三角形，端圆。阳基鞘侧面观基部粗，向端部渐窄，顶端斜切；内茎鞘突侧面观卵圆形，内茎鞘腹叶小，末端尖；阳茎孔片近三角形。

分布：浙江（临安）、黑龙江、吉林、辽宁、江苏、安徽、湖北、湖南、福建、海南、重庆、四川、贵州、云南；老挝。

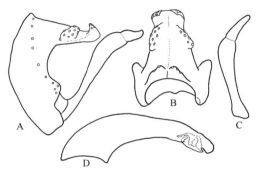

图 7-7　中华短脉纹石蛾 *Cheumatopsyche chinensis* (Martynov, 1930) ♂外生殖器（仿自 Oláh et al.，2008）
A. 侧面观；B. 第9–10 节，背面观；C. 下附肢，腹面观；D. 阳具，侧面观

（355）多斑短脉纹石蛾 *Cheumatopsyche dubitans* Mosely, 1942（图 7-8）

Cheumatopsyche dubitans Mosely, 1942: 352.

主要特征：前翅长 6.5 mm。体黑褐色。头部黑褐色，触角柄节、梗节深褐色，鞭节黄色，基部数节具"U"形深褐色斑纹。下颚须及下唇须灰褐色。胸部背面黑褐色，侧腹面深褐色。足基节为深褐色，其余各节黄色，但前足股节黄褐色，中后足股节基部腹面具黄褐色斑纹。腹部背面深褐色，腹面黄褐色。

雄性外生殖器：第9节侧面观前缘向前方强烈凸出成弧形，后缘中上部直，侧后突不明显。第10节侧面观长条形，侧叶短棒状，略向上弯曲，侧毛瘤椭圆形；背面观基部宽，向端部稍变窄，中叶不显，两侧叶宽，端部外角略向外隆起。下附肢侧面观基节棒状，端部粗，腹面观基部与端部粗大，中部匀称，两侧缘近平行；端节侧面观近三角形，后半部略向上弯曲，腹面观近条形。阳基鞘基部粗，侧面观向端部渐细，但顶端稍膨大；内茎鞘突三角形，阳茎孔片卵圆形，内茎鞘腹叶不明显。

分布：浙江（庆元）、安徽、湖北、江西、湖南、福建、广东、贵州。

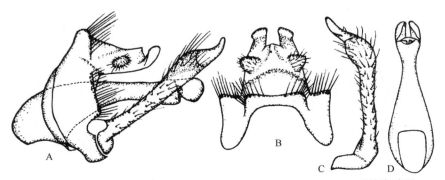

图 7-8　多斑短脉纹石蛾 *Cheumatopsyche dubitans* Mosely, 1942 ♂外生殖器
A. 侧面观；B. 第9–10 节，背面观；C. 下附肢，腹面观；D. 阳具，背面观

（356）蛇尾短脉纹石蛾 *Cheumatopsyche spinosa* Schmid, 1959（图 7-9）

Cheumatopsyche spinosa Schmid, 1959: 325.

主要特征：体连翅长 8 mm。头黑色，下颚须黑褐色；触角褐色，具深色环。胸部黑色，足黑褐色。前翅黑褐色，密布浅色斑点；后翅暗褐，具第 1 叉脉。腹部黑色。

雄性外生殖器：第 9 节前缘向前方强烈凸出，后缘平直，侧后突短。第 10 节侧面观近矩形，长约为高的 2 倍，向后下方倾斜，侧叶短，侧面观三角形，向背方略卷。侧毛瘤卵圆形，着生于背板中部偏后的正中央；背面观基部稍缢缩，端部两侧略向外方膨胀，中叶短小，向后方呈弧形隆出，侧叶宽片状，上卷。下附肢基节侧面观棒状，端半部稍加粗，顶端平截，腹面观基部与端部粗，中部细窄；端节基部 1/3 近三角形，其余部分细窄，端部尖，腹面观三角形，端尖。阳基鞘基部粗，向端部渐细，内茎鞘突近卵圆形，内缘平直，阳茎孔片卵圆形，内茎鞘腹叶不明显。

分布：浙江（庆元）、贵州、云南。

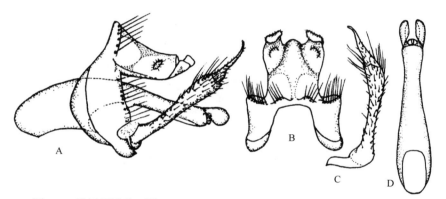

图 7-9　蛇尾短脉纹石蛾 *Cheumatopsyche spinosa* Schmid, 1959 ♂外生殖器
A. 侧面观；B. 第 9–10 节，背面观；C. 下附肢，腹面观；D. 阳具，背面观

（357）三带短脉纹石蛾 *Cheumatopsyche trifascia* Li *et* Dudgeon, 1988（图 7-10）

Cheumatopsyche trifascia Li *et* Dudgeon, 1988: 42.

主要特征：前翅长 5.5–6.5 mm。体深褐色，头部背面深褐色，其余部分为黄色。触角、下颚须、下唇须黄色。前胸黄色，中、后胸背面深褐色，侧腹面大多为黄色；足黄色，翅黄色，前翅基部、中部及亚端部分别具自前缘伸向后缘的白色条带，但这 3 个条带不同个体间表现出一定的差异性。腹部黄白色，具烟色的细条纹。

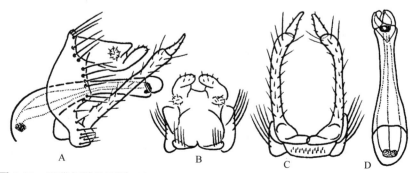

图 7-10　三带短脉纹石蛾 *Cheumatopsyche trifascia* Li *et* Dudgeon, 1988 ♂外生殖器
A. 侧面观；B. 第 9–10 节，背面观；C. 下附肢，腹面观；D. 阳具，背面观

　　雄性外生殖器：第 9 节侧后突短，不尖；第 10 节侧面观基部窄，向端部稍加宽，侧叶近短棒状，中叶侧面观角状，背面观端平。瘤突卵圆形。下附肢基节细长，端部略内弯，端节短，约为基节的 1/5，端部尖；阳具基部粗，弯曲成 90°角，端部直。

　　分布：浙江（临安）、江西、福建、广东。

（358）圆尾短脉纹石蛾 *Cheumatopsyche ventricosa* Li *et* Dudgeon, 1988（图 7-11）

Cheumatopsyche ventricosa Li *et* Dudgeon, 1988: 41.

　　主要特征：前翅长约 9 mm。体黑褐色。头部黑色，触角柄节、梗节黑色，鞭节前 5 节，每节具 1 斜的黑色条纹，其余各节为褐色，每节在近端部处色稍淡。下颚须及下唇须黑褐色。胸部背面黑色，侧腹面色稍淡；各足除基节黑色外，其余各节为褐色。前翅深褐色，在前缘区及后缘区具少许白色斑点，翅中部附近、于 M 脉主干分叉点、沿 M_{1+2} 主干到 r-m 横脉处具 1 长条形白色纹。腹部背面深褐色，腹部黄色。

　　雄性外生殖器：第 9 节侧后突明显，顶角尖；第 10 节背板基半部骨化，其余部分除侧缘外均为膜质，瘤突极小，分裂为 2 个小毛瘤，着生于膜质区域内，侧叶基部细，端部向一侧胀大为半球形，上举；中叶端缘中央稍凹切。下附肢基节基部细，端部略扁宽，向内稍弯曲；端节基部扁，端部渐细，但不尖。

　　分布：浙江（临安）、江西、福建、香港、广西。

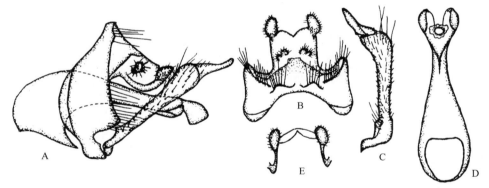

　　图 7-11　圆尾短脉纹石蛾 *Cheumatopsyche ventricosa* Li *et* Dudgeon, 1988 ♂外生殖器
　　A. 侧面观；B. 第 9–10 节，背面观；C. 下附肢，腹面观；D. 阳具，背面观；E. 第 10 节，后面观

141. 腺纹石蛾属 *Diplectrona* Westwood, 1840

Diplectrona Westwood, 1840: 49. Type species: *Aphelocheira flavomaculata* Stephens, 1836.

　　主要特征：触角与前翅近等长，下颚须第 2 节远长于第 1 节，第 3 节与第 4 节逐渐变短。头顶具 4 个大型毛瘤。雌性中足不扁平。前翅在亚缘处相当宽；第 1 叉及第 3 叉具柄，盘室小，中室与明斑室大；Cu_2 及 A 脉强烈弯曲，且在翅后缘的翅后缘室处变粗；横脉 m-cu 及 cu 相互接近。后翅宽，端圆；Sc 很粗，R_1 细，第 1 叉及第 3 叉具柄。腹部第 5 节球状体略延长，形成细长的管状结构，内具 1 腺体。第 9 节端侧角不明显。第 10 节几乎不能与第 9 节明显区分，并形成 1 对外叶与 1 对内叶。

　　分布：除非洲以外的世界各大动物地理区。世界已知 136 种，中国记录 13 种，浙江分布 3 种。

分种检索表

1. 雄性第 10 节侧叶明显长于中叶 ·· **叉突腺纹石蛾 *D. furcata***
- 雄性第 10 节侧叶与中叶近等长，或中叶长于侧叶 ······································ 2

2. 雄性第 10 节侧面观侧叶端部波状，背面观中叶端部尖锐 ·· **砝码腺纹石蛾 _D. fama_**

- 雄性第 10 节侧面观侧叶近三角形，端部尖或钝圆，背面观中叶端圆 ·································· **卡莉腺纹石蛾 _D. kallirrhoe_**

（359）砝码腺纹石蛾 _Diplectrona fama_ Malicky, 2002（图 7-12）

Diplectrona fama Malicky, 2002: 1208.

主要特征：体浅褐色。前翅具小亮斑。前翅长 6.5–7.0 mm。前翅 r-m 与 m 横脉之间的距离大于 r-m 的长度，m-cu 与 cu 横脉相互接近。后翅 r-m 位于分径室下缘的中部。第 5 节侧丝短，仅略长于其所着生的节，略向内弯曲。第 5 节囊突小，第 8 节囊突缺失。

　　雄性外生殖器：第 9 节侧面观前缘中部明显前凸，腹缘短，后缘多少波状；背面观前缘向后方呈半圆形凹入，后缘中央向后方凸出成三角形。第 10 节内叶背面观近三角形，端部尖锐；外叶侧面观近四边形，或呈不规则状，个体具有一定的差异性，但背面观近四边形。下附肢侧面观约为第 10 节侧叶的 2 倍长，棒状，向端部稍加粗；腹面观略呈弧形，端部 1/3 稍加粗。下附肢端节短棒状，侧面观中部略缢缩；腹面观向端部逐渐变窄，中向弯曲。阳具管状，侧面观基部膨大，中部窄，端部稍加粗；腹面观端部膨大。

　　分布：浙江（临安）；越南。

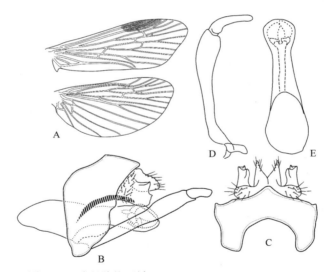

图 7-12　砝码腺纹石蛾 _Diplectrona fama_ Malicky, 2002
A. 前后翅脉相；B-E. ♂外生殖器：B. 侧面观；C. 第 9–10 节，背面观；D. 下附肢，腹面观；E. 阳具，腹面观

（360）叉突腺纹石蛾 _Diplectrona furcata_ Hwang, 1958（图 7-13）

Diplectrona furcata Hwang, 1958: 280.

　　主要特征：前翅长 8.5 mm。头部黑色，毛瘤黄褐色。下颚须、下唇须黄褐色，触角黄褐色，体黑色。前翅 r-m 与 m 横脉、m-cu 与 cu 横脉呈一条直线；后翅 r-m 位于分径室下缘基部。

　　雄性外生殖器：第 9 节环形，背面观前缘向后方深凹，后缘呈弧形；侧面观前缘呈弧形，后缘于下附肢着生处稍膨大成角状。第 10 节内叶侧面观近三角形，背面观指状，较外叶短，密被刚毛；外叶粗壮，侧面观基半部上下缘近平行，端半部分为上下 2 支，均呈指状，背面观上支端部向中部稍弯曲，宽约为下支宽的 1.5 倍，基部着生刚毛。下附肢基节侧面观棒状，长于第 10 节外叶，腹面观基部稍粗，内外缘近平行。

下附肢端节侧面观基部 1/2 上下缘近平行，端部 1/3 尖锐；腹面观基部 1/3 粗大，端部 2/3 呈指状，中向弯曲。阳具侧面观近基部弯曲成直角，其余部分上、下缘近平行，端部膜质；腹面观基半部宽，端半部窄，顶端双叶状；阳茎孔片复杂，具数对叶状突。

分布：浙江（临安）、福建。

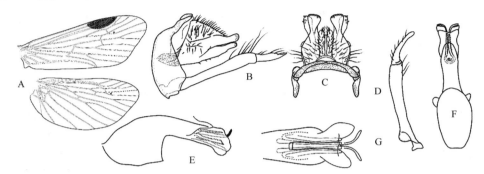

图 7-13　叉突腺纹石蛾 *Diplectrona furcata* Hwang, 1958

A. 前后翅脉相；B-G. ♂外生殖器：B. 侧面观；C. 第 9–10 节，背面观；D. 下附肢，腹面观；E. 阳具，侧面观；
F. 阳具，背面观；G. 阳具端部，腹面观

（361）卡莉腺纹石蛾 *Diplectrona kallirrhoe* Malicky, 2002（图 7-14）

Diplectrona kallirrhoe Malicky, 2002: 1211.

主要特征：体深褐色。前翅长 6 mm。腹部第 5 节侧丝为该节长的 1.5–2 倍，直或略向内方弯曲。第 5 节囊突很小，第 8 节囊突大型。

雄性外生殖器：第 9 节侧面观前缘略呈弧形向前突出。第 10 节由 1 对短指状突所组成。侧叶基部具界限不明显的毛域，侧面观侧叶略呈三角形，其后缘多少向外方弯曲，使其在侧面观端圆或尖锐；内叶略呈舌形，端部具毛。阳具侧面观较直，细长，端部稍斜截；背面观端部稍向两侧胀大，阳茎孔片 4 片。

分布：浙江（安吉、临安）。

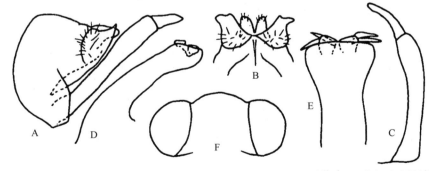

图 7-14　卡莉腺纹石蛾 *Diplectrona kallirrhoe* Malicky, 2002（仿自 Malicky，2002）

A-E. ♂外生殖器：A. 侧面观；B. 第 9–10 节，背面观；C. 下附肢，腹面观；D. 阳具，侧面观；E. 阳具，腹面观；F. 头部，背面观

142. 离脉纹石蛾属 *Hydromanicus* Brauer, 1865

Hydromanicus Brauer, 1865: 420. Type species: *Hydromanicus irroratus* Brauer, 1865.

主要特征：触角与前翅长约相等。前翅 m-cu 横脉与 cu 横脉的间隔大于 cu 横脉长度的 2 倍。后翅 M

与 Cu 主干远离，m-cu 横脉明显。胫距式 2, 4, 4。雄性前足爪对称，雌性中足跗节、胫节不膨大。第 10 节背板上具 1 对显著的上附肢，或上附肢缺失；背板后缘有 1 深中裂。内茎鞘突匙状，可活动。内茎鞘腹叶消失或为阳茎端部腹面的两个瓣状骨片。

分布：古北区、东洋区、旧热带区。世界已知 75 种，中国记录 19 种，浙江分布 5 种。

分种检索表

（362）亚多离脉纹石蛾 *Hydromanicus adonael* Malicky, 2012（图 7-15）

Hydromanicus adonael Malicky, 2012: 1277.

主要特征： 前翅长 14 mm。体淡褐色至深褐色。

雄性外生殖器： 第 9 节侧面观前缘弯曲成弧形，侧后角钝。第 10 节侧面观多少呈三角形，上缘中部形成 1 齿突；背面观端部呈"U"形，两侧缘稍向外方扩展；基部两侧各有 1 肛上突，长达背板后缘，侧面观细长，稍弯曲，背面观基部宽大，端部收窄。下附肢基节侧面观近四边形，腹面观基部稍粗，略弯曲；端节基部 1/3 粗，其余部分突然收窄。阳具基部极粗，向端部略收缩。

分布： 浙江（开化）。

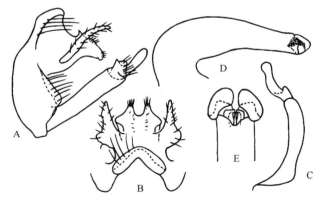

图 7-15　亚多离脉纹石蛾 *Hydromanicus adonael* Malicky, 2012 ♂外生殖器（仿自 Malicky，2012）
A. 侧面观；B. 背面观；C. 下附肢，腹面观；D. 阳具，侧面观；E. 阳具端部放大，腹面观

（363）具沟离脉纹石蛾 *Hydromanicus canaliculatus* Li, Tian *et* Dudgeon, 1990（图 7-16）

Hydromanicus canaliculatus Li, Tian *et* Dudgeon, 1990: 37.

主要特征： 前翅长 12.5–13.5 mm。头部深黄褐色；触角黄褐色；下颚须、下唇须黄白色。胸部背面深黄褐色，侧腹面黄白色。翅淡褐色，具黄褐色毛丛。前翅黄褐色，翅脉处深色，形成深色网络，翅面不规则地散布多数白色小点。亚前缘脉与第 1 径脉尖端愈合，并向第 2 径脉靠近，但不接触。腹部黄白色。

雄性外生殖器：第 9 节侧面观上部 1/3 窄，其余部分加宽。第 10 节背板端部 3/4 狭窄，仅及基部宽的 1/4，后缘中裂达背板长的 1/4；基部侧缘各有 1 细长肛上突，长达背板后缘，肛上突基部附有 1 粗短多毛之突起，在此内方近背中线处，有 1 对锥形多毛突起，此突起后方，由许多刚毛排列成两条弧线，延伸至侧缘。下附肢基节粗，端部极度斜削；端节扁，内侧凹成槽，端部 2/3 处外侧突然收缩。阳具基部极粗，端部腹面呈刀状，内茎鞘突似瓢状，内茎鞘腹叶 1 对，似勺状；阳茎孔片向侧面延伸形成 1 侧向尖突。

分布： 浙江（临安）、陕西、湖北、江西、福建、四川。

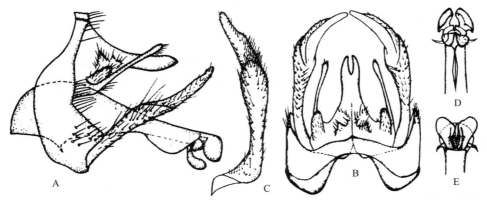

图 7-16　具沟离脉纹石蛾 *Hydromanicus canaliculatus* Li, Tian *et* Dudgeon, 1990 ♂外生殖器

A. 侧面观；B. 第 9–10 节，背面观；C. 下附肢，腹面观；D. 阳具端部，腹面观；E. 阳具，背面观

（364）中庸离脉纹石蛾 *Hydromanicus intermedius* Martynov, 1931（图 7-17）

Hydromanicus intermedius Martynov, 1931: 9.

主要特征： 体长 6.6 mm。头、胸部背面深褐色，触角黄色，鞭节各节具深色环。足黄色。前翅黄色，沿翅脉处色深；中室端部处有 1 浅色斑。前翅 Sc 与 M 尖端愈合，并紧靠 R_2。

雄性外生殖器：第 9 节侧后突三角形，后角尖，内弯。第 10 节背板基部宽，向端部渐窄，后缘中裂，裂缝浅；肛上突细长，基部附有 1 粗短突起，两列"八"字形排列的多毛纵脊位于此之后方。下附肢基节向端部渐增粗；端节长为基节的 1/2，基部宽，端半部窄，宽度为基部的 1/2。内茎鞘突大，呈匙状，盖住阳茎孔片。阳茎孔片向侧面延伸成 1 对利刺。内茎鞘腹叶近条状，略向内上方弯曲。

分布： 浙江（庆元）、陕西、福建、四川、西藏。

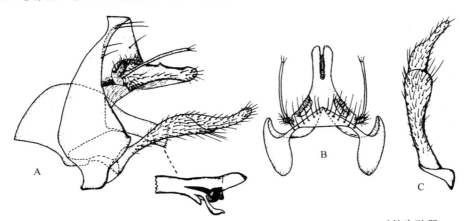

图 7-17　中庸离脉纹石蛾 *Hydromanicus intermedius* Martynov, 1931 ♂外生殖器

A. 侧面观；B. 第 9–10 节，背面观；C. 下附肢，腹面观

（365）梅氏离脉纹石蛾 *Hydromanicus melli* (Ulmer, 1926)（图 7-18）

Hydatopsyche melli Ulmer, 1926: 46.

Hydromanicus melli: Oláh & Johanson, 2008: 42.

主要特征：前翅长 14.0–15 mm。头部背面黄褐色，毛瘤黄色，后毛瘤外侧与复眼内缘之间具黄色的圆括号状斑纹。触角梗节前面黄褐色，后面部分呈黄色；触角其余部分黄色。前胸黄色，毛瘤黄色。中后胸黄褐色，但中胸肩部呈黑色，小盾片白色。翅淡褐色，前翅 R 脉基部胀大，后翅基部 R 亦胀大，但程度不如前翅强烈。足淡褐色，后足胫节密被毛。腹部淡褐色，腹面色更淡。

雄性外生殖器：第 9 节后侧缘"S"形，第 10 节背板基部宽，向后端渐窄；尾突细长，端尖，相向弯曲并交叉；尾突基部背面具 1 对短毛瘤，背面中央具 1 对短突起。肛上突细长，基部附着 1 粗短多毛突。下附肢基节长为端节长的 2 倍，基部具 1 长指形突，端部背面凹槽内着生许多刚毛。端节匀称而长，向前弯。阳具端部腹面向后延伸扩大成方盆状。内茎鞘突纵折，其下方着生 3 对骨片，最下方、侧方的两对长骨片分别向后方和侧方伸出，中间 1 对较短小，向下弯曲，尖锐。

分布：浙江（丽水）、江西、广东、香港、广西。

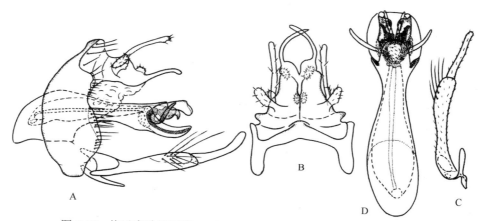

图 7-18 梅氏离脉纹石蛾 *Hydromanicus melli* (Ulmer, 1926) ♂外生殖器
A. 侧面观；B. 第 9–10 节，背面观；C. 下附肢，腹面观；D. 阳具，背面观

（366）镘形离脉纹石蛾 *Hydromanicus ovatus* (Li, Tian *et* Dudgeon, 1990)（图 7-19）

Hydatomanicus ovatus Li, Tian *et* Dudgeon, 1990: 40.

Hydromanicus ovatus: Oláh & Johanson, 2008: 21.

主要特征：体黑色。触角黄色，胸部背、腹面均黑色。足红褐色，雄性前足内爪大，外爪小。前后翅均黑褐色。腹部黑色。

雄性外生殖器：第 9 节侧后突位于侧面下方，顶角方形；背板中央镘形，侧面观状如鹰喙。上附肢球形，多毛，着生在此喙突下方。第 10 节背板位置较低，着生在第 9 节后端中部；背板基部窄，端部宽，中部下凹，后缘浅凹，中间具 1 中裂。下附肢基节粗，端节长于基节的一半，端部 1/3 变细。阳具基部粗，中部细，端部之前增粗，顶端略收缩；内茎鞘突窄，向背面弯曲。

分布：浙江（安吉）、广东。

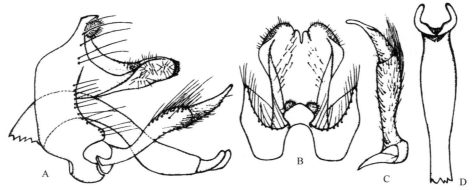

图 7-19　镘形离脉纹石蛾 *Hydromanicus ovatus* (Li, Tian *et* Dudgeon, 1990) ♂外生殖器
A. 侧面观；B. 第 9–10 节，背面观；C. 下附肢，腹面观；D. 阳具，背面观

143. 纹石蛾属 *Hydropsyche* Pictet, 1834

Hydropsyche Pictet, 1834: 23. Type species: *Hydropsyche cinerea* Pictet, 1834 = *Hydropsyche instabilis* (Curtis, 1834).

Aoteapsyche McFarlane, 1976: 30. Type species: *Hydropsyche raruraru* McFarlane, 1976.

Ceratopsyche Ross *et* Unzicker, 1977: 305. Type species: *Hydropsyche bronta* Ross, 1938.

Caledopsyche Kimmins, 1953: 251. Type species: *Caledopsyche cheesmanae* Kimmins, 1953.

Herbertorossia Ulmer, 1957: 399. Type species: *Hydromanicus ungulatus* Ulmer, 1957.

Hydatomanicus Ulmer, 1951: 299. Type species: *Hydromanicus verrucosus* Ulmer, 1951.

Mexipsyche Ross *et* Unzicker, 1977: 306. Type species: *Mexipsyche dampfi* Ross *et* Unzicker, 1977.

Occutanspsyche Li *et* Tian, 1989: 44. Type species: *Hydropsyche polyacantha* Li *et* Tian, 1989.

Plesiopsyche Navás, 1931a: 127. Type species: *Plesiopsyche alluaudina* Navás, 1931.

Symphitopsyche Ulmer, 1907a: 32. Type species: *Hydropsyche mauritiana* McLachlan, 1871.

主要特征：体小至中型，体长 5–15 mm，部分种类前翅具一些斑点。前胸前侧片具毛瘤。前翅 m-cu 及 cu 两横脉相互分离，是 cu 横脉长度的 2 倍以上。后翅中室通常关闭，但也有少数种类后翅中室开放；后翅具 1、2、3、5 叉；m-cu 消失，M 的主干与 Cu 相互靠近。胫距式 2, 4, 4。第 10 节背板无上附肢，如有则极短；下附肢 2 节；阳茎孔片裸露或隐藏在膜质结构中；内茎鞘突或长或短，甚至在部分个体中消失，但绝不呈瓣状；内茎鞘腹叶管状，或扁平，在有些个体中消失。

分布：世界广布。世界已知 406 种，中国记录 66 种，浙江分布 19 种。

分种检索表

1. 缺阳茎孔片，阳基鞘基部弯曲，简单 ··· 2
- 具阳茎孔片，尽管其大小不一 ··· 3
2. 第 10 节尾突细长 ··· 台湾纹石蛾 *H. formosana*
- 第 10 节尾突粗短 ··· 雅典娜纹石蛾 *H. athene*
3. 内茎鞘突骨化呈指状 ··· 4
- 内茎鞘突膜质，阳茎孔片球状 ··· 7
4. 不具尾突，阳具端部加宽而呈三角形，下附肢端节腹面观内缘亚端部稍膨大 ················· 宽突纹石蛾 *H. arion*
- 具尾突 ··· 5
5. 下附肢端节腹面观二叉状 ··· 双叉纹石蛾 *H. furcula*
- 下附肢端节腹面观不分叉 ··· 6

6. 阳茎孔片菱形，端凹；内茎鞘腹叶四边形 ·· 端方纹石蛾 *H. argos*
- 阳茎孔片刺状，端部平截 ··· 格氏纹石蛾 *H. grahami*
7. 阳基鞘基部宽大，弯向腹面，与水平部形成直角或钝角 ··· 8
- 阳基鞘基部与水平部分弯曲成"V"形、"U"形或环形 ·· 10
8. 第 9 节侧突钝，下附肢端节末端尖 ·· 幼鹿纹石蛾 *H. cerva*
- 第 9 节侧突呈锐角，下附肢端节末端圆 ·· 9
9. 阳具腹面观中部向两侧稍膨起 ··· 龙王山纹石蛾 *H. nevoides*
- 阳具腹面观由基部向端部渐细，亚端部稍粗 ······································· 三孔纹石蛾 *H. trifora*
10. 阳基鞘基部与水平部分弯曲成"V"形，并在端半部形成 1 陡峭的斜坡 ································ 11
- 阳基鞘弯曲程度不如上述 ··· 15
11. 内茎鞘突长，膜质，下附肢端节端部细尖而圆 ··· 12
- 内茎鞘较短，略骨化，或缺内茎鞘突 ··· 13
12. 内茎鞘腹叶腹面观二叉状 ··· 柯隆纹石蛾 *H. columnata*
- 内茎鞘腹叶端部平截 ··· 柱茎纹石蛾 *H. tubulosa*
13. 阳具顶端具 3 个膜质突 ··· 福建纹石蛾 *H. fukienensis*
- 阳具顶端具 2 个膜质突 ··· 14
14. 阳具顶端之前背面具 1 膜质孔，其内着生 2 根刚毛 ··································· 锥突纹石蛾 *H. conoidea*
- 阳具顶端之前背面略凹，无上述刚毛 ··· 折突纹石蛾 *H. curvativa*
15. 阳基鞘的基部与水平部分弯曲成"U"形，弯曲的背面部平，基部连同弯曲部分长度大于端部的水平部分 ········ 16
- 阳基鞘的基部与水平部分弯曲成环状，环状部分的长度约为水平部分的 2 倍 ·························· 18
16. 阳具端部具较深的凹切，下附肢腹面观端节端部粗大 ································· 裂茎纹石蛾 *H. simulata*
- 阳具端部平截 ·· 17
17. 阳茎孔片侧面观三角形 ··· 繁复纹石蛾 *H. complicata*
- 阳茎孔片侧面观椭圆形 ··· 埠纹石蛾 *H. busiris*
18. 内茎鞘膜质，大型，端部的刺大，长与内茎鞘近相等 ································· 三突纹石蛾 *H. serpentina*
- 内茎鞘小，顶端的刺亦小，阳具腹面观顶端三叶状 ····································· 侏儒纹石蛾 *H. Homunculus*

（367）端方纹石蛾 *Hydropsyche argos* Malicky *et* Chantaramongkol, 2000（图 7-20）

Hydropsyche argos Malicky *et* Chantaramongkol, 2000: 799.

主要特征： 前翅长 5.5–7.0 mm。体深褐色，前翅具浅色斑点。

雄性外生殖器：第 9 节侧面观前缘向前方凸出成弧形，侧后角钝，其下方明显凹入；背面观前缘向后方深凹，后缘向后呈弧形突出。第 10 节侧面观四边形，背缘明显向上隆起；背面观亦呈四边形，后缘稍凹入。尾突侧面观上缘平直，端缘斜切；背面观相向弯曲而重叠。下附肢基节侧面观基半部明显窄于端半部，端部平截，后面观较平直，仅基部稍弯曲；端节侧观宽短，向上弯曲成钩状；后面观细而短，约为第 1 节 1/3 长、2/3 宽，端部稍弯曲。阳具侧面观端部 2/3 强烈弯曲成直角，腹面观基部稍粗，向端部稍收窄，内茎鞘突齿状，与阳具愈合，背向；阳茎孔片多少呈菱形，端缘凹入呈双叶状；内茎鞘腹叶膜质，腹面观呈方形。

分布： 浙江（开化）、河南。

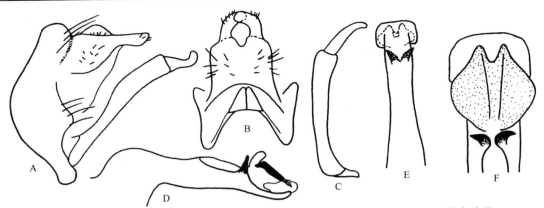

图 7-20　端方纹石蛾 *Hydropsyche argos* Malicky *et* Chantaramongkol, 2000 ♂外生殖器

（仿自 Malicky and Chantaramongkol，2000）

A. 侧面观；B. 背面观；C. 下附肢，腹面观；D. 阳具，侧面观；E. 阳具，背面观；F. 阳具端部放大，背面观

（368）宽突纹石蛾 *Hydropsyche arion* Malicky *et* Chantaramongkol, 2000（图 7-21）

Hydropsyche arion Malicky *et* Chantaramongkol, 2000: 799.

　　主要特征：前翅长 7.5 mm。体黄褐色。头部黄褐色，触角、下颚须、下唇须黄褐色，但较头部背面色稍淡。胸部背面深黄褐色，侧、腹面黄色。足黄色；翅黄褐色。腹部黄褐色。

　　雄性外生殖器：第 9 节中上部向后方倾斜，侧后突不明显，后缘在下附肢着生处明显凹入。第 10 节侧面观上缘明显高于第 9 节，后下呈圆弧形，背面观两侧缘近平行，中央具基部窄、端部宽的突起。下附肢侧面观基节基部窄，向端部稍加粗，端节两侧缘近平行，只在近端部附近收窄；腹面观基节基部窄，向端部明显膨大，端节外缘直，内缘在近端部处稍膨大成圆弧状。阳具基部粗，侧面观端部 2/3 上下缘近平行，端部背面具 1 膜质结构，其基部具 1 三角形骨片，阳茎孔片长条形；腹面观端部膨大成倒梯形。

　　分布：浙江（安吉、临安）、广东。

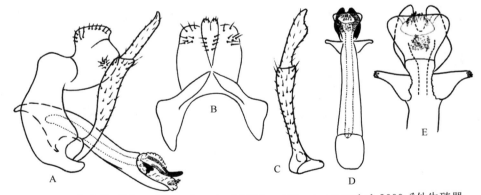

图 7-21　宽突纹石蛾 *Hydropsyche arion* Malicky *et* Chantaramongkol, 2000 ♂外生殖器

A. 侧面观；B. 第 9–10 节，背面观；C. 下附肢，腹面观；D. 阳具，腹面观；E. 阳具端部，腹面观

（369）雅典娜纹石蛾 *Hydropsyche athene* Malicky *et* Chantaramongkol, 2000（图 7-22）

Hydropsyche athene Malicky *et* Chantaramongkol, 2000: 820.

　　主要特征：前翅长 8–9 mm。体褐色。

　　雄性外生殖器：第 9 节侧面观背面 1/2 向后方倾斜，前后缘近平行，下半部稍膨大，侧后角粗而钝。第 10 节侧面观略呈梯形，上缘中部附近具向上的隆突，尾突指状，背面观基部稍宽，于尾突发出处略收窄，尾突粗短，端部钝圆。下附肢侧面观基节多少波状，端节由基部向端部渐细，腹面观基节基半部窄，端半部向端部渐膨大，端节长指状，亚端部附近向内侧明显弯曲。阳具基部粗，侧面观亚端部具 1 向上隆起的膜质结构，阳茎孔片三角形；腹面观阳具端部膨大，顶端具深的凹切，中部附近具 1 对三角形齿突。

　　分布：浙江（开化）、江西；朝鲜。

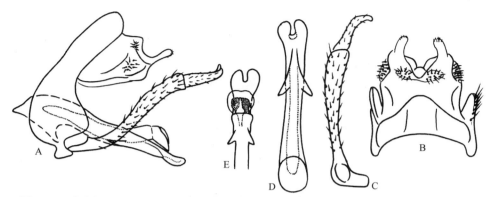

图 7-22　雅典娜纹石蛾 *Hydropsyche athene* Malicky *et* Chantaramongkol, 2000 ♂外生殖器
A. 侧面观；B. 第 9–10 节，背面观；C. 下附肢，腹面观；D. 阳具，腹面观；E. 阳具端部，背面观

（370）埠纹石蛾 *Hydropsyche busiris* **Malicky** *et* **Chantaramongkol, 2000**（图 7-23）

Hydropsyche busiris Malicky *et* Chantaramongkol, 2000: 808.

　　主要特征：前翅长 9 mm。体除复眼黑色外，余为黄色。

　　雄性外生殖器：第 9 节侧面观前缘下方约 2/3 处向前方拱起，侧后突三角形。第 10 节侧面观多少四边形，背缘中部向上拱起，尾突呈波状弯曲；背面观基部略收窄，向端部稍放宽，尾突基部窄，中部宽大，端部细窄。下附肢腹面观基节基部窄，端部稍加宽，端节长指状，长约为基节的 2/3；腹面观基节棒状，端节具棱状隆起。阳具侧面观基部强烈弯曲成弓状，端部截形，其内具膜质结构，着生粗壮的刚毛，阳茎孔片椭圆形，内茎鞘突膜质，具弯曲的刺突；腹面观阳具亚端部向两侧各形成 1 乳状突，阳茎孔片前缘微凹，内茎鞘突刺端部相背离。

　　分布：浙江（开化）、广东。

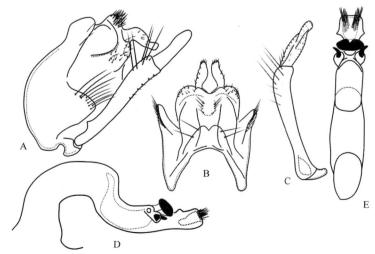

图 7-23　埠纹石蛾 *Hydropsyche busiris* Malicky *et* Chantaramongkol, 2000 ♂外生殖器
A. 侧面观；B. 第 9–10 节，背面观；C. 下附肢，腹面观；D. 阳具，侧面观；E. 阳具，背面观

（371）幼鹿纹石蛾 *Hydropsyche cerva* Li *et* Tian, 1990（图 7-24）

Hydropsyche cerva Li *et* Tian, 1990: 134.

　　主要特征：前翅长 9 mm。体黄褐色。头部背面黄褐色，其余部分为黄色。触角黄白色，下颚须及下唇须淡褐色。胸部背面黄褐色，其余部分黄色。足黄色。翅淡褐色。腹部背面黄褐色，腹面黄白色。

　　雄性外生殖器：第 9 节侧后突短，端圆；侧面观前缘下方向前方呈弧形拱凸。第 10 节侧面观背板中央隆起成幼鹿角状；尾突较短，鸟喙状；背面观长大于宽，亚端部稍胀大。下附肢侧面观基节基半部窄，端半部稍放宽，端节长三角形；腹面观基节基部稍宽大，其余部分两侧缘近平行，端节基部窄，中部膨大，端部尖。阳具中央略向上拱起，后端膜质，其内具刺；阳茎孔片侧面观卵圆形；内茎鞘突粗短，膜质，顶端具刺，刺长而弯。

　　分布：浙江（庆元）、广西、云南；泰国。

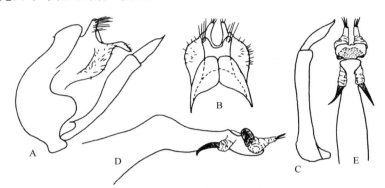

图 7-24　幼鹿纹石蛾 *Hydropsyche cerva* Li *et* Tian, 1990 ♂外生殖器（仿自 Malicky and Chantaramongkol，2000）
A. 侧面观；B. 第 9–10 节，背面观；C. 下附肢，腹面观；D. 阳具，侧面观；E. 阳具，腹面观

（372）柯隆纹石蛾 *Hydropsyche columnata* Martynov, 1931（图 7-25）

Hydropsyche columnata Martynov, 1931: 9.

　　主要特征：前翅长 9 mm。体深褐色，触角黄褐色，鞭节各节具黑色环纹。胸、腹部黄褐色，但足及翅色较浅。

　　雄性外生殖器：第 9 节侧后突舌状，第 10 节侧面观短，向上隆起处着生粗壮刚毛，尾突较细长，指状。下附肢基节细长，侧面观上下缘几近平行，腹面观于基部上方略缢缩；端节侧面观基部宽，向端部渐窄，腹面观长指状。阳具侧面观基部强烈向上弯曲成锐角，阳茎孔片四边形，内茎鞘突膜质，较长，端部具刺突；腹面观阳具端部叉状，每叉端部膜质，其内嵌有刺突。

　　分布：浙江（临安）、北京、河南、陕西、江西、四川、贵州。

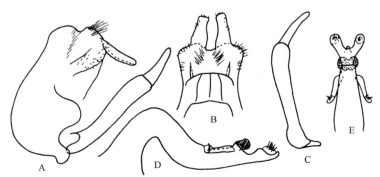

图 7-25　柯隆纹石蛾 *Hydropsyche columnata* Martynov, 1931 ♂外生殖器（仿自 Malicky and Chantaramongkol，2000）
A. 侧面观；B. 第 9–10 节，背面观；C. 下附肢，腹面观；D. 阳具，侧面观；E. 阳具端部，腹面观

（373）繁复纹石蛾 *Hydropsyche complicata* Banks, 1939（图 7-26）

Hydropsyche complicata Banks, 1939a: 489.

　　主要特征：前翅长 11.2 mm。体褐色，腹面色稍淡。前翅褐色。
　　雄性外生殖器：第 9 节侧后突三角形。第 10 节侧面观近四边形，尾突于近基部处弯曲，端部平截；背面观第 10 节两侧近平行，尾突外缘中部略切入。下附肢基节侧面观基半部上缘凹入成弧形，端半部两侧缘近平行，侧面观基部附近略缢缩；端节约为第 1 节长之半，宽片状。阳具基部弯曲成弓形，端部平截，具 1 膜质结构，发出成簇的毛束。阳茎孔片侧面观近三角形，内茎鞘突侧面观短小，膜质，端部具小刺突。
　　分布：浙江（庆元）、北京、广东。

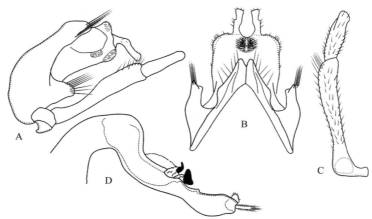

图 7-26　繁复纹石蛾 *Hydropsyche complicata* Banks, 1939 ♂外生殖器
A. 侧面观；B. 第 9–10 节，背面观；C. 下附肢，腹面观；D. 阳具，侧面观

（374）锥突纹石蛾 *Hydropsyche conoidea* Li *et* Tian, 1990（图 7-27）

Hydropsyche conoidea Li *et* Tian, 1990: 132 [137].

　　主要特征：体连翅长 9 mm。头顶褐色。触角黄色，鞭节具褐色斜环纹。下颚须黑褐色，第 1–5 节均匀变细，第 5 节端部丝状，第 2 节长为第 3、4 两节之和，第 4 节长于第 3 节。胸部背、腹板黑褐色，足基节色略浅。前翅烟灰色，散布白色小点。腹部黑色。

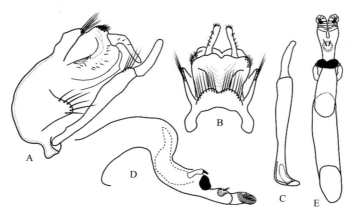

图 7-27　锥突纹石蛾 *Hydropsyche conoidea* Li *et* Tian, 1990 ♂外生殖器
A. 侧面观；B. 第 9–10 节，背面观；C. 下附肢，腹面观；D. 阳具，侧面观；E. 阳具，背面观

雄性外生殖器：第 9 节侧后突中等长，顶角弧形。第 10 节背板短宽，尾突窄而长，侧面观从基部 1/3 处向下弯曲。下附肢侧面观基节基半部窄，端半部加宽，下缘平直，端节长指形，微内弯；腹面观基节棒状，端节基部略收窄。阳具侧面观基部弯曲成弓形。端部分 2 短叉，每分支端部发出 1 膜质突，其内包埋刺突。膜质突之前的背面具 1 膜质孔，着生 2 根刚毛。内茎鞘突锥形，略骨化，端部具刺。

分布：浙江（临安）、广东、广西。

（375）折突纹石蛾 *Hydropsyche curvativa* Li *et* Tian, 1990（图 7-28）

Hydropsyche curvativa Li *et* Tian, 1990: 131.

主要特征：体连翅长 11 mm。头部除触角鞭节黄褐色外，均为黑褐色。胸部背腹板与前、中足均为黑褐色，后足色略浅。前翅烟灰色。腹部黑褐色。

雄性外生殖器：第 9 节侧后突近方形。第 10 节背板尾突窄，基部三棱形，端半部扁平。下附肢端节长为基节的 1/3，前后扁，略扭曲。阳具基部向上强烈拱起成弓形，端部具 1 对膜质突，其内具 3 根小刺突；阳茎孔片圆形，较小，内茎鞘突小，尖刺状。

分布：浙江（安吉）。

图 7-28　折突纹石蛾 *Hydropsyche curvativa* Li *et* Tian, 1990 ♂外生殖器
A. 侧面观；B. 第 9~10 节，背面观；C. 下附肢，腹面观；D. 阳具端半部，背面观；E. 阳具端半部，腹面观

（376）台湾纹石蛾 *Hydropsyche formosana* Ulmer, 1911（图 7-29）

Hydropsyche formosana Ulmer, 1911b: 397.

Hydropsyche infundibularis Tian *et* Li, 1985: 54.

Hydropsyche dolosa Banks, 1939a: 489.

Hydropsyche kagiana Kobayashi, 1987: 39.

主要特征：体长 6.5 mm；翅展 17.3 mm。前翅黄褐色，外缘有 1 条黑色横带，其内方近前缘处正常有 1 条短横带。雄性前足仅具 1 个内爪，其外侧的刚毛长。

雄性外生殖器：第 10 节背板后缘具 1 对细长尾突，侧面观向后上方倾斜，左右尾突间有 2 个突起，短而钝。阳具端部宽，背面凹陷成槽，阳茎孔片圆形，内茎鞘突向基部延伸。

分布：浙江（开化）、安徽、江西、福建、台湾、广东、广西。

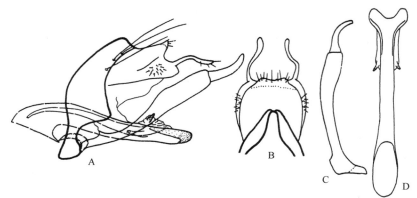

图 7-29　台湾纹石蛾 *Hydropsyche formosana* Ulmer, 1911 ♂外生殖器（仿自 Malicky and Chantaramongkol，2000）
A. 侧面观；B. 第 9–10 节，背面观；C. 下附肢，腹面观；D. 阳具，腹面观

（377）福建纹石蛾 *Hydropsyche fukienensis* Schmid, 1965（图 7-30）

Hydropsyche fukienensis Schmid, 1965: 138.

主要特征：前翅长 9.3 mm。体深褐色。头部背面深褐色。触角柄节及梗节黄褐色，鞭节各亚节黄白色，背面观具"U"形褐色纹。下颚须第 1、2 节深褐色，其余节淡褐色，第 3 节色近白色。胸部背面深褐色，侧腹面黄褐色。前后翅黄褐色，前翅在 Sc 与前缘脉交会处具不规则浅色斑点。足黄色。腹部背面深褐色至烟黑色，腹面黄白色。

雄性外生殖器：第 9 节侧后突近三角形，顶角钝，上缘弧形，下缘直。第 10 节背板尾突细长，基部三棱形，中部开始背棱下降，呈扁平状；侧面观尾突向腹面倾斜。下附肢基节长，由基部向端部渐增粗，略扁。端节短，仅及基节长度 1/3，略向内弯。阳具基部弓形弯曲，端部骨化，顶端具 3 个膜质突，各膜质突顶端各具 1 小刺。内茎鞘骨化，背前向，不超过阳茎孔片。

分布：浙江（安吉、临安）、福建、广西。

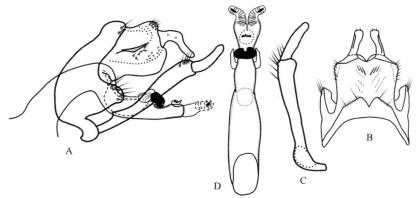

图 7-30　福建纹石蛾 *Hydropsyche fukienensis* Schmid, 1965 ♂外生殖器
A. 侧面观；B. 第 9–10 节，背面观；C. 下附肢，腹面观；D. 阳具，侧面观

（378）双叉纹石蛾 *Hydropsyche furcula* Tian *et* Li, 1985（图 7-31）

Hydropsyche furcula Tian *et* Li, 1985: 55.

主要特征：体连翅长 10 mm。头顶黄褐色。触角细长，黄白色，有褐色节间环。下颚须黑褐色。胸部紫黑色，仅中胸小盾片黄白色。腹部黑色。前翅浅褐色，有时前后缘稀布白色小点。

　　雄性外生殖器：第 9 节侧后突宽短，顶角不尖。第 10 节背板背中突不明显。尾突扁，不尖，向内弯曲，呈合抱状。下附肢基肢节粗短，外倾，端节分叉，内支宽圆，外支尖锐，且较内支略长，阳茎内茎鞘腹叶后缘完整。内茎鞘突分叉，分叉短，分支尖。

　　分布：浙江（庆元）、江西、福建。

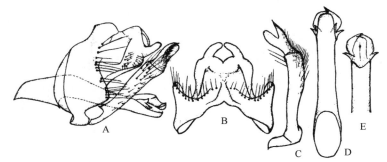

图 7-31　双叉纹石蛾 *Hydropsyche furcula* Tian *et* Li, 1985 ♂外生殖器
A. 侧面观；B. 第 9–10 节，背面观；C. 下附肢，腹面观；D. 阳具，侧面观；E. 阳具，背面观

（379）格氏纹石蛾 *Hydropsyche grahami* Banks, 1940（图 7-32）

Hydropsyche grahami Banks, 1940: 208.

　　主要特征：前翅长 6–11 mm。体黄色至黄褐色。头部背面黄褐色，其余部分黄色。毛瘤黄色；触角、下颚须及下唇须黄色。复眼黑色。胸部背面黄褐色，但中胸小盾片及其余部分黄色。翅及足黄色。腹部黑褐色。

　　雄性外生殖器：第 9 节侧后突三角形。第 10 节背板侧缘略呈弧形，少数个体较直。背中突隆起较高；尾突扁，端部钝，向内下方弯曲。下附肢基节长，侧面观棒状，端部附近稍膨大，腹面观直；端节长约为基节的 1/2，侧面观短棒状，基部粗，向端部渐细，端部钝，腹面观略向内侧弯曲。阳具基部粗壮，阳茎孔片刺状，内茎鞘突分叉。

　　分布：浙江（临安）、安徽、江西、湖南、福建、广东、四川、云南。

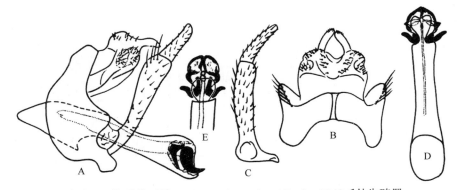

图 7-32　格氏纹石蛾 *Hydropsyche grahami* Banks, 1940 ♂外生殖器
A. 侧面观；B. 第 9–10 节，背面观；C. 下附肢，腹面观；D. 阳具，侧面观；E. 阳具端部，背面观

（380）侏儒纹石蛾 *Hydropsyche homunculus* Schmid, 1965（图 7-33）

Hydropsyche homunculus Schmid, 1965: 138.

　　主要特征：前翅长 6 mm。体黄褐色，腹面色稍淡。前翅黄褐色。

　　雄性外生殖器：第 9 节侧后突短，端圆。第 10 节侧面观近四边形，尾突多少呈鸟喙状；背面观第 10 节两侧近平行，尾突短，端部平截。下附肢基节侧面观棒状，基半部较窄，端半部较基半部稍宽；端节侧面观明显窄于基节，长指状；腹面观基部宽，向端部渐细，多少呈三角形。阳具细长，基部强烈弯曲成弓形，端部圆弧形，腹面观端部呈三叶状。阳茎孔片侧面观卵形，内茎鞘突侧面观细长，膜质，端部具小刺突。

　　分布：浙江（安吉）。

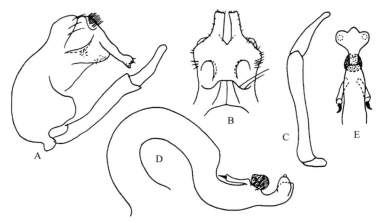

图 7-33　侏儒纹石蛾 *Hydropsyche homunculus* Schmid, 1965 ♂外生殖器（仿自 Malicky and Chantaramongkol，2000）
A. 侧面观；B. 第 9–10 节，背面观；C. 下附肢，腹面观；D. 阳具，侧面观；E. 阳具端半部，背面观

（381）龙王山纹石蛾 *Hydropsyche nevoides* Malicky *et* Chantaramongkol, 2000（图 7-34）

Hydropsyche nevoides Malicky *et* Chantaramongkol, 2000: 812.

　　主要特征：前翅长 10 mm。体褐色。前翅浅褐色，具小亮斑。

　　雄性外生殖器：第 9 节侧后突三角形，顶端钝圆。第 10 节背板中央隆起，着生刚毛。尾突细长，下弯。下附肢基节长，向端部加粗，端部内面有 1 凹切；端节基部较粗，向端部变细，不尖锐，内弯。阳具强烈波状，端部腹面观呈双叶状，其膜质凹陷内具 4 根刺突。

　　分布：浙江（安吉）。

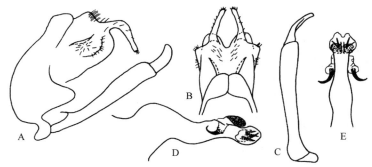

图 7-34　龙王山纹石蛾 *Hydropsyche nevoides* Malicky *et* Chantaramongkol, 2000 ♂外生殖器（仿自 Malicky and Chantaramongkol，2000）
A. 侧面观；B. 第 9–10 节，背面观；C. 下附肢，腹面观；D. 阳具，侧面观；E. 阳具端半部，背面观

（382）三孔纹石蛾 *Hydropsyche trifora* Li *et* Tian, 1990（图 7-35）

Hydropsyche trifora Li *et* Tian, 1990: 133.

　　主要特征：前翅长 8 mm。体黑褐色。头顶深褐色，触角柄节、梗节褐色，鞭节淡褐色，但节间深褐色。胸部深褐色，腹部深褐色。

雄性外生殖器：第 9 节侧后突近三角形。第 10 节背板侧面观近三角形，尾突窄长，呈弧形向下弯曲。下附肢侧面观基节由基部向端部稍放宽，棒形，端节指形，微内弯，端圆。阳具侧面观基部弯曲成钝角，内茎鞘突膜质，具大型端刺，与膜质部分近等长，阳具端部膜质，包埋数根刺突。

分布：浙江（临安）、河南、陕西、安徽、江西、贵州。

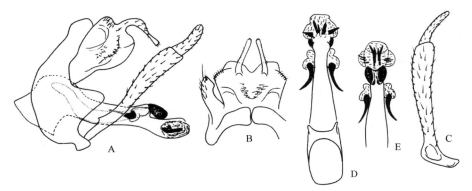

图 7-35　三孔纹石蛾 *Hydropsyche trifora* Li *et* Tian, 1990 ♂外生殖器
A. 侧面观；B. 第 9—10 节，背面观；C. 下附肢，腹面观；D. 阳具，腹面观；E. 阳具端半部，背面观

（383）柱茎纹石蛾 *Hydropsyche tubulosa* Li *et* Tian, 1990（图 7-36）

Hydropsyche tubulosa Li *et* Tian, 1990: 132.

主要特征：体连翅长 12 mm。头顶、下颚须黑褐色，触角黄褐色。胸、腹部均黑褐色，前翅烟灰色，足黄褐色。

雄性外生殖器：第 9 节侧后突较宽，不尖。第 10 节尾突很窄，基部 2/3 近圆形，端部 1/3 弯扁而下曲。阳具端部柱形，横截，内具 2 束刚毛。阳茎孔片侧面着生 1 对基向小突。内茎鞘突膜质，大，其宽度仅略比阳具窄，位于阳具之侧下方，腹面着生 1 图钉状刺突。下附肢端节约为基节长的一半，前后扁，后表面具凹槽，端部 1/4 变窄。

分布：浙江（安吉）。

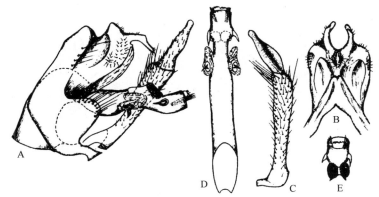

图 7-36　柱茎纹石蛾 *Hydropsyche tubulosa* Li *et* Tian, 1990 ♂外生殖器（仿自田立新等，1996）
A. 侧面观；B. 第 9—10 节，背面观；C. 下附肢，腹面观；D. 阳具，腹面观；E. 阳具端部，背面观

（384）三突纹石蛾 *Hydropsyche serpentina* Schmid, 1965（图 7-37）

Hydropsyche serpentina Schmid, 1965: 141.

主要特征：体连翅长 9 mm。体黄褐色。

雄性外生殖器：第 9 节侧后突短，近方形。第 10 节背板向后平伸，较窄。下附肢基节长约为端节长的 2 倍，中部微弯曲；端节钝。阳具基部强烈弯曲成圆环形，端部膨大成头状，其顶端及两侧各具小膜质突。内茎鞘突前伸，端部具刺突，阳茎孔片大而圆。

分布：浙江（庆元）、湖南。

图 7-37　三突纹石蛾 *Hydropsyche serpentina* Schmid, 1965 ♂外生殖器
A. 侧面观；B. 第 9—10 节，背面观；C. 阳具端半部，背面观

（385）裂茎纹石蛾 *Hydropsyche simulata* Mosely, 1942 （图 7-38）

Hydropsyche simulata Mosely, 1942: 350.

Hydropsyche chekiangana Schmid, 1965: 141.

主要特征：前翅长 8 mm。体褐色，头部褐色，下颚须及下唇须色稍淡，胸部褐色，翅褐色，足褐色，腹部深褐色。

雄性外生殖器：第 9 节侧后突较长；前缘中下部向前方呈弧形拱凸。第 10 节尾突侧面观基部缢缩，端部略放宽。下附肢侧面观基节长，基半部窄，端半部稍放宽，端节中央略收窄；腹面观基节基部稍膨大，端半部两侧缘近平行，端节基部窄，端部宽大。阳具基部强烈向上拱起成框形，后端分裂成二叉状，叉突顶端膜质，具小刺；内茎鞘突细小，端部具 1 小刺。

分布：浙江（安吉、临安）、安徽、江西、福建、广东、广西；朝鲜，越南。

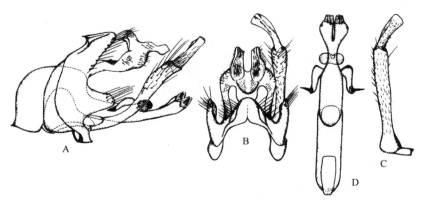

图 7-38　裂茎纹石蛾 *Hydropsyche simulata* Mosely, 1942 ♂外生殖器
A. 侧面观；B. 第 9—10 节，背面观；C. 下附肢，腹面观；D. 阳具，腹面观

144. 长角纹石蛾属 *Macrostemum* Kolenati, 1859

Macrostemum Kolenati, 1859: 168. Type species: *Hydropsyche hyalina* Pictet, 1836.

Monopseudopsis Walker, 1852: 105. Type species: *Monopseudopsis inscriptus* Walker, 1852.

主要特征：体小至中型。触角长，通常可达体长 2 倍以上。下颚须 5 节，第 5 节具环纹，第 5 节长约为前 4 节之和，或长于前 4 节之和，且下颚须第 3 节长于第 2 节。翅通常黄或黄褐色，具浅色斑纹，这些斑纹往往为种的鉴别特征。前翅具盘室及由 Rs 所形成的副室，后翅 R₁ 与 Sc 愈合。雄性外生殖器第 9 节侧面观前缘通常向前方凸出，后缘向前方凹入；第 10 节背面观通常呈双叶状；阳具简单，弯曲；下附肢通常细长，波状弯曲，第 2 节较长。

分布：世界广布。世界已知 104 种，中国记录 12 种，浙江分布 1 种。

（386）横带长角纹石蛾 *Macrostemum fastosum* (Walker, 1852)（图 7-39）

Macronema fastosum Walker, 1852: 76.

Macrostemum fastosum: Fischer, 1963: 186.

主要特征：前翅长 13 mm。体及翅黄色。触角基部 3 节黄色，其余节为褐色。足除前足胫节、跗节，中足胫节外均为黄色。前翅有中部和端部两条深褐色横带，中带较窄，端带较宽，达到第 1 叉基部。某些个体中带可断为断续的 1 行黑褐斑，端带则可以淡化。后翅无第 1 叉，第 2 叉无柄。

雄性外生殖器：第 9 节侧面观前缘中央向前方拱凸，上半部较下半部略窄。第 10 节侧面观三角形，背面观两侧缘缢缩成圆弧形，端部分裂成二叶状。下附肢侧面观基节基半部略窄，腹面观基节与端节两侧缘平行，端节略短于基节。阳具基部与端部膨大，中央细。

分布：浙江（临安）、江苏、江西、福建、台湾、广东、香港、广西、四川、云南、西藏；印度，泰国，斯里兰卡，菲律宾，马来西亚，印度尼西亚。

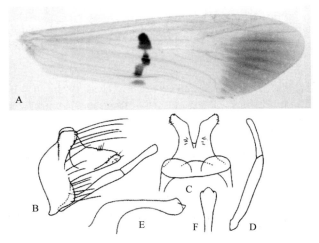

图 7-39　横带长角纹石蛾 *Macrostemum fastosum* (Walker, 1852)
A. 前翅；B-F. ♂外生殖器：B. 侧面观；C. 第 9–10 节，背面观；D. 下附肢，腹面观；E. 阳具，侧面观；F. 阳具端部，腹面观

145. 多型长角纹石蛾属 *Polymorphanisus* Walker, 1852

Polymorphanisus Walker, 1852: 78. Type species: *Polymorphanisus nigricornis* Walker, 1852.

Oestropsis Brauer, 1868: 263. Type species: *Oestropsis semperi* Brauer, 1868.

主要特征：头顶具 1 对毛瘤，其后各具 1 横脊。触角可达翅长的 2 倍。雄性中足胫节及跗节略扩大，雌性扩大明显。胫距式 1, 3, 2、1, 3, 3 或 2, 3, 3。前翅 Sc 及 R₁ 在翅缘处相互分离；有些种类后翅 R₁ 终止于 Sc；R₂₊₃ 愈合。

分布：东洋区、旧热带区。世界已知 19 种，中国记录 4 种，浙江分布 1 种。

（387）纯多型长角纹石蛾 *Polymorphanisus astictus* Navás, 1923（图 7-40）

Polymorphanisus astictus Navás, 1923: 47

Polymorphanisus hainanensis Martynov, 1930: 82.

Polymorphanisus flavipes Banks, 1939b: 53.

主要特征：雄性触角长达 45 mm，约 65 节。触角节黄色，基部褐色，端部的节黄褐色。体黄褐色，翅淡绿色至淡黄褐色。胸部背面无色斑。前翅长 19–23 mm。胫距式 1, 3, 3。雌性触角长达 50 mm，约 80 节，柄节、梗节及第 1 鞭小节外侧有时具黑色条纹，但触角整体黄色，体色与雄性相同，前翅长 18–28 mm。胫距式 1, 3, 3。

雄性外生殖器：下附肢长而窄，第 9 节背面观形成 1 片状突。阳具端部膨大，顶端具 1 卵圆形凹入。

雌性外生殖器：第 8 腹节后外角形成略呈圆形的叶突，内缘略呈波浪状。

分布：浙江（庆元）、海南（五指山）；印度，泰国，马来西亚。

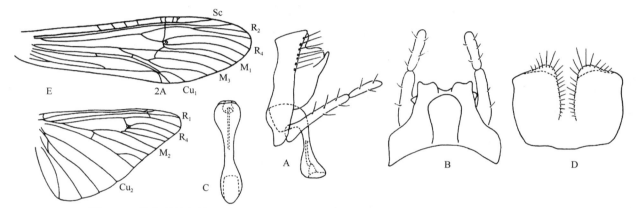

图 7-40　纯多型长角纹石蛾 *Polymorphanisus astictus* Navás, 1923（仿自 Barnard，1980）
A-C.♂外生殖器：A. 侧面观；B. 第 9–10 节，背面观；C. 阳具，背面观；D.♀第 8 节腹板，腹面观；E. 前、后翅脉相

146. 缺距纹石蛾属 *Potamyia* Banks, 1900

Potamyia Banks, 1900: 259. Type species: *Macronema flavum* Hagen, 1861 (original designation).

Synatopsyche Ulmer, 1951: 228, 250. Type species: *Hydropsyche dentifera* Ulmer, 1930 (original designation).

主要特征：触角约为前翅长的 1.5 倍。雄性前足胫节端部无距或仅有 1 个极小的距。雌性前足胫节有 2 个小端距，中足胫、跗节宽扁。前翅 m-cu 横脉和 cu 横脉靠近，其间距短于 cu 横脉的长度。Cu_2 与 1A 在翅的边缘前有一段愈合。后翅有第 1 叉，M 与 Cu 主干十分接近，似 Cu 有 1 根 3 分叉脉。

雄性外生殖器：第 9 侧后突极短，有时消失。第 10 节背板光滑无小毛瘤，尾突尖刺状。下附肢基节长，端节短，端节顶端大多数横截。阳茎基管状，内茎鞘突瓣状，一般圆阔、勺状，能活动。

分布：古北区、东洋区、新北区、旧热带区。世界已知 45 种，中国记录 12 种，浙江分布 2 种。

（388）中华缺距纹石蛾 *Potamyia chinensis* (Ulmer, 1915)（图 7-41）

Hydropsyche chinensis Ulmer, 1915: 47.

Hydropsyche echigoensis Tsuda, 1949: 20.

Cheumatopsyche tienmuiaca Schmid, 1965: 145.

Potamyia chinensis: Tian & Li, 1987: 125.

主要特征：体连翅长 8 mm。头部黄色。中胸背板淡褐色，中胸腹板、后胸腹板、足黄色，前翅黄色，腹部黄色。

雄性外生殖器：第 9 节侧后突不明显，侧后缘平直。第 10 节背板侧面观基部较宽，向端部渐窄，后端上举，形成 1 钝形突，尾突着生于下缘近端部，齿状；背面观端缘呈圆弧形，尾突小，三角形。下附肢基节基部细，中部略加粗，端部变细；端节弯刀状。阳具基部粗大，中部细，端部略加粗。

分布：浙江（临安）、黑龙江、北京、河北、山西、河南、陕西、安徽、湖北、江西、湖南、福建、广东、海南、广西、四川、云南；俄罗斯，日本。

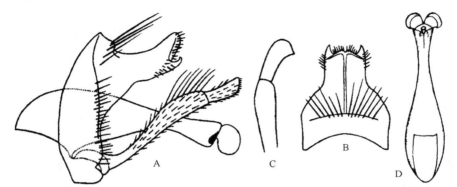

图 7-41　中华缺距纹石蛾 *Potamyia chinensis* (Ulmer, 1915) ♂外生殖器（仿自 Schmid，1965）
A. 侧面观；B. 背面观；C. 下附肢基节端半部及端节，腹面观；D. 阳具，腹面观

（389）毛边缺距纹石蛾 *Potamyia chekiangensis* (Schmid, 1965)（图 7-42）

Cheumatopsyche chekiangensis Schmid, 1965: 142.

Potamyia martynovi Oláh, Morse *et* Sun, 2008: 9.

Potamyia chekiangensis: Oláh, Barnard & Malicky, 2006: 743.

主要特征：前翅长 8.5 mm。体黄色。

雄性外生殖器：第 9 节侧后缘较平直，侧后突短。第 10 节背板光滑，侧缘后部及后缘增厚，密被毛。下附肢基节直，长，由基部向端部逐渐加粗；端节短，约为基节长的 1/4，向端部渐细，端圆。阳具基部粗壮。

分布：浙江（临安）、陕西、江西、广西。

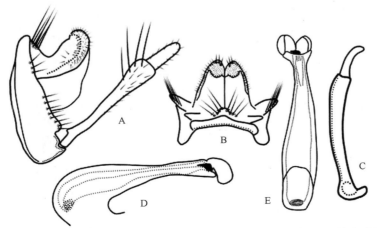

图 7-42　毛边缺距纹石蛾 *Potamyia chekiangensis* (Schmid, 1965) ♂外生殖器
A. 侧面观；B. 背面观；C. 下附肢，腹面观；D. 阳具，侧面观；E. 阳具，腹面观

147. 合脉长角纹石蛾属 *Oestropsyche* Brauer, 1868

Oestropsyche Brauer, 1868: 265. Type species: *Oestropsyche palingenia* Brauer, 1868 [= *Oestropsyche vitrina* (Hagen, 1859)].

主要特征：头顶前部略隆，额平坦。雄性触角至少与前翅等长，雌性则明显短于前翅长。复眼小，两复眼不在腹面相遇。雄性足胫节与跗节略扁平，雌性则明显扁平扩大。胫距式 1, 2, 2（偶有 1, 3, 2）。Sc 与 R_1 有较长距离的愈合，缺盘室，雄性中室长而雌性小。

分布：东洋区、澳洲区。世界已知 1 种，中国记录 1 种，浙江有分布。

（390）黑眼合脉长角纹石蛾 *Oestropsyche vitrina* (Hagen, 1859)（图 7-43）

Macronema vitrinum Hagen, 1859: 209.

Oestropsyche palingenia Brauer, 1868: 266.

Oestropsyche vitrina: Ulmer, 1907b: 29.

Oestropsyche hageni Banks, 1939b: 56.

主要特征：前翅长 11–17 mm。头部黄褐色。触角长 38–46 mm。柄节粗大，梗节短，鞭节各节细长，每小节端部具 1 深褐色环纹。复眼大，半球形。头部背面观多少呈梯形，前缘在两触角柄节间具 1 较大的隆起，前侧角各具 1 较大的毛瘤；腹面观多少呈皇冠形；唇基长条形，额颊沟深而明显，颊的下端延长成三角形。口器退化，下唇须 2 节。

前胸背板黄白色，具两块领状的骨片，每一骨片在背中线处窄小，向两侧扩大。中胸背板深褐色，后胸背板深黄色。腹部乳白色，具烟色覆盖物。胸部侧面深黄色，腹面黄白色。足黄色，各足基节长，转节小，前、中足腿节长于胫节，但后足腿节短于胫节，中足胫节及第 1 跗节扁平扩大。各足第 1 跗节均很长，

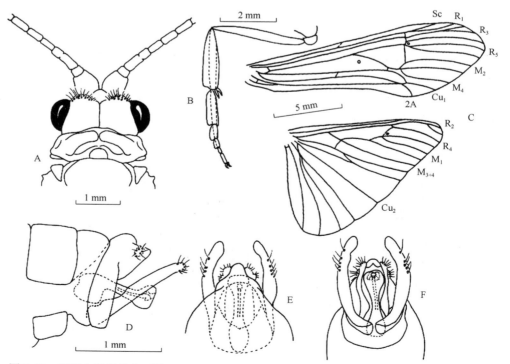

图 7-43　黑眼合脉长角纹石蛾 *Oestropsyche vitrina* (Hagen, 1859)雄性（仿自 Barnard，1980）
A. 头胸部，背面观；B. 中足；C. 前后翅；D-F.♂生殖器：D. 侧面观；E. 背面观；F. 腹面观

约为其余各节长之和，第 4 跗节在各足中均最为短小。前足与后足第 5 跗节的长约为其前 3 节长之和，而中足第 5 跗节稍短，仅为第 3 和第 4 跗节长之和。

雄性外生殖器：第 9 节环形，侧面观向后方倾斜，背面观端缘向后方突出成舌状。第 10 节侧面观基部窄，向端部加粗；背面观端缘凹陷成二叶状。下附肢 2 节，基节侧面观基部明显窄，端节短，约为基节长的 1/3，端圆。阳茎侧面观基部粗大，呈板块状，中部细长成管状，端部膨大成锤状，腹面观端缘略凹入。

分布：浙江（临安）、广东、广西；印度，斯里兰卡，菲律宾，印度尼西亚，马来西亚，巴布亚新几内亚。

148. 残径长角纹石蛾属 *Pseudoleptonema* Mosely, 1933

Pseudoleptonema Mosely, 1933: 8. Type species: *Macronema ceylanicum* Hagen, 1871.

Trichomacronema Schmid, 1964: 838. Type species: *Trichomacronema shanorum* Schmid, 1964.

主要特征：体中型，体通常深褐色。触角长。前翅深褐色，具浅色斑，前翅 Rs 基部退化，以一小横脉与 R_1 相连，后翅 R_1 终止于 R_{2+3}，通过一短横脉与 Sc 相连。

分布：东洋区。世界已知 5 种，中国记录 3 种，浙江分布 1 种。

（391）小室残径长角纹石蛾 *Pseudoleptonema ciliatum* (Ulmer, 1926)（图 7-44）

Macronema ciliatum Ulmer, 1926: 60.

Pseudoleptonema ciliatum: Oláh, 2013: 84.

主要特征：前翅长 14–16 mm。体黑褐色，触角、足颜色略浅。前翅外缘中部凹入，前翅黑色，有数条浅色斑，3 个并列于翅中部前缘，外方 1 个较大，三角形，内方 2 个较小，横条形。第 1 肘脉基室为 1 长条形斑所占据。径室有 1 横条形斑。中室外方有 1 肾形纹。分径室极小，不到中室的 1/5，后翅褐色，有 1、2、3、3 叉，第 2 叉无柄。

雄性外生殖器：第 10 节背板背面观后端较窄，侧面观后侧三角形，向上突出。阳具端部膨大成圆形。下附肢端节为基节的 2/3 长。

分布：浙江（丽水）、江西、福建、广东。

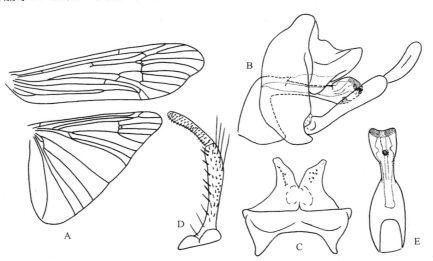

图 7-44　小室残径长角纹石蛾 *Pseudoleptonema ciliatum* (Ulmer, 1926)
A. 前、后翅脉序；B-E. ♂外生殖器：B. 侧面观；C. 背面观；D. 下附肢，腹面观；E. 阳具，腹面观

三十七、等翅石蛾科 Philopotamidae

主要特征：头在眼后的部分较长。具单眼。下颚须及下唇须长。下颚须 5 节，第 2 节约为第 1 节的 2 倍长，第 5 节约为第 4 节的 2 倍长。胫距式 1, 4, 4 或 2, 4, 4。雌性中足不扁平扩展。翅脉完整，前翅 5 个叉脉齐全，或缺第 4 叉，但后翅仅具第 1、2、3 及第 5 叉；前后翅分径室均闭锁；前翅中室闭锁，具 C-Sc 及 r 横脉；后翅具 2–3 个臀室。前翅翅脉稍向前缘集中。

雄性外生殖器简单，第 9 节环形，但背面较为退化。具上附肢，较长或粗短。第 10 节屋脊状，膜质或仅略骨化，结构简单或呈双叶状。具或缺中附肢。下附肢 1 节或 2 节。阳具仅具阳基鞘与内茎鞘。

分布：世界广布。世界已知 20 属 1000 余种，中国记录 5 属 72 种，浙江分布 5 属 28 种。

分属检索表

1. 胫距式 1, 4, 4；前翅盘室短而宽，前顶点加粗，缺第 4 叉 ·················· 缺叉等翅石蛾属 *Chimarra*
- 胫距式 2, 4, 4；前翅盘室长而尖，第 4 叉存在 ·· 2
2. 前、后翅 M 脉分 2 支 ·· 合脉等翅石蛾属 *Gunungiella*
- 前、后翅 M 脉分 3 或 4 支 ··· 3
3. 后翅 2A 脉在横脉 A_2 之后退化 ·· 蠕等翅石蛾属 *Wormaldia*
- 后翅 2A 脉伸出到横脉 A_2 之后 ·· 4
4. 雄性第 10 节两侧具 1 对长指状硬化突起，下附肢端节内侧通常具 1 列栉状刺 ········· 梳等翅石蛾属 *Kisaura*
- 雄性第 10 节两侧不具长而骨化的指状突，下附肢端节内侧通常缺栉毛 ········· 短室等翅石蛾属 *Dolophilodes*

149. 缺叉等翅石蛾属 *Chimarra* Stephens, 1829

Chimarra Stephens, 1829: 318. Type species: *Phryganea marginata* Linnaeus, 1767.

主要特征：体通常黑色。胫距式 1, 4, 4。前翅分径室短而宽，其前端通常加粗，Rs 常呈波状弯曲；中室与明斑室通常较小；缺第 4 叉。后翅分径室小，Sc 明显粗。具 3 根 A 脉，但 1A 与 2A 愈合成环形后共同延伸到翅缘。

雄性外生殖器：第 7、8 及 9 节逐渐变小，使雄性外生殖器与腹部相比不甚明显。第 9 节结构复杂，套叠在第 8 节中。第 10 节小，膜质，形态多变。上附肢毛瘤状。中附肢结构复杂。下附肢 1 节。阳基鞘管状，弯曲，内茎鞘膜质，完全隐藏在阳基鞘中，内茎鞘内通常具刺。

分布：世界广布。世界已知 952 现生种，中国记录 23 种，浙江分布 6 种。

分种检索表

1. 下附肢侧面观三角形，基部窄，端缘略内凹 ······························ 双齿缺叉等翅石蛾 *C. sadayu*
- 下附肢不如上述 ·· 2
2. 下附肢长为最宽处的 3 倍以上 ··· 3
- 下附肢较短，约为最宽处的 2 倍长 ··· 4
3. 第 10 节侧叶侧面观腹缘凹切，中叶骨化，指状 ····················· 四突缺叉等翅石蛾 *C. quadridigitata*
- 第 10 节侧叶侧面观后缘凹切，中叶膜质 ······························ 瑶山缺叉等翅石蛾 *C. yaoshanensis*
4. 下附肢基部窄，端部宽 ·································· 锯齿缺叉等翅石蛾 *C. sinuata*
- 下附肢侧面观由基部向端部渐变窄 ··· 5
5. 第 8 节背板背面观端缘浅凹 ··· 毛氏缺叉等翅石蛾 *C. maoi*
- 第 8 节背板背面观后缘凹入深 ··· 多刺缺叉等翅石蛾 *C. senticosa*

（392）毛氏缺叉等翅石蛾 *Chimarra maoi* Sun *et* Malicky, 2002（图 7-45）

Chimarra maoi Sun *et* Malicky, 2002: 532.

　　主要特征： 前翅长 4.5 mm。体黑褐色，头部黑褐色，触角、下颚须及下唇须淡黄色。胸部背面深褐色，侧腹面褐色；足及翅黄色。腹部黄色。

　　雄性外生殖器： 第 8 节背面观梯形，侧面观前缘弯曲成弓形。第 9 节背面膜质，侧面观上半部窄于下半部。第 10 节侧面观略呈四边形，基部具较大的毛瘤。肛上附肢侧面观棒状；下附肢长，侧面观三角形，腹面观内缘近端部处凹切。阳茎略骨化，中部附近具 2 个较大的刺突及 2 对成簇的小刺突；侧面观基部粗，端部尖细。

　　分布： 浙江（临安）。

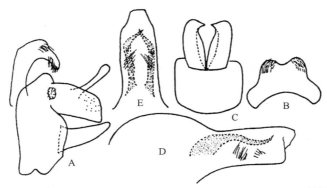

图 7-45　毛氏缺叉等翅石蛾 *Chimarra maoi* Sun *et* Malicky, 2002 ♂外生殖器

A. 侧面观；B. 第 8 节背板，背面观；C. 下附肢，腹面观；D. 阳具，侧面观；E. 阳具，腹面观

（393）瑶山缺叉等翅石蛾 *Chimarra yaoshanensis* Hwang, 1957（图 7-46）

Chimarra yaoshanensis Hwang, 1957: 377.

　　主要特征： 前翅长 4.5 mm。体褐色；头部深褐色，触角、下颚须、下唇须浅褐色；胸部背面深褐色，侧腹面浅褐色，足浅褐色，距深褐色；翅浅褐色。腹部褐色。

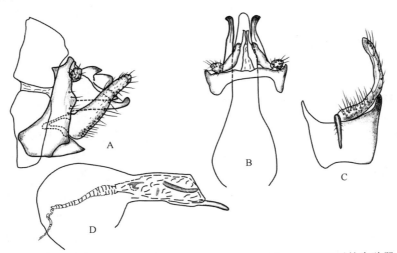

图 7-46　瑶山缺叉等翅石蛾 *Chimarra yaoshanensis* Hwang, 1957 ♂外生殖器

A. 侧面观；B. 背面观；C. 腹面观；D. 阳具，侧面观

雄性外生殖器：第 9 节侧面观背面部分短于腹面部分，前腹缘稍向前方延伸成圆弧形；后腹缘向后方形成较大的三角形突起；背面观短，腹面观前述的突起呈长三角形。肛上附肢小，被毛，侧面观椭圆形，背面观长椭圆形。第 10 节侧叶侧面观上侧角及下侧角分别延伸成粗短的指状突及细长端圆的突起，基侧角延长成刺状。第 10 节中叶膜质，侧面观椭圆形，背面观端缘中央深凹。下附肢侧面观端部稍伸出于第 10 节侧叶，稍弯曲，基部宽大于端部，被毛；腹面观呈弧形弯曲。阳具管状，侧面观基部宽大，端部向后方延伸成尖突起，内茎鞘刺长，阳茎孔片 2–3 个，短。

　　　　分布：浙江（江山、乐清）、广西。

（394）四突缺叉等翅石蛾 *Chimarra quadridigitata* Yang, Sun *et* Yang, 2001（图 7-47）

Chimarra quadridigitata Yang, Sun *et* Yang, 2001: 508.

　　　　主要特征：体连翅长 6 mm。体黄褐色，头部褐色；下颚须除第 5 节黄白色外均为褐色；触角、下唇须黄色。胸部背面黄色，侧腹面黄褐色；翅黄色；足黄色。腹部黄色。

　　　　雄性外生殖器：第 9 节侧面观上部 2/3 略三角形，下方 1/3 四边形。第 10 节侧面观侧叶基部粗大，端部窄，腹向弯曲；中叶指状，侧面观基部 1/3 隐藏在侧叶后方，端部 2/3 露出，指向上方，其最端部稍弯曲。下附肢 1 节，细长，棒状。阳具粗大，阳基鞘骨化，侧面观中部略收窄，端部略加粗；内鞘发达，背面观在阳基鞘开口处具 1 对成簇的刺。阳茎骨化，背面观端部双叶状。

　　　　分布：浙江（临安）。

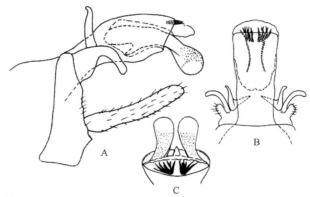

图 7-47　四突缺叉等翅石蛾 *Chimarra quadridigitata* Yang, Sun *et* Yang, 2001 ♂外生殖器
A. 侧面观；B. 第 9–10 节，背面观；C. 阳具端部，背面观

（395）双齿缺叉等翅石蛾 *Chimarra sadayu* Malicky, 1993（图 7-48）

Chimarra sadayu Malicky, 1993b: 1106.

Chimarra bicuspidalis Sun in Wang, Sun, Yang & Leng, 1998: 155.

　　　　主要特征：前翅长约 4.5 mm。体黑褐色。触角黑褐色，密生黑色细毛；下唇须、下颚须黑褐色，密生黑色细毛，末节细毛稍少、稍短。胸部背面黑色，腹面及侧面深灰色，翅灰褐色，稍具毛。足灰褐色，胫节、跗节颜色稍深，腿节色稍浅，胫距式 1, 4, 4。腹部背板及腹板灰褐色，其余部分浅褐色。

　　　　雄性外生殖器：第 8 节环形。第 9 节侧面观背面窄，近顶端略有展开，中部及下部渐扩大并向前倾斜，前缘基本平直，在下方 1/4 处向前呈 60°角倾斜，后缘呈"S"状；背面观前缘中部与第 10 节紧密结合，后缘凹入成"U"形。第 10 节分为中叶及 2 侧叶；中叶三角形，扁平；2 侧叶背面观似鹿角形，侧面观每叶为粗短的二叉状，上支粗短、略呈方形，基部向下着生 1 刺状突起；下支粗短指状，长度约为上支的 2 倍，中部向上着生 1 刺状突起。上附肢粗短近卵形。下附肢 1 节，侧面观略呈三角形，后缘内凹；腹面观略呈叶状。阳具基半部卵形；端半部管状，具骨刺 2 根。

分布：浙江（临安）、福建。

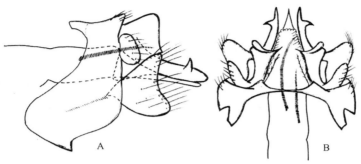

图 7-48　双齿缺叉等翅石蛾 *Chimarra sadayu* Malicky, 1993 ♂外生殖器

A. 侧面观；B. 背面观

（396）多刺缺叉等翅石蛾 *Chimarra senticosa* Sun *et* **Malicky, 2002**（图 7-49）

Chimarra senticosa Sun *et* Malicky, 2002: 532.

主要特征：前翅长 5.5 mm。体深褐色。头部深褐色，触角褐色，下颚须、下唇须黄色。胸部背面深褐色，其余部分褐色，翅褐色。腹部黄色。

雄性外生殖器：第 8 节侧面观背面较腹面宽，后背侧角具 1 束刺；背面观后缘深凹，内缘具刺。第 9 节侧面观上方 1/3 明显窄于下方 2/3，后背角亦具 1 束刺。第 10 节侧面观下缘平直，上缘倾斜。上附肢侧面观二叉状。阳具稍骨化，端部具成群的小刺。

分布：浙江（临安）。

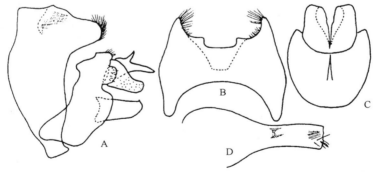

图 7-49　多刺缺叉等翅石蛾 *Chimarra senticosa* Sun *et* Malicky, 2002 ♂外生殖器

A. 侧面观；B. 第 8 节，背面观；C. 腹面观；D. 阳具，侧面观

（397）锯齿缺叉等翅石蛾 *Chimarra sinuata* **Hwang, 1957**（图 7-50）

Chimarra sinuata Hwang, 1957: 376.

主要特征：前翅长 3.5 mm。体灰褐色。前翅 Rs 分叉处加粗。

雄性外生殖器：第 9 节侧面观上后侧角向背后方延伸，背面具小齿状突起，后缘中部附近具 1 瘤突，瘤突稍下方具 1 短棒状突起，腹面向前方延伸，具 1 三角形齿突；背面观膜质。第 10 节膜质，侧面观狭长，端部稍向下弯曲；背面观舌形，端圆。肛前附肢侧面观弯棒状，端尖；背面观基部粗，向端部渐窄，并在端部相互靠近。下附肢侧面观近矩形，端部稍膨大，端圆；腹面观不规则形。阳具膜质，阳基鞘稍骨化，较粗大，内茎鞘膜质，下缘中部具 1 三角形突起；内茎鞘刺突 3 个，侧面观上下排列，背面观呈三叉形。

分布：浙江（临安）、福建。

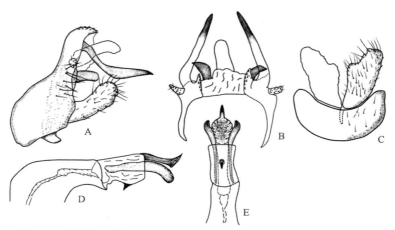

图 7-50　锯齿缺叉等翅石蛾 *Chimarra sinuata* Hwang, 1957 ♂外生殖器
A. 侧面观；B. 背面观；C. 腹面观；D. 阳具，腹面观；E. 阳具，背面观

150. 短室等翅石蛾属 *Dolophilodes* Ulmer, 1909

Dolophilodes Ulmer, 1909: 125. Type species: *Dolophilodes ornatus* Ulmer, 1909.
Trentonius Betten *et* Mosely, 1940: 11. Type species: *Trentonius distinctus* Walker, 1852.

主要特征：胫距式 2, 4, 4。前后翅第 1 叉柄长短变化较大。后翅 3 根 A 脉独立伸达翅缘。

雄性外生殖器：上附肢大小在种间变化较大，通常呈耳状或短叶状。第 10 节分裂成双叶状。下附肢端节长度通常短于或等于基节。阳基鞘膜质，有时很大。内茎鞘包埋于阳基鞘中，具较大的阳茎孔片。

分布：古北区、东洋区、新北区。世界已知约 60 种，中国记录 24 种，浙江分布 9 种。

分种检索表

1. 下附肢端节短于基节 ·· 2
- 下附肢端节与基节近等长 ·· 3
2. 下附肢端节侧面观端部明显窄，第 10 节基部愈合 ······················· 雅致短室等翅石蛾 *D. bellatula*
- 下附肢端节侧面观端部与基部等宽，第 10 节由端部凹切至基部 ·········· 靴形短室等翅石蛾 *D. caligula*
3. 第 10 节背面观亚端部缢缩，端圆 ·· 4
- 第 10 节背面观亚端部不缢缩，末端凹切成双叶状 ·· 6
4. 阳具除具基片的长刺外，另具 1 根弯曲的长刺和 4 根小刺 ·················· 宽角短室等翅石蛾 *D. eryx*
- 阳具除具基片的长刺外，其余均为短刺 ·· 5
5. 刺集中于阳具中部，共 9 根 ·· 多刺短室等翅石蛾 *D. setosa*
- 刺集中于阳具近末端，共 8 根 ·· 厄律短室等翅石蛾 *D. erysichthon*
6. 第 10 节侧叶侧面观三角形，端圆 ··· 印度短室等翅石蛾 *D. indica*
- 第 10 节侧叶侧面观卵圆形或长椭圆形，端圆 ·· 7
7. 阳具内缺具基片的长刺，具 5 簇小刺 ·· 深裂短室等翅石蛾 *D. secedens*
- 阳具内有具基片的长刺 ·· 8

8. 阳具内的基片长刺弯曲 ·· **椭圆短室等翅石蛾 _D. ovalis_**
- 阳具内的基片长刺直 ··· **半圆短室等翅石蛾 _D. semicircularis_**

（398）雅致短室等翅石蛾 *Dolophilodes bellatula* Sun *et* Malicky, 2002（图 7-51）

Dolophilodes bellatula Sun *et* Malicky, 2002: 525.

主要特征：前翅长 5.5 mm。体黑褐色。头部黑色，触角褐色，下颚须、下唇须黄色。胸部背面深褐色，其余部分黄色；足及翅黄色。腹部黄色。

雄性外生殖器：第 9 节背面短，侧面观前缘弯曲成弧形，后缘在下附肢着生处凹入。第 10 节侧面观中部窄，侧面观舌形。上附肢侧面观椭圆形，背面观肾形。下附肢基节侧面观矩形，长约为宽的 2 倍；端节较基节略短，端部圆且窄于其基部。阳具大，膜质，内具 3 簇小刺及 1 个具基板的大刺。

分布：浙江（临安）。

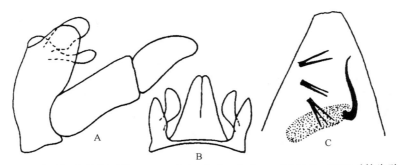

图 7-51 雅致短室等翅石蛾 *Dolophilodes bellatula* Sun *et* Malicky, 2002 ♂外生殖器
A. 侧面观；B. 背面观；C. 阳具端部，腹面观

（399）靴形短室等翅石蛾 *Dolophilodes caligula* Sun *et* Malicky, 2002（图 7-52）

Dolophilodes caligula Sun *et* Malicky, 2002: 524.

主要特征：前翅长 7.5 mm。体深褐色。头部黑褐色，触角深褐色，下颚须、下唇须褐色。胸部背面深褐色，其余部分褐色；足及翅褐色；腹部褐色。

雄性外生殖器：第 9 节背面短，侧面观上部 2/3 宽，并向后倾斜。第 10 节侧面观基部宽，端部尖锐；

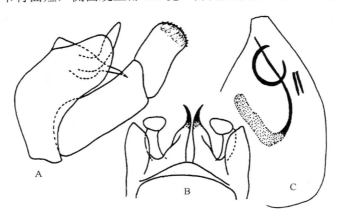

图 7-52 靴形短室等翅石蛾 *Dolophilodes caligula* Sun *et* Malicky, 2002 ♂外生殖器
A. 侧面观；B. 背面观；C. 阳具，腹面观

背面观端部 2/3 形成尖刺状。上附肢侧面观窄，背面观靴形。下附肢基节矩形，长为宽的 2 倍；端节短，顶端截形，约为第 1 节的 3/4。阳具大，膜质，内具 1 长刺、1 弯曲成圆形的刺及 2 根短直刺。

　　分布：浙江（临安）。

（400）厄律短室等翅石蛾 *Dolophilodes erysichthon* Sun *et* Malicky, 2002（图 7-53）

Dolophilodes erysichthon Sun *et* Malicky, 2002: 526.

　　主要特征：前翅长 5 mm。体褐色。
　　雄性外生殖器：第 9 节侧面观后侧角呈片状遮盖肛上附肢。第 10 节侧面观向上弯曲，端部卵圆形；背面观三角形。下附肢基节与端节近等长，但端节稍宽，端圆，端半部内面具微刺。阳具侧面观粗大，端部 1/3 收窄，具 7 根直的短刺，其中部分刺呈束状，另具 1 根基部成片状的长刺。
　　分布：浙江（开化）。

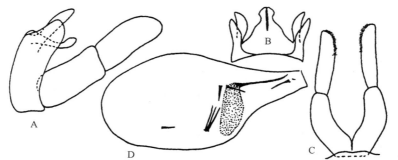

图 7-53　厄律短室等翅石蛾 *Dolophilodes erysichthon* Sun *et* Malicky, 2002 ♂外生殖器
A. 侧面观；B. 背面观；C. 下附肢，腹面观；D. 阳具，侧面观

（401）宽角短室等翅石蛾 *Dolophilodes eryx* Sun *et* Malicky, 2002（图 7-54）

Dolophilodes eryx Sun *et* Malicky, 2002: 526.

　　主要特征：前翅长 5–6 mm。体褐色。
　　雄性外生殖器：第 9 节侧面观后侧角明显加宽，遮盖肛上附肢。第 10 节侧面观指状，端部向上弯曲；背面观棒状。下附肢基节与端节近等长，但端节侧面观背缘呈弧形，端圆，端半部内面具微刺。阳具侧面观粗大，端部 1/3 收窄，具 4 根直的短刺、1 根长而弯曲的长刺及 1 根具基片状的长刺。
　　分布：浙江（安吉、临安）。

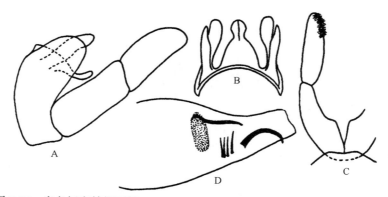

图 7-54　宽角短室等翅石蛾 *Dolophilodes eryx* Sun *et* Malicky, 2002 ♂外生殖器
A. 侧面观；B. 背面观；C. 下附肢，腹面观；D. 阳具，侧面观

（402）印度短室等翅石蛾 *Dolophilodes indica* **Martynov, 1935**（图 7-55）

Dolophilodes indica Martynov, 1935a: 122.

主要特征： 体长 5.5–6.5 mm。头褐色，触角褐色，具红褐色环纹，胸腹部褐色。

雄性外生殖器： 第 9 节侧面观背面稍宽于腹部，前后缘均向前弯曲。肛上附肢侧面观三角形，端尖；背面观棒状，端圆。第 10 节侧面观简单，端圆；背面观深裂成双叶状。下附肢侧面观基节基部宽，中央稍缢缩，端部斜截；端节稍短于基节，稍背向弯曲，端圆。

分布： 浙江（庆元）、西藏；印度，孟加拉国。

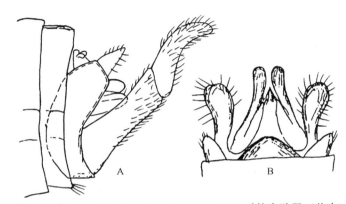

图 7-55　印度短室等翅石蛾 *Dolophilodes indica* Martynov, 1935 ♂外生殖器（仿自 Martynov，1935）
A. 侧面观；B. 背面观

（403）椭圆短室等翅石蛾 *Dolophilodes ovalis* **Sun *et* Malicky, 2002**（图 7-56）

Dolophilodes ovalis Sun *et* Malicky, 2002: 523.

主要特征： 前翅长 6 mm。体深褐色。头部深褐色，触角褐色，下颚须、下唇须黄色。胸部背面深褐色，其余部分黄色；翅黄色；足褐色。腹部黄色。

雄性外生殖器： 第 9 节背面短，侧面观上部向后方倾斜，下半部窄。第 10 节基部宽，侧面观端部 1/3 指状，并向上弯曲；背面观三角形，端部 1/3 分裂为二叶状。上附肢侧面观椭圆形，背面观卵圆形。下附肢基节矩形，长约为宽的 2 倍；端节与第 1 节等长，端圆，并略下弯。阳具大，具 1 弯曲的长刺，中部附近及端部附近具成簇的刺。

分布： 浙江（临安）。

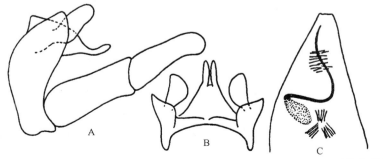

图 7-56　椭圆短室等翅石蛾 *Dolophilodes ovalis* Sun *et* Malicky, 2002 ♂外生殖器
A. 侧面观；B. 背面观；C. 阳具，腹面观

（404）深裂短室等翅石蛾 *Dolophilodes secedens* Yang, Sun *et* Yang, 2001（图 7-57）

Dolophilodes secedens Yang, Sun *et* Yang, 2001: 510.

　　主要特征：体长 4.5 mm。前翅长 5.5 mm。体黄褐色。头深褐色，触角黄色，每节端部都有隐约可见的淡色斑。下颚须黄褐色；下唇须黄色。胸部黄褐色；翅黄色；足除基节褐色外均黄色，距褐色。腹部黄色。

　　雄性外生殖器：第 9 节背面膜质，侧面观侧上部向后上方弯曲。下附肢着生处最窄。第 10 节略骨化，侧面观基部三角形，端部延长成指状突，并略膨大而略向上弯曲；背面观三角形，端部 1/2 深裂成 2 个指状突，并相互紧密靠近。上附肢侧面观卵圆形，基部隐藏在第 9 节的侧突内。下附肢 2 节，基节近四边形，长约为宽的 3 倍；端节短于基节，近端部处向腹面弧形弯曲，端部圆，密被刺毛。阳具膜质，开口于腹面，侧面观基部圆形，端部三角形，内鞘发达，侧面观基部和中部附近及端部有成簇的刺；腹面观内鞘近中部处及基部的刺各分成两列。

　　分布：浙江（临安）。

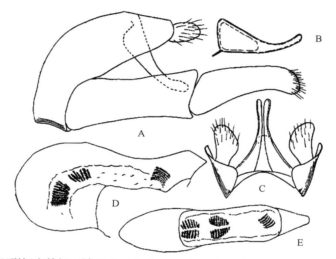

　　图 7-57　深裂短室等翅石蛾 *Dolophilodes secedens* Yang, Sun *et* Yang, 2001 ♂外生殖器
A. 侧面观；B. 第 10 节，侧面观；C. 背面观；D. 阳具，侧面观；E. 阳具，腹面观

（405）半圆短室等翅石蛾 *Dolophilodes semicircularis* Sun *et* Malicky, 2002（图 7-58）

Dolophilodes semicircularis Sun *et* Malicky, 2002: 522.

　　主要特征：体长约 8 mm，前翅长约 7 mm。体褐色。触角每节基部深褐色，端部颜色较基部稍浅；下颚须褐色，明显生有毛，下唇须浅褐色。胸部背板深褐色，侧面及腹面颜色稍浅；翅褐色。足褐色，胫距式 2, 4, 4。腹部背面及腹面褐色，侧面浅褐色。

　　雄性外生殖器：第 9 节背面观窄，侧面观前缘直，背缘圆，后缘于下附肢着生处略凹入。第 10 节侧面观基部 2/3 宽，其余部分窄，并略向上弯曲；背面观呈三角形，端部分裂成 2 叶，2 叶相互接触。上附肢侧面观钝，背面观半圆形。下附肢基节矩形，基部略窄，端节略短于第 1 节，其端部略收窄。阳具膜质，除具 1 个长刺外，中部附近具 2 束刺，端部附近具 1 簇刺。刺在个体间有变异。

　　分布：浙江（临安）。

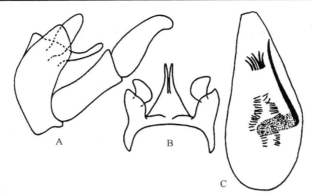

图 7-58　半圆短室等翅石蛾 *Dolophilodes semicircularis* Sun *et* Malicky, 2002 ♂外生殖器

A. 侧面观；B. 背面观；C. 阳具，腹面观

（406）多刺短室等翅石蛾 *Dolophilodes setosa* Sun *et* Malicky, 2002（图 7-59）

Dolophilodes setosa Sun *et* Malicky, 2002: 523.

主要特征：前翅长 6 mm。头部黑褐色，触角、下颚须及下唇须褐色。胸部背面深褐色，其余部分褐色；翅及足黄色。腹部黄色。

雄性外生殖器：第 9 节背面短，侧面观前缘直，后侧角明显向后方伸出。第 10 节侧面观略呈波状，背面观基部近三角形，端部收窄后 2 裂。上附肢侧面观细长，背面观棒状，部分隐藏在第 9 节下方。下附肢基节矩形，端节近矩形，但端部圆。阳具膜质，内具 1 长刺与数个小刺。

分布：浙江（临安）。

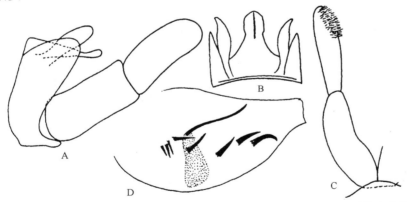

图 7-59　多刺短室等翅石蛾 *Dolophilodes setosa* Sun *et* Malicky, 2002 ♂外生殖器

A. 侧面观；B. 背面观；C. 左下附肢，腹面观；D. 阳具，腹面观

151. 合脉等翅石蛾属 *Gunungiella* Ulmer, 1913

Gunungiella Ulmer, 1913: 82. Type species: *Gunungiella reducta* Ulmer, 1913.

主要特征：胫距式 2, 4, 4。前翅 Sc 基部粗，端部细；具第 1、2、5 叉，第 1、2 叉通常无柄；盘室小；M 脉分 2 支；后翅盘室窄，开放，具第 2 及第 5 叉；R$_{2+3}$ 不分支，M 脉分 2 支。

雄性外生殖器：第 8 节背板覆盖第 9 节，形态变化较大。第 9 节套叠第 8 节内，倾斜，通常基部窄，端部宽，背面膜质。第 10 节覆盖阳具，形态通常简单。下附肢 2 节，基节粗大，端节通常较小。阳具简单，管状。

分布：东洋区。世界已知 84 种，中国记录 4 种，浙江分布 1 种。

（407）沙氏合脉等翅石蛾 *Gunungiella saptadachi* Schmid, 1968（图 7-60）

Gunungiella saptadachi Schmid, 1968: 932.

主要特征：前翅长 5 mm。体褐色。

雄性外生殖器：第 8 节背板侧面观三角形，端部向后方延伸；背面观三叶状，中叶大，两侧叶较小，端尖。第 9 节套叠于第 8 腹节内，侧面观倾斜，于下附肢着生处最为宽大，背面膜质。第 10 节侧面观分为明显的上下两支，上支细长，侧面观基部 1/3 背向弯曲，并向端部渐收窄；背面观端缘凹入成双叶状，每叶端部具 1 骨刺；下支侧面观长三角形，端部向上弯曲成鸟喙状，背面观两侧缘近平行，端缘中央具 1 较深的凹切。下附肢侧面观基节四边形，端缘略凹入；端节短棒状，斜接于基部端部，基部具梳状毛。阳具基部膨大成球形，端部 2/3 管状；中部附近具 1 对小骨片，亚端部具 1 大骨刺。

分布：浙江（临安）、安徽。

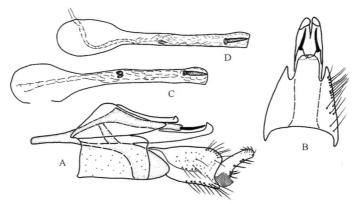

图 7-60　沙氏合脉等翅石蛾 *Gunungiella saptadachi* Schmid, 1968 ♂外生殖器
A. 侧面观；B. 背面观；C. 阳具，侧面观；D. 阳具，背面观

152. 梳等翅石蛾属 *Kisaura* Ross, 1956

Kisaura Ross, 1956: 57. Type species: *Sortosa obrussa* Ross, 1956.

主要特征：胫距式 2, 4, 4。翅脉原始，但第 1 叉可能靠近或远离分横脉 s，R_2 可能退化，前翅 2A 不完整。

雄性外生殖器：第 10 节与上附肢之间具 1 对侧突。下附肢简单，端节内缘具 1 列栉状刺。

分布：东洋区。世界已知 79 种，中国记录 15 种，浙江分布 3 种。

分种检索表

1. 第 10 节侧突末端伸达下附肢末端之前 ·· 亚氏梳等翅石蛾 *K. adamickai*
- 第 10 节侧突末端伸达下附肢末端，或伸出于其末端 ··· 2
2. 第 10 节侧突背面观两侧缘平行，仅末端尖 ··· 栉梳等翅石蛾 *K. pectinata*
- 第 10 节侧突背面观由基部向端部渐变粗，棒状 ··· 伊特梳等翅石蛾 *K. eteokles*

（408）亚氏梳等翅石蛾 *Kisaura adamickai* Sun *et* Malicky, 2002（图 7-61）

Kisaura adamickai Sun *et* Malicky, 2002: 530.

主要特征：前翅长 7–9 mm。体褐色。头部褐色，触角深褐色，下颚须及下唇须黄色。胸部褐色，足及翅黄色。腹部黄色。

雄性外生殖器：第 9 节背板膜质，侧面观前缘呈弧形，后缘仅在下附肢关节处稍凹入。第 10 节膜质，侧突长，端部骨化。肛上附肢侧面观宽，稍弯曲，端圆；背面观棒状。下附肢基节基部窄，向端部渐加宽；端节明显长于基节，内侧面的栉毛带由基部伸达端部。阳具膜质。

分布：浙江（临安）、河南、陕西、甘肃。

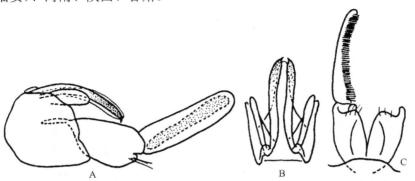

图 7-61　亚氏梳等翅石蛾 *Kisaura adamickai* Sun *et* Malicky, 2002 ♂外生殖器
A. 侧面观；B. 背面观；C. 左下附肢，腹面观

（409）栉梳等翅石蛾 *Kisaura pectinata* (Ross, 1956)（图 7-62）

Sortosa pectinata Ross, 1956: 57.

Kisaura pectinata: Malicky, 1993a: 78.

主要特征：体长约 5 mm；前翅长约 4.5 mm。体茶褐色。触角每节基部深褐色，端部黄褐色；下唇须、下颚须浅黄褐色，密生褐色细毛，但端部稍少。胸部背面褐色，腹面及侧面颜色稍浅；翅褐色，稍具毛。足浅褐色，胫距式 2, 4, 4。腹部背板褐色，其余部分浅褐色。

雄性外生殖器：第 9 节侧面观近五边形，前缘中部略向前凸出，后缘于下附肢着生下方略凹入；腹面观前缘呈底圆钝的"V"形凹入，后缘波状；背面膜质。第 10 节膜质，背面观花瓶状，端部分裂为双叶状，侧面观为三角形。刺突细长，略长于第 10 节，略向上呈弧形弯曲，由基部向端部逐渐变细，尖端强烈骨化。上附肢棒状，侧面观下缘平直，上缘向上弯曲成弧形；背面观细长棒状。阳具膜质，呈管状。下附肢侧面观生于第 9 节后缘凹陷处；基节侧面观上缘较平直，下缘略向下弯曲成弧形，端部圆；以 1 针突关节与第 9 节相连接；端节细长，略长于基节，侧面观上下缘近平行，端部圆，背面观略向外弯为弧形，内侧的栉齿列长度与端节近等长。

分布：浙江（临安、丽水）、广东。

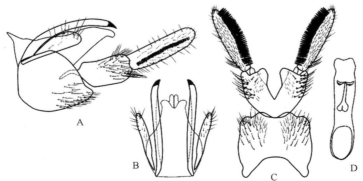

图 7-62　栉梳等翅石蛾 *Kisaura pectinata* (Ross, 1956) ♂外生殖器
A. 侧面观；B. 背面观；C. 腹面观；D. 阳具，腹面观

（410）伊特梳等翅石蛾 *Kisaura eteokles* Sun *et* Malicky, 2002（图 7-63）

Kisaura eteokles Sun *et* Malicky, 2002: 531.

　　主要特征：前翅长 5–6.5 mm。体浅褐色。

　　雄性外生殖器：第 9 节侧面观前缘呈圆弧形，后缘倾斜，在下附肢着生处稍凹入。刺突侧面观细长，由基部向端部渐细；背面观基部细，端部稍加粗。第 10 节舌形。上附肢侧面观半圆形；背面观宽片状。下附肢基节侧面观矩形；端节长于第 1 节，端部圆。

　　分布：浙江（安吉、临安）。

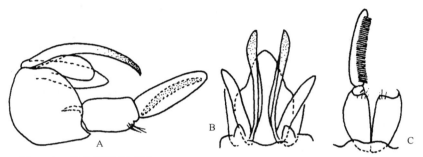

图 7-63　伊特梳等翅石蛾 *Kisaura eteokles* Sun *et* Malicky, 2002 ♂外生殖器

A. 侧面观；B. 背面观；C. 左下附肢，腹面观

153. 蠕等翅石蛾属 *Wormaldia* McLachlan, 1865

Wormaldia McLachlan, 1865: 140. Type species: *Hydropsyche occipitalis* Pictet, 1834.

Dolophilus McLachlan, 1868: 301. Type species: *Dolophilus copiosus* McLachlan, 1868.

Paragapetus Banks, 1914: 202. Type species: *Paragapetus moestus* Banks, 1914.

Dolophiliella Banks, 1930: 230. Type species: *Dolophiliella gabriella* Banks, 1930.

　　主要特征：体中型。胫距式 2, 4, 4。后足腿节具细长的毛。前后翅第 1 叉存在或缺失，如存在则无柄。后翅具 3 条臀脉，1A 与 2A 在翅基部愈合，但不伸达翅缘。

　　雄性外生殖器：上附肢指状，第 10 节屋脊状，顶端不分裂。下附肢端节等于或长于基节。阳具小，阳基鞘基部宽，其余呈管状，内藏可翻缩的内茎鞘，内茎鞘具刺。

　　分布：世界广布。世界已知约 244 种，中国记录 25 种，浙江分布 9 种。

分种检索表

1. 第 7 节腹板突长，腹面观长于第 8 节腹板 ·················· **中华蠕等翅石蛾** *W. chinensis*
- 第 7 节腹板短，不及第 8 节腹板长 ··· 2
2. 第 8 节背板内面具 1 对细长突起 ··· 3
- 第 8 节背板内面简单，不具上述突起 ··· 4
3. 第 8 节背板背面观端缘凹入较深，呈"U"形 ················ **具刺等翅石蛾** *W. spinosa*
- 第 8 节背板背面观端缘凹入浅，多少呈"V"形 ············ **浙江蠕等翅石蛾** *W. zhejiangensis*
4. 第 10 节侧面观三角形，下附肢端节侧面观末端较宽 ········ **梯形蠕等翅石蛾** *W. scalaris*
- 第 10 节侧面观细长，下附肢端节侧面观由基部向端部渐变窄 ······························· 5
5. 阳具内具 3 根骨刺，第 10 节背面观近端部附近缢缩 ········ **三刺蠕等翅石蛾** *W. triacanthophora*
- 不具上述综合特征 ·· 6

6. 阳具内具 2 根骨刺 ·· 7
- 阳具内具 1 根 ··· 8
7. 第 8 节背板端缘略凹入 ·· 三齿蠕等翅石蛾 *W. tricuspis*
- 第 8 节背板端缘缢缩且凹入成 1 对角状突起 ···························· 双角蠕等翅石蛾 *W. bicornis*
8. 第 10 节侧面观上缘中部形成 1 齿状突，第 8 节背板端缘凹入 ····· 刺茎蠕等翅石蛾 *W. unispina*
- 第 10 节侧面观背缘平坦，第 8 节背板末端四叉状 ··················· 四刺蠕等翅石蛾 *W. quadriphylla*

（411）中华蠕等翅石蛾 *Wormaldia chinensis* (Ulmer, 1932)（图 7-64）

Dolophiliella chinensis Ulmer, 1932: 43.

Wormaldia chinensis: Ross, 1956: 65.

主要特征：前翅长 5.5 mm。体褐色。

雄性外生殖器：第 7 腹板后缘中央向后方形成粗大的舌状突，第 8 节腹板舌状突较小。第 8 节背板后缘直。第 9 节背面膜质，侧面观前缘弧形，后缘稍凹入。第 10 节侧面观舌状，背面观呈三角形。上附肢侧面观细长，端部伸达第 10 节末端；背面观略呈棒状。

分布：浙江（庆元）、北京。

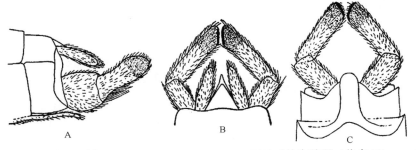

图 7-64　中华蠕等翅石蛾 *Wormaldia chinensis* (Ulmer, 1932) ♂外生殖器（仿自 Ulmer，1932）
A. 侧面观；B. 背面观；C. 腹面观

（412）刺茎蠕等翅石蛾 *Wormaldia unispina* Sun, 1998（图 7-65）

Wormaldia unispina Sun in Wang, Sun, Yang & Leng, 1998: 157.

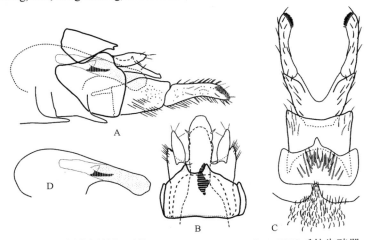

图 7-65　刺茎蠕等翅石蛾 *Wormaldia unispina* Sun, 1998 ♂外生殖器
A. 侧面观；B. 背面观；C. 腹面观；D. 阳具，侧面观

主要特征：前翅长 3 mm。体褐色，头背面深褐色，颜面浅褐近于白色；触角灰褐色，第 1、2 节浅褐色；下颚须灰褐色，关节处有浅褐色环；下唇须浅褐色。胸部灰褐色，足褐色，胫距式 2, 4, 4；翅褐色。腹部灰褐色。

雄性外生殖器：第 8 节背板后缘向后稍突出，中央凹切。第 7、8 节腹板后缘中央均具舌状突。第 9 节侧面观前缘向前强烈突出。第 10 节侧面观中央向上隆起，背面观舌状，仅略骨化。上附肢片状。阳具简单，中央附近具 1 刺。下附肢基节稍粗壮，端节细长，并略向上方拱起，仅端部内侧具刺状毛。

分布：浙江（安吉、临安、四明山、丽水）。

（413）具刺等翅石蛾 *Wormaldia spinosa* Ross, 1956（图 7-66）

Wormaldia spinosa Ross, 1956: 65.

主要特征：体长 4 mm。体褐色，背面深褐色。

雄性外生殖器：第 8 节背板侧面观近四边形，后背角向后延伸；背面观多少呈梯形，后缘呈弧形凹入；其内具隔板状结构，侧面观呈 "S" 形弯曲，背面观近三角形，后缘中央向后方延伸，并由此发出 1 对细长的突起。第 9 节侧面观前缘中部向前方延伸成角状，后缘多少呈弧形。第 10 节侧面观细长，上缘近中部具 1 角状突；背面观基部 2/3 两侧缘近平行，端部 1/3 收窄成三角形。肛上附肢棒状。下附肢侧面观基节近五边形，端节与基节近等长，由基部向端部渐窄，端圆。

分布：浙江（庆元）、江西。

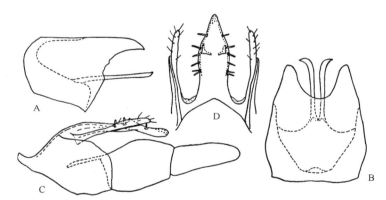

图 7-66 具刺等翅石蛾 *Wormaldia spinosa* Ross, 1956（仿自 Ross，1956）
A. 第 8 节背板侧面观；B. 第 8 节背板背面观；C. ♂外生殖器侧面观，D. ♂外生殖器背面观

（414）梯形蠕等翅石蛾 *Wormaldia scalaris* Sun *et* Malicky, 2002（图 7-67）

Wormaldia scalaris Sun *et* Malicky, 2002: 528.

主要特征：体长约 4 mm，前翅长 3 mm。体灰褐色。头部背面茶褐色，颜面茶色，触角褐色；下颚须灰褐色，每节相接处具浅褐色环；下唇须浅褐色，末节灰褐色。胸部灰褐色；足浅褐色，胫距式 2, 4, 4，翅灰褐色，多小毛。腹部茶褐色。

雄性外生殖器：第 8 节背面观后缘略凹入，呈平滑 "凹" 字形，腹板后缘向后具 1 小突起。第 9 节背面观很短，与第 10 节愈合，侧面观略呈五边形，后缘较平直，前缘向前强烈隆起成角状，下缘弧形。第 10 节背面观略呈三角形，端部圆钝，两侧各生有数根粗短刚毛。上附肢棒状，长度约达第 10 节 3/4，端半部密生小毛，端部圆。下附肢 2 节，基节侧面观略呈梯形，端节侧面观长卵圆形，比基节略长；刚毛区长度比下附肢端节长度略短，基节端部及端节密生小毛。阳具基半部膨大成卵形，端半部管状，内有楔状骨刺 3 根，1 根位于端半部中部，2 根位于基半部端半部相接处。

分布：浙江（临安）。

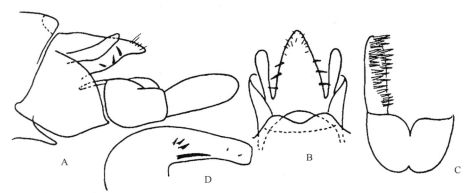

图 7-67 梯形蠕等翅石蛾 *Wormaldia scalaris* Sun *et* Malicky, 2002 ♂外生殖器
A. 侧面观；B. 背面观；C. 腹面观；D. 阳具，侧面观

（415）浙江蠕等翅石蛾 *Wormaldia zhejiangensis* Sun *et* Malicky, 2002（图 7-68）

Wormaldia zhejiangensis Sun *et* Malicky, 2002: 529.

主要特征：前翅长 4 mm。体褐色。头褐色，触角褐色，下颚须、下唇须黄色。胸部褐色，足及翅黄色。腹部黄色。

雄性外生殖器：第 8 节侧面观梯形，背面观端缘凹入，并具 1 对长的突起。第 9 节背面膜质，侧面观前腹缘向前扩展。第 10 节侧面观基部宽，端部细窄；背面观呈舌形。上附肢细长，略短于第 10 节。下附肢侧面观基节五边形，端节细长，端圆。阳具膜质，具数根刺。

分布：浙江（临安、开化）。

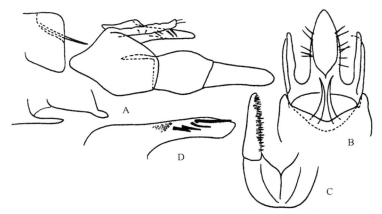

图 7-68 浙江蠕等翅石蛾 *Wormaldia zhejiangensis* Sun *et* Malicky, 2002 ♂外生殖器
A. 侧面观；B. 背面观；C. 腹面观；D. 阳具，侧面观

（416）三齿蠕等翅石蛾 *Wormaldia tricuspis* Sun *et* Malicky, 2002（图 7-69）

Wormaldia tricuspis Sun *et* Malicky, 2002: 527.

主要特征：前翅长 4.5 mm。体褐色。头部深褐色，触角、下颚须褐色，下唇须黄色。胸部褐色，足及翅褐色。腹部黄色。

雄性外生殖器：第 8 节侧面观矩形。第 9 节背面膜质，侧面观形状不规则，后腹缘尾向延伸。第 10 节侧面观基部宽、端部窄，背面观近三角形。上附肢侧面观两侧缘平行，端圆；背面观长为第 10 节之半。下附肢基节侧面观多少呈梯形，基部明显宽于端部；端节细长，长约为宽的 3 倍。阳具膜质，具 2 刺。

分布：浙江（临安）。

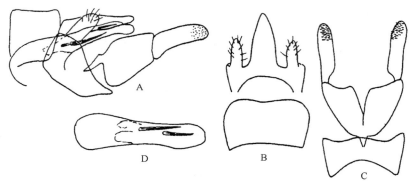

图 7-69　三齿蠕等翅石蛾 *Wormaldia tricuspis* Sun *et* Malicky, 2002 ♂外生殖器
A. 侧面观；B. 背面观；C. 腹面观；D. 阳具，腹面观

（417）三刺蠕等翅石蛾 *Wormaldia triacanthophora* Sun, 1998（图 7-70）

Wormaldia triacanthophora Sun in Wang, Sun, Yang & Leng, 1998: 156.

主要特征：体长 3.5 mm，前翅长 4.0 mm。体黄褐色；触角基部两节黄色，余黄褐色；下颚须黄褐色；下唇须黄色。

雄性外生殖器：第 8 节背板后缘端部细，中央切入，形成 1 双叶状构造。第 7、8 节腹板后缘中央向后突出成指状。第 9 节侧面观前缘向前突出，使该节呈五边形。第 10 节伸达下附肢基节中央附近，背面观端部 1/3 突然变细，呈舌状。上附肢细长。阳具简单，中央附近具 3 根粗短的刺。下附肢基节粗壮，端节由基部向端部逐渐变细，内面具许多刺毛。

分布：浙江（安吉）。

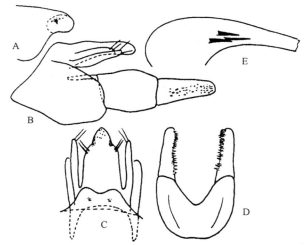

图 7-70　三刺蠕等翅石蛾 *Wormaldia triacanthophora* Sun, 1998 ♂外生殖器
A. 第 8 节背板，侧面观；B. 侧面观；C. 背面观；D. 腹面观；E. 阳具，侧面观

（418）双角蠕等翅石蛾 *Wormaldia bicornis* Sun *et* Malicky, 2002（图 7-71）

Wormaldia bicornis Sun *et* Malicky, 2002: 528.

主要特征：前翅长 4.5 mm。体黄色。头褐色；触角、下颚须、下唇须黄色。胸部黄色，翅、足黄色。

雄性外生殖器：第 8 节侧面观后背角向后方稍延伸，背面观后缘具 1 对角状突起。第 9 节侧面观前缘强烈向前方形成 1 角状突。第 10 节舌形。上附肢短棒状。下附肢基节侧面观五边形，端节细长，端圆。阳具膜质，具 2 刺。

分布：浙江（临安）。

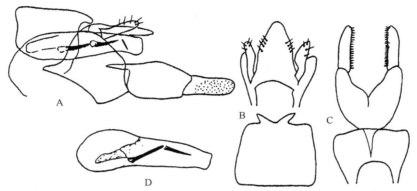

图 7-71　双角蠕等翅石蛾 *Wormaldia bicornis* Sun *et* Malicky, 2002 ♂外生殖器
A. 侧面观；B. 背面观；C. 腹面观；D. 阳具，侧面观

（419）四刺蠕等翅石蛾 *Wormaldia quadriphylla* Sun, 1997（图 7-72）

Wormaldia quadriphylla Sun in Yang, Sun & Wang, 1997: 981.

主要特征：前翅长 7.0 mm；体黑褐色，翅棕褐色。

雄性外生殖器：第 8 节背板侧面观端部呈向下弯的刺，背面观时该刺分叉成二叉状，其基部两侧着生有 1 对小的刺突，腹板腹面正中央向后方突出成角状。第 9 节背面特别窄，侧面观前缘中央向前凸出，后缘平截。第 10 节侧面观管状，端部略背向钩起；背面观基半部粗，端半部略变窄，均膜质。肛上附肢侧面观基部 1/3 长方形，端部 2/3 向端部渐细，但在最端部略膨大，具数根刺毛。下附肢基节四边形，端节多少三角形；阳具简单。阳茎侧面观管状，基部具 1 长刺，端部略变细。

分布：浙江（临安）、湖北。

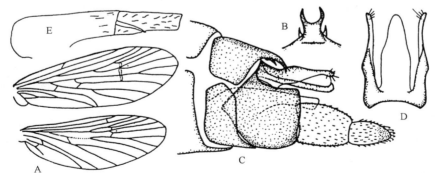

图 7-72　四刺蠕等翅石蛾 *Wormaldia quadriphylla* Sun, 1997
A. 前、后翅；B. 第 8 节背板，背面观；C-E. ♂外生殖器：C. 侧面观；D. 背面观；E. 阳具，侧面观

三十八、多距石蛾科 Polycentropodidae

主要特征：成虫缺单眼；下颚须第 5 节环状纹不明显。中胸盾片具 1 对圆形毛瘤，胫距式 2–3, 4, 4；雌性中足胫节常宽扁；前翅分径室和中室闭锁。

生物学：幼虫在静水或流水中均能生活，筑多种类型的固定居室，捕食性或取食有机颗粒。部分种类具有较强的耐污能力。

分布：世界广布。世界已知 2 亚科 20 属 605 种，中国记录 5 属 70 种，浙江分布 4 属 16 种。

分属检索表

1. 前翅缺第 1 叉 ··· 2
- 前翅具第 1、2、3、4、5 叉 ··· 3
2. 前翅具第 3 叉，中室封闭 ·· 闭径多距石蛾属 *Nyctiophylax*
- 前翅缺第 3 叉，中室开放 ·· 隐刺多距石蛾属 *Pahamunaya*
3. 后翅分径室开放，仅具第 2、5 叉 ··· 缺叉多距石蛾属 *Polyplectropus*
- 后翅分径室封闭，具第 1 叉 ··· 缘脉多距石蛾属 *Plectrocnemia*

154. 闭径多距石蛾属 *Nyctiophylax* Brauer, 1865

Nyctiophylax Brauer, 1865: 419. Type species: *Nyctiophylax sinensis* Brauer, 1865.

主要特征：前翅具第 2、3、4、5 叉，分径室及中室闭锁，缺第 1 臀脉和第 2 臀脉之间的横脉。后翅仅具第 2、5 叉，分径室闭锁，中室开放。第 9 腹板大，扩展至侧区。第 9 背板膜质，四边形或三角形，部分种类第 9 背板与第 10 背板愈合，形成第 9+10 背板。第 10 背板侧方常具 1 对骨化突起——中附肢，骨化程度较弱，常与第 10 背板愈合，形状多样。上附肢较复杂。下附肢简单。阳茎基骨化，具阳基侧突，阳茎端膜质，部分种于其内具刺。

分布：世界广布。世界已知 107 种，中国记录 6 种，浙江分布 1 种。

（420）细长闭径多距石蛾 *Nyctiophylax gracilis* Morse, Zhong *et* Yang, 2012（图 7-73）

Nyctiophylax gracilis Morse, Zhong *et* Yang, 2012: 51.

主要特征：前翅长 4.7–6.1 mm。触角及头污黄色，前胸淡褐色，中、后胸褐色，其上毛瘤污黄色，翅淡褐色。

雄性外生殖器：第 9+10 背板宽，半膜质化，末端分裂为 2 个突起。中附肢位于第 9+10 背板侧下方，向阳茎下方扩展，与上附肢腹中突愈合。第 9 腹板侧面观亚方形，腹面观后缘具浅突，前缘中央具半圆形凹缺。上附肢长于第 9+10 背板，侧面观背腹缘平直，末端中央具弧形凹缺，腹中突向腹后方弯曲，末端指状，其基部向阳茎下方扩展，左右相接，形成阳茎下桥。下附肢侧面观基部 1/3 宽钝，端部 2/3 细长，腹面观腹支约为端部宽的 3 倍。阳茎基宽，阳茎端膜质，阳基侧突 1 对，细棒状，伸达阳茎端外方。

分布：浙江（安吉、临安）安徽、江西、广西、四川。

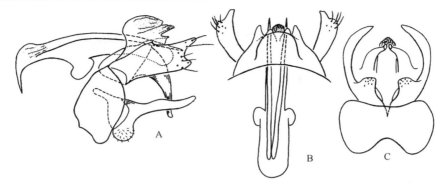

图 7-73 细长闭径多距石蛾 *Nyctiophylax gracilis* Morse, Zhong *et* Yang, 2012 ♂外生殖器（仿自 Morse et al.，2012）

A. 侧面观；B. 第 9–10 节，背面观；C. 第 9 节与下附肢，腹面观

155. 隐刺多距石蛾属 *Pahamunaya* Schmid, 1958

Pahamunaya Schmid, 1958: 85. Type species: *Pahamunaya layagammeda* Schmid, 1958.

主要特征：下颚须第 2 节具端部尖锐的深色刺状突。胫距式 3，4，4。前翅分径室闭锁，中室开放。后翅分径室开放。第 10 节略骨化，大型，多毛。

分布：东洋区、旧热带区。世界已知 16 种，中国记录 1 种，浙江分布 1 种。

（421）中华隐刺多距石蛾 *Pahamunaya sinensis* Zhong, Yang *et* Morse, 2013（图 7-74）

Pahamunaya sinensis Zhong, Yang *et* Morse, 2013: 307.

主要特征：前翅长 3.3–3.7 mm。触角、头及前胸污黄色，中、后胸及翅褐色。

雄性外生殖器：第 9 背板与第 10 背板愈合，极长，长于下附肢，膜质，末端中凹。无中附肢。第 9 腹板侧面观亚四边形，后缘腹半部向后亚三角形突起，背缘弧形凹缺。上附肢骨化较强，基部与第 9+10 背板愈合，侧面观端背角向后方强烈延长，弧形下曲，末端弯钩状，长达第 9+10 背板亚端部，腹端角向阳茎下方延伸，左右愈合形成阳茎下桥，不达第 9 腹板末端。下附肢侧面观基部分叉，背支均匀棍状，腹支腹缘具 3 个三角形小叶突，腹面观内侧缘波浪状，具 2 根粗壮长刺。阳茎基长，伸达上附肢亚端部，强烈骨化，基部 1/3 基部向后方伸出 1 对骨化突起，稍长于第 9 腹板，架于阳茎下桥之上，阳茎端膜质。

分布：浙江（临安）、广东、广西。

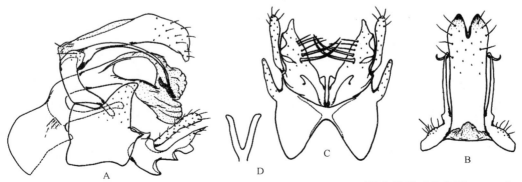

图 7-74 中华隐刺多距石蛾 *Pahamunaya sinensis* Zhong, Yang *et* Morse, 2013 ♂外生殖器（仿自 Zhong et al.，2013）

A. 侧腹面观；B. 背腹面观；C. 腹面观；D. 阳茎下片

156. 缘脉多距石蛾属 *Plectrocnemia* Stephen, 1836

Plectrocnemia Stephen, 1836: 167. Type species: *Hydropsyche senex* Stephens, 1836 nec Pictet, 1834 = *Plectrocnemia geniculata* McLachlan, 1871.

主要特征：前翅具第1、2、3、4、5叉，第1、3叉具柄，分径室及中室闭锁。后翅具第1、2、5叉，分径室封闭，中室开放。

雄性外生殖器：第9腹板极发达，扩展至侧区。第9背板小，四边形或三角形。第10背板与第9背板愈合，形成第9+10背板，或于第9背板下方膜质化。第10背板侧方常具1对骨化突起——中附肢，形状多样。上附肢形状多样，具1对腹中突，部分种具背突。阳茎下突如存在，源于上附肢基内壁，部分种中该突起形成阳茎下桥。下附肢简单或复杂，部分种具基背齿，部分种类下附肢分化为外壁片和内壁片结构，一般情况下外壁片内侧具中突，内壁片内侧具指状突。阳茎基开口大，部分种背方或侧方具突起。部分种具阳基侧突，着生于阳茎基和阳茎端之间的膜质区域。阳茎端插于阳茎基内，射精管开口于阳茎上1对骨片。

分布：除旧热带区和新热带区外的世界各大动物地理区。世界已知134种，中国记录34种，浙江分布8种。

分种检索表

1. 下附肢侧面观短而宽，多少呈四边形 ··· 2
- 下附肢侧面观细长或呈三角形 ··· 5
2. 下附肢侧面观端缘截形，上附肢椭圆形 ····························· 巴比缘脉多距石蛾 *P. barbiel*
- 下附肢侧面观端缘波状或圆形 ··· 3
3. 上附肢侧面观基部1/3窄，端部2/3宽 ································· 胡氏缘脉多距石蛾 *P. wui*
- 上附肢侧面观近圆形 ··· 4
4. 第10节端部窄，末端具1浅凹切，上附肢背面观椭圆形 ············· 迦南缘脉多距石蛾 *P. jonam*
- 第10节端部宽，具较深的"V"形凹切，上附肢背面观棒状 ··········· 黄氏缘脉多距石蛾 *P. huangi*
5. 下附肢侧面观近三角形，宽大于长 ··· 6
- 下附肢细长，长大于宽 ··· 7
6. 第9节腹板腹面观末端向后方延伸成1三角形突起 ·················· 双歧缘脉多距石蛾 *P. dichotoma*
- 第9节腹板腹面观末端呈弧形凹入 ································· 锄形缘脉多距石蛾 *P. hoenei*
7. 第9+10节基部宽，向末端稍收窄，端缘呈"V"形凹切 ············· 丝冷缘脉多距石蛾 *P. sillem*
- 第9+10节基部与端宽窄，中部宽，端缘呈"U"形凹切 ········ 弯枝缘脉多距石蛾 *P. tsukuiensis*

（422）巴比缘脉多距石蛾 *Plectrocnemia barbiel* Malicky, 2012（图7-75）

Plectrocnemia barbiel Malicky, 2012: 1273.

主要特征：前翅长5.5 mm。体黄色至褐色。

雄性外生殖器：第9节侧面观近三角形。第10节小，膜质。上附肢侧面观大型，端圆；背面观基部窄，然后放宽成椭圆形。下附肢侧面观方形，内侧具指状突；腹面观较宽，两侧缘平行，外半部端缘截形，内半部短，着生指状突。阳具大型，具1对杆状突，个体间杆状突有差异。

分布：浙江（安吉、临安）。

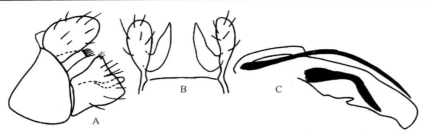

图 7-75　巴比缘脉多距石蛾 *Plectrocnemia barbiel* Malicky, 2012 ♂外生殖器（仿自 Malicky，2012）

A. 侧面观；B. 背面观；C. 阳具，侧面观

（423）双歧缘脉多距石蛾 *Plectrocnemia dichotoma* Wang *et* Yang, 1998（图 7-76）

Plectrocnemia dichotoma Wang *et* Yang in Wang, Sun, Yang & Leng, 1998: 153.

　　主要特征： 前翅长 9.0 mm。体棕褐色，下颚须第 1、2 节等长，第 2 节不膨大成球形。

　　雄性外生殖器：第 9 节背板完全消失；腹板发达，前缘向后呈"U"形深凹；后缘中央向后突起，侧面观末端上翘成弯月形骨片，紧靠基部有 1 竖立骨片，末端宽广，呈叉状，腹面观基部骨片分为左右两叶，每叶端缘弧形内凹，两叶间以 1 狭带相连。第 10 背板分为上下两叶，背叶梯形，腹叶亚三角形；中央薄膜状。上附肢宽大，背缘拱起，两侧缘皆向内折；下附肢侧面观基部宽，端部 2/3 收窄，腹面观背缘向内延伸，呈弯钩状，末端指向内方，下缘内折成狭带状。阳茎骨化强，管状，阳茎端自基至端部渐细；侧面观阳茎端基部强烈上拱，阳茎侧叶 1 对，基部弯成弧形，末端尖，指向外方。

　　分布： 浙江（安吉）。

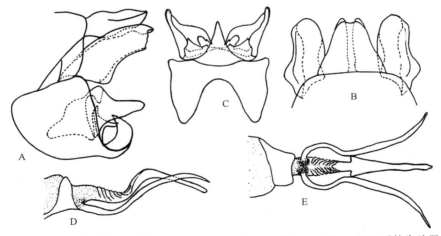

图 7-76　双歧缘脉多距石蛾 *Plectrocnemia dichotoma* Wang *et* Yang, 1998 ♂外生殖器

A. 侧面观；B. 背面观；C. 腹面观；D. 阳具，侧面观；E. 阳具，腹面观

（424）锄形缘脉多距石蛾 *Plectrocnemia hoenei* Schmid, 1965（图 7-77）

Plectrocnemia hoenei Schmid, 1965: 146.

　　主要特征： 前翅长 5.2–7.4 mm。触角黄色，头黄褐色。前胸淡褐色，中、后胸黄褐色，翅淡褐色。

　　雄性外生殖器：第 9 背板与第 10 背板愈合，膜质，末端钝圆。中附肢长针状，端部向内侧弯曲。第 9 腹板侧面观近方形。上附肢侧面观长叶状，腹中突细长针状，长达上附肢末端并向内侧弯曲；上附肢内壁向阳茎下方扩展，其基部左右愈合，形成 1 短的阳茎下桥，不达阳茎末端，其腹方中部具 1 对短的中突。下附肢侧面观端部中央具 1 凹缺，背端角短于腹端角，腹面观内壁片上具 1 向背方弯曲的指状突起。阳茎基部较宽，侧缘直，具 1 对阳基侧突。

分布：浙江（安吉、临安）、陕西、安徽、江西、广东、广西。

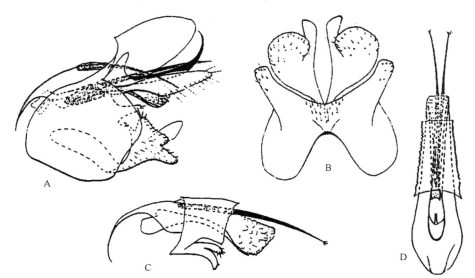

图 7-77　锄形缘脉多距石蛾 *Plectrocnemia hoenei* Schmid, 1965 ♂外生殖器
A. 侧面观；B. 腹面观；C. 阳具，侧面观；D. 阳具，腹面观

（425）黄氏缘脉多距石蛾 *Plectrocnemia huangi* Zhong, Yang *et* Morse, 2012（图 7-78）

Plectrocnemia huangi Zhong, Yang *et* Morse, 2012: 3.

主要特征：前翅长 4.5–6.4 mm。头部浅褐色；触角黄色。前胸背板深黄色，中、后胸浅褐色；前翅深黄色。

雄性外生殖器：第 9 节腹板侧面观三角形，腹面观前缘呈"V"形凹入；第 9 节背板侧面观椭圆形，骨化弱，背面几乎为膜质。第 10 节背板长，多少呈屋脊状，背面观端缘中央凹入。中附肢缺。上附肢长为宽的 2 倍，端部钝。下附肢近方形，侧面观端缘具 1 凹切；腹面观腹中突端部圆，密被细齿；指突长，伸出到附肢的外方。阳具长管状，阳茎基约为阳茎长之半。阳基侧突 1 对，细长，波状。

分布：浙江（临安）、安徽。

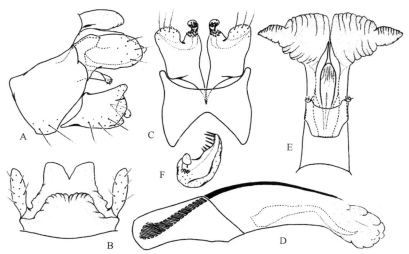

图 7-78　黄氏缘脉多距石蛾 *Plectrocnemia huangi* Zhong, Yang *et* Morse, 2012 ♂外生殖器（仿自 Zhong et al.，2012）
A. 侧面观；B. 背面观；C. 腹面观；D. 阳具，侧面观；E. 阳具，腹面观；F. 右下附肢，后面观

（426）迦南缘脉多距石蛾 *Plectrocnemia jonam* **(Malicky, 1993)**（图 **7-79**）

Polyplectropus jonam Malicky, 1993b: 1114.

Plectrocnemia jonam: Armitage, Mey, Arefina & Schefter, 2005: 30.

主要特征：前翅长 5.9–7.0 mm。触角污黄色，头深褐色。前胸污黄色，中、后胸及翅褐色。

雄性外生殖器：第 9 背板与第 10 背板愈合，膜质，卵圆形，末端微凹。第 9 腹板侧面观后缘中央矩形突起，前缘卵圆形。上附肢侧面观长约为宽的 2 倍，中部缢缩，端部钝圆，具 5 根粗壮长刺，腹中突细长针状，不达上附肢末端；上附肢内壁基部向阳茎下方扩展，左右相接形成阳茎下桥，末端重新分裂为 1 对突起。中附肢侧面观三角形，端部细长尖锐。下附肢侧面观高，背端角具粗刺，腹端角三角形突起，腹面观外壁片中央浅凹，内侧三角形隆起，内侧缘密布细齿，内壁片指状突明显不长于外壁片。阳茎基部宽，端部较窄，具 1 对阳基侧突。

分布：浙江（临安）、四川；印度。

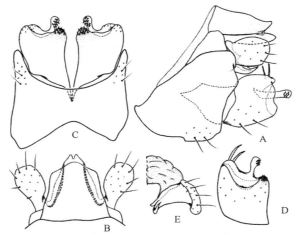

图 7-79　迦南缘脉多距石蛾 *Plectrocnemia jonam* (Malicky, 1993) ♂外生殖器
A. 侧面观；B. 背面观；C. 腹面观；D. 左下附肢，后腹面观；E. 第 9、10 节背板与上附肢，后面观

（427）丝冷缘脉多距石蛾 *Plectrocnemia sillem* **Malicky, 2012**（图 **7-80**）

Plectrocnemia sillem Malicky, 2012: 1274.

主要特征：体长 5–7 mm。体黄色至褐色，下颚须、下唇须黄褐色。翅淡褐色。

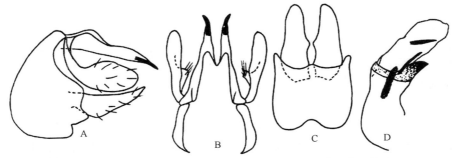

图 7-80　丝冷缘脉多距石蛾 *Plectrocnemia sillem* Malicky, 2012 ♂外生殖器（仿自 Malicky，2012）
A. 侧面观；B. 背面观；C. 腹面观；D. 阳具，侧面观

雄性外生殖器：第9节侧面观前缘呈弧形，后缘波状；背面膜质。第10节长，端缘凹切深、呈双叶状，每叶端部具骨化刺突。上附肢侧面观基部窄，渐加宽形成1大椭圆形突起，背面观多少呈棒状。下附肢侧面观长三角形，腹面观舌形。阳具短而粗，阳茎基端部腹面具较大的突起，内具3根短棒状刺突。

分布：浙江（安吉、开化）。

（428）弯枝缘脉多距石蛾 *Plectrocnemia tsukuiensis* (Kobayashi, 1984)（图 7-81）

Kyopsyche tsukuiensis Kobayashi, 1984: 4.

Plectrocnemia tsukuiensis: Li, Morse & Wang, 1998: 665.

　　主要特征：前翅长 5.5–6.5 mm。触角污黄色，头褐色。前胸污黄色，中后胸褐色；翅淡褐色。
　　雄性外生殖器：第9+10 节背板近梯形，骨化弱。中附肢基部分叉，外支短，与上附肢基部愈合，内支长，与相对的中附肢分叉相交。第9节腹板侧面观后缘腹区向后突出，其末端平截，前缘亚三角形。上附肢侧面观叶状，中部扩大，端部钝圆收缩，内壁向阳茎下方扩展，形成阳茎下突，但左右不愈合形成阳茎下桥。下附肢长叶状，侧面观弯月形，具基背齿；腹面观端部 2/3 渐窄，为基宽的 1/2。阳茎基阔而长，阳茎端膜质，末端分裂为 2 瓣，缺阳基侧突。

　　分布：浙江（安吉、临安）、河南、安徽、江西、广东、广西、贵州、云南。

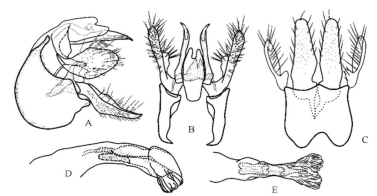

图 7-81　弯枝缘脉多距石蛾 *Plectrocnemia tsukuiensis* (Kobayashi, 1984) ♂外生殖器
A. 侧面观；B. 背面观；C. 腹面观；D. 阳具，侧面观；E. 阳具，背面观

（429）胡氏缘脉多距石蛾 *Plectrocnemia wui* (Ulmer, 1932)（图 7-82）

Polycentropus wui Ulmer, 1932: 46.

Plectrocnemia wui: Martynov, 1934: 217.

　　主要特征：前翅长 6.5–7.5 mm。触角污黄色，头褐色。前胸淡褐色，中、后胸及翅褐色。
　　雄性外生殖器：第9、10 节背板愈合。中附肢细长，中部具 1 背齿，末端弯向背方。第9节腹板侧面观后缘中部突然呈弧形突起，前缘近梯形。上附肢侧面观叶状，腹中突极长，针状，等长于第9节腹板与下附肢之和，基部折向腹方，之后弯向后背方。上附肢内壁向阳茎下方扩展，左右愈合成阳茎下桥，长及阳茎端部，末端又重新分裂成 2 个尖锐小突起。下附肢侧面观宽而阔，末端平截，腹面观外壁片内侧具较宽中突，内壁片明显，其上具 1 细长指状突，该突起高于外壁片中突。阳茎基部较宽，两侧缘几平行，具 1 对阳基侧突。

　　分布：浙江（庆元）、黑龙江、北京、河北、安徽；俄罗斯，朝鲜半岛，日本。

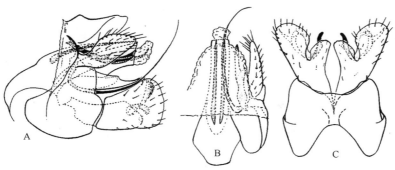

图 7-82　胡氏缘脉多距石蛾 *Plectrocnemia wui* (Ulmer, 1932) ♂外生殖器
A. 侧面观；B. 背面观；C. 腹面观

157. 缺叉多距石蛾属 *Polyplectropus* Ulmer, 1905

Polyplectropus Ulmer, 1905: 103. Type species: *Polyplectropus flavicornis* Ulmer, 1905.

Ecnomodes Ulmer, 1911a: 17. Type species: *Ecnomodes buchwaldi* Ulmer, 1911.

Cordillopsyche Banks, 1913: 238. Type species: *Cordillopsyche costalis* Banks, 1913.

Ecnomodellina Ulmer, 1962: 5. Type species: *Ecnomodes buchwaldi* Ulmer, 1911.

主要特征： 前翅具第 1、2、3、4、5 叉，分径室及中室闭锁；后翅具第 2、5 叉，分径室、中室开放。

雄性外生殖器： 第 9 腹板极大，马鞍状，侧面观由腹至背渐窄，腹面观前后缘都有不同程度的凹缺。第 9、10 背板愈合，形成第 9+10 背板，明显小于第 9 腹板，有时具 1 对突起。上附肢简单或背缘中部具 1 指状突起，基部与第 9 腹板相连处稍膜质化，上附肢基部内侧具长针状背基突，单支或端部分为 2 支，强烈骨化，通常在近基部 1/4–1/2 处折向尾方。下附肢 1 节，由主体和腹侧片两部分组成。阳茎简单管状。阳茎下片位于阳茎下方，以支撑阳茎，形状多样。

分布： 古北区、东洋区、旧热带区、新热带区、澳洲区。本属是多距石蛾亚科中最大的属，世界已知 279 种，中国记录 28 种，浙江分布 6 种。

分种检索表

1. 上附肢侧面观端部分叉 ·· 2
- 上附肢侧面观端部不分叉 ··· 3
2. 下附肢侧面观中部稍缢缩，腹面观顶端内角细长三角形，折向中轴 ·············· 内折缺叉多距石蛾 *P. involutus*
- 下附肢侧面观端部 1/3 略收窄，腹面观顶端斜截 ··· 南京缺叉多距石蛾 *P. nanjingensis*
3. 上附肢侧面观宽阔 ··· 4
- 上附肢侧面观细长 ··· 5
4. 下附肢近圆柱形 ··· 柱肢缺叉多距石蛾 *P. subteres*
- 下附肢侧面观近中部略缢缩，端部 1/3 似呈双叶状 ····································· 天目缺叉多距石蛾 *P. tianmushanensis*
5. 下附肢侧面观长约为基宽的 2 倍 ··· 尖刺缺叉多距石蛾 *P. acutus*
- 下附肢侧面观基部柄状，端部宽 ·· 等角缺叉多距石蛾 *P. parangularis*

（430）尖刺缺叉多距石蛾 *Polyplectropus acutus* Li *et* Morse, 1997（图 7-83）

Polyplectropus acutus Li *et* Morse, 1997c: 308.

主要特征： 前翅长 4.6–5.3 mm。触角污黄色，头褐色。前胸淡褐色，中、后胸及翅褐色。

雄性外生殖器：第 9 节侧面观大致呈三角形，腹面观前缘向前弧形凹缺，后缘呈波形，中央呈钝三角形突起。上附肢极长，侧面观基部狭窄，端部钝截；长针状背基突基部扩大成三角形，于近基部 2/5 处折向尾方。下附肢侧面观长约为基宽的 2 倍，末端 2 分支，腹面观顶端 2 分支为片状突，均呈亚三角形；腹侧片发达，顶端伸达主体中部。阳茎下片宽平，腹面观末端三角形突起，腹方基部具 1 对骨化的长针突。

分布：浙江（临安）、安徽、湖北、江西。

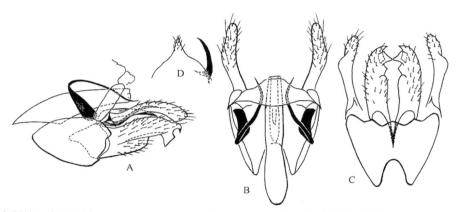

图 7-83　尖刺缺叉多距石蛾 *Polyplectropus acutus* Li *et* Morse, 1997 ♂外生殖器（仿自 Li and Morse，1997c）

A. 侧面观；B. 背面观；C. 腹面观；D. 阳茎下片，腹面观

（431）内折缺叉多距石蛾 *Polyplectropus involutus* **Li *et* Morse, 1997**（图 **7-84**）

Polyplectropus involutus Li *et* Morse, 1997c: 307.

　　主要特征：前翅长 6.6 mm。触角黄色，头褐色；前胸污黄色，中、后胸及翅黄褐色。

　　雄性外生殖器：第 9 节腹板后缘浅弧形凹缺。上附肢于端部 1/3 处分叉，背支稍短而尖，腹支宽，末端钝截；上附肢背基突骨化为长针状，长于上、下附肢。下附肢侧面观中部稍缢缩，腹面观顶端内角细长三角形，折向中轴；腹侧片顶端三角形，阳茎下片薄片状，末端中央具小凹缺。

　　分布：浙江（四明山）、江西。

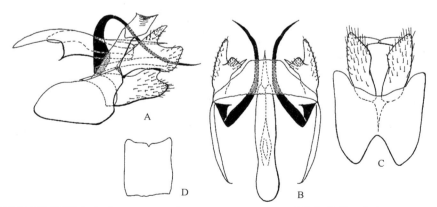

图 7-84　内折缺叉多距石蛾 *Polyplectropus involutus* Li *et* Morse, 1997 ♂外生殖器（仿自 Li and Morse，1997c）

A. 侧面观；B. 背面观；C. 腹面观；D. 阳茎下片，腹面观

（432）南京缺叉多距石蛾 *Polyplectropus nanjingensis* **Li *et* Morse, 1997**（图 **7-85**）

Polyplectropus nanjingensis Li *et* Morse, 1997c: 302.

主要特征：雄性前翅长 5.2–6.4 mm，雌性前翅长 7.0–7.4 mm。触角黄色，头褐色。前胸污黄，中、后胸褐色，翅褐色。

雄性外生殖器：第 9+10 节侧面观帽形；第 9 节腹板侧面观近菱形，腹面观多少呈"工"字形。上附肢侧面观分叉，背支短而尖，仅为腹支 1/3 长；腹支宽，末端钝圆，背面观内侧具刺突；上附肢背基突基部扩大，侧面观近基部 1/3 处后折近 90°。下附肢侧面观端部 1/3 略收窄，腹面观顶端斜截。阳茎下片宽平，末端具 1 小缺刻。

分布：浙江（安吉、临安、四明山）、陕西、江苏、安徽。

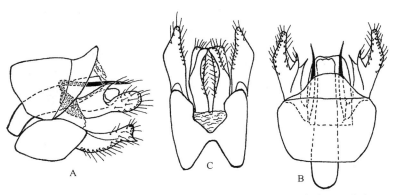

图 7-85　南京缺叉多距石蛾 *Polyplectropus nanjingensis* Li *et* Morse, 1997 ♂外生殖器（仿自 Li and Morse，1997c）

A. 侧面观；B. 背面观；C. 腹面观

（433）等角缺叉多距石蛾 *Polyplectropus parangularis* Wang *et* Yang, 1998（图 7-86）

Polyplectropus parangularis Wang *et* Yang in Wang, Sun, Yang & Leng, 1998: 154.

主要特征：前翅长 6.0 mm。体棕黄色，下颚须第 2 节膨大成球状。

雄性外生殖器：第 9 背板小，半圆形；腹板前缘"U"形凹陷。上附肢背面观长指状，其背基突细长，侧面观基半部折向前方，端半部呈尖刺状，弧形下曲。下附肢侧面观基部柄状，端部宽；端缘明显内切，上下端角均向内延伸成 1 淡黑色三角形突起，端上角不达下角之末端。阳茎管状，膜质。

分布：浙江（安吉）。

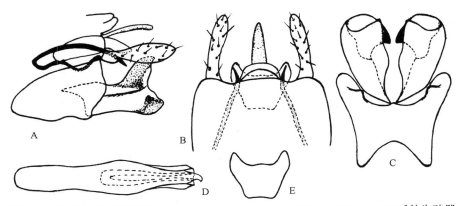

图 7-86　等角缺叉多距石蛾 *Polyplectropus parangularis* Wang *et* Yang, 1998 ♂外生殖器

A. 侧面观；B. 背面观；C. 腹面观；D. 阳茎，背面观；E. 阳茎下片

（434）柱肢缺叉多距石蛾 *Polyplectropus subteres* Zhong *et* Yang, 2010（图 7-87）

Polyplectropus subteres Zhong *et* Yang in Zhong, Yang & Morse, 2010: 39.

主要特征：前翅长 4.1–4.4 mm。触角黄色，头淡褐色；前胸黄色，中、后胸及翅淡褐色。

雄性外生殖器：第 9 节腹板后缘深 "U" 形凹缺。上附肢侧面观叶状，近亚矩形，腹区扩大形成盘状叶托；针状背基突于近基部 1/3 处呈 160°折向尾方，末端不达上附肢末端。下附肢近圆柱形，腹面观顶端钝圆，骨化，亚端部具三角形薄片状叶突；腹侧片极不发达。阳茎下片槽形，两侧壁强烈向上隆起，腹面观末端广弧形凹缺。

分布：浙江（临安）、江西。

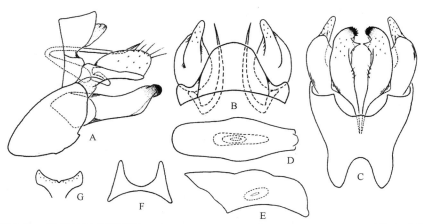

图 7-87　柱肢缺叉多距石蛾 *Polyplectropus subteres* Zhong et Yang, 2010 ♂外生殖器

A. 侧面观；B. 背面观；C. 腹面观；D. 阳具，背面观；E. 阳具，左侧面观；F. 阳茎下片，后面观；G. 阳茎下片，腹面观

（435）天目缺叉多距石蛾 *Polyplectropus tianmushanensis* Zhong et Yang, 2010（图 7-88）

Polyplectropus tianmushanensis Zhong et Yang in Zhong, Yang & Morse, 2010: 41.

主要特征：前翅长 5.6–6.1 mm。触角污黄色，头褐色；前胸污黄色，中、后胸及翅淡褐色。

雄性外生殖器：第 9 节腹板后缘梯形凹缺。上附肢侧面观扇叶状，基部极窄，端部宽大而钝圆，约为基宽的 6 倍；上附肢针状背基突侧面观基部较后折部分粗壮，于近基部 1/3 处折向尾方。下附肢侧面观近中部略缢缩，端部 1/3 似呈双叶状，末端伸达上附肢外方，侧缘向侧下方扩展；腹面观附肢顶端弧状内弯，强烈骨化，腹侧片顶端卵圆形。阳茎下片腹面观端部端缘 "V" 形内凹，中央具椭圆形缺刻，两侧壁强烈向背侧方扩展。

分布：浙江（临安）。

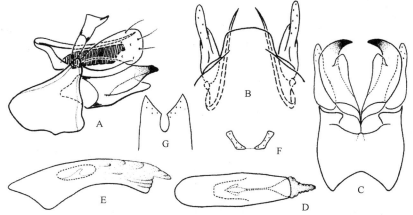

图 7-88　天目缺叉多距石蛾 *Polyplectropus tianmushanensis* Zhong et Yang, 2010 ♂外生殖器

A. 侧面观；B. 背面观；C. 腹面观；D. 阳具，背面观；E. 阳具，左侧面观；F. 阳茎下片，后面观；G. 阳茎下片，腹面观

三十九、蝶石蛾科 Psychomyiidae

主要特征：成虫缺单眼；下颚须多数 5 节，第 5 节长，常有环状纹，少数下颚须 6 节则第 5 节不具环纹。下唇须 4 节。胫距式 2–3, 4, 4。中胸盾片具 1 对卵圆形小毛瘤；前后翅 R_2 与 R_3 愈合。雌性具可套叠的管状产卵器。

分布：除新热带区以外的世界各大动物地理区，尤以东洋区种类多。世界已知 11 属 420 余种，中国记录 3 属 19 种，浙江分布 3 属 7 种。

分属检索表

1. 下颚须 6 节，下唇须 4 节；前翅分径室开放，具 2、3、4、5 叉；后翅仅具 2、5 叉 ⋯⋯⋯⋯⋯⋯ **多节蝶石蛾属 Paduniella**
- 下颚须 5 节 ⋯⋯ 2
2. 下颚须第 3 节短于第 2 节 ⋯⋯⋯⋯⋯⋯⋯⋯⋯⋯⋯⋯⋯⋯⋯⋯⋯⋯⋯⋯⋯⋯⋯⋯⋯⋯⋯⋯ **蝶石蛾属 Psychomyia**
- 下颚须第 3 节长于第 2 节 ⋯⋯⋯⋯⋯⋯⋯⋯⋯⋯⋯⋯⋯⋯⋯⋯⋯⋯⋯⋯⋯⋯⋯⋯⋯⋯ **齿叉蝶石蛾属 Tinodes**

158. 多节蝶石蛾属 *Paduniella* Ulmer, 1913

Paduniella Ulmer, 1913: 80. Type species: *Paduniella semarangensis* Ulmer, 1913.

Mesopaduniella Lestage, 1926: 383. Type species: *Paduniella uralensis* Martynov, 1914.

Propaduniella Lestage, 1926: 383. Type species: *Paduniella ceylanica* Ulmer, 1915.

Psychomyiodes Ulmer, 1922: 50. Type species: *Psychomyiodes africana* Ulmer, 1922.

主要特征：体小型，前翅长 2.0–5.0 mm。下颚须 6 节，下唇须 4 节。后毛瘤大，卵圆形；单眼毛瘤细长而弯曲；前毛瘤不明显；额毛瘤分叉。前后翅末端尖锐；前翅黄色至黄褐色，具 2、3、4、5 叉；后翅具 2、5 叉，前缘中部具 1 尖突。

分布：古北区、东洋区、新北区、旧热带区。世界已知 81 种，中国记录 8 种，浙江分布 1 种。

（436）普通多节蝶石蛾 *Paduniella communis* Li *et* Morse, 1997（图 7-89）

Paduniella communis Li *et* Morse, 1997a: 282.

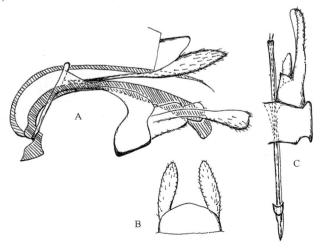

图 7-89　普通多节蝶石蛾 *Paduniella communis* Li *et* Morse, 1997 ♂外生殖器（仿自 Li and Morse，1997a）

A. 侧面观；B. 背面观；C. 第 9 节腹板右侧、阳具及右下附肢

主要特征：前翅长 2.5–3.0 mm。浸渍标本体淡黄褐色，触角具褐色环纹。

　　雄性外生殖器：第 9 节背板宽，背面观端圆。上附肢卵圆形，端尖，长约为第 9 节背板的 2 倍。下附肢基部 1/3 宽，其余部分突然变窄为基部 1/3 宽，并向端部稍加粗，端圆；下附肢中肢着生于基部的顶端。阳具基部垂直，后腹向弧形弯曲，阳茎基与阳茎端关节处具 1 深的凹切；阳茎基短，长约为阳茎端的 1/8；阳茎端扁平，侧面观向端部呈棒状加粗，端圆。阳基侧突侧面观弯曲成弧形，长约等于阳茎端。

　　分布：浙江（临安）、安徽、湖北；日本。

159. 蝶石蛾属 *Psychomyia* Latreille, 1829

Psychomyia Latreille, 1829: 263. Type species: *Psychomyia annulicornis* Pictet, 1834 = *Psychomyia pusilla* (Fabricius, 1781).

Psychomyiella Ulmer, 1908: 354. Type species: *Psychomyiella acutipennis* Ulmer, 1908.

　　主要特征：体小型，前翅长 2.75–6.0 mm。体通常淡褐色至深褐色。下颚须第 3 节短于第 2 节。翅长而窄，个体越小的种类，翅窄，后翅顶角尖锐。前翅中室较短，2A 脉终止于 1A 脉，而非终止于 3A。后翅 Sc 脉缺失，R_1 长，R_{2+3} 短，终止于 R_1，第 3 叉在有些种中缺失，臀脉 1 根，M_{3+4} 与 Cu_1 之间无横脉。雌性中足扁平。

　　雄性外生殖器：第 9 节腹板小，背板细长。上附肢大而延长。中附肢缺失。第 10 节痕迹状。下附肢基节短，基部相互愈合；端节长，简单或分叉。阳基鞘粗，水平，并由此着生向上延伸的部分。

　　分布：古北区、东洋区、新北区。世界已知 180 余种，中国记录约 9 种，浙江分布 4 种。

分种检索表

1. 第 9 节背板与肛上附肢复合体侧面观基半部粗，端半部突然收窄，下附肢端节端部 1/2 分叉 ·· 亚里蝶石蛾 *P. aristophanes*
- 不具上述综合特征 ··· 2
2. 第 9 节背板与肛上附肢复合体侧面观长与宽近相等，阳具尖端具 2 个弧形短臂 ·················· 马氏蝶石蛾 *P. martynovi*
- 第 9 节背板与肛上附肢复合体侧面观长明显大于宽 ·· 3
3. 阳具端部之前有一小一大前后两个突起 ·· 广布蝶石蛾 *P. extensa*
- 阳具端部之前膨大 ··· 狭布蝶石蛾 *P. vernacula*

（437）亚里蝶石蛾 *Psychomyia aristophanes* Malicky, 2011（图 7-90）

Psychomyia aristophanes Malicky, 2011: 29.

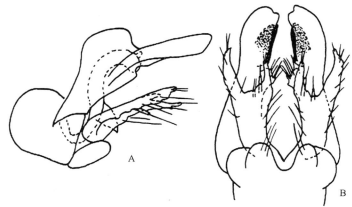

图 7-90　亚里蝶石蛾 *Psychomyia aristophanes* Malicky, 2011 ♂外生殖器（仿自 Malicky, 2011）

A. 侧面观；B. 腹面观

主要特征：前翅长 5.5 mm。体淡褐色。

　　雄性外生殖器：第 9 节侧面观背板兜状，腹板多少呈矩形。肛上附肢基部与第 9 节背板愈合，侧面观棒状，端缘斜截。下附肢侧面观基节椭圆形，端节细长，端部分裂成二叉状；腹面观端节基部略窄，端部较宽，宽裂成 2 支，外支长，内支短。阳具侧面观弯曲成 "S" 形。

　　分布：浙江（丽水）、陕西。

（438）广布蝶石蛾 *Psychomyia extensa* Li, Sun *et* Yang, 1999（图 7-91）

Psychomyia extensa Li, Sun *et* Yang, 1999: 416.

　　主要特征：前翅长 3.5 mm。体褐色，复眼黑色，触角色浅。

　　雄性外生殖器：第 9 节腹板侧面观多少呈矩形。第 9 节背板与肛上附肢愈合成 1 复合体，仅能从背面相互区分，其上缘直，下缘基部处浅凹，并逐渐从中部向端部收缩；腹面观第 9 节背板基部附近内侧具 1 小齿。下附肢分叉，外叉端部圆钝，内叉尖。阳茎呈弯弓形，端部尖锐，端部之前有一小一大前后两个突起。

　　分布：浙江（临安）、安徽、湖北、江西、福建、四川。

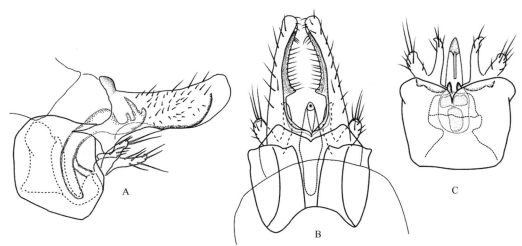

图 7-91　广布蝶石蛾 *Psychomyia extensa* Li, Sun *et* Yang, 1999 ♂外生殖器
A. 侧面观；B. 背面观；C. 腹面观

（439）马氏蝶石蛾 *Psychomyia martynovi* Hwang, 1957（图 7-92）

Psychomyia martynovi Hwang, 1957: 385.

　　主要特征：前翅长 4 mm。雄性黄棕色。

　　雄性外生殖器：腹部第 9 节除侧面的一小部分裸露以外，大部分为第 8 节所覆盖。第 9 节背板中央有极深的凹陷。上附肢与第 10 节背板相愈合，侧面观非常宽，后缘有 2 个呈波状的内陷，向内侧的一面具长毛。下附肢大部分为尾须所覆盖，基部呈不规则的叶状，然后逐渐变细并稍扭曲。侧面观阳具从腹面向背后方呈弧形弯曲，延伸至第 9 节后缘近背中线处，达两上附肢之间，尖端具 2 个弧形短臂从左右两侧向前方与背中线回转。

　　分布：浙江（临安）、河南、福建。

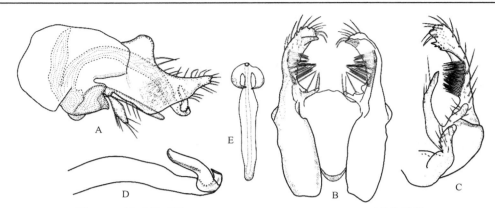

图 7-92　马氏蝶石蛾 *Psychomyia martynovi* Hwang, 1957 ♂外生殖器

A. 侧面观；B. 背面观；C. 第 9 节与下附肢右侧，腹面观；D. 阳具，侧面观；E. 阳具，腹面观

（440）狭布蝶石蛾 *Psychomyia vernacula* Li, Sun *et* Yang, 1999（图 7-93）

Psychomyia vernacula Li, Sun *et* Yang, 1999: 417.

主要特征：前翅长 4 mm。复眼黑色，头、胸及腹部末节褐色，腹部色浅。雄性外生殖器上附肢背缘和腹缘的 2/3 直，腹缘端部 1/3 向背面倾斜。中部内侧着生 1 方形深色区。下附肢分叉，内叉又细长，端尖锐；外叉宽扁，钝切。阳茎上举，大部分细长，端部扁平扩大近圆形，着生 1 小尖突。

分布：浙江（江山）、福建。

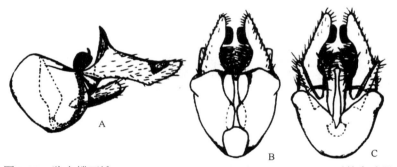

图 7-93　狭布蝶石蛾 *Psychomyia vernacula* Li, Sun *et* Yang, 1999 ♂外生殖器

A. 侧面观；B. 背面观；C. 腹面观

160. 齿叉蝶石蛾属 *Tinodes* Curtis, 1834

Tinodes Curtis, 1834: 216. Type species: *Tinodes luridus* Curtis, 1834 = *Phryganea waeneri* Linnaeus, 1758.

主要特征：下颚须第 3 节长于第 2 节。雌性中足不扁平。翅不特别窄。前翅分径室较大，第 3 与第 4 叉具柄；后翅 Sc 长，R_1 终止于 Sc 端部之前，与 R_{2+3} 之间具 1 横脉，缺第 3 叉。M_3 与 Cu_1 之间 1 横脉，具 2 根游离的臀脉。

雄性外生殖器：第 9 节背板侧面观细长，第 10 节膜质，痕迹状。上附肢延长成杆状，着生于第 9 节背、腹板的交接处。中附肢发达，着生于第 9 节腹板上部。下附肢粗壮，第 1 节复杂，第 2 节简单，着生于第 1 节顶端之前。阳具弯曲，侧面观其位置高于上附肢。阳基鞘与内茎鞘常无法明确区分，阳茎端小，上弯。

分布：古北区、东洋区、新北区、旧热带区。世界已知 309 种，中国记录 9 种，浙江分布 2 种。

（441）隐茎齿叉蝶石蛾 *Tinodes cryptophallicata* **Li** *et* **Morse, 1997**（图 7-94）

Tinodes cryptophallicata Li *et* Morse, 1997b: 278.

　　主要特征：体连翅长 6.2 mm。体褐色。
　　雄性外生殖器：第 9 节背板宽，背面观前缘凹入。前侧臂中部至顶端突然变窄。第 9 节腹板宽，前缘凸，后缘凹。上附肢侧面观直，端部之前中向扩展。下附肢基节基部愈合，形成 1 板状结构，后缘具截形短突；端节不明显。阳茎鞘突与阳茎基在基部愈合，端部尖。阳具细长，基部宽。阳具导器细长，尾背向。
　　分布：浙江（临安）、江西。

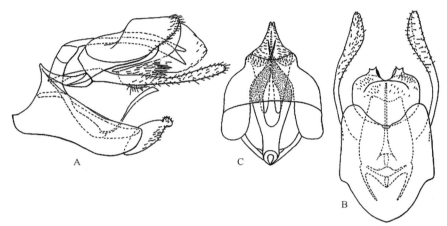

图 7-94　隐茎齿叉蝶石蛾 *Tinodes cryptophallicata* Li *et* Morse, 1997 ♂外生殖器（仿自 Li and Morse，1997b）
A. 侧面观；B. 背面观；C. 腹面观

（442）叉尾齿叉蝶石蛾 *Tinodes furcatus* **Li** *et* **Morse, 1997**（图 7-95）

Tinodes furcatus Li *et* Morse, 1997b: 278.

　　主要特征：体连翅长 5.0 mm。体褐色。

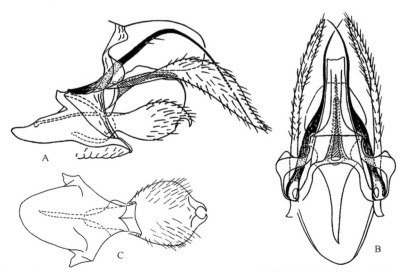

图 7-95　叉尾齿叉蝶石蛾 *Tinodes furcatus* Li *et* Morse, 1997 ♂外生殖器（仿自 Li and Morse，1997b）
A. 侧面观；B. 背面观；C. 腹面观

雄性外生殖器：第 9 节背板侧面观长约为宽的 1.5 倍，背面观长约为宽的 3 倍。第 9 节腹板腹面观前缘圆凸，后缘稍窄，端缘"V"形凹入。肛上附肢分为 2 支，背支细长端尖，腹向弯曲，腹支多毛，基部 1/3 细长，然后加宽，端部再收窄。下附肢基节粗圆，腹面观几乎完全愈合，仅在端部相互分离而成短突状，相向弯曲。下附肢端节退化。阳具简单，刺状，中部腹向弯曲，端尖。

分布：浙江（景宁）、湖北、江苏、江西、贵州、四川。

四十、角石蛾科 Stenopsychidae

主要特征：体大型。成虫具单眼（拟角石蛾属 *Stenopsychodes* 无单眼），下颚须第 5 节有不清晰环纹；触角长于前翅，中胸盾片无毛瘤。胫距式 3, 4, 4 或 0, 4, 4；雌性 2, 4, 4。前后翅的分径室闭锁，前翅 5 个叉脉齐全。

分布：古北区、东洋区、旧热带区、澳洲区。世界已知 3 属 112 种，中国记录 1 属 58 种，浙江分布 1 属 7 种。

161. 角石蛾属 *Stenopsyche* McLachlan, 1866

Stenopsyche McLachlan, 1866a: 264. Type species: *Stenopsyche griseipennis* McLachlan, 1866.

主要特征：单眼大，卵圆形；触角长于前翅；下颚须第 1、2 两节短，第 3 节极长，第 4 节长于第 2 节，第 5 节的长度与其他各节的总长度相等。前翅狭长，5 个叉脉齐全，翅面常具有不规则的黄褐色或黑褐色斑点，使前翅的色斑呈网状纹，这些网纹在种间除某些种类外，一般差别不太明显；后翅 Sc 脉与 R_1 脉在端部愈合，R_1 脉的一段与 R_{2+3} 脉愈合，缺第 1 叉和第 4 叉脉。腹部第 9 节背板侧面观常延伸为不同形态的突起，上附肢长，等于第 8–10 节的长度，第 10 节形态差异较大，是鉴别种的主要依据；下附肢一般由亚端背叶与基肢节构成，阳茎内茎鞘常多刺，种间差别明显。

分布：古北区东部、东洋区、旧热带区、澳洲区。世界已知 100 种，中国记录 58 种，浙江分布 7 种。

分种检索表

1. 下附肢亚端背叶端部直，不弯曲 ··· 2
- 下附肢亚端背叶端部弯曲成钩状 ··· 3
2. 第 10 节背面观端缘中央凹切 ·· 圆突角石蛾 *S. rotundata*
- 第 10 节背面观端缘截形 ·· 贝氏角石蛾 *S. banksi*
3. 下附肢亚端背叶端部二叉状 ··· 4
- 下附肢亚端背叶端部不分叉 ··· 5
4. 第 10 节背板基部突弯曲 ·· 纳氏角石蛾 *S. navasi*
- 第 10 节背板基部突直，不弯曲 ·· 浙江角石蛾 *S. chekiangana*
5. 下附肢亚端背叶呈 "S" 形弯曲 ·· 莲形角石蛾 *S. lotus*
- 下附肢亚端背叶弯曲成 "L" 形 ··· 6
6. 第 10 节背面观端部中央呈 "U" 形凹入 ·· 狭窄角石蛾 *S. angustata*
- 第 10 节背面观末端圆形 ·· 天目山角石蛾 *S. tienmushanensis*

（443）狭窄角石蛾 *Stenopsyche angustata* Martynov, 1930（图 7-96）

Stenopsyche angustata Martynov, 1930: 74.

主要特征：头长 1.5–2 mm，翅长 20.5–21 mm。前翅臀前区基部至中部各翅脉之间具纵向排列的深色短条纹，中后部密布网状斑纹，顶角处具 1 块状斑纹，臀区网纹色淡，但可见。

雄性外生殖器：第 9 节侧突起细长，端部钝圆，长度约为上附肢的 1/3；上附肢细长；第 10 节中央背板似矩形，仅为上附肢长度的 1/3，端部中央深凹成双叶状，每侧顶部具 1 浅凹，背板基部 1 对指状突起；

下附肢亚端背叶长于第 10 节背板，末端向外弯曲，呈弯钩状，端部尖锐；下附肢弧状弯曲。

　　分布：浙江（临安）、陕西、江西、福建、广东、四川。

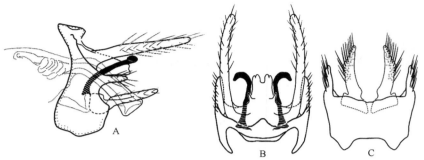

图 7-96　狭窄角石蛾 *Stenopsyche angustata* Martynov, 1930 ♂外生殖器

A. 侧面观；B. 第 9–10 节，背面观；C. 第 9 节与下附肢，腹面观

（444）浙江角石蛾 *Stenopsyche chekiangana* Schmid, 1965（图 7-97）

Stenopsyche chekiangana Schmid, 1965: 136.

　　主要特征：雄性前翅长 24 mm。

　　雄性外生殖器：第 9 节侧突起细长，约达上附肢中部；上附肢细长，略相向弯曲；第 10 节狭长，近端部处中裂为双叶状，近中部处具 1 平行的棒状突起，端部较尖；下附肢亚端背叶短于第 10 节背板，端部弯钩状，顶端分裂为叉状。

　　分布：浙江（温州）。

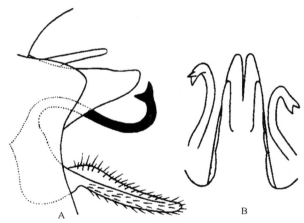

图 7-97　浙江角石蛾 *Stenopsyche chekiangana* Schmid, 1965 ♂外生殖器（仿自 Schmid，1965）

A. 侧面观；B. 背面观

（445）贝氏角石蛾 *Stenopsyche banksi* Mosely, 1942（图 7-98）

Stenopsyche banksi Mosely, 1942: 358.

　　主要特征：雄性前翅长 19–20 mm。翅面具深褐色网状细纹。

　　雄性外生殖器：第 9 节侧突起细长，但尖端不突出；上附肢细长，较直；第 10 节长度约达上附肢的 1/2，具有 2 个平行的棒状突起，向腹面弯曲，端部胀大；下附肢亚端背叶细长，长于第 10 节背板，中段扭曲，端部胀大；阳茎端部胀大，有 4 齿。

　　分布：浙江（庆元）、江西、福建、台湾。

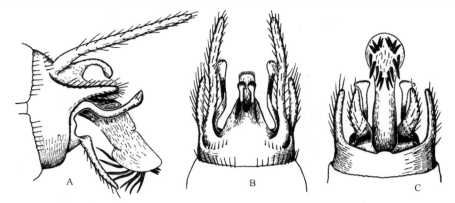

图 7-98　贝氏角石蛾 *Stenopsyche banksi* Mosely, 1942 ♂外生殖器（仿自 Mosely，1942）

A. 侧面观；B. 背面观；C. 腹面观

（446）莲形角石蛾 *Stenopsyche lotus* Weaver, 1987（图 7-99）

Stenopsyche lotus Weaver, 1987: 167.

主要特征： 前翅长 22–23 mm。体褐色，前翅褐色，具深褐色不规则条纹。

雄性外生殖器：第 9 节侧面观背侧角向前方稍延伸成长鸟喙状，前缘中上部凹入；侧突起长三角形，端尖，长约为下附肢长度的一半。第 10 节侧面观约为下附肢长度的 3/4，腹缘平直，背缘稍弯曲并下斜，向端部渐变窄；背面观舌形，端部分裂为 1 对叶状突。中附肢指状，与第 9 节侧突起近等长。肛上附肢指状，约为下附肢 2 倍长，具毛。下附肢亚端背叶呈"S"形弯曲。阳具内含许多刺突。

分布： 浙江（桐庐）、陕西。

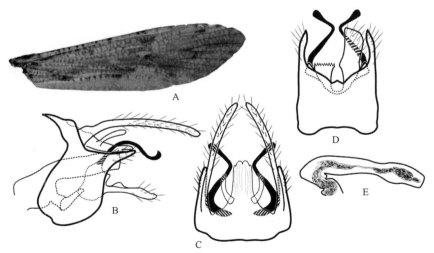

图 7-99　莲形角石蛾 *Stenopsyche lotus* Weaver, 1987

A. 前翅；B-E.♂外生殖器：B. 侧面观；C. 背面观；D. 腹面观；E. 阳具，侧面观

（447）纳氏角石蛾 *Stenopsyche navasi* Ulmer, 1926（图 7-100）

Stenopsyche navasi Ulmer, 1926: 37.

主要特征： 雄性前翅长 22–26 mm。

雄性外生殖器：第 9 节侧突起细长；第 10 节背板中部向后延伸成细长突起，左右 2 个侧叶端缘平直或倾斜，基半部具一较长弯曲的指形突和一短突；下附肢亚端背叶端部 1/3 处突然弯曲，顶端短叉状。

分布：浙江（钱塘）、北京、天津、山东、陕西、湖北、四川、云南、西藏；老挝。

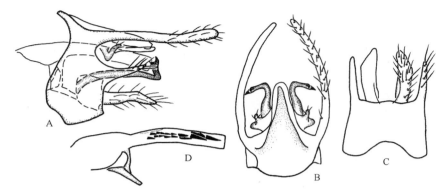

图 7-100　纳氏角石蛾 *Stenopsyche navasi* Ulmer, 1926 ♂外生殖器
A. 侧面观；B. 背面观；C. 腹面观；D. 阳具，侧面观

（448）圆突角石蛾 *Stenopsyche rotundata* Schmid, 1965（图 7-101）

Stenopsyche rotundata Schmid, 1965: 135.

主要特征：雄性前翅长 21 mm。

雄性外生殖器：第 9 节侧突起宽短；上附肢细长，略向内方弯曲；第 10 节背板长方形，不达上附肢长度的 1/2，前部由中叶和侧叶构成，侧叶略长于中叶，中叶顶端有浅的凹陷，基部有 1 对平行的棒状突起；抱握器亚端背叶略粗，弧形弯曲，顶部较尖。

分布：浙江（钱塘）、山东、陕西。

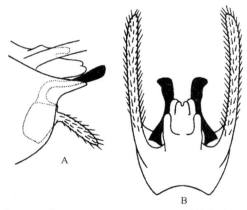

图 7-101　圆突角石蛾 *Stenopsyche rotundata* Schmid, 1965 ♂外生殖器（仿自 Schmid，1965）
A. 侧面观；B. 背面观

（449）天目山角石蛾 *Stenopsyche tienmushanensis* Hwang, 1957（图 7-102）

Stenopsyche tienmushanensis Hwang, 1957: 382.

主要特征：头长 1.5–2 mm，翅长 21.5–22 mm。前翅 Sc、R 及 M 脉之间具纵向排列的短条纹，M 与 Cu 脉之间具 1 块状不规则深色斑纹，臀前区中后部具网状斑纹，臀区网状斑纹明显色淡，但可见。

雄性外生殖器：第 9 节侧突起细长，末端钝圆，长度约为上附肢的 1/3；上附肢细长，近 1/2 处呈弧状相向弯曲；第 10 节中央背板细长，似矩形，端部中央浅凹成双叶状，长度约为上附肢的 1/2，背板基部两侧棒状骨化突起几乎平行排列，略长于中央背板，呈二叉状，上叉长而轻微扭曲，端部尖锐，下叉短而略呈刺状；下附肢亚端背叶与第 10 节背板约等长，近末端忽然向外弯曲，末端钝圆；下附肢呈大刀状。

　　分布：浙江（临安、温州）、陕西、安徽、湖南、广西、贵州。

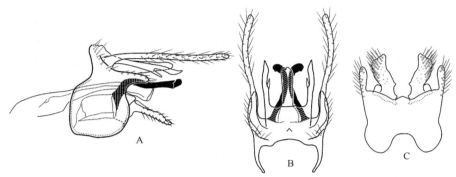

图 7-102　天目山角石蛾 *Stenopsyche tienmushanensis* Hwang, 1957 ♂外生殖器
A. 侧面观；B. 第 9–10 节，背面观；C. 第 9 节与下附肢，腹面观

四十一、剑石蛾科 Xiphocentronidae

主要特征：成虫缺单眼。下颚须 5 节，中胸盾片毛瘤近方形，相互紧贴形成大约与小盾片大小相当的毛瘤区。中胸小盾片三角形。胫距式 1–2, 4, 3–4。翅窄，雄性后足中端距扩大；雌性腹末形成可伸出的产卵器。

分布：除澳洲区以外的世界各大动物地理区。世界已知 2 亚科 7 属 185 种，中国记录 2 属 2 种，浙江分布 1 属 1 种。

162. 栉剑石蛾属 *Melanotrichia* Ulmer, 1906

Melanotrichia Ulmer, 1906: 100. Type species: *Melanotrichia singularis* Ulmer, 1906.

主要特征：体暗黑色，下颚须、下唇须及前足色淡。雄性触角基部多毛，后足距不特化。前翅密被短毛，雄性前后翅脉相通常特化。前翅具第 2 及第 4 叉，前翅 Sc 分裂成前后两支，前支正常，后支细，于脉端愈合；分径室短，明斑室长；M 脉 3 支，Cu_1 简单；A 脉 3 支。后翅具第 2 及第 5 叉；R_1 长，终止于翅缘，R_{2+3} 缺失，或退化为 R_1 与 Rs 之间的横脉；Rs 与 M 的分叉点相互靠近；仅具 1 条 A 脉。

雄性外生殖器：第 9 节背板简单，腹板端腹缘圆或呈双叶状。肛上附肢通常发达，棒状，内侧面通常凹入，以容纳下附肢第 2 节的栉毛。下附肢 2 节部分地愈合，但仍可区分，第 2 节具强栉毛。阳茎端部粗，端部双叶状，上弯。

分布：古北区东部、东洋区。世界已知 30 种，中国记录 1 属 1 种，浙江分布 1 属 1 种。

（450）黄氏栉剑石蛾 *Melanotrichia hwangi* (Ross, 1949)（图 7-103）

Xiphocentron hwangi Ross, 1949: 4.

Melanotrichia hwangi: Schmid, 1982: 36.

主要特征：体长 7.0 mm。体深褐色，腹面色稍淡，翅面密被黑色毛。后足胫节端距细长，约为胫节长的 1/5。翅端尖。

雄性外生殖器：第 9 节背板短，侧面观后缘上半部向后延伸成卵圆形；腹板大，后端切入成三叉状。第 10 节膜质。肛上附肢长，基部窄，端部宽，端圆。下附肢基节与端节略愈合，基节侧面观近四边形，基部窄，内面观近三角形；端节侧面观基部宽，突然变窄，收缩成指状，基部具强栉毛。阳具侧面观长管状，端部 2/5 稍加宽。

分布：浙江（桐庐）。

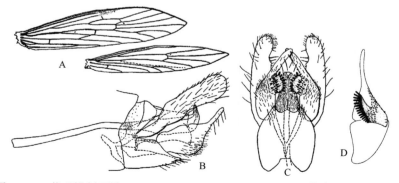

图 7-103　黄氏栉剑石蛾 *Melanotrichia hwangi* (Ross, 1949)（仿自 Ross，1949）

A. 前、后翅；B-D. ♂外生殖器：B. 侧面观；C. 腹面观；D. 下附肢，内面观

II. 尖须亚目 Spicipalpia

成虫下颚须 5 节，第 5 节形状正常，末端具细短刺突；触角柄节粗壮，短于头长。

本亚目世界广布，包含 4 科，浙江均有分布。

四十二、原石蛾科 Rhyacophilidae

主要特征：成虫具单眼。下颚须第 1–2 节粗短，第 2 节圆球形。胫距式 3, 4, 4。前后翅脉序完整，前翅 5 个叉脉齐全，后翅缺第 4 叉脉；前后翅分径室与中室均开放；前翅 R_1 在翅端分裂为 R_{1a} 与 R_{1b}。

雄性外生殖器：种类间变异较大：第 9 节环形，第 10 节具肛上附肢，中附肢在该科中演变为臀板。下附肢 2 节，大而长。阳具典型的三叉结构，但种类间变化大，是区分种类的重要特征。

分布：以东洋区种类为多，古北区与新北区也有分布。世界已知 5 属（含 1 化石属）852 种，中国记录 2 属 153 种，浙江分布 2 属 19 种。

163. 喜原石蛾属 *Himalopsyche* Banks, 1940

Himalopsyche Banks, 1940: 197. Type species: *Rhyacophila tibetana* Martynov, 1930.

主要特征：头顶突，单眼大。中胸小盾片具 1 簇细长的毛。前翅通常具斑点。第 9 节短，环形，缺端背叶。第 10 节缺，但肛上附肢发达，臀片通常缺裂隙，宽，具 2 个分支。阳具小而钝，阳茎二叉状，阳基侧突片状。

分布：主要分布于东洋区。世界已知约 50 种，中国记录 27 种，浙江分布 1 种。

（451）那氏喜原石蛾 *Himalopsyche navasi* Banks, 1940（图 7-104）

Himalopsyche navasi Banks, 1940: 200.

主要特征：雄性体长 13 mm，前翅长 17 mm。头部黄色，触角、下颚须、下唇须黄色。下颚须端节基部粗，端部变细。前胸黄色，中胸背板黑褐色，后胸黄白色。足黄色，前翅黄色，散布不规则黄褐色斑点，后翅黄白色。

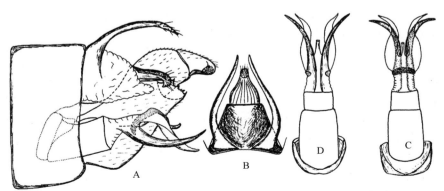

图 7-104　那氏喜原石蛾 *Himalopsyche navasi* Banks, 1940 ♂外生殖器

A. 侧面观；B. 背面观；C. 阳具，背面观；D. 阳具，腹面观

　　雄性外生殖器：第9节侧面观长方形，粗大，第10节膜质。臀板骨化，圆柱形，端部向内弯曲成钩状。肛上附肢1对，细长，基部愈合。下附肢2节，第1节粗大，多毛，距端部1/3处具1深的缺刻；第2节三角形，较小，端部具刺。阳具完整，阳茎背面观三叉状，其中突至多是阳基侧突的1/3长。阳基侧突强烈骨化，由基部向端部逐渐变细，背向弯曲，使基部与端部的夹角约120°，基部不愈合。

　　分布：浙江（临安）、安徽、江西、福建、四川。

164. 原石蛾属 *Rhyacophila* Pictet, 1834

Rhyacophila Pictet, 1834: 181. Type species: *Rhyacophila vulgaris* Pictet, 1834.

　　主要特征：头短而大，复眼大，被短毛。单眼大。前后翅形态相似，多毛。翅脉完全，R_1在翅端分为2叉（R_{1a}与R_{1b}），前后翅均具r横脉，前翅5叉齐全，但后翅缺第4叉脉。后翅R_5脉终止于翅端，1A与Cu_{1b}在翅基部共柄，2A长，略弯曲。

　　雄性外生殖器：第9节环形，背板向后方延长成端背叶，具上附肢，臀片1对，端带骨化，阳具管状，阳基侧突着生于阳茎基两侧。

　　分布：全北区、东洋区。世界已知799种，中国记录126种，浙江分布18种。

分种检索表

14. 下附肢第 2 节侧面观端半部突然变窄；阳具背突宽大，阳基侧突细长 ·················· **细突原石蛾 R. ramulina**
- 　下附肢第 2 节裂成背腹二分支；阳茎背突简单，指状，阳茎腹叶三叉状 ···························· 15
15. 第 10 节背面观端缘向后方凸出 ··· **武夷原石蛾 R. wuyiensis**
- 　第 10 节背面观端缘凹入 ·· 16
16. 侧面观下附肢端节上支基部具 1 三角形齿突 ··· **裂肢原石蛾 R. schismatica**
- 　无上述三角形齿突 ··· 17
17. 第 10 节端部呈"U"形凹入；阳基侧突端部宽大，近四边形 ···························· **裂背原石蛾 R. fides**
- 　第 10 节端部呈浅"V"形凹入；阳基侧突端部卵圆形 ································· **剪肢原石蛾 R. scissa**

（452）端齿背突原石蛾 *Rhyacophila acraliodonta* Sun, 1995（图 7-105）

Rhyacophila acraliodonta Sun in Yang, Sun & Tian, 1995: 287.

主要特征：雄性体长 8 mm，前翅长 10 mm。体黑色。头黑色，胸部背面黑色，侧面深褐色。足基节深褐色，腿节、胫节黄褐色，各足距黑色。腹部黑褐色。

雄性外生殖器：第 9 节侧面观中下部略往前凹入。第 10 节小，背面观端部中央切入较深，侧面观两侧缘亦切入。臀板小，2 片，根短，后面观 2 片在基部相接触。端带细长，略骨化；背带骨化明显，端部侧面观时膨大。阳具复杂，阳茎背突大，双叶状，侧面观每叶在中部向上拱起，端部具 1 个片状小齿；阳茎简单，细管状，弧形弯曲，略短于阳茎背突；阳茎腹突为 1 简单叶状突起，膜质；阳基侧突基部粗大，向端部逐渐变细，在近端部 1/3 处略膨大后再变细，端部分裂为二齿状。下附肢第 1 节近长方形，第 2 节略粗于第 1 节端部，端缘中央切入。

雌性外生殖器：第 8 腹节长，为第 9–11 节和的 2.5 倍，基部骨化，端部膜质。第 11 节很小，叶状，具 1 对很小且不分节的尾须。交尾囊基环勺状，侧片管状，端片大，囊状，基部包围勺状的侧片。

分布：浙江（庆元）。

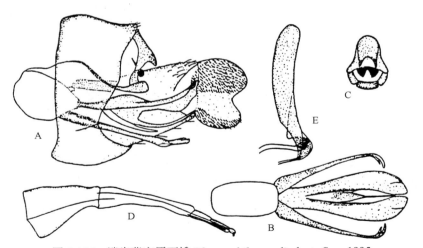

图 7-105　端齿背突原石蛾 *Rhyacophila acraliodonta* Sun, 1995
A-C. ♂外生殖器：A. 侧面观；B. 阳具，背面观；C. 后面观；D、E.♀生殖器：D. 侧面观；E. 交尾囊，侧面观

（453）蕈尾原石蛾 *Rhyacophila boleta* Malicky *et* Sun, 2002（图 7-106）

Rhyacophila boleta Malicky *et* Sun, 2002: 552.

主要特征：前翅长 7–8 mm。体黄色，胫节与跗节褐色，翅黄色杂深褐色斑点。

雄性外生殖器：第 9 节侧面观上部比其下部宽；背面观，端背叶包括 3 突起：中突短，其基半部细长，两侧平行，端半部侧向延伸，使整个中突呈蕈形；两侧突细长，其端部相向弯曲。第 10 节垂直，短，后面观呈 "A" 形。下附肢基节很长，侧面观呈梯形，端节较短，侧面观后腹角向后延伸，形成 1 个较长指状突。阳茎管状，从基部向端部逐渐变细。

分布：浙江（安吉）。

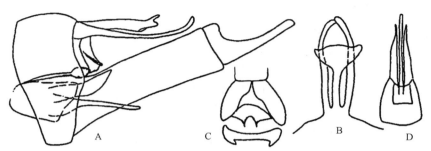

图 7-106 蕈尾原石蛾 *Rhyacophila boleta* Malicky *et* Sun, 2002 ♂外生殖器
A. 侧面观；B. 背面观；C. 后面观；D. 阳具，腹面观

（454）楔肢原石蛾 *Rhyacophila cuneata* Sun *et* Yang, 1999（图 7-107）

Rhyacophila cuneata Sun *et* Yang, 1999: 40.

主要特征：前翅长 14 mm。体黑褐色。触角黑褐色，各节基部和端部黄色，并相互连接成 1 黄色环纹。翅黑褐色。

雄性外生殖器：第 9 节侧面观后缘中央向后方凸出成角状，腹面观后缘中央向后方凸出成指状，并与下附肢紧密愈合；背片侧面观三角形；背面观两侧缘近平行，端部凸切。臀片长，着生在背片中部附近，背面观中部最宽，略宽于背片，端部 1/3 突然收窄，顶端圆弧形；侧面观全长 1/3 伸出于背片顶端之外。矢状突背面观舌形，端部圆。端带侧面观窄条状，骨化。阳茎基背面观梯形，阳茎背面观基部 2/3 粗大，端部 1/3 突然变细。下附肢基节高大于长，近四边形，后缘下方略凹切；端节三角形，着生在基节的中上部，宽仅为基节的 1/2 左右。

分布：浙江（安吉、临安）。

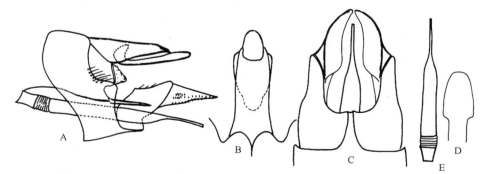

图 7-107 楔肢原石蛾 *Rhyacophila cuneata* Sun *et* Yang, 1999 ♂外生殖器
A. 侧面观；B. 背片和臀片，背面观；C. 腹面观；D. 矢状突，背面观；E. 阳具，背面观

（455）弯镰原石蛾 *Rhyacophila falcifera* Schmid, 1970（图 7-108）

Rhyacophila falcifera Schmid, 1970a: 139.

主要特征：前翅长 6.5 mm。体及翅均为褐色，足带黄色。

　　雄性外生殖器：第9节侧面观上半部宽于下半部；背面观端缘向后延伸成端背叶；端背叶中部稍缢缩，顶端具深的凹切而呈双叶状。肛上附肢侧面观三角形，背面观多少呈肾形，端尖。第10节垂直，臀片1对，四边形。下附肢侧面观基节长，基部较宽，端节细长，宽约为基节之半，稍下弯。阳具基发达，骨化，阳具基背片骨化；阳基侧突棒状，端部密被毛，阳茎管状，包埋在膜质结构中。

　　分布：浙江（庆元）、福建。

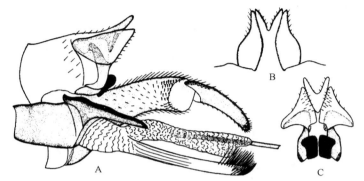

图7-108　弯镰原石蛾 *Rhyacophila falcifera* Schmid, 1970 ♂外生殖器（仿自 Schmid，1970a）
A. 侧面观；B. 端背叶与肛上附肢，背面观；C. 后面观

（456）裂背原石蛾 *Rhyacophila fides* Malicky *et* Sun, 2002（图 7-109）

Rhyacophila fides Malicky *et* Sun, 2002: 544.

　　主要特征：前翅长 8.0 mm。体褐色，前翅具浅色斑点。

　　雄性外生殖器：第9节环形，腹面1/3略收窄，端背叶退化。第10节背面观基部向两侧稍扩大，向端部稍变窄，顶端具1很深的凹切，凹切深约为其长的1/2；侧面观水平部分近方形，垂直部分近基部与中部附近各具1对小突起。臀板小，球形。端带近三角形，两侧臂牛角状。阳茎基近方形，阳具背突侧面观指状，背面观基部窄，向端部膨大；阳茎简单，管状；阳茎腹叶三叉状，背面观中突大，两侧突小。阳基侧突基部膜质，端部侧扁，密被毛。下附肢第1节很短，侧面观近三角形，第2节分为上下2叶，上叶细长；下叶宽，约为上叶的3倍。

　　分布：浙江（临安、开化）。

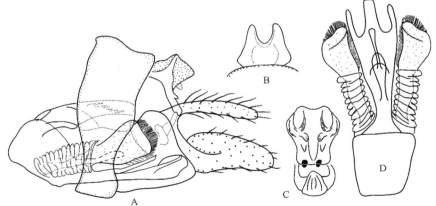

图7-109　裂背原石蛾 *Rhyacophila fides* Malicky *et* Sun, 2002 ♂外生殖器
A. 腹面观；B. 第10节，背面观；C. 第10节，后面观；D. 阳具，背面观

（457）哈德原石蛾 *Rhyacophila hadestril* Malicky *et* Sun, 2002（图 7-110）

Rhyacophila hadestril Malicky *et* Sun, 2002: 549.

　　主要特征：前翅长 5.5–6 mm。体深褐色，翅脉颜色深，前翅中央具 1 浅色斑。
　　雄性外生殖器：第 9 节侧面观前后缘近平行。端背叶侧面观近三角形，背面观腰鼓形，端缘中央略凹切。臀片小，倾斜，侧面观呈指状，背面观片状。下附肢短，全长与端背叶相似；基节近梯形，端节基部窄，向端部渐扩大，端缘截形。阳具侧面观管状，背面观基部 3/4 两侧缘近平行，亚端部向两侧扩展后突然收窄，端尖。阳基侧突缺失。
　　分布：浙江（安吉、临安）。

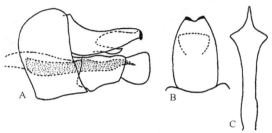

图 7-110　哈德原石蛾 *Rhyacophila hadestril* Malicky *et* Sun, 2002 ♂外生殖器
A. 侧面观；B. 端背叶，背面观；C. 阳具，背面观

（458）钩肢原石蛾 *Rhyacophila hamosa* Sun, 1995（图 7-111）

Rhyacophila hamosa Sun in Yang, Sun & Tian, 1995: 287.

　　主要特征：雄性体长 7.0 mm，前翅长 7.5 mm。体黑褐色。头顶黑褐色，颜面黄色。前胸黄褐色，中后胸黑褐色；前翅黄褐色。腹部背面黑褐色，腹面黄褐色。
　　雄性外生殖器：第 9 节侧面观下方 1/2 向后突出；端背叶与肛上附肢完全愈合，端缘中央略切入。臀板大，根粗而短，端缘中央略切入，端部伸出端背叶于肛上附肢复合体端部之外。端带侧面观三角形，强烈骨化；背带的端部略骨化成矢状突。阳茎基圆筒形，阳茎简单，端部 1/3 略弯曲。阳基侧突缺。下附肢第 1 节长，基部内侧具 1 向后方的钩；第 2 节端部切入，上叶略长于下叶，两叶的内侧均具粗刺。
　　分布：浙江（庆元）、江西。

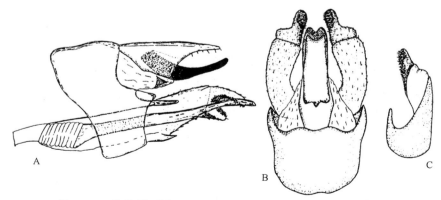

图 7-111　钩肢原石蛾 *Rhyacophila hamosa* Sun, 1995 ♂外生殖器
A. 侧面观；B. 背面观；C. 下附肢，腹面观

（459）附托突茎原石蛾 *Rhyacophila haplostephana* Sun *et* Yang, 1998（图 7-112）

Rhyacophila haplostephana Sun *et* Yang, 1998: 17.

主要特征：体长 8.5 mm，前翅长 9.5 mm。体黑褐色。触角黑褐色，每节基部与端部具黄色窄环纹；下颚须、下唇须黑褐色。前胸黄褐色，中后胸背板黑褐色，胸部侧面黄褐色；前、后翅黄褐色；足黄色。腹部黄褐色，第 7 节具腹刺。

雄性外生殖器：第 9 节腹面观略窄，端背叶长至少为第 9 节本身的 2 倍，端部分为 2 叶，每叶的内侧具 1 齿。第 10 节分为水平和垂直的 2 个部分，水平部分侧面观呈不规则的瘤状突，垂直部分简单。臀板 2 裂，侧面观纽扣状，无根。端带侧面观条形，略弯曲；背带骨化，与阳具背突有很长的愈合。阳茎基三角形，阳具背突背面观端部中央略凹入；阳茎隐藏在 1 膜质结构中，并具 1 小的背突。阳具背突与阳茎之间具 1 很独特的片状结构，强烈骨化。下附肢第 1 节四边形，第 2 节方形，后缘上、下角呈瘤状。

分布：浙江（临安）、安徽。

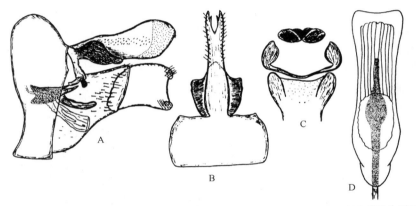

图 7-112　附托突茎原石蛾 *Rhyacophila haplostephana* Sun *et* Yang, 1998 ♂外生殖器
A. 侧面观；B. 背面观；C. 臀片，后面观；D. 阳具，腹面观

（460）双刺侧突原石蛾 *Rhyacophila geminispina* Yang, Sun *et* Yang, 2001（图 7-113）

Rhyacophila geminispina Yang, Sun *et* Yang, 2001: 507.

主要特征：体连翅长 9.5–10.0 mm。头部黑褐色；触角褐色，每节端部具黄色环纹；下颚须、下唇须褐色。胸部褐色；翅黄褐色；足除基节褐色外均黄色。腹部黄色。

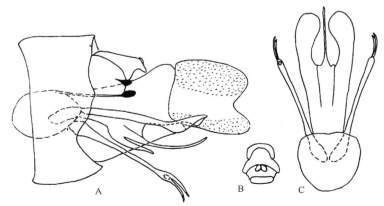

图 7-113　双刺侧突原石蛾 *Rhyacophila geminispina* Yang, Sun *et* Yang, 2001 ♂外生殖器
A. 侧面观；B. 第 10 节，后面观；C. 阳具，腹面观

雄性外生殖器：第 9 节侧面观背面略宽于腹面，后缘中下部向前凹入。第 10 节侧面观多少呈爪形。臀片 2 片，具短根；端带粗大，背带宽而骨化。阳具复杂：阳茎简单呈管状，侧面观略向上呈弧形弯曲；阳茎背突双叶状，腹面观端部略膨大，并相向弯曲；阳茎腹突短，侧面观基部粗，向端部逐渐变细。阳基侧突 1 对，杆状，亚端部略加粗，并分裂成 2 根长刺。下附肢 2 节，基节近方形，长仅略大于宽；端节粗短，后缘向前凹入。

　　分布：浙江（临安）。

（461）长刺原石蛾 *Rhyacophila longicuspis* Sun, 1995（图 7-114）

Rhyacophila longicuspis Sun in Yang, Sun & Tian, 1995: 288.

　　主要特征：雄性体长 6.2 mm，前翅长 6.2 mm。体黑色；头、胸背面黑褐色，胸部侧面黄褐色；足黄色；腹部黄褐色，具黑褐色不规则斑纹。

　　雄性外生殖器：第 9 节侧面观中上部狭窄，中下部较宽，背面观端背叶端部切入。肛上附肢与端背叶愈合，第 10 节退化。臀片单一，腹面观多少呈"M"形，两侧臂隐藏在肛上附肢内侧。端带缺，背带膜质。阳茎基圆柱形。阳具三叉状；阳茎背突短棒状；阳茎简单，管状；阳茎腹叶背面观时端部切入较深；阳基侧突刺状。下附肢第 1 节长；第 2 节短，约为第 1 节的 1/3，端部分成上下 2 叶，上叶弯曲而细长，刺状，下叶宽圆，着生密集的颗粒状粗刺。

　　分布：浙江（庆元）。

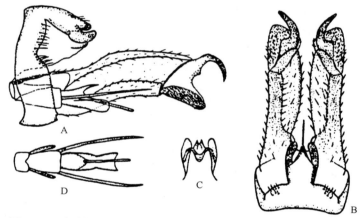

图 7-114　长刺原石蛾 *Rhyacophila longicuspis* Sun, 1995 ♂外生殖器
A. 侧面观；B. 背面观；C. 臀片，腹面观；D. 阳具，背面观

（462）围茎原石蛾 *Rhyacophila peripenis* Sun *et* Yang, 1998（图 7-115）

Rhyacophila peripenis Sun *et* Yang, 1998: 15.

　　主要特征：雄性体长 6.0 mm，前翅长 7.0 mm。体黑褐色。触角鞭节基部数节淡黄色，余为黄褐色；下颚须、下唇须黄褐色。胸部黄褐色至黑褐色；足黄色；前后翅黄褐色。腹部背面褐色，腹面黄色。

　　雄性外生殖器：第 9 节腹面强烈缩短，端背叶背面观两侧缘相互平行，端部凹入。凹入深约为端背叶的 1/2。肛上附肢侧面观三角形，在基部端背叶下方愈合。第 10 节侧面观简单，垂直，端部与臀板和端带相连接。臀板侧面观条形，腹面观 2 裂，肾形。端带侧面观条形，腹面观两臂在基部不愈合；背带膜质。阳茎基强烈骨化，圆柱形；阳茎背突粗壮，覆盖于阳茎基部，端部圆突，背面观两侧缘近平行。内鞘发达，包埋住阳茎基部的 1/2。阳茎管状。阳基侧突向端部略加粗，端部具上指的粗刚毛。

　　分布：浙江（临安、景宁）、安徽、江西、湖北。

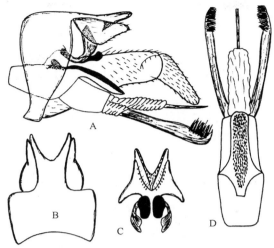

图 7-115　围茎原石蛾 *Rhyacophila peripenis* Sun *et* Yang, 1998 ♂外生殖器
A. 侧面观；B. 背面观；C. 第 10 节，后面观；D. 阳具，腹面观

（463）细突原石蛾 *Rhyacophila ramulina* **Malicky *et* Sun, 2002**（图 7-116）

Rhyacophila ramulina Malicky *et* Sun, 2002: 543.

　　主要特征：前翅长 7 mm。体深褐色。头部深褐色；触角黄色；下颚须及下唇须褐色。胸部背面暗褐色，其余部分褐色；足和翅黄色。腹部黄色。

　　雄性外生殖器：第 9 节侧面观中部狭窄。第 10 节侧面观稍倾斜，背面观基部宽，呈三角形，端缘凹切。臀片侧面观三角形，后面观下缘凹切。下附肢基节侧面观五边形，端节长于基节，端半部仅及基部宽的一半。阳具背突大，侧面观上缘中部具齿突，背面观两侧缘多少波状，端缘稍凹入。阳茎侧面观分裂成双叶状。阳基侧突细长。

　　分布：浙江（临安）。

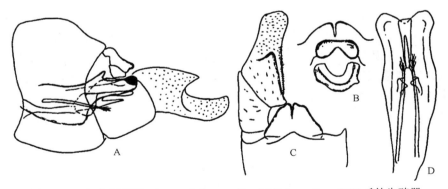

图 7-116　细突原石蛾 *Rhyacophila ramulina* Malicky *et* Sun, 2002 ♂外生殖器
A. 侧面观；B. 后面观；C. 背面观；D. 阳具，背面观

（464）二裂臀原石蛾 *Rhyacophila rima* **Sun *et* Yang, 1995**（图 7-117）

Rhyacophila rima Sun *et* Yang, 1995: 29.

　　主要特征：体长 8 mm，前翅长 9 mm。体暗黑色至黑褐色。头部黑色；触角、下颚须、下唇须颜色较淡。胸部除中、后胸背板黑色外均黄褐色；足黄色，距黑色；前、后翅黄褐色。腹部灰黄色，生殖节黑褐色；第 7 节无腹刺。

雄性外生殖器：第 9 节腹面略宽于背面，侧面观中部后缘向后隆凸，前缘向后略凹入。端背叶与肛上附肢愈合，但与第 9 节间有缝隙存在。第 10 节退化。臀板大型，基部着生在端背叶-肛上附肢复合体中部，侧面观舌形，端部伸出于复合体端部；背面观臀板端部分裂。端带向后缘弧形弯曲，与背带相关节端的上方内侧具 1 齿；背带骨化，端部不形成矢突，背面观时两侧缘向端部逐渐放宽，端部中央凹入。阳具简单，阳茎由基部向端部变细，端部 1/2 管状，阳基侧突刺状。下附肢第 1 节基部较粗，约为第 9 节的 1/2 宽，向端部变窄；第 2 节长约为第 1 节长的 1/2，端部中央深凹成马蹄形。樺宽大，与细长的腱相关节。

　　分布：浙江（临安、庆元）、江西。

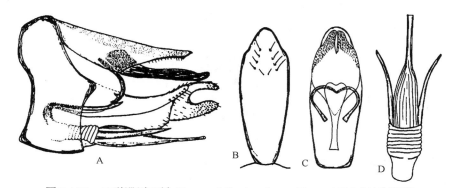

图 7-117　二裂臀原石蛾 *Rhyacophila rima* Sun *et* Yang, 1995 ♂外生殖器

A. 腹面观；B. 第 9 节与肛上附肢复合体，背面观；C. 第 9 节与肛上附肢复合体，腹面观；D. 阳具，背面观

（465）裂肢原石蛾 *Rhyacophila schismatica* Sun *et* Yang, 1995（图 7-118）

Rhyacophila schismatica Sun *et* Yang, 1995: 27.

　　主要特征：体长 5.5 mm，前翅长 6.5 mm。体黄褐色。触角黄色，鞭节各节中部具较长的黑褐色环纹；下颚须基部 2 节黄褐色，其余黄色；下唇须黄色。胸部黄褐色；足黄色，距深褐色至褐色。腹部背面黄褐色，腹面黄色；第 7 腹节具腹刺。

　　雄性外生殖器：第 9 节侧面观近四边形，但腹面较背面略窄。第 10 节侧面观上部粗大，下部收缩成指状突；背面观两侧缘中部略内凹，端部平圆，有些个体略凹入。背带、端带强烈骨化，臀板小，纽扣状，根短，腹面观相距较近。下附肢基节粗大，四边形；端节深凹陷成二叶状，但上叶的基部具 1 向下的三角形突起，下叶宽大。阳茎基圆筒形，长而弯，内鞘发达；阳茎背突棒状，阳茎三叉形，两侧叶小而尖，中叶宽大；阳基侧突端部膨大，具密的刚毛。

　　分布：浙江（安吉）、江西。

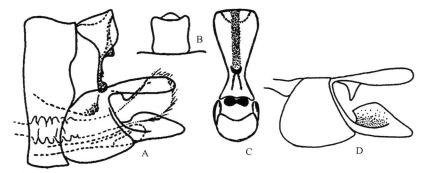

图 7-118　裂肢原石蛾 *Rhyacophila schismatica* Sun *et* Yang, 1995 ♂外生殖器

A. 侧面观；B. 第 10 节，背面观；C. 第 10 节，后面观；D. 下附肢，侧面观

（466）剪肢原石蛾 *Rhyacophila scissa* Morton, 1900（图 7-119）

Rhyacophila scissa Morton, 1900: 5.

主要特征：前翅长 7.0 mm。体黄褐色。头部背面深褐色，其余部分黄褐色；下颚须、下唇须黄褐色；触角黄色，每节具黄褐色环纹。胸部背面深褐色，侧腹面黄色；足黄色，但距深褐色；翅黄褐色。腹部背面烟色，腹面黄色。

雄性外生殖器：第 9 节侧面观背面观宽，腹面较窄，最宽处约为最窄处的 2 倍。第 10 节分为水平部分与垂直部分，水平部分背面观基部宽，向端部稍变窄，顶端具 1 "V" 形凹切；垂直部分侧面观长条形，上部与中部各具 1 瘤状突。臀板小，球形。端带近卵圆形，两侧臂角状。下附肢第 1 节侧面观近等腰三角形，顶端平截；第 2 节分为上下 2 叶，上叶细长，下叶宽，约为上叶的 3 倍。阳茎基侧面观长方形，阳具背突侧面观指状；阳茎呈简单的管状结构；阳茎腹叶三叉状，背面观中突大，两侧突小，内向弯曲，端部尖。阳茎侧突基部膜质，端部膨大成卵圆形，密被毛。

分布：浙江（临安）、广东。

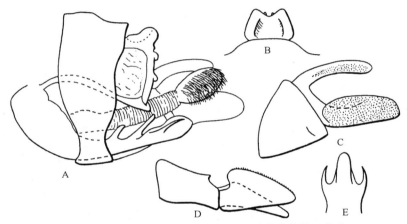

图 7-119　剪肢原石蛾 *Rhyacophila scissa* Morton, 1900 ♂外生殖器（仿自 Schmid, 1970a）
A. 侧面观；B. 第 10 节，背面观；C. 下附肢，内面观；D. 下附肢，腹面观；E. 阳具端部，腹面观

（467）天目山原石蛾 *Rhyacophila tianmushanensis* Malicky *et* Sun, 2002（图 7-120）

Rhyacophila tianmushanensis Malicky *et* Sun, 2002: 550.

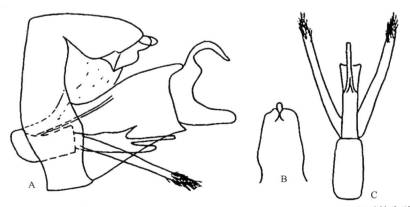

图 7-120　天目山原石蛾 *Rhyacophila tianmushanensis* Malicky *et* Sun, 2002 ♂外生殖器
A. 侧面观；B. 背面观；C. 阳具，背面观

　　主要特征：前翅长 7.5 mm。体黑褐色。头黑褐色；触角及下颚须、下唇须褐色。胸背黑色，其余部位褐色；足及翅褐色。腹部黄色。

　　雄性外生殖器：第 9 节上半部分较窄，端背叶背面观端缘凹切。第 10 小，侧面观椭圆形。臀片与肛上附肢融合。下附肢的基节侧面观矩形，但后背角形成小突起；端节分为上下两叶，上叶细长并向下弯曲，下叶较宽。阳茎背突侧面观小，阳茎腹叶小，阳茎管状；阳基侧突基部稍宽，向端部渐变窄。

　　分布：浙江（临安）。

（468）武夷原石蛾 *Rhyacophila wuyiensis* Sun *et* Yang, 1995（图 7-121）

Rhyacophila wuyiensis Sun *et* Yang, 1995: 27.

　　主要特征：雄性体长 7.5 mm，前翅长 8.5 mm。体黑褐色。触角基部数节黄白色，端部棕褐色；胸部背面黄褐色，侧面黄色；足黄色；前、后翅黄褐色。腹部黄褐色；第 7 腹节具腹刺。

　　雄性外生殖器：第 9 节侧面观长方形，缺端背叶。第 10 节垂直部分中部两侧各具指状突，后面观端部分叉。臀板小，1 对，球形，相互分离。端带仅两臂存在，直接与背带相关节；背带略骨化。阳茎基内上角突出成指状，阳茎具阳具背突与阳茎腹叶。阳基侧突基部膜质，端部卵圆形。下附肢第 1 节三角形，第 2 节分为上下 2 叶，上下 2 叶近等大。

　　分布：浙江（临安）、江西、福建。

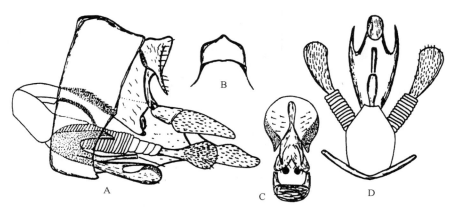

图 7-121　武夷原石蛾 *Rhyacophila wuyiensis* Sun *et* Yang, 1995 ♂外生殖器
A. 侧面观；B. 第 10 节，背面观；C. 第 10 节，后面观；D. 阳具，背面观

（469）婺源原石蛾 *Rhyacophila wuyanensis* Sun *et* Yang, 1998（图 7-122）

Rhyacophila wuyanensis Sun *et* Yang, 1998: 17.

　　主要特征：雄性体长 6.0 mm，前翅长 7.0 mm。体黑褐色。头部黑色；触角黑褐色。足黄色；前、后翅黄色。腹部黄色。

　　雄性外生殖器：第 9 节不愈合为环状，背腹面相互分离。端背叶屋脊状，几乎完全覆盖生殖器的其余部分。第 10 节退化，肛上附肢位于端背叶下缘的凹入处。臀板隐藏在肛上附肢内侧，后面观相互分离，纽扣状，端带细长，骨化。背带短，略骨化。阳茎基圆柱形，阳具背突短，舌状；阳茎短，阳茎腹叶大，背面观端部粗，并略凹入。下附肢退化，仅为第 9 节的 1/3 宽，第 1 节长方形，第 2 节半圆形，长为第 1 节的 1/2。

　　分布：浙江（临安）、江西。

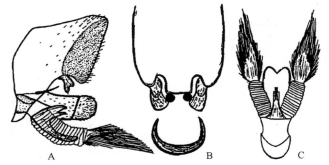

图 7-122　婺源原石蛾 *Rhyacophila wuyanensis* Sun *et* Yang, 1998 ♂外生殖器

A. 侧面观；B. 第 10 节，后面观；C. 阳具，背面观

四十三、螯石蛾科 Hydrobiosidae

主要特征：成虫具单眼；下颚须 5 节，第 1–2 节短，第 2 节圆柱形；胫距式 0–2, 4, 4；前翅常具几个透明斑区。

生态学：幼虫不筑巢，捕食性，前足腿节与胫、跗节之间形成钳爪；喜生活于清洁流水中。

分布：主要分布于澳洲区及新热带区，少数种类发生于东洋区及古北区东部。世界已知 52 属（含 2 化石属），近 425 种，中国记录 1 属 5 种，浙江分布 1 属 3 种。

165. 竖毛螯石蛾属 *Apsilochorema* Ulmer, 1907

Psilochorema McLachlan, 1866a: 273. Type species: *Psilochorema mimicum* McLachlan, 1866.

Apsilochorema Ulmer, 1907b: 206. Type species: *Apsilochorema indicum* Ulmer, 1907.

Achorema Mosely, 1941: 372. Type species: *Achorema banksi* Mosely, 1941.

Bachorema Mosely in Mosely & Kimmins, 1953: 493. Type species: *Bachorema obliqua* Mosely, 1953.

主要特征：前翅长 4–9 mm。头部毛瘤大型，毛粗，具单眼，复眼具短毛。前翅外缘在顶角下稍凹入。雄性前翅 M_{1+2} 与 M_{3+4} 主干十分接近，致使中室窄而长，盘室伸达翅痣中部；雌性前翅中室开放，盘室伸达于翅痣中部之前。后翅雌雄两性相似，R_1 退化。胫距式 2, 4, 4 或 0, 4, 4。

雄性外生殖器：载肛突细长，膜质，端部双叶状。上附肢小，丝状突长度与形态在种间差异较大。下附肢第 1 节长，卵圆形，第 2 节强烈呈钩状，着生在第 1 节内侧。阳基鞘大型，内茎鞘可翻缩，两者以骨化的带状结构相连接。阳基侧突及阳茎均缺失。阳基鞘与下附肢之间以二叉状结构相连接。

分布：古北区、东洋区、澳洲区。世界已知 61 种，中国记录 5 种，浙江分布 3 种。

分种检索表

1. 雄性丝状突背面观矛形，端部 1/2 突然膨大 ···黄氏竖毛螯石蛾 *A. hwangi*
- 雄性丝状突背面观刀片状 ··· 2
2. 下附肢第 2 节着生于第 1 节中部附近 ···埃螯石蛾 *A. epimetheus*
- 下附肢第 2 节着生于第 1 节近基部 ···具钩竖毛螯石蛾 *A. nigrum*

（470）埃螯石蛾 *Apsilochorema epimetheus* Malicky, 2000（图 7-123）

Apsilochorema epimetheus Malicky, 2000: 32.

主要特征：前翅长 5.5 mm。体褐色。

雄性外生殖器：第 9 节腹面观近三角形，侧后缘弧形。肛上附肢短，侧面观基部窄，端宽圆；背面观拇指状。载肛突细长，基部稍宽，端半部较窄，两侧近平行，末端深凹。丝状突与载肛突近等长，侧面观上下缘平行，端部尖；背面观棒状。下附肢侧面观基节大，椭圆形，端部伸出于载肛突外方，端节弯钩状。阳具简单，端部弯曲成钩状。

分布：浙江（开化）。

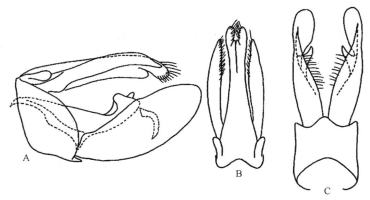

图 7-123 埃螯石蛾 *Apsilochorema epimetheus* Malicky, 2000 ♂外生殖器（仿自 Malicky，2000）

A. 侧面观；B. 背面观；C. 腹面观

（471）具钩竖毛螯石蛾 *Apsilochorema nigrum* (Navás, 1932)（图 7-124）

Agapetus nigrum Navás, 1932b: 932.

Apsilochorema unculatum Schmid, 1970b: 268.

Apsilochorema nigrum: Schmid, 1989: 147.

主要特征：前翅长 6.5 mm。体深褐色。头部深褐色；下颚须、下唇须褐色；触角柄节、梗节及鞭节基部数节为黄色，其余为褐色。胸部背面深褐色，侧腹面黄褐色；足黄褐色，胫距式 2, 4, 4；前翅黄褐色，中部外侧自前缘至后缘具 1 条规则透明斑带；后翅色稍淡。腹部黄褐色。

雄性外生殖器：第 9 节侧面观前缘略向前隆，后缘倾斜，于下附肢着生处最宽。载肛突背面观基部与端部宽，中部两侧缘稍向中线缢缩，端部双叶状之间的空隙宽约为叶突宽的 1/2。上附肢侧面观长条状，背面观多少呈四边形，两侧缘稍弯曲，端圆。丝状突稍短于载肛突，侧面观由基部向端部逐渐变窄，端半部向下弯曲，顶端尖锐；背面观基部窄，并逐渐增粗，于距基部 1/3 处最宽，再向端部逐渐变窄，顶端尖锐，两侧缘稍呈波状弯曲。下附肢第 1 节侧面观近四边形，上缘于第 2 节着生处具 1 浅凹，端圆；第 2 节侧面观基部粗，端部 1/2 突然变细，顶端或稍切入成二叉状。阳基鞘侧面观基部 2/3 呈管状，端部 1/3 向上膨大，顶端截形。

分布：浙江（临安、庆元、四明山）、安徽、福建；越南。

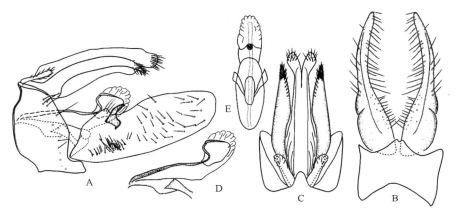

图 7-124 具钩竖毛螯石蛾 *Apsilochorema nigrum* (Navás, 1932) ♂外生殖器

A. 侧面观；B. 第 10 节后面观；C. 第 9 节与下附肢，腹面观；D. 阳具，侧面观；E. 阳具，背面观

（472）黄氏竖毛蝥石蛾 *Apsilochorema hwangi* (Fischer, 1970)（图 7-125）

Psilochorema longipenne Hwang, 1957: 375.

Psilochorema hwangi Fischer, 1970: 242.

Apsilochorema hwangi: Mey, 1999: 180.

主要特征：体连翅长 8.5 mm。体黑褐色，翅灰褐色。

雄性外生殖器：第 9 节背面骨化，侧面观四边形。载肛突背面观基部宽，约在近基部 1/3 处向端部渐趋平行，由基部至全长 1/2 处具 1 个三角形骨化区；端部具 1 对卵圆形突起，具毛。肛上附肢背面观卵圆形，侧面观多少梭形，具毛。丝状突与载肛突约等长，背面观矛形，端部 1/2 突然膨大；下附肢第 1 节椭圆形，长大于高，内侧凹陷；第 2 节小，钩状，着生于第 1 节内侧中间的凹陷内，基部宽，端部变细，最端部二刺状。阳基鞘粗大，由基部向端部渐粗，最端部具 1 个角状突起。

分布：浙江（临安、庆元、景宁）、湖北、福建、广西。

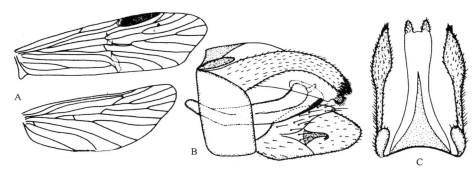

图 7-125　黄氏竖毛蝥石蛾 *Apsilochorema hwangi* (Fischer, 1970)
A. 前、后翅脉相；B. ♂外生殖器侧面观；C. ♂外生殖器背面观

四十四、舌石蛾科 Glossosomatidae

主要特征：成虫具单眼；下颚须第 1–2 节粗短，第 2 节呈圆球形，第 5 节末端具针刺突。头顶及前胸背板毛瘤彼此远离；雄性中胸背板毛瘤狭长，位于盾片前缘中央，呈倒"八"字形。胫距式 0–2, 4, 3–4。雌性中足的胫节和跗节宽扁；腹部末端具可伸缩的套叠式产卵管。

分布：世界广布。世界已知约 20 属 500 余种，中国记录 5 属 47 种，浙江分布 2 属 6 种。

166. 魔舌石蛾属 *Agapetus* Curtis, 1834

Agapetus Curtis, 1834: 217. Type species: *Agapetus fuscipes* Curtis, 1834.

主要特征：成虫体小型，下颚须第 2 节呈典型圆球状，雌性中足扁平，边缘饰密毛。前翅 R_1 端部不分叉，后翅分径室（DC）开放。多数种类雄性腹部第 5 节具 1 对弯弧形陷孔，为体内袋形腺体在体壁的开口，陷孔边缘常具不同发达程度的隆脊；雄性第 6 腹节腹板突细长，末端尖细，雌性腹板突极小。

分布：全北区、东洋区、旧热带区和澳洲区的高海拔地区。世界已知 186 种，中国记录 11 种，浙江分布 1 种。

（473）中华魔舌石蛾 *Agapetus chinensis* (Mosely, 1942)（图 7-126）

Pseudagapetus chinensis Mosely, 1942: 359.

Agapetus chinensis: Ross, 1956: 160.

主要特征：雄性前翅长 3.7 mm。体、翅褐色。雄性第 5 腹节腹板具 1 对简单的脊状突起；第 6 腹节腹板突腹面观细而短。

雄性外生殖器：第 9 腹节侧面观亚方形，前侧缘腹端具弧形凹缺；背面观背区呈"V"形开裂。肛前附肢狭长，长约为宽的 4 倍。第 10 节背板侧扁，侧面观长椭圆形，长约为宽的 2 倍，端部钝圆；背面观端半部深裂为两叶。下附肢侧面观为微弯的长矩形，长为宽的 2.5 倍，末端平截；腹面观末端略斜

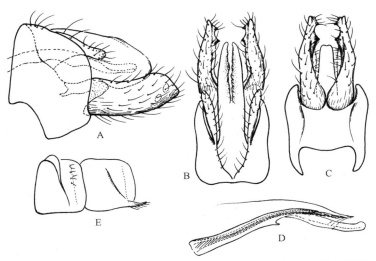

图 7-126　中华魔舌石蛾 *Agapetus chinensis* (Mosely, 1942) ♂外生殖器

A. 侧面观；B. 背面观；C. 腹面观；D. 阳茎，侧面观；E. 腹部第 5、6 节侧面观

截，内侧近端部及亚端部各具 1 黑色三角形刺突。阳茎细管状；阳基侧突 1 根，细而直，位于背方；背面观顶端分叉。

分布：浙江（临安）、江西、福建。

167. 舌石蛾属 *Glossosoma* Curtis, 1834

Glossosoma Curtis, 1834: 216. Type species: *Glossosoma boltoni* Curtis, 1834.

主要特征：体型中等。雄性前足内端距具爪垫（或称掣爪片外叶），前翅臀脉延长或缩短，并有程度不同的增厚或弥散区，形成各种类型的厚皮结构（或称厚皮斑）。雌性中足扁平。胫距式 2, 4, 4。腹部第 5、6 节腹板中央具叶状或圆柱形突起，该结构在雄性中尤其发达。

分布：全北区、东洋区，以东洋区为多。世界已知 143 种，中国记录 35 种，浙江分布 5 种。

分种检索表

1. 第 10 背板侧叶侧面观被"U"形凹缺分为上下两支 ·················· **巨尾舌石蛾 *G. valvatum***
 - 第 10 背板侧叶侧面观端缘截形或稍长波状 ·· 2
2. 下附肢侧面观末端分裂成 2 个分支 ··· 3
 - 下附肢侧面观末端圆，不分裂成 2 个分支 ··· 4
3. 下附肢末端侧面观上支宽于下支 ································ **迁回长肢舌石蛾 *G. adunatum***
 - 下附肢末端侧面观上支长于下支，宽度相似 ················ **针突长肢舌石蛾 *G. chelotion***
4. 阳基侧突 1 根 ·· **陕西长肢舌石蛾 *G. shaanxiense***
 - 阳基侧突 2 根 ·· **绮丽长肢舌石蛾 *G. mirabile***

（474）迁回长肢舌石蛾 *Glossosoma adunatum* Yang *et* Morse, 2002（图 7-127）

Glossosoma adunatum Yang *et* Morse, 2002: 261.

主要特征：前翅长雄性 6.3–6.6 mm，雌性 6.9–7.6 mm。头、胸部暗褐色，触角鞭部第 1–10 节色浅。

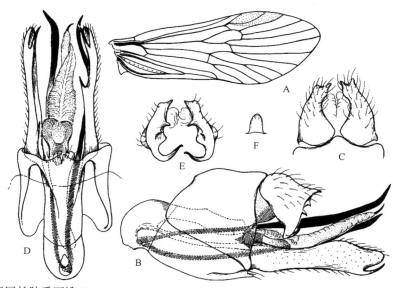

图 7-127　迁回长肢舌石蛾 *Glossosoma adunatum* Yang *et* Morse, 2002（仿自 Yang and Morse, 2002）
A. 前翅；B-F. ♂外生殖器；B. 侧面观；C. 背面观；D. 腹面观；E. 第 10 节背板侧叶，后面观；F. 第 6 腹节腹板突，腹面观

前翅 2A 略延长并明显变粗，2A、3A 汇合处位于臀脉全长的 1/2 处。雄性第 6 腹节腹板突短小，长约为宽的 1.5 倍，端圆；第 7 腹节腹板突短小圆锥形。

雄性外生殖器：第 9 腹节侧面观背缘长，腹区狭带状，前侧缘明显呈三角形突起。第 10 背板侧叶侧面观基部略呈圆形，端缘宽而直，端腹角延长成角突；后面观侧叶端腹角向内形成深色细长刺突，内侧近中部各具 2 个短刺突。下附肢侧面观为 1 简单、均匀的长支，背、腹缘微波形，顶端圆，腹缘亚端部具 1 刺突；长为第 9 腹节长的 1.5 倍；腹面观附肢内侧各具 1 黑色短刺，左右不对称。阳茎基粗壮，长约为其宽的 2/3，与骨化的阳茎基陷组成 1 粗长管道，容纳阳茎端的基部；阳茎端近阳茎孔片处腹面，具 1 对布满灰色细皱纹的半圆形膜质瓣；阳基侧突为 2 根微弯的粗壮长刺，基部相连，似为 1 根迂回的骨化长支，可伸缩膜质阳茎叶顶端具 1 细骨化刺。

分布：浙江（庆元）。

（475）针突长肢舌石蛾 *Glossosoma chelotion* Yang *et* Morse, 2002（图 7-128）

Glossosoma chelotion Yang *et* Morse, 2002: 264.

主要特征：前翅长雄性 4.7–5.6 mm，雌性 4.9 mm。头、胸部褐色。前翅 2A 不延长，仅略加粗。雄性第 6 腹节腹板突短小，长约为宽的 1.5 倍，端圆；第 7 腹节腹板突小圆锥形。

雄性外生殖器：第 9 腹节侧面观背半部宽阔，腹半部前、后侧缘急剧收窄，腹区狭带状。第 10 背板侧叶背面观，顶端各具 2 个相向的短钩突；侧面观，侧叶基部略呈圆形，端缘宽而直，端腹角延长成角突；后面观，侧叶端腹角向内形成细长刺突，顶端几相交，内侧各具 3 个黑色短刺突。下附肢侧面观宽条形，长为第 9 腹节长的 1.5 倍，顶端被 "U" 形凹缺分为 2 个突起；腹面观附肢端部内侧突三角形，外侧突细长，顶端具 1 针状刺突。阳茎基粗短，与骨化的阳茎基陷组成杯状结构，容纳阳茎端的基部；阳茎端近阳茎孔片处腹面，具 1 对布满灰色细皱纹的半圆形膜质瓣；阳基侧突为 2 根微弯的粗长刺突，基部相连，似为 1 根可曲折的长针；可伸缩膜质阳茎叶顶端骨化刺粗长。

分布：浙江（安吉、开化）。

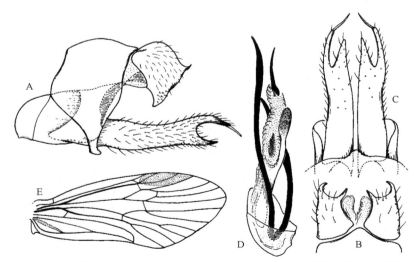

图 7-128　针突长肢舌石蛾 *Glossosoma chelotion* Yang *et* Morse, 2002（仿自 Yang and Morse, 2002）
A-D. ♂外生殖器：A. 侧面观；B. 背面观；C. 腹面观；D. 阳茎，侧面观；E. 前翅

（476）绮丽长肢舌石蛾 *Glossosoma mirabile* Yang *et* Morse, 2002（图 7-129）

Glossosoma mirabile Yang *et* Morse, 2002: 261.

主要特征：前翅长雄性 6.7 mm，雌性 7.4 mm。头、胸部暗褐色，胸部侧区及胸足色稍浅。雄性后足胫节端距不对称，内端距光滑无毛，但基部具 1 圆毛瘤，密生长毛。前翅 2A、3A 长，两脉汇合处接近弓脉；2A 极度肿胀，3A 微胀大，端部 1/3 互相融合。雄性第 6 腹节腹板突短小，长约为宽的 1.5 倍，端圆；第 7 腹节腹板突短小圆锥形。

雄性外生殖器：第 9 腹节侧面观背缘长，前、后侧缘渐向腹缘收窄，腹区狭带状。第 10 背板侧叶侧面观亚椭圆形，背缘长约为腹缘的 2 倍；后面观两侧叶组成椭圆形，侧叶内缘布满长短不等的纤细刺突。下附肢长条形，具 2 条侧纵脊，腹面观附肢顶端略尖，内侧近中部各具 1 短刺突，但左右不对称。阳茎基粗管状，与骨化的阳茎基陷相连，将管状阳茎端的大部分包围其中；阳基侧突为 2 根微弯的粗壮长刺，较长的 1 根端部具 4–5 个微刺，可伸缩膜质阳茎叶顶端无弯钩状刺突。

分布：浙江（安吉、临安）。

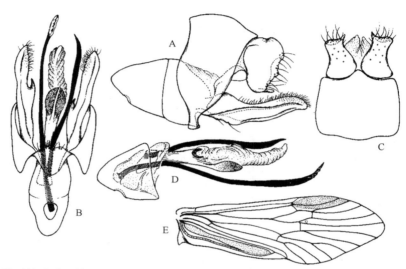

图 7-129　绮丽长肢舌石蛾 *Glossosoma mirabile* Yang *et* Morse, 2002（仿自 Yang and Morse，2002）

A-D. ♂外生殖器：A. 侧面观；B. 腹面观；C. 背面观；D. 阳茎，侧面观；E. 前翅

（477）陕西长肢舌石蛾 *Glossosoma shaanxiense* Yang *et* Morse, 2002（图 7-130）

Glossosoma shaanxiense Yang *et* Morse, 2002: 260.

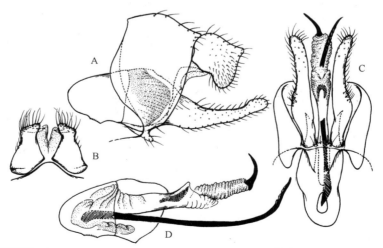

图 7-130　陕西长肢舌石蛾 *Glossosoma shaanxiense* Yang *et* Morse, 2002 ♂外生殖器（仿自 Yang and Morse，2002）

A. 侧面观；B. 背面观；C. 腹面观；D. 阳茎，侧面观

主要特征：前翅长雄性 6.0–6.2 mm，雌性 6.0–6.6 mm。头、胸部暗褐色；触角鞭部第 1–7 节色浅。胸部侧区及胸足色稍浅。雄性前翅 2A 和 3A 肿胀，两脉汇合在臀脉全长的 2/3 处。雄性第 6 腹节腹板突细小，长约为宽的 2 倍，端圆；第 7 腹节腹板突短小圆锥形。

雄性外生殖器：第 9 腹节侧面观背缘长，腹缘狭带状，前侧缘呈弓弧形回切。第 10 背板侧叶侧面观亚矩形，端腹角圆叶状；后面观两侧叶组成椭圆形，端腹角延长为反弓形刺突，顶端相交。下附肢简单长支，基部略粗壮；腹面观长约为均宽的 6 倍，端部 2/3 均匀长条形，顶端圆。阳茎基粗管状，与阳茎基陷的浅褐色骨化瓣相连，将管状阳茎端的大部分包围其中；阳基侧突为 1 根微弯的粗长刺突，端部具 4–5 个微刺，可伸缩膜质阳茎叶顶端着生 1 个粗壮的弯钩状刺突。

分布：浙江（临安）、陕西。

（478）巨尾舌石蛾 *Glossosoma valvatum* Ulmer, 1926（图 7-131）

Glossosoma valvatum Ulmer, 1926: 28.

主要特征：前翅长雄性 9.5–9.9 mm，雌性 9.5–10.7 mm。头胸部背区暗褐色，具黑褐色毛，侧区黄褐色；触角鞭部各小节污黄色，端半部具褐色环；胸足黄褐色；腹部背、腹片浅褐色。前翅浅褐色透明，雄性前翅臀区厚皮斑亚圆形，位于臀室基部，并伴有开张的半圆形盖板，臀脉 A_1+A_3 的合并部分长，约为厚皮斑区的 3 倍。腹部第 6 节腹板突发达，圆匙状，长约等于宽，具纵皱纹，端部具细网状纹。

雄性外生殖器：第 9 腹节侧面观为倾斜的亚矩形，前侧缘下角突近 90°，顶端指向头部；腹端突巨大，腹面观长舌状，微扭曲，端圆，侧面观端尖，上翘。第 10 背板侧叶侧面观被"U"形凹缺分为细长箭头形背支和亚方形下支，下支背端部为 1 小三角形突起，具长毛，内侧突粗壮、端半部背腹扁，顶端近于平截，背面观边缘细锯齿形。下附肢侧面观大部分缩入第 9 腹节，外露部分呈条状，着毛，长约为宽的 3 倍。阳茎粗大，阳茎基长约为宽的 1.5 倍；阳茎端管状，腹面观端部右侧片腹缘具 1 排短刺，长约为阳茎基的 2 倍，顶端膜质区内具 2 个骨化小刺；阳基侧突为 1 个可伸缩膜质管，顶端骨化突长毛笔头形，密生成簇的褐色长毛，并有 1 光裸的半骨化侧叶。

分布：浙江（临安）、安徽、福建、广东；印度。

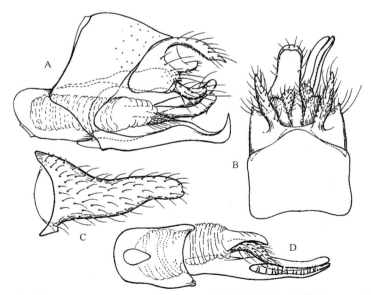

图 7-131　巨尾舌石蛾 *Glossosoma valvatum* Ulmer, 1926 ♂外生殖器（仿自 Yang and Morse，2002）
A. 侧面观；B. 背面观；C. 第 9 节腹板突，腹面观；D. 阳茎，侧面观

四十五、小石蛾科 Hydroptilidae

主要特征：体长小于 5 mm，前翅长 1.2–6.0 mm。单眼 3 个或缺如；触角丝状，多毛，明显短于前翅。翅脉弱，翅窄，端尖，后翅饰毛长；前胸窄小，环状，具 1 对彼此接近的毛瘤；中胸扁平，中胸背板无毛瘤，前盾片缺如，小盾片具 1 对条形毛瘤，横形排列，于中线处汇合成钝角。中胸小盾片和后胸小盾片的形状及横缝的有无是很好的分属特征。胫距式为 0–1, 2–3, 3–4。

分布：世界广布。世界已知 71 属 1850 余种，中国记录 11 属 80 种，浙江分布 2 属 4 种。

168. 小石蛾属 *Hydroptila* Dalman, 1819

Hydroptila Dalman, 1819: 125. Type species: *Hydroptila tineoides* Dalman, 1819.

主要特征：缺单眼；雄性次后头毛瘤发达，演化为可翻缩的香腺，称为"胶链帽"。中胸小盾片亚三角形，无横缝，前缘凸。胫距式 0, 2, 4。腹部第 7 节腹板具腹刺突。

分布：除极地外，世界各大动物地理区均有分布。该属在小石蛾科中种类最多，世界已知 339 种，中国记录 42 种，浙江分布 3 种。

分种检索表

1. 雄性缺阳茎端突 ·· 奇异小石蛾 *H. extrema*
- 雄性具阳茎端突 ··· 2
2. 阳茎端突缠绕阳茎 1 周 ·· 一致小石蛾 *H. sidong*
- 阳茎端突细长，不缠绕阳茎 ··· 星期四小石蛾 *H. thuna*

（479）奇异小石蛾 *Hydroptila extrema* Kumanski, 1990 （图 7-132）

Hydroptila extrema Kumanski, 1990: 50.

主要特征：雄性前翅长 2.8–3.1 mm，触角 35–36 节。

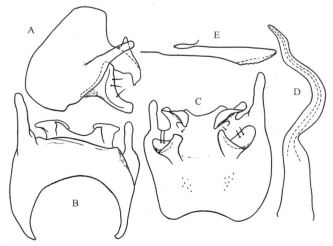

图 7-132　奇异小石蛾 *Hydroptila extrema* Kumanski, 1990 ♂外生殖器

A. 侧面观；B. 背面观；C. 腹面观；D. 阳茎；E. 第 7 节腹刺突，侧面观

雄性外生殖器：第 7 节腹刺突长，侧面观匙状。第 9 节前缘背、腹面凹刻分别为半圆形和浅三角形；左右略不对称，右半部较左半部发达；后侧突棒状，侧面观基部 1/2 膨大，指向后上方；背腹面观右突长于左突，左突端部略向内弯曲，右突端部略向外弯曲。第 10 背板特化，背面观后缘中叶具 1 浅弧形凹刻，两侧叶各衍生为 1 匙状叶；侧面观中叶上翘，两匙状侧叶弯向下方。下附肢侧面观似二叉状，由弯向背面的弯钩突和基背部的指状突组成；腹面观似马鞍状，指状突指向后侧方，弯钩突指向腹中线。亚生殖突缺如。阳茎细长，基部长约为端部的 2/3，端部弯曲，阳茎端突缺如。

分布：浙江（安吉、临安）、安徽、江西、广西、四川、云南；朝鲜。

（480）一致小石蛾 *Hydroptila sidong* Oláh, 1989（图 7-133）

Hydroptila sidong Oláh, 1989: 284.

主要特征：雄性前翅长 2.0–2.1 mm。

雄性外生殖器：第 7 节腹刺突长，侧面观匙状。第 9 节前缘背、腹面凹刻分别为钝三角形和深弧形，侧面观腹基缘顶端呈细棒状；背板发达，形成 1 对分歧的粗指状突起；后侧突宽三角形。下附肢粗，侧面观长约为中宽的 2 倍；基半部愈合，端半部分歧，后缘中央具 1 近圆形凹缺，端内侧具粗糙钝齿，呈鸟喙状指向腹中线，端外两侧各着生 1 根长刚毛。亚生殖突发达，呈垂直骨片，具背腹两臂；侧面观背臂弯指状，向上翘起，顶端几乎与第 9 背板粗指状突起相接；腹臂腹面观端部镰刀状，尖端指向腹中线。阳茎基部长约为端部的 2 倍；端部叶状，略呈狭长三角形；阳茎端突缠绕阳茎 1 周。

分布：浙江（安吉）、江西、福建、广西、贵州；越南。

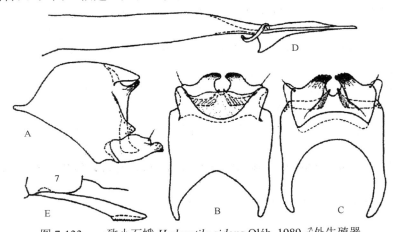

图 7-133　一致小石蛾 *Hydroptila sidong* Oláh, 1989 ♂外生殖器
A. 侧面观；B. 背面观；C. 腹面观；D. 阳茎，侧面观；E. 第 7 节腹刺突，侧面观（7 代表第 7 节）

（481）星期四小石蛾 *Hydroptila thuna* Oláh, 1989（图 7-134）

Hydroptila thuna Oláh, 1989: 281.

主要特征：雄性前翅长 3.3–3.6 mm。

雄性外生殖器：第 7 节腹刺突尖刺状。第 9 节前缘背、腹面凹刻分别为深弧形和三角形；侧面观前缘向前延伸成三角形侧叶；背面观后缘中央三角形突起，亚后缘具三角状突起；后侧突缺如。第 10 背板长约为宽的 1.6 倍，舌状，基部宽，近基部 1/3 处略收狭，末端中央有 1 浅凹刻。下附肢细长，侧面观长约为宽的 8 倍，端缘与第 10 背板末端近平齐，端部微上钩；腹面观基部 1/4 宽，端部 3/4 收狭。亚生殖突骨化强烈，骨化部分呈倒 "Y" 形，近端部 1/2 处缢缩为细棒状，末端略钝，缢缩处着生 1 对短刚毛。阳茎细长，基部长约为端部的 1.2 倍，阳茎端突呈弯曲的柳叶状。

　　分布：浙江（安吉）、河南、江苏、安徽、湖北、江西、福建、台湾、海南、香港、广西、云南；俄罗斯（远东地区），日本，印度，尼泊尔，越南，老挝，泰国，印度尼西亚（苏门答腊）。

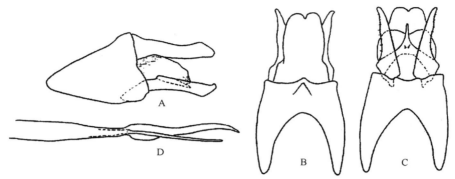

图 7-134　星期四小石蛾 *Hydroptila thuna* Oláh, 1989 ♂外生殖器
A. 侧面观；B. 背面观；C. 腹面观；D. 阳茎，侧面观

169. 滴水小石蛾属 *Stactobia* McLachlan, 1880

Stactobia McLachlan, 1880: 505. Type species: *Hydroptila fuscicornis* Schneider, 1845.

Afritrichia Mosely, 1939: 35. Type species: *Agraylea aurea* Mosely, 1939.

Aratrichia Mosely, 1948: 76. Type species: *Aratrichia fahjia* Mosely, 1948.

Lamonganotrichia Ulmer, 1951: 68. Type species: *Lamonganotrichia crassa* Ulmer, 1951.

　　主要特征：前翅长 1.5–4.0 mm；复眼小；次后头毛瘤宽，近卵圆形；后胸小盾片窄于其盾片；前足胫节距正常，胫距式 1, 2, 4。

　　雄性外生殖器：第 7 腹刺突长，匙状；第 9 节前缘具细长前内突，腹板缩短；第 10 背板半膜质；下附肢短小，极少长；阳茎多长而直，常具刺突，端部通常膜质膨大。

　　分布：古北区、东洋区、旧热带区、澳洲区。世界已知 163 种，中国记录 4 种，浙江分布 1 种。

（482）豆肢滴水小石蛾 *Stactobia salmakis* Malicky *et* Chantaramongkol, 2007（图 7-135）

Stactobia salmakis Malicky *et* Chantaramongkol, 2007: 1044.

　　主要特征：前翅长 2 mm。胫距式 1, 2, 4。

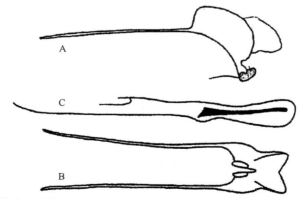

图 7-135　豆肢滴水小石蛾 *Stactobia salmakis* Malicky *et* Chantaramongkol, 2007 ♂外生殖器
A. 侧面观；B. 腹面观；C. 阳具，侧面观

雄性外生殖器：第 9 节侧面观腹缘凹，背缘凸，尾向延伸覆盖下附肢，前内突细长，约为第 9 节本身长度的 2 倍；背面观多少呈四边形，前缘具深凹切，后缘与膜质的第 10 节紧密结合。第 10 节端缘浅凹。下附肢小而不明显。阳具大，多少呈管状，端部略膨大，内嵌大型内突。

分布：浙江（开化）。

III. 完须亚目 Integripalpia

成虫下颚须 3–5 节，末节的长度和形状与其他各节相似，无环纹。后足胫节通常具刺，幼虫营造可携带巢，亚蠋型，头下口式；臀足及其爪均短，适于将身体固着于巢内。

幼虫生活于静水或流水中，多数种类对水质极为敏感。

本亚目包括 33 科，世界广布。其中中国记录 13 科，在浙江均有分布。

四十六、短石蛾科 Brachycentridae

主要特征：成虫头部特别宽短，常缺单眼，复眼小，常具细密毛；下颚须雄性 3 节，较短，雌性 5 节；触角基节约等于头长；位于头后缘的 1 对毛瘤狭长横带状。中胸盾片和小盾片各具 1 对毛瘤，但小盾片的 1 对毛瘤常愈合为 1 个中毛瘤；胫距式 2, 2–3, 2–3。翅均匀椭圆形，前翅分径室短而封闭，后翅缺分径室。腹部第 5 节腹面常具 1 对圆形的腺体开口。

生物学：幼虫通常利用植物组织筑结构细密的短管形或四边形可携带巢，也有些种类的巢是纯丝质的或沙质的。喜急流栖境，有些属的种类喜水温较低的小溪流，也有些种类偏好较大的河流。取食藻类及细小有机质颗粒。

分布：仅分布于全北区和东洋区，以全北区为主。世界已知 6 属 119 种，中国记录 2 属 9 种，浙江分布 1 属 1 种。

170. 小短石蛾属 *Micrasema* McLachlan, 1876

Micrasema McLachlan, 1876: 259. Type species: *Oligoplectrum morosum* McLachlan, 1868.

主要特征：触角无齿饰，雌雄触角相似。雄性下颚须长，可伸达触角第 1 节，雄性下唇须与下颚须等长。雌性下颚须细长。胫距式 2, 2, 2。翅被厚毛，雌性后翅中部毛更厚密。后翅多少呈三角形，臀区退化。前翅 R_1 在翅痣处不扭曲，第 2 叉有柄。2A 脉部分消失。

分布：古北区、东洋区、新北区。世界已知 84 种，中国记录 6 种，浙江分布 1 种。

（483）法纽小短石蛾 *Micrasema fanuel* Malicky, 2012 （图 7-136）

Micrasema fanuel Malicky, 2012: 1279.

主要特征：前翅长 7.0 mm。体灰褐色。

雄性外生殖器：第 9 节侧面观前缘下方 1/3 处稍向前方凸出，后缘呈折线状，上方收窄，下方稍加宽。第 10 节侧面观多少呈三角形，但后缘稍凹入而呈二叉状；背面观上支圆弧形，下支尖三角形。肛上附肢侧面观略呈梯形，上缘约是下缘的 2 倍；背面观三角形。阳基鞘管状，侧面观腹缘向后方延伸成指状；阳茎膜质。

分布：浙江（丽水）、陕西。

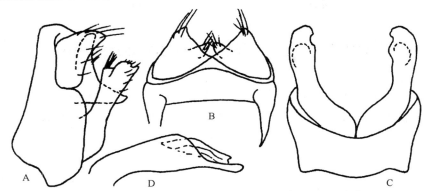

图7-136 法纽小短石蛾 *Micrasema fanuel* Malicky, 2012 ♂外生殖器（仿自 Malicky，2012）

A. 侧面观；B. 背面观；C. 腹面观；D. 阳具，侧面观

四十七、枝石蛾科 Calamoceratidae

主要特征：成虫体型中等偏大。单眼缺如；下颚须细长，5–6 节，覆密毛。触角较前翅长，柄节不长于头。中胸背板缺边缘明显的毛瘤，背中区有较大范围的散生毛域。胫距式 2, 4, 2–4。翅较宽，似蛾类，前翅常具封闭的明斑后室，雌雄脉序相似，前翅均具 1–5 叉；后翅通常缺第 4 叉；明斑后室开放或关闭；中室开放。

分布：世界广布，主要分布于亚热带。世界已知 10 属约 175 种，中国记录 4 属 10 种，浙江分布 1 属 1 种。

171. 异距枝石蛾属 *Anisocentropus* McLachlan, 1863

Anisocentropus McLachlan, 1863: 492. Type species: *Anisocentropus illustris* McLachlan, 1863.

Kizakia Iwata, 1927: 211. Type species: *Kizakia kawamurai* Iwata, 1927.

主要特征：体中型，前翅通常较宽，黄褐色、红褐色或灰褐色，许多种类常具美丽的淡色斑纹，后翅基部具刷状毛；下颚须 6 节，雄性胫距式 2, 4, 3 或 2, 4, 2，外生殖器肛前附肢简单卵圆形，长条形或分裂为 2 支。

分布：主要分布于东洋区、新北区、旧热带区和澳洲区。世界已知 89 种，中国记录 2 种，浙江分布 1 种。

（484）微小异距枝石蛾 *Anisocentropus kawamurai* (Iwata, 1927)（图 7-137）

Kizakia kawamurai Iwata, 1927: 211.

Anisocentropus kawamurai: Ulmer, 1951: 345.

主要特征：体长 11 mm，前翅长 10 mm。体黄褐色。触角黄色，长为体长的 1.3 倍；雌、雄下颚须均

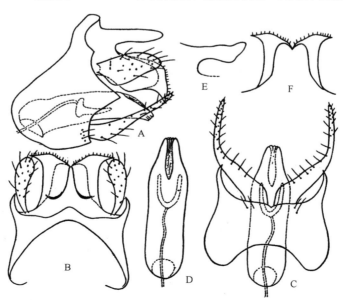

图 7-137　微小异距枝石蛾 *Anisocentropus kawamurai* (Iwata, 1927) ♂外生殖器

A. 侧面观；B. 背面观；C. 腹面观；D. 阳茎，背面观；E. 第 10 节背板背叶变异，侧面观；F. 第 10 节背板腹叶，腹面观

为 6 节，下唇须均为 3 节。足灰黄色，胫距式 2, 4, 3。翅灰褐色，前翅端宽，端缘近乎平截；后翅宽大，后缘具长缘毛。

雄性外生殖器：第 9 腹节背板狭带状，侧面观侧区前缘向前呈弧状突起，后缘近中央具 1 大三角形突起。肛前附肢侧面观宽叶状，长约为均宽的 2.3 倍；背面观匙状。第 10 节背板由背、腹两叶组成，背叶为 1 直而长的突起，端圆，有时亚端部膨大；腹叶宽大，背面观近方形，两后侧角尖，向外延伸，侧面观两后侧角指向腹方。下附肢分节不明显，腹面观基部 1/2 粗壮，端半部细而直，指向后方。阳茎粗，背面观端部 1/4 渐收窄，其宽约为中宽的 1/2，端部 1/3 分裂为 2 侧叶，阳茎孔片"U"形，约为阳茎长的 1/4。

分布：浙江（临安）、安徽、江西、海南、广西、贵州；俄罗斯（远东地区），日本，缅甸，越南，泰国。

四十八、瘤石蛾科 Goeridae

主要特征：体中型，粗壮。体黄褐色或深褐色，成虫常缺单眼；下颚须雄性2–3节，雌性5节，简单；触角柄节长于头；中胸盾片具1对毛瘤，小盾片具1个毛瘤；胫距式1–2, 4, 4。

生物学：幼虫筑管状可携带巢，坚硬石砾质，直或微弯，巢两侧常各具1块较大的石粒；生活于清洁流水中，取食藻类及细小有机质颗粒。

分布：除新热带区以外的其他世界各大动物地理区。世界已知11属201种，中国记录1属29种，浙江分布1属7种。

172. 瘤石蛾属 *Goera* Stephens, 1829

Goera Stephens, 1829: 28. Type species: *Phryganea pilosa* Fabricius, 1775.

Lasiostoma Rambur, 1842: 492. Type species: *Lasiostoma fulvum* Rambur, 1842.

Spathidopteryx Kolenati, 1848: 95. Type species: *Trichostoma capillata* Pictet, 1834.

主要特征：雄性腹部第6节常具1排由8–10个骨刺组成的梳状结构，雌性该节的骨化刺数量少且极短小。

分布：除新热带区外的所有世界各大动物地理区。世界已知163种，中国记录29种，浙江分布7种。

分种检索表

1. 雄性腹部第9节缺腹板端突 ·· 2
- 雄性腹部第9节具腹板端突 ··· 3
2. 肛上附肢侧面观基部窄，端部肥大 ······························百山祖瘤石蛾 *G. baishanzuensis*
- 肛上附肢侧面观棒状，端部不肥大 ····································刺背瘤石蛾 *G. spinosa*
3. 第10节背板由3分支组成 ··· 4
- 第10节背板由2分支组成 ··· 5
4. 背面观第10节背板中支宽大，两侧缘自基部起渐加宽，至近端部1/3处呈钝角形突起 ·············阔背瘤石蛾 *G. tecta*
- 背面观第10节背板中支两侧缘近平行 ·································劲刺瘤石蛾 *G. armata*
5. 第10节侧支端部形成短分叉 ···华贵瘤石蛾 *G. fissa*
- 第10节侧支端部不分叉 ··· 6
6. 下附肢第2节内支短于外支 ···扁刺瘤石蛾 *G. latispina*
- 下附肢第2节内支长于外支 ···马氏瘤石蛾 *G. martynowi*

（485）劲刺瘤石蛾 *Goera armata* Navás, 1933（图7-138）

Goera armata Navás, 1933b: 21.

主要特征：雄性前翅长9.0 mm。体暗褐色，雄性第6腹节具5个短而直的骨化刺突，位于中央的突起显著粗壮，长约为其宽的3.5倍，两侧刺突略短，端尖。

雄性外生殖器：第9腹节极狭窄，侧面观呈倾斜"S"形；腹板端突长，端宽钝，其长为该节腹板中长的6倍以上。肛上附肢细长棒槌形。第10节背板宽大，长舌状，末端延伸至下附肢之亚端部，其两侧各有1根端半部分叉的长刺。下附肢基节粗壮块状，无突起；端节具2个粗壮的叶状突起，背侧突端圆，侧面观略弯成弧状，内侧突腹面观末端渐尖。阳茎管状，其近中部两侧背缘略呈片脊状。

分布：浙江、安徽。

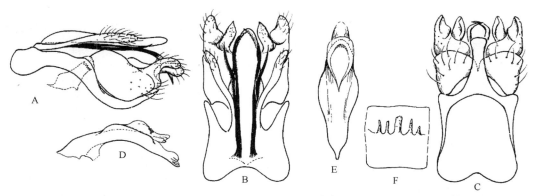

图 7-138　劲刺瘤石蛾 *Goera armata* Navás, 1933（仿自 Yang and Armitage，1996）

A. 侧面观；B. 背面观；C. 腹面观；D. 阳茎，侧面观；E. 阳具，背面观；F. 第 6 腹节骨刺

（486）百山祖瘤石蛾 *Goera baishanzuensis* Yang *et* Morse, 1997（图 7-139）

Goera baishanzuensis Yang *et* Morse, 1997: 45.

　　主要特征：雄性前翅长 4.8 mm。体黄褐色，腹部第 6 节腹板骨化突单支，端半部分叉，末端棒头形。

　　雄性外生殖器：第 9 腹节背区发达，其腹半部缺如。肛上附肢肥大叶状，略短于第 10 节。第 10 节背板分裂为 3 根粗壮的指状突，背支 1 根，腹支 1 对，基部愈合范围较长。下附肢基节粗壮，呈亚矩形，无突起；端节由 1 个位于外侧的多毛的叶状突和 1 个位于内侧的细长骨化突组成，后者稍弯，但不呈钩状，不明显着生毛。阳茎短管状，射精管高度骨化。

　　分布：浙江（庆元）。

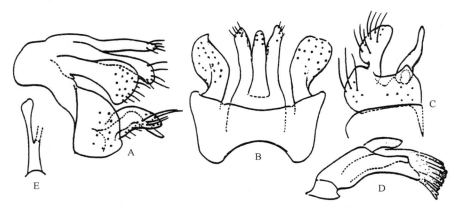

图 7-139　百山祖瘤石蛾 *Goera baishanzuensis* Yang *et* Morse, 1997（仿自 Yang and Morse，1997）

A. 侧面观；B. 背面观；C. 腹面观；D. 阳茎，侧面观；E. 阳具，背面观

（487）华贵瘤石蛾 *Goera fissa* Ulmer, 1926（图 7-140）

Goera fissa Ulmer, 1926: 76.

Goera altofissura Hwang, 1957: 397.

　　主要特征：前翅长雄性 8.5–9.0 mm，雌性 10 mm。体粗壮，深黄褐色。下颚须端节长卵圆形，长约为宽的 2 倍，其外侧密生金色毛，内侧光滑无毛。第 6 腹节腹面具 1 排高度骨化的栉状刺突，近中部刺突长而粗壮，有时末端分叉，向两侧渐短。

　　雄性外生殖器：第 9 腹节完整，侧面观呈倾斜状，腹板端突指状，末端稍膨大，向上呈 40° 翘起，腹面观其指突略短于腹板中长。肛前附肢细长棍棒形。第 10 节由 1 对粗壮的骨化长臂组成，末端各形成短分叉，内叉末端斜截，外叉稍短，末端尖锐。下附肢 2 节，侧面观基节粗大，略呈弧形，后缘具方圆形凹缺，端节着生于此；端节基半部粗壮，端半部由 1 个位于侧上方的多毛细指突和 1 个位于内侧下方的光滑弯钩状突组成。阳茎简单，管状。

　　分布：浙江（安吉、临安、庆元）、安徽、湖北、江西、福建、广西。

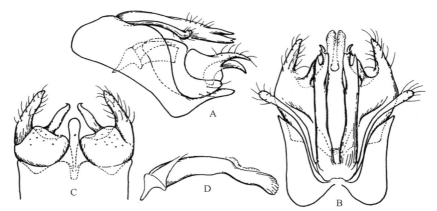

图 7-140　华贵瘤石蛾 *Goera fissa* Ulmer, 1926 ♂外生殖器（仿自 Yang and Armitage，1996）
A. 侧面观；B. 背面观；C. 腹面观；D. 阳茎，侧面观

（488）扁刺瘤石蛾 *Goera latispina* Schmid, 1965（图 7-141）

Goera latispina Schmid, 1965: 148.

　　主要特征：前翅长 9.5–2.5 mm。体与翅均淡橙黄色。雄性下颚须相当粗短，密被粗短的毛。雄性第 6 腹节腹板具 1 排骨化栉状刺突。

　　雄性外生殖器：第 9 腹节粗壮，侧面观呈倾斜状，腹板端突长指状，仅略向上翘起，末端不膨大；腹面观为 1 舌状突，两侧缘平行，顶端平截。肛前附肢粗直，棍棒形，末端伸达下附肢基节亚端部。第 10 节缺背支，由 1 对基部相连的粗壮、骨化的侧突组成，侧突末端尖锐不分叉，侧面观伸达下附肢端节亚端部。下附肢 2 节，侧面观基节粗大，背半部略呈亚矩形，腹缘斜弧形，端缘具方圆形凹缺以着生端节；端节背缘直，基半部粗壮三角形，端半部为 1 细指状突起，其内侧方具 1 明显骨化的片状突，末端钝，与指状突等长。阳茎长，圆柱形，端部具向背方突出的膜质状突起，亚端部背面和端部内侧具 2 个刺毛区。

　　分布：浙江（温州）。

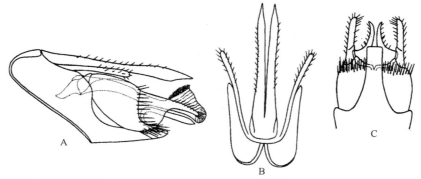

图 7-141　扁刺瘤石蛾 *Goera latispina* Schmid, 1965 ♂外生殖器（仿自 Schmid，1965）
A. 侧面观；B. 背面观；C. 腹面观

（489）马氏瘤石蛾 *Goera martynowi* Ulmer, 1932（图 7-142）

Goera martynowi Ulmer, 1932: 69.

主要特征：前翅长 8.0–9.0 mm。体与翅深黄褐色，雄性触角柄节至少为头高的 1.5 倍。第 6 腹节腹面具 1 排骨化的栉状刺突，中央长，两侧短。

雄性外生殖器：第 9 腹节侧面观极倾斜，腹板中央向后延伸成短柄状，末端平截。肛前附肢细长棍棒状。第 10 节背板仅由 1 对长形骨化刺组成，端尖，但亚端部略胀大并稍扭曲。下附肢由 2 节组成，基节粗大，极度倾斜；端节端半部分为 2 细枝突，腹面观内枝边缘光滑，弯成弧形。阳茎细长，槽形，阳茎端膜内似有大量小刺状突起。

分布：浙江（安吉、临安、开化、四明山）、甘肃、安徽、湖北、江西、四川、贵州。

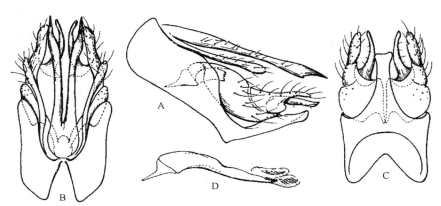

图 7-142　马氏瘤石蛾 *Goera martynowi* Ulmer, 1932 ♂外生殖器（仿自 Yang and Armitage，1996）
A. 侧面观；B. 背面观；C. 腹面观；D. 阳茎，侧面观

（490）刺背瘤石蛾 *Goera spinosa* Yang *et* Armitage, 1996（图 7-143）

Goera spinosa Yang *et* Armitage, 1996: 564.

主要特征：前翅长雄性 6.3 mm，雌性 7.2 mm。体黄褐色。下颚须端节细长，长为其宽的 4–4.5 倍。腹部第 6 节具 2 根指状骨化突，指突长约为其宽的 4 倍。

雄性外生殖器：第 9 腹节背半部发达，腹半部缺失，肛上附肢粗壮，棍棒状，端部着生粗刺。第 10 节背板由 1 根背支和 1 个呈 "U" 形分叉的腹支组成，腹支长仅为背支的 1/2，末端聚生粗刺，下附肢基节粗壮块状，后端部收窄成尖突，腹面观略呈弯钩状，端节着生于基节的内侧方，由背、腹 2 个突起组成，

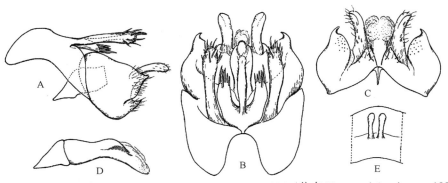

图 7-143　刺背瘤石蛾 *Goera spinosa* Yang *et* Armitage, 1996（仿自 Yang and Armitage，1996）
A. 侧面观；B. 背面观；C. 腹面观；D. 阳茎，侧面观；E. 第 6 腹节骨刺

背突指状，腹面具小刺，腹突近三角形，覆毛。阳茎短管状，长约为均宽的 3.5 倍，阳茎基三角形，边缘无缢缩。

分布：浙江（安吉）、安徽。

（491）阔背瘤石蛾 *Goera tecta* Schmid, 1965（图 7-144）

Goera tecta Schmid, 1965: 150.

主要特征：前翅长 8.5–10.0 mm。体深褐色。雄性下颚须短小，覆有浅褐色毛，着生于头部凹陷内，端节略粗，末端圆钝。第 6 节腹板具 1 排骨化的小刺。

雄性外生殖器：第 9 腹节侧面观不明显倾斜，前侧腹区缺如，后侧缘完整；腹板端突略短于第 9 腹节后侧缘之高，向尾方平伸，腹面观基部较宽，向端部渐收狭，亚端部最窄，末端加宽，端缘具极浅的凹陷。肛前附肢长棒槌形，末端远伸达下附肢的外方。第 10 节背板由 3 个分支组成，稍位于背方的中支侧面观基半部极狭细，端半部明显加厚，似呈矛头形；背面观中支宽大，两侧缘自基部起渐加宽，至近端部 1/3 处呈钝角形突起，然后又渐收窄至圆形顶端；其两侧支长刺状，端尖，背面观在中支外方相交，各刺突在近端部 1/3 处具 1 短刺状突，背面观指向外侧方。下附肢基节粗壮，略呈倾斜的菱形，高大于长；端节长于基节，但仅为其宽的 1/2，双叶状，侧面观背侧叶与内侧叶大小形状相似，端圆，腹面观侧叶略宽于内叶，端圆，内叶端缘略斜截。

分布：浙江（临安）。

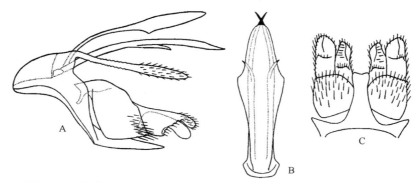

图 7-144 阔背瘤石蛾 *Goera tecta* Schmid, 1965（仿自 Schmid，1965）
A. 侧面观；B. 背面观；C. 腹面观

四十九、钩翅石蛾科 Helicopsychidae

主要特征：头部具很大的后毛瘤，缺单眼。雄性下颚须 2 节或 3 节，雌性 5 节。中胸盾片与小盾片各具 1 对小毛瘤，胫距式 1–2, 2, 2–4。翅通常较窄，后翅前缘基部通常具 1 列翅钩，分径室前翅闭锁，后翅开放。

分布：世界广布。世界已知 2 属 291 种，中国记录 1 属 2 种，浙江分布 1 属 1 种。

173. 钩翅石蛾属 *Helicopsyche* von Siebold, 1856

Helicopsyche von Siebold, 1856: 38. Type species: *Helicopsyche shuttleworthi* von Siebold, 1856.

主要特征：头短而宽，复眼大，雄性通常呈球形，雌性稍外凸；头顶具 2 个较大的毛瘤，雄性触角基部具 2 个较高的毛瘤；单眼缺失；触角第 1 节与头等长，雌性触角第 1 节更为细长，未特化。下颚须相当长，具直立的毛，雄性 2 节，雌性 5 节，第 1 节在两性中均细长，基部弯曲。胫距式 1, 2, 4，足被毛，具小黑刺。腹部被密毛，第 6 节腹板具中突。翅被密毛；前翅具 1、3、4 及 5 叉，分径室及明斑室较大，M_2 及 M_3 基部愈合，1A+2A 与 3A 不汇合；后翅前缘基部具翅钩列，具第 1 与第 5 叉，缺分径室，Rs 分为 3 支，M 脉 2 支，A 脉 2 支。

雄性外生殖器：第 9 节粗壮，第 10 节水平，发达，肛上附肢小，下附肢 1 节。

分布：世界广布。世界已知 290 余种，中国记录 2 种，浙江分布 1 种。

（492）浙江钩翅石蛾 *Helicopsyche zhejiangensis* Yang *et* Johanson, 2004（图 7-145）

Helicopsyche zhejiangensis Yang *et* Johanson, 2004: 65.

主要特征：前翅长 3.0–3.5 mm。复眼大型，前毛瘤 1 对，大；中毛瘤 1 对，较小。雄性下颚须 2 节，长度相似；触角柄节短，约为梗节长的 2 倍。胫距式 1, 2, 4，中足胫节前面具 6–7 个成排的小黑刺。腹部第 6 节腹突短而尖。

雄性外生殖器：第 9 节长，侧面观背缘稍隆，腹缘稍呈波状，前端稍腹向弯曲。上附肢长，棒状。第 10 节背板基部膜质，约与第 9 节等长，侧面观向端部渐收窄，背面观具深凹切，每侧叶由基部向端部渐变细，侧缘具 4–5 个强刺。下附肢形成两个分支，基部分支宽大，椭圆形；端部的分支短，稍向腹部弯曲。阳具 "L" 形，内茎鞘膜质，内嵌 1 对大型刀片状骨突。

分布：浙江（开化）。

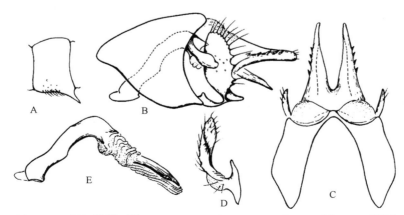

图 7-145　浙江钩翅石蛾 *Helicopsyche zhejiangensis* Yang *et* Johanson, 2004
A. 第 6 腹节，侧面观；B-E. ♂外生殖器：B. 侧面观；C. 背面观；D. 下附肢，腹面观；E. 阳具，侧面观

五十、鳞石蛾科 Lepidostomatidae

主要特征：体中型，成虫缺单眼。触角柄节长，为复眼直径的 2–10 倍及以上，简单圆柱形，或内侧具 1–2 个齿状突，或具细沟，或凹陷等；下颚须雌性 5 节，雄性 1–3 节，基节骨化圆柱形，有时具叶状突，端节可屈伸，匙状或叶状，表面覆密毛。中胸盾片及小盾片各具 1 对毛瘤，盾片毛瘤常小于小盾片的毛瘤。前翅后缘常具卷折，翅面局部区域覆毛或鳞片，或具无毛的光斑区；前翅具 1、2 叉，缺 3、4 叉，5 叉有或无；中脉分为 M_{1+2} 和 M_{3+4} 两支。胫距式 1–2, 4, 3–4。

分布：除大洋洲以外的世界各大动物地理区。世界已知 7 属约 527 种，中国记录 2 属 52 种，浙江分布 2 属 14 种。

174. 鳞石蛾属 *Lepidostoma* Rambur, 1842

Lepidostoma Rambur, 1842: 493. Type species: *Lepidostoma squamulosum* Rambur, 1842 = *Phryganea hirta* Fabricius, 1775.

主要特征：雄性前、后翅 1 叉均无柄，后翅翅脉不如斑胸鳞石蛾属 *Paraphlegopteryx* 那样高度特化；腹部第 7 节腹板无突起。雄性有显著的第二性征：触角柄节、下颚须形状高度特化，且种间差异大；前翅翅脉、头胸部毛瘤及前足等也常呈现不同程度的特化。

分布：主要分布于全北区和东洋区。世界已知 489 种，中国记录 54 种，浙江分布 12 种。

分种检索表

1. 雄性第 10 节背中突短于或等于第 9 节背板长 ·· 2
- 雄性第 10 节背中突长于第 9 节背板长 ·· 8
2. 第 10 节背中突背面观端部膨大或向两侧扩展 ·· 3
- 第 10 节背中突背面观简单，至多为简单的二叉状 ·· 4
3. 下附肢基背突粗枝状，末端分叉 ·· 孟须鳞石蛾 *L. propriopalpum*
- 下附肢基背突细长杆状，端尖，着毛 ·· 巨枝鳞石蛾 *L. inops*
4. 第 10 节下侧突长于背中突 ·· 5
- 第 10 节下侧突与背中突近等长 ·· 6
5. 下附肢基背突基部粗而长，具刺突 ·· 弓突鳞石蛾 *L. arcuatum*
- 下附肢基背突基部短棒状，不具刺 ·· 田氏鳞石蛾 *L. tiani*
6. 阳基侧突约为阳茎端长的 1/2 ·· 扁茎突鳞石蛾 *L. lumellatum*
- 阳基侧突稍短于阳茎端 ·· 7
7. 雄性触角柄节基部具 1 小三角形突起 ·· 傅氏鳞石蛾 *L. fui*
- 雄性触角柄节基部具大型指状突 ·· 对鬃鳞石蛾 *L. bispinatum*
8. 下附肢具 2 个基背突，1 个短三角形，1 个细长 ·· 绞肢鳞石蛾 *L. subtortus*
- 仅具 1 个基背突 ·· 9
9. 雄性触角柄节长度为复眼直径的 2 倍以上 ·· 长针鳞石蛾 *L. longispina*
- 雄性触角柄节长度不足复眼直径的 2 倍 ·· 10
10. 雄性第 10 节缺下侧突，背中突上具背侧突 ·· 似鲸鳞石蛾 *L. dolphinus*
- 雄性第 10 节具下侧突，背中突上无背侧突 ·· 11
11. 具阳基侧突 ·· 尖枝鳞石蛾 *L. buceran*
- 缺阳基侧突 ·· 黄褐鳞石蛾 *L. flavum*

（493）弓突鳞石蛾 *Lepidostoma arcuatum* (Hwang, 1957)（图 7-146）

Goerinella arcuatum Hwang, 1957: 402.

Lepidostoma arcuatum: Weaver, 2002: 183.

　　主要特征：雄性前翅长 10.0 mm。体浅褐色。雄性触角柄节 1.5 mm，直圆柱形，在近基部及近端 1/3 处各具 1 个细短突起。下颚须 2 节，基节长，密生刷状长毛；端节仅为基节长的 1/2，末端可伸缩。前翅前缘褶明显，末端达 Sc 的终端，臀褶宽，末端伸达 Sc 的终端水平。

　　雄性外生殖器：第 9 腹节背板明显向后延伸成三角形，并与第 10 节愈合成片；第 10 节背中突为 1 对短指状突起，长约为宽的 2.5 倍，下侧突较短，侧面观，长为背中突的 2.5 倍，末端尖下弯，仅伸达下附肢之中部，基部着生 1 半圆形小叶。下附肢侧面观整体长为宽的 3 倍，基背突基部粗壮，端部 2/3 长刺状，弯成弓形，近基部 1/3 处具 1 指状突起，近端部 1/3 处具 1 短状分叉；腹面观基节不弯成“C”形，基腹突短三角形，端腹叶大，折向内方，长约为宽的 1.3 倍，端圆，表面具弱横脊背，其外侧与端节相连处还有 1 个短指突。下附肢端节似为基节之延伸，末端分为 2 叶，其内叶顶端具细钩突。阳具短，阳基侧突缺如。

　　分布：浙江（临安、庆元）、江西、福建；越南。

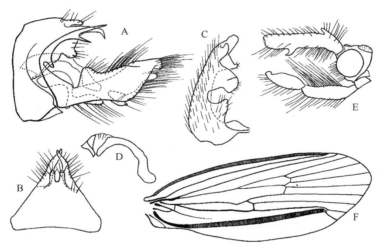

图 7-146　弓突鳞石蛾 *Lepidostoma arcuatum* (Hwang, 1957)（仿自 Yang and Weaver，2002）
A-D.♂外生殖器：A. 侧面观；B. 背面观；C. 左下附肢，腹面观；D. 阳茎，侧面观；E. 头，侧面观；F. 前翅

（494）对鬃鳞石蛾 *Lepidostoma bispinatum* Yang *et* Weaver, 2002（图 7-147）

Lepidostoma bispinatum Yang *et* Weaver, 2002: 286.

　　主要特征：雄性前翅长 8.1 mm。体黄褐色。雄性触角柄节长 1.1 mm，侧面观长为均宽的 3 倍，内侧凹陷，并着生黄色短鳞毛；基背突 1 个，末端渐尖。下颚须 2 节，端节为基节长的 1.5 倍，内侧着生黄色鳞毛。前翅具前缘折覆盖全部的 Sc 脉；臀褶发达，外端伸达 R_2 终端水平。

　　雄性外生殖器：第 9 腹节侧面观腹缘略长于背缘，侧区最长处位于近背方 1/3。第 10 节主体为 1 对下垂的骨片，背中突细指状，长约为其宽的 4 倍；侧叶短三角形，末端钝圆；下侧突每侧各 1 对，端突较长。下附肢较短，侧面观仅为腹缘长的 1.7 倍，基突棒头形；腹面端突末端细而尖，外侧具 1 对粗长刚毛；端节狭长略扁，长于腹端突，稍末端宽，外角尖。阳基侧突 1 对，略不对称，末端尖，左右相交。

分布：浙江（庆元）。

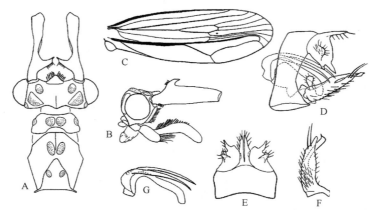

图 7-147　对鬃鳞石蛾 *Lepidostoma bispinatum* Yang *et* Weaver, 2002（仿自 Yang and Weaver，2002）

A. 头、胸部，背面观；B. 头部，侧面观；C. 前翅；D-G.♂外生殖器：D. 侧面观；E. 背面观；F. 左下附肢，腹面观；G. 阳具，侧面观

（495）尖枝鳞石蛾 *Lepidostoma buceran* Yang *et* Weaver, 2002（图 7-148）

Lepidostoma buceran Yang *et* Weaver, 2002: 283.

主要特征：雄性前翅长 8.4 mm。体褐色。雄性触角柄节长 1 mm，圆柱形，长约为宽的 4 倍，内侧密生褐色鳞片状毛，基部有 1 个内侧突，端尖。下颚须 2 节，等长，长约为宽的 3 倍，并密生鳞毛，端节可伸缩。前翅臀褶细长，末端伸达 R_2 终端之水平。

雄性外生殖器：第 9 腹节腹区长，侧面观腹缘长约为背缘的 3 倍。第 10 节背中突为 1 对骨化长支，长约为第 9 节腹缘的 1.7 倍，端尖，略扭曲；下侧突细长棍棒状。下附肢基节长为基宽的 3.5 倍，端部 1/3 渐收窄，腹面观末端尖锐，基背突粗棒头状，长约为均宽的 4 倍；端节细长着生于基节内侧，近端部 1/3 处，寡毛。阳茎下弯成浅弧形，阳基侧突 1 对，细刺状，短于阳茎。

分布：浙江（庆元）。

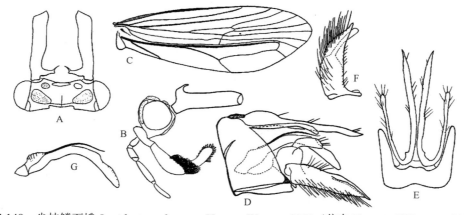

图 7-148　尖枝鳞石蛾 *Lepidostoma buceran* Yang *et* Weaver, 2002（仿自 Yang and Weaver，2002）

A. 头部，背面观；B. 头部，侧面观；C. 前翅；D-G.♂外生殖器：D. 侧面观；E. 背面观；F. 左下附肢，腹面观；G. 阳具，侧面观

（496）似鲸鳞石蛾 *Lepidostoma dolphinus* Yang *et* Weaver, 2002（图 7-149）

Lepidostoma dolphinus Yang *et* Weaver, 2002: 298.

主要特征：雄性前翅长 8.8 mm。体黄褐色。雄性触角柄节 0.7 mm，短圆柱形，长仅为宽的 3 倍，无基背突。下颚须 2 节，极短，端节呈尖角状，长仅为基节的 1/2，可伸缩，前翅无前缘褶，臀褶短而狭窄，仅伸至分径室基部 1/3 水平。

雄性外生殖器：第 9 节较长，侧面观，背部 1/3 处渐向背方收窄，腹缘长为背缘的 2 倍。第 10 节背中突发达，长约为第 9 节侧缘的 1.3 倍，基部宽，端部 2/3 呈指状突，末端折向腹方；背侧突 1 对，位于中突之基部，把手状。下附肢结构复杂；腹面观基节宽大，片状，端缘宽而平截，长约为端宽的 1.5 倍，端节小，仅为基节宽的 1/2，略匙状，末端似呈 "C" 形；侧面观，基节表面内凹，基背突方圆形，具 1 吻状突，形似鲸鱼的头部，近基部还着生 1 乳突，基节内侧缘端部延伸出 1 指形突，端节棒槌形，基部略膨大。阳基呈倒 "U" 形，无阳基侧突。

分布：浙江（开化）、福建。

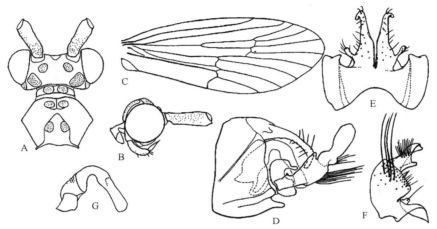

图 7-149　似鲸鳞石蛾 *Lepidostoma dolphinus* Yang *et* Weaver, 2002（仿自 Yang and Weaver, 2002）
A. 头胸部，背面观；B. 头部，侧面观；C. 前翅；D-G.♂外生殖器：D. 侧面观；E. 背面观；F. 左下附肢，腹面观；G. 阳具，侧面观

（497）黄褐鳞石蛾 *Lepidostoma flavum* (Ulmer, 1926)（图 7-150）

Crunoeciella flavum Ulmer, 1926: 83.

Lepidostoma flavum: Weaver, 2002: 184.

主要特征：雄性前翅长 5.4–7.8 mm。体黄褐色。雄性触角柄节 0.65–0.7 mm，圆柱形，无任何突起。下颚须仅基节明显，长约为宽的 4 倍；端节极小。前翅无缘褶及臀褶。

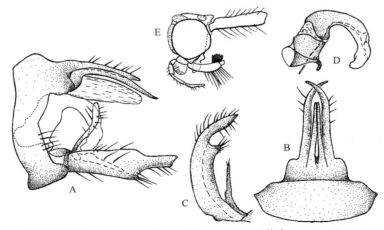

图 7-150　黄褐鳞石蛾 *Lepidostoma flavum* (Ulmer, 1926)（仿自 Yang and Weaver, 2002）
A-D.♂外生殖器：A. 侧面观；B. 背面观；C. 左下附肢，腹面观；D. 阳具，侧面观；E. 头，侧面观

雄性外生殖器：第9腹节侧面观，背板略向后延伸，长于腹缘，为侧区最狭处的2倍。第10节背面观，基部1/4宽板形，背中突1对细长棒形，下侧突较粗，长于背中叶，末端相交。下附肢侧面观，基节长矩形，长为基宽的3倍，基背突长棒形，长约为基节等长，端节短而窄；腹面观，端部略膨大；基节基腹突细长，长约为基节本身的3/4，端腹突三角形，着毛；端节呈矛头状，长约为基节的1/2。阳具端半部垂直下弯，阳基侧突缺如。

分布：浙江（安吉、临安、庆元）、安徽、江西、福建、广东、广西、四川、贵州、云南。

（498）傅氏鳞石蛾 *Lepidostoma fui* (Hwang, 1957)（图 7-151）

Dinarthrodes fui Hwang, 1957: 399.

Lepidostoma fui: Weaver, 2002: 180.

主要特征：雄性前翅长 7.25–8.1 mm。体褐色。雄性触角柄节 1.14 mm，基背突短，三角形。下颚须2节，端节长为基节的 1.5 倍，可伸缩，末端伸至头顶前上方，密生大量淡褐色毛及鳞毛。前翅前缘褶狭窄，末端不达 Sc 终端，臀褶延伸至 R₁ 终端水平。

雄性外生殖器：第9腹节侧面观，腹区显著向头方延伸，腹缘长为背缘的3倍，第10节仅2对突起。背中突纵扁，背面观细指状，侧面观长约为宽的3倍；下侧叶略长于中突，末端宽大，侧面观呈三角形。下附肢长臂状，整体长为基宽的4.5倍，基背突较直立，棒头状；腹面观，腹端叶略长于附肢之1/2，两侧缘近于平行，末端下卷，端节细长，端半部渐宽，外顶角形成小尖突。阳基在近基部处呈90°折向后尾方。阳基侧突1对，长棒形，背面观末端不相交。

分布：浙江（安吉、临安、开化、庆元、景宁）、安徽、江西、福建、广西、四川、云南。

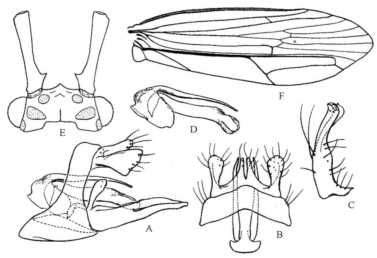

图 7-151　傅氏鳞石蛾 *Lepidostoma fui* (Hwang, 1957)（仿自 Yang and Weaver，2002）
A-D. ♂外生殖器：A. 侧面观；B. 背面观；C. 左下附肢，腹面观；
D. 阳茎，侧面观；E. 头，背面观；F. 前翅

（499）巨枝鳞石蛾 *Lepidostoma inops* (Ulmer, 1926)（图 7-152）

Mellomyia inops Ulmer, 1926: 79.

Lepidostoma inops: Weaver, 2002: 185.

主要特征：雄性前翅长 11.5 mm。体褐色。雄性触角 1.9 mm，着生2个突起：基背突细长，约为柄节长的1/2，浅弧形，末端着生1对长刚毛；柄节腹面近中部有1短指状突起，顶生丛毛。下颚须前伸，2节，

基节细柱形，端节，叶片状，为基节长的 1.4 倍。前翅臀褶宽而短，短于翅长的 1/2。

雄性外生殖器：第 9 节侧面观略倾斜，背、腹缘等长，为侧区的 1.5 倍。第 10 节背面观背片长，为基宽的 2.3 倍，基部略缢缩，端半部分为 2 叶，末端渐宽；平截；下侧突为 1 对，高度骨化，不对称的骨化支；侧面观，主支粗大，末端尖，强烈上翘，背缘基部及腹缘中央着生有大小不等的若干角状及细枝状突起。下附肢侧面观基节粗长，长为均宽的 4 倍，基背突细长杆状，端尖，着毛；端节似为短棒状；腹面观，基节弯成"C"形，腹端叶呈吸盘状，内凹；端节花瓣状，长为宽的 2.5 倍。阳基端半部呈 90°角下弯，阳基侧突缺如。

分布：浙江（遂昌）、广东。

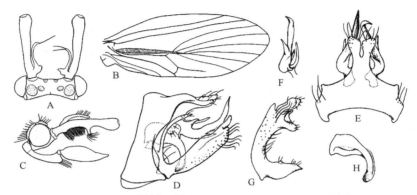

图 7-152　巨枝鳞石蛾 *Lepidostoma inops* (Ulmer, 1926)

A. 头部，背面观；B. 前翅；C. 头部，侧面观；D-H.♂外生殖器：D. 侧面观；E. 背面观；F. 第 10 节左腹突，腹面观；
G. 左下附肢，腹面观；H. 阳具，侧面观

（500）长针鳞石蛾 *Lepidostoma longispina* (Hwang, 1958)（图 7-153）

Dinarthrum longispina Hwang, 1958: 283.

Lepidostoma longispina: Weaver, 2002: 185.

主要特征：雄性前翅长 5.1–6.0 mm。体淡褐色。雄性触角柄节长 1.1 mm，圆柱形无突起。下颚须似为 1 节，端节极小，不易察见。前翅前缘近翅基有一小段缘褶，臀褶短，仅伸达 Sc 脉终端之前水平。

雄性外生殖器：第 9 腹节侧面观，背区 1/3 渐收窄，侧、腹区长约为背区的 2 倍。第 10 节背面观，背中突狭长，长约为宽的 3 倍，仅微弱骨化，端部沿中线处由 1 裂隙将之分为 2 个端叶；侧面观，各端

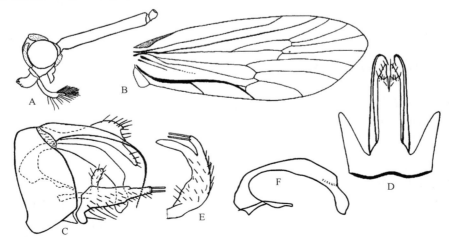

图 7-153　长针鳞石蛾 *Lepidostoma longispina* (Hwang, 1958)（仿自 Yang and Weaver，2002）

A. 头部，侧面观；B. 前翅；C-E.♂外生殖器：C. 侧面观；D. 背面观；E. 下附肢，腹面观；F. 阳具，侧面观

叶向下延伸为长指状突起；侧突极长，基节较粗，端半部细如针折向下方，其末端伸达下附肢端部之下方。下附肢 2 节，侧面观，基节亚矩形，长约为其宽的 2 倍；端节指状，长约为其宽的 3 倍，末端着生 2 根粗长刺；基背突粗短，末端不明显膨大，长约为其宽的 3 倍；腹面观，基节基腹突缺如，端腹突长指状，长约为端节的 2 倍。阳具细长，阳基侧突缺如。

分布：浙江（开化）、福建。

（501）扁茎突鳞石蛾 *Lepidostoma lumellatum* Yang *et* Weaver, 2002（图 7-154）

Lepidostoma lumellatum Yang *et* Weaver, 2002: 289.

主要特征：雄性前翅长 6.2 mm。体黄褐色。雄性触角柄节长 0.93 mm，圆柱形，无背基突。下颚须短，上翘在额前方，可伸缩，分节不明显。前翅无前缘褶，臀褶短而窄，末端伸达分径室的中央水平。

雄性外生殖器：第 9 腹节侧面观，背缘长约为侧区的 1.5 倍，后缘具 2 个深弧形凹切。第 10 节背面观，背中突愈合为 1 个宽短的三角形突起，末端钝圆，其两侧各有 2 对突起；侧面观，外侧突为长三角形，端部细，内侧突粗壮，长约为外侧突的 1.5 倍。下附肢短，总体长仅为腹缘长的 2.5 倍，侧面观，背缘在近基部处突然收窄，基背突短，长约为基宽的 2.2 倍，末端膨大；腹面观，附肢端腹叶短头状，外方着生 2 根粗刚毛；端节短棒状。

分布：浙江（临安、庆元）。

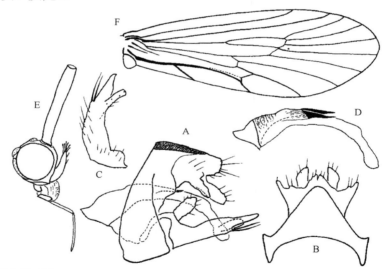

图 7-154　扁茎突鳞石蛾 *Lepidostoma lumellatum* Yang *et* Weaver, 2002（仿自 Yang and Weaver，2002）
A-D. ♂外生殖器：A. 侧面观；B. 背面观；C. 左下附肢，腹面观；D. 阳茎，侧面观；E. 头部，侧面观；F. 前翅

（502）盂须鳞石蛾 *Lepidostoma propriopalpum* (Hwang, 1957)（图 7-155）

Goerinella propriopalpa Hwang, 1957: 400.

Lepidostoma propriopalpum: Weaver, 2002: 186.

主要特征：雄性前翅长 10.2 mm。体草黄色。雄性触角柄节长 1.7 mm，密生长毛及鳞片状毛，近基部处弯曲，空洼处藏有白色长形鳞片状毛囊，端部具 1 膨大的球形突起。下颚须 2 节，基节细长，微弯，端节特化为 1 个中空的盂状构造，刚好可以容纳柄节端部的球形突起。前翅臀褶发达，末端伸至 R_1 终端之水平。

雄性外生殖器：第 9 腹节侧面观，背板与第 10 节紧密结合，背、腹区均等长，后缘呈弧形内凹。第 10 节背面观，背中突基部窄，端半部分裂为 1 对外展的尖叶形突起，似飞鸟状；侧面观，下侧突细长，末端膨大伸至背中突之外方，左右相交，基部与第 9 节愈合，并有 1 个小叶状突起。下附肢 2 节，侧面观，基节的端宽约为基宽的 2 倍，端节短小，内折；基背突粗枝状，末端分叉，长叉约为下叉的 2 倍，枝突腹缘还有 1–2 个刺突；腹面观，基节呈"C"形，基腹突乳头状，端腹叶近于方形，端节略呈矩形，长约为宽的 2 倍。阳具短，阳基侧突缺如。

分布：浙江（安吉、临安、庆元、四明山、景宁）、安徽、江西、福建、广西、四川、云南。

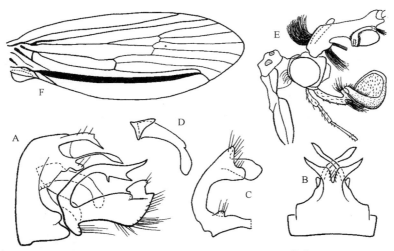

图 7-155　盂须鳞石蛾 *Lepidostoma propriopalpum* (Hwang, 1957)（仿自 Yang and Weaver，2002）
A-D. ♂外生殖器：A. 侧面观；B. 背面观；C. 左下附肢，腹面观；D. 阳茎，侧面观；E. 头，侧面观；F. 前翅

（503）绞肢鳞石蛾 *Lepidostoma subtortus* Yang *et* Weaver, 2002（图 7-156）

Lepidostoma subtortus Yang *et* Weaver, 2002: 275.

主要特征：雄性前翅长 5.7 mm。体淡黄褐色，雄性触角柄节细长圆柱形，0.72 mm 长，其内侧面着生长毛，居中具 1 短齿状突起；下颚须 2 节，几乎等长，端节密生长毛。前翅具臀褶，外端延伸至明斑外方，沿臀褶着生交叉的长毛。

雄性外生殖器：第 9 节侧面观，其后缘呈波浪形。第 10 节背中突 1 对，细长，背面观呈"V"形；下侧突三角形，长仅为背中突的 1/2。下附肢主体近似椭圆形，端半部棍棒状，折向中线；基背突 2 个，1 个

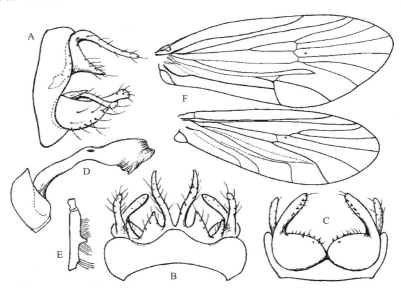

图 7-156　绞肢鳞石蛾 *Lepidostoma subtortus* Yang *et* Weaver, 2002（仿自 Yang and Weaver，2002）
A-D. ♂外生殖器：A. 侧面观；B. 背面观；C. 腹面观；D. 阳具，侧面观；E. 触角柄节；F. 前、后翅

短三角形，1 个细长，侧面观细枝状，其基部着生于主节的内侧，末端伸至主节的外方。

分布：浙江（临安）、福建。

（504）田氏鳞石蛾 *Lepidostoma tiani* Yang *et* Weaver, 2002（图 7-157）

Lepidostoma tiani Yang *et* Weaver, 2002: 291.

主要特征：雄性前翅长 7.3 mm。体褐色。雄性触角柄节长 1.0 mm，直圆柱，背基突近三角形，着生 1 根粗壮顶毛及数根细刚毛。下颚须 2 节，端节长为基节的 2 倍，可伸缩，末端远伸至头顶前上方，密生大量淡褐色毛。前翅前缘褶极狭窄，臀褶外端伸达 R_2 终端水平。

雄性外生殖器：第 9 腹节侧面观，腹区向前、后两方延伸，腹缘长为侧区最短处的 2.5 倍。第 10 节基节宽板状，背中突侧面观短指状，下侧突尖锐，约与背中突等长。下附肢侧面观，总体长为基宽的 5 倍，基背突直立、棍棒形，端腹突长条形，约为附肢长的 1/2，端圆；腹面观下附肢端节端半部渐膨大，其顶端外角呈细钩状。阳具侧面观基部呈细柄状，阳基侧突 1 对，宽刀状，末端左右相交，略不对称。

分布：浙江（临安、庆元）、安徽。

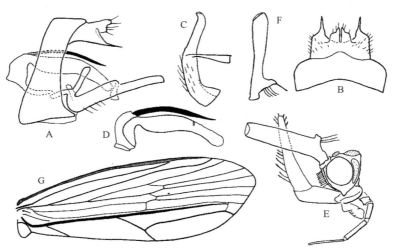

图 7-157　田氏鳞石蛾 *Lepidostoma tiani* Yang *et* Weaver, 2002（仿自 Yang and Weaver，2002）
A-D. ♂外生殖器：A. 侧面观；B. 背面观；C. 左下附肢，腹面观；D. 阳茎，侧面观；E. 头部，侧面观；F. 触角柄节

175. 斑胸鳞石蛾属 *Paraphlegopteryx* Ulmer, 1907

Paraphlegopteryx Ulmer, 1907a: 6. Type species: *Paraphlegopteryx tonkinensis* Ulmer, 1907.

主要特征：雄性下颚须短，1 节，前翅 1 叉具柄，后翅 1 叉也常具柄，后翅翅脉常伴有多种类型的特化；雌雄触角柄节及下颚须均不高度特化。

分布：仅分布于东洋区。世界已知 24 种，中国记录 2 种，浙江分布 2 种。

（505）莫氏斑胸鳞石蛾 *Paraphlegopteryx morsei* Yang *et* Weaver, 2002（图 7-158）

Paraphlegopteryx morsei Yang *et* Weaver, 2002: 269.

主要特征：雄性前翅长 8.0 mm。体褐色。头部额区毛瘤着生鳞片状毛。雄性触角柄节长 8.5 mm，圆柱形；下颚须 1 节，细指状。胸部具暗褐色长毛，后胸小盾片黑褐色。后翅明斑室长，其端柄短，约为明斑室长的 1/3。

雄性外生殖器：腹部第 9 节侧面观长矩形。第 10 节侧面观呈背兜状，长为宽的 2.5 倍，端部钝圆；背面观由 1 对端部 2/3 分裂的骨片组成，位于中央的为下侧突，长约为宽的 2 倍，端部分歧，位于两侧的为下侧突，短指状。下附肢 2 节，但分节不明显，侧面观基节手掌状，近端部外侧着生数根粗长刚毛，基部具 1 垂直向上的基背突、粗壮，末端急剧收窄成蛇头状；端节短叶状，折向内方；腹面观，下附肢整体长约为基宽的 2.5 倍，内侧缘近中部有 1 乳头状突起。阳具细长弯弧形，具 1 对细弱骨化的阳基侧突。

分布：浙江（临安）、河南。

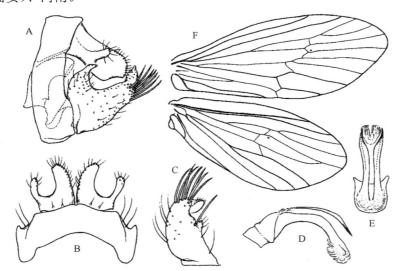

图 7-158　莫氏斑胸鳞石蛾 *Paraphlegopteryx morsei* Yang *et* Weaver, 2002（仿自 Yang and Weaver, 2002）
A-E. ♂外生殖器：A. 侧面观；B. 背面观；C. 左下附肢，腹面观；D. 阳茎，侧面观；E. 阳茎，背面观；F. 前、后翅

（506）亚圆斑胸鳞石蛾 *Paraphlegopteryx subcircularis* Schmid, 1965（图 7-159）

Paraphlegopteryx subcircularis Schmid, 1965: 152.

主要特征：雄性前翅长 9.0 mm。体褐色。头部无鳞片状毛，触角柄节长 0.85 mm。中胸背板具暗褐色纵带，后胸小盾片黑褐色。

雄性外生殖器：第 9 节侧面观长矩形。第 10 节侧面观长约为其宽的 2 倍，端部平截，下端角尖锐；背面观，背中突长约为宽的 2 倍，左右端部相聚，下侧突细棒状。下附肢以裂口与基节为界，短叶形，伸向生殖节之内侧；腹面观，下附肢端部收狭成弯钩状，内侧中央隆起但无乳头状突起。阳具弯槽形，阳基侧突 1 对，略短于阳具。

分布：浙江（临安）；越南。

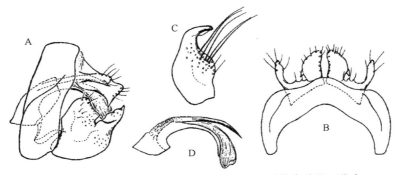

图 7-159　亚圆斑胸鳞石蛾 *Paraphlegopteryx subcircularis* Schmid, 1965 ♂外生殖器（仿自 Yang and Weaver, 2002）
A. 侧面观；B. 背面观；C. 左下附肢，腹面观；D. 阳茎，侧面观

五十一、长角石蛾科 Leptoceridae

主要特征：小至中型，体形细弱，雄性大于雌性，是毛翅目中较美丽的类群之一。成虫缺单眼，触角长，常为前翅长的 2–3 倍；下颚须细长，5 节，末节柔软易曲，但不分成细环节。中胸盾片长，其上着生的两列纵行毛带，几乎与盾片等长，中胸小盾片短。胫距式：0–2, 2, 2–4。翅脉有相当程度的愈合，通常 R_5 与 M_1、M_2 愈合为 1 支，或称 R_5+M_A；M_3 与 M_4 愈合为 1 支，称 M_{3+4} 或 M_P；故第 3、4 叉常缺，翅通常狭长，浅黄色、黄褐色、淡褐色或灰褐色，有些种类翅面具银色斑纹；多数类群后翅较宽。

生物学：幼虫喜低海拔（通常 500 m 以下）。在冷水或暖水、急流或缓流、池塘、沼泽、湖泊中等均有发生。

分布：世界广布。世界已知 50 属 1800 种，中国记录 13 属 167 种，浙江分布 6 属 21 种。

分属检索表

1. 后翅缺第 5 叉 ·· 2
- 后翅具第 5 叉 ·· 3
2. 前翅具明斑后室及 M 主干，前翅横脉列形成 1 条直线 ······················· 并脉长角石蛾属 *Adicella*
- 前翅缺明斑后室及 M 主干 ··· 叉长角石蛾属 *Triaenodes*
3. 中胸侧板下前侧片的背端缘平截，头部蜕裂线中干不明显，下颚须第 4 节端部骨化程度弱，雄性第 10 腹节背板不完全纵裂成两片 ··· 突长角石蛾属 *Ceraclea*
- 中胸侧板下前侧片的背端缘尖锐 ·· 4
4. 前翅 M_{3+4} 明显发自 Cu_{1a}，M 主干与分支 M_{1+2} 似乎形成 1 不分支的直脉 ······ 栖长角石蛾属 *Oecetis*
- 前翅 M_{3+4} 明显发自 M 主干 ·· 5
5. 前翅前缘脉 C 在翅痣处有 1 缺刻；下颚须覆浓密粗毛；体多呈黑色或蓝黑色；前翅端部常相向弯折 ··
 ·· 须长角石蛾属 *Mystacides*
- 前翅前缘脉 C 无缺刻；触角柄节基部粗壮，渐向端部收窄，不长于头 ············· 姬长角石蛾属 *Setodes*

176. 并脉长角石蛾属 *Adicella* McLachlan, 1877

Adicella McLachlan, 1877: 294. Type species: *Setodes reducta* McLachlan, 1865.

主要特征：体中小型，多黄褐色。成虫前翅 2 叉亚矩形，基部似为 1 横脉，并接横脉呈 1 斜向直线。

雄性外生殖器：第 10 腹节背板下肢部深兜状，侧缘下卷包围阳茎；阳茎端匙状，阳茎孔片 1 对，叶瓣状。

分布：古北区、东洋区、旧热带区。世界已知约 143 种，中国记录 13 种，浙江分布 3 种。

分种检索表

1. 雄性下附肢单支 ··· 椭圆并脉长角石蛾 *A. ellipsoidalis*
- 雄性下附肢分为背、腹两支 ·· 2
2. 背支不分裂为两支 ··· 掌枝并脉长角石蛾 *A. mita*
- 背支分裂为两支 ··· 裂肢并脉长角石蛾 *A. triramosa*

（507）椭圆并脉长角石蛾 *Adicella ellipsoidalis* Yang *et* Morse, 2000（图 7-160）

Adicella ellipsoidalis Yang *et* Morse, 2000: 93.

　　主要特征：前翅长雄性 6.2–6.7 mm，雌性 6.5–7.2 mm。头、胸部黄褐色，腹部背区浅黄褐色，腹区乳白色。前翅浅黄色，覆同色细毛。

　　雄性外生殖器：第 9 腹节侧面观短矩形，腹缘长为背缘的 1.7 倍，后侧缘波形；背板后缘形成短三角形突起，亚端部具 1 对小乳突。肛前附肢亚三角形。第 10 腹节背板分上、下两部分，上肢部背面观基部宽，端半部分裂成 2 细指状突，侧面观末端伸达兜状下肢的中部；下肢部兜状，背面观似由两片垂直的宽叶组成，近基部以膜区相连，下缘包卷阳茎。下附肢单支，椭圆形，直立，侧面观长约为均宽的 2.5 倍，顶端圆；后面观弯弧形，内侧面密生粗短毛，端半部收窄，其宽仅为基部的 1/2。阳茎基弯短管状；阳茎端短匙状，阳茎孔片 1 对，叶瓣状；阳基侧突缺如。

　　分布：浙江（临安）、河南、江西。

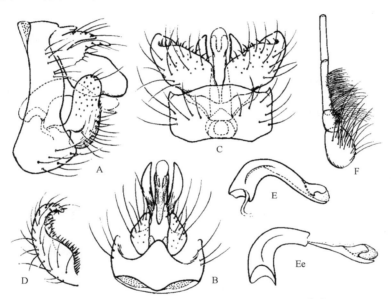

　　图 7-160　椭圆并脉长角石蛾 *Adicella ellipsoidalis* Yang *et* Morse, 2000（仿自 Yang and Morse，2000）
A-E. ♂外生殖器：A. 侧面观；B. 背面观；C. 腹面观；D. 左下附肢，腹面观；E、Ee. 阳茎，侧面观；F. 触角基部

（508）掌枝并脉长角石蛾 *Adicella mita* Yang *et* Morse, 2000（图 7-161）

Adicella mita Yang *et* Morse, 2000: 85.

　　主要特征：雄性前翅长 6.2 mm。头、胸部淡黄褐色。前翅黄褐色，覆褐色细毛，沿翅脉毛在浸渍标本中很明显。

　　雄性外生殖器：第 9 腹节侧面观短矩形，腹缘与背缘约等长，侧区最窄处位于近背缘 1/4 处；背板中央具 1 三角形突起，端圆。肛前附肢短，长约等于宽，末端几平截。第 10 腹节背板分上、下两部分，上肢部由 3 根细长柱形突组成，末端达下肢部的 3/4 处；下肢部深兜状，背面观似由两片垂直的方形宽叶组成，近基部以膜区相连，侧面观背板下缘不能完全包卷阳茎，顶端平截。下附肢侧面观，主体（=腹支）宽叶形，背支短棍棒形，垂直于主体的基背部；腹面观腹支基部 3/4 极宽，内侧缘着毛，端部 1/4 弯指形，折向中轴。阳茎基均匀管状，端半部下弯 90°，阳茎端短而直，匙状，阳茎孔片 1 对，叶瓣状。

　　分布：浙江（安吉、临安）、安徽、江西、广西。

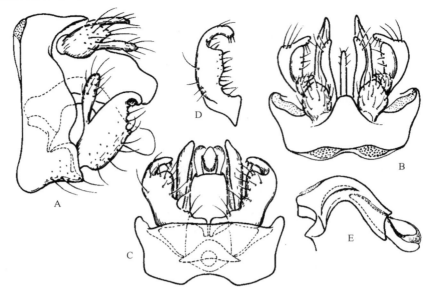

图 7-161　掌枝并脉长角石蛾 *Adicella mita* Yang et Morse, 2000 ♂外生殖器（仿自 Yang and Morse，2000）

A. 侧面观；B. 背面观；C. 腹面观；D. 左下附肢，腹面观；E. 阳茎，侧面观

（509）裂肢并脉长角石蛾 *Adicella triramosa* Yang *et* Morse, 2000（图 7-162）

Adicella triramosa Yang *et* Morse, 2000: 85.

主要特征：雄性前翅长 6.0 mm。头、胸部暗褐色，头顶及颚须覆黄褐色毛。前翅浅褐色，覆黄褐色细毛。

雄性外生殖器：第 9 腹节侧面观短矩形，腹缘长为背缘的 1.5 倍，侧区最窄处位于近背缘的 1/4 处；背板中央具 1 钝三角形短突起及 1 对微小乳突。肛前附肢卵圆形。第 10 腹节背板分上、下两部分，上肢部由 3 个细长突起组成，中突明显长于两侧突，末端达下肢部近顶端 1/4 处；下肢部深兜状，侧面观似梯形，腹缘长于背缘，下缘不能完全包卷阳茎，背面观基半部中央为膜质区。下附肢侧面观主体（=腹支）叶形，腹面多毛，腹面观短香蕉形，顶端钝圆，最长处约为宽的 3.5 倍；背支直裂为 2 长突起，彼此紧贴，基部

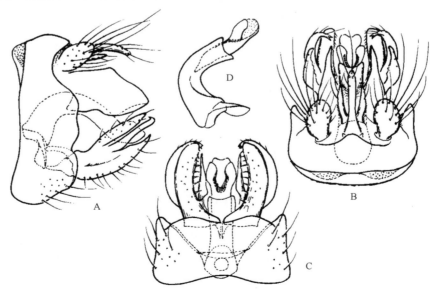

图 7-162　裂肢并脉长角石蛾 *Adicella triramosa* Yang *et* Morse, 2000 ♂外生殖器（仿自 Yang and Morse，2000）

A. 侧面观；B. 背面观；C. 腹面观；D. 阳茎，侧面观

无短柄；下突较扁长，端部收窄并向内弯曲。阳茎基管状，在近中部呈 90°下弯，阳茎端短匙状，阳茎孔片 1 对，叶瓣状；无阳基侧突。

分布：浙江（临安）、江西。

177. 突长角石蛾属 *Ceraclea* Stephens, 1829

Ceraclea Stephens, 1829: 28. Type species: *Phryganea nervosa* Fourcroy, 1785.

主要特征：体较本亚科其他属粗壮，通常黄褐色。下颚须第 4 节柔软易曲。雄性前翅具 1、5 叉，中脉 2 分支；雌性具 1、3 和 5 叉，中脉明显 3 分支；中脉分叉位于并脉的外方；后翅大于前翅。雄性胫距式 2, 2, 2。雄性第 10 背板不完全纵裂成两片。

分布：古北区、东洋区、新北区。世界已知约 174 种，中国记录 45 种，浙江分布 4 种。

分种检索表

1. 雄性肛前附肢长于第 10 节，第 10 节无侧枝突 ·················· 丁村突长角石蛾 *C. dingwuschanella*
- 雄性肛前附肢短于第 10 节，第 10 节具侧枝突 ··· 2
2. 阳基侧突 1 根 ································ 短刺突长角石蛾 *C. brachyacantha*
- 阳基侧突 1 对，前后排列 ··· 3
3. 肛前附肢短，侧面观不达第 10 背板长的 1/2 ··················· 三叉突长角石蛾 *C. trifurca*
- 肛前附肢侧面观约为第 10 背板长的 2/3 ·················· 杨氏突长角石蛾 *C. yangi*

（510）短刺突长角石蛾 *Ceraclea brachyacantha* Yang *et* Tian, 1987（图 7-163）

Ceraclea brachyacantha Yang *et* Tian, 1987: 213.

主要特征：前翅长雄性 7.0–7.6 mm，雌性 5.8–7.0 mm。头、中胸及触角基节红褐色，鞭节各节黄褐色，节间具黑褐色环；前翅淡灰黄色，覆盖松散的红褐色细毛。

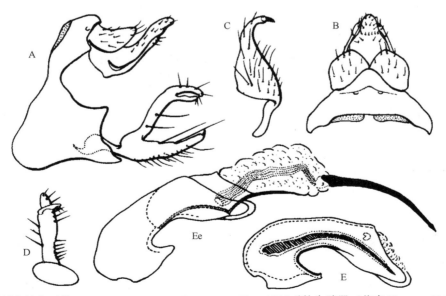

图 7-163　短刺突长角石蛾 *Ceraclea brachyacantha* Yang *et* Tian, 1987 ♂外生殖器（仿自 Yang and Morse，2000）
A. 侧面观；B. 背面观；C. 左下附肢腹叶，腹面观；D. 左下附肢主体，腹面观；E、Ee. 阳茎，侧面观

雄性外生殖器：肛前附肢短，基部分离，端部斜向平截。第 10 背板背面观宽三角形，在近端部 1/3 处突然收窄，末端钝圆；侧枝突细长，末端终止于第 10 背板端缘之前，紧贴其两侧。下附肢基腹叶侧面观与下附肢主体呈 45°角，腹面观其基部宽，渐收窄至端部，端部 1/3 弯颈状，着生 1 短刺。阳茎基前端和后端几乎等宽，但腹缘强烈内凹。阳基侧突明显为 1 根，粗长，仅略短于阳茎基。

分布：浙江（临安）、安徽、福建。

（511）丁村突长角石蛾 *Ceraclea dingwuschanella* (Ulmer, 1932)（图 7-164）

Leptocerus dingwuschanella Ulmer, 1932: 57.

Ceraclea dingwuschanella: Morse, 1975: 46.

主要特征：前翅长雄性 8.0 mm，雌性 7.5 mm。头、胸部红褐色，被有白色与褐色相间的毛。前翅黑褐色，翅后缘基部、弓脉及翅尖处被金黄色毛。

雄性外生殖器：肛前附肢基部宽，左右分离，端半部细棍状，末端钝圆。第 10 背板宽短，仅为肛前附肢长的 2/3，无侧枝突；背面观略呈等边三角形，其亚端部缢缩，顶端中央的凹缺将端部分成 2 叶，其上各着生 1 横条状隆脊，并密生感觉毛。下附肢较骨化，无基腹叶，基肢节宽；亚端背叶指状，明显弯向腹面，后面观长约为端肢节的 1/2。端肢节粗壮，侧面观明显弯向背方，末端钝圆。阳茎基筒状，端腹侧叶长约为基部筒状区的 2/3，末端尖锐；阳基侧突 1 对，前后排列，首尾相接。具阳基背叶。

分布：浙江（温州）、陕西。

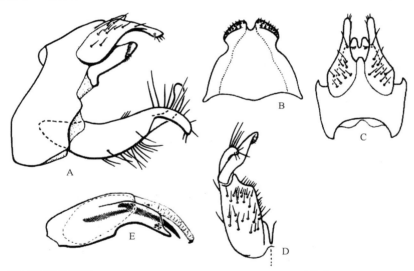

图 7-164 丁村突长角石蛾 *Ceraclea dingwuschanella* (Ulmer, 1932)（仿自 Yang and Morse, 2000）
A. 侧面观；B. 背面观；C. 腹面观；D. 左下附肢主体，腹面观；E. 阳具，侧面观

（512）杨氏突长角石蛾 *Ceraclea yangi* Mosely, 1942（图 7-165）

Ceraclea yangi Mosely, 1942: 348.

主要特征：前翅长雄性 8.0 mm，雌性 6.7 mm。头、胸部浅红褐色，混杂地着生白、褐色毛；前翅黄褐色，覆黑褐色毛。

雄性外生殖器：肛前附肢背面观宽短，长约等于其宽，仅在近基部愈合，端缘斜向平截。第 10 背板长约为肛前附肢长的 1.5 倍，两侧缘亚平行。侧枝突较直而粗，伸达第 10 背板长的 3/4 处。基腹叶基部仅略粗于下附肢主体，二者间形成 60°夹角，腹面观基腹叶呈狭长三角形，末端稍弯向体中轴，具 2 细小端刺，

1 细小亚端刺。下附肢端肢节稍短于亚端背叶。阳茎基的前、后端直径约相等，长约为均宽的 3 倍，腹面中央呈浅凹；阳基侧突 1 对，前后排列，头尾相接。

　　分布：浙江（临安）、安徽、福建、广东。

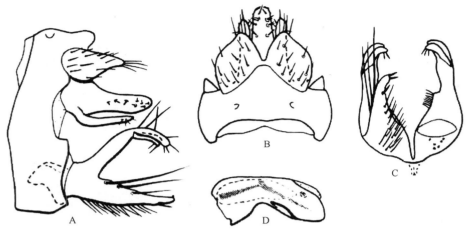

图 7-165　杨氏突长角石蛾 *Ceraclea yangi* Mosely, 1942 ♂外生殖器（仿自 Yang and Morse，2000）
A. 侧面观；B. 背面观；C. 腹面观；D. 阳具，侧面观

（513）三叉突长角石蛾 *Ceraclea trifurca* Yang *et* Morse, 1988（图 7-166）

Ceraclea trifurca Yang *et* Morse, 1988: 25.

　　主要特征：雄性前翅长 7.0 mm。体褐色，前翅覆均匀浅褐色毛。

　　雄性外生殖器：肛前附肢短，侧面观不达第 10 背板长的 1/2。第 10 背板端部 1/3 强烈纵扁，背面观呈棒状；侧枝突细长，弧形上曲，背面观与第 10 背板形成大小相似的三叉结构。下附肢基腹叶与下附肢主体之间形成 45°夹角，腹面观粗而直，末端折向体中轴，并着生 1 细长刺。下附肢端肢节约与亚端背叶等长。阳茎基基部膨大，并向前方扩张，阳茎孔位于阳茎基腹缘的中央，阳茎基后端分裂成不对称的侧片。阳基侧突 1 对，前后排列，头尾相接。

　　分布：浙江（临安）、江苏、江西。

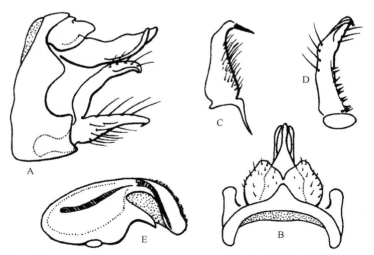

图 7-166　三叉突长角石蛾 *Ceraclea trifurca* Yang *et* Morse, 1988 ♂外生殖器（仿自 Yang and Morse，2000）
A. 侧面观；B. 背面观；C. 左下附肢腹叶，腹面观；D. 左下附肢主体，腹面观；E. 阳茎，侧面观

178. 栖长角石蛾属 *Oecetis* McLachlan, 1877

Oecetis McLachlan, 1877: 294. Type species: *Leptocerus ochraceus* Curtis, 1825.

　　主要特征：体小至中型，黄褐色，有些种类翅面具小黑斑。下颚须很长，胫距式 1, 2, 2。翅狭长，前翅端角常收窄，后翅略宽于前翅。前翅 M_{1+2} 与中脉主干几乎连成一直线，使 M_{3+4} 似乎发自 Cu_{1a}；横脉列形态多变，呈直线、斜线、阶梯形或镶嵌形排列。

　　分布：世界广布。世界已知约 569 种，中国记录 32 种，浙江分布 8 种。

分种检索表

1.	下附肢侧面观基部着生有 1 根长鞭状突起 ······	细鞭栖长角石蛾 *O. flagellaris*
-	下附肢侧面观基部无长鞭状突起 ······	2
2.	第 9 节背侧突发达，基部宽，渐向端部收窄，顶端尖锐，指向下方 ······	3
-	第 9 节背缺侧突，或不甚发达 ······	4
3.	腹面观下附肢端半部突然变窄并弯曲成弯钩状 ······	天目栖长角石蛾 *O. tianmuensis*
-	腹面观下附肢除基部方形突起外，由基部向端部渐收窄 ······	微小栖长角石蛾 *O. minuscula*
4.	第 9 节肛上附肢向下形成 1 深裂 ······	5
-	第 9 节不如上述 ······	6
5.	下附肢侧面观基半部宽叶状 ······	繁栖长角石蛾 *O. complex*
-	下附肢侧面观近基部具 3 个突起 ······	丽栖长角石蛾 *O. bellula*
6.	肛前附肢长棒状 ······	刺裙栖长角石蛾 *O. caucula*
-	肛上附肢卵圆形，短 ······	7
7.	下附肢腹面观基部 1/2 宽，端部 1/2 窄 ······	黑斑栖长角石蛾 *O. nigropunctata*
-	下附肢腹面观基部 1/4 宽，端部 3/4 窄 ······	棒肢栖长角石蛾 *O. clavata*

（514）丽栖长角石蛾 *Oecetis bellula* Yang *et* Morse, 2000（图 7-167）

Oecetis bellula Yang *et* Morse, 2000: 127.

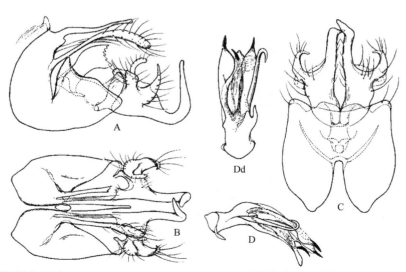

图 7-167　丽栖长角石蛾 *Oecetis bellula* Yang *et* Morse, 2000 ♂外生殖器（仿自 Yang and Morse，2000）

A. 侧面观；B. 背面观；C. 腹面观；D. 阳茎，侧面观；Dd. 阳茎，背面观

主要特征：前翅长雄性 6.3–7.3 mm，雌性 6.9 mm。体浅褐色。头、胸部毛金黄褐色，前翅基、端部淡黄色透明，中部约 3/5 区域淡烟灰色；覆金黄褐色细毛。胫距式 1, 2, 2。腹部第 6–8 背板各具极厚的蜂窝状网纹结构，中间为背中线所分割。

雄性外生殖器：第 9 腹节大部分缩入第 8 腹节，侧面观三角形，腹区极宽；背区自肛前附肢向下形成 1 深裂，将腹区分出 1 三角形骨片，覆盖在阳茎基上方。肛前附肢细长棒形，顶端伸至第 9 腹节外方。第 10 腹节背板分上、下支，上支细杆状，侧面观微扭；下支较退化，为 1 对细弱的膜质状突起，各突又分裂为 2 根，顶端着生短毛。下附肢基半部为粗壮圆锥体，端半部粗枝状，垂直上曲；侧面观近基部具 3 个突起：顶端平截的短桩突、微弯的细枝突和位于近中部的尖角突。阳茎粗管状，构造复杂：槽形主体分裂为 1 极狭窄的长骨片和 1 根拐杖形突起；阳基侧突由 3 个不对称半膜质突组成，顶端均形成骨化刺。

分布：浙江（临安）、安徽、江西、福建。

（515）棒肢栖长角石蛾 *Oecetis clavata* Yang *et* Morse, 2000（图 7-168）

Oecetis clavata Yang *et* Morse, 2000: 122.

主要特征：前翅长雄性 7.0–8.0 mm，雌性 6.7–8.1 mm。体淡黄色，头、胸部黄褐色，覆金褐色毛；触角柄节近基部略弯。前翅透明，淡黄褐色，翅面散生褐色长细毛，并接横脉及纵脉分叉处具淡灰色小晕斑。胫距式 1, 2, 2。

雄性外生殖器：第 9 腹节侧面观背、腹区约等长，后缘背侧突明显，紧位于肛前附肢下方，最宽处为背缘长的 2 倍；背板中央无明显突起。肛前附肢卵圆形，左右不愈合，但基部与第 10 腹节背板愈合。第 10 腹节背板不分上、下支，宽短三角形，侧面观端半部收窄。下附肢细长，侧面观背缘隆起部位于基半部，腹缘近基部有 1 小三角形突起；腹面观附肢基部 1/4 宽，余下部因圆弧形凹缺成长棒形，仅顶端相互靠拢。阳茎背面观亚球茎状，左右不对称；侧面观基背区收缩，顶端下曲的"尖嘴部"微扭；阳基侧突 1 根。

分布：浙江（临安）、四川。

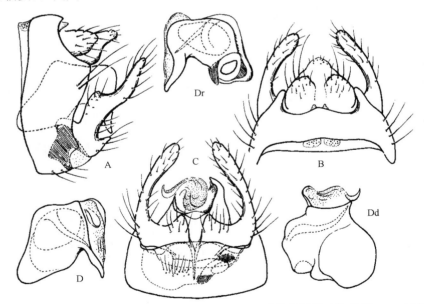

图 7-168　棒肢栖长角石蛾 *Oecetis clavata* Yang *et* Morse, 2000 ♂外生殖器（仿自 Yang and Morse，2000）
A. 侧面观；B. 背面观；C. 腹面观；D. 阳具，左侧面观；Dd. 阳具，背面观；Dr. 阳具，右侧面观

（516）刺裙栖长角石蛾 *Oecetis caucula* Yang *et* Morse, 2000（图 7-169）

Oecetis caucula Yang *et* Morse, 2000: 130.

主要特征：前翅长雄性 5.9–6.5 mm，雌性 6.0–6.6 mm。头、胸部黄褐色，头顶、额、颚须密生褐色长毛。前翅淡黄色透明，覆灰黄褐色细毛；并接横脉、纵脉分叉处及末端具淡灰色小晕斑。胫距式 0, 2, 2。腹部第 7 节背板仅后缘具 1 对网纹斑，第 8 节背板蜂窝状网纹结构发达，长约为宽的 1.3 倍。

雄性外生殖器：第 9 腹节侧面观近宽矩形，长约为宽的 1.3 倍；前侧缘近腹区明显突出，后侧缘近中部具宽叶突。肛前附肢棒头状，顶端极膨大。第 10 腹节背板分上、下支：上支长杆状，侧面观顶端下弯，下支为 1 对膜质宽叶状突起，略短于上支，顶端着生短毛。下附肢侧面观短小，长为基宽的 3.5 倍，基背叶很不发达；腹面观，附肢的基半部方块形，端半部粗指状，顶部突然收狭，尖端折向中轴。阳茎粗管状，侧面观长约为宽的 2 倍，端部具"V"形开裂；1 根粗大的阳基侧突基部具骨化的杯状结构，并伴有 20–23 个微刺。

分布：浙江（临安）、安徽、湖北、江西、贵州。

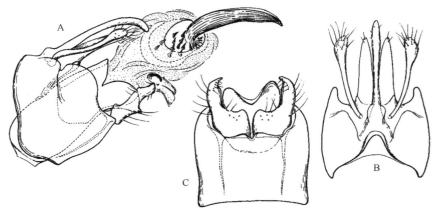

图 7-169　刺裙栖长角石蛾 *Oecetis caucula* Yang *et* Morse, 2000 ♂外生殖器（仿自 Yang and Morse，2000）
A. 侧面观；B. 背面观；C. 腹面观

（517）繁栖长角石蛾 *Oecetis complex* Hwang, 1957（图 7-170）

Oecetis complex Hwang, 1957: 391.

主要特征：前翅长雄性 5.6–6.6 mm，雌性 5.9–6.3 mm。体浅褐色。头、胸部毛金黄褐色，前翅基部淡黄色透明，中部约 3/5 区域淡烟灰色，并接横脉外方色渐淡；覆金黄褐色细毛。胫距式 1, 2, 2。腹部第 6–8 背板各具极厚的蜂窝状网纹结构，中间为背中线所分割。

雄性外生殖器：第 9 腹节大部分缩入第 8 腹节，侧面观基部半圆形，腹区极长，背区狭带状远伸至自

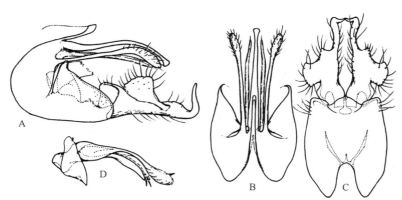

图 7-170　繁栖长角石蛾 *Oecetis complex* Hwang, 1957 ♂外生殖器（仿自 Yang and Morse，2000）
A. 侧面观；B. 背面观；C. 腹面观；D. 阳具，侧面观

第 10 腹节背板上方；自肛前附肢向下形成 1 深裂，将腹区分出 1 三角形骨片，覆盖在阳茎基上方。肛前附肢细长棒形，顶端伸至下附肢中部。第 10 腹节背板分上、下支，上支细杆状，顶端膨大；下支退化为 1 对细长的膜质状突起，略短于上支，顶端着生短毛。下附肢侧面观主体长锥形，基背叶宽大多毛，端部 1/3 枝状，垂直上曲；腹面观附肢基背叶如同方形翅，向两侧开张，端半部细颈形，顶端尖锐，折向中轴。阳茎粗管状，构造复杂：槽形主体分裂为 1 极狭窄的长骨片和 1 根粗壮的、亚端部内侧具刺的突起；阳茎端骨化，梭形，基部陷入阳茎基；阳基侧突为 2–3 个不对称半膜质突，顶端具微刺。

　　分布：浙江（安吉）、安徽、江西、福建、四川、贵州。

（518）细鞭栖长角石蛾 *Oecetis flagellaris* Yang, Sun *et* Yang, 2001（图 7-171）

Oecetis flagellaris Yang, Sun *et* Yang, 2001: 513.

　　主要特征：前翅长雄性 5.7 mm，雌性 5.2–5.5 mm。体浅黄褐色，前翅透明，在各主脉的末端、分叉处、并接横脉和弓脉处均具黑褐色斑点。腹部第 5–7 节成对的背片满布网状花纹，第 8 背板为 1 层完整的蜂窝状结构，长约为宽的 1.3 倍，后端圆弧状。
　　雄性外生殖器：侧面观第 9 腹节腹面长约为亚背区长的 2 倍，两侧区在背中线处相互靠拢，使第 9 腹节横切面呈三角形，背板端缘中央具 1 对短小的半膜质状突起。肛前附肢细长棒状。第 10 节上支单根，细长，下支退化。下附肢侧面观长约为基宽的 2.5 倍，端部 1/3 处明显收窄，末端呈角状；基部着生有 1 根长鞭状突起，末端指向尾方；腹面观下附肢末端为粗壮弯钩状。阳茎粗管状，端腹叶骨化明显；阳茎端片呈 "U" 形，明显骨化。

　　分布：浙江（临安）、安徽。

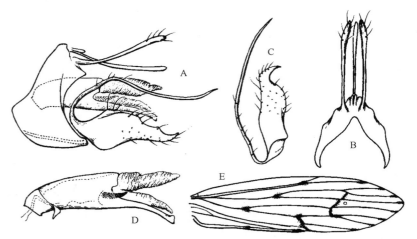

图 7-171　细鞭栖长角石蛾 *Oecetis flagellaris* Yang, Sun *et* Yang, 2001
A-D. ♂外生殖器：A. 侧面观；B. 背面观；C. 左下附肢，腹面观；D. 阳具，侧面观；E. 前翅

（519）微小栖长角石蛾 *Oecetis minuscula* Yang *et* Morse, 2000（图 7-172）

Oecetis minuscula Yang *et* Morse, 2000: 113.

　　主要特征：前翅长雄性 3.5–3.6 mm，雌性 3.6–4.0 mm。头、胸部黄褐色。前翅浅褐色，覆黄褐色细毛。胫距式 0, 2, 2。
　　雄性外生殖器：第 9 腹节侧面观矩形，背侧突弯刀状，紧位于肛前附肢下方，基部宽，渐向端部收窄，顶端尖锐，指向下方。第 10 腹节背板上支背面观为 1 小矛头状突起，约与肛前附肢等长；下支半膜质骨片，背面观端部分为两叶，各着生 1 顶毛。下附肢狭长，侧面观长至少为基宽的 4 倍，顶端上翘；背缘近基部具 1 方片形突起，侧面或腹面观均很明显。阳茎槽状，端部 1/3 渐尖并折向下方，阳基侧突缺如。

分布：浙江（临安）、安徽、福建。

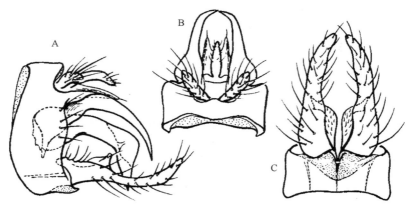

图 7-172　微小栖长角石蛾 *Oecetis minuscula* Yang *et* Morse, 2000 ♂外生殖器（仿自 Yang and Morse，2000）

A. 侧面观；B. 背面观；C. 腹面观

（520）黑斑栖长角石蛾 *Oecetis nigropunctata* Ulmer, 1908（图 7-173）

Oecetis nigropunctata Ulmer, 1908: 345.

主要特征：前翅长雄性 7.2–7.7 mm，雌性 7.4–7.7 mm。体色与翅斑与湖栖长角石蛾十分相似：头、胸部黄褐色。前翅具污黄色细毛，并接横脉处具明显灰黑色晕斑，翅面散生少量黑色小晕斑。

雄性外生殖器：第 9 腹节侧面观腹缘长约为背缘的 2 倍；后侧缘凹弧形，背侧突短三角形。肛前附肢卵圆形，第 10 腹节背板为 1 浅背箄，背面观三角形。下附肢简单，基半部方块状，端半部较细长，顶端较狭尖。阳茎巨大，背面观心脏形，左右不对称，几乎占满第 9 腹节；侧面观长卵圆形，阳茎基端远扩展至阳茎基孔的外方，顶端下曲的三角形尖嘴，多少有些扭曲；阳基侧突 1 根，微扭。

分布：浙江（庆元）、河北、安徽、湖北、江西、福建、广西、贵州；俄罗斯，日本，朝鲜半岛，越南，老挝。

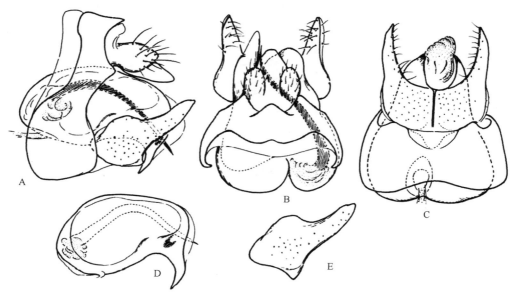

图 7-173　黑斑栖长角石蛾 *Oecetis nigropunctata* Ulmer, 1908 ♂外生殖器（仿自 Yang and Morse，2000）

A. 侧面观；B. 背面观；C. 腹面观；D. 阳具，侧面观；E. 下附肢，侧面观

（521）天目栖长角石蛾 *Oecetis tianmuensis* Yang, Sun *et* Yang, 2001（图 7-174）

Oecetis tianmuensis Yang, Sun *et* Yang, 2001: 513.

主要特征：前翅长雄性 4.5–4.8 mm，雌性 4.2–4.5 mm。体浅黄褐色，前翅透明，翅脉淡褐色，翅面毛稀疏（可能因浸泡于酒精溶液中而脱落）。

雄性外生殖器：第 9 腹节背侧突发自该节中部偏上方，弯镰状，基部宽，端部细而尖，指向腹方。肛前附肢短小，梨形。第 10 节分为上、下两支，背支直而细长，棒状，长约为肛前附肢的 2.2 倍；下支为 1 对狭长三角形膜质突起，端部各着生 1 根细刚毛。侧面观下附肢亚矩形，端半部上、下缘收狭，末端呈斜形平截；腹面观下附肢端半部呈弯钩状，尖端聚生数根短刚毛。阳茎圆筒形，端腹叶细长，末端指向腹面。阳基侧突缺如。

分布：浙江（临安）、安徽。

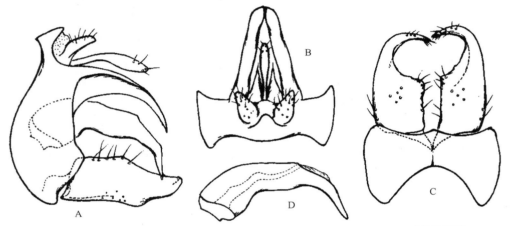

图 7-174　天目栖长角石蛾 *Oecetis tianmuensis* Yang, Sun *et* Yang, 2001 ♂外生殖器
A. 侧面观；B. 背面观；C. 腹面观；D. 阳具，侧面观

179. 姬长角石蛾属 *Setodes* Rambur, 1842

Setodes Rambur, 1842: 515. Type species: *Setodes punctella* Rambur, 1842.

主要特征：体小型，浅黄或浅黄褐色，有些种类翅面具美丽的金色条斑；翅狭长而端尖，前、后翅约等宽，后翅后缘着生长缘毛。前翅分径室（DC）短，1 叉和由 M_{1+2} 和 M_{3+4} 形成的中脉分叉基部均具柄，后翅前缘近中部常形成 1 小角突，Rs 脉基部消失，5 叉短。胫距式 0, 2, 2。

分布：除新热带区以外的世界各大动物地理区。世界已知 341 种，中国记录 33 种，浙江分布 2 种。

（522）短尾姬长角石蛾 *Setodes brevicaudatus* Yang *et* Morse, 1989（图 7-175）

Setodes brevicaudatus Yang *et* Morse, 1989: 31.

主要特征：前翅长雄性 4.3 mm，雌性 4.5 mm。体浅黄色，前翅覆金黄色毛并散生银白色条斑，条斑边缘饰以黑毛；翅端部白条斑趋于缩短。

雄性外生殖器：第 9 腹节背板狭窄，中央毛瘤小，载毛 2 根；侧面观其最长处位于侧区中部。后侧缘腹端的三角形叶突较小，侧面观不显著；腹面观第 9 腹节腹面后缘中央具明显三角形凹陷区。肛前附肢细棒槌形，长约为均宽的 5 倍。第 10 腹节背板小，背面观呈半环状包围阳基侧突的基部。下附肢似为 2 分支，背支垂直于腹支基部上方，其长约为腹支的 2.5 倍，末端弯钩状，中支缩小为 1 三角形突起，位于背、腹支的中央。阳茎基小，浅盆形，两侧各具 1 片骨化的叶状结构，长约为宽的 2 倍；阳茎端端半部垂直下曲，似呈倒 "L" 形，其左侧缘向左方扩伸形成长条状弧形卷片以接纳阳基侧突。阳基侧突不对称，基部均膨大，左侧突长针形，右侧突退化为 1 短小的刺突。

分布：浙江（临安）、江西、广西、四川、贵州、云南。

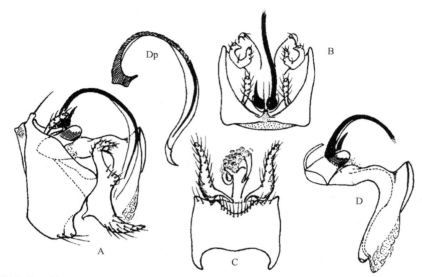

图 7-175　短尾姬长角石蛾 *Setodes brevicaudatus* Yang *et* Morse, 1989 ♂外生殖器（仿自 Yang and Morse，2000）
A. 侧面观；B. 背面观；C. 腹面观；D. 阳茎，侧面观；Dp. 左阳基侧突

（523）斯氏姬长角石蛾 *Setodes schmidi* Yang *et* Morse, 1989（图 7-176）

Setodes schmidi Yang *et* Morse, 1989: 15.

主要特征：前翅长雄性 5.2 mm，雌性 5.0 mm。体黄褐色。前翅黄白色，覆淡黄色毛，翅面稀疏地散生暗褐色斑。

雄性外生殖器：第 9 腹节背半部狭长，呈拱桥形，腹半部稍宽，最宽处约为背板宽的 3 倍。肛前附肢与第 10 腹节背板愈合，为 1 对长条形毛斑。第 10 腹节背板具 1 对明显的亚中脊和 1 对端侧脊，背面观末

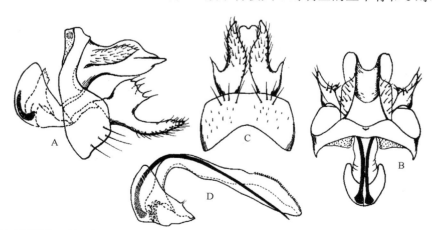

图 7-176　斯氏姬长角石蛾 *Setodes schmidi* Yang *et* Morse, 1989 ♂外生殖器（仿自 Yang and Morse，2000）
A. 侧面观；B. 背面观；C. 腹面观；D. 阳茎，侧面观

端具 1 宽 "U" 形凹缺。下附肢 2 分支，侧面观腹支长指状，指向尾部；背支粗短，长约等于宽，端部略呈锯齿状。背面观内表面亚端部具 1 具毛小乳突。阳茎鞘大，侧面观亚三角形；阳茎基小，埋于阳茎鞘内，阳茎端基部 1/4 垂直，余下部分折刀形，以 90° 角折向尾方，端部背缘具细锯齿。阳基侧突 1 对，细长，末端几乎达阳茎端之顶端。

分布：浙江（临安）、福建、广西、贵州。

180. 须长角石蛾属 *Mystacides* Berthold, 1827

Mystacides Berthold, 1827: 437. Type species: *Phryganea nigrer* Linnaeus, 1758.

主要特征：长角石蛾中较美丽的种类。雄性复眼大而圆，红褐色；头顶及胸部光亮，胫距式 0, 2, 2。翅黑色具光泽，前翅宽，翅端钝圆，前缘近翅端部 1/4 处具 1 个小缺刻；前翅 1 叉无柄。

分布：古北区、东洋区、新北区。世界已知约 21 种，中国记录 8 种，浙江分布 3 种。

分种检索表

1. 第 9 腹节腹板突腹面观基部宽短，端部 2/3 形成 1 对彼此分歧的长叶突 ·························· **秀长须长角石蛾 *M. elongatus***
- 第 9 腹节腹板突腹面观不分叉 ·· 2
2. 阳茎腹面近中部具 1 黑色短刺突；阳基侧突 1 对，明显短于阳茎 ·················· **褐黄须长角石蛾 *M. testaceus***
- 阳茎腹面近中部无短刺突；阳基侧突 1 对，约与阳茎等长 ·················· **异褐黄须长角石蛾 *M. absimilis***

（524）异褐黄须长角石蛾 *Mystacides absimilis* Yang *et* Morse, 1997 （图 7-177）

Mystacides absimilis Yang *et* Morse in Vshivkova, Morse & Yang, 1997: 200.

主要特征：前翅长雄性 7.3 mm，雌性 7.4 mm。头顶和胸部腹面褐黑色，后头及胸部背区红褐色；触角鞭节部浅黄色，各小节具褐色环；颚须具浓密黑色细毛。翅黑褐色具光泽。

雄性外生殖器：第 9 腹节侧面观腹区明显长于背区，后侧缘自腹向背方呈 30° 角回切，背板极狭窄；腹板端缘中央强烈延伸成腹板突，末端伸达下附肢外方，但不达第 10 背板顶端；腹面观腹板突近基部强烈

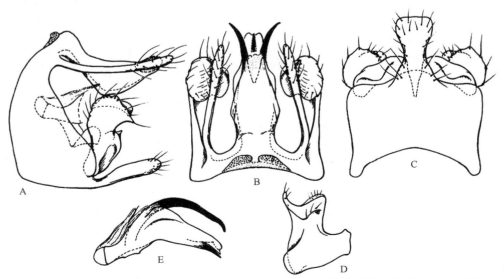

图 7-177　异褐黄须长角石蛾 *Mystacides absimilis* Yang *et* Morse, 1997 ♂外生殖器（仿自 Yang and Morse, 2000）

A. 侧面观；B. 背面观；C. 腹面观；D. 下附肢，后面观；E. 阳具，侧面观

缢缩，末端宽而平截。肛前附肢细长棍棒形，顶端伸达第 10 背板末端外方。第 10 节背板侧面观基部缢缩，余下部分略呈长三角形；外侧缘自基部 2/5 处向侧下方扩展，其侧缘下角达第 9 腹节侧区背方 1/3 处；背面观此处呈钝三角形突起，背板端部不明显分裂，充满膜质结构。下附肢侧面观主体直立，背半部略呈圆头状，具 1 近 60°的大型后侧角，背缘内侧具 1 半圆形背中叶，约与附肢亚背区等宽；腹半部宽仅为背部的 2/3，其后侧角微小齿状，约发自附肢中部，末端指向内侧方。阳茎开放槽形，中区宽，背缘明显向背侧方扩展；腹面亚端部具 1 黑色刺突，顶端略伸至阳茎外方；阳基侧突 1 对，黑褐色，约与阳茎等长，端部略扭曲，末端钝圆，位于阳茎端部背方。

　　分布：浙江（四明山）、四川；俄罗斯（远东地区）。

（525）秀长须长角石蛾 *Mystacides elongatus* Yamamoto *et* Ross, 1966（图 7-178）

Mystacides elongatus Yamamoto *et* Ross, 1966: 627.

　　主要特征：前翅长雄性 6.5 mm，雌性 6.6 mm。额区黄褐色，头顶、胸侧区深褐色，胸部背区黑褐色；触角苍白色，鞭部每小节具极细的褐色环；颚须深褐色具浓密黑色细毛；胸足浅褐色。翅黑褐色具光泽。
　　雄性外生殖器：第 9 腹节侧面观腹区明显长于背区，后侧缘自腹端向背方约呈 40°角回切，背区狭窄；腹板端缘中央强烈延伸成腹板突，末端伸达下附肢外方，与第 10 背板短刺突顶端约平齐；腹面观腹板突基部宽短，端部 2/3 为 1 对彼此分歧的长叶形分支，其宽约等于基宽的 1/2，末端尖。肛前附肢细长棍棒形。第 10 节背板由 1 对长度差异较小的不对称粗壮刺组成，并在近端部处相互交错。下附肢侧面观主体直立，背半部略呈方形，附肢后侧方似形成 3 个后侧突：背侧突直角形，不明显突出，为附肢的侧上角，中侧突约发自附肢之中部，与腹侧突同为短三角形，两者均指向尾方；背部内侧的背中叶狭条状，宽不及附肢亚背区的 1/2。阳茎基部 3/4 粗管形，端部 1/4 浅槽形，腹面近端部两侧具 1 对小三角形叶突；阳基侧突缺如。
　　分布：浙江（临安、庆元、景宁）、陕西、江苏、安徽、江西、福建、广东、四川、贵州、云南。

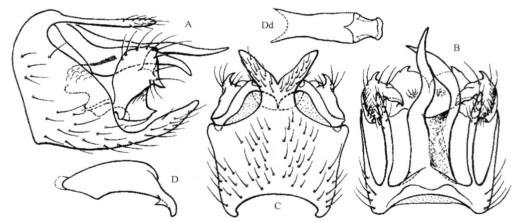

图 7-178　秀长须长角石蛾 *Mystacides elongatus* Yamamoto *et* Ross, 1966 ♂外生殖器（仿自 Yang and Morse，2000）
A. 侧面观；B. 背面观；C. 左下附肢，腹面观；D. 阳茎，侧面观；Dd. 左阳基侧突

（526）褐黄须长角石蛾 *Mystacides testaceus* Navás, 1931（图 7-179）

Mystacides testaceus Navás, 1931b: 9.

　　主要特征：前翅长雄性 7.37 mm，雌性 7.2 mm。头顶和胸部背面褐黄色，胸部侧、腹区深褐色；触角基部 1/3 的鞭节每小节端半部具褐色环，基半部近于白色；颚须具浓密黑色细毛。翅黑褐色具光泽。腹部褐黄色。

雄性外生殖器：第 9 腹节侧面观腹区略长于背区，后侧缘自腹向背方呈 20°角回切，背板狭窄；腹板端缘中央强烈延伸成腹板突，末端伸达下附肢外方，但不达第 10 背板顶端；腹面观腹板突基部强烈缢缩，末端膨大，顶端被 1 浅中裂分为 2 叶。肛前附肢细长棍棒形，顶端略伸达第 10 背板末端外方。第 10 背板侧面观三角形；背面观略呈酒杯形，基部缢缩，侧缘无明显角状突起，端部的 1/3 膜质状，不明显分裂。下附肢侧面观主体直立，背半部略呈圆头状，后侧角狭尖，背缘内侧半圆形，背中叶约与附肢亚背区等宽；腹半部宽仅为背部的 2/3，其后侧角大于背部的后侧角，约发自附肢近腹端 1/3，两侧突均指向尾方。阳茎开放槽形，中区宽，背缘明显向背侧方扩展；腹面近中部具 1 黑色短刺突；阳基侧突 1 对，黑褐色，明显短于阳茎，呈圆弧形下弯，末端尖锐，指向阳茎腹方。

分布：浙江（临安）、江苏、上海、安徽。

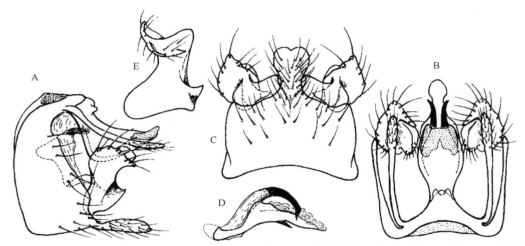

图 7-179　褐黄须长角石蛾 *Mystacides testaceus* Navás, 1931 ♂外生殖器（仿自 Yang and Morse，2000）
A. 侧面观；B. 背面观；C. 腹面观；D. 阳茎，侧面观；E. 左下附肢，腹面观

181. 叉长角石蛾属 *Triaenodes* McLachlan, 1865

Triaenodes McLachlan, 1865: 110. Type species: *Leptocerus bicolor* Curtis, 1834.

Allosetodes Banks, 1931: 421. Type species: *Allosetodes plutonis* Banks, 1931.

Triaenodella Mosely, 1932: 297. Type species: *Triaenodella cheliferus* Mosely, 1932.

主要特征：体中小型，多黄褐色。雄性触角柄节具香器官，外观具 1 可活动的盖片，内藏毛束。

雄性外生殖器：下附肢基部具完全暴露的细杆状突起，阳茎端不明显，阳基侧突缺如。

分布：世界广布。世界已知约 287 种，中国记录 10 种，浙江分布 1 种。

（527）棕褐叉长角石蛾 *Triaenodes rufescens* Martynov, 1935（图 7-180）

Triaenodes rufescens Martynov, 1935b: 239.

主要特征：前翅长雄性 7.1–8.0 mm，雌性 7.7–8.7 mm。头、胸部褐色，着生黄褐色毛。雄性触角柄节长，香器官发达。前翅覆黄褐色细毛，翅外缘各端室有灰褐色毛点。

雄性外生殖器：第 9 腹节侧面观背半部似缺如，背面观仅有 1 对乳头状突起；腹半区三角兜状骨片，腹面观亚矩形，两端缘均内凹。肛前附肢细枝状，具长毛，与第 9 腹节腹板约等长。第 10 腹节背板上支为 1 细小枝突，侧面观微扭，长为肛前附肢的 2/3。第 10 腹节背板下支不对称，背面观左支为细长骨化突，微扭曲，右支为短三角形叶片，紧贴左支基部。下附肢主体长扁形，侧缘中央着生 1 具毛细侧支，腹面观长约为均宽的 2.5 倍，中央缢缩，外侧缘长于内侧缘，顶端斜弧形，密生短刺毛；下附肢主体基背方的突起不为均匀细杆状，基半部略粗壮，具 1 背分支和 1 腹向角突，端半部细杆状并下弯。阳茎全部外露，不对称，左侧弯槽形，右侧为 1 长条状骨片包埋于膜质区中。

　　分布：浙江（庆元）、四川、贵州；俄罗斯（远东以南）。

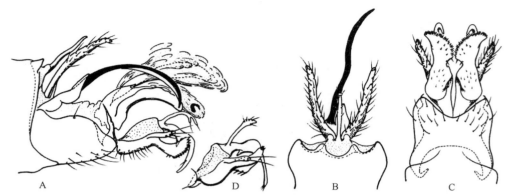

图 7-180　棕褐叉长角石蛾 *Triaenodes rufescens* Martynov, 1935 ♂外生殖器（仿自 Yang and Morse，2000）
A. 侧面观；B. 背面观；C. 腹面观；D. 下附肢，侧面观

五十二、齿角石蛾科 Odontoceridae

主要特征：成虫缺单眼，触角明显长于前翅，基节较长，下颚须5节，较粗壮，雄性复眼大，有时在头背方几乎相接。中胸小盾片具1个大毛瘤，足具细小的黑色短刺，胫距式0-2, 0-4, 2-4。前翅具封闭的分径室，R_1和R_2之间常具1横脉。雄性前翅M脉缺如，故无明斑室；具1、2、5叉，或1、5叉；雌性前翅具明斑室，具1、2、3、5叉。

分布：世界广布。世界已知12属约164种，中国记录4属39种，浙江分布2属4种。

182. 裸齿角石蛾属 *Psilotreta* Banks, 1899

Psilotreta Banks, 1899: 213. Type species: *Psilotreta frontalis* Banks, 1899.

Astoplectron Banks, 1914: 264. Type species: *Heteroplectron borealis* Provancher, 1877 = *Psilotreta indecisa* Walker, 1852.

主要特征：头部宽而短；雄性复眼明显大于雌性，但彼此不接触，雌雄头顶均具3对毛瘤；触角粗壮，略长于前翅；下颚须覆直立、浓密的毛。胫距式2, 4, 4。翅覆密毛，前、后翅约等宽，分径室狭长，与1叉有较长距离的相接。

分布：主要分布于东洋区和新北区。世界已知68种，中国记录32种，浙江分布3种。

分种检索表

1. 雄性下附肢第1节简单，长圆柱形 ·· 中华裸齿角石蛾 *P. chinensis*
- 雄性下附肢第1节末端凹入而呈二叉状，或不凹入而呈其他形状，但不呈管状 ···································· 2
2. 上附肢长椭圆形 ··· 翼状裸齿角石蛾 *P. dardanos*
- 上附肢长三角形 ··· 叶茎裸齿角石蛾 *P. lobopennis*

（528）中华裸齿角石蛾 *Psilotreta chinensis* Banks, 1940（图 7-181）

Psilotreta chinensis Banks, 1940: 219.

主要特征：前翅长雄性12 mm，雌性 15 mm。头、胸部黑褐色，毛瘤浅黄白色；腹部浅灰黑色。触角、足浅黄褐色。翅均匀褐色，覆黄褐色细毛。雄性前翅缺分径室，R_3、R_4和R_5基部共柄并与R_2有长距离愈

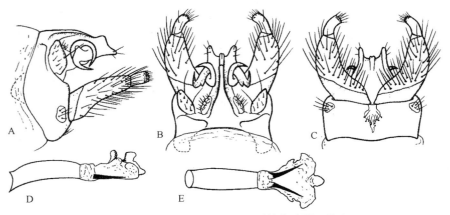

图 7-181　中华裸齿角石蛾 *Psilotreta chinensis* Banks, 1940 ♂外生殖器（仿自 Parker and Wiggins, 1987）

A. 侧面观；B. 背面观；C. 腹面观；D. 阳具，侧面观；E. 阳具，腹面观

合，M_{1+2} 与 R_5 不共柄。下颚须粗壮，基部 2 节具短密毛。

雄性外生殖器：第 9 腹节侧面观背半部后缘具 1 深凹。第 9、10 节背板愈合形成骨化的深背笼，侧面观长约为基宽的 1.5 倍，末端斜截，腹缘略长于背缘，每侧近基部各具 2 个弯钩形骨化突起，背钩突细长，弯成大半圆弧，尖端向下，腹钩短，尖端指向后方；背面观背板分为上、下两层，上层（第 9 节背板）狭长三角形，下层（第 10 节背板）亚三角形，近基部两侧具三角形翅突，背板端缘宽而深凹，中央具 1 浅裂，两侧角具短角状延伸，长约为其宽的 2 倍。肛前附肢短叶形，末端宽圆，着生于后侧缘的深凹中。下附肢 2 节，基节长圆柱形，长约为基宽的 2.5 倍，基部具褐色带；端节粗短柱形，略细于基节末端，长至少为基节的 1/3。阳茎短管状，阳基侧突为 1 对短针突，长约为阳茎的 1/2。

分布：浙江（安吉）、四川、云南。

（529）翼状裸齿角石蛾 *Psilotreta dardanos* Malicky, 2000（图 7-182）

Psilotreta dardanos Malicky, 2000: 37.

主要特征：前翅长 8.5 mm，体黄褐色。下颚须第 1 节长为 0.3 mm，第 1–5 节长度比为 1：1：1.8：1.5：2。

雄性外生殖器：第 9 节背板短，不向后方强烈延伸，背面观近似呈长方形；侧前突位于侧区背面上半部，长约等于腹缘；侧、腹毛瘤缺如。腹部第 10 节中背突呈长柱形，端部膨大；第 10 节侧突似翼状，发自第 10 节主体端部，折向前方，呈椭圆形的宽片，端部 1/4 明显变窄成钩状；中附肢弯镰形，侧面观呈 180°弯曲。上附肢长椭圆形，背、腹缘近平行，长约为中宽的 2.5 倍。下附肢基节长，侧面观背叶不发达，宽短形，腹叶细长三角形，指向后方，长约为基宽的 2 倍，为基节长的 1/2，与端节构成二叉状；端节壶状，侧面观基半部膨大成球形，端半部细，端部散生小黑齿。阳茎基侧面观长约为中宽的 7 倍，腹端角 80°，阳基侧突 1 对，刺状，端部指向腹方，阳茎孔片侧面观呈弧形弯曲。

分布：浙江（安吉、临安）、安徽、江西、福建。

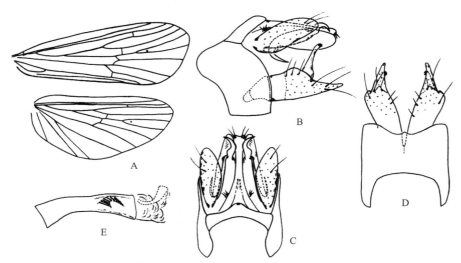

图 7-182　翼状裸齿角石蛾 *Psilotreta dardanos* Malicky, 2000
A.♂前、后翅；B-E.♂外生殖器：B. 侧面观；C. 背面观；D. 腹面观；E. 阳茎，侧面观

（530）叶茎裸齿角石蛾 *Psilotreta lobopennis* Hwang, 1957（图 7-183）

Psilotreta lobopennis Hwang, 1957: 394.

主要特征：前翅长 11–13 mm。体褐色。前翅分径室约为翅长的 1/3，R_2 发自分径室基部 1/4–1/3，第 2

叉柄长为分横脉 s 的 2–3 倍，径中横脉 r-m 发自分径室的端部。后翅分径室约为翅长的 1/3，R_2 发自分径室近基部 1/4，第 2 叉柄长为 s 的 1–2 倍，中脉 M 从明斑室的外侧分叉，与明斑室端部的距离为中肘横脉 m-cu 的 0.3–1 倍。

雄性外生殖器：第 9、10 节背板愈合成长兜状，近基部明显缢缩，背面观中央膨大，或背面观端部 1/3 膨大，向端部略收窄，端部圆钝；侧前突位于侧区上半部，长约等于腹宽；侧、腹毛瘤边缘不清晰。第 10 节毛瘤发达，呈疣状突起，或不突出；侧突宽短，仅伸至第 9+10 背板中央，末端具小叶状向腹后方突出或极小，在种内存在差异，亚端部具 1 指向前方的刺，短或细长；中附肢着生于第 10 节主体背缘，近方形，腹后角略尖，或呈三角形。上附肢狭长，近基部宽，向端部收窄，端部伸至第 9+10 背板端部 1/4 处。下附肢基节侧面观二叉状，背、腹叶间约呈 80° 夹角，背叶隆起成锥状，腹叶呈长锥状向后延伸，端部着生粗扁刚毛，腹面观腹内侧片不发达；端节背腹扁平，侧面观窄或呈锥形，腹面观呈柱形，长约为宽的 2 倍，端缘密生粗黑齿。阳茎基侧面观管状，腹缘呈深弧形，近基部 1/3 处明显收窄，长为最窄处的 7 倍，端部膨大，端宽略窄于最窄处的 3 倍，腹端角 65°；阳基侧突 1 对，长约为阳茎基的 1/2，背叶呈角状突起或略隆起，腹叶略弯曲，基部宽，向端部明显变窄；阳茎孔片呈弧形。

分布：浙江（丽水）、江西、福建、广东。

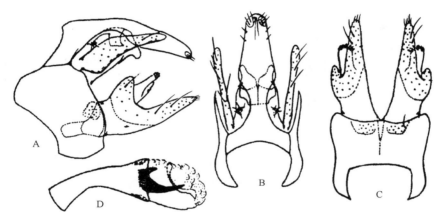

图 7-183　叶茎裸齿角石蛾 *Psilotreta lobopennis* Hwang, 1957 ♂外生殖器
A. 侧面观；B. 背面观；C. 腹面观；D. 阳具，侧面观

183. 滨齿角石蛾属 *Marilia* Müller, 1880

Marilia Müller, 1880: 127. Type species: *Marilia major* Müller, 1880.

主要特征：头胸部、颚须和足具较稀疏的细毛。雄性头顶微凹，无毛瘤，复眼极大，红褐色，彼此几相接触并占据头顶的大部分；雌性复眼正常，头顶具 3 对毛瘤。触角极细，长于前翅，柄节略呈球茎状突起。前、后足较细而短，中足极长，其胫节和腿节约等长，胫距式 2, 4, 4。前翅狭长，翅端近平截，后翅宽三角形，臀叶缘毛长而密。

分布：世界广布。世界已知 75 种，中国记录 6 种，浙江分布 1 种。

（531）直缘滨齿角石蛾 *Marilia parallela* Hwang, 1957（图 7-184）

Marilia parallela Hwang, 1957: 395.

主要特征：前翅长 8.5–9.0 mm，体黄褐色。下颚须第 1 节长度为 0.5 mm，第 1–5 节长度比为 1∶0.8∶1∶0.7∶0.7。

　　雄性外生殖器：第 9 节背板侧面观前缘略弯曲，后缘背面 1/3 向前呈半圆形凹陷，其下方呈圆钝状突起，背侧缝倾斜。第 10 节背板背面观宽大，端部中央具 1 缺刻，侧面观主体中部具 1 弧形的折痕，后缘近中央向后方延伸，腹缘平直。上附肢狭长，棒状，着生在第 9 节背板的深洼中，基部 1/3 窄，余部略膨大。下附肢基节极长，侧面观背腹缘近平行，略向背前方呈弧形弯曲，从基部向端部渐变窄，腹面观内缘近基部略隆起；端节短小，端缘着生短小黑齿，阳茎基长管状，端半部略增宽，阳茎孔片清晰可见，宽短。

　　分布：浙江（安吉、临安）、福建。

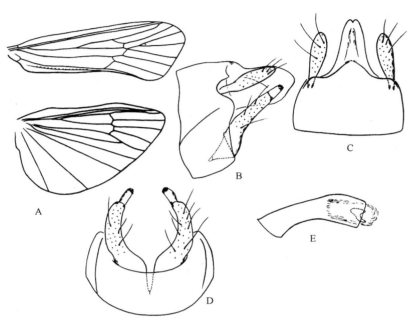

图 7-184　直缘滨齿角石蛾 *Marilia parallela* Hwang, 1957
A. ♂前、后翅；B-E. ♂外生殖器：B. 侧面观；C. 背面观；D. 腹面观；E. 阳茎，侧面观

五十三、细翅石蛾科 Molannidae

主要特征：头短而宽；缺单眼。雌雄下颚须均 5 节，下颚须长，粗壮，被毛。触角第 1 节长。中胸盾片毛散布全长，中胸小盾片圆，通常缺毛瘤。足具黑色短刺，胫距式 2, 4, 4。翅窄，翅脉大多退化，缺分径室，后翅前缘具翅钩列。

分布：全北区、东洋区。世界已知 2 属 47 种，中国记录 2 属 6 种，浙江分布 2 属 3 种。

184. 细翅石蛾属 *Molanna* Curtis, 1834

Molanna Curtis, 1834: 214. Type species: *Molanna angustata* Curtis, 1834.

主要特征：头顶具 2 对近圆形小毛瘤，雌雄下颚须第 2、3 节常着密毛。前胸背板具 1 对大型横向毛瘤，胫距式 2, 4, 4。翅细而窄，前翅 Rs 雌雄均 2 支，M 雄性 3 支，雌性 4 支；缺分径室与中室。后翅 Rs 脉 3 支，M 脉 2 支，Cu_1 简单，但某些种类后翅翅脉特化。

雄性外生殖器：第 10 节退化为 2 块骨片，肛前附肢较大，中附肢大，下附肢细长。阳基管状，内茎鞘具各式突起。

分布：全北区、东洋区。世界已知 28 种，中国记录 3 种，浙江分布 1 种。

（532）暗褐细翅石蛾 *Molanna moesta* Banks, 1906（图 7-185）

Molanna moesta Banks, 1906: 110.

Molanna falcata Ulmer, 1908: 347.

Molanna stenoptera Navás, 1933a: 43.

主要特征：前翅长 10–11 mm。体黑褐色，触角长为体长的 1.1–1.4 倍，柄节长为梗节的 3–5 倍；下颚须第 2、3 节着较密毛。

雄性外生殖器：第 9 腹节侧面观背区狭带状，背缘长为腹缘的 1/2，前侧缘呈近 90°三角形突起，后侧缘背半部深凹，其内着生上附肢。上附肢侧面观略呈星月形，我国的标本腹端突明显长于背端突。第 10 节背板由 1 对粗壮肥大的条形骨片组成，其端半部明显膨大并折向下方；背缘具 4–5 个短粗刺。下附肢简单叶状突，侧面观长约为基宽的 2.2 倍；腹面观附肢弯成半圆弧，基部内侧各着生 1 具短柄的棒头状突起。阳茎管状，阳基侧突 1 对，粗短刺状。

分布：浙江（四明山）、黑龙江、江西、广东、四川、贵州、云南；俄罗斯（远东地区），韩国，日本。

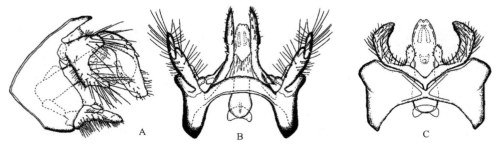

图 7-185　暗褐细翅石蛾 *Molanna moesta* Banks, 1906 ♂外生殖器
A. 侧面观；B. 背面观；C. 腹面观

185. 瘤细翅石蛾属 *Molannodes* McLachlan, 1866

Molannodes McLachlan, 1866b: 178. Type species: *Molannodes zelleri* McLachlan, 1866 = *Phryganea tincta* Zetterstedt, 1840.

主要特征：头顶具 3 对毛瘤。前胸背板具 2 对圆形毛瘤，雄性中央的 1 对特化为较大的瘤突。胫距式 2, 4, 4。翅宽较细翅石蛾属 *Molanna* 的种类宽，前翅脉相雌雄相似。前翅 Rs 脉 3 支，M 脉 4 支，缺分径室，中室开放，横脉 cu 位置偏基部，Cu_2 完整，达翅缘，第 1 臀室短，第 2 臀室长，1A+2A+3A 短，终止于翅缘。后翅脉相与细翅石蛾属 *Molanna* 相似。

雄性外生殖器：第 9 节套叠于第 8 节内，第 10 节通常屋脊状，肛上附肢大，中附肢小，叉状，下附肢小。阳基鞘锥状，内茎鞘大，具成对或不成对的叶突。

分布：古北区、东洋区，但东洋区种类更丰富。世界已知 19 种，中国记录 3 种，浙江分布 2 种。

（533）爱帕瘤细翅石蛾 *Molannodes epaphos* Malicky, 2000（图 7-186）

Molannodes epaphos Malicky, 2000: 38.

主要特征：体褐色，前翅长雄性 7.0–7.5 mm，雌性 8.0 mm。

雄性外生殖器：第 9 节前缘侧面观上半部向前方加宽，第 10 节背面观较长，向端部加宽，顶端中央切入，上附肢侧面观细长，背缘基部 1/3 隆起，中附肢长，背面观尖，侧面观细长，背缘稍向下弯曲，腹缘 2/3 处形成 1 角突。下附肢背面细长，略向下及向侧弯曲，腹面呈短钩状。阳基侧突具基部十分宽的短钩及 1 个背面膜质的指状突及 1 对膜质的侧面部分，此为指状突的着生处。该种与其他成员不同，特征明显。

分布：浙江（安吉、临安）。

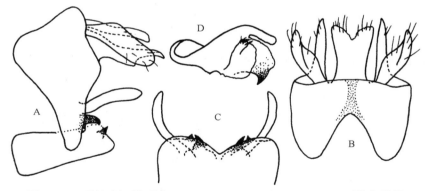

图 7-186　爱帕瘤细翅石蛾 *Molannodes epaphos* Malicky, 2000 ♂外生殖器
A. 侧面观；B. 背面观；C. 腹面观；D. 阳茎，侧面观

（534）爱菲瘤细翅石蛾 *Molannodes ephialtes* Malicky, 2000（图 7-187）

Molannodes ephialtes Malicky, 2000: 39.

主要特征：体褐色。前翅长雄性 7.5 mm，雌性 9.0 mm。

雄性外生殖器：第 9 节前缘侧面观上半部向前方加宽；第 10 节侧面观通常钝三角形，背面观宽三角形，端部呈"U"形凹入。上附肢分叉，具短的背瓣与长的腹瓣。中附肢背面观细长，具内向的尖突，腹面观直，腹缘中部向后方变窄，端圆。下附肢背面部分细长，略向下及向内弯曲，腹面部分长约为背面部分的一半，并向下弯曲。阳基侧突具强烈骨化的钩、膜质的背突（背面指状突）、较多的腹向的及侧向的膜质突，在这些膜质突上着生短而钝的刺突。

　　分布：浙江（临安）。

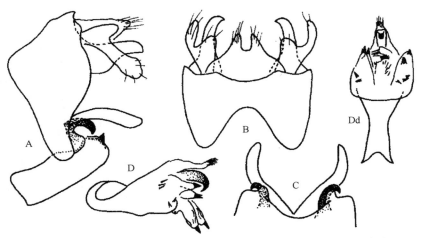

图 7-187　爱菲瘤细翅石蛾 *Molannodes ephialtes* Malicky, 2000 ♂外生殖器
A. 侧面观；B. 背面观；C. 腹面观；D. 阳茎，侧面观；Dd. 阳茎，背面观

五十四、沼石蛾科 Limnephilidae

主要特征：体中至大型。头通常短而宽。成虫具单眼 3 枚，头顶具大小不等的毛瘤 3 对；触角丝状，与翅等长或稍短于翅；雄性下颚须 3 节，第 1 节很短，第 2、3 节约等长；雌性下颚须 5 节，第 2 节细长，长于第 1 节。下唇须 3 节。足胫节、跗节多刺；胫距式 0–1, 1–3, 1–4, 通常为 1, 3, 4。中胸盾片具 1 对长形的毛斑或 1 对边缘明显的毛瘤；小盾片短，具 1 对小毛瘤，或具 1 个位于中央的长卵圆形毛瘤，但其长度不及宽的 3 倍。前后翅的翅脉均缺第 4 叉和中室；前翅臀脉合并部分等于或长于第 1 臀室数分室之总长。腹部 10 节，常短而粗壮。

雄性外生殖器：第 9 腹节一般短小，环形；第 10 腹节常与第 9 腹节愈合并形成若干对肢状突起，自背方至腹方依次有肛前附肢、上附肢、中附肢和下分支，肛前附肢和下分支常缺。第 9 腹节侧下方着生 1 对下附肢，1–2 节，基部与第 9 腹节相连接或紧密结合。阳具由阳茎基、阳茎和阳基侧突组成，简单或特化。

分布：多数种类发生在全北区的寒冷地带，少数分布在东洋区北部。世界已知 100 属 1000 种，中国记录 20 属 96 种，浙江分布 2 属 3 种。

186. 长须沼石蛾属 *Nothopsyche* Banks, 1906

Nothopsyche Banks, 1906: 107. Type species: *Nothopsyche pallipes* Banks, 1906.

主要特征：体中型。雄性下颚须 3 节，第 2、3 节特别长；雌性下颚须 5 节。雄性触角长于雌性，各节腹面多皱纹。前胸具 1 对大毛瘤，中胸盾片 1 对毛瘤的形状在种间有变异，但小盾片毛瘤常为几个小圆毛孔或小毛瘤。胫距式 0, 2, 2 或 1, 2, 2。

分布：古北区东部和东洋区。世界已知近 20 种，中国记录 8 种，浙江分布 1 种。

（535）野畸长须沼石蛾 *Nothopsyche nozakii* Yang *et* Leng, 2004 （图 7-188）

Nothopsyche nozakii Yang *et* Leng in Leng & Yang, 2004: 516.

主要特征：体黄褐色，前翅长 19–22 mm。

雄性外生殖器：第 9 腹节侧面观背半部收窄成狭带状，腹半部宽，至少为背宽的 6 倍。上附肢近方板形，末端平截。中附肢指状，具毛。下附肢侧面观短而宽，长约等于基宽，似由两节组成；基节粗大，腹侧方密生长毛，腹面观近方形；端节近方形，与基节间有 1 脊状分界。阳茎侧面观基半部上方骨化，阳茎端腹面观其两侧缘稍缢缩，顶端具弧形深凹。阳基侧突约达阳茎长的 1.5 倍，基半部粗壮，末端平截。

雌性外生殖器：第 9 腹节侧面观亚矩形。第 10 腹节为 1 对叶突，侧面观其端缘约为基宽的 1.5 倍，背端部呈角状突；第 10 腹节腹面观两瓣长至少约为其宽的 3 倍。上生殖板大，舌状；下生殖板端缘中央为 1 钝圆形突起，两侧各有 2 个小三角形突起。受精囊骨片亚菱形，长约为最宽处的 1.5 倍。

分布：浙江（安吉）。

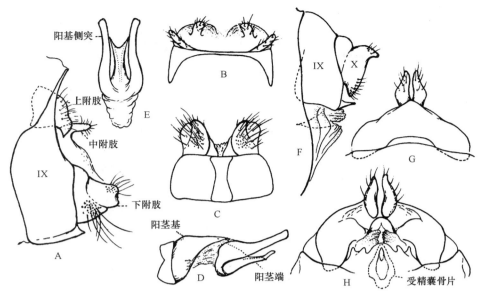

图 7-188　野畸长须沼石蛾 *Nothopsyche nozakii* Yang *et* Leng, 2004（仿自冷科明和杨莲芳，2004）
A-E. ♂外生殖器：A. 侧面观（IX 代表第 9 腹节）；B. 背面观；C. 腹面观；D. 阳茎，侧面观；E. 阳茎端与阳基侧突，背面观；F-H. ♀外生殖器：
F. 侧面观（IX 和 X 分别代表第 9 和第 10 腹节）；G. 背面观；H. 腹面观

187. 沼石蛾属 *Limnephilus* Leach, 1815

Limnephilus Leach, 1815: 136. Type species: *Phryganea rhombica* Linnaeus, 1758.

Algonguina Banks, 1916a: 121. Type species: *Stenophylax parvula* Banks, 1906.

Anabolina Banks, 1903: 244. Type species: *Anabolina diversa* Banks, 1903.

Apolopsyche Banks, 1916a: 121. Type species: *Stenophylax minusculus* Banks, 1907.

Rheophylax Sibley, 1926: 191. Type species: *Limnephilus submonilifer* Walker, 1852.

Zaporota Banks, 1920: 342. Type species: *Zaporota pallens* Banks, 1920.

主要特征：头部相对较长而窄，眼稍凸。触角粗壮，略短于前翅。下颚须细长。前足第 1 跗节通常稍长于第 2 跗节，少数种类雄性第 2 跗节长于第 1 跗节。前翅细长，于并接横脉处较宽，后翅宽大。前翅分径室窄，长为宽的 1.5–2 倍，并接横脉通常"Z"形；后翅分径室长短不同种类之间有变化，并接横脉亦呈"Z"形。

雄性外生殖器：第 8 节常形成背端突，被小刺。第 9 节发达，具各式附肢，下附肢部分地与第 9 节愈合。阳茎基部膜质，具阳基侧突。

分布：古北区、东洋区、新北区、旧热带区、新热带区。世界已知约 196 种，中国记录 14 种，浙江分布 2 种。

（536）浙江沼石蛾 *Limnephilus zhejiangensis* Leng *et* Yang, 2004（图 7-189）

Limnephilus zhejiangensis Leng *et* Yang, 2004: 520.

主要特征：体黄褐色，雄性前翅长 16–17 mm。

雄性外生殖器：第 8 腹节背板中部向后延伸成 1 钝圆形突起，具毛。第 9 腹节侧面观中部宽大，其背方突然切入至近基部；背面观背板中部呈三角形突起。上附肢侧面观长约为宽的 1.5 倍，端缘向腹方倾斜，具若干骨化的小齿突；后面观其内壁近端部具 1 短横列骨化的小齿突。中附肢单突状，较直，稍短于上附肢，末端指向斜上方。下附肢基部宽但极短，似为沿第 9 腹节的 1 条狭带，背端部延伸成指状突起，略短于上附肢。阳茎长管状，基部略粗，端部内阳茎短，约占整个阳茎长的 1/6；阳基侧突细瘦，稍短于阳茎，近端部 1/4 内侧呈弧凹，并在 1/4 处具三角形突起，着生成丛的粗毛。

分布：浙江（庆元、龙泉）。

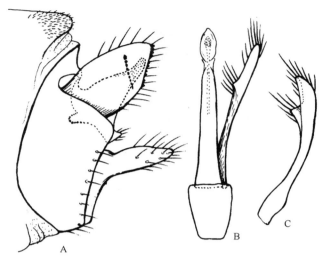

图 7-189　浙江沼石蛾 *Limnephilus zhejiangensis* Leng *et* Yang, 2004 ♂外生殖器（仿自冷科明和杨莲芳，2004）
A. 侧面观；B. 阳茎，背面观；C. 阳基侧突，腹面观

（537）大须沼石蛾 *Limnephilus distinctus* Tian *et* Yang, 1992（图 7-190）

Limnephilus distinctus Tian *et* Yang in Tian, Li, Yang & Sun, 1992: 880.

主要特征：体黄褐色，前翅长雄性 21 mm，雌性 22 mm。

雄性外生殖器：第 8 腹节背板中部向后延伸成 1 钝圆形突起，具毛。第 9 腹节侧面观近背方 1/3 处最宽，背、腹方宽约为中部最宽处的 1/2。上附肢侧面观宽大，长约为基部宽的 1.5 倍，末端钝圆；后面观其腹缘呈不规则锯齿状，背缘中部向腹内侧延伸成 1 骨化的小刺突。中附肢单突状，约与上附肢等长，端部弯向背方。下附肢基部沿第 9 腹节形成 1 带状，余下部分呈棍棒状突起，约与上附肢等长，中部略粗，末端钝圆。阳茎基长杯状；阳茎长管状，基部略粗，端部内茎膜约占整个阳茎长的 1/5；阳基侧突细瘦，约与阳茎等长，末端向背方膨大成三角形，具若干粗毛。

分布：浙江（庆元）、四川。

图 7-190　大须沼石蛾 *Limnephilus distinctus* Tian *et* Yang, 1992 ♂外生殖器（仿自田立新等，1992）
A. 侧面观；B. 背面观

五十五、幻石蛾科 Apataniidae

主要特征：体小型，细长。触角稍长于前翅；下颚须弱，雄性第 3 节不达触角柄节。前翅 C 与 R_1 之间通常具 1 横脉，Sc 通常终止于该横脉上。并接横脉大致呈 1 条直线，或不规则断裂。后翅第 1 叉具长柄，分径室开放，横脉 m-cu 直而短，具 3 根棒状翅缰。雄性下附肢通常 2 节，雌性第 9 节背腹板愈合，第 8 节下生殖板不分裂，端部中央极度延长。

分布：古北区、东洋区、新北区。世界已知 18 属约 200 种，中国记录 4 属 33 种，浙江分布 3 属 9 种。

分属检索表

1. 前翅缺 R_1-C 横脉，分径室远超出 R_4 与 R_5 的交点；雄性外生殖器下附肢端节细长 ·············· 长刺沼石蛾属 *Moropsyche*
- 前翅具 R_1-C 横脉，分径室略超出 R_4 与 R_5 的交点 ··· 2
2. 雄性第 5 腹节腹板两侧向背方延伸成 1 对突起（腹板突），雌性第 8 节不向后方形成舌形的下生殖板 ············ 腹突幻石蛾属 *Apatidelia*
- 雄性第 5 腹节腹板正常，雌性第 8 节向后方形成舌形的下生殖板 ·············· 幻沼石蛾属 *Apatania*

188. 幻沼石蛾属 *Apatania* Kolenati, 1848

Apatania Kolenati, 1848: 33. Type species: *Apatania wallengreni* McLachlan, 1871.

Apatelia Wallengren, 1886: 78. Type species: *Phryganea fimbriata* Pictet, 1834.

Apatidea McLachlan, 1874: 33. Type species: *Apatidea copiosa* McLachlan, 1874.

Archapatania Martynov, 1935b: 207. Type species: *Archapatania complexa* Martynov, 1935.

Gynapatania Forsslund in Forsslund & Tjeder, 1942: 95. Type species: *Apatania muliebris* McLachlan, 1866.

主要特征：头窄，两侧稍隆，复眼小。下颚须不甚发达。胫距式 1, 2, 2 或 1, 2, 4。翅中等大，翅脉完全，5 叉齐全。前翅 Sc 终止于 C 与 R_1 间的横脉上，并接横脉呈 1 直线，不规则地断裂；分径室短，并略上弯。后翅分径室开放，第 1 叉短，M 脉分叉与 Cu_1 脉相接。

雄性外生殖器：第 9 节环状，背面略短形成 1 对端背叶，与第 10 节平行或愈合；肛上附肢游离于外支或与外支愈合，外支游离或愈合。下附肢大，2 节。

分布：全北区、东洋区。世界已知约 104 种，中国记录 25 种，浙江分布 5 种。

分种检索表

1. 下附肢第 2 节短于第 1 节 ·· 2
- 下附肢第 2 节长于第 1 节 ·· 3
2. 阳茎近基部腹面具 1 对细长的刺状突起 ·· 叉茎幻沼石蛾 *A. bicruris*
- 阳茎近基部腹面缺上述刺状突起 ·· 板支幻沼石蛾 *A. immensa*
3. 下附肢第 2 节端半部细指状，向背方竖起 ·· 槽茎幻沼石蛾 *A. sulciformis*
- 下附肢第 2 节不如上述 ·· 4
4. 中附肢细长，侧面观半环状弯向腹方 ·· 半环幻沼石蛾 *A. semicircularis*
- 中附肢较短，侧面观微弯向腹方 ·· 三指幻沼石蛾 *A. tridigitula*

（538）叉茎幻沼石蛾 *Apatania bicruris* Leng *et* Yang, 1998（图 7-191）

Apatania bicruris Leng *et* Yang, 1998: 24.

主要特征：体黑褐色，前翅长 7.5 mm。

雄性外生殖器：第 9 腹节侧面观腹方最宽，约为平均宽度的 2 倍。肛前附肢细瘦。上附肢棒状，约为肛前附肢的 1.5 倍长。中附肢单个，粗短，长约为上附肢的 1/2；下分支三角形板状，背面观稍倾向内侧。下附肢基节粗大，侧面观长约为均宽的 1.5 倍，顶端近腹方具 1 丛密而粗的长毛；端节约为基节 1/2 宽，渐尖，腹面观稍弯向外侧。阳茎基短杯状。阳茎近基部腹面具 1 对细长的刺状突起，腹面观端部深裂成细长的两支，约占整个阳茎长的 4/5。阳基侧突细长，基部外侧分别具 1 短而宽的叶状分支。

分布：浙江（安吉）。

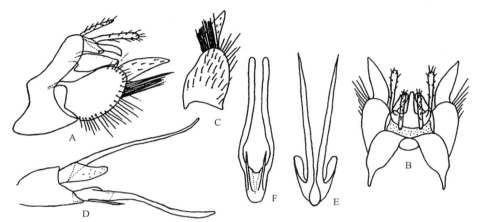

图 7-191　叉茎幻沼石蛾 *Apatania bicruris* Leng *et* Yang, 1998 ♂外生殖器（仿自 Leng and Yang，1998）
A. 侧面观；B. 背面观；C. 下附肢，腹面观；D. 阳具，侧面观；E. 阳具，背面观；F. 阳具，腹面观

（539）板支幻沼石蛾 *Apatania immensa* Leng *et* Yang, 1998（图 7-192）

Apatania immensa Leng *et* Yang, 1998: 25.

主要特征：体黄褐色，前翅长雄性 9.6 mm，雌性 7.6 mm。

雄性外生殖器：第 9 腹节侧面观前缘显著拱起，后缘平直。肛前附肢几乎完全愈合入上附肢中，背面观可见其残留的端部。上附肢粗大，褐色，骨化较强，背面观基部 3/4 愈合成宽大的板状，侧面观末端向腹方延伸成 1 尖突。中附肢单根，侧面观长杆状，约呈 45° 斜伸向腹方；腹面观端部较狭，每侧具 4–6 根

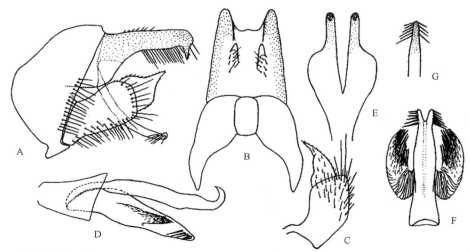

图 7-192　板支幻沼石蛾 *Apatania immensa* Leng *et* Yang, 1998 ♂外生殖器（仿自 Leng and Yang，1998）
A. 侧面观；B. 背面观；C. 下附肢，侧面观；D. 阳具，侧面观；E. 阳基侧突，背面观；F. 阳茎，腹面观；G. 内支，腹面观

粗毛。下附肢基节粗大，长约为平均宽的 2 倍；端节较小，近圆锥形，腹面观稍弯向内侧。阳茎基短杯状。阳茎近中部每侧具 1 粗大的膜质突起，上具大量粗刺和细毛；阳茎末端深裂成 "V" 形，每侧具 6 根粗刺。阳基侧突背面观基部 1/3 愈合，中部向外侧呈叶状扩张，端部突然变狭，钩状弯向背方。

分布：浙江（安吉）。

（540）半环幻沼石蛾 *Apatania semicircularis* Leng *et* Yang, 1998（图 7-193）

Apatania semicircularis Leng *et* Yang, 1998: 23.

主要特征：体黑褐色，前翅长 7.5 mm。

雄性外生殖器：第 9 腹节侧面观最宽处位于近背方 1/3 处，最狭处位于近腹方 1/6 处，约为最宽处的 1/2。肛前附肢短小。上附肢细长，长约为肛前附肢的 3 倍，侧面观微弯向腹方。中附肢细长，侧面观半环状弯向腹方，深褐色，骨化较强。下附肢粗大，侧面观基节长为宽的 2 倍左右，腹方具长毛；端节密布短毛，长度约为基节的 2 倍，端半部约呈 45°弯向背方。阳茎基杯状。阳茎细长，腹面观近基部具 1 对长刺状突起，端部突然变狭，分叉成细长两支，钩状弯向背方。阳基侧突铗状，褐色，稍骨化，近基部较粗，向末端渐细；两侧突基半部腹面观通过背方 1 膜质部分相连，端部侧面观背缘锯齿状。

分布：浙江（安吉）。

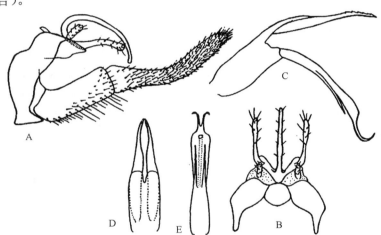

图 7-193　半环幻沼石蛾 *Apatania semicircularis* Leng *et* Yang, 1998 ♂外生殖器（仿自 Leng and Yang，1998）
A. 侧面观；B. 背面观；C. 阳具，侧面观；D. 阳基侧突，背面观；E. 阳茎，腹面观

（541）槽茎幻沼石蛾 *Apatania sulciformis* Leng *et* Yang, 1998（图 7-194）

Apatania sulciformis Leng *et* Yang, 1998: 23.

主要特征：体黑褐色。前翅长 8.5 mm。

雄性外生殖器：第 9 腹节短，侧面观腹方最宽，约为平均宽度的 2 倍。肛前附肢短小。上附肢约为肛前附肢 3 倍长，腹内侧近基部 1/3 处具 1 小的角状突起。中附肢单根，约与上附肢等长，侧面观端部略弯向腹方。下附肢粗短，侧面观基节长为平均宽度的 2 倍左右，基部稍缢缩；端节长约为基节的 2 倍，端半部细指状，向背方竖起，外缘密布长毛。阳茎基杯状。阳茎背面观深凹成槽形，近基部两侧具 1 对宽大的叶状突起，阳茎末端分叉形成两个钩形突，弯向两侧。阳基侧突背面观基部 2/3 膜质，愈合成 "Y" 形，端部稍骨化，弯向内侧，内侧缘具若干小齿。

分布：浙江（安吉）。

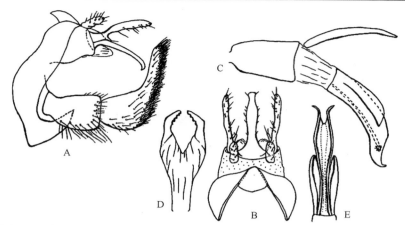

图 7-194　槽茎幻沼石蛾 *Apatania sulciformis* Leng *et* Yang, 1998 ♂外生殖器（仿自 Leng and Yang, 1998）
A. 侧面观；B. 背面观；C. 阳具，侧面观；D. 阳基侧突，背面观；E. 阳茎，腹面观

（542）三指幻石蛾 *Apatania tridigitula* Hwang, 1957（图 7-195）

Apatania tridigitulus Hwang, 1957: 396.

　　主要特征：体黑褐色。前翅长 8.2 mm。
　　雄性外生殖器：第 9 腹节短，侧面观近背方 1/3 处最宽，近腹方 1/6 处最狭，约为最宽处的 1/2。肛前附肢短小。上附肢约为肛前附肢的 1.5 倍长。中附肢较上附肢略粗而长，侧面观微弯向腹方。下附肢粗大，侧面观基节长为宽的 2 倍左右，腹方具长毛；端节密布短毛，长约为基节的 2 倍，端半部稍弯向背方。阳茎细长，腹面近基部具 1 对长刺状突起，端部突然变狭，分叉成细长两支，钩状弯向背方。阳基侧突粗大，背面观基部 1/3 愈合，末端斜截，锯齿状。
　　分布：浙江（遂昌、庆元、龙泉）、福建。

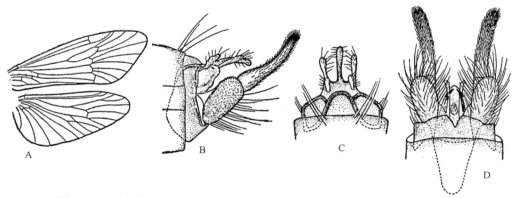

图 7-195　三指幻石蛾 *Apatania tridigitula* Hwang, 1957（仿自黄其林，1957）
A. 前、后翅；B-D. ♂外生殖器：B. 侧面观；C. 背面观；D. 腹面观

189. 腹突幻石蛾属 *Apatidelia* Mosely, 1942

Apatidelia Mosely, 1942: 343. Type species: *Apatidelia martynovi* Mosely, 1942.

　　主要特征：体长 5.0–9.0 mm。体大多深褐色，头部毛瘤与幻沼石蛾属 *Apatania* 相似。前翅透明，Sc 脉近端部处具 1 簇毛，R 脉从近基部处至端部具致密黑色毛。前后翅均具第 1–3 及第 5 叉，分径室在前翅闭锁，在后翅则开放。胫距式 1, 2, 4。雄性第 5 腹节每侧具 1 突起，雌性第 8 腹节下生殖板短，第 10 节呈屋脊状。

分布：古北区、东洋区。中国特有属，已知 7 种，浙江分布 3 种。

分种检索表

（543）尖支腹突沼石蛾 *Apatidelia acuminata* Leng *et* Yang, 1998（图 7-196）

Apatidelia acuminata Leng *et* Yang, 1998: 26.

主要特征：体黄褐色。前翅长雄性 7.2 mm，雌性 6.8 mm。第 5 腹节腹板突短，末端不超出第 5 腹节。

雄性外生殖器：第 9 腹节侧面观腹方及中部宽大，背方突然变狭。肛前附肢短小。上附肢约为肛前附肢的 4 倍长，侧面观近镰刀形，端部渐尖，弯向腹方。两中附肢细小。下附肢基节侧面观圆柱形，长约为宽的 1.5 倍；端节约为基节的 3 倍长，内侧具 1 长列密而粗的黑刺。阳茎基半部深陷于杯状的阳茎基中，腹面观中部强烈缢缩，端部浅裂成两叶。阳基侧突自基部二分叉为细长的背支和侧支，背支直立，侧支渐尖，腹面观弯向外侧。

分布：浙江（安吉）。

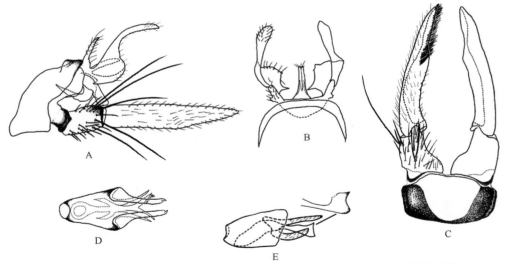

图 7-196　尖支腹突沼石蛾 *Apatidelia acuminata* Leng *et* Yang, 1998 ♂外生殖器
A. 侧面观；B. 背面观；C. 腹面观；D. 阳具，背面观；E. 阳具，侧面观

（544）莫氏腹突沼石蛾 *Apatidelia morsei* Xu *et* Sun, 2017（图 7-197）

Apatidelia morsei Xu *et* Sun in Xu, Xie, Wang & Sun, 2017: 5.

主要特征：体长 6.5 mm。前翅长 7.5 mm。头黑色，复眼灰色，单眼白色。前中毛瘤不规则，长近等于宽；前侧毛瘤分隔较远，长大于宽，前侧小毛瘤数量个体间有差异，长亦大于宽，后毛瘤大型，椭圆形。胸部黑色。前翅褐色，后翅色淡，肩部具 3 根翅缰，长约 35 mm。腹部深褐色，第 5 腹节腹突短，指状。

　　雄性外生殖器：第 9 节环形，侧面观腹缘 2 倍长于背缘，前缘弓形，后缘较直，端腹角向后方稍延伸。第 10 节膜质，肛上附肢短，棒状，具毛。中附肢侧面观外分支弯镰状，由基部向端部变窄，端尖；内分支细而短，约为肛上附肢的 1/3 长。下附肢粗壮，基节圆柱形，基部强烈骨化，具粗毛；端节披针形，内面被密毛，约 2 倍于基节长。阳茎腹面观基部膨大，端部分叉，侧面观中部略上曲。阳基侧突 1 对，侧面观于中央分裂成 2 支，背支稍骨化，直；腹支短，强烈骨化，略上弯。

　　分布：浙江（临安）。

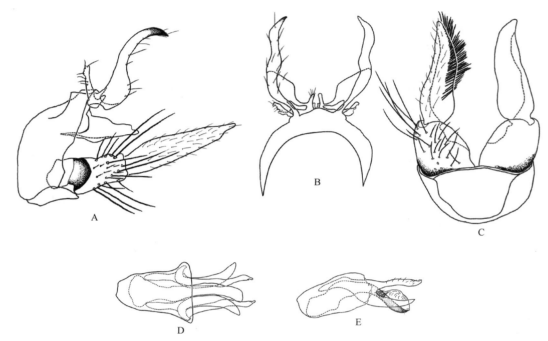

图 7-197　莫氏腹突沼石蛾 *Apatidelia morsei* Xu *et* Sun, 2017 ♂外生殖器
A. 侧面观；B. 背面观；C. 腹面观；D. 阳具，背面观；E. 阳具，侧面观

（545）马氏腹突沼石蛾 *Apatidelia martynovi* Mosely, 1942（图 7-198）

Apatidelia martynovi Mosely, 1942: 343.

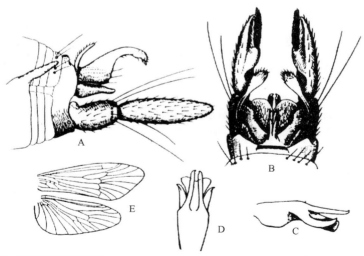

图 7-198　马氏腹突沼石蛾 *Apatidelia martynovi* Mosely, 1942（仿自 Mosely，1942）
A-D. ♂外生殖器：A. 侧面观；B. 背面观；C. 阳茎，侧面观；D. 阳茎，腹面观；E. 前、后翅

主要特征：体黄褐色。雄性前翅长 8.4 mm。第 5 腹节腹板突较长，末端稍超出第 5 腹节。

雄性外生殖器：第 9 腹节侧面观腹方及中部宽大，背方变狭。肛前附肢细瘦。中附肢外肢约为肛前附肢的 2 倍长，侧面观基部较宽大，端部细长，棒状；内肢细小。下附肢基节侧面观圆柱形，长约为宽的 1.5 倍；端节约为基节的 2 倍长，内侧具 1 长列密而粗的黑刺。阳茎基半部深陷于杯状的阳茎基中，腹面观中部强烈缢缩，端部深裂成两叶。阳基侧突自基部二分为细长的背支和侧支，背支直立，侧支渐尖，腹面观弯向外侧。

分布：浙江（安吉、庆元）、福建。

190. 长刺沼石蛾属 *Moropsyche* Banks, 1906

Moropsyche Banks, 1906: 108. Type species: *Moropsyche parvula* Banks, 1906.

Apatelina Martynov, 1936: 300. Type species: *Apatelina incerta* Martynov, 1936.

主要特征：雄性下颚须细长，第 2 节与第 3 节近等长；前胸短，胫距式 1, 3, 4；前翅窄，前缘反面稍加厚，并具刷状长毛；Rs 基部稍加厚；具第 1、2、3、5 叉，第 3 叉无柄。后翅盘室开放，第 1 叉短，具长柄，第 2 及第 3 叉基部尖锐。

雄性外生殖器：第 9 节稍倾斜，于下附肢着生处凹入。第 10 节外支圆形，略凹入，中附肢退化为 2 个膜质的瘤突。下附肢第 1 节圆筒形，第 2 节细长，分叉或不分叉。

分布：古北区东部与东洋区。世界已知 33 种，中国记录 2 种，浙江分布 1 种。

（546）百山祖长刺沼石蛾 *Moropsyche baishanzuensis* Leng *et* Yang, 1998（图 7-199）

Moropsyche baishanzuensis Leng *et* Yang, 1998: 25.

主要特征：体黄褐色。前翅长 5.2 mm。

雄性外生殖器：第 9 腹节侧面观背、腹方及中部均宽大；中叶背面观矛形，端尖。上附肢侧面观三角形，长为基部宽的 1.5 倍，末端钝圆。中附肢较上附肢稍短。下附肢基节近圆柱形，侧面观长约为基部最宽处的 2 倍，端部宽为基部的 1/2 左右；端节长刺状，约为基节的 2.5 倍，稍扭曲，指向背方。阳具侧面观基部向背方弯曲成钩状，中部较粗大，端部显著变窄，稍弯向背方。背面观顶端分叉，中部两侧缘具 2 对背刺和 1 对腹刺。

分布：浙江（庆元）。

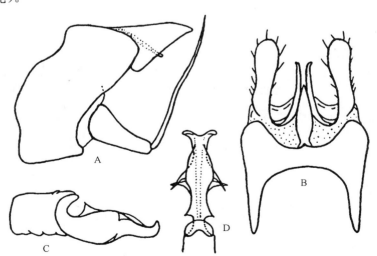

图 7-199　百山祖长刺沼石蛾 *Moropsyche baishanzuensis* Leng *et* Yang, 1998 ♂外生殖器（仿自冷科明和杨莲芳，2004）

A. 侧面观；B. 背面观；C. 阳具，侧面观；D. 阳具，背面观

五十六、拟石蛾科 Phryganopsychidae

主要特征：成虫具单眼，下颚须雄性 4 节，雌性 5 节。中单眼与侧单眼间具 3 个毛瘤。中胸盾片及小盾片各具 1 双长形毛瘤。胫距式 2, 4, 4。前后翅均宽而圆，m-cu 横脉加粗，约与翅的长轴平行，长度与径室近相等。前翅 A 脉愈合，愈合后 A 脉的长度几乎为第 1 臀室长度的 2 倍。

分布：单型科，发生于古北区东部及东洋区。世界已知 4 种，中国记录 1 种，浙江分布 1 种。

191. 宽羽拟石蛾属 *Phryganopsyche* Wiggins, 1959

Phryganopsyche Wiggins, 1959: 753. Type species: *Phryganea latipennis* Banks, 1906.

主要特征：同科征。
分布：古北区东部及东洋区。世界已知 4 种，中国记录 1 种，浙江分布 1 种。

（547）宽羽拟石蛾 *Phryganopsyche latipennis* (Banks, 1906)（图 7-200）

Phryganea latipennis Banks, 1906: 107.

Phryganopsyche latipennis: Wiggins, 1959: 753.

主要特征：前翅长 12–15 mm。翅褐色，翅面大部分区域布有不规则白色或黄色斑纹。
雄性外生殖器：第 9 腹节背板与第 10 节背板愈合，背面观端缘中央向后强烈延伸成狭长尖角突，侧面观腹节腹半区较宽，背半区后缘呈凹弧形收窄。下附肢两节，腹面观基肢节基半部宽，内侧缘呈弧形凹缺，端半部螯肢状，分为 2 支，外支（=侧端突）宽扁而端圆，内支（腹端突）略短于外支，细长柱形，末端具弯钩；端肢节细长棍棒状，着生于腹端突侧下方。肛前附肢短小，长约为宽的 2 倍，端圆。第 10 节背板狭长矩形，背面观长约为基宽的 3 倍，末端远伸至下附肢外方，并具短 "V" 形缺刻；侧面观背板近基部约 1/2 处突然向前方内凹，形成 1 亚三角形突起，后向端部收窄，端圆；背面观端部具 1 长 "U" 形缺刻；基部具 1 对细长附肢，先折向基腹方，后弯向尾方，端部 1/5–1/4 略膨大，末端渐尖。阳茎简单，阳茎基鞘管状，基部背方具 1 根阳茎肋，内阳茎基鞘膜质。

分布：浙江（安吉、临安）、陕西、安徽、江西、福建；日本，印度，缅甸，斯里兰卡。

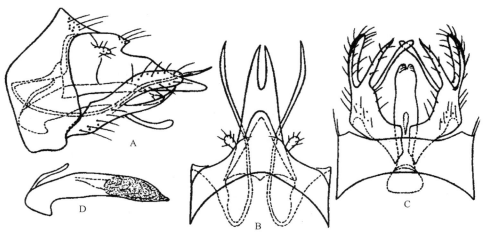

图 7-200　宽羽拟石蛾 *Phryganopsyche latipennis* (Banks, 1906) ♂外生殖器
A. 侧面观；B. 背面观；C. 腹面观；D. 阳茎，侧面观

五十七、乌石蛾科 Uenoidae

主要特征：成虫具 2–3 个单眼，前中眼有时缺如；下颚须雄性 1–2 节，端节较短小，雌性 5 节；触角柄节长于头长。中胸盾片前缘具 1 短中沟和 1 对狭长椭圆形毛瘤；胫距式 1, 3, 4。翅狭长，前翅分径室封闭，后翅分径室开放。

幼虫筑可携带管状巢，极细长，纯丝质或细砾质，直或微弯；生活在清洁的急流中，刮食石块表面的藻类及细小有机质颗粒。

分布：主要分布于古北区、东洋区和新北区。世界已知 7 属近 100 种，中国记录 2 属 6 种，浙江分布 1 属 1 种。

192. 乌石蛾属 *Uenoa* Iwata, 1927

Uenoa Iwata, 1927: 214. Type species: *Uenoa tokunagai* Iwata, 1927.

Eothremma Martynov, 1933: 150. Type species: *Eothremma japonica* Martynov, 1933.

主要特征：成虫缺中单眼，复眼具细毛；下颚须雄性 1–2 节，有时具很小的第 3 节；触角柄节与头近等长。翅沿翅脉具褐毛，雌雄脉相近似；前翅 M_1 与 M_2 相互分离，分径室短而宽；后翅 R_2 与 R_3 愈合，分径室开放，M_{1+2} 与 M_{3+4}、C_{1a} 与 C_{1b} 均存在。胫距式 1, 3, 4。

雄性外生殖器：第 9 节环形，背面短，侧面或腹面较长，下附肢 1 节。第 10 节主体形态多变，外支大而简单，内支发达或与第 10 节愈合。阳具端部二叉状或膨大为板状。

分布：东洋区。世界已知 12 种，中国记录 2 种，浙江分布 1 种。

（548）双叶乌石蛾 *Uenoa lobata* (Hwang, 1957)（图 7-201）

Eothremma lobata Hwang, 1957: 403.

Uenoa lobata: Wiggins, Weaver & Unzicker, 1985: 777.

主要特征：雄性前翅长 4.4 mm。体黄棕色，前翅分径室五边形，后翅缺 5 叉。胫距式 1, 3, 4。

雄性外生殖器：第 9 腹节侧面观侧、腹区宽大，腹缘略宽于背缘，背面观背板的大部分缺失，仅存狭带状后缘区。肛前附肢粗长指状，侧面观略呈弧形下弯，长约为第 9 腹节侧区均宽的 2 倍。第 10 背板背面

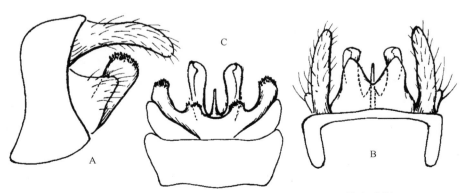

图 7-201 双叶乌石蛾 *Uenoa lobata* (Hwang, 1957) ♂外生殖器
A. 侧面观；B. 背面观；C. 腹面观

观宽而短，全长仅约为肛前附肢的 1/2，其端半部形成 1 对亚圆形叶突，其间具 1 "V" 形缺刻。下附肢结构复杂，侧面观各附肢具内、外 2 个突起，外突三角形多毛，内突长，高度骨化，顶端宽圆密具细齿突；腹面观各附肢的内突左右相连，其间形成 2 个横向排列，密具细齿的突起。阳茎基短圆柱形，内藏于下附肢之间，阳茎端外露，具 1 对长瓣状膜质片和 1 根位于中央的骨化刺突。

分布：浙江（临安）、安徽、江西、福建。

五十八、毛石蛾科 Sericostomatidae

主要特征：成虫缺单眼。下颚须雄性1节、2节、3节或5节，且通常扩大，弯曲至头部前方，雌性下颚须5节，正常。雄性触角柄节通常扩大，形态变异。前胸背板具1对毛瘤，中胸盾片中缝深，具1对圆形毛瘤；小盾片具1对毛瘤，胫距式2, 2-4, 2-4。前翅分径室矩形，横脉r长，后翅分径室闭锁或缺。

分布：除澳洲之外的世界各大动物地理区。世界已知19属约100种，中国记录1属1种，浙江分布1种。

193. 蛄毛石蛾属 *Gumaga* Tsuda, 1938

Gumaga Tsuda, 1938: 101. Type species: *Gumaga okinawaensis* Tsuda, 1938.

主要特征：触角粗壮，与前翅近等长，触角节短，柄节仅略粗于其余各节。下颚须细长，不显著。前翅长，端部宽而圆，具1、2、3、5叉；后翅短，具1、2、5叉。胫距式2, 2, 4。

雄性外生殖器：肛上附肢小，第10节发达；下附肢1节，阳具管状。

分布：全北区、东洋区。世界已知6种，中国记录1种，浙江分布1种。

（549）东方蛄毛石蛾 *Gumaga orientalis* (Martynov, 1935)（图7-202）

Oecismus orientalis Martynov, 1935b: 208, 363.
Gumaga orientalis: Levanidova, 1982: 166.

主要特征：雄性前翅长8 mm。体浅黑色。

雄性外生殖器：腹部第9节背板宽大于长，几乎全部被第8节覆盖。肛前附肢短，侧面观末端膨大成棒状，着生于第9节侧区偏下方。腹部第9节侧区前缘显著的突出部分亦为第8节所覆盖，第9节腹板也几乎全为第8节所覆盖，仅后缘的中央部分及两侧角裸露。第10节背板背篷状，背面观亚三角形，尖端中央凹陷，侧面观时它的深度很大，长不及基宽的1.5倍。下附肢侧面观宽扁，上、下边缘平行，基半部斜向上方，端半部弯曲，折向尾方，基部较窄，末端宽钝；腹面观内侧面亚端处各着生1个细指状突起。阳茎管状，骨化，末端锐圆。

分布：浙江（临安）、福建、四川。

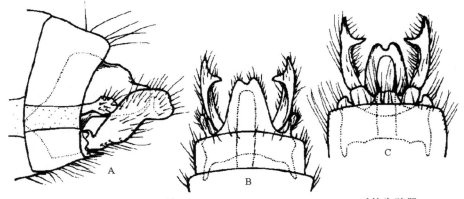

图7-202　东方蛄毛石蛾 *Gumaga orientalis* (Martynov, 1935) ♂外生殖器
A. 侧面观；B. 背面观；C. 腹面观

参 考 文 献

付强, 谢莎, 花保祯. 2010. 长翅目: 蝎蛉科、蚊蝎蛉科. 见: 徐华潮. 浙江凤阳山昆虫. 北京: 中国林业出版社, 229-231.

韩运发. 1991. 中国绢蓟马亚科一新属新种(缨翅目: 蓟马科). 昆虫分类学报, 34: 208-211.

韩运发. 1997. 中国经济昆虫志(缨翅目). 北京: 科学出版社, 1-513.

韩运发, 崔云琦. 1992. 横断山区昆虫 第一册 缨翅目. 北京: 科学出版社, 420-434 .

韩运发, 张广学, 1982. 茭笋花蓟马新种记述. 动物分类学报, 7(2): 210-211.

黄其林. 1957. 中国毛翅目的新种. 昆虫学报, 7(4): 373-404.

黄其林. 1958. 中国毛翅目的新种. 动物学报, 10(3): 279-285.

琚金水, 周文豹. 2003. 浙江九龙山长翅目 2 新种(长翅目: 蝎蛉科). 浙江林学院学报, 20(1): 37-40.

冷科明, 杨莲芳. 2004. 中国沼石蛾科五新种记述(昆虫纲, 毛翅目). 动物分类学报, 29(3): 516-522.

李法圣. 1989. 陕西蛄虫十八新种(蛄目: 狭蛄科, 蛄科). 昆虫分类学报, 11(1/2): 31-59.

李法圣. 1992a. 蛄目: 单蛄科, 双蛄科, 狭蛄科, 外蛄科, 围蛄科, 叉蛄科, 蛄科. 见: 彭建文, 等. 湖南森林昆虫鉴. 长沙: 湖南科技出版社, 306-330.

李法圣. 1992b. 狭蛄科及一新属七新种(蛄目: 蛄亚目). 昆虫分类学报, 14(4): 245-256.

李法圣. 1992c. 莫干山蛄虫二新种(蛄目: 蛄亚目). 浙江林学院学报, 9(4): 405-408.

李法圣. 1993a. 车八岭国家级森林自然保护区的蛄虫 见: 徐燕千. 车八岭国家级自然保护区调查研究论文集. 广州: 广东科技出版社, 313-430.

李法圣. 1993b. 山东的蛄虫(Ⅰ)(蛄目: 重鳞蛄科, 单蛄科, 狭蛄科). 莱阳农学院学报, 10(1): 52-58.

李法圣. 1995a. 蛄目. 见: 朱廷安. 浙江古田山昆虫和大型真菌. 杭州: 浙江科学技术出版社, 60-85.

李法圣. 1995b. 蛄虫目. 见: 吴鸿. 华东百山祖昆虫. 北京: 中国林业出版社, 136-210.

李法圣. 1997. 蛄目. 见: 杨星科. 长江三峡库区昆虫(上). 重庆: 重庆出版社, 385-529.

李法圣. 1999. 蛄目. 见: 黄邦侃. 福建昆虫志. 第三卷. 福州: 福建科学技术出版社, 1-64.

李法圣. 2001. 蛄目. 见: 吴鸿, 潘承文. 天目山地区昆虫. 北京: 科学出版社, 121-165.

李法圣. 2002. 中国蛄目志(上下册). 北京: 科学出版社.

李法圣, 杨集昆. 1988. 贵州梵净山的蛄虫(蛄目)十四新种及一新属. 见: 贵州科学院生物研究所. 梵净山昆虫考察专辑. 贵阳: 贵州科学编辑部, 70-86.

李佑文, Dudgeon D. 1988. 中国短脉纹石蛾属四新种: (毛翅目: 纹石蛾科). 南京农业大学学报, (1): 41-45.

李佑文, 孙长海, 杨莲芳. 1999. 十四、毛翅目 Trichoptera. 401-462. 见: 黄邦侃. 福建昆虫志. 第一卷. 福州: 福建科学技术出版社.

李佑文, 田立新. 1989. 纹石蛾属一新亚属新种. 南京农业大学学报, 12(4): 44-45.

李佑文, 田立新. 1990. 侧枝纹石蛾亚属中国种类记述(毛翅目: 纹石蛾科: 纹石蛾属). 昆虫分类学报, 12(2): 127-138.

李佑文, 田立新, Dudgeon D. 1990. 纹石蛾六新种记述. 南京农业大学学报, 13: 37-42.

刘志琦, 杨集昆. 1998. 中国北方粉蛉新种及新记录(脉翅目: 粉蛉科). 昆虫学报, 41(增): 186-193.

沙忠利, 郭付振, 冯纪年, 段半锁. 2003. 中国竹管蓟马属分类研究(缨翅目: 管蓟马科). 昆虫分类学报, 4: 243-248.

孙长海, 杨莲芳. 1999. 中国原石蛾属五新种(毛翅目: 原石蛾科). 昆虫分类学报, 21(1): 39-46.

谭江丽, 花保祯. 2008. 浙江蚊蝎蛉属一新种(长翅目, 蚊蝎蛉科). 动物分类学报, 33(3): 487-490.

田立新, 李佑文. 1985. 福建省毛翅目昆虫名录及纹石蛾属二新种(毛翅目: 纹石蛾科). 武夷科学, 5: 51-58.

田立新, 李佑文, 杨莲芳, 孙长海. 1992. 毛翅目. 867-892. 见: 中国科学院青藏高原综合科学考察队. 横断山区昆虫. 第二册. 北京: 中国林业出版社.

王备新, 孙长海, 杨莲芳, 冷科明. 1998. 毛翅目. 151-161. 见: 吴鸿. 龙王山昆虫. 北京: 中国林业出版社.

王清玲. 1994. 台湾硬蓟马属(缨翅目: 蓟马科). 台湾博物馆杂志, 47(2): 1-7.

王象贤, 杨集昆. 1992. 脉翅目: 草蛉科. 见: 黄复生. 西南武陵山地区昆虫. 北京: 科学出版社, 409-415.

王心丽, 詹庆斌, 王爱芹. 2018. 中国动物志: 昆虫纲. 第 68 卷. 脉翅目: 蚁蛉总科. 北京: 科学出版社.

杨定, 刘星月. 2010. 中国动物志: 昆虫纲. 第 51 卷. 广翅目. 北京: 科学出版社.

杨定, 杨集昆. 1992. 广翅目: 齿蛉科. 见: 彭建文, 刘友樵. 湖南森林昆虫图鉴. 长沙: 湖南科学技术出版社, 640-643.

杨定, 杨集昆. 1993. 贵州茂兰的广翅目昆虫(广翅目: 齿蛉科). 昆虫分类学报, 15(4): 246-248.

杨定, 杨集昆. 1995. 广翅目: 齿蛉科. 见: 朱廷安. 浙江古田山昆虫和大型真菌. 杭州: 浙江科技出版社, 129-130.

杨集昆. 1964a. 粉蛉记(一) 曲粉蛉属 *Coniocompsa* Enderlein, 1905 (脉翅目: 粉蛉科). 昆虫学报, (2): 283-286.

杨集昆. 1964b. 中国脉线蛉属记述. 动物分类学报, 1(2): 261-282.

杨集昆. 1974. 粉蛉记 (二) 啮粉蛉属 *Conwentzia* Enderlein (脉翅目: 粉蛉科). 昆虫学报, 17: 83-91.

杨集昆. 1981. 武夷山自然保护区褐蛉记述. 武夷科学, 1: 191-196.

杨集昆. 1986. 云南脉翅目三十新种四新属描述及旌蛉科的中国新记录. 北京农业大学学报, 12: 153-166, 423-434.

杨集昆. 1987. 脉翅目. 见: 章士美. 西藏农业病虫及杂草. 拉萨: 西藏人民出版社, 191-220.

杨集昆. 1992. 脉翅目. 见: 彭建文, 刘友樵. 湖南森林昆虫图鉴. 长沙: 湖南科学技术出版社, 1-650.

杨集昆. 1993. 贵州省溪蛉三新种记述. 昆虫分类学报, 15: 261-264.

杨集昆. 1997a. 脉翅目: 溪蛉科. 见: 杨星科. 长江三峡库区昆虫(下册). 重庆: 重庆出版社, 580-583.

杨集昆. 1997b. 脉翅目: 草蛉科. 见: 杨星科. 长江三峡库区昆虫(下册). 重庆: 重庆出版社, 593-608.

杨集昆. 1997c. 脉翅目: 蚁蛉科. 见: 杨星科. 长江三峡库区昆虫(下册). 重庆: 重庆出版社, 613-620.

杨集昆. 1999a. 褐蛉科. 见: 黄邦凯. 福建昆虫志. 第三卷. 福州: 福建科学技术出版社, 102-106, 158-159.

杨集昆. 1999b. 螳蛉科. 见: 黄邦凯. 福建昆虫志. 第三卷. 福州: 福建科学技术出版社, 132-140, 163-164.

杨集昆. 1999c. 溪蛉科. 见: 黄邦凯. 福建昆虫志. 第三卷. 福州: 福建科学技术出版社, 96-100, 157-158.

杨集昆. 1999d. 蚁蛉科. 见: 黄邦凯. 福建昆虫志. 第三卷. 福州: 福建科学技术出版社, 143-154, 165-167.

杨集昆. 2001. 脉翅目: 螳蛉科和栉角蛉科. 见: 吴鸿, 潘承文. 天目山昆虫. 北京: 科学出版社, 305-307.

杨集昆, 高明媛. 2001. 脉翅目: 泽蛉科. 见: 吴鸿, 潘承文. 天目山昆虫. 北京: 科学出版社, 307-309.

杨集昆, 刘志琦. 1999. 粉蛉科. 见: 黄邦凯. 福建昆虫志. 第三卷. 福州: 福建科学技术出版社, 86-94, 155-157.

杨集昆, 刘志琦. 2001. 脉翅目: 褐蛉科, 溪蛉科. 见: 吴鸿, 潘承文. 天目山昆虫. 北京: 科学出版社, 296-305.

杨集昆, 刘志琦, 杨星科. 1995. 脉翅目. 见: 吴鸿. 华东百山祖昆虫. 北京: 中国林业出版社, 276-285.

杨集昆, 王心丽. 2002. 脉翅目: 蚁蛉科. 见: 黄复生. 海南森林昆虫. 北京: 科学出版社, 296-299.

杨集昆, 杨定. 1986. 广西齿蛉九新种及我国新记录的属种(广翅目: 齿蛉科). 昆虫分类学报, 8(1-2): 85-95.

杨集昆, 杨定. 1992a. 华东地区鱼蛉二新种(广翅目: 齿蛉科). 华东昆虫学报, 1(1): 1-3.

杨集昆, 杨定. 1992b. 莫干山广翅目昆虫及一新种记述. 浙江林学院学报, 9(4): 414-417.

杨莲芳, 孙长海, 田立新. 1995. 毛翅目. 286-295. 见: 吴鸿. 华东百山祖昆虫. 北京: 中国林业出版社.

杨莲芳, 孙长海, 王备新. 1997. 毛翅目: 径石蛾科 舌石蛾科 纹石蛾科 等翅石蛾科 蝶石蛾科 角石蛾科 瘤石蛾科 鳞石蛾科 长角石蛾科 沼石蛾科 鳌石蛾科 原石蛾科. 975-993. 见: 杨星科. 长江三峡库区昆虫(下册). 重庆: 重庆出版社.

杨莲芳, 孙长海, 杨维芳. 2001. 毛翅目. 506-519. 见: 吴鸿, 潘承文. 天目山昆虫. 北京: 科学出版社.

杨莲芳, 田立新. 1987. 多突石蛾属三新种记述. 昆虫分类学报, 9(3): 213-216.

杨星科. 1998. 脉翅目: 草蛉科. 见: 吴鸿. 龙王山昆虫. 北京: 中国林业出版社, 148-150.

杨星科, 杨集昆, 李文柱. 2005. 中国动物志: 昆虫纲. 第 39 卷. 脉翅目: 草蛉科. 北京: 科学出版社.

张维球. 1980. 中国针尾蓟马亚科种类简记(缨翅目: 蓟马科). 华南农学院学报, 1(3): 43-53.

张维球. 1982. 广东海南岛蓟马种类初志 I. 蓟马亚科(缨翅目: 蓟马科). 华南农学院学报, 3 (4): 48-63.

张维球. 1984. 广东海南岛蓟马种类初志 II. 大管蓟马亚科(缨翅目: 管蓟马科). 华南农学院学报, 5(2): 18-25.

张维球, 童晓立. 1988. 中国棍蓟马族种类及二新种记述. 昆虫分类学报, 10(3-4): 275-282.

张维球, 童晓立. 1996. 中国蓟马亚科一新种和一些新纪录. 昆虫分类学报, 18(4): 253-256.

赵旸，李颖. 2023, 褐蛉科. 见: 杨定, 刘星月, 杨星科. 中国脉翅类昆虫原色图鉴. 郑州: 河南科学技术出版社, 449-565.

周文豹. 2001. 长翅目. 见: 吴鸿, 潘承文. 天目山昆虫. 北京: 科学出版社, 393-396.

周文豹, 范忠勇. 1998. 长翅目. 见: 吴鸿. 龙王山昆虫. 北京: 中国林业出版社, 145-147.

周文豹, 胡永旭, 吴小平, 吴鸿. 1993a. 中国长翅目新种新纪录种. 浙江林学院学报, 10(2): 189-196.

周文豹, 胡永旭, 吴小平, 郑庆洲. 1993b. 浙江新蝎蛉属二新种. 浙江林学院学报, 10(3): 314-317.

Ábrahám L. 2008a. Ascalaphid studies VI. New genus and species from Asia with comments on genus *Suhpalacsa* (Neuroptera: Ascalaphidae). Somogyi Múzeumok Közleményei, 18: 69-76.

Ábrahám L. 2008b. Ascalaphid studies VII. On the ascalaphid fauna of Taiwan (Neuroptera: Ascalaphidae). Natura Somogyiensis, 12: 63-77.

Amyot C J B, Audinet-Serville J G. 1843. Histoire Naturelle des Insectes. Hemipteres. Paris.

Ananthakrishnan T N. 1957. *Bamboosiella* nov. gen. (Phlaeothripidae, Tubulifera) from India. Entomological News, 68: 65-68.

Ananthakrishnan T N. 1965. Indian Terebrantia-II (Thysanoptera: Insecta). Bulletin of Entomology India, 6: 15-29.

Ananthakrishnan T N. 1969. Indian Thysanoptera. CSIR Zoological Monograph., 1: 171pp.

Armitage B J, Mey W, Arefina T I, Schefter P W. 2005. The caddisfly fauna (Insecta: Trichoptera) of Vietnam. In: Tanida K, Rossiter A. Proceedings of the 11th International Symposium on Trichoptera. Kanagawa: Tokai University Press, 25-37.

Aspöck H, Aspöck U. 1973. *Inocellia* (*Amurinocellia* n. subg.) *calida* n. sp. - eine neue spezies der familie Inocelliidae (Ins., Raphidioptera) aus Ostasien. Entomologische Berichten, 33: 91-96.

Aspöck U, Aspöck H. 1991. Zur Kenntnis des Genus *Isoscelipteron* Costa, 1863 (Neuropteroidea: Neuroptera: Berothidae: Berothinae). Zeitschrift der Arbeitsgemeinschaft Österreichischer Entomologen, 43: 65-76.

Badonnel A. 1931. Contribution a l'étude de la faune du Mozambique. Voyage de M. P. Lesne (1928-1929). 4e note. Copéognathes. Annales des Sciences naturelles, Zoologie Paris, (10)14 (16): 229-260.

Badonnel A. 1932. Copéognathes de France (IVe note). I. Sur un nouveau genre de la famille des Caeciliidae. II. Sur l'existence des gonapophyses chez les femelles du genre *Liposcelis* Motsch, 1852 (=*Troctes* Burm, 1839). Bulletin de la Société Entomologique de France, 37: 77-79.

Badonnel A. 1936. Pscoptères de France. VIIIe note. *Neopsocopsis*, *nouveau* genre de Psocidae à adultes ornés de poils glanduleux. Bulletin de la Société zoologique de France, 60: 418-423.

Badonnel A. 1955. Pscoptères de l'Angola. Publicacões culturais da Companhia de Diamantes de Angola, 26: 1-267.

Badonnel A. 1959. Psocoptères. Exploration Parc national Albert Mission G. F. De Witte (1933-1935). Fasc, 95: 3-26.

Badonnel A. 1967. Insectes Psocoptères. Faune de Madagascar, 23: 1-235.

Badonnel A. 1981. Psocoptera du nord de l'Inde et du Pakistan. Entomologia Basiliensia, 6: 120-149.

Bagnall R S. 1910. Thysanoptera. In *Fauna hawaiiensis*. Cambridge University Press, London. 3(6): 669-701.

Bagnall R S. 1911a. Notes on some new and rare Thysanoptera (Terebrantia), with a preliminary list of the known British species. Journal of Economic Biology, 6: 1-11.

Bagnall R S. 1911b. Descriptions of three new Scandinavian Thysanoptera (Tubulifera). Entomologist's monthly Magazine, 47: 60-63.

Bagnall R S. 1913a. Brief descriptions of new Thysanoptera. I. Annals and Magazine of Natural History, 12(8): 290-299.

Bagnall R S. 1913b. Further notes on new and rare British Thysanoptera (Terebrantia) with descriptions of new species. Journal of Economic Biology, 8: 231-240.

Bagnall R S. 1914a. Brief descriptions of new Thysanoptera. III. Annals and Magazine of Natural History, 13(8): 287-297.

Bagnall R S. 1914b. Brief descriptions of new Thysanoptera. II. Annals and Magazine of Natural History, 13(8): 22-31.

Bagnall R S. 1915. Brief descriptions of new Thysanoptera. VI. Annals and Magazine of Natural History, 15(8): 588-597.

Bagnall R S. 1916. Brief descriptions of new Thysanoptera. VIII. Annals and Magazine of Natural History, 17(8): 397-412.

Bagnall R S. 1918. Brief descriptions of new Thysanoptera. IX. Annals and Magazine of Natural History, 1(9): 201-221.

Bagnall R S. 1919. Brief descriptions of new Thysanoptera. X. Annals and Magazine of Natural History, 4(9): 253-277.

Bagnall R S. 1921. Brief descriptions of new Thysanoptera. XII. Annals and Magazine of Natural History, 8(9): 393-400.

Bagnall R S. 1923. Brief descriptions of new Thysanoptera. XIII. Annals and Magazine of Natural History, 12(9): 624-631.

Bagnall R S. 1926. Brief descriptions of new Thysanoptera. XV. Annals and Magazine of Natural History, 18(9): 98-114.

Bagnall R S. 1929. On some new and interesting Thysanoptera of economic importance. Bulletin of Entomological Research, 20: 69-76.

Bagnall R S. 1933. A contribution towards a knowledge of the Thysanopterous genus *Haplothrips* Serv. Annals and Magazine of Natural History, (10)11: 313-334.

Banks N. 1899. Descriptions of new North American neuropteroid insects. Transactions of the American Entomological Society, 25: 199-218.

Banks N. 1900. New genera and species of nearctic neuropteroid insects. Transactions of the American Entomological Society, 26: 239-259.

Banks N. 1903. Neuropteroid insects from Arizona. Proceedings of the Entomological Society of Washington, 5: 237-245.

Banks N. 1904. A list of neuropteroid insects, exclusive of Odonata, from the vicinity of Washington, D. C. Proceedings of the Entomological Society of Washington, 6: 201-217.

Banks N. 1906. New Trichoptera from Japan. Proceedings of the Entomological Society of Washington, 7: 106-113.

Banks N. 1909. Hemerobiidae from Queensland, Australia (Neuroptera, Hemerobiidae). Proceedings of the Entomological Society of Washington, 11: 76-81.

Banks N. 1910. Myrmeleonidae from Australia. Annals of the Entomological Society of America, 3: 40-44.

Banks N. 1911. Notes on African Myrmeleonidae. Annals of the Entomological Society of America, 4: 1-31.

Banks N. 1913. Synopses and descriptions of exotic Neuroptera. Transactions of the American Entomological Society, 39: 201-242.

Banks N. 1914. American Trichoptera: notes and descriptions. The Canadian Entomologist, 46(8): 149-268.

Banks N. 1916a. A classification of our limnephilid caddis-flies. The Canadian Entomologist, 48: 117-122.

Banks N. 1916b. Neuropteroid insects of the Philippine Islands. Philippine Journal of Science, 11: 195-217.

Banks N. 1920. New neuropteroid insects. Bulletin of the Museum of Comparative Zoology, 64: 297-362.

Banks N. 1924. Descriptions of new neuropteroid insects. Bulletin of the Museum of Comparative Zoology, 65: 421-455.

Banks N. 1930. New neuropteroid inserts from the United States. Psyche, 37: 223-233.

Banks N. 1931. Neuropteroid insects from North Borneo, particularly from Mt. Kinabalu. Journal of the Federated Malay Museums, 16: 411-429.

Banks N. 1937. Neuropteroid insects from Formosa[*]. Philippine Journal of Science, 62(3): 255-291.

Banks N. 1939a. New genera and species of neuropteroid insects. Bulletin of the Museum of Comparative Zoology, 85: 439-504.

Banks N. 1939b. Notes and descriptions of Oriental Oestropsychinae (Trichoptera). Psyche, 46: 52-61.

Banks N. 1940. Report on certain groups of neuropteroid insects from Szechwan, China. Proceedings of the United States National Museum, 88(3079): 173-220.

Barnard P C. 1980. A revision of the Old World Polymorphanisini (Trichoptera: Hydropsychidae). Bulletin of the British Museum of Natural History, 41: 59-106.

Berthold A A. 1827. Natürliche Familien des Thierreichs mit Anmerkungen und Zusätzen. Translation of Latreille 1825. Weimar: Landes-Industrie-Comptoirs, 8+602 pp.

Betten C, Mosely M E. 1940. The Francis Walker types of Trichoptera in the British Museum. London: Bartholomew Press, 248 pp.

Bhatti J S. 1962. A new genus and two new species of Thysanoptera, with notes on other species. Bulletin of Entomology India, 3: 34-39.

Bhatti J S. 1969. Taxonomic studies in some Thripini (Thysanoptera: Thripidae). Oriental Insects, 3(4): 373-382.

---

[*] 台湾是中国领土的一部分。Formosa（早期西方人对台湾岛的称呼）一般指台湾，具有殖民色彩。本书因引用历史文献不便改动，仍使用 Formosa 一词，但并不代表作者及科学出版社的政治立场。

Bhatti J S. 1973. A new species of *Haplothrips* from wheat in India. Oriental Insects, 7: 535-537.

Bhatti J S. 1978a. Systematics of *Anaphothrips* Uzel, 1895 *sensu latu* and some related genera (Insecta: Thysanoptera:Thripidae). Senckenbergiana Biologica, 59(1-2): 85-114.

Bhatti J S. 1978b. A preliminary rivision of *Taeniothrips* (Thysanoptera: Thripidae). Oriental Insects, 12(2): 157-199.

Bhatti J S. 1990. Catalogue of insects of the Order Terebrantia from the Indian Subregion. Zoology (Journal of Pure and Applied Zoology), (4)2: 205-352.

Bhatti J S, Mound L A. 1980. The genera of grass-and cereal-feeding Thysanoptera related to the genus *Thrips* (Thysanoptera: Thripidae). Bulletin of Entomoloy, 21(1-2): 1-22.

Bouché P Fr. 1833. Naturgeschichte der schaldingen und nutzlichen Garten-Insekten und die bewahrtesten Mittel zur Vertilgung der ersteren. Berlin, 42-45.

Brauer F. 1850. Beschreibung und beobachtung der österreichischen Arten der Gattung Chrysopa. Naturwissenschaftliche Abhandlungen, gesammelt und durch subscription herausgegeben von Wilhelm Haidinger, 4(4): 1-12.

Brauer F. 1865. Zweiter Bericht fiber auf der Weltfahrt der Kais. Fregatte Novara Gesammelten Neuropteren. Verb K K Zool Bot Gesell Wien, 15: 415-422.

Brauer F. 1866. Reise der Osterreichischen Fregatta Novara um die Erde. 104. In: den Jahren. 1859. Zoologischer Theil, Bd. 2, No. 4 (Neuroptera). den befehlen des Commodore B. von Wüllerstorf-Urbair, H. K. von Scherzer Wien, Wien: K. Gerold, 1-104.

Brauer F. 1868. Neue von Herrn Dr. G. Semper gesammelte Neuropteren. -Verhandlungen der Zoologisch-Botanischen Gesellschaft in Wien. Frueher: Verh. des Zoologisch-Botanischen Vereins in Wien. seit 2014 "Acta ZooBot Austria", 18: 263-268.

Brauer F. 1875. Beschreibung neuer und ungenügend bekannter Phryganiden und Oestriden. Verhandlungen der Zoologisch-Botanischen Gesellschaft in Wien, 25: 69-78.

Breitkreuz L, Duelli P, Oswald J. 2021. *Apertochrysa* Tjeder, 1966, a New Senior Synonym of *Pseudomallada* Tsukaguchi, 1995 (Neuroptera: Chrysopidae: Chrysopinae: Chrysopini). Zootaxa, 4966(2): 215-225.

Brooks S J. 1994. A taxonomic review of the common green lacewing genus *Chrysoperla* (Neuroptera: Chrysopidae). Bulletin of the British Museum (Natural History), Entomology Series, 63: 137-210.

Brooks S J, Barnard P C. 1990. The green lacewings of the world: a generic review (Neuroptera: Chrysopidae). Bulletin of the British Museum (Natural History), Entomology Series, 59: 117-286.

Burmeister H C C. 1838. Handbuch der Naturgeschichte. Enslin, Berlin, [Part 2] xii + 369-858.

Burmeister H C C. 1839. Handbuch der Entomologie. Zweiter Band. Besondere Entomologie. Zweite Abtheilung. Kaukerfe. Gymnognatha. (Zweite Hälfte; vulgo Neuroptera). Theod. Chr. Friedr. Berlin: Enslin.

Byers G W. 1970. New and little known Chinese Mecoptera. Journal of the Kansas Entomological Society, 43(4): 383-394.

Carpenter F M. 1945. Panorpidae from China (Mecoptera). Psyche, 52(1-2): 70-78.

Chen J, Tan J-L, Hua B-Z. 2013. Review of the Chinese *Bittacus* (Mecoptera: Bittacidae) with descriptions of three new species. Journal of Natural History, 47(21-22): 1463-1480.

Cheng F-Y. 1957a. Descriptions of new Panorpidae (Mecoptera) in the collection of the California Academy of Sciences. Memoirs of the College of Agriculture, National Taiwan University, 5(1): 27-33.

Cheng F-Y. 1957b. Revision of the Chinese Mecoptera. Bulletin of the Museum of Comparative Zoology, 116(1): 1-118.

Chou I , Feng J N. 1990. Three new species of the genus *Hydatothrips* (Thysanoptera: Thripidae) from China. Entomotaxonomia, 12 (1): 9-12.

Costa A. 1863. Nuovi studii sulla entomologia della Calabria ulteriore. Atti della Accademia delle Scienze Fisiche e Matematiche di Napoli, 1: 1-80.

Crawford D L. 1910. Thysanoptera of Mexico and the south II. Pomona College Journal of Entomology, 2: 153-170.

Curtis J. 1824-1839. British entomology; being illustrations and descriptions of the genera of insects found in Great Britain and Ireland: containing coloured figures from nature of the most rare and beautiful species, and in many instances of the plants upon which they are found. London, 16 Vols.

Curtis J. 1834. Descriptions of some hitherto nondescript British species of mayflies of anglers. Lond Edinb Philos Mag J.Sci, 4: 120-218.

Curtis J. 1837. British Entomology. London. 1823-1840, 14: 648-651.

Dalman J W. 1819. Några nya insecta-genera beskrifna. Kongliga Vetenskaps-Akademiens Handlingar, 40: 117-127.

Daniel S M. 1904. New California Thysanoptera. Entomological News, 15: 293-297.

De Geer C. 1744. Beskrifning pa en Insekt of ett nytt Slagte (Genus), kallad Physapus. Kongl. Sweneska Wettenskaps Akademiens Handlingar for monaderne januar. Februar ock Mart, 5: 1-9.

Enderlein G. 1903. Die Copeognathen des indo-australischen Faunegebietes. Annales Historico-naturales Musei nationalis Hungaric, 1: 179-344.

Enderlein G. 1905a. *Conwentzia pineticola* nov. gen. nov. spec. eine neue Neuroptere aus Westpreussen. Bericht des Westpreussischen Botanischen-Zoologischen Vereins, 26/27 (Anlagen): 10-12.

Enderlein G. 1905c. Klassifikation der Neuropteren-familie Coniopterygidae. Zoologischer Anzeiger, 29: 225-227.

Enderlein G. 1905b. Ein neuer zu den Coniopterygiden gehöriger Neuropteren-Typus aus der Umgebung von Berlin. Wiener Entomologische Zeitung, 24: 197-198.

Enderlein G. 1906a. The scaly winged Copeognatha (Monograph of the Amphientomidae, Lepidopsocidae and Lepidillidae in relation to their morphology and taxonomy). Spolia zeylan, 4: 39-122.

Enderlein G. 1906b. Die Copeognathen-Fauna Japans. Zoologische Jahrbücher (Abteilung Systematik), 23: 243-256.

Enderlein G. 1906c. Monographie der Coniopterygiden. Zoologische Jahrbücher Abteilung für Systematik, Geographie und Biologie, 23: 173-242.

Enderlein G. 1908. Die Copeognathenfauna der Insel Formosa. Zoologischer Anzeiger, 33: 759-779.

Enderlein G. 1909. Neue Gattungen und Arten nordamerikanischer Copeognathen. Bolletino del Laboratorio di Zoologia generale e agraria della R. Scuola Superiore d'Agricoltura in Portici, 3: 329-339.

Enderlein G. 1910a. Eine Dekade neuer Copeognathengattungen. Sitzungsberichte der Gesellschaft Naturforschender Freunde zu Berlin, 1910(2): 63-77.

Enderlein G. 1910b. Über die Phylogenie und Klassifikation der Mecopteren unter Berücksichtigung der fossilen Formen. Zoologischer Anzeiger, 35: 385-399.

Enderlein G. 1924. Copeognath. In: Dampf A. Zur Kenntnis der estländischer Moorfauna (II). Sitzungsberichte der Naturforscher-Gesellschaft bei der Universität Dorpat, 31: 34-37.

Enderlein G. 1925. Beiträge zur Kenntnis der Copeognathen IX. Konowia, 4: 97-108.

Esben-Petersen P. 1913. H. Sauter's Formosa-Ausbeute. Planipennia II, Megaloptera and Mecoptera. Entomologische Mitteilungen, 2: 222-228, 257-265.

Esben-Petersen P. 1915. Australian Neuroptera. Partii. Proceedings of the Linnean Society of New South Wales, 40: 56-74.

Fabricius J C. 1775. Systema entomologiae, sistens insectorvm classes, ordines, genera, species, adiectis synonymis, locis, descriptionibvs, observationibvs. Offic Libr Kortii, Flensbvrgi et Lipsiae: 274-278.

Fabricius J C. 1787. Mantissa Insectorvm sistens eorvm species nvper detectas adjectis characteribvs genericis, differentiis specificis, emendationibvs, observationibvs. Tome 1. Hafniae: C. G. Proft.

Fabricius J C. 1793. Entomologia systematica emendata et aucta secundum classes, ordines, genera, species adjectis synonimis, locis observationibus, descriptionibus. Tome 2. Hafniae: C. G. Proft.

Faure J C. 1925. A new genus and five new species of South African Thysanoptera. South African Journal of Natural History, 5: 143-166.

Fischer F C J. 1960-1973. Trichopterorum Catalogus. Vol. I-XV. Amsterdam: Nederlandse Entomologische Vereniging.

Fitch A. 1854. Report [upon the noxious and other insects of the state of New-York]. Transactions of the New York State Agricultural Society, 14: 705-880.

Forsslund K H, Tjeder B. 1942. Catalogus insectorum Sueciae. II. Trichoptera. Opuscula Entomologica, 7: 93-106.

Franklin H J. 1908. On a collection of thysanopterous insects from Barhados and St. Vincent Islands. Proceedings of the U.S. National Museum, 33: 715-730.

Garcia Aldrete A N. 1999. Replacement names for some Psocoptera (Insecta) because of homonym. Entomologist's Monthly Magazine, 135: 243-244.

Gerstaecker A. [1885] 1884. Zwei fernere Decaden Australischer Neuroptera Megaloptera. Mitteilungen aus dem Naturwissenschaftlichen Verein für Neu-Vorpommern und Rugen, 16: 84-116.

Gerstaecker A. [1894] 1893. Ueber neue und weniger gekannte Neuropteren aus der familie Megaloptera Burm. Mitteilungen aus dem Naturwissenschaftlichen Verein für Neu-Vorpommern und Rugen, 25: 93-173.

Giard A. 1901. Sur un thrips (*Physopus rubrocincta* nov. sp.) nuisible au Cacaoyer. Bulletin de la Societe Entomologique de France, 15: 263-265.

Hagen H A. 1853. Hr. Peters berichtete über die von ihm gesammelten und von Hrn. Dr. Hermann Hagen bearbeiteten Neuropteren aus Mossambique. Bericht über die zur Bekanntmachung Geeigneten Verhandlungen der Königl. Preuss. Akademie der Wissenschaften zu Berlin, 1853: 479-482.

Hagen H A. 1858. Synopsis der Neuroptera Ceylons [Pars I]. Verhandlungen der Kaiserlich-Königlichen Zoologisch-Botanischen Gesellschaft in Wien, 8: 471-488.

Hagen H A. 1859. Synopsis der Neuroptera Ceylons [Pars II]. Verhandlungen der Kaiserlich-Königlichen Zoologisch-Botanischen Gesellschaft in Wien, 9: 199-212.

Hagen H A. 1860. Neuroptera Neapolitana von A. Costa, nebst Synopsis der Ascalaphen Europas. Stettiner Entomologische Zeitung, 21: 38-56.

Hagen H A. 1865. On some aberrant genera of Psocina. Entomologist's Monthly Magazine, 2: 148-152.

Hagen H A. 1866a. Die Neuropteren Spaniens nach Ed. Pictet's Synopsis des Neuroptères d'Espagne. Genève 1865. 8. tab. 14 col. und Dr. Staudingers Mittheilungen. Stettiner Entomologische Zeitung, 27: 281-302.

Hagen H A. 1866b. Hemerobidarum Synopsis synonymica. Stettiner Entomologische Zeitung, 27: 369-462.

Hagen H A. 1866c. Psocinorum et Embidinorum Synopsis synonymica. Verhandlungen der Zoologisch-Botanischen Gesellschaft Wien, 16: 201-222.

Haliday A H. 1836. An epitome of the British genera in the Order Thysanoptera with indications of a few of the species. Entomological Magazine, 3: 439-451.

Haliday A H. 1852. Order III Physapoda. 1094-1118. In: Walker List of the Homopterous insects in the British Museum Part IV. London: British Museum, 4: 1094-1118

Han Y F. 1990. A new species and new combination of *Hydatothrips* from China (Thysanoptera: Thripidae). Sinozoologia, 7: 119-123.

Han Y F. 1991. A new genus and species of Sericothripina from China (Insecta: Thripidae). Acta Entomologica Sinica, 34: 208-211.

Hinds W E. 1902. Contribution to a monograph of the insects of the order Thysanoptera inhabiting North America. Proceedings of the United States National Museum, 26: 79-242.

Hood J D. 1908. Three new North American Phloeothripidae. The Canadian Entomologist, 40: 305-309.

Hood J D. 1914. On the proper generic names of certain Thysanoptera of economic importance. Proceedings of the Entomological Society of Washington, 16: 34-44.

Hood J D. 1918. New genera and species of Australia Thysanoptera. Memoirs of the Queensland Museum, 6: 121-150.

Hood J D. 1919. On some new Thysanoptera from southern India. Insecutor inscitiae menstruus, 7: 90-103.

Hood J D. 1954. Brasilian Thysanoptera V. Proceedings of the Biological Society of Washington, 67: 195-214.

Hu Y, Wang B, Sun C. 2018. A new species of *Chimarra* from China (Trichoptera, Philopotamidae) with description of its larva. Zootaxa, 4504(2): 253-260.

Illiger J K W. 1798. Verzeichnis der käfer Preussens, entworfen von Johann Gottlieb Kugelann à ausgearbeitet von Johann Karl Wilhelm Illiger. Mit einer vorrede des professors und pagenhofmeisters Helwig in Braunschweig, und dem angehängten versuche einer natürlichen ordnungs- und gattungs-folge der insekten. Halle.

Ishida M. 1934. Fauna of the Thysanoptera of Japan. Insecta Matsumurana, 9(1-2): 55-59.

Issiki S, Cheng F-Y. 1947. Formosan Mecoptera with descriptions of new species. Memoirs of the College of Agriculture, Taiwan University, 1(4): 1-17.

Iwata M. 1927. Trichopterous larvae from Japan. Annotationes Zoologicae Japonenses, 11: 203-233.

Jacot-Guillarmod C F. 1942. Studies on South African Thysanoptera-III. Journal of the Entomological Society of Southern Africa, 5: 64-74.

Jacot-Guillarmod C F. 1975. Catalogue of the Thysanoptera of the world (part 4). Annals of the Cape Provincial Museums Natural History, 7(4): 977-1255.

Jiang L, Gao Q-H, Hua B-Z. 2015. Larval morphology of the hanging-fly *Bittacus trapezoideus* Huang *et* Hua (Insecta: Mecoptera: Bittacidae). Zootaxa, 3957: 324-333.

Karny H. 1907. Die Orthopterenfauna des Küstengebietes von Österreich-Ungarn. Berlin Entomologische Zeitschrift, 52: 17-52.

Karny H. 1908. Die zoologische Reise des naturwissenschaftlichen Vereins nach Dalmatien im April 1906. Mitteilungen des Naturwissenschaftlichen Vereins an der Universität Wien, 6: 101-113.

Karny H. 1910. Neue Thysanopteren der Wiener Gegend. Mitteilungen des Naturwissenschaftlichen Vereins an der Universität Wien, 8: 41-57.

Karny H. 1911. Revision der Gattung *Heliothrips* Haliday. Entomologische Rundschau, 28: 179-182.

Karny H. 1912. Revision der von Serville aufgestellten Thysanopteren-Genera. Zoologische Annalen, 4: 322-344.

Karny H. 1913. Thysanoptera. Wissenschaftliche Ergebnisse der Deutschen Zentral-Afrika Expedition, 1907-1908, 4: 281-282.

Karny H. 1914. Beiträge zur Kenntnis der Gallen von Java. Zweite Mitteilung über die javanischen Thysanopterocecidien und deren Bewohner. Zeitschrift für wissenschaftliche Insektenbiologie, 10: 355-369.

Karny H. 1915. Beiträge zur Kenntnis der Gallen von Java. Zweite Mitteilung über die javanischen Thysanopterocecidien und deren Bewohner. Zeitschrift für wissenschaftliche Insektenbiologie, 11: 85-90.

Karny H. 1925. Die an Tabak auf Java und Sumatra angetroffenen Blasenfüsser. Bulletin van het deli Proefstation te Medan, 23: 1-55.

Karny H. 1926. Studies on Indian Thysanoptera. Memoirs of the Department of Agriculture in India Entomology Series, 9: 187-239.

Killington F J. 1936. A Monograph of the British Neuroptera I. Royal Society, London, 1-269.

Kimmins D E. 1953. Miss L. E. Cheesman's expedition to New Caledonia, 1949-Orders Odonata, Ephemeroptera, Neuroptera and Trichoptera. Annals and Magazine of Natural History, 12(6): 245-257.

Kirkaldy G W. 1907. On two Hawaiian Thysanoptera. Proceedings of the Hawaiian Entomological Society, 1: 102-103.

Kis B. 1967. *Coniopteryx aspöcki* n. sp., eine neue Neuropterenart aus Europa. Reichenbachia, 8: 123-125.

Kobayashi M. 1984. Descriptions of several species of Trichoptera from Central Japan. Bulletin of the Kanagawa Prefecture Museum, 15: 4-5.

Kobayashi M. 1987. Systematic study of the caddisflies from Taiwan, with descriptions of eleven new species (Trichoptera: Insecta). Bulletin of the Kanagawa Prefectural Museum (Natural Science), 17: 37-48.

Kobus J D. 1892. Blaaspooten (Thrips). Mededeelingen van het Proefstation Oost-Java, 43: 14-18.

Kolbe H J. 1880. Monographe der deutschen Psociden mit besonderer Berücksichtigung der Fauna Westfalens. Jahresbericht des Westfälischen Provinzial-Vereins für Wissenschaft und Kunst, 8: 73-142.

Kolbe H J. 1882. Neue Psociden der paläarktischen Regin. Entomologische Nachrichten, Berlin, 8: 207-212.

Kolbe H J. 1883. Neue Psociden des Königl. Zoologischen Museums zu Berlin. Stettiner Entomologische Zeitung, 44: 65-87.

Kolenati F A. 1848. Genera et species Trichopterorum I. Pragae: A. Hasse, 1-108.

Kolenati F. A. 1859. Genera et Species Trichopterorum, Pars, Altera. Nouveaux Mémoires de la Société Impérialedes Naturalistes de Moscou, 11: 141-296.

Krivokhatsky V A. 1997. New and little known species of ant-lions (Neuroptera, Myrmeleontidae) from Indo-China. Entomological Review, 76: 631-640.

Krüger L. 1913. Osmylidae. Beiträge zu einer Monographie der Neuropteren-Familie der Osmyliden. II. Charakteristik der Familie, Unterfamilien und Gattungen auf Grund des Geäders. Stettiner Entomologische Zeitung, 74: 3-123.

Krüger L. 1922. Berothidae. Beiträge zu einer Monographie der Neuropteren-Familie der Berothiden. Stettiner Entomologische Zeitung, 83: 49-88.

Kudô I. 1984. The Japanese Dendrothripini with dicriptions of four new species (Thysanoptera: Thripidae). Kontyû, 52(4): 487-505.

Kudô I. 1989. The Japanese of *Anaphothrips* and *Apterothrips* (Thysanoptera: Thripidae). Japanese Journal of Entomology, 57(3): 477-495.

Kumanski K. 1990. Studies on the fauna of Trichoptera (Insects) of Korea. I. Superfamily Rhyacophiloidea. Historia Naturalis Bulgarica, 2: 36-59.

Kurosawa M. 1941. Thysanoptera of Manchuria. (In Reports on the insect-fauna of Manchuria. VII). Kontyû, 15(3): 35-45.

Kuwayama S. 1927. Ueber eine neue Nothochrysa-Art aus Formosa. Insecta Matsumurana, 1: 120-122.

Kuwayama S. 1970. The genus *Italochrysa* of Japan (Neuroptera: Chrysopidae). Kontyû, 38: 67-69.

Latreille P A. 1794. Extrait d'un mémoire pour servir de suite à l'historre des Termès, ou Fourmis blanches. Bulletin des Sciences de la Société philomathique de Paris, 1: 84-85.

Latreille P A. 1802. Histoire Naturelle, Générale et Particulière des Crustacés et des Insectes. Vol. 3. Paris: Dufart.

Latreille P A. 1805. Histoire naturelle, generale et particuliere de Crustaces et des Insectes. Vol. 13. Paris: Dufart, 1-432.

Latreille P A. 1829-1830. Les crustacés, les arachnides et les insectes: distribués en familles naturelles. In: Cuvier G. le Règne animal distribubué d'après son Organization, pour servir de Base à l'Histoire naturelle des Animaux et d'introduction à l'Anatomie compare, nouvelle Édition, rev. et aug. Paris: Chez Déterville, i-xxvii + 1-584 + pls. I-V & i-xxiv + 1-556.

Leach W E. 1815. Entomology. In: Brewster's Edinburgh Encyclopedia, 9(1): 136.

Leach W E. 1875. A sketch of our present knowledge of the neuropterous fauna of Japan (excluding Odonata and Trichoptera). Transactions of the Royal Entomological Society of London, 23: 167-190.

Lee S S, Thornton I W B. 1967. The family Pseudocaeciliidae (Psocoptera) - a reappreaisal based on the dicovery of new Oriental and Pacific species. Pacific Insects Monographs, 16: 1-116.

Lefèbvre A. 1842. Le genre Ascalaphus Fabr. Guerin-Meneville, 4: 1-10.

Leng K, Yang L. 1998. Eight new species of Apataniinae (Trichoptera: Limnephilidae) from China. Braueria, 25: 23-26.

Lestage J A. 1926. Notes trichoptérologiques (9me Note), etude du groupe Psychoinyidien et catalogue systématique des genres et espèces décrits depuis 1907 (in Généra Insectorum). Bulletin et Annales de la Société Entomlogique de Belgique, 65: 363-386.

Lestage J A. 1927. La faune entomologique indo-chinoise, 2: les Megalopteres. Bulletin et Annales de la Société Royale d'Entomologie de Belgique, 67: 71-90, 93-119.

Levanidova I M. 1982. Amphibiotic insects of the mountain regions of the USSRs Far East. Leningrad: Nauka, 214 pp. (in Russian)

Li D, Aspöck H, Aspöck U, Liu X-Y. 2018. A review of the beaded lacewings (Neuroptera: Berothidae) from China. Zootaxa, 4500: 235-257.

Li F-S. 1990. Eleven new species of Psocids from Guizhou, China (Psocoptera, Psocomorpha, Psocidae). I . Guizhou Science, 8(3): 4-11.

Li F-S, Mockford E L. 1993. A description and notes on *Diplopsocus*, gen. nov. and twenty-one new species from China. (Psocoptera: Peripsocidae). Oriental Insects, 27: 55-91.

Li F-S, Mockford E L. 1997. Two new genera and four new species of Epipsocidae (Psocoptera) from China. Oriental Insects, 31: 139-148.

Li Y-J, Morse J C. 1997a. The *Paduniella* (Trichoptera: Psychomyiidae) of China, with a phylogeny of the world species. Insecta Mundi, 11(3-4): 281-299.

Li Y-J, Morse J C. 1997b. *Tinodes* species (Trichoptera: Psychomyiidae) from the People's Republic of China. Insecta Mundi, 11(3-4): 273-280.

Li Y-J, Morse J C. 1997c. *Polyplectropus* species (Trichoptera: Polycentropodidae) from China, with consideration of their phylogeny. Insecta Mundi, 11(3-4): 300-310.

Li Y-J, Morse J C. 1997d. Species of the genus *Ecnomus* (Trichoptera: Ecnomidae) from the People's Republic of China. Transactions of the American Entomological Sociandy, 123(1+2): 85-134.

Li Y-J, Morse J C, Wang P. 1998. New Taxonomic Definition of the Genus *Neucentropus* Martynov (Trichoptera: Polycentropodidae). Proc Entomol Soc Wash, 100(4): 665-671.

Lienhard C. 2003. Nomenclatural amendments concerning Chinese Psocoptera (Insecta), with remarks on species richness. Revue suisse de zoologie, 110: 711.

Linnaeus C. 1758. Systema natura per regna tria naturae secundum classes, ordines, genera, species, cum characteribus, differentiis, synonymis, locis. 10th Ed. Vol. 1. Holmiae: Salvii, 1-824.

Linnaeus C. 1767. Systema natura per regna tria naturae secundum classes, ordines, genera, species, cum characteribus, differentiis, synonymis, locis. 12th Ed. Vol. 1, pt. 2. Salvii, Holmiae.

Liu X-Y, Aspöck H, Yang D, Aspöck U. 2009. Discovery of *Amurinocellia* H. Aspöck & U. Aspöck (Raphidioptera: Inocelliidae) in China, with description of two new species. Zootaxa, 2264: 41-50.

Liu X-Y, Aspöck H, Yang D, Aspöck U. 2010. Species of the *Inocellia fulvostigmata* group (Raphidioptera: Inocelliidae) from China. Deutsche Entomologische Zeitschrift, 57: 223-232.

Liu X-Y, Hayashi F, Yang D. 2008. The *Protohermes guangxiensis* species-group (Megaloptera: Corydalidae), with descriptions of four new species. Zootaxa, 1851: 29-42.

Liu X-Y, Yang D. 2004. A revision of the genus *Neoneuromus* in China (Megaloptera: Corydalidae). Hydrobiologia, 517: 147-159.

Liu X-Y, Yang D. 2005. Notes on the genus *Neochauliodes* from Guangxi, China (Megaloptera: Corydalidae). Zootaxa, 1045: 1-24.

Liu X-Y, Yang D. 2006a. Revision of the genus *Sialis* from Oriental China (Megaloptera: Sialidae). Zootaxa, 1108: 23-35.

Liu X-Y, Yang D. 2006b. Phylogeny of the subfamily Chauliodinae (Megaloptera: Corydalidae), with description of a new genus from the Oriental Realm. Systematic Entomology, 31: 652-670.

Liu L-X, Yoshizawa K, Li F-S, Liu Z-Q. 2013. *Atrichadenotecnum multispinosus* sp n. (Psocoptera: Psocidae) from southwestern China, with new synonyms and new combinations from Psocomesites and Clematostigma. Zootaxa, 3701(4): 460-466.

Ma N, Cai L-J, Hua B-Z. 2009. Comparative morphology of the eggs in some Panorpidae (Mecoptera) and their systematic implication. Systematics and Biodiversity, 7(4): 403-417.

Makarkin V N. 1993. The brown lacewings from Vietnam (Neuroptera Hemerobiidae). Tropical Zoology, 6: 217-226.

Malicky H. 1993a. Neue asiatische Köcherfliegen (Trichoptera: Rhyacophilidae, Philopotamidae, Ecnomidae und Polycentropodidae). Entomologische Berichte Luzern 29: 77-88.

Malicky H. 1993b. Neue asiatische Köcherfliegen (Trichoptera: Philopotamidae, Polycentropodidae, Psychomyidae, Ecnomidae, Hydropsychidae, Leptoceridae). Linzer Biologische Beiträge, 25(2): 1099-1136.

Malicky H. 2000. Einige neue Köcherfliegen aus Sabah, Nepal, Indien und China (Trichoptera: Rhyacophilidae, Hydrobiosidae, Philopotamidae, Polycentropodidae, Ecnomidae, Psychomyiidae, Hydropsychidae, Brachycentridae, Odontoceridae, Molannidae). Braueria, 27: 32-39.

Malicky H. 2002. Ein Beitrag zur Kenntnis asiatischer Arten der Gattung *Diplectrona* Westwood 1840 (Trichoptera, Hydropsychidae). Linzer Biol Beitr, 34(2): 1201-1236.

Malicky H. 2011. Neue Trichopteren aus Europa und Asien. Braueria, 38: 23-43.

Malicky H. 2012. Neue asiatische Köcherfliegen aus neuen Ausbeuten (Insecta, Trichoptera). Linzer Biologische Beiträge, 44(2): 1263-1310.

Malicky H, Chantaramongkol P. 2000. Ein Beiträg zur Kenntnis asiatischer Hydropsyche-Arten (Trichoptera, Hydropsychidae) (Zugleich Arbeit Nr. 29 über thailändische Köcherfliegen). Linzer Biologische Beiträge, 32(2): 791-861.

Malicky H, Chantaramongkol P. 2007. Baiträge zur Kenntnis asiatischer Hydroptilidae (Trichoptera). Linzer Biologische Beiträge, 39(2): 1009-1099.

Malicky H, Sun C. 2002. 25 new species of Rhyacophilidae (Trichoptera) from China. Linzer Biologische Beiträge, 34(1): 541-561.

Maltbaek J. 1928. Thysanoptera Danica. Danske Frynsevinger. Entomologiske Meddelelser, 16: 159-184.

Martynov A V. 1930. On the Trichopterous Fauna of China and Eastern Tibet. Proceedings of the Zoological Society of London, 5: 65-112.

Martynov A V. 1931. Report on a Collection of Insects of the Order Trichoptera from Siam and China. Proc U S Nat Mus, 79: 1-20.

Martynov A V. 1933. On an interesting collection of Trichoptera from Japan. Annotationes Zoolologicae Japonensis, 14: 139-156.

Martynov A V. 1934. Trichoptera Annulipalpia. Tableaux analytiques de la Faune de l'URSS, Publiés par l'Institut Zoologique de l'Académie des Science, 13: 343 pp.

Martynov A V. 1935a. On a collection of Trichoptera from the Indian Museum. Part I. Annulipalpia. Records of the Indian Museum, 37: 93-209.

Martynov A V. 1935b. Rucheiniki (Trichoptera) Amurskogo kraya, chast I (Trichoptera of the Amur Region, part I). Trudy zoologicheskogo Instituta Akademii Nauk CCCP (Travaux de l'Institut zoologic de l'Academie des Sciences de l'URSS), 2(2-3): 205-395.

Martynov A V. 1936. On a collection of Trichoptera from the Indian Museum. Part II. Integripalpia. Records Indian Museum, 37(2): 239-306.

Masumoto M, Okajima S. 2006. A revision of and key to the world species of *Mycterothrips* Trybom (Thysanoptera, Thripidae). Zootaxa, 1261: 1-90.

Matsumura S. 1905. Thousand insects of Japan. Vol. 1. Tokyo: Keiseisha Co.

McFarlane A G. 1976. A generic revision of New Zealand Hydropsychinae (Trichoptera). Journal of the Royal Society of New Zealand, 6(1): 23-35.

McLachlan R. 1863. On *Anisocentropus*, a new genus of exotic Trichoptera. Transactions of the Entomological Society of London, 1(3): 492-496.

McLachlan R. 1864. On the trichopterous genus *Polycentropus* and allied genera. Entomologist's Monthly Magazine, 1: 25-31.

McLachlan R. 1865. Trichoptera Britanica. A monograph of British species of caddis-flies. Transactions of the Entomological Society of London, (3)5: 1-184.

McLachlan R. 1866a. Description of new or little-known Genera and Species of Exotic Trichoptera; with Observations on certain Species described by Mr. F. Walker. Transactions of the Entomological Society of London, (3)5: 247-278.

McLachlan R. 1866b. Description d'un genre nouveau et d'une espèce nouvelle d'insecte trichoptère européen (*Molannodes zelleri*). Annales de la Société Entomologique de France, 4(6): 175-180.

McLachlan R. [1867] 1868. New genera and species, etc., of Neuropterous insects; and a revision of Mr F. Walker's British Museum Catalogue, part ii (1853), as far as the end of the genus *Myrmeleon*. Journal of the Linnean Society (Zoology), 9: 230-281.

McLachlan R. 1868. XVI. Contributions to a Knowledge of European Trichoptera. (First Part). Transactions of the Royal Entomological Society of London, 16: 289-308.

McLachlan R. 1869a. *Chauliodes* and its allies with notes and descriptions. The Annals and Magazine of Natural History, 4: 35-46.

McLachlan R. 1869b. New species, & c., of Hemerobiina; with synonymic notes (first series). Entomologist's Monthly Magazine, 6: 21-27.

McLachlan R. 1870. New species, & c., of Hemerobiina-second series (Osmylus). Entomologist's Monthly Magazine, 6: 195-201.

McLachlan R. 1872a. Description of a new genus and five new species of exotic Psocidae. Entomologist's Monthly Magazine, 9: 74-78.

McLachlan R. 1872b. Non-odonates. 47-71. In: Sélys-Longchamps M E, McLachlan R. Matériaux pour une faune névroptérologique de l'Asie septentrionale. Seconde partie. Annales de la Société Entomologique de Belgique, 15: 25-77.

McLachlan R. 1874-1880. A monographic revision and synopsis of the Trichoptera of the European fauna. Hampton: Reprint 1968, E. W. Classey, 523 pp.

McLachlan R. 1875a. A sketch of our present knowledge of the neuropterous fauna of Japan (excluding Odonata and Trichoptera). Transactions of the Royal Entomological Society of London, 23: 167-190.

McLachlan R. 1875b. Descriptions de Plusieurs Névroptères-Planipennes et Trichoptères nouveaux de l'île de Célèbes et de quelques espèces nouvelles de *Dipseudopsis* avec considérations sur ce genre. Tijdschrift voor Entomologie, 18: 1-21.

McLachlan R. 1891. Descriptions of new species of holophthalmous Ascalaphidae. Transactions of the Entomological Society of London, 1891: 509-515.

Meinander M. 1972. A revision of the family Coniopterygidae (Planipennia). Acta Zoologica Fennica, 136: 1-357.

Meinander M, Klimaszewski J, Scudder G G E. 2009. New distributional records for some Canadian Neuropterida (Insecta: Neuroptera, Megaloptera). Journal of the Entomological Society of British Columbia, 106: 11-15.

Mey W. 1999. Notes on the taxonomy and phylogeny of *Apsilochorema* Ulmer, 1907 (Trichoptera, Hydrobiosidae). Deutsche Entomologische Zeitschrift, 46(2): 169-183.

Mirab-balou M, Hu Q-L, Feng J-N, Chen X-X. 2011. A new species of Sericothripinae from China (Thysanoptera: Thripidae), with two new synonyms and one new record. Zootaxa, 3009: 55-61.

Mockford E L. 1951. On two North American Philotarsidae (Psocoptera). Psyche, 58(3): 102-107

Mockford E L. 1978. A generic classification of family Amphipsocidae (Psocoptera: Caecilietae). Transactions of the American Entomological Society, 104: 139-190.

Mockford E L. 1993. North American Psocoptera (Insecta). London: CRC Press,10:279.

Mockford E L. 1999. A classification of the Psocopteran Family Caeciliusidae (Caeciliidae Auct.). Transactions of the American Entomological Society, 125(4): 325-417.

Monserrat V J. 2000. New data on the brown lacewings from Asia (Neuroptera: Hemerobiidae). Journal of Neuropterology, 3: 61-97.

Monserrat V J. 2004. Nuevos datos sobre algunas especies de hemeróbidos (Insecta: Neuroptera: Hemerobiidae). Heteropterus : Revista de Entomología, 4:1-26.

Morgan A C. 1913. New genera and species of Thysanoptera with notes on distribution and food plants. Proceedings of the United States National Museum, 46: 1-55.

Morgan A C. 1925. Six new species of *Frankliniella* and a key to the American species. The Canadian Entomologist, 57: 138-147.

Morse J C. 1975. A phylogeny and revision of the caddisfly genus *Ceraclea* (Trichoptera, Leptoceridae). Contributions of the American Entomological Institute, 11(2): 1-97.

Morse J C, Zhong H, Yang L. 2012. New species of *Plectrocnemia* and *Nyctiophylax* (Trichoptera, Polycentropodidae) from China. ZooKeys, 169: 39-59.

Morton K J. 1900. Descriptions of new species of Oriental Rhyacophilidae. Transactions of the Royal Entomological Society of London, 1900: 1-6.

Mosely M E. 1932. Some new African Leptoceridae (Trichoptera). Annals and Magazine of Natural History, 9: 297-313.

Mosely M E. 1933. A Revision of the Genus *Leptonema*. London: British Museum (Natural History), 69 pp.

Mosely M E. 1935. New African Trichoptera. Annals and Magazine of Natural History, 15: 221-232.

Mosely M E. 1939. Trichoptera. Ruwenzori Expedition 1934-35. British Museum (Natural History), 3: 1-40.

Mosely M E. 1941. Fijian Trichoptera in the British Museum. Annals and Magazine of Natural History, (11)7: 361-374.

Mosely M E. 1942. Chinese Trichoptera: A collection, made by Mr. M. S. Yang in Foochow. Transactions of the Royal Entomological Society of London, 92(2): 343-362.

Mosely M E. 1948. Trichoptera. British Museum (Natural History) Expedition to South-West Arabia 1937-8, 1(9): 67-85.

Mosely M E, Kimmins D E. 1953. The Trichoptera of Australia and New Zealand. London: British Museum (Natural History), 550 .

Moulton D. 1928a. New Thysanoptera from Formosa. Transactions of the Natural History Society of Formosa, 18(98): 287-328.

Moulton D. 1928b. The Thysanoptera of Japan. Annotationes Zoologicae Japanensis, 11(4): 287-337.

Moulton D. 1928c.Thysanoptera from Abyssinia. Annals and Magazine of Natural History, (10)1: 227-248.

Moulton D. 1929. Thysanoptera from India. Records of the Indian Museum, 31: 93-100.

Moulton D. 1936. Thysanoptera of the Hawaiian Islands. Proceedings of the Hawaiian Entomological Society, 9: 181-188.

Moulton D. 1948. The genus *Frankliniella* Karny with keys for the determination of species. Revista de Entomologia, 19: 55-114.

Mound L A. 1974. Spore-feeding Thrips (Phlaeothripidae) from Leaf Litter and Dead Wood in Australia. Australian Journal of Zoology, 27: 1-106.

Mound L A, Morison G D, Pitkin B R, Palmer J M. 1976. Thysanoptera. Handbook Ident. Brit. Insects, 1(11): 1-82.

Müller F. 1776. Zoologiae Danicae prodromus, seu animalium Daniae et Norvegiae indigenarum characteres, nomina, et synonyma imprimis popularium. Havniae (Hallager), 1-274.

Müller F. 1880. Sobre as casas construidas pelas larva's de insectos Trichopteros da Provincia de Santa Catharina. Archivos do Museu Nacional, Rio de Janeiro, 3: 99-134, 210-214.

Murphy D H, Lee Y T. 1971. Three new species of Coniopteryx from Singapore (Plannipennia: Coniopterygidae). Journal of Entomology, London, (B) 40: 151-161.

Nakahara W. 1914. On the Osmylinae of Japan. Annotationes Zoologicae Japonenses, 8: 489-518.

Nakahara W. 1915a. Catalogus Hemerobidarum Japonicum. Entomological Magazine, Kyoto, 1: 97-102.

Nakahara W. 1915b. On the Hemerobiinae of Japan. Annotationes Zoologicae Japonenses, 9: 11-48.

Nakahara W. 1920. A revision of the Japanese Sisyridae and Berothidae. Konchu Sekai, 24: 162-164.

Nakahara W. 1958. The Neurorthinae, a new subfamily of the Sisyridae (Neuroptera). Mushi, 32: 19-32.

Nakahara W. 1961. A new species of the Mantispidae from Japan (Neuroptera). Mushi, 35: 63-66.

Navás L. 1903. Diláridos de España. Memorias de la Real Academia de Ciencias y Artes de Barcelona, (3)4: 373-381.

Navás L. 1905. Notas zoológicas. VII. Insectos orientales nuevos ó poco conocidos. Boletín de la Sociedad Aragonesa de Ciencias Naturales, 4: 49-55.

Navás L. [1909] 1908-1909. Monografía de la familia de los Diláridos (Ins. Neur.). Memorias de la Real Academia de Ciencias y Artes de Barcelona, 7 (3): 619-671.

Navás L. [1910] 1909a. Hémérobides nouveaux du Japon (Neuroptera). Revue Russe d'Entomologie, 9: 395-398.

Navás L. 1909b. Neurópteros nuevos de la fauna ibérica. In: Actas y Memorias del Primer Congreso de Naturalistas Españoles (held in Zaragoza, October 1908). Zaragoza.

Navás L. 1910a. Hemeróbidos (Ins. Neur.) nuevos con la clave de las tribus y géneros de la familia. Brotéria (Zoológica), 9: 69-90.

Navás L. 1910b. Osmylides exotiques (insectes névroptères) nouveaux. Annales de la Société Scientifique de Bruxelles, 34(pt. 1): 188-195.

Navás L. 1911a. Chrysopides nouveaux (Ins. Neur.). Annales de la Société Scientifique de Bruxelles, 35(pt. 2): 266-282.

Navás L. 1911b. Névroptères nouveaux de l'extrème Orient. Revue Russe d'Entomologie, 11: 111-117.

Navás L. 1913a. Bemerkungen über die Neuropteren der Zoologischen Staatssammlung in München. V. Mitteilungen der Münchener Entomologischen Gesellschaft, 4: 9-15.

Navás L. 1913b. Espèces nouvelles de Névroptères exotiques. Annales de l'Association des Naturalistes de Levallois-Perret, 19: 10-13.

Navás L. 1913c. Névroptères du Japon recueillis par M. Edme Gallois. Bulletin du Museum National d'Histoire Naturelle, Paris, 19: 441-451.

Navás L. [1913-1914] 1914. Les Chrysopides (Ins. Névr.) du Musée de Londres [Ib]. Annales de la Société Scientifique de Bruxelles, 38(pt. 2): 73-114.

Navás L. [1914] 1913. Neuroptera Asiatica. II series. Revue Russe d'Entomologie, 13: 424-430.

Navás L. 1915. Neurópteros nuevos o poco conocidos (Cuarta [IV] serie). Memorias de la Real Academia de Ciencias y Artes de Barcelona, 11: 373-398.

Navás L. 1917. Insecta nova. II Series. Memorie dell'Accademia Pontifica dei Nuovi Lince, 3: 13-22.

Navás L. 1919. Neurópteros de España nuevos. Segunda serie. Boletín de la Sociedad entomológica de España, 2: 218-223.

Navás L. 1923. Algunos insectos del museo de Paris. Revta Acad Cienc exact fis quim nat Zaragoza, 7(1922): 15-51.

Navás L. 1924a. Excursio entomologica al Cabreres (Girona-Barcelona). Trabajos del Museo de Ciencias naturales de Barcelona, 4(10): 1-59.

Navás L. 1924b. Insecta orientalia. III Series. Memorie dell'Accademia Pontifica dei Nuovi Lince, 7(2): 217-228.

Navás L. 1924c. Neue Trichopteren. Zweite Serie. Konowia, 3: 204-209.

Navás L. [1925] 1924. Comunicaciones entomológicas. 7. Neurópteros del Museo de Berlín. Revista de la [Real] Academia de Ciencias Exactas Fisico-Quimicas y Naturales de Zaragoza, (1)9: 20-34.

Navás L. 1929. Monografía de la familia de los Berótidos (Insectos, Neurópteros). Memorias de la Academia de Ciencias Exactas, Fisico-Quimicas y Naturales de Zaragoza, 2: 1-107.

Navás L. 1931a. Insectos del Museo de Paris. Broteria, serie Zoologica, 27: 101-136.

Navás L. 1931b. Névroptères et insectes voisins. Chine et pays environnants. Notes d'Entomologie Chinoise, 1(7): 1-12.

Navás L. 1932a. Decadas de insectos nuevos. Brotéria (Zoológica), 1: 145-155.

Navás L. 1932b. Insecta Orientalia. Memo-viedella Pontificia Academia Romana dei Nuovi Licei, 16: 913-956.

Navas L. 1933a. Decadas de insectos nuevos. Broteria, Serie de Ciencias Naturelles (Lisboa), 2: 34-44, 101-110.

Navás L. 1933b. Névroptères et insectes voisins. Chine et pays environnants. Cinquième [V] série. Notes d'Entomologie Chinoise, 1(13): 1-23.

Navás L. 1934. Névroptères et insectes voisins. Chine et pays environnants. Sixième [VI] série. Notes d'Entomologie Chinoise, 1(14): 1-8.

Navás L. 1935a. Monografía de la familia de los Sisíridos (Insectos Neurópteros). Memorias de la [Real] Academia de Ciencias Exactas, Fisico-Quimicas y Naturales de Zaragoza, 4: 1-87.

Navás L. 1935b. Névroptères et insectes voisins. Chine et pays environnants. Huitième [VIII] série. Notes d'Entomologie Chinoise, 2: 85-103.

Navás L. 1936. Névroptères et insectes voisins. Chine et pays environnants. Neuvième [IX] série. Notes d'Entomologie Chinoise, 3: 37-62, 117-132.

Niwa S. 1908. *Belothrips mori* n. sp. on mulberry leaves [in Japanese]. Transactions of the Entomological Society of Japan, 2: 180-181.

Okajima S. 2006. The Insects of Japan. Volume 2. The suborder Tubulifera (Thysanoptera). Fukuoka: Touka Shobo Co. Ltd., 1-720.

Okamoto H. 1907. Die Psociden Japans. Transactions of the Sapporo Natural History Society, 2: 113-147.

Okamoto H. 1910a. Die Myrmeleoniden Japans. Wiener Entomologische Zeitung, 29: 275-300.

Okamoto H. 1910b. Die Sialiden Japans. Wiener Entomologische Zeitung, 29: 255-263.

Okamoto H. 1911. *Euthrips glycines* n. sp., die erste japanische art dieser gattung (Thysanoptera). Wiener Entomologische Zeitung, 30: 221-222.

Okamoto H. 1912. Eine neue Chrysopiden-art Japans. Transactions of the Sapporo Natural History Society, 4: 13-14.

Okamoto H. 1914. Über die Chrysopiden-Fauna Japans. Journal of the College of Agriculture, Tohoku Imperial University, Sapporo, 6: 51-74.

Okamoto H. 1926. Some Myrmeleontidae and Ascalaphidae from Corea. Insecta Matsurana, 1: 8-22.

Oláh J. 1989. Thirty-five new hydroptilid species from Vietnam (Trichoptera, Hydroptilidae). Acta Zoologica Hungarica, 35(3-4): 255-293.

Oláh J. 2013. On the Trichoptera of Vietnam, with description of 52 new species. Annales Historico-Naturales Musei Nationalis Hungarici, 105: 55-134.

Oláh J, Barnard P C, Malicky H. 2006. A revision of the lotic genus *Potamyia* Banks 1900 (Trichoptera: Hydropsychidae) with the description of eight new species. Linzer Biologische Beiträge, 38(1): 739-777.

Oláh J, Johanson K A. 2008. Generic review of Hydropsychinae, with description of Schmidopsyche, new genus, 3 new genus clusters, 8 new species groups, 4 new species clades, 12 new species clusters and 62 new species from the Oriental and Afrotropical regions (Trichoptera: Hydropsychidae). Zootaxa, 1802: 1-248.

Oláh J, Morse J C, Sun C. 2008. Status of four Chinese species of Hydropsychinae. Braueria, 35: 9-10.

Osborn H. 1883. Notes on Thripidae, with descriptions of new species. Canadian Entomologist, 15: 151-156.

Oswald J D, Machado R J P. 2018. Biodiversity of the Neuropterida (Insecta: Neuroptera: Megaloptera, and Raphidioptera). Insect Biodiversity: Science and Society, 2(627): e672.

Ôuchi Y. 1939. Note on a supposed female of *Corydalis orientalis* MacLachlan and a new species description belongs to Gen. *Corydalis*, Corydalidae, Megaloptera. The Journal of the Shanghai Science Institute, 4: 227-232.

Parker C R, Wiggins G B. 1987. Revision of the caddisfly genus *Psilotreta* (Trichoptera: Odontoceridae). Life Science Contributions, Ontario Royal Museum, 144: 1-55.

Pearman J V. 1932. Notes on the genus *Psocus*, with special reference to the British species. Entomologist's Monthly Magazine, 68: 193-204.

Pearman J V. 1934. New and little known African Psocoptera. Stylops, 3: 121-132.

Pearman J V. 1936. The taxonomy of the Psocoptera: preliminary sketeh. Proceedings Royal Entomological Society of London (B), 5: 58-62.

Pergande T. 1895. Observations on certain Thripidae. Insect Life, 7: 390-395.

Pictet F J. 1834. Recherches pour servir à l'histoire et à l'anatomie des phryganides. Abraham Cherbuliez, Geneva (Switzerland), 1-235.

Pitkin B R. 1976. A revision of the Indian species of *Haplothrips* and related genera (Thysanoptera: Phlaeothripidae). Bulletin of the British Museum (Natural History)(Entomogy), 34: 21-280.

Poivre C. 1984. Les mantispides de l'Institut Royal des Sciences Naturelles de Belgique (Insecta, Planipennia) 1re partie: especes d'Europe, d'Asie et d'Afrique. Neuroptera International, 3: 23-32.

Priesner H. 1919. Zur Thysanopteren-Fauna Albaniens. Sitzungsberichte der Kaiserlichen Akademie der Wissenschaften, 128: 115-144.

Priesner H. 1920. Ein neuer *Liothrips* (Uzel) (Ord. Thysanoptera) aus den Niederlanden. Zoologische Mededeelingen Rijks Museet Leiden, 5: 211-212.

Priesner H. 1921. *Haplothrips*·Studien. Treubia, 2: 1-20.

Priesner H. 1923. A. DAMPFS Aegypten-Ausbeute: Thysanoptera. Entomologische Mitteilungen, 12: 115-121.

Priesner H. 1930. Contributions towards a knowledge of the Thysanoptera of Egypt, III. Bulletin de la Societe Royale Entomologique d'Egypte, 14(1): 6-15.

Priesner H. 1932. Contributions towards a knowledge of the Thysanoptera of Egypt, VII. Bulletin de la Societe Royale Entomologique d'Egypte, 16(1-2): 45-51. Le Caire.

Priesner H. 1933. Indomalayische Thysanopteren V. Revision der indomalayischen Arten der Gattung *Haplothrips* Serv. Records of the Indian Museum, 35: 347-369.

Priesner H. 1934. Indomalayische Thysanopteren (VI) Naturkd. Tijds. Nederl.-Indië, 94(3): 254-290. Batavia.

Priesner H. 1935a. Neue exotische Thysanopteren. Stylops, 4: 125-131.

Priesner H. 1935b. New or little-known oriental Thysanoptera. Philippine Journal of Science, 57: 251-375.

Priesner H. 1936. On some further new Thysanoptera from the Sudan. Bulletin de la Societe Royale Entomologique d'Egypte, 20: 83-104.

Priesner H. 1938a. Thysanopterologica VI. Konowia, 17: 29-35.

Priesner H. 1938b. Materialen zu einer Revision der Taeniothrips-Arten (Thysanoptera) des indomalayischen Faunengebietes. *Treubia*, 16(4): 469-526.

Priesner H. 1940. On some Thysanoptera (Thripidae) from Palestine and Cyprus. Bulletin de la Societe Royale Entomologique d'Egypte, 24: 46-56.

Priesner H. 1949. Genera Thysanopterorum. Keys for the Identification of the genera of the order Thysanoptera. Bulletin de la Societe Entomologique d'Egypte, 33: 31-157.

Priesner H. 1950. Studies on the genus *Scolothrips* (Thysanoptera). Bulletin de la Societe Royale.

Priesner H. 1957. Zur vergleichenden Morphologie des Endothorax der Thysanoptera (Vorlaufige Mitteilung). Zoologischer Anzeiger,

159(7/8): 159-167.

Principi M M. [1944-1946] 1946. Contributi allo studio dei Neurotteri Italiani. IV. Nothochrysa italica Rossi. Bollettino dell'Istituto di Entomologia della Università degli Studi di Bologna, 15: 85-102.

Raizada U. 1966. Studies on some Thysanoptera from Delhi. Zoologischer Anzeiger, 176: 277-290.

Ramakrishna T V. 1928. A contribution to our knowledge of the Thysanoptera of India. Memoirs of the Department of Agriculture in India Entomology Series, 10: 217-316.

Rambur J P. [1838] (1837-1840). Faune entomologique de l'Andalousie. Vol. 2. Paris.

Rambur J P. 1842. Histoire Naturelie des Insectes, Nevropteres. Librairie encyclopedique de Roret. Paris: Fain et Thunot, 1-534.

Roesler R. 1943. Uber einige Copeognathen genera. Stettiner Entomologische Zeitung, 104: 1-14.

Roesler R. 1944. Die Gattungen der Copeognathen. Stettiner Entomologische Zeitung, 105: 117-166.

Ross H H. 1949. Xiphocentronidae, a new family of Trichoptera. Entomological News, 60(1): 1-7.

Ross H H. 1956. Evolution and Classification of Mountain Caddisflies. Urbana, Illinois: University of Illinois Press, 1-213.

Ross H H, Unzicker J D. 1977. The relationships of the genera of American Hydropsychinae as indicated by phallic structures (Trichoptera, Hydropsychidae). Journal of the Georgia Entomological Society, 12: 298-312.

Rossi P. 1790. Fauna Etrusca sistens insecta quae in provinciis Florentina et Pisana praesertim collegit Petrus Rossius. Vol. 2. Th. Masi & Sociorum, Liburni.

Schille F. 1911. Materialien zu einer Thysanopteren-Fauna Galiziens. Sprawozdanie Komisyi Fizyograficznej, Krakowie, 45: 1-10.

Schmid F. 1958. Trichoptères de Ceylan. Archiv für Hydrobiologie, 54(1-2): 1-173.

Schmid F. 1959. Quelques Trichorptères de Chine. Mitteilungen aus dem Zoologischen Museum in Berlin, 35(2): 317-345.

Schmid F. 1964. Quelques Trichoptères Asiatiques. The Canadian Entomologist, 96: 825-840.

Schmid F. 1965. Quelques trichopteres de Chine II. Bonner Zoologische Beiträge, 1/2(16): 127-154.

Schmid F. 1968. Le Genre *Gunungiella* Ulmer (Trichoptères: Philopotamides). The Canadian Entomologist, 100(9): 897-957.

Schmid F. 1970a. Le genre *Rhyacophila* et la famille des Rhyacophilidae (Trichoptera). Memoires de La Société Entomologique Du Canada, 66: 1-230.

Schmid F. 1970b. Sur quelques *Apsilochorema* orientaux (Trichoptera, Hydrobiosidae). Tijdschrift voor entomologie, 113: 261-271.

Schmid F. 1982. La Famille des Xiphocentronides (Trichoptera: Annulipalpia). Memoirs of the Entomological Society of Canada, 114(S121): 3-127.

Schmid F. 1989. Les Hydroeiosides (Trichqptera, Annulipalpia). Bulletin de l'Institute Royal des Sciences Naturelles de Belgique, Entomologie 59, Supple, 1-154.

Schmutz K. 1913. Zur Kenntnis der Thysanopterenfauna von Ceylon. Sitzungsberichte der Kaiserlichen Akademie der Wissenschaften, 122(7): 991-1089.

Schneider W G. 1843. Monographia generis Rhaphidiae Linnaei. Vratislaviae: Grassii, Barthii et Socii.

Schneider W G. 1851. Symbolae ad monographiam generis Chrysopae, Leach. Quinque tabulis, in lapide acu delineatis illustratae. Editio minor. Ferdinandum Hirt, Vratislaviae.

Schrank F. 1776. Beyträge zur Naturgeschichte. Mit sieben von dem Verfasser selbst gezeichneten, und in Kupfern gestochenen Tabellen. Augsburg, [1-8], 1-137, [1-3], Tab. I-VII [1-7].

Schummel T E. 1832. Versuch einer genauen Beschreibung der in Schlesien einheimischen Arten der Gattung Raphidia, Linn. Breslau: Eduard Pelz.

Séméria Y. 1977. Discussion de la validite taxonomique du sous-genre *Chrysoperla* Steinmann (Planipennia, Chrysopidae). Nouvelle Revue d'Entomologie, 7: 235-238.

Shen R-R, Aspöck H, Aspöck U, Liu X-Y. 2021. The identity of *Inocellia sinensis* Navás, 1936 (Raphidioptera: Inocelliidae) clarified. Zootaxa, 5016: 571-578.

Shull A F. 1909. Some apparently new Thysanoptera from Michigan. Entomological News, 20: 220-228.

Shumsher S. 1946. Studies on the systematics of Indian Terebrantia. Indian Journal of Entomology, 7: 147-188.

Sibley C K. 1926. Trichoptera. Studies on Trichoptera. In: Members of the Scientific Staff of Cornell University. A Preliminary Biological Survey of the Lloyd-Cornell Reservation. Bulletin of the Lloyd Library 27. Cincinnati, Ohio: Lloyd Library, 1-247.

Stange L A. 2004. A systematic catalog, bibliography and classification of the world antlions (Insecta: Neuroptera: Myrmeleontidae). Memoirs of the American Entomological Institute, 74: 1-565.

Stannard L J. 1957. The Phylogeny and Classification of the North American Genera of the Suborder Tubulifera (Thysanoptera). Illinois Biological Monographs Urban, 25: 1-200.

Stannard L J. 1968. The Thrips or Thysanoptera of Illinois. Illinois Natural History Survey Bulletin, 29: 1-552.

Stein J P E F. 1863. Beitrag zur Neuropteren-fauna Griechenlands (mit Berücksichtigung dalmatinischer Arten). Berliner Entomologische Zeitschrift, 7: 411-422.

Steinmann H. 1964. The *Chrysopa* species (Neuroptera) of Hungary. Annales Historico-Naturales Musei Nationalis Hungarici (Zoologica), 56: 257-266.

Steinweden J B, Moulton D. 1930. Thysanoptera from China. Proceedings of the Natural History Society of the Fukien Christian University, 3: 19-30.

Stephens J F. 1829. A systematic catalogue of British insects. Part 1. Baldwin: London, 416 pp.

Stephens J F. 1836. Illustrations of British entomology; or, a synopsis of indigenous insects: containing their generic and specific distinctions; with an account of their metamorphoses, times of appearance, localities, food, economy, as far as practicable. Mandibulata Vol. 6. London: Baldwin and Cradock.

Stitz H. 1914. Sialiden der Sammlung des Berliner Museums. Sitzungsberichte der Gesellschaft Naturforschender Freunde zu Berlin, 5: 191-205.

Sun C, Malicky H. 2002. 22 news species of Philopotamidae from China. Linzer Biologische Beiträge, 34(1): 521-540.

Sun C, Yang L. 1995. Studies on the genus *Rhyacophila* (Trichoptera) in China (1). Braueria, 22: 27-32.

Sun C, Yang L. 1998. Studies on the genus *Rhyacophila* of China (2). Braueria, 25: 15-17.

Sziráki G. 1998. An annotated checklist of the Ascalaphidae species known from Asia and from the PacificIslands. Folia Entomologica Hungarica, 59: 57-72.

Targioni-Tozzetti A. 1887. Notizie sommarie di due specie di Cecidomidei, una consocociata ad un Phytoptus, ad altri acari e ad una Thrips in alcune galle del Nocciola (*Corylus avellana* L.), una gregaria sotto la scorza dei rami di Olivi, nello stato larvale. Bollettino della Società Entomologica Italiana, 18(4): 419-431.

Thornton I W B. 1959. A new genus of Philotarsidae (Corrodentia) and new species of this and related families from Hong Kong. Transactions of the Royal Entomological Society of London, 111(11): 331-349.

Thornton I W B. 1960. New Psocidae and aberrant new Myopsocid (Psocoptera) from Hong Kong. Transactions of the Royal Entomological Society of London, 112(10): 239-261.

Thornton I W B, Wong S-K. 1966. Some Psocoptera from west Bengal, India. Transactions of the Royal Entomological Society of London, 118: 1-21.

Tian L, Li Y. 1991[1987]. A Preliminary Study of the Subfamily Hydropsychinae (Trichoptera: Hydropsychidae) in China. In: Bournaud M, Tachet H. Proceedings of the Fifth International Symposium on Trichoptera. Series Entomologica. The Hague, The Netherlands, 39: 125-129.

Tjeder B. 1936. Schwedisch-chinesische wissenschaftliche expedition nach den nordwestlichen provinzen Chinas, unter leitung von Dr. Sven Hedin und Prof. Sü Ping-chang. Insekten gesammelt vom schwedischen arzt der expedition Dr. David Hummel 1927-1930. 62. Neuroptera. Arkiv för Zoologi, 29A: 1-36.

Tjeder B. 1950. Mecopterens aus Fukien. Bonner Zoologische Beiträge, 1(2-4): 286-290.

Tjeder B. 1956. Zwei neue ost-asiatische *Bittacus*-Arten. Beiträge zur Entomologie, 6: 45-53.

Tjeder B. 1966. Neuroptera-Planipennia. The Lace-wings of Southern Africa. 5. Family Chrysopidae. South African Animal Life, 12: 228-534.

Trybom F. 1895. Iakttagelser om vissaq Bläsfotingars (Physapoders) upträdande I grässens Blomställningar. Entomologisk Tidskrift,

16: 157-194.

Trybom F. 1910. Physapoda, in Schultze, Zoologische und anthropologische Ergebnisse einer Forschungreise im westlichen und zentralen Südafrica (1903-1905). Denkschriften der Medizinisch-naturwissenschaftlichen Gesellschaft zu Jena, 16: 147-174.

Trybom F. 1911. Physapoden aus Ägypten und dem Sudan. Results of the Swedish Zoological, 1-16.

Tsuda M. 1938. Zur Kenntnis der Trichopteren von Liukiu anf Grund des Materials der 195 Liukiu-Expedition. Biogeographica, 3(1): 100-104.

Tsuda M. 1949. Zwei neue Hydro-psyche-Arten (Trichoptera) aus Japan. Transactions of the Kansai Entomological Society, 14: 20-22.

Tsukaguchi S. 1995. Chrysopidae of Japan (Insecta, Neuroptera). Osaka: Privately printed.

Ulmer G. 1905. Zur Kenntniss aussereuropäischer Trichopteren (Neue Trichoptern des Hamburger und Stettiner Museums und des Zoologischen Instituts in Halle, nebst Beschreibungen einiger Typen Kolenati's und Burmeister's.). Stettiner Entomologische Zeitung, 66: 1-119.

Ulmer G. 1906. Neuer Beitrag zur Kenntnis aussereuropäischer Trichopteren. Notes from the Leyden Museum, 28: 1-116.

Ulmer G. 1907a. Neue Trichopteren. Notes from the Leyden Museum, 29: 1-53.

Ulmer G. 1907b. Trichopteren (Zweiter Teil), Monographie der Macronematinae. Collections Zoologiques du Baron Edm. de Selys Longchamps 6: 1-121.

Ulmer G. 1908. Japanische Trichopteren. Deutsche Entomologische Zeitschrift, 1: 339-355.

Ulmer G. 1909. Einige neue exotische Trichopteren. Notes from the Leyden Museum, 31: 125-142.

Ulmer G. 1911a. Einige Südamerikanische Trichopteren. Annales de la Société Entomologique de Belgique, 55: 15-26.

Ulmer G. 1911b. Die von Herrn Hans Sauter auf Formose gesammelten Trichopteren. Deutsche Entomologische Zeitschrift, 1911: 396-401.

Ulmer G. 1913. Über einige von Edw. Jacobson auf Java Gesammelte Trichopteren. Zweiter Beitrag. Notes Leyden Mus, 35: 78-101.

Ulmer G. 1915. Trichopteren des Ostens besonders von Ceylon und Neu-Guinea. Deutsche Entomologische Zeitschrift, 1915(1): 41-77.

Ulmer G. 1922. Trichopteren aus dem agyptische Sudan and aus Kamerun. Mitteilungen der Miinchener Entomologische Gesellschafte, 5: 47-68.

Ulmer G. 1926. Beiträge zure Fauna Sinica III. Trichopteren und Ephemeropteren. Archiv für Naturgeschichte Abteilung A, 91: 19-110.

Ulmer G. 1932. Aquatic insects of China. Article III. Neue chinesische Trichopteren, nebst übersicht über die bisher aus China bekannten arten. Peking Natural History Bulletin, 7: 39-70.

Ulmer G. 1951. Köcherfliegen (Trichopteren) von den Sunda-Inseln. Teil I. Archiv für Hydrobiologie, Supplement, 19: 1-528.

Ulmer G. 1957. Kocherfliegen (Trichopteren) von den Sunda-Inseln (Teil III) Annulipalpia larven und puppen. Archiv für Hydrobiologie Supplement 23:109-470.

Ulmer G. 1962. Ein neuer name für Ecnoinodes Ulm. (Trichoptera). Mitt Deutsche Ent Gesell, 21: 5.

Uzel H. 1895. Monographie der Ordnung Thysanoptera. Königratz, Bohemia, 1-472.

van der Weele H W. 1907. Notizen uber Sialiden und Beschreibung einiger neuer Arten. Notes from the Leyden Museum, 28: 227-264.

van der Weele H W. [1909] 1908. Ascalaphiden. Collections Zoologiques du Baron Edm. de Selys Longchamps, 8: 1-326.

van der Weele H W. 1909a. Mecoptera and Planipennia of Insulinde. Notes from the Leyden Museum, 31: 1-100.

van der Weele H W. 1909b. New genera and species of Megaloptera Latr. Notes from the Leyden Museum, 30: 249-264.

van der Weele H W. 1910. Megaloptera Monographic Revision. Collections Zoologiques du Baron Edm. de Selys Longchamps, 5: 1-93.

von Siebold C T E. 1856. Ein Betrag zur Fortpflanzungsgeschichte der Thiere. Leipzig: Wahre Parthenogenesis bei Schmetterlingen und Bienen, 144 pp.

Vshivkova T S. 1995. Order Megaloptera-Alder Flies and Snake Flies. In: Kozlov M A, Makarchenko E A. Keys to The Insects of Far East Russia. Vol. 4. Neuropteroidea, Mecoptera, Hymenoptera. St. Peterburg: Nauka, Part 1: 9-34.

Vshivkova T S, Morse J C, Yang L. 1997. 25. Family Leptoceridae: 154-202. In: Kononenko V S. Key to the Insects of Russian Far East, volume 5, part 1, Trichoptera and Lcpidoptera. Russian Academy of Science, Far Eastern Branch, Biology-Soil Science Institute, Vladivostok, Dal'nauka, 540 pp.

Walker F. 1852. Catalogue of the specimens of the Neuropterous Insects in the Collection of the British Museum. Part I. London: Edward Newman, 192 pp.

Walker F. 1853. Catalogue of the specimens of Neuropterous insects in the collection of the British Museum. Part II (Sialides-Nemopterides). London: Newman.

Walker F. 1860. Characters of undescribed Neuroptera in the collection of W. W. Saunders. Transactions of the Entomological Society of London, 10: 176-199.

Wallengren H D J. 1886. Skandinaviens Arter af Trichopter -Familjen Apataniidae. Entomol Tidskr, 7: 73-80.

Wallengren H D J. 1891. Skandinaviens Neuroptera, II. Neuroptera Trichoptera. Kungliga svenska Vetenskapsakade-miens Handlingar, Stockholm, 24(10): 1-173.

Wang J-S, Gao X-T, Hua B-Z. 2019. Two new species of the genus *Panorpa* (Mecoptera, Panorpidae) from eastern China and a new synonym. ZooKeys, 874: 149-164.

Watson J R. 1922a. On a collection of Thysanoptera from Rabun County, Georgia. Florida Entomologist, 6: 34-39.

Watson J R. 1922b. Another camphor thrips. Florida Entomologist, 6: 6-7.

Watson J R. 1923. Synopsis and catalog of the Thysanoptera of North America with a translation of Karny's keys to the genera of Thysanoptera and a bibliography of recent publications. Technical Bulletin of the Agricultural Experimental Station, University of Florida, 168: 1-98.

Watson J R. 1931. A collection of Thysanoptera from western Oklahoma. Publications of the University of Oklahoma, 3(4): 339-345.

Weaver J S. 1987. New species of Stenopsyche from the northeastern orient (Trichoptera: Stenopsychidae). Aquatic Insects, 9(3): 161-168.

Weaver J S, Malicky H. 1994. The genus *Dipseudopsis* Walker from Asia (Trichoptera: Dipseudopsidae). Tijdschrift Voor Entomologie, 137: 95-142.

Weaver J S III. 2002. A synonymy of the genus *Lepidostoma* Rambur (Trichoptera: Lepidostomatidae), including a species checklist. Tijdschrift voor Entomologie, 145: 173-192.

Wesmael C. 1841. Notice sur les Hémérobides de Belgique. Bulletins de l'Academie Royale des Sciences et Belles-Lettres de Bruxelles, 8(1): 203-221.

Westwood J O. 1840. An Introduction to the Modern Classification of Insects. Generic Synopsis, 2: 49-51.

Westwood J O. [1842] 1841-1843. Description of some insects which inhabit the tissue of *Spongilla fluviatilis*. Transactions of the Entomological Society of London, 3: 105-108.

Westwood J O. 1846. A monograph of the genus *Panorpa*, with descriptions of some species belonging to other allied genera. Transactions of the Royal Entomological Society of London, 4: 184-196.

Whetzel H H. 1923. Report of the plant pathologist for the period January 1st to May 31st, 1922. (Bermuda) Board and Agriculture and Forestry, 1922: 28-32.

Wiggins G B. 1959. A new family of Trichoptera from Asia. The Canadian Entomologist, 91: 745-757.

Wiggins G B, Weaver J S III, Unzicker J D. 1985. Revision of the caddisfly family Uenoidae (Trichoptera). The Canadian Entomologist, 117(6): 763-800.

Williams C B. 1916. *Thrips oryzae* sp. nov. injurious to rice in India. Bulletin of Entomological Research, 6: 353-355.

Wilson T H. 1975. A monograph of the subfamily Panchaetothripinae (Thysanoptera: Thripidae). Memoirs of the American Entomological Institute, 23: 1-354.

Wood-Mason J. 1884. Description of an Asian species of the neuropterous genus *Corydalus*. Proceedings of the Zoological Society of

London, 1884: 110.

Xu J, Xie Y, Wang B, Sun C. 2017. Associations and a new species of the genus *Apatidelia* (Trichoptera: Apataniidae) from China. European Journal of Taxonomy, (333): 1-20.

Yamamoto T, Ross H H. 1966. A phylogenetic outline of the caddisfly genus *Mystacides* (Trichoptera: Leptoceridae). The Canadian Entomologist, 98: 627-632.

Yang F, Chang W-C, Hayashi F, Gillung J, Liu X-Y. 2018. Evolutionary history of the complex polymorphic dobsonfly genus *Neoneuromus* (Megaloptera: Corydalidae). Systematic Entomology, 43: 568-595.

Yang L, Armitage B J. 1996. The genus *Goera* (Trichoptera: Goeridae) in China. Proceedings of the Entomological Society of Washington, 98(3): 551-569.

Yang L, Johansson A. 2004. Description of a new *Helicopsyche* species from China (Trichoptera: Helicopsychidae). Aquatic Insects, 26(1): 65-68.

Yang L, Morse J C. 1988. *Ceraclea* of the People's Republic of China (Trichoptera: Leptoceridae). Contributions of the American Entomological Institute, 23(4): 1-69.

Yang L, Morse J C. 1989. Setodini of the People's Republic of China (Trichoptera: Leptoceridae, Leptocerinae). Contributions of the American Entomological Institute, 25(4): 1-69.

Yang L, Morse J C. 1997. Six new species of Integripalpia (Trichoptera) from southern China. Insecta Mundi, 11(1): 45-50.

Yang L, Morse J C. 2000. Leptoceridae (Trichoptera) of the People's Republic of China. Memoirs of the American Entomological Institute, 64: 1-309.

Yang L, Morse J C. 2002. *Glossosoma* subgenus *Lipoglossa* (Trichoptera: Glossosomatidae) of China. Nova Supplementa Entomologica (Proceedings of the 10th Intenational Symposium of Trichoptera), 15: 253-276.

Yang L, Weaver J S III. 2002. The Chinese Lepidostomatidae (Trichoptera). Tijdschrift Voor Entomologie, 145: 267-352.

Yang X-K. 1997. Catalogue of the Chinese Chrysopidae (Neuroptera). Serangga, 2: 65-108.

Yang X-K, Yang C-K. 1990. Examinations and redescriptions of the type specimens of some Chinese Chrysopidae (Neuroptera) described by L. Navas. Neuroptera International, 6: 75-83.

Yoshizawa K. 1998. A new genus, *Atrichadenotecnum*, of the tribe Psocini (Psocoptera : Psocidae) and its systematic position. Entomologica Scandinavica, 29: 199-209.

Yoshizawa K. 2010. Systematic revision of the Japanese species of the subfamily Amphigerontiinae (Psocodea: 'Psocoptera': Psocidae). Insecta Matsumurana, New Series, 66: 11-36.

Yoshizawa K, Lienhard C, Kumart V. 2007. Systematic study of the genus *Trichadenotecnum* in Nepal (Psocodea: 'Psocoptera': Psocidae). Insecta Matsumurana, 63: 1-33.

Yoshizawa K, Mockford E L. 2012. Redescription of *Symbiopsocus hastatus* Mockford (Psocodea: 'Psocoptera': Psocidae), with first description of female and comments on the genus. Insecta Matsumurana, New series, 68: 133-141.

Zhang W, Liu X-Y, Aspöck H, Aspöck U. 2015. Revision of Chinese Dilaridae (Insecta: Neuroptera) (Part III): species of the genus *Dilar* Rambur from the southern part of mainland China. Zootaxa, 3974: 451-494.

Zhang W-Q, Tong X-L. 1993. Checklist of Thrips (Insecta: Thysanoptera) from China. Zoology, 4: 409-474.

Zheng Y-C, Hayashi F, Price B-W, Liu X-Y. 2022. Unveiling the evolutionary history of a puzzling antlion genus *Gatzara* Navás (Neuroptera: Myrmeleontidae: Dendroleontinae) based on systematic revision, molecular phylogenetics, and biogeographic inference. Insect Systematics and Diversity, 6: 4.

Zhong H, Yang L, Morse J C. 2010. Four new species and two new records of *Polyplectropus* from China (Trichoptera: Polycentropodidae). Zootaxa, 2428: 37-46.

Zhong H, Yang L, Morse J C. 2012. The genus *Plectrocnemia* Stephens in China (Trichoptera, Polycentropodidae). Zootaxa, 3489: 1-24.

Zhong H, Yang L, Morse J C. 2013. *Pahamunaya* Schmid, a new genus record from China, with descrtiption of a new species (Trichoptera, Polycentropodidae). Acta Zootaxonomica Sinica, 38(2): 307-310.

中 名 索 引

学 名 索 引

跋

  浙江省地处中国东南沿海，东临东海，南接福建，西与江西、安徽相连，北与上海、江苏接壤，地处亚热带中部，属季风性湿润气候。浙江地形复杂，自西南向东北呈阶梯状倾斜，东北部是低平的冲积平原，东部以丘陵和沿海平原为主，中部以丘陵和盆地为主，西南以山地和丘陵为主，自然条件优越，孕育了众多的昆虫种类。

  自 1992 年开始，浙江省就组织全国分类学专家，在浙江省的多个自然保护区，多次开展昆虫普查工作，出版了一系列专著。在此基础上，在王义平教授主持下，2016–2019 年又在全省范围内深入开展昆虫普查工作，并组织全国分类专家，编写《浙江昆虫志》。《浙江昆虫志》共 16 卷，由吴鸿、杨星科、陈学新联袂任总主编，是我国昆虫地方志编写工作的又一壮举，必将推动浙江乃至全国昆虫多样性和区系研究的发展。

  本书为《浙江昆虫志》第二卷，包括 7 个目的昆虫，分别为啮虫目、缨翅目、广翅目、蛇蛉目、脉翅目、长翅目及毛翅目。刘星月教授负责啮虫目、广翅目、蛇蛉目、脉翅目，冯纪年教授负责缨翅目，孙长海教授负责毛翅目，花保祯教授负责长翅目。在众多学者的努力下，本书得以按期完成。初稿完成后，又经科学出版社李悦编辑的仔细编校，扬州大学杜予州教授审阅初稿，并提出专业的修改意见，才促成了第二卷的最终出版。

  在本书的编写过程中，李法圣、杨星科、刘志琦、王永杰、贺英南、杨英、肖敏铭、曹乐然、梁飞扬、张诗萌、王阳、林爱丽、申荣荣、李敏、赵亚茹、李颀、徐晗、王珊、杨秀帅、李颖、赵旸、王懋之、马云龙、高小彤等参与了部分目、科的编写工作，为本卷的完成做出了重要贡献。

  浙江省地形复杂，昆虫种类繁多。虽然在浙江农林大学和浙江省林业厅的主持下，经过多年的深度普查和采集，获得了大量标本，但要把浙江省的昆虫区系彻底弄清，恐非一朝一夕所能完成，也不可能毕其功于一役。《浙江昆虫志》第二卷的出版，只是探究浙江省昆虫区系和昆虫多样性的一个新起点，更多、更详尽的工作，尚有待于更多有志者和后来者去完成。

花保祯

2022 年 5 月 31 日

1

2

3

4

5

6

1. 长角后半蛄 *Metahemipsocus longicornis* Li, 1995 ♀；2. 台湾狭蛄 *Stenopsocus formosanus* Banks, 1937 ♂；3. 大突围蛄 *Peripsocus megalophus* Li, 1995 ♂；4. 异茎双突围蛄 *Diplopsocus irregularis* Li, 1995 ♀；5. 冠短叶曲蛄 *Sigmatoneura coronata* Li, 2002 ♂，♀；6. 内弯皱蛄 *Ptycta incurvata* Thornton, 1960 ♂

图版 II

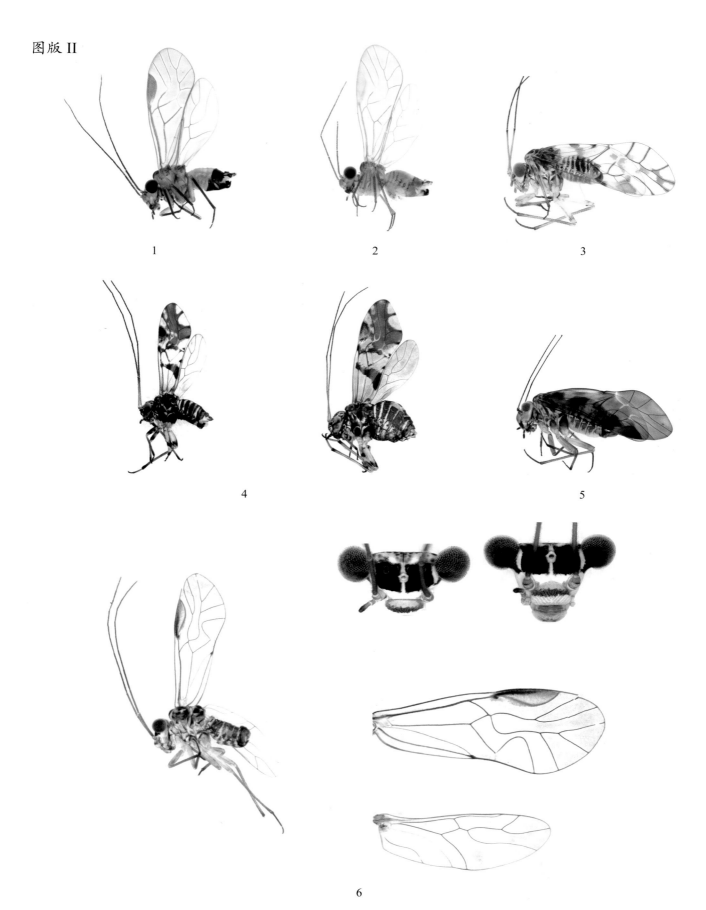

1. 深色拟新啮 *Neopsocopsis profunda* (Li, 1995) ♂；2. 淡黄拟新啮 *Neopsocopsis flavida* (Li, 1989) ♂；3. 白斑触啮 *Psococerastis albimaculata* Li *et* Yang, 1988 ♂；4. 莫干山触啮 *Psococerastis moganshanensis* Li, 1992 ♂，♀；5. 普通昧啮 *Metylophorus plebius* Li, 1989 ♀；6. 褐带羚啮 *Mesopsocus phaeodematus* Li, 2002 ♂

1

2

3

4

5

6

1. 越中巨齿蛉 *Acanthacorydalis fruhstorferi* van der Weele, 1907；2. 单斑巨齿蛉 *Acanthacorydalis unimaculata* Yang *et* Yang, 1986；
3. 普通齿蛉 *Neoneuromus ignobilis* Navás, 1932；4. 东方齿蛉 *Neoneuromus orientalis* Liu *et* Yang, 2004；5. 东华齿蛉 *Neoneuromus similis* Liu, Hayashi *et* Yang, 2018；6. 花边星齿蛉 *Protohermes costalis* (Walker, 1853)

图版 IV

1. 古田星齿蛉 *Protohermes gutianensis* Yang *et* Yang, 1995；2. 中华星齿蛉 *Protohermes sinensis* Yang *et* Yang, 1992；3. 炎黄星齿蛉 *Protohermes xanthodes* Navás, 1914；4. 朱氏星齿蛉 *Protohermes zhuae* Liu, Hayashi *et* Yang, 2008；5. 灰翅栉鱼蛉 *Ctenochauliodes griseus* Yang *et* Yang, 1992；6. 台湾斑鱼蛉 *Neochauliodes formosanus* (Okamoto, 1910)

1

2

3

4

5

6

1. 污翅斑鱼蛉 *Neochauliodes fraternus* (McLachlan, 1869)；2. 黑头斑鱼蛉 *Neochauliodes nigris* Liu *et* Yang, 2005；3. 中华斑鱼蛉 *Neochauliodes sinensis* (Walker, 1853)；4. 布氏准鱼蛉 *Parachauliodes buchi* Navás, 1924；5. 中华泥蛉 *Sialis sinensis* Banks, 1940；6. 异色泥蛉 *Sialis versicoloris* Liu *et* Yang, 2006

1

2

1. 阿氏盲蛇蛉 *Inocellia aspoeckorum* Yang, 1999；2. 中国异盲蛇蛉 *Inocellia* (*Amurinocellia*) *sinensis* Navás, 1936

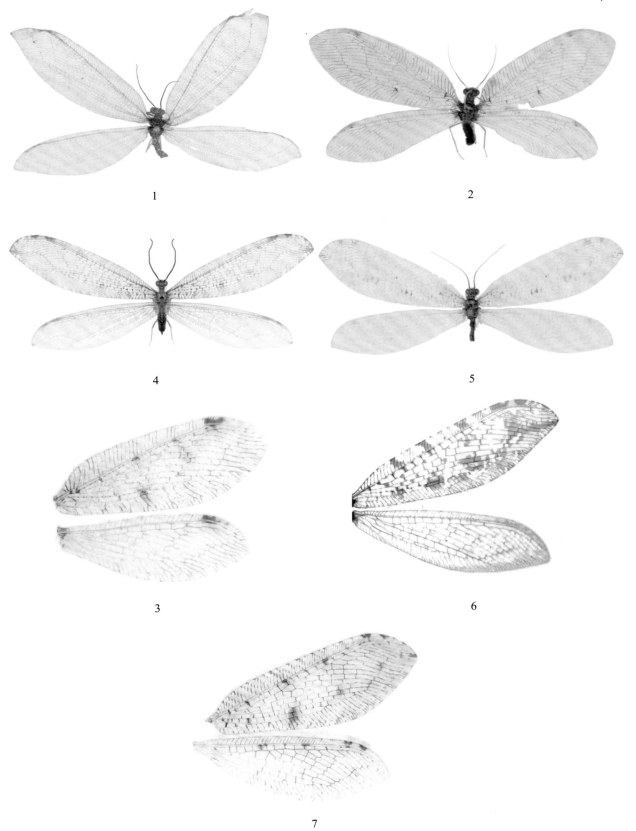

1. 浙丰溪蛉 *Plethosmylus zheanus* Yang *et* Liu, 2001 ♂；2. 胜利离溪蛉 *Lysmus victus* Yang, 1997 ♂；3. 庆元离溪蛉 *Lysmus qingyuanus* Yang, 1995 ♂；4. 棕色窗溪蛉 *Thyridosmylus fuscus* Yang, 1999 ♂；5. 黔窗溪蛉 *Thyridosmylus qianus* Yang, 1993 ♂；6. 三丫窗溪蛉 *Thyridosmylus triypsiloneurus* Yang, 1995 ♂；7. 浙虹溪蛉 *Thaumatosmylus zheanus* Yang *et* Liu, 2001 ♂

天目栉角蛉 *Dilar tianmuanus* Yang, 2001 ♂

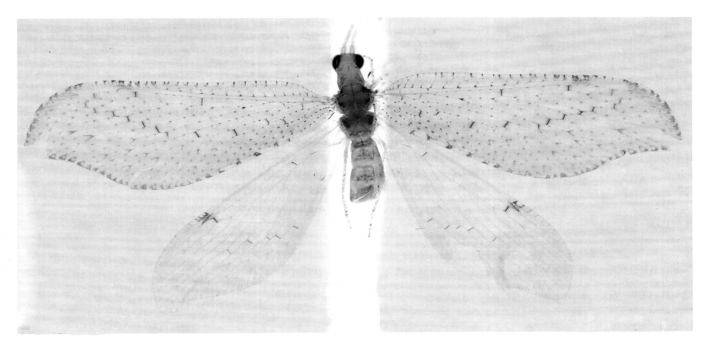

1

2

1. 喜网等鳞蛉 *Isoscelipteron dictyophilum* Yang *et* Liu, 1995 ♂；2. 栉形等鳞蛉 *Isoscelipteron pectinatum* (Navás, 1905) ♂

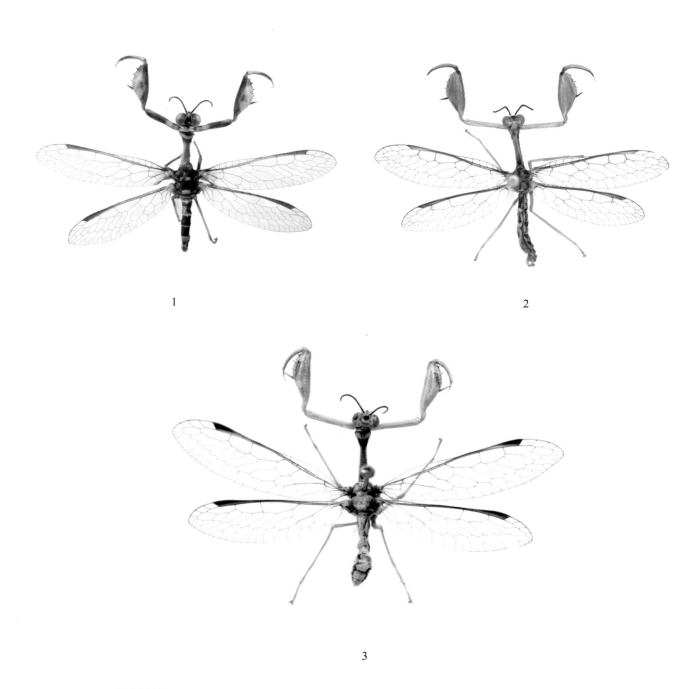

1

2

3

1. 日本螳蛉 *Mantispa japonica* McLachlan, 1875 ♂；2. 黄基东螳蛉 *Orientispa flavacoxa* Yang, 1999 ♂；
3. 眉斑东螳蛉 *Orientispa ophryuta* Yang, 1999 ♂

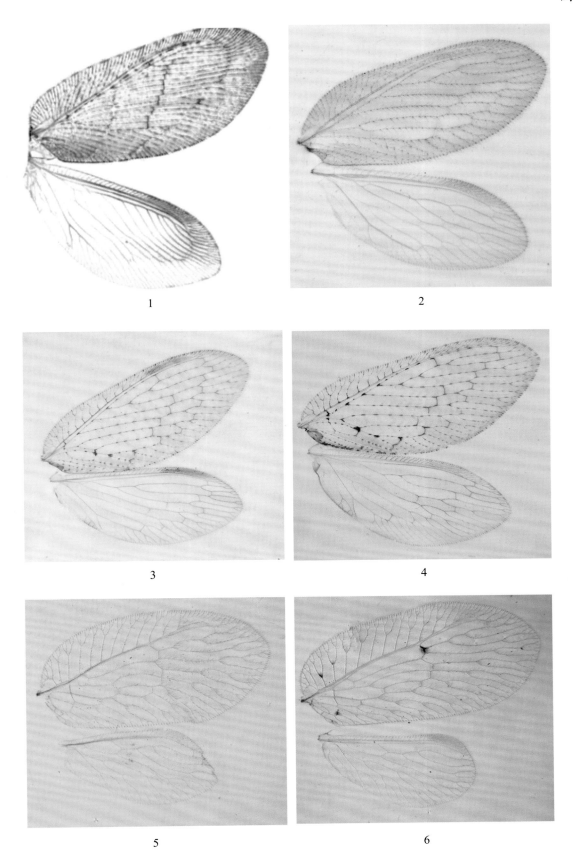

1

2

3

4

5

6

1. 黑点脉线蛉 *Neuronema unipunctum* Yang, 1964 ♂；2. 哈曼褐蛉 *Hemerobius harmandinus* Navás, 1910 ♂；3. 全北褐蛉 *Hemerobius humuli* Linnaeus, 1758 ♂；4. 日本褐蛉 *Hemerobius japonicus* Nakahara, 1915 ♂；5. 翅痣绿褐蛉 *Notiobiella pterostigma* Yang *et* Liu, 2001 ♂；6. 亚星绿褐蛉 *Notiobiella substellata* Yang, 1999 ♂

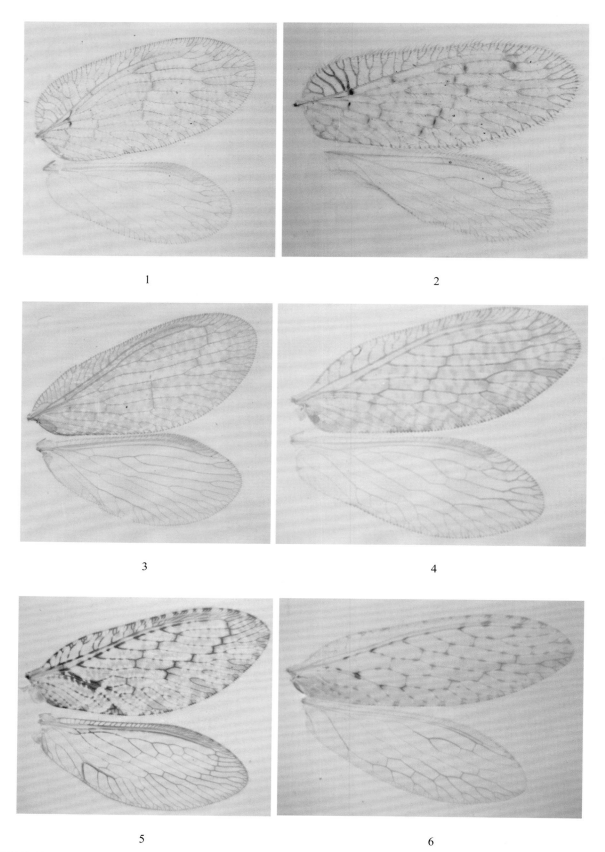

1

2

3

4

5

6

1. 阴齿褐蛉 *Psectra iniqua* (Hagen, 1859) ♂；2. 玉女齿褐蛉 *Psectra yunu* Yang, 1981 ♂；3. 卫松益蛉 *Sympherobius tessellatus* Nakahara, 1915 ♂；4. 角纹脉褐蛉 *Micromus angulatus* (Stephens, 1836) ♂；5. 密斑脉褐蛉 *Micromus densimaculosus* Yang *et* Liu, 1995 ♂；6. 点线脉褐蛉 *Micromus linearis* Hagen, 1858 ♂

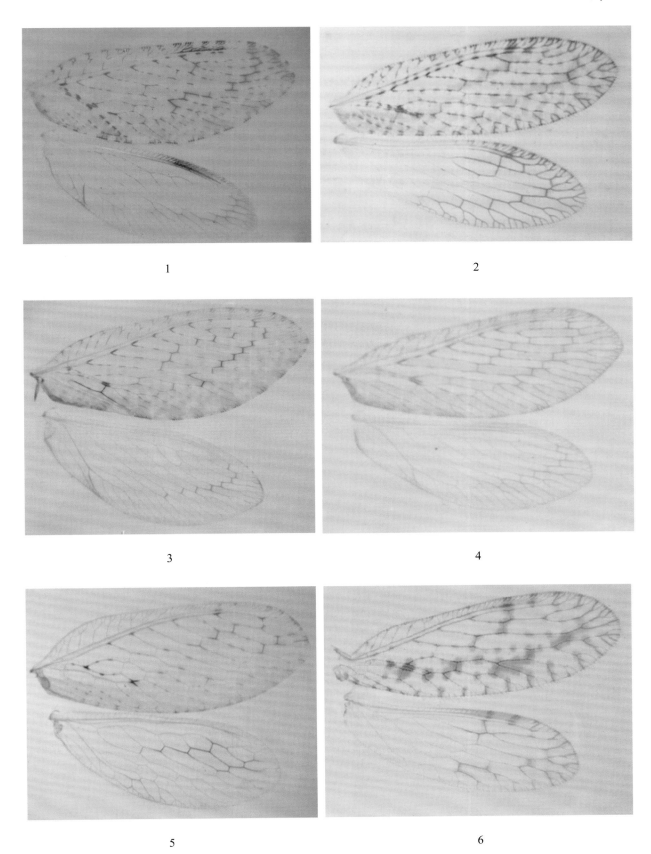

1

2

3

4

5

6

1. 奇斑脉褐蛉 *Micromus mirimaculatus* Yang *et* Liu, 1995 ♂；2. 颇丽脉褐蛉 *Micromus perelegans* Tjeder, 1936 ♂；3. 多支脉褐蛉 *Micromus ramosus* Navás, 1934 ♂；4. 梯阶脉褐蛉 *Micromus timidus* Hagen, 1853 ♂；5. 天目连脉褐蛉 *Micromus tianmuanus* (Yang *et* Liu, 2001) ♂；6. 花斑脉褐蛉 *Micromus variegatus* (Fabricius, 1793) ♂

A   B   C

长裳帛蚁蛉 *Bullanga florida* (Navás, 1913)

A. 成虫背面观；B.♂外生殖器腹面观；C.♀外生殖器腹面观

A   B   C

褐纹树蚁蛉 *Dendroleon pantherinus* (Fabricius, 1787)
A. 成虫背面观；B. ♂ 外生殖器腹面观；C. ♀ 外生殖器腹面观

黑斑距蚁蛉 *Distoleon nigricans* (Matsumura, 1905)
A. 成虫背面观；B. ♂ 外生殖器侧面观；C. ♂ 生殖基节侧面观；D. ♂ 生殖基节腹面观

棋腹距蚁蛉 *Distoleon tesselatus* Yang, 1986

A. 成虫背面观；B. ♂外生殖器侧面观；C. ♂生殖基节侧面观；D. ♂生殖基节腹面观

A   B   C

闽溪蚁蛉 *Epacanthaclisis minanus* (Yang, 1999)

A. 成虫背面观；B. ♂外生殖器腹面观；C. ♀外生殖器腹面观

A   B   C

天堂翠蚁蛉 *Nepsalus caelestis* (Krivokhatsky, 1997)
A. 成虫背面观；B. ♂外生殖器腹面观；C. ♀外生殖器腹面观

A   B   C

云痣哈蚁蛉 *Hagenomyia brunneipennis* Esben-Petersen, 1913
A. 成虫背面观；B. ♂外生殖器腹面观；C. ♀外生殖器腹面观

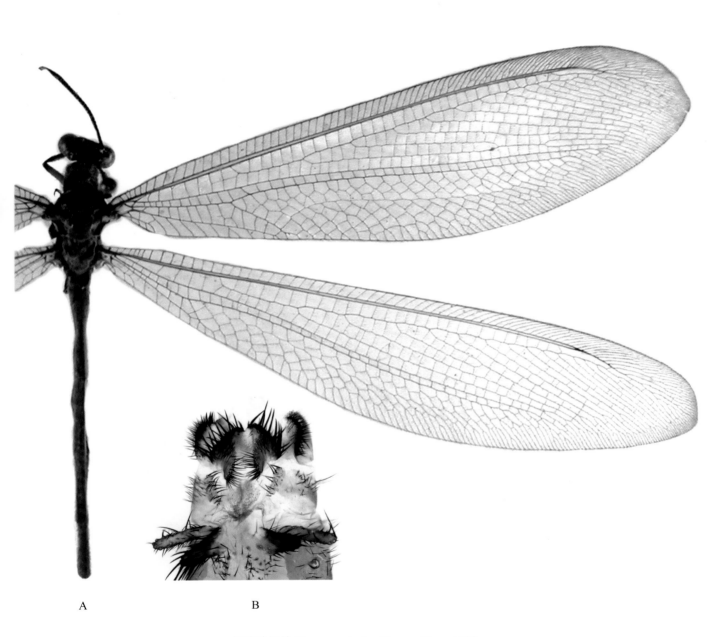

A   B

褐胸哈蚁蛉 *Hagenomyia fuscithoraca* Yang, 1999
A. 成虫背面观；B. ♀ 外生殖器腹面观

A B C

双斑蚁蛉 *Myrmeleon bimaculatus* Yang, 1999
A. 成虫背面观；B. ♂外生殖器腹面观；C. ♀外生殖器腹面观

A   B   C

白云蚁蛉 *Paraglenurus japonicus* (McLachlan, 1867)

A. 成虫背面观；B.♂外生殖器侧面观；C.♂生殖基节侧面观；D.♂生殖基节腹面观

齿爪蚁蛉 *Pseudoformicaleo nubecula* (Gerstaecker, 1885)
A. 成虫背面观；B.♂外生殖器侧面观；C.♂生殖基节侧面观；D.♂生殖基节腹面观

A   B   C

追击大蚁蛉 *Synclisis japonica* (Hagen, 1866)
A. 成虫背面观；B.♂外生殖器腹面观；C.♀外生殖器腹面观

宽原完眼蝶角蛉 *Protidricerus elwesii* (McLachlan, 1891)

A. 成虫背面观；B. ♂外生殖器腹面观；C. ♂外生殖器侧面观；D. ♀外生殖器腹面观；E. ♀外生殖器侧面观

锯角蝶角蛉 *Acheron trux* (Walker, 1853)

A. 成虫背面观；B.♂外生殖器腹面观；C.♂外生殖器侧面观；D.♀外生殖器腹面观；E.♀外生殖器侧面观

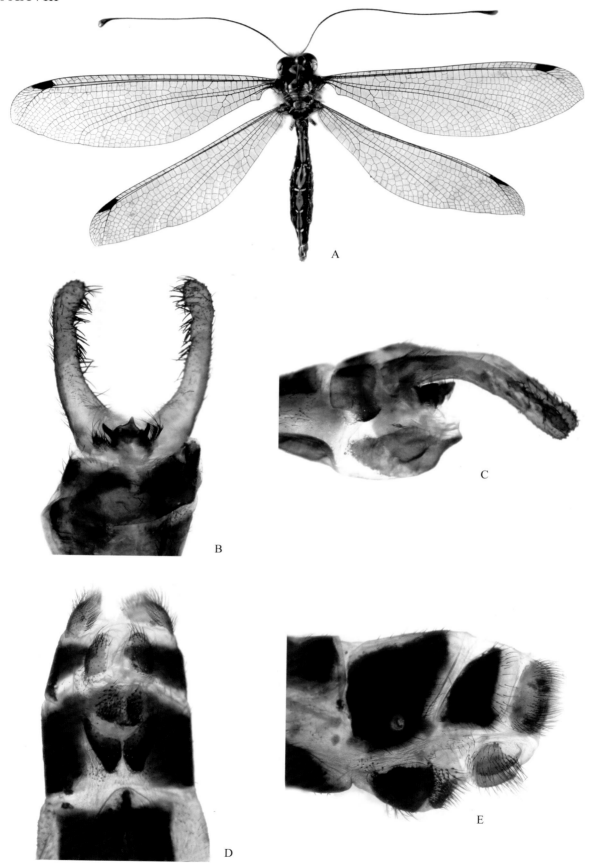

黄脊蝶角蛉 *Ascalohybris subjacens* (Walker, 1853)

A. 成虫背面观；B. ♂外生殖器腹面观；C. ♂外生殖器侧面观；D. ♀外生殖器腹面观；E. ♀外生殖器侧面观

狭翅玛蝶角蛉 *Maezous umbrosus* (Esben-Petersen, 1913)

A. 成虫背面观；B. ♂外生殖器腹面观；C. ♂外生殖器侧面观；D. ♀外生殖器腹面观；E. ♀外生殖器侧面观

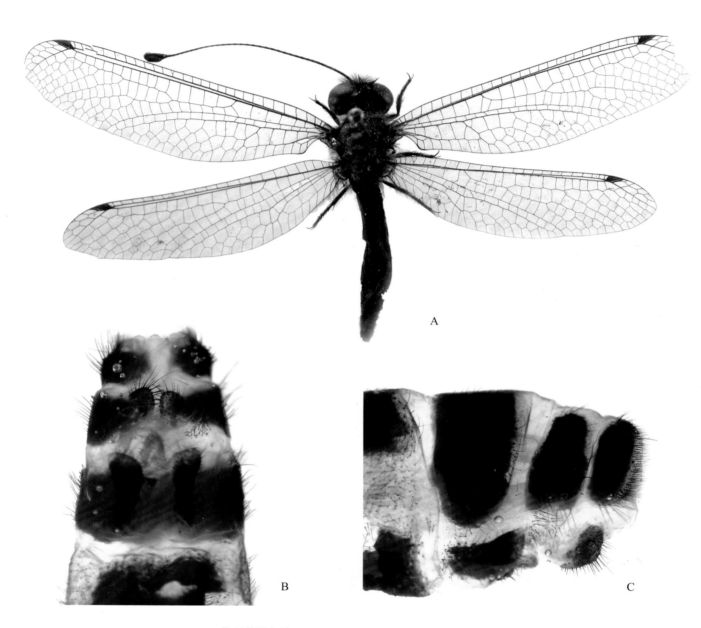

黄斑苏蝶角蛉 *Suphalomitus lutemaculatus* Yang, 1992
A. 成虫背面观；B. ♀外生殖器腹面观；C. ♀外生殖器侧面观

蚊蝎蛉科 Bittacidae 和蝎蛉科 Panorpidae 成虫

1. 环带蚊蝎蛉 *Bittacus cirratus* Tjeder, 1956；2. 璧尔蚊蝎蛉 *Bittacus pieli* Navás, 1935；3. 中华蚊蝎蛉 *Bittacus sinensis* Walker, 1853；4. 天目山蚊蝎蛉 *Bittacus tienmushana* Cheng, 1957；5. 吴氏蚊蝎蛉 *Bittacus wui* Zhou, 2001；6. 网翅新蝎蛉 *Neopanorpa caveata* Cheng, 1957；7. 何氏新蝎蛉 *Neopanorpa hei* Zhou et Fan, 1998；8. 黄山新蝎蛉 *Neopanorpa huangshana* Cheng, 1957

蝎蛉科 Panorpidae 成虫背面观

1. 九龙新蝎蛉 *Neopanorpa jiulongensis* Zhou, 1993；2. 莫干山新蝎蛉 *Neopanorpa moganshanensis* Zhou et Wu, 1993；3. 异新蝎蛉 *Neopanorpa mutabilis* Cheng, 1957；4. 细纹新蝎蛉 *Neopanorpa ophthalmica* (Navás, 1911)；5. 璧尔新蝎蛉 *Neopanorpa pielina* Navás, 1936；6. 天目山新蝎蛉 *Neopanorpa tienmushana* Cheng, 1957；7. 金身蝎蛉 *Panorpa aurea* Cheng, 1957；8. 陈氏蝎蛉 *Panorpa cheni* Cheng, 1957；9. 金华蝎蛉 *Panorpa jinhuaensis* Wang, Gao et Hua, 2019；10. 黄蝎蛉 *Panorpa lutea* Carpenter, 1945；11. 莫干山蝎蛉 *Panorpa mokansana* Cheng, 1957；12. 四段蝎蛉 *Panorpa tetrazonia* Navás, 1935